内 容 简 介

　　本教材全面系统的阐述了植物组织和细胞培养的基本概念、基本理论和基本技能，反映植物组织和细胞培养的发展及应用。全书共 15 章，第一章阐述了植物组织和细胞培养的基本概念、发展历史及应用，第二章和第三章介绍了植物组织和细胞培养实验室的基本设计、仪器设备及培养基的基本构成及制备技术，后续各章对植物组织和细胞培养的基本原理与技术做了较为全面的阐述，包括植物细胞的全能性、植物器官培养、分生组织培养与脱毒、离体微繁、植物胚胎培养、花药和花粉培养、植物细胞培养、原生质体培养、原生质体融合、细胞无性系变异、离体种质保存、植物遗传转化等。

　　本教材是全国高等农林院校"十一五"规划教材，内容丰富、信息量大，适用于农学、林学、园艺、生物科学、生物技术、生物工程、植物科学类各专业的本科、研究生教学，也可供相关领域的研究人员参考。

全国高等农林院校"十一五"规划教材

2008年全国高等农业院校优秀教材

植物组织与细胞培养

陈耀锋　主编

中国农业出版社

主　编　陈耀锋（西北农林科技大学）

副主编　何凤发（西南大学）

　　　　张志胜（华南农业大学）

编　者（按姓氏笔画排序）

　　　　马　慧（沈阳农业大学）

　　　　王　芳（新疆农业大学）

　　　　文　涛（四川农业大学）

　　　　李春奇（河南农业大学）

　　　　李春莲（西北农林科技大学）

　　　　何凤发（西南大学）

　　　　张志胜（华南农业大学）

　　　　陈耀锋（西北农林科技大学）

　　　　葛淑俊（河北农业大学）

前　言

植物组织与细胞培养是 20 世纪初以植物生理学为基础发展起来的一门重要的生物技术学科。一个世纪以来，植物组织与细胞培养经历了由梦想到现实，从理论研究到实际应用并逐步走向成熟、完善的发展过程。在其发展历程中，通过与各学科的相互渗透，开辟了多个令人振奋的新领域，使之成为生物科学基础和应用问题研究的强有力手段。

作为当代生物学科中最有生命力的重要学科之一，植物组织与细胞培养是目前我国高等农业院校农学、林学、园艺、生物科学、生物技术、生物工程、植物科学类专业的一门重要专业基础课。为了适应各专业的教学需要，由 8 院校长期在植物组织与细胞培养教学和研究第一线的优秀骨干教师合编了这本教材。在教材编写过程中，各位编者参阅了大量的研究资料、论文、专著和教材，并根据作者的教学实践与体会，在编写内容上，首先注重保持本学科基本理论的系统性，力求阐明植物组织与细胞培养的基本理论、基本方法和基本技能，反映植物组织与细胞培养的发展，同时注意联系生产实际，注重理论与实践相结合。

本教材共分 15 章，包括绪论、实验室的设计与仪器设备、培养基及其制备、植物细胞的全能性与形态发生、植物器官培养、植物离体微繁、分生组织培养与脱毒、植物胚胎培养、植物花药和花粉培养、植物细胞培养、植物原生质体培养、原生质体融合、植物细胞无性系变异、植物种质资源离体保存及高等植物遗传转化。其中，第一章、第十章、第十一章和第十二章由西北农林科技大学陈耀锋编写，第二章由新疆农业大学王芳编写，第三章由河南农业大学李春奇编写，第四章和第七章由西南大学何凤发编写，第五章和第六章由河北农业大学葛淑俊编写，第八章和第九章由西北农林科技大学李春莲编写，第十三章由四川农业大学文涛编写，第十四章由沈阳农业大学马慧编写，第十五章由华南农业大学张志胜编写，全书由陈耀锋统稿。

本教材的面世与许多人的努力密不可分，特别感谢中国农业出版社和各位编者所在院校的大力支持和帮助，感谢参编教师的通力合作和对统稿中部分内容调整、增删的理解和支持，西北农林科技大学张晓红博士为本教材精心绘制了38幅精美插图，李春莲副教授、郭东伟博士校对了全部文稿，白延红、杨利辉、孔娜、曹婷、鲁燕等博士、硕士研究生参与了部分文稿的校对等工作，在此表示深切的感谢。

本教材是全国高等农林院校"十一五"规划教材，内容丰富，信息量大，除了可作为农学、林学、园艺、生物科学、生物技术、生物工程、植物科学类各专业的教材外，还可作为从事植物组织与细胞培养相关研究人员的参考书。

编写全国高等农林院校"十一五"规划教材，是一项艰苦而有挑战性的工作，尽管我们力图将本学科的基本理论和学科发展系统地介绍出来，但受知识、经验和时间所限，编写疏漏、错误和不足之处在所难免，殷切希望使用本书的师生和读者不吝指正。

陈耀锋

2007 年 6 月于杨凌

目 录

第一章 绪 论

植物组织与细胞培养（plant tissue and cell culture）是 20 世纪初以植物生理学为基础发展起来的一门重要的生物技术学科。这一学科的建立和发展，对植物科学的各个领域如细胞学、胚胎学、遗传学、生理学、生物化学、植物病理学和发育生物学等学科的发展均有很大的促进作用，并在科学研究和生产应用上开辟了令人振奋的多个新领域。植物组织与细胞培养是生物科学研究基础问题和应用问题强有力的手段，受到了国内外的广泛重视。

第一节 植物组织与细胞培养的概念

植物组织与细胞培养是以植物组织或细胞离体操作为基础的实验性学科，又称为植物离体培养（plant culture *in vitro*）。它是指在无菌和人工控制条件下，利用合适的培养基，对植物的器官、组织、细胞或原生质体进行精细操作和培养，使其按照人们的意愿生长、增殖或再生的一门生物技术学科。

植物组织与细胞培养研究的内容主要包括：植物离体分生组织、叶片组织、形成层组织、花药组织等植物组织的离体培养，植物各种器官或器官原基（如根尖、茎尖、叶原基、花器原基）以及未成熟果实等的器官培养（organ culture），植物成熟和未成熟胚及其具胚器结构（如成熟胚、幼胚、胚乳、胚珠、子房等）胚培养（embryo culture），从植物各种器官的外植体增殖而形成的愈伤组织培养（callus culture），能保持良好分散性的离体细胞或很小细胞团的细胞培养（cell culture），除去细胞壁的植物原生质体培养（protoplast culture）等植物组织和细胞离体培养、生长、增殖或再生的技术与原理，以及由这些基本培养技术发展起来的植物组织和细胞的精细操作技术与原理，如植物试管微繁、离体培养脱毒、体细胞无性系变异与选择、植物细胞融合、遗传转化、植物种质的离体保存、试管受精、胚拯救、离体培养物的脱分化及形态发生、人工种子、植物次生代谢物的生产与生物转化等。

植物组织与细胞培养的任务在于：探索植物组织和细胞离体培养、增殖、发育、再生的特性、机理及其精细操作的基本原理与技术，揭示植物组织和细胞培养的基本特性与规律，并进一步用于植物生产实践，从而改良植物品种，创造植物新类型，繁育优良植物品种，生产人们需要的物质与产品，为人类造福。

第二节 植物组织与细胞培养的理论基础

植物组织与细胞培养的理论基础是植物细胞的全能性。20 世纪初，德国著名植物生理学家

Haberlandt（1902）在细胞学说的影响下，大胆提出了植物细胞全能性（cell totipotency）学说，认为任何具有完整细胞核的植物细胞，都拥有形成一个完整植株所必需的遗传信息，在供给一定条件后，都具有独立发育成为胚胎和植株的潜能。植物细胞的全能性理论为对植物个体进行分割，从器官、组织和细胞水平上研究、利用植物的遗传和变异提供了新的思路和途径。1939 年，White 和 Nobecourt 先后报道了液体培养基中，烟草组织培养物茎芽的发生和胡萝卜培养物中根的形成，首次证明离体培养的植物细胞具有器官发生（organogenesis）的潜能。20 年后，Reinert 和 Steward（1958—1959）在胡萝卜直根髓细胞的悬浮培养中，观察到单细胞通过分裂，能经过类似于高等植物胚胎发生过程的胚状体（embryoid）途径形成了再生植株，首次证实了植物体细胞的全能性。随后，S. Guha 和 S. C. Maheshwari（1964）、Takebe（1971）、Srivastava（1973）相继通过实验证明植物的花粉细胞、原生质体和胚乳细胞同样具有全能性。尽管目前人们还没有看到高等植物高度分化细胞全能性表达的报道，但在离体诱导条件下，许多植物细胞的生物钟能被强行逆转去分化（dedifferentiation）形成分生细胞，继而形成胚状体或植株，因而具有全能性特性。这样，为在植物组织、细胞、亚细胞及基因层面上的遗传操作在个体水平上的表达提供了重要的理论基础，也为植物细胞的大规模培养、繁殖和选择提供了理论依据。植物细胞全能性的提出和证实，以及由此发展起来的植物组织与细胞培养学科及其精细操作技术，对植物科学各个领域的发展均有很大的促进作用，并在科学研究和生产应用上开辟了多个令人振奋的新领域。

第三节　植物组织与细胞培养的建立与发展

植物组织与细胞培养技术是在细胞学、植物生理学、微生物无菌培养技术等学科和技术的基础上建立和发展起来的。从 20 世纪初这门学科的建立到现在，其发展历程大致经过了下述 4 个阶段。

一、理论准备阶段（20 世纪初至 20 世纪 30 年代）

19 世纪 30 年代末，德国学者 M. Schleiden 和 T. Schwann 创立了细胞学说（cell theory），认为植物和动物都是由细胞构成的，细胞进行分裂而增多，并组建成生物体，多细胞有机体的每一个生活细胞在供给适宜的外界条件后有可能独立发展。细胞学说的创立是人类认识生命历史上的里程碑，被认为是 19 世纪自然科学的三大发现之一，细胞学说理论也为植物组织培养理论与技术的建立提供了理论依据。在细胞学说的推动下，德国著名植物生理学家 G. Haberlandt（1902）大胆提出，高等植物的器官和组织可以不断分割，直到单个细胞，认为在某种情况下，可采用人工培养基培养植物细胞，用新的观点来实验研究各种重要问题是可能的。为了论证这一观点，他首次在加入蔗糖的 Knop's 溶液中培养单个离体植物细胞，所选用的材料是小野芝麻（*Lamium barbatum*）的栅栏细胞、大花凤眼兰（*Eichornia crassipes*）的叶柄木质部髓细胞、紫鸭跖草（*Tradescantia*）的雄蕊绒毛细胞、虎眼万年青（*Ornithogalum* ssp.）属植物的表皮细胞等。遗憾的是，虽然在栅栏细胞中明显地看到了细胞生长、细胞壁加厚和淀粉形成等，但没有一个细胞在培养中能够分裂。他失败的部分原因是由于他使用了比较简单的营养培养基和高度分化的叶肉细胞，但他创造性的贡献是提出了利用胚囊流动供给营养的方法有可能从营养体细胞培养出人工胚或植株的细胞全能性学说以及为其所做的种种预言，这些，为植物组织和细胞培养技术的建立和发展奠定了基础。

这一时期，在胚胎及根尖培养方面取得了某些成功。1904 年，Hanning 最先在含有无机盐溶液及有机成分的培养基上成功地培养了萝卜（*Raphanus sativus*）和辣根莱（*Cochlearia officinalis*）的成熟胚。他发现，离体培养的植物胚均能充分发育成熟，并萌发成苗。1922 年和1929 年，Knudson 先后采用胚胎培养法获得了大量的兰花幼苗，解决了兰花种子发芽困难的问题。Laibah 通过培养亚麻种间杂种发育较晚的胚，成功地得到了杂种植株，并指出胚胎培养具有拯救发育不良的植物远缘杂交育种中的远缘杂种胚的潜在能力。这一时期的另一个重要工作是德国学者 Kotte（1922）和美国学者 Robbins（1922）分别进行了玉米（*Zea mays*）、豌豆（*Pisum sativum*）、棉花（*Gossypium hirsutum*）的茎尖和根尖组织培养，并形成了缺绿的叶和根，注意到离体培养组织只能进行有限生长。这一时期，植物组织培养研究还处在探索阶段，失败大于成功，还缺乏系统、完善的理论和方法。

二、培养技术的建立时期（20 世纪 30 年代初至 30 年代末）

20 世纪初，一些科学家试图建立植物根的离体培养系统但没有成功。第一次成功进行器官培养是美国科学家 White 在 1934 年完成的，实验表明，被切下进行离体培养的番茄（*Lycopersicon esculentum*）根具有潜在的无限生长特性。根据 White 1902 年到 1934 年之间的工作，植物离体培养成功的因素有两个方面：①植物材料的选择；②适宜的培养基。White 在他实验中使用的培养基包含无机盐、酵母浸出液和蔗糖。后来（1937）他用 3 种 B 族维生素（即吡哆醇、硫胺素和烟酸）取代了酵母浸出液获得成功，在这个后来被称为 White 培养基的人工合成培养基上，他将番茄离体根培养长达 28 年之久，证明其具有无限生长习性。White 的工作是开创性的，直到今天，他提出的硫胺素、吡哆醇、烟酸仍是许多培养基中不可缺少的成分。同一时期，法国科学家 R. J. Gauteret（1934）报道了将山毛柳（*Salix permollis*）、欧洲黑杨（*Populus nigra*）等植物的形成层组织，置于含有 Knop's 溶液、葡萄糖和水解乳蛋白的固体培养基上培养时，可以不断增殖几个月，并形成类似藻类的凸起物的结果。这一时期的另一个重要事件是 1926 年，荷兰植物学家 P. W. Went 发现了可以促进植物子叶鞘生长的物质，1930 年证实这种物质是生长素（auxin），即吲哚乙酸（indole - 3 - acetic acid，IAA），这是人类认识的第一个生长调节物质。由于生长素物质的发现和它在控制生长中的作用不断地被认识，以及 White 发现了 B 族维生素的作用，使得 Gautheret（1937，1938）在他所用的培养基上加入了这些生长因子，结果使培养的柳树形成层的生长大为增加。与此同时，Nobecourt（1937，1938）培养了胡萝卜根的外植体并使细胞增殖获得成功。随后，Gautheret（1939）用胡萝卜根的小外植体进行培养也获得了成功。同年，White（1939）报道了由烟草种间杂种（*Nicotiana glauca* × *N. longsdorffi*）幼茎切断的原形成层组织建立了类似的连续生长的组织培养物。

这一时期的胚胎培养研究也取得了一定的进展。我国学者李继侗和沈同在研究银杏的胚培养时，首次在培养基中加入了银杏胚乳提取物，证明银杏胚乳提取物能促进银杏离体胚的生长。这一发现对后人用植物胚乳汁液或幼小种子及果实提取物促进培养组织的生长具有启蒙意义。

20 世纪 30 年代最重要的 3 点发现：植物激素——生长素的发现及应用、B 族维生素对植物细胞生长重要性的认识、由 Gautheret、White 和 Nobecourt 所发展的基本方法奠定了以后各种植物组织培养的基础。因此，Gautheret、White 和 Nobecourt 一起被誉为植物组织培养的奠基人，我们现在所用的若干培养方法和培养基，原则上都是由这三位学者在 1939 年所建立的方法和培养基演变而来的。

三、技术与理论的发展时期（20 世纪 40 年代初至 50 年代末）

20 世纪 40～50 年代，植物组织培养进入技术与理论的发展时期，这一时期的主要特点是，初步解决了植物组织培养中的某些重要的理论问题，发展完善了各种各样的培养技术，并开始将这一技术试用于生产。

1941 年，J. Van Overbeek 等用椰乳作为培养基的附加物，成功地培养了曼陀罗的心形期幼胚。其后发现了椰乳有多方面的效果，表明其中含有不少促进细胞分裂和生长的生理活性物质，为后来寻找有效成分做好了准备。虽然在 1939 年，White 和 Nobecourt 分别报道了保存在液体培养基中的烟草组织培养物茎芽的发生和胡萝卜培养物根的形成，但早期的工作对离体培养物的再生机制缺乏解释。1944 年，Skoog 发现并证实生长素能刺激离体培养物根的形成和抑制芽的发生。同时，Skoog（1944）以及 Skoog 和崔澂等（1951）在利用嘌呤类物质处理烟草髓愈伤组织以控制组织的生长和芽的形成研究方面取得了显著的成果，他们发现腺嘌呤或者腺苷可以解除培养基中生长素 IAA 对芽形成的抑制作用并诱导形成芽，从而确定了腺嘌呤与生长素的比例是控制芽和根生长的主要条件之一。这些结果导致了以后激动素的发现。不久后，Miller 等（1955）在研究引起细胞分裂的因子时，在降解的 DNA 制备液中，发现了一种叫激动素（kinet-in, KT）的物质，这是一个带有呋喃环的腺嘌呤，它促使成芽的效果比腺嘌呤高出 3 万多倍。于是 Skoog 和 Miller（1957）提出了有关植物激素控制器官形成的概念，指出在烟草髓组织培养中根和茎的分化受生长素和细胞激动素比率的影响，通过改变培养基中两种生长调节物质的浓度可以控制器官的分化，这一比率高时促进根的形成，低时促进芽的形成，两者浓度相等时，组织则倾向于一种无结构的方式生长，这种器官发生的激素调控模式的建立，为植物组织培养中植物器官的再分化奠定了理论基础。随后，人们又发现了一系列类似于激动素的化合物，其活性更高。这些化合物被分别命名，归纳为一种新的植物激素——细胞分裂素（cytokinin）。细胞分裂素用于植物组织培养是 20 世纪 50 年代的一大突破，它能直接诱导培养组织表面形成不定芽，也能促进愈伤组织形成不定芽。

同时，这一时期几种游离培养单细胞的技术也开始发展起来。1953 年，W. H. Muir 发明了摇床振荡的液体培养技术，他把万寿菊（*Tagetes erecta*）和烟草的愈伤组织转移到液体培养基中，放在摇床上振荡，使组织破碎，形成由单个细胞和细胞集聚体组成的细胞悬浮液，然后通过继代培养进行繁殖，即细胞悬浮培养（cell suspension culture）技术，这一技术以后发展成为植物次生代谢产物大规模发酵生产和人工种子的生产。Muir（1953）同时还设计了看护培养

（nurse culture）技术，这一技术是利用愈伤组织块的分泌物来滋养隔着滤纸或玻璃纸上的单个细胞，并使细胞发生了分裂，它揭示了实现 Haberlandt 培养单细胞这一设想的可能性。1958—1959 年，Reinert 和 Steward 分别用胡萝卜直根髓的愈伤组织制备单细胞并进行细胞悬浮培养，发现单细胞能通过类似于高等植物胚胎发生过程，经球形胚（globular embryoid）、心形胚（heart‐shaped embryoid）、鱼雷形胚（torpedo‐shaped embryoid）和子叶形胚的胚状体（embryoid）途径形成再生植株。这一突破性的工作，首次证实了植物细胞的全能性，并为植物组织培养中研究器官建成和胚胎发生开创了一条新途径。

这一时期，器官培养技术也日趋完善。Nitsch（1951）在一种合成培养基上成功地培养了小黄瓜、草莓、番茄、烟草、菜豆等植物的离体子房，促进了对植物的幼小果实、子房、胚珠、种子、胚胎及花部各器官的培养研究。特别是印度学者 Maheshwari 及其同事在这方面进行了大量的研究工作，这些研究促使在 20 世纪 60 年代通过子房培养（ovary culture）或胚珠培养（ovule culture）进行试管离体授粉（pollination in vitro）受精获得成功。而幼小花药培养则导致了以后利用花药培养诱导植物单倍体（haploid）技术的产生。

在早期的胚胎培养研究中，由于受培养条件和技术的限制，培养中大都采用了较大的胚，以至于 La Rue（1936）等认为：0.5 mm 以下的胚培养不能成功。到了 20 世纪 40 年代，受李继侗和沈同银杏胚培养时加入了银杏胚乳提取物取得良好结果的启发，Van Overbeek 等（1942）和 Blakslee 等（1944）在培养基中加入了椰子汁、麦芽提取液等物质，从而使培养的曼陀罗心形期或比心形期更早的幼胚（0.1～0.2 mm）获得成功。离体幼胚培养（immature embryo culture）中营养需求的大量研究和幼胚的培养成功，使得拯救植物远缘杂交中早期夭亡的杂种胚成为可能，大大拓宽了植物遗传物质交流的范围。

另一方面，Morel 和 Martin（1952）提出了分离植物茎尖分生组织使感染病毒的植株去病毒的设想，并首次从已受病毒侵染的大丽菊中获得了无病毒植株。接着，他们（1955）又通过马铃薯分生组织培养获得了无病毒的马铃薯植株。Wickson 和 Thimann（1958）在茎尖培养研究中的另一个重要发现表明，应用外源细胞分裂素可促使在顶芽存在的情况下处于休眠状态的腋芽的发育及由茎尖培养中长成的侧枝上的腋芽生长，形成一个微型多枝多芽的小灌木丛状结构，若这些小枝条取下来重复上述过程，就可在短期内获得成千上万个小枝条，这些枝条也能转移到生根培养基上生根。20 世纪 50 年代 Morel 和 Martin 以及 Wickson 和 Thimann 卓有成效的工作为以后利用茎尖分生组织和茎尖培养，进行无病毒植物的生产及植物试管克隆微繁打下了基础。

四、深入研究、扩大应用及新兴学科、产业的形成时期（20 世纪 60 年代初至今）

这一时期植物组织和细胞培养的理论和技术得到了迅速的发展，并在理论与技术上和生物学、遗传学、工程学结合向精、深方向发展，细胞工程和工厂化生产概念的提出和新兴学科、产业的形成。这一时期最突出的成果是植物原生质体培养和体细胞的杂交、植物花药培养和单倍体育种、植物细胞变异系的选择、植物离体脱毒与试管克隆繁育、细胞次生代谢物的生产与生物转化、胚拯救与试管受精和当前正在发展的植物遗传转化以及相关的理论与实践。

20 世纪 60 年代初，E. C. Cocking (1960) 等人用提纯、制备的真菌纤维素酶、果胶酶等酶制剂分离番茄幼根细胞原生质体 (protoplast)，获得大量有活力的原生质体。酶制剂分离植物原生质体的成功，激发了人们对原生质培养的热情并开始从事大量的研究工作。1968 年，Takebe 第一个采用商品酶利用两步法分离出烟草叶肉原生质体。同年，Power 等用一步法分离出原生质体。1971 年，I. Takebe 等首次报道了由烟草原生质体通过细胞壁再生、细胞分裂等过程再生出了完整植株，在理论上证明了除体细胞和生殖细胞之外，去壁原生质体同样具有全能性。植物原生质体的成功培养使得植物细胞器的转移和外缘基因的直接导入成为可能，并为植物细胞遗传、代谢研究提供了新的途径和方法。1972 年，P. S. Carlson 通过粉蓝烟草和长花烟草两个物种之间原生质体融合 (protoplast fusion) 获得了第一个植物体细胞杂种。1974 年，Kao 等人建立了原生质体的高 Ca^{2+}、高 pH 的 PEG（聚乙二醇）融合法，把植物体细胞杂交技术推向新阶段。1975 年，Kao 和 Michayluk 发明了用于原生质体培养的 KM 培养基，极大地提高了植物原生质体的培养效率。1978 年，Melchers 通过属间原生质体的融合获得了番茄和马铃薯的属间杂种 "potamato"。1979 年，Gleba 获得了拟南介和油菜的属间杂种植株。以后不同的研究者在有性亲和及有性不亲和的亲本之间获得了其他的体细胞杂种。植物原生质体的成功融合将植物遗传物质的交流范围从有性杂交范围扩展到了整个生物界，植物细胞不仅可以和各种类型的植物细胞融合，也可以和动物细胞、微生物细胞融合。1975 年，Davey 用爬山虎冠瘿瘤组织细胞原生质体与酵母原生质体融合，融合率达到 20%；Meeks (1978) 用烟草原生质体与一种项圈蓝藻 (*Anabaena variabilis*) 原生质体融合，融合率达到 7.6%；Fowke (1979) 成功地进行了胡萝卜原生质体与衣藻 (*Chamydomonas reinhardii*) 细胞的融合，含衣藻细胞器的胡萝卜原生质体再生了细胞壁。1982 年，Zimmermann 报道了原生质体的电激融合 (electric fusion) 技术，使其与高 Ca^{2+}、高 pH 的 PEG 融合成为植物原生质体融合的两个主要方法，进一步促进了植物原生质体融合的发展。20 世纪 80 年代的另一个重要的技术是原生质体的非对称融合 (asymmetric fusion) 技术，Zelcer 等用 X 射线照射普通烟草的原生质体与林烟草 (*Nicotiana sylvestris*) 原生质体融合，在再生植株中发现供体亲本（普通烟草）的染色体全部丢失，首次通过非对称融合获得了胞质杂种 (cybrid)。原生质体的非对称融合及其发展起来的微核技术 (micronucleus technology) 等，开创了植物原生质体融合转移外源染色体和外源基因的新领域。这些发展，使原生质体融合技术已成为植物改良的重要手段。目前重要植物的原生质体融合研究与利用取得了重要的进展，日本水稻与 *Oryza officinalis*、大豆与野大豆、小麦与冰草、小麦与 *Haynldia villosa* 等重要作物及猕猴桃与狗枣猕猴桃、柑橘种、属间的原生质体融合已相继成功。

在花药培养 (anther culture) 方面，印度学者 S. Guha 和 S. C. Maheshwari (1964) 第一次报道了利用花药培养得到毛叶曼陀罗 (*Datura innoxia*) 单倍体植株。他们将毛叶曼陀罗成熟花药接种在适当的培养基上，意外发现花粉能转变成活跃的细胞分裂状态，从花药囊中长出许多胚状体并进一步发育成植株，证明被培养的被子植物的花药具有产生大量单倍体的潜力。之后，Dourgin 和 Nitsch (1967)、中田等 (1968)、新关宏夫 (1969) 等相继获得了烟草、水稻的花培植株。20 世纪 70 年代后，小麦、油菜、高粱、玉米等主要作物以及许多重要蔬菜作物、果树、林木品种的花培技术体系相继建立。禾谷类作物的花药培养，早期多采用 Miller 培养基或 MS 培养基，培养效率低，后来研究者发现培养基中高浓度的铵离子显著抑制花粉愈伤组织的形成，所以在降低铵离子浓度基础上发展了 N_6 培养基，使禾谷类作物，特别是主要粮食作物水稻的花培效率有了大幅度的提高。20 世纪 80 年代我国创制的 C_{17} 和 W_{14} 培养基的相继问世，将小麦花药培养的绿苗诱导效率由原来的 0.7％提高到 5％左右。几种花药培养培养基的改进及花药培养相关理论的完善，使许多作物的花药培养技术达到了应用水平。

20 世纪 70 年代初，Nitsch 和 Norreel（1973）培养了游离的烟草和曼陀罗的小孢子，并对单倍体个体进行了加倍，获得了纯合二倍体并得到了种子。高等植物游离小孢子的培养成功，使植物单倍体细胞培养成为可能，也为那些受花药体细胞组织影响而不能雄核发育（androgenesis）的植物获得单倍体提供了有效的方法和途径。1986 年，Kyo 和 Harada 建立了烟草游离小孢子高效产生单倍体的方法；1988 年，Pechan 等建立了高效的油菜游离小孢子培养（microspore culture）技术；同年，Hunter 培养大麦小孢子获得成功；Coumans（1989）和 Mejza（1993）分别培养玉米、小麦游离小孢子获得成功。由于小孢子培养的效率比花药培养效率高得多，它在实践上的应用潜力更大。

20 世纪 60 年代初，Kanta 和 Maheshwari（1963）将切下带整个胎座或部分胎座的烟草胚珠接种在人工培养基上，于离体条件受粉后，很多胚珠即发育为种子并在试管内萌发。之后，人们通过去柱头、去部分子房组织及裸露胚珠的离体试管授粉方法获得了多种植物的种子。植物离体试管内传粉受精技术的建立，为那些由于生理或生殖障碍而远缘杂交不孕和自交不亲和（self-incompatibility）的植物获得杂种和自交后代提供了可能。Zenkteler 和 Melchers（1978）通过胎座离体授粉，获得了红花烟草和德氏烟草的杂种胚；龟田和日向利用胚珠离体授粉得到小油菜和白菜的杂种植物。叶树茂（1990）通过雌蕊离体授粉直接得到了节节麦和普通小麦的属间杂种。Rangaswamy 和 Shivanna（1967）通过去除腋花矮牵牛一个自交不亲和物种子房壁的离体胚珠培养并授以自身花粉，使得由于花粉管不能生长到子房而自交不孕的腋花矮牵牛获得了自交后代。20 世纪 80 年代中期，在性细胞分离技术和显微操作技术有所突破的基础上，人们设想利用显微操作等技术，将分离的带雄核和带雌核的原生质体在体外融合，进行离体受精（fertilization in vitro）以及受精作用的体外模拟，开创出受精工程的新领域。德国科学家 Kranz 和 Lörz（1989，1990，1993）进行了单粒花粉的离体受精研究。他们应用单细胞培养、显微注射、原生质体分离、电融合等一系列技术，将分离的玉米精细胞和卵细胞在体外融合，融合率分别达到了 75％和 55％。他们采用看护培养法，以玉米未成熟胚的愈伤组织为饲喂细胞，对精核与卵细胞融合产物进行继续培养，使融合合子实现了进一步分裂，并发育出多细胞的结构。这是植物生殖细胞工程的一次重大突破。1991 年，Kranz 等又将离体受精的合子培养成的愈伤组织进一步诱导获得胚胎和植株。之后，Holm 等（1994）在大麦、Kumlehn 等（1998）在小麦上通过分离自然受精的合子培养（zygotic culture）也获得了植株。这些重要技术的创立，为植物离体受精与合子培养技术的建立和发展奠定了基础。

这一时期，胚胎培养技术已基本完善并在杂交育种研究和生产中广泛应用。通过普通大麦和球茎大麦 16 d 杂种胚、中棉和陆地棉 12 d 杂种胚以及许多种、属间杂种胚退化前的胚拯救，人们已从不能通过远缘杂交获得种子的许多种、属植物的杂交中获得了杂种后代。胚胎培养在果树早熟、无核特性育种中有非常重要的作用。Smith（1960）应用 SBH（Smith、Bailey 和 Hough）培养基和培养程序，从不能得到植株的早熟桃的胚培养中得到了植株。D. W. Ramming（1981）

通过先培养胚珠，然后取出胚再培养的方法，成功地培养了无子葡萄发育到 4～50 个细胞的早期胚胎，并使其发芽长成植株。之后，这一技术在果树早熟、无核特性育种中得到了广泛的应用。同时，胚胎培养技术也被广泛应用在打破种子休眠、克服核果类果树胚的后熟作用的研究和实践中。这一时期，胚乳培养（endosperm culture）研究也有了重大进展。虽然人们在早期对玉米（La Rue，1949；Lampton，1952）、黑麦草（Norstog，1956）未成熟的胚乳进行培养并获得了愈伤组织，但直到 1965 年 Johri 和 Bhojwani 在柏形外果的胚乳培养中，才首次发现了胚乳直接分化出芽的现象。1973 年，Srivastava 从罗氏核实木胚乳培养中首次获得了三倍体植株。之后，人们通过成熟或未成熟胚乳培养，从玉米、大麦、苹果等多种植物上获得了三倍体植株。植物胚乳组织的成功培养证明，高等植物三倍体胚乳细胞同样具有潜在的全能性。

1968 年，Bergmann 首创了植物细胞平板培养技术（petri dish plating technique），这一技术是将悬浮培养细胞以较低的细胞密度均匀地分散在一薄层固体培养基中进行培养。平板培养使得对植物进行单细胞克隆和培养成为可能，这一技术已作为目前植物单细胞无性系建立的主要方法而广泛应用于植物细胞和原生质体培养中。这一时期另一个值得注意的工作是 Murashige 和 Skoog（1962）发明了促进烟草组织快速生长的 MS 培养基。这一培养基有广泛的适应性，直到今天一直是广泛用于不同植物的不同组织、细胞和器官培养的基本培养基。

20 世纪 60 年代植物组织培养技术的深入发展，开拓了植物科学研究的新领域，并促进了一些新产业的产生。

离体培养条件下，存在于花药组织中的花粉细胞或游离的花粉粒改变正常的发育进程转向产生胚状体，进而形成完整植株，证明单倍体细胞和正常的双倍体细胞一样，也具有潜在的全能性。而且由这一途径获得的单倍体（haploid）植株通过染色体加倍后可获得基因型完全纯合的双倍体，这一事实也给高等植物突变和遗传育种开辟了新的研究途径。20 世纪 70 年代至今，通过花药培养单倍体育种已从烟草、水稻、玉米、小麦、大麦、油菜等主要农作物和蔬菜作物中培育出了优良品种。花药培养也是植物分子遗传学研究群体——DH（双单倍体，double haploid）群体构建的重要途径，利用花药培养构建的 DH 群体已在作物抗旱、抗逆、高产、抗早衰等 QTL（quantitative trait loci，数量性状基因位点）分析定位及抗病、优质性状等重要性状的分子标记、分子作图、基因克隆等方面发挥作用。同时，通过花药培养获得的单倍体细胞无性系也是植物遗传饰变和遗传转化的良好受体材料。

以植物原生质体为受体，进行植物细胞器的转移，开创了植物细胞拆合研究的新领域。Potrykus 和 Hoffmann（1973）首次从矮牵牛叶肉细胞原生质体中分离出了细胞核，在存在溶菌酶和等渗甘露醇的条件下，矮牵牛叶肉细胞原生质体的细胞核可进入到矮牵牛、粉兰烟草和玉米原生质体中，虽然这一工作是在有菌条件下进行的，且成功率极低，但他们为细胞器的移植工作做了开拓性的尝试。几乎同时，Potrykus（1973）将正常矮牵牛叶绿体转移到白花突变体的叶原生质体中，发现在 0.1%～0.5% 的原生质体中，有 1～20 个正常的叶绿体。Carlson（1973）将白花突变的烟草叶原生质体与另一种野生型烟草叶绿体共培养，叶绿体被摄入到白化烟草的原生质体中，结果得到再生的花斑绿色植株，从而认为叶绿体在受体细胞质中行使了正常的复制和生物学功能。再生植株中发现了具有两种烟草 1，5-二磷酸核酮糖羧化酶的大亚基，但在叶提取物中也发现了两种烟草 1，5-二磷酸核酮糖羧化酶的小亚基多肽，这表明在细胞器转移时，也发生了核的转移。这些开创性的工作，引起了以后这一方面的大量研究。通过植物原生质进行细胞器的移植虽然在技术上以及在亲缘关系较远的植物间还存在许多问题，但这一技术作为植物细胞工程的一部分，将有着深远的意义。

植物细胞与组织培养过程中广泛的体细胞无性系变异（somaclonal variation）及植物细胞和组织培养技术的成熟，使得用研究微生物的方法来研究高等植物问题成为可能，也开创了植物细胞突变体的选择与利用研究的新领域。1959 年，Melchers 和 Bergmann 首先报道了从金鱼草悬浮培养细胞筛选温度突变体的尝试。Carlson（1970）将单倍体（占 60%～85%）烟草细胞悬浮培养物用 EMS（甲基磺酸乙酯）诱变后，从中选择出了渗漏型的营养缺陷型。同年，Helmer 等报道了以硝酸盐作为惟一氮源时，从自发突变中分离出了抗苏氨酸的烟草细胞系。Binding 等（1976）报道从单倍体矮牵牛愈伤组织中，分离出了抗链霉素的细胞突变体。1977 年，Heinz 和 Mee 从甘蔗体细胞无性系中选择出了抗斐济病和霜霉病的株系。1981 年，Larkin 和 Scowcroft 提出了体细胞无性系及体细胞无性系变异的概念，之后，高等植物细胞无性系变异及其选择和利用的研究领域逐渐发展起来，筛选出了大量的、有实用价值的抗病、抗除草剂、抗氨基酸过量合成、抗胁迫（耐盐、抗寒、抗旱、抗金属离子等）突变体。这是细胞培养技术高度发展与细胞工程和遗传学密切结合的产物，是植物细胞工程创建新种质资源的一个组成部分。

植物细胞全能性的证实和各种植物细胞和组织离体培养再生的事实，使得人们在植物细胞水平上进行的遗传改良在个体水平上表达成为可能。也促使了植物组织培养技术与基因工程技术的很快结合，开创了植物遗传转化（plant genetic transformation）研究的新领域。1981 年，Haseawa 等用溶菌酶处理农杆菌获得了去壁的球质体（spheroplast），与悬浮培养的长春花（Vinca rosea）细胞原生质体混合，经 PEG 诱导，农杆菌球质体进入长春花细胞原生质体并释放出遗传物质。利用同样的方法，Baba（1986）用农杆菌球质体转化水稻原生质体，在转化组织中检测到冠瘿碱合成酶活性，表明 T - DNA 已整合到水稻细胞染色体上并且表达。Fraley 等（1983）将切除了 T - DNA 上致瘤基因、代之以外源基因的根癌农杆菌与预培养 2 d 的矮牵牛原生质体共培养，从转化细胞中再生出了完整可育的植株。Paskowski（1984）和 Potrykus（1985）应用体外重组、含高效表达启动子和选择标记基因的重组 DNA 在 PEG 诱导下转化烟草细胞原生质体，获得了有外源基因的再生植株，并观察到外源基因在烟草中的表达遗传符合孟德尔定律。同时，Fromm 和 Langridge（1985）等首次应用电激法（electroporation）、Lawrence 等（1985）以及 Crossway（1986）应用微注射（microinjection）技术将外源 DNA 转入植物原生质体并获表达。植物原生质体已成为植物遗传转化的重要受体，在植物分子改良中发挥着越来越重要的作用。1985 年，Horsch 首创了农杆菌介导的叶盘共培养法（leaf disk cocultivation），这一技术是直接利用植物叶圆片或茎圆盘组织与农杆菌共培养转化，然后将转化细胞再生成完整植株，因而使双子叶植物的遗传转化研究有了长足的发展。1987 年，Sanford 设计的火药基因枪问世，基因枪（gene gun）转化是利用高速微弹直接将目的基因转入受体细胞，因此，植物悬浮培养细胞、愈伤组织、幼胚组织及中间繁殖体等都是其转化的良好受体，这使得农杆菌难以转化的禾谷类作物和双子叶植物的遗传转化有了重大突破。1991—1994 年，Kuhlmann 等、Fennel 等、Jahne 等以油菜离体培养的小孢子为外源基因的受体，进行了油菜转基因研究，外源基因导入小孢子经培养再生后，能获得单倍体转基因株，加倍后即可获得转基因纯系，加快了基因工程育种速度，提高了转基因植物检测的效率和可靠性。近年来，以植物组织培养技术为基础的植物遗传转化技术日趋完善，各种不同类型的转基因植物相继问世，转基因抗虫棉、抗除草剂大豆、保质番茄等一批优良的转基因品种已在国内外广泛种植，取得了巨大的经济效益和社会效益。以植物组织培养技术为基础的植物遗传转化已成为植物分子改良的一个重要手段，在作物遗传育种中发挥着重要作用。

20 世纪 50 年代从胡萝卜细胞悬浮培养中获得体细胞胚（somatic embryo，SE）的事实，使人们应用体细胞胚作为潜在的植物繁殖系统的概念逐步形成。1977 年，Murashige 首次提出了研究人工种子（artificial seed）的设想并指出，在实际应用中，这种无性克隆的繁殖方法必须是高效的、能够每日生产上百万的种子结构，且在经济上与由合子胚构成的种子相比也是具有竞争力的。20 世纪 70 年代中，K. Walker 等研究了苜蓿的 SE 技术，他们通过苜蓿体细胞培养，重演了合子胚的发生过程。之后，人们在胡萝卜、烟草、芹菜等作物上建立了进行大规模生产 SE 的培养技术。1984 年，Redenbaugh 等经过对多种包埋剂的筛选，首次使用了透水性好的海藻酸钠（alginate）为包埋剂，并制成了含单个胚的胡萝卜人工种子。目前用海藻酸钠包埋的胡萝卜人工种子在无菌条件下的发芽率可达 75% 以上（李修庆，1989）。虽然植物 SE 人工种子的生产还有许多理论和技术问题需要解决，但这种通过无性克隆繁殖的、能高效、大规模工厂化生产的人工种子与合子胚种子相比具有更大的市场潜力，而它作为杂交种子的繁殖方式在保持品种杂合性及种子生产上是其他方式不能比的。

细胞悬浮培养（cell suspension culture）和单细胞培养（single cell culture）的成功，使得植物细胞像微生物那样在大容积的发酵罐中进行发酵培养以及将植物细胞作为一个生物反应器为人类大规模生产有用物质成为可能。一方面利用植物细胞的某种特定功能可以生产植物次生代谢物或利用转基因植物外源基因特性生产目的产品，另一方面可利用植物细胞特有的生化代谢特性进行生物转化。1956 年，Routier 和 Nickell 首次提出一份将植物细胞培养当做一个工业合成天然产物途径的专利报告后，于 1959 年开发出一个较大规模（20 L）的植物细胞培养系统。1962 年，Byrne 和 Koch 报道了用 New Brunswick 发酵器成功地进行了植物细胞的发酵培养。1983 年，日本三井石油化学工业公司使用 750 L 植物细胞反应器进行紫草细胞培养来工业化生产紫草宁，从而使植物细胞培养技术由试验进入生产阶段。植物细胞培养物已被证明能生产许多有用的次生代谢物，包括生物碱、糖苷、萜类化合物、各种佐料、香精、农用化学品、商业植物杀虫剂等。在利用毛地黄培养细胞进行强心苷生物转化，利用细胞培养商业化生产紫草宁、长春花新碱、除虫菊酯、紫杉醇、白藜芦醇等以及利用细胞培养方法生产有用物质的研究方面已取得了很大的进展。

离体微繁殖（propagation in vitro）技术的发展，特别是 Morel 提出的利用茎尖快速无性繁殖兰花属花卉的方法，也导致了一批兰花工业（orchid industry）产业的形成，在其高效益的刺激下，香蕉工业、花卉等植物的工厂化试管繁育得到了迅速的发展，国内外已有上千个苗圃经营者采用这一技术来大量繁殖各种观赏植物及其他苗木，成为创造巨大财富的工厂化企业。据初步统计，从 20 世纪 60 年代至今人们已用各种微繁技术成功培育了 1 226 个属的 2 776 种植物；欧美等国的许多花卉已基本实现试管产业化的生产。离体微繁殖发展的另一个重要的技术是 1982 年 Kim 报道的马铃薯试管微薯（microtuber）的诱导技术，这一重要工作开创了植物试管茎研究的新领域，尽管常规培养条件下试管原球茎的形成在 20 世纪 60 年代 Morel 的兰花培养中已发现，并已成为兰花试管快繁的主要形式，但这一技术对那些常规培养不能产生试管茎的地下茎繁殖植物通过诱导产生试管茎进行微繁殖提供了新途径。马铃薯试管薯作为一种重要的试管微繁方式已走向应用。在试管薯研究与利用的带动下，近年来，一些重要植物，特别是药用植物试管微茎的诱导和利用研究有了长足的发展，试管藕、地灵试管茎、半夏试管茎、魔芋试管微球茎、马蹄莲试管块茎、怀山药试管块茎、芋试管球茎、试管姜等相继诱导成功。20 世纪 80 年代末，另一个微繁新技术被日本千叶大学 Kozal 教授发明，这个被称为无糖快繁技术的新技术是在培养基中不用添加糖和生长调节物质，只是通过提高培养空间的光照度、CO_2 浓度、温度和湿度，以及气流交换速度等来增强组培植物的光合速率，从而促进微繁植物的增殖、生长和发育。无糖快繁技术开创了一个全新的植物微繁新领域，尽管这一技术在许多方面还需要完善，但它在一些方面所表现出来的优点，是常规试管微繁技术所不能比的，相信它将发展成为一个具有重要应用潜力的快繁技术。

综上所述，从 1902 年 Haberlandt 提出植物细胞全能性观点以来，植物组织与细胞培养经过 100 多年漫长而艰难的发展，已成为理论基础完备、实验手段先进、应用成效显著的生物科学的重要分支。一方面，在理论上探讨细胞的生长、分化的机理以及有关细胞生理学和遗传学问题，并与其他生物学学科相结合开创了多个生物科学研究新领域或新学科。另一方面，在生产上，组织与细胞培养中的一些技术已经得到有效应用，产生了巨大的经济效益和社会效益，植物组织与细胞培养领域内的研究近年来已越来越多地吸引着农业、生理、生化、细胞、遗传育种以及发酵、医药等各部门有关研究工作者的重视。其结果使这一较早在植物生理研究方面发展起来的技术，正在植物科学各个研究领域及生产实践中得到越来越广泛的应用。

第四节　植物组织与细胞培养在科学和生产发展中的作用

植物组织与细胞培养的深入研究，在不断完善自己的学科体系的同时，推动了整个生物科学和相关科学的发展，也在生产实践中发挥了重要的作用。

植物组织与细胞培养，应用了微生物学的基本研究方法，实现了高等植物被不断分割，直至单个细胞的可能，单细胞水平上的遗传操作在再生个体上的表现及原生质体的融合等，使人们对生物界的统一性有了重要的认识，也使人们更深入地了解了高等植物的遗传变异规律，扩大了高等植物遗传变异的研究与利用范围，促进了遗传学的研究和发展。

植物组织与细胞的离体培养，为高等植物器官形成与发育研究提供了新途径，也为细胞生物学、植物胚胎学、植物发育生物学、植物繁殖学、植物生理学、植物生物化学等重要学科提供了新的技术和方法，使得原来在个体水平上不能研究的问题，在器官、组织、细胞和亚细胞水平上得以研究，拓宽了有关学科的内涵和外沿，促进了相关学科的发展。

植物组织与细胞培养的深入研究，极大地促进了植物遗传育种学科的研究和发展，在花药培养、细胞培养、胚胎培养等组织与细胞培养技术上发展起来的单倍体育种、细胞突变体的选择、原生质体融合、胚拯救、试管受精、离体脱毒等细胞工程育种技术已成为高等植物育种的重要方法，极大地扩充了传统的植物遗传育种的概念和内涵，将植物遗传育种利用的遗传资源扩充到有性杂交之外，甚至整个生物界，促进了植物遗传育种学科的发展。

植物组织与细胞培养的深入研究，奠定了植物基因工程学科的基础，植物细胞的全能性及植物组织与细胞离体培养再生，使得在组织和细胞水平上的高等植物遗传转化在个体水平上的表达成为可能。目前高等植物遗传转化的主要方法是农杆菌介导和基因枪转化，就是在植物组织与细胞培养的基础上发展起来的。可以这样认为，没有植物组织与细胞培养的成功，就不可能有今天的植物基因工程技术。在植物组织与细胞培养基础上发展起来的植物转基因技术，也使得高等植物作为传统的粮食、油料生产载体的重要功能发生了改变，高等植物作为一个重要的生物反应器，生产重要药物、口服疫苗及工业原料的概念已经形成并已开始实践。

植物试管克隆技术和人工种子技术的建立和应用，开创了植物大规模、工业化繁育和生产的新途径，极大地提高了植物繁殖效率和质量，引起植物繁育上的重大变革。植物细胞培养技术的发展，使得发酵工程不仅仅局限于传统的微生物，利用植物细胞的特定生化功能，进行植物细胞发酵生产重要药物、食品添加剂及重要原料的研究与利用，使发酵工程的内容和产品极大地丰富了。

在生产实践上，植物组织与细胞培养成熟技术的应用，已取得了重大的经济效益和社会效益。从 20 世纪 70 年代开始，我国利用单倍体育种技术培育了一批高产、优质的烟草、水稻、大麦、小麦品种，我国培育的水稻花育 1 号和小麦京花 1 号等世界第一代细胞工程品种以及近几年通过单倍体育种培育的一系列水稻、小麦品种在我国粮食生产中发挥了巨大作用。同时，植物细胞突变体的选择及原生质体融合等技术创造了一大批重要作物的种质材料，成为植物育种利用的重要遗传资源。

植物试管克隆繁育与试管脱毒技术是植物组织与细胞培养技术在生产上成功应用的另一个方面。据初步统计，全世界规模生产的重要植物、花卉种类有 60 余科，近千种。到 2002 年，组培苗的年产量已超过 10 亿株。我国也建成了香蕉、葡萄、苹果、桉树、兰花、马铃薯、甘蔗等植物 10 余条微繁生产线，年供试管苗几亿株，其中，香蕉及一些花卉试管苗已进入国际市场。

植物组织与细胞培养，也使植物种质保存技术的内涵和方法发生了重大变革，将植物种质保存从个体水平提升到组织水平和细胞水平，从大田繁殖保存发展到室内培养保存，克服了常规种质资源保存中费人、费力、占用土地及资源且易丢失的缺点，使得在较小的空间、较长时间稳定大量保存植物种质成为可能。

应用植物细胞发酵生产次生代谢产物和生物转化生产生物碱、糖苷、萜类化合物、各种佐料、香精、农用化学品、商业植物杀虫剂等是植物细胞培养在实践中的重要应用，紫草宁、除虫菊酯、人参苷、白藜芦醇等重要次生代谢物细胞发酵生产、利用毛地黄培养细胞进行强心苷生物转化等已在生产上应用，具有显著的经济效益和社会效益。这方面的进一步发展，将像工厂化试管繁育技术一样，形成有巨大的商业利润和经济社会效益的新兴产业。

◆复习思考题

1. 何谓植物组织与细胞培养？

2. 植物组织与细胞培养包含哪些内容？

3. 何谓植物细胞的全能性?

4. 植物组织与细胞培养的发展经过了哪几个重要阶段?

5. 20 世纪 30 年代哪些重要工作为植物组织与细胞培养的发展奠定了基础?

6. 简述 Skoog 和 Miller（1957）提出的有关植物激素控制器官形成的理论及意义。

7. 试述植物组织与细胞培养在科学和生产发展中的作用。

◆ 主要参考文献

[1] 中国科学院上海植物生理研究室编译. 植物组织和细胞培养. 上海：上海科学技术出版社，1978

[2] 焦瑞身等. 细胞工程. 北京：化学工业出版社，1989

[3] 谭文澄，戴策刚等. 观赏植物组织培养技术. 北京：中国林业出版社，1991

[4] 朱至清. 植物细胞工程. 北京：化学工业出版社，2003

[5] 肖尊安. 植物生物技术. 北京：化学工业出版社，2005

[6] 张献龙，唐克轩. 植物生物技术. 北京：科学出版社，2005

[7] Chawla H S. Introduction to Plant Biotechnology. 2nd ed. Science Publishers, Inc. 2002

[8] John H Dodds，Lorin W Roberts. Experiments in Plant Tissue Culture. London/New York：Cambridge University Press，1982

[9] Indra K Vasil. Cell Culture and Somatic Cell Genetics of Plants，Volume 3，Plant Regeneration and Genetic Variability. Academic Press，Inc. 1986

[10] Evans D A，Sharp W R，Ammirato P V. Handbook of Plant Cell Culture，Volume 4. Techniques and Applicartions. New York：Macmillan Publishing Company，1986

[11] Narayanaswamy S. Plant Cell and Tissue Culture. New Delhi：Tata McGraw-Hill publishing Company Limited，1994

[12] Rashid A. Cell Physiology and Genetics of Higher Plants，Volume Ⅰ，Ⅱ. Florida：CRC Press，Inc. 1988

[13] Robert N，Trigiano，Dennis J Gray. Plant Tissue Culture Concepts and Laboratory Exercises. 2nd ed. CRC Press，Inc. 2000

第二章 实验室及基本技术

植物组织与细胞培养是对植物器官、组织、细胞甚至原生质体进行的离体操作与培养，并使其生长、发育形成完整植株的技术，要求严格的无菌条件和良好的培养条件，必须有最基本的实验室、实验仪器和设备，同时应熟练掌握基本的操作技术。

第一节 实验室的设计

一、实验室的设计

植物组织与细胞培养对环境控制和操作技术要求很高，环境控制包括温度、光照、营养、湿度等的控制，操作技术包括洗涤技术、灭菌技术、无菌操作技术、培养基配制技术以及外植体消毒、接种、培养技术等，因而必须具备一定的设备和条件，方能顺利开展实验研究及生产。植物组织培养实验室与其他各类实验室相似，但在操作技术方面有特殊要求，在连续的操作过程中保持不污染是其特点及关键。

完整的植物组织培养实验室通常包括洗涤室、准备室、接种室、培养室、细胞学实验室等部分。但从功能上至少包括准备室、接种室及培养室3个实验室，并且按顺序排列，在准备室与接种室之间应留有缓冲空间。此外，工业化生产还需有相应的发酵设备及用于栽培试管苗的专用花房、遮阳棚等。实验室的大小和设置可根据工作的性质和规模自行设计，无统一的标准（图2-1）。基本要求包括：①房间面积依规模而定，房间排列则要遵从工作的自然程序，使之成为一流

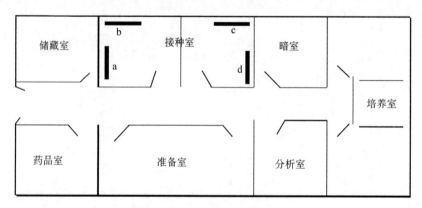

图2-1 植物组织与细胞培养实验室总体布局示意图

a～d. 超净工作台

畅的工作线，如器皿洗涤室→培养基配制室→材料准备室→无菌操作室→培养室→细胞学观察室；②实验室应清洁，远离尘埃；③实验室能有效地进行温度、光照和湿度的控制；④实验室设计应最大限度的节省能源，减少消耗，降低费用。

二、无菌操作室

无菌操作室也叫接种室，其功能是进行植物材料的分离、消毒、接种和培养物的继代、转接等。由于植物组织与细胞培养往往需长时间的无菌操作，因此保持接种操作时的无菌条件就显得十分重要。接种室一般有直接使用和间接使用两种方式。直接使用是指所有的操作在接种室内的操作台面上完成，因此要求封闭性好，干燥清洁，能较长时间保持无菌；每次使用前必须对接种室空间、操作台面严格进行彻底消毒灭菌；操作人员进入室内必须穿戴消毒衣帽、口罩及拖鞋，进出接种室不能过于频繁；植物材料则应在室外整理、清洗后方能带进室内。直接使用法使用空间大，要求无菌条件极其严格，适于大规模接种。间接使用是指接种室内放置超净工作台，所有的操作是在超净工作台内完成，因而接种室只须定期灭菌，使用前清扫、擦洗干净即可。间接使用法对接种室的要求相对宽松，目前广为采用。

接种室不宜过大，其规模视实验需要而定。一般设内外两间，外间小，为缓冲间。内间大，为接种室，一般 20 m^2 左右或更大。接种室墙壁应光滑平整，地面铺瓷砖，便于清洁。为保证无菌环境，最好安装移动门，并且门与窗或门与门错开，使室内空气不对流，缓冲间与接种间以玻璃相隔，便于瞭望。缓冲间放置工作服、帽、拖鞋，并安装紫外灯，定期消毒。接种室内设置操作台或放置超净工作台，台面放置酒精灯、消毒瓶、消毒液、接种工具、培养瓶等。接种室一般应配备离心机、抽气泵等基本设备。室内一般每 5 m^2 左右安装一支 30 W 的紫外灯，即可达到良好的灭菌效果。

三、化学实验室

化学实验室又叫准备室，其功能是进行实验准备及用于植物组织培养所需器具的洗涤、干燥和保存，培养基的配制、分装和灭菌，试管苗的出瓶及整理，化学试剂的存放及配制，重蒸馏水的生产，待培养植物材料的预处理及培养物的常规生理生化分析等操作。化学实验室要求宽敞明亮，通风条件好。室内应有实验台、水槽、超声波洗涤仪、晾干架、放置各种培养器具的橱柜、药品柜、电热鼓风干燥箱、各种冰柜、天平、液氮罐、酸度计、移液器、电炉、水浴锅、微波炉、磁力搅拌器、培养基分装装置、灭菌消毒器、蒸馏水器等，有条件的可单独设药品室、天平室、洗涤和灭菌消毒室，以防天平、药品受潮。

四、培　养　室

培养室是植物组织和细胞培养物生长、发育的场所，其大小根据研究和生产规模确定，设计应以充分利用空间和节省能源为原则，因此最好设在向阳面，并应有隔热性能（保温）。高度以比培养架略高为宜，墙壁地面光洁无缝，墙壁和天花板应具防火性能。室内安装培养架、日光灯、空调、紫外灯等设备。若是试管快繁，应尽量采用自然光照，以节约能源消耗。不同植物组织培养物所需光、温条件不同，当同时培养多种植物材料时，可设置多个小房间，这样便于根据不同植物控制光照与温度。

培养室可分隔出一定的空间放置光照培养箱或小型的人工气候箱，用于植物原生质体培养、单细胞培养及遗传转化材料的培养。光照培养箱或小型的人工气候箱能有效控制光、温、湿条件。

五、细胞学实验室

细胞学实验室用于进行培养物生长情况的显微观察、照相、细胞学鉴定等研究工作。室内配置体视显微镜、普通显微镜、倒置显微镜、荧光显微镜、配套显微照相装置、数码相机、切片机及配套制片、染色用品等。室内要求清洁、干燥、明亮、安静，以保证光学仪器不振动、不受潮、不污染。

六、洗 涤 室

有一定规模的植物组织培养室都设有专用洗涤室，专供辅助人员进行洗涤工作和储藏洗净的培养器皿。洗涤室应设置较大的洗涤池、工作台架、玻璃瓶、试管晾干架、大型烘箱等。

第二节 离体培养的基本设备

一、基本操作设备

1. 超净工作台 超净工作台具有灭菌效果好、使用方便、操作灵活等优点，是目前广泛使用的一种植物组织与细胞培养的无菌操作设备。超净工作台一般由鼓风机、过滤器（粗滤器过滤大尘埃，高效过滤器过滤大于 $0.3\ \mu m$ 的颗粒）、操作台、照明灯、紫外光灯等组成。按风幕形成的方式分为垂直式和水平式两种，按其规格大小又有单人式、双人单面式、双人双面式、多人

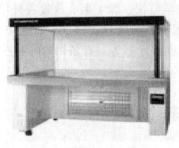
双人单面超净工作台

双人双面超净工作台

图 2-2 超净工作台

式（图 2-2）等几种。超净工作台以过滤装置净化空气，在操作者和操作台之间形成无菌风幕，保证台面及其上空呈无菌空间。超净工作台的过滤器主要是用来吸附空气中的微生物，使用时间久后会引起堵塞，需及时更换。

2. **细胞融合仪**　细胞融合仪是在动物、人类医学及植物中进行细胞、原生质体电融合的基本设备（图 2-3）。它的基本原理是将一定密度的两亲细胞或原生质体悬浮液置于细胞融合仪的融合小室中，开启单波发生器使融合室处于低电压的非均匀交变电场中，使细胞或原生质体发生极化并彼此靠近，之后给以瞬间的高压直流电脉冲使细胞或原生质体膜接触面发生可逆性的击穿而导致细胞或原生质体的融合。电融合的主要参数有交流电压、交变电场、交变电场的作用时间、直流高频电压、脉冲宽度、脉冲次数等。细胞融合仪的种类较多，不同细胞融合仪的参数可调范围也不同，供试的植物材料不同，原生质体电融合的参数也不一样，这要在实践中不断摸索。

图 2-3　细胞融合仪

3. **基因枪**　基因枪（gene gun）是高等植物遗传转化的基本设备。目前使用的基因枪有几种类型，高压放电、压缩气体驱动的基因枪使用广泛。基因枪转化的基本原理是通过高压气体等动力，高速发射携带有重组 DNA 的金属颗粒（金粉或钨粉）轰击植物组织、细胞等受体，将外源基因直接导入受体细胞并整合在受体细胞染色体上。最早商品化以氦气作动力的基因枪 PDS-1000（图 2-4），利用高压氦气推动携带有微粒的塑料大颗粒载体盘朝目标细胞方向加速，推进大颗粒载体的氦气压力由所使用的不

图 2-4　Biolistic PDS-1000/He 基因枪

同破裂盘决定，破裂盘是一种可在特定压力下破裂的塑料密封体，终止屏可阻止大颗粒载体，使微粒可以通过并转染靶细胞。为了提高这一进程的效率，可抽空转化室，使压力低于大气压力，从而当微粒打向靶细胞时可减少其摩擦阻力。经高压气体驱动的携带有重组 DNA 的金弹或钨弹，能穿透任何细胞或组织，包括植物的细胞壁，可对动物细胞、小的完整植物个体、培养物和外植体、酵母、细菌和其他微生物等施行基因转移。

二、灭菌消毒设备及瓶口封塞

常用的灭菌消毒设备包括高压蒸汽灭菌器、高温干燥箱、细菌过滤器、紫外灯等。

1. **高压蒸汽灭菌器**　高压蒸汽灭菌器是组织培养中最基本的设备之一，用于除培养材料外的几乎所有物品的消毒，如培养基、玻璃器皿、接种器械、服装衣帽、蒸馏水等。有大型卧式、中型立式、小型手提式多种，可依据自身的工作规模和财力来选用。如果不是进行试管苗的工厂化生产，在组织培养实验室中通常用手提式蒸汽灭菌器（图 2-5）和全自动立式灭菌器。手提式蒸汽灭菌器大多为内热式，若配一个调压变压器和定时钟，就可提高工作效率，实现半自动灭菌

操作。立式灭菌器种类较多（图2-6），目前使用也很普遍，灭菌原理与手提式蒸汽灭菌器相同，温度、压力和时间事先设定，使用方便，工作效率高。

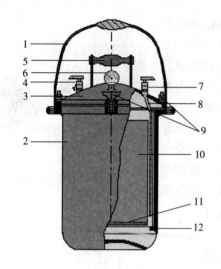

图 2-5　手提式蒸汽灭菌器及其构造图

1. 弹簧手柄　2. 器身　3. 器盖　4. 安全阀门
5. 手柄　6. 压力表　7. 排气阀门　8. 排气软管
9. 紧固螺栓　10. 灭菌筒　11. 筛架　12. 底架

图 2-6　立式高压灭菌器

2. 高温干燥箱　高温干燥箱又称烘箱，是利用高温干燥的热空气进行消毒的设备。高温干燥箱包括数字显示和温度计显示两种。通常高温干燥箱的外壳是由双层金属壁做成，在金属壁间填充石棉用于隔热。箱顶部有温度计和通气孔。干燥箱装有温度调节器，可以自动控制温度，并设有鼓风设备，可使热气均匀流动。箱底装有电阻丝做热源。此设备主要用于玻璃、金属、木制和瓷器的灭菌。此外，也常常利用高温干燥箱烘干急需的玻璃器皿，在80～100 ℃下保持1～2 h即可。

3. 细菌过滤器　细菌过滤器主要是对液体培养基、酶液等进行过滤消毒的装置，组织培养中常用的细菌过滤器是滤膜过滤器，主要由微孔滤膜（由醋酸纤维素和硝酸纤维素制成）和支座构成（图2-7）。

图 2-7　可换膜针头细菌过滤器

常用滤膜微孔直径有 0.22 μm 和 0.45 μm 两种类型。细菌过滤器的原理是将带菌的液体或气体通过孔径小于 0.45 μm 微孔滤膜，使杂菌受到阻隔留在滤膜上而液体或气体进入无菌容器内，从而达到除菌目的。细菌过滤器常用于热不稳定物质的除菌，如某些植物生长调节剂（IAA、ZT、ABA）、抗生素、天然有机添加物、酶制剂等。其用法是将滤膜安装在支座上，用铝箔、牛皮纸或报纸包好或装入一个大小合适的有螺丝盖的玻璃瓶内，进行高压消毒。过滤器消毒温度十分重要，不应超过 121 ℃。在超净工作台上把消毒过的过滤器安装到注射器（洗净晾干）插针头的位置上，将有菌液体注入注射器内，推针筒使待过滤溶液滴入灭过菌的容器中。

4. 紫外灯　紫外灯是对实验室、超净工作台、培养室等空间进行消毒的一种重要消毒装置，可固定在室内，也可固定在移动架上。紫外光能诱发生物遗传物质 DNA 的变异，强剂量照射能杀死微生物而达到除菌的目的。一般每 5 m^2 左右安装一支 30 W 的紫外灯，照射 30 min 即可达到良好的除菌效果。

5. 瓶口封塞　瓶口封塞有多种形式，原则是能防止培养基干燥和杂菌污染，并适宜植物生长、分化。有螺丝口瓶盖、棉塞、透气封瓶膜、聚乙烯塑料薄膜、铝箔、硫酸纸、羊皮纸、牛皮纸、报纸等。螺丝口瓶盖方便耐用，尤其透气性螺丝口瓶盖对幼苗生长有利，但价格稍贵。棉塞是纱布包被棉花团，塞上瓶口后外包一层牛皮纸或报纸并用牛皮筋或线绳扎住。棉塞可反复使用，价格便宜，透气性好，适宜试管苗生长，但操作繁琐，费时费工，只适用于细口瓶的封口。透气封瓶膜是一张特别的方形塑料纸，中央有一个圆形微孔滤膜片（大小与瓶口匹配），能经受高温消毒，可反复使用，效果很好。聚乙烯塑料薄膜、果酱瓶瓶盖、铝箔封口等均不透气，但方便，可反复使用。帕拉胶片 ParafilmY 也叫蜡膜，伸展性强，不能进行高温灭菌，仅用于培养皿的封口，为一次性使用，价格较贵。

三、培养设备

培养设备是指专为培养物提供适宜生长的光、温、水、气等环境条件的设备，主要包括下述几种。

1. 光照培养箱　光照培养箱多用于小规模培养，如原生质体培养、单细胞培养、遗传转化及一些名优珍稀植物的外植体分化培养和试管苗生长试验。有可调湿和不调湿两种规格。选择光照培养箱，主要应考虑培养箱的容积、光照度、控温范围、控温精度等技术指标（图 2-8）。

2. 人工气候箱　条件许可的话，还可采用全自动调温、调湿、控光的人工气候箱来进行植物组织培养和试管苗快繁。

3. 培养架　培养架是培养室内放置大量培养容器，对离体材料进行培养的重要设施。培养架可用塑钢、铝合金、不锈钢等材料制作，但应漆成白色或银灰色，每层隔板可用玻璃、木板或不锈钢丝网制成。根据空间高矮设计层数，最低一层离地 20 cm，以后每层间隔 40～45 cm。培养架上一般采用白色荧光灯作为光源，光源设计在培养物的上方。培养架长度以安装的日光灯长度为准，如采用 40 W 日光灯，则长 1.3 m，灯管距离隔板约 40 cm 处。宽度依工作情况设计，一般安装 3～4 支日光灯，日光灯间距 20 cm，这时的光照度 2 000～3 000 lx，符合大多数组织培养对光的需求，培养架在室内平行排列（图 2-9），可采用自动定时器控制光照时间。

图 2-8 光照培养箱   图 2-9 组织培养培养架

4. 摇床（振荡器）或转床 摇床或转床是液体培养必不可少的重要设备。在进行液体培养时，培养材料浸入溶液中，会引起氧供应不足，为改善通气条件，常用旋转床或振荡器（图 2-10）。旋转床是将培养容器固定在缓慢垂直旋转的转盘上，做 360°旋转，通常每分钟转一周。随着旋转，培养材料时而浸入培养液里，时而露于空气中。振荡器做水平往复式振荡，振动速度可控制，60～120 次/min 为低速，120～250 次/min 为高速。振荡器主要通过振荡促进空气的溶解，同时使培养材料上下翻动，消除植物向重力。如在兰花组培时，利用摇床进行液体培养可使兰花的原球茎得以快速繁殖。

恒温振荡器   双层振荡器   单层振荡器

图 2-10 各种振荡器

5. 生物反应器 生物反应器是用于较大规模细胞培养及毛状根培养的装置，规格型号较多。应用于植物细胞悬浮培养的生物反应器主要分为 3 种：机械搅拌式、鼓泡式和气升循环式（图 2-11），用于实验室的生物反应器一般在 5～100 L 范围内。

6. 其他

（1）空调 空调供升温及降温用，可保持室内恒温。组织培养物需要保证一定的温度和光照，一般 20～30 ℃，确保室内温度均衡一致。

（2）加湿或除湿设备　加湿或除湿设备用于改善培养室湿度。培养室的湿度也是一个值得考虑的问题，特别是在冬季，空气干燥，湿度很低，容易造成试管或培养容器内培养基干涸，因此应安装加湿器，使培养室内湿度保持在 70%～80%。

（3）暗培养室　有条件的可增设一个暗培养室，作为那些不需光照的培养物培养场所，如某些愈伤组织的诱导等。

（4）温室大棚　温室大棚用于试管苗的驯化、移栽。室内最低温度应控制在 15 ℃ 以上，相对湿度在 70% 以上。

图 2-11　生物反应器

四、常规设备

1. 天平　植物组织培养需要配制大量的培养基，这就需要根据培养基中添加物质的量使用不同类型的天平。植物组织培养实验室多使用电子天平（图2-12），其不但精度高，而且称量方便，准确，快捷。电子天平有各种类型和规格，使用方法简单方便。感量为 0.1 g、0.01 g 的电子天平多用于大量元素、琼脂、蔗糖等的称量；感量为 0.001 g、0.000 1 g 的多用于称取少量药品，如植物激素、微量元素和有机物的称量。

2. 显微镜　显微镜是植物组织与细胞培养中培养组织、细胞制片观察、细胞及原生质体生长动态观察及微小组织、细胞解剖分离的重要设备。常备的除普通光学显微镜外，还应具备带有摄像装置的显微摄像显微镜、倒置显微镜、荧光显微镜、可进行显微解剖的实体显微镜及实体显微摄影显微镜。

3. 纯水器　水中常含有无机物和有机杂质，如不除去，势必影响培养效果。因此，在植物组织与细胞培养中常要求使用蒸馏水或去离子水。蒸馏水可用金属蒸馏

0.01 g 天平　　　　　0.000 1 g 天平

图 2-12　电子天平

水器大批制备。假若需求更高纯度的重蒸馏水，可用硬质玻璃双蒸馏水器制备。去离子水是用离子交换器制备的，成本低廉，但不能除去水中的有机物（图 2-13）。

4. 酸度计　培养基中的 pH 十分重要，因此在配制培养基时需要用酸度计来测定和调整培养基的 pH。一般实验室用小型酸度测定仪，既可在配制培养基时使用，也可测定培养过程中 pH 的变化。若是用于大规模生产，通常采用 pH 为 5.0～7.0 的精密试纸来代替。酸度计有台式、笔式、便携式等不同类型（图 2-14）。

图 2-13　纯水器　　　　　　　　　　　　　图 2-14　pH 计

5. **移液器**　移液器是制备培养基时移取母液的重要器具，有 10 mL、5 mL、2 mL、1 mL、0.5 mL、0.1 mL 等不同规格（图 2-15）。

6. **冰箱**　冰箱或冰柜是植物组织与细胞培养室必备的仪器设备，用于试剂、母液及贵重药品的保存，试验材料的处理、保存等。有条件的实验室除配备普通冰箱外，还应配备低温冰箱和超低温冰柜。普通冰箱主要用于存放母液、培养材料的低温处理；低温冰箱在 -18～-25℃存放酶制剂；超低温冰箱主要用于重要材料的超低温保存。

7. **其他**　植物组织与细胞培养室应配备用于细胞或原生质体培养的台式离心机（低速）2 000～4 000 r/min、真空泵、微波炉、普通恒

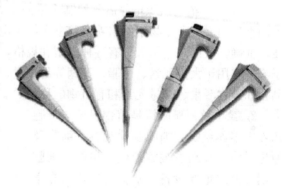

图 2-15　移液器

温箱、干燥箱、磁力搅拌器、培养基分装器、血细胞计数板等常用设备及各种试剂瓶、容量瓶、滴瓶、量筒、烧杯等常用的玻璃器皿。

五、培养器皿

培养器皿种类繁多（图 2-16），根据条件和需要选用。无论使用哪种器皿，均需遵循以下原则：①器皿应耐腐蚀，耐高温高压；②透明度好；③易于放入、取出外植体。

1. **三角瓶**　三角瓶广泛适用于多种形式的培养，如液体培养和固体培养。振荡液体悬浮培养常用 300 mL、500 mL 乃至 2 000～3 000 mL 的三角瓶，用得最多的是 100 mL 和 150 mL 三角瓶。三角瓶的优点是采光好，瓶口较小不易失水，主要适用于愈伤组织诱导、芽和幼苗培养。缺点是易破损，且瓶矮，不适于单子叶植物的长苗培养。

2. **太空玻璃（专用容器）**　太空玻璃采用高分子材料 PC 为主要原料生产，能反复使用不破

图 2-16　各种培养器皿

裂、不变形，寿命长，透光率高于玻璃器皿。其最大优点是不易破碎，适宜机械化洗瓶要求，有利于降低损耗和工厂化生产。

3. 果酱瓶或罐头瓶　其特点是瓶口大，操作方便，培养物生长健壮，且成本低，但初学者污染率较高。

4. 培养皿　目前有玻璃培养皿及耐高温、高压的塑料培养皿。常用直径为 40 mm、60 mm、90 mm、120 mm 的培养皿。培养皿适于单细胞固体平板培养、胚和花药培养及愈伤组织诱导培养、毛状根诱导及培养等。

5. 试管　植物组织与细胞培养用的试管要求口径大，长度稍短，以 2 cm×15 cm 或 2.5 cm×15 cm 为宜。若进行器官培养，由组织分化茎叶时，则需更大口径和较长的特殊试管。

6. 角形培养瓶　角形培养瓶主要用于液体培养，如单细胞和原生质体的浅层培养。常用规格有 20 mL 和 25 mL，形状各异。优点是可以在瓶外用显微镜观察细胞的分裂和生长情况，并便于摄影记录。

7. T 形管和 L 形管　进行转动培养时采用 T 形管或 L 形管，液体在管体中流动，使培养材料处于良好的通气环境中。

8. 细胞微室　细胞微室适于显微镜观察。将硬质玻璃切成小环，用凡士林和石蜡（1∶3）将其固定在载玻片上，上面再覆以盖玻片，盖玻片用凡士林封闭即成细胞微室。细胞微室的优点是便于在显微镜下观察培养物的生长过程。

9. 凹型载玻片　载玻片上制有一个或两个凹面，主要用来做细胞悬滴培养，上覆盖片，四周用凡士林和石蜡（1∶3）封闭，以保持微室内湿度。同样可观察培养物的生长过程。

六、常用器械

植物组织与细胞培养所用的接种工具，一般选用医疗和微生物实验室使用的工具（图 2-17）。

1. 不锈钢镊子　有 20～25 cm 的长型镊和枪型镊，10 cm、12 cm、15 cm 长的眼科直型镊和弯头镊、鸭嘴镊、尖头钟表镊等。尖头镊适于解剖和分离叶表皮；枪型镊由于其腰部弯曲，适于转移外植体和培养物。

2. 剪刀　有大、小解剖剪和弯头剪，适于剪取外植体材料。

3. 解剖刀（针）　解剖刀（针）有活动和固定两种。前者可以更换刀片（针），较适于分离

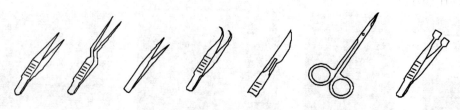

图 2-17　组织培养所用的接种工具

培养物；而后者则适于较大外植体的解剖。

4. 钻孔器　钻孔器用于钻取肉质茎、块茎和肉质根内部组织，如钻取胡萝卜的形成层。T形钻孔器，一套 6 个，直径 5～10 mm，用时注意消毒。取小组织时可采用眼科用套管。

5. 接种针　接种针为长柄，先端安装白金丝或镍制成的细丝；转移愈伤组织或细胞团可用不锈钢制成的小型接种铲（匙）。

第三节　植物组织与细胞培养的基本技术

一、洗涤技术

植物组织与细胞培养工作能否得到满意结果，关键是在实验过程中保证无菌，防止污染。因此，培养材料及所需培养用具都要洗净，严格消毒灭菌，防止一些有毒、有害化学物质（如重金属离子、酸碱等）对培养物的不利影响。

1. 洗涤剂　广泛使用的洗涤剂有肥皂、洗衣粉、去污粉、洗洁精、洗液、有机洗涤剂等。对于不太脏的玻璃器皿，可用肥皂液、洗衣粉液或洗洁精进行常规洗涤。对于较脏的玻璃器皿，需配制洗液进行特殊洗涤。

洗涤分为酸洗和碱洗。酸洗目前应用最多的是铬酸洗涤液，铬酸洗涤液是强的氧化剂，去污能力很强，但对油脂类物质无效。碱洗主要用肥皂液和去污粉，它们均是良好的去污剂，肥皂液在加热后去污能力更强。

2. 洗涤方法　由于组织培养过程中器皿的重复利用，特别是培养基中有机物质及培养组织分泌物在器皿上的附着，影响再次培养，导致实验结果产生误差，甚至使培养组织受到毒害。同时，新制玻璃器皿都有游离的碱性物质，也影响实验结果的准确性。因此，在实验前对使用的器皿进行洗涤就显得十分重要。

（1）铬酸洗液的配制方法　铬酸洗液有强液、中液、弱液 3 种。弱液：重铬酸钾 50 g 加入蒸馏水 1 L，加热溶解，冷却后再缓缓加入浓硫酸 90 mL。中液：重铬酸钾 10 g 加入蒸馏水 20 mL，加热溶解，冷却后逐渐加入浓硫酸 175 mL。强液：与浓硫酸加热的同时，缓慢地加入磨碎的重铬酸钾，直到重铬酸钾达到饱和为止，一般地，1 L 浓硫酸加入重铬酸钾 50 g，冷却后备用。配制好的洗液要放在有盖的玻璃缸中，洗液可反复多次使用，直至由红色变成绿色，方可作为废液倒入指定区域。

（2）各种器皿的洗涤

①新器皿的洗涤：用1‰盐酸液浸泡一昼夜，再用肥皂水洗，然后用清水反复冲洗，再用无离子水冲洗3次，干燥后备用。

②污染器皿的洗涤：洗涤前，应先在高压灭菌锅中灭菌，然后再洗涤。主要目的是将病菌孢子杀死，避免污染环境。

③油污等严重污染的器皿：先用碱洗（如用肥皂水洗除一般脏物），再用自来水充分冲洗后晾干，然后浸泡到铬酸液中2～24 h。若洗涤吸管等一类长器皿，可将洗液放于大标本缸内，把吸管装在防酸尼龙丝网袋里，一道浸入洗液内，浸好后取出，滴干洗液，盖好洗液缸，以免洗液吸水失效。然后，用流水将吸管冲洗干净。

④带石蜡或胶布器皿洗涤：将石蜡或胶布剥除，进行常规洗涤。或放在过量水中煮沸，趁热倒去沸水，反复数次后进行常规洗涤。也可放入铬酸洗涤液中浸几天后，再进行常规洗涤。

⑤载玻片和盖玻片的洗涤：载玻片和盖玻片体积小，薄而脆，易破裂，应分别洗涤。将载玻片和盖玻片放入水中煮沸，取出后洗净，再用90%酒精浸泡，干燥后擦净放入培养皿内烘干、消毒，或者浸在95%的酒精中，用时取出擦干。

洗净的玻璃器皿应透明发亮，内外壁水膜均匀，不挂水珠。

二、灭菌和消毒技术

1. 无菌操作室消毒

（1）紫外线消毒　紫外线消毒是环境消毒的常用方法。紫外线波长为260 nm，也是DNA分子吸收光波的高峰波段。DNA在吸收紫外光后，将其吸收的光能转变为化学能，引起DNA分子的结构变化。紫外线能使DNA发生变化，最明显的是造成胸腺嘧啶二聚体的形成，从而引起微生物遗传结构的变异，达到杀死微生物的目的。紫外线一般由紫外灯产生，紫外线肉眼看不见，我们看到的紫外灯光实质上是荧光。紫外线杀菌效果好，方法简单，操作方便，在植物组织培养研究中必不可少，一般每5 m²左右空间安装一支30 W的紫外灯在30～40 min内就可以达到良好的灭菌效果。紫外线穿透能力很强，木板、衣服、薄墙壁等都可穿过，但不能穿过玻璃，可以用玻璃遮挡进行自身防护。紫外线对人体的损伤很大，易引起皮肤癌，因此不能在紫外线下进行工作。长时间的紫外灯照射，还会产生大量的臭氧，使人感到不适。因而，工作室紫外灯不能长时间打开。紫外线引起微生物DNA损伤后，微生物在外界光照和内部因子的作用下进行部分修复。因此，紫外线灭菌在无其他光源和自然光的情况下效果最好，而且在消毒后停几分钟再打开日光灯灭菌效果更好。紫外线消毒前，首先清扫室内，并将台面和地面拖擦干净，同时将室内的超净工作台面用70%或75%的酒精擦拭，将除培养材料外的所需用具及器械、药品等放入超净工作台内，打开室内及超净工作台内的紫外灯照射至少30 min，然后关闭紫外灯，同时打开超净工作台的鼓风机，待臭氧散去（15～20 min）后，即可进行无菌操作。

（2）熏蒸消毒　熏蒸消毒是一种用能杀死微生物的蒸气环境消毒的方法，适于无菌室的定期灭菌。采用甲醛和高锰酸钾（每平方米空间需2 mL甲醛与过量的高锰酸钾）产生的蒸气熏蒸一夜或至少4 h。与紫外灯照射配合使用，杀菌效果更好。

2. 玻璃器皿、接种器械的灭菌

（1）干热灭菌　此法主要利用高温干燥箱（烘箱），其原理是高温使蛋白质变性从而达到消灭微生物的目的，适于玻璃器皿、金属器械等的灭菌，含有棉花、纸张和塑料的物体不能进行干热灭菌。干热灭菌时在 150 ℃下保持 2 h 即可达到灭菌效果。应注意待冷却后再取出灭菌物品，避免玻璃器皿炸裂及产生冷凝水造成污染。

（2）湿热灭菌　湿热灭菌即高压蒸汽灭菌，是最常用的灭菌方法。其原理是通过较强的蒸汽压力及高温使蛋白质变性，从而杀灭微生物。一般玻璃器皿、器械、无菌水等灭菌应在 0.130～0.137 MPa 压力下保持 1 h。高温高压灭菌器的压力一般有 3 种表示法：lbf/in^2、kgf/cm^2 和 MPa（MN/m^2），这 3 种表示法之间以及它们与温度之间都有一定的关系（表 2-1），目前常用 MPa 表示。

表 2-1　高压灭菌锅中温度与压力的关系

	增　加　压　力			温度（℃）
MPa	kgf/cm^2	lbf/in^2	相当大气压力数	
0	0	0	0	100.0
0.034	0.35	5	0.33	103.7
0.069	0.70	10	0.66	115.5
0.103	1.05	15	1.00	121.6
0.137	1.40	20	1.33	126.6
0.172	1.75	25	1.66	130.5
0.206	2.10	30	2.00	134.4

湿热灭菌应注意首先要加热排除灭菌锅内的冷空气，冷空气的排尽与否对灭菌效果影响很大，灭菌锅中压力和温度与排气的关系见表 2-2。

表 2-2　压力和温度排气的关系

压力（lbf/in^2）	完全排气（℃）	冷 空 气 排 除 量			
		2/3 排除（℃）	1/2 排除（℃）	1/3 排除（℃）	未排除（℃）
5	109	100	94	90	72
10	115	109	105	100	90
15	121	115	112	109	100
20	126	121	118	115	109
25	130	126	124	121	115
30	135	130	128	126	121

（3）^{60}Co 灭菌　一次性的塑料器皿大都是经过 ^{60}Co 射线灭菌的。这种灭菌方法效果好，但受条件限制。

（4）火焰灼烧灭菌　此法主要是对接种器械（如镊子、剪刀、解剖刀等）进行灭菌。先点燃酒精灯，用 70%酒精擦拭接种器械，等晾干后，蘸上 95%酒精在酒精灯上灼烧，反复 3 次，待冷却后即可使用。

3. 培养基灭菌

（1）湿热灭菌　这一方法是在前面已介绍过的高压蒸汽灭菌器中进行，培养基的灭菌方法具体如下：灭菌前检查灭菌锅内水量是否充足，并添加蒸馏水到要求的位置，然后将培养基放入灭菌锅内，盖好盖，关闭放气阀，打开电源，加热升温，当压力升至 0.032 MPa 时，打开放气阀彻底排出锅内冷空气，然后关闭放气阀，使压力继续上升。当锅内压力升至 0.1 MPa（121 ℃）时开始计时，15～20 min 后，关闭电源。待灭菌锅自然冷却，压力表指针回落至零后，取出培养基，置于接种室备用。

湿热灭菌的时间根据容器的容积和瓶壁的厚度确定。培养基的灭菌要求比较严格，既要保证灭菌彻底，又要防止培养基中的营养成分降解或效力降低。因此，不能随意延长灭菌时间和提高灭菌压力。具体灭菌时间可以参考表 2-3。

表 2-3 培养基湿热灭菌所必需的最少时间

容器的容积（mL）	在 121 ℃下灭菌所需的最少时间（min）
20～50	15
70～150	20
250～500	25
1 000	30
1 500	35
2 000	40

（2）过滤灭菌 将带菌液体或气体通过孔径小于 0.45 μm 微孔滤器装置，使细菌、真菌受到阻隔留在滤板上，而液体或气体进入无菌容器内，从而达到除菌的目的。主要用于对热不稳定、易失活、易分解的物质（如酶、抗生素）及含有热不稳定物质的培养基的灭菌。

赤霉素容易被高温所降解，新制备的 GA$_3$ 溶液的生物学活性在常规高压灭菌中减少了 90% 以上。维生素类物质具有不同的热稳定性。盐酸吡哆醇是热稳定的，盐酸硫胺素在高压灭菌中稍有活性丧失，特别是在 pH 在 5.5 左右时，能很快降解。泛酸钙不能进行高压灭菌。蔗糖在高压灭菌中能分解成为 D-葡萄糖和 D-果糖的混合物，而这些单糖对某些培养组织有抑制作用。天然提取物（如酵母汁、椰子乳等）含有大量的、无活性的、被在 1、3 位或 9 位上取代的嘌呤分子，这些分子在高压处理过程中能转变成为 N$_6$ 位上被取代的嘌呤分子，而这些分子正是有活性的激素分子。因而，天然提取物一般进行过滤消毒。激素类（如 KT、6-BA、IBA 和玉米素）在进行高压灭菌前后硅胶板上层析，没有发现降解产物。另外，生长素 NAA 和 2,4-D 也是热稳定的。对于那些具有热不稳定性的有机物、天然提取物在配制培养基前必须用过滤装置进行过滤灭菌，然后用已灭菌的吸液管吸取适当的量加入到正在冷却，且还处在溶胶状态下的已灭菌的琼脂培养基或常温下的液体培养基中。

4. 培养材料消毒 离体的培养材料若来自田间、野外及温室，其表面必定携带各种微生物，必须将这些微生物彻底杀死，否则这些微生物在培养基中的生长速度远远超过外植体，达不到组织培养目的。

（1）常用消毒剂 一般植物材料的消毒主要采用化学消毒剂进行消毒。消毒剂的选择原则是，所使用的消毒剂在消毒后易除去或易分解而又不影响植物材料生长分化，即用无菌水多次冲洗后，大部分药剂能被洗掉或自动分解为低毒性物质。

①酒精（乙醇）：酒精为无色透明溶液，常用浓度为 70%～75%，酒精能使蛋白质脱水沉淀而杀死微生物，80% 以上浓度的酒精可使蛋白质迅速沉淀而在表面形成保护膜，杀菌效果反而不好，70%～75% 酒精穿透能力很强，能很快渗入到细胞体内，达到杀菌的目的。

②氯化汞（升汞）：氯化汞是一种重金属化合物，剧毒，主要原理是汞离子引起蛋白质凝固

而杀死细菌。一般将培养材料浸泡在 0.1% 升汞液中消毒 2~10 min。此种消毒法消毒效果好，但消毒后汞离子不易除尽，清洗不彻底时残存的汞离子对培养组织有害。

③次氯酸钠、次氯酸钙：两者是利用其分解产生的氯气来杀菌，故消毒时用广口瓶加盖或带螺旋盖的其他广口器皿较好。这两种消毒剂的使用浓度前者为 2%，后者则常用 9%~10%，用这两种消毒剂消毒都可以得到满意的结果。在消毒之后二者都易于去除，也比较安全，对培养组织几乎无毒害。因此，在许多实验室广泛使用。

④抗生素灭菌：抗生素通常用量为 40~50 mg/L，杀菌效果相当好，但用量过大抑制外植体生长发育，因此应依植物种类及外植体决定。

⑤其他：10% 的过氧化氢、1%~2% 的溴水、1% 的硝酸银，也可作为植物材料的表面消毒剂，但效果不及酒精、氯化汞、次氯酸钠、次氯酸钙。

许多化学试剂都能起到表面消毒的作用，其中较常见的消毒剂的消毒效果见表 2-4。

表 2-4　常用消毒剂的效果比较

消毒剂	使用浓度（%）	去除难易	消毒时间（min）	效果
次氯酸钙	9~10	易	5~30	很好
次氯酸钠	2	易	5~30	很好
过氧化氢	10~12	很易	5~15	好
溴水	1~2	易	2~10	很好
硝酸银	1	较难	5~30	好
氯化汞	0.1~1	较难	2~10	很好
抗生素	40~50 mg/L	中	30~60	较好

不同植物材料不同外植体选用上述一二种即可。使用得最多、效果较好的是 70% 或 75% 酒精与 0.1% 氯化汞或次氯酸钠的配合，即外植体先用 70% 的酒精漂洗作短暂消毒，一般在 10~30 s，再用 0.1% 氯化汞或其他消毒剂消毒。要正确选择消毒剂的浓度和作用时间，以减少消毒剂对植物组织的毒害作用。

（2）组织表面消毒

①叶片组织消毒：剪取下来的叶片经流水冲洗后，在无菌条件下，用 75% 的酒精漂洗 10~60 s 或用浸有 75% 酒精的纱布迅速擦拭叶片两面，然后投入到 0.1% 升汞溶液中 5~8 min，再用无菌水冲洗 3~4 次。消毒时间根据供试材料的情况而定，特别幼嫩的叶片时间宜短；茸毛较多的叶片消毒可在消毒液中加入表面润湿剂吐温 80（Tween-80）数滴，在持续消毒的时间内轻轻摇动三角瓶或广口瓶，以促进叶片组织与消毒溶液充分接触，提高消毒效果。

②茎尖、茎段组织消毒：将叶片及其他组织去除后，在流水下冲洗，用 70% 的酒精漂洗 10~60 s，视植物组织木质化程度而定，木质化程度高者浸泡时间可长些。然后用 0.1% 升汞溶液或 2% 的次氯酸钠液浸 8~10 min，无菌水冲洗 3 次即可接种。

③种子消毒：首先将成熟种子进行水选，剔除瘪粒种子，留下饱满种子，然后用 70% 的酒精漂洗 1 min（种皮厚可延长时间），再用 0.1% 升汞溶液浸泡 5~10 min，无菌水冲洗 3~5 次，无菌水浸泡过夜即可接种。

④幼穗组织消毒：对于水稻、小麦、玉米等禾本科植物，幼穗往往被多层苞片包裹，此时只需剪去伸展开的叶片，在无菌条件下用 70% 酒精擦拭苞叶进行表面消毒，然后去除苞叶取出幼

穗即可接种。

◆复习思考题

1. 试述高压蒸汽灭菌器灭菌的原理及使用方法。
2. 何谓过滤消毒？为什么要进行过滤消毒？
3. 简述紫外线消毒的原理和方法。
4. 在进行湿热灭菌时，为什么要排尽高压锅中的冷空气？
5. 试根据本章所学知识，进行植物组织培养实验室的设计。
6. 简述超净工作台、细胞融合仪及基因枪的工作原理。

◆主要参考文献

［1］中国科学院上海植物生理研究所细胞室编译．植物组织和细胞培养．上海：上海科学技术出版社，1978

［2］刘庆昌，吴国良主编．植物细胞组织培养．北京：中国农业大学出版社，2003

［3］Dennis N Butcher，David S Ingram. Plant Tissue Culture. Southampton ：The Camelot Press Ltd，1976

第三章　植物离体培养的培养基

植物体必需的有机物是在不同器官上合成的，植物某一组织或器官在离体培养条件下对营养物质的需求比整个植物体要多。一直在田间生长的植物，在外部供给一些无机物就可以完成它的生命周期，而从一株植物上分离的离体器官、组织、细胞或原生质体，要正常生长、发育，除了必需的无机盐外，还必须有某些有机物质和生长调控物质，由这些物质共同组成的培养基是植物离体培养生长、发育的基础。

第一节　培养基的成分及其作用

一、水

培养基中 95％是水，所以水质应该引起高度重视。以研究为目的的植物组织与细胞培养应该用经硼硅酸玻璃蒸馏过的水；原生质体、细胞和分生组织培养，应使用重蒸馏水。蒸馏水最好储存在聚乙烯容器中，因为玻璃中常含有微量的铅、砷等重金属离子，这些物质在蒸馏水储存过程中，逐渐被释放出来，从而影响培养基的成分。离体培养一般不用自来水制备培养基，如果没有蒸馏水，大规模培养时也可用去离子水，但这种水仍然含有相当多的有机污染物和微生物。

二、无机营养物质

植物体内的矿质元素种类很多，但对植物生长必需的元素，目前公认的有 16 种。其中，碳、氢、氧、氮、磷、钾、钙、镁和硫在培养基中含量较多，为大量元素；铁、锌、硼、锰、铜、钴、钼和氯则含量较少，为微量元素。按照国际植物生理学会的建议，需要浓度超过 0.5 mmol/L 称为大量元素，需要浓度低于 0.5 mmol/L 称为微量元素。必需营养元素在植物体内主要有 4 方面的生理功能：①作为结构物质，组成各种化合物，直接参与器官建成；②构成一些生理活性物质，调节和控制植物体内的生理生化反应；③元素间相互协调，以维持离子浓度平衡、电荷平衡等电化学方面的功能；④影响植物的形态发育进程和器官、组织的建成。

1. 大量元素　在组织培养中，各种营养元素主要从培养基里获得，如氧、氢元素从水中即可得到，矿质元素靠加入适宜的无机盐类来提供。离体组织难以通过光合作用获得足够的碳素，为了促进培养物的生长，一般都需要人工提供碳源，即加入适当种类和数量的糖。除了这 3 种元素之外，还有氮、钾、磷、硫、镁和钙这 6 种大量元素（macroelement）。

氮是培养基中加入量最多的大量元素。研究证实，培养基中氮素的含量和形式对细胞生长、形态和全能性表达有显著影响。培养基中的氮以无机氮和有机氮形式供给，一般的离体组织、器官培养用无机氮就可满足培养物的生长与发育。培养基中无机氮一般以硝态氮和铵态氮两种形式存在，但大多数则以硝态氮为主，作为氮源，硝态氮远比铵态氮优越，硝酸盐是植物氮素利用的主要形式，但培养基中同时提供硝酸盐和铵盐对大多数植物培养来说则十分必要。胡萝卜细胞培养以硝酸盐为单一氮源会严重抑制胚胎发生，如果培养基中加入低浓度的铵盐则促进生长和胚胎发生。甜丁香、小麦、豆类和烟草细胞在包含硝酸盐和铵盐两种氮源的培养基上的生长速度，比单一使用硝酸盐为氮源的培养基上的生长速度快。此外，培养基中单独添加硝态氮，pH 会偏向碱性。如果加入一定量的铵态氮，则可以校正 pH 的偏差。但培养基中使用过多的铵态氮往往会造成氨中毒。

磷通常以正磷酸（$H_2PO_4^-$）形式被植物吸收，一部分磷以无机磷形式存在，大部分则与其他物质结合，形成结合态的磷。磷参与植物的能量代谢、合成代谢、脂肪代谢等多种形式的生理活动。植物组织培养中，磷的缺乏会使细胞分裂受影响，导致分裂减少，生长缓慢，根、茎纤细，植株矮小。培养基中通常加入 $NaH_2PO_4 \cdot 2H_2O$ 或 KH_2PO_4 作为磷的供应。培养基中的磷酸盐分解后，一部分被植物吸收，一部分则与 Fe、Cu、Mg、EDTA 等结合，以缓解这些离子对培养物的毒害。

钾是存在于培养基中最多的阳离子，由 KCl、KNO_3 或者 KH_2PO_4 供给。钾在植物体内以游离态存在，钾是植物细胞内 60 多种酶的活化剂，在呼吸、糖代谢及蛋白质代谢中有重要作用。此外，钾还是植物体细胞渗透压的重要调节物质。培养物缺钾时叶片变黄，生长缓慢，逐渐枯死。

培养基中加入 $CaCl_2 \cdot 2H_2O$ 和 $Ca(NO_3)_2 \cdot 4H_2O$ 或者它们任何一种盐的无水形式都能满足植物对钙的需求。钙进入植物体内后，一部分以离子状态存在，一部分形成难溶的盐，还有一部分与有机物结合。钙作为一些酶的活化剂参与细胞的能量代谢，钙还是植物细胞壁中果胶酸钙的成分。此外，钙能够作为连接磷脂上磷酸和蛋白质之间的桥梁，在稳定细胞膜方面发挥作用，是原生质体分离、培养及融合中的重要稳定剂。植物缺钙时细胞分裂不能进行，或形成多核细胞，生长严重受阻。

培养基中加入硫酸镁（$MgSO_4 \cdot 7H_2O$）能满足植物对镁和硫的需求。镁是构成叶绿素的主要成分，缺镁叶绿素不能合成。镁作为许多酶的活化剂而参与到碳水化合物代谢、氮代谢、核酸代谢、蛋白质代谢等多种生理活动中。

硫是以硫酸根离子的形式被植物吸收的，进入植物体的硫酸根离子大部分被还原并进一步形成含硫氨基酸，而这些氨基酸几乎是所有蛋白质的组分。硫还是一些维生素和辅酶的构成元素，因此也参与了碳水化合物、脂肪、氨基酸等的合成。而含硫氨基酸中—SH 和—S—S—的互相转变，对调节植物体内的氧化还原反应具有重要意义。

2. 微量元素　除了大量元素之外，植物细胞还需要某些微量元素（microelement）。现已查明，植物所需要的微量元素至少应包括铁、硼、锰、锌、钼、铜、钴和氯。虽然钠一般对培养的高等植物外植体组织不是必需的，但它可能对培养的盐生植物组织及具有 C_4 光合途径和具有景天酸代谢途径的植物组织是必需的；水稻培养时特别需要硅。随着研究的深入，植物必需的微量元素种类还会增加，但因需要量极微，在培养基中并不一定考虑加入。微量元素占植物体干重的

$10^{-4} \sim 10^{-7}$，一些微量元素常在化学药品中以杂质的形式带入培养基。微量元素若添加过多，反而引起生长抑制等毒害现象。不同配方中微量元素的用量差别也很大，如 MS 培养基中微量元素（除锌之外）的含量，比 ER 配方中的整整高 10 倍。一般认为它们在使用效果上并无显著差别。一些简化的培养基中，完全省略各种微量元素，甚至在相当长的连续培养之后，也未发现有明显的影响。可能这些需要量极微的元素，通过所加入的水、琼脂、糖、其他化学药品等带入了培养基。

微量元素的生理作用主要在酶的催化功能和细胞分化、维持细胞完整机能等方面。

铜具有多种氧化还原功能，植物体中已鉴定出的铜蛋白至少有 14 种，其中质体蓝素和 SOD 占到叶片含铜量的 60% ～ 90%，质体蓝素对铜供应十分敏感，可作为铜供应状况的指示物质。EDTA 与铜可发生络合反应，能够加剧植物缺铜症的出现。当铜浓度与 EDTA 浓度接近时就会发生铜中毒，表明铜浓度水平不能过高。胚中铜浓度通常较高（$10 \sim 20~\mu g/g$），对缺铜也最敏感；叶片中含量较低（$3 \sim 4~\mu g/g$），一般供应丰富时也不应该超过这个值，以免造成铜中毒。

锌存在于许多蛋白质中，如 RNA 聚合酶、天冬氨酸氨甲酰基转移酶、碳酸酐酶和一些脱氢酶。所以锌与植物的呼吸和光合作用有关。锌还是生长素前体合成过程中的必需元素。锌的吸收能够被铁和铜所抑制，但却被硫酸根离子促进。植物组织与细胞培养中锌缺乏一般比铜缺乏更容易出现，尤其是当络合锌数量较大时。过量锌对松等一些针叶树不具有毒性，它们至少可以忍受 $500~\mu mol/L$ 以上的水平而不影响生长，而一般叶片中锌水平低于 $20~\mu g/g$ 时就会出现缺锌症状。

锰存在于叶绿体类囊体膜上的光系统 II 中，对光合作用水的光解放氧必不可少。锰是形成叶绿素和维持叶绿体正常结构所必需的，锰还是许多酶的活化剂，特别是一些能够降解超氧化物自由基的酶，具有保护细胞的作用。在许多酶促反应中，Mn^{2+} 和 Mg^{2+} 有相似的功能，可取代 Mg^{2+}，有时甚至能更有效地激活酶。松叶中锰含量在 $30 \sim 500~\mu g/g$ 之间，种子和胚中含量低。松叶中锰浓度为 $5 \sim 10~\mu g/g$ 时表现缺锰。

钴在叶片中的含量为 $0.2 \sim 29~\mu g/g$。钴能通过维生素 B_{12} 合成分子内基团转移酶，即甲基丙二酸单酰 CoA -琥珀酰 CoA 变位酶。此酶在豆血红蛋白的血红素生物合成中提供琥珀酰 CoA 而发挥重要作用，因而也是固氮植物共生体所需要的。钴在培养基中不与 EDTA 形成络合物，因此很低浓度的 Co^{2+} 就能引起植物中毒。尽管缺乏证据表明钴为必需元素，但大多数培养基中往往加入少量的钴（$0.1~\mu mol/L$）。

钼在植物叶片中含量为 $0.5 \sim 5~\mu g/g$，一些针叶植物仅为 $0.03 \sim 0.05~\mu g/g$。MoO_4^{2+} 是植物利用钼的有效形式。钼是黄嘌呤脱氢酶、亚硫酸盐氧化酶和硝酸还原酶的组成成分，因此与植物固氮和蛋白质的合成有关。加入硝酸盐的培养基中缺少钼时，硝酸盐就会在植物体内积累，引起失绿和灼伤，叶缘焦枯卷曲。大多数培养基中钼的含量在 $1~\mu mol/L$，钼的浓度在 $50~\mu mol/L$ 或更高时就会发生中毒。

氯在植物叶片中的含量为 $100 \sim 1~000~\mu g/g$，一些盐生植物更高。氯存在于光系统 II 中，参与水的光解，因此与光合作用关系重大；氯还充当 K^+ 的负离子而调控保卫细胞的膨压。另外，在光合电子传递过程中，Cl^- 和 H^+ 同时做跨膜运动，起到平衡电势的作用。一些研究还发现，培养基中会产生氯化激素，可能在根的发育中发挥作用，当培养基中缺氯时，根的发育受到影响。氯对细胞培养的影响是微小而积极的，这可能与其刺激了糖酵解有关。一般 0.5 mmol/L 的浓度可避免多数植物对氯的缺乏，但当浓度超过 7 mmol/L 时会发生毒性，这一毒性阀值与植物类型和其他因素有关，例如盐生植物的阀值会更高一些，培养基中 NO_3^- 浓度增加时中毒阀值也随之升高。

硼在植物叶片中的正常含量范围为 15～100 $\mu g/g$。硼是以 H_3BO_3 分子形式被植物吸收的，其吸收与钙、硫和铜呈正相关，与镁呈负相关，说明其他元素在硼的吸收中可能发挥作用。缺硼时有丝分裂和蛋白质合成受影响。一般缺硼与生长素过量有关，说明硼可能在生长素代谢过程中发挥作用。硼在植物体内能够与糖结合成硼-糖络合物，参与碳水化合物的合成与转运，进而对木质素的生物合成起作用。不同植物对硼的需求不同，油菜、花椰菜、萝卜、苹果、葡萄等需硼较多；棉花、甘薯、烟草、花生、桃、梨等需硼中等；水稻、大豆、小麦、玉米、柑橘等需硼较少。硼易与顺二醇结合，在原生质体培养中使用的渗透剂甘露醇、山梨醇也会与硼结合而导致缺硼。

铁是主要的微量元素之一。植物叶片中铁含量一般在 50～300 $\mu g/g$ 之间。铁在多种氧化还原反应中发挥关键作用。早期配方中曾采用过硫酸铁［$Fe_2(SO_4)_3$］的形式提供铁，后又用氯化铁代替，但它们都不是理想的铁元素供应源。在根培养时，接种后一周，采用氯化铁的培养基的 pH 就由 4.9～5.0 偏移到 5.8～6.0，根开始表现缺铁症。为了保证铁的稳定供应，现在培养基中铁几乎都采用了 Fe-EDTA 形态的铁盐。可用 Na_2-EDTA 和 $FeSO_4 \cdot 7H_2O$ 混合加入，或以 NaFe-EDTA 形式加入。铁进入培养基后有多种存在形式，其中将近一半的铁为磷酸盐所沉淀，但这种沉淀是可溶的，随培养基灭菌和培养过程中 pH 的降低，铁离子会被逐渐释放出来。此外，在氧饱和条件下，高温灭菌过程中，Fe^{2+} 会等量地氧化为 Fe^{3+}，所以两种形式的铁是等效的。螯合态的铁被释放后，多余的等量 EDTA 会被铜、锌、钴、锰等离子所缓冲，因为培养基中多余的自由 EDTA 对植物生长是不利的，甚至能够引起中毒，当它们与金属离子结合时不能为植物所吸收，所以在设计培养基时应该考虑多加入一定量的其他金属元素以缓冲自由 EDTA。

应该指出，在培养基组成中，每一种组分的含量都应在其缺乏和毒性阀值之间的范围内，但是这种阀值会因不同化学成分和金属元素之间的相互作用而发生较大的变化。计算某一特定组织所需某一成分的含量时应该考虑两点：一是由于组织结构的差异，某一特定的培养基只适宜培养特定的组织；二是组织培养中是通过加入蔗糖来满足碳和能量的需求，而对于需要不同的生长速度时，在计算培养基组分和需求时都要做相应的调整。

三、有机营养物质

尽管绝大多数培养的植物细胞都能合成全部所需的维生素，但其数量并非最适水平，为了保证培养物达到最佳生长状态，往往需要在培养基中添加一种或几种维生素、氨基酸和其他有机营养物质。有时添加此类物质的浓度较高，但这并不意味植物真的需要这么多，而是有其他作用，如维生素 C 具有抗氧化作用，维生素 B_2 能够促使 IBA 被光氧化。

1. 维生素类物质　维生素（vitamin）类物质直接参与生物酶的合成，在蛋白质、脂肪等多种代谢活动中有重要作用。组织培养中，一般认为硫胺素（维生素 B_1）是必不可少的，一些试验也证实较高浓度的维生素 B_1 有利于试管植株的生根。硫胺素是以盐酸硫胺素的形式加入到培养基中，其浓度大致变化在 0.1～30 mg/L 之间。在细胞分裂素浓度低时，培养组织对盐酸硫胺素的需要特别明显。当细胞分裂素浓度相当高时（0.1～10 mg/L），番茄细胞可在无外源硫胺素的培养基中生长（Digby 和 Skoog，1996；Linsmaier Bednar 和 Skoog，1967）。其他维生素，尤其是维生素 B_6（盐酸吡哆醇）、维生素 B_5（烟酸或维生素 PP）、维生素 B_5（泛酸钙）也可促进培养物的生长发育。而维生素 M、维生素 H（生物素）、维生素 C（抗坏血酸）、维生素 B_{12}（钴胺素）、维生素 E（生育酚）等在不同目的的培养中也有使用。不同的培养基类型、不同的培养物，维生素的种类和用量差异很大，一般各类物质的具体用量范围为：维生素 B_1 0.1～10 mg/L，泛酸钙 0.5～2.5 mg/L，叶酸 0.1～0.5 mg/L，核黄素（维生素 B_2）0.1～5.0 mg/L，抗坏血酸 1.0～100 mg/L，烟酸 0.1～5.0 mg/L，盐酸吡哆醇 0.1～1.0 mg/L，生物素 0.01～1.0 mg/L，维生素 E 1.0～50 mg/L。

2. 氨基酸类物质　大多数氨基酸（amino acid）在培养基中加入适量对培养效果都有正效应。甘氨酸是小分子化合物，可以直接被细胞吸收利用，被广泛地使用在大多数培养中。谷氨酰胺能促进胡萝卜细胞悬浮培养物胚状体的形成（Wetherell D. F. 等，1976）。谷氨酰胺作为培养基中的无毒氮源部分取代无机氮源后，可提高大麦花药培养中花粉胚和绿苗的诱导频率，降低愈伤组织的形成频率（Olsen L.，1978）。人们也陆续发现脯氨酸、天门酰胺、精氨酸、丝氨酸、丙氨酸、酪氨酸等氨基酸对植物组织培养的显著促进作用。在植物组织培养中，有时也使用水解乳蛋白或水解酪蛋白（casein hydrolysate，CH），它们是牛乳用酶法等加工的水解产物，是含有 20 种氨基酸的混合物，用量在 10～1 000 mg/L 之间。

3. 碳源　植物组织与细胞培养中常用的碳源为一些碳水化合物，其生理功能有以下几个方面：①碳源是重要的能源物质，它们在降解过程中，能够释放能量并为植物合成其他有机化合物提供碳架，这对于离体条件下植物异养生长和发育是十分必要的；②碳水化合物对形态发生有特殊作用；③碳水化合物还起着调节渗透的作用，一般植物细胞内的渗透势是通过无机离子和有机分子（有机酸、糖和糖醇）调节的，由于细胞的无机离子浓度保持相当稳定，因此细胞质的渗透反应主要是由有机分子来调节的，有机酸在培养基中的加入量是比较少的，所以糖的渗透调节作用就显得更加重要。

（1）蔗糖　蔗糖（sucrose）作为一种碳源而被广泛应用到植物组织与细胞培养中。一般植物组织培养培养基中的蔗糖浓度为 20～30 g/L，花药和幼胚培养需要较高的蔗糖浓度，小麦花药培养蔗糖浓度可以达到 110 g/L 左右。蔗糖经高压灭菌引起水解，产生葡萄糖和果糖。

（2）麦芽糖　双糖中的麦芽糖（maltose）也可在许多植物组织与细胞培养中应用。在大麦花药培养中，用麦芽糖完全取代蔗糖后，大幅度提高了大麦花药培养效率（Hunter，1989）。用麦芽糖部分取代蔗糖，能有效地提高水稻和小麦的花药培养效率（陈英等，1990；陈耀锋等，1991）。

（3）葡萄糖　对大多数植物来说，蔗糖和葡萄糖（glucose）是良好的碳源。如矮生苹果的培养中，山梨醇和葡萄糖或蔗糖有同样好的效果。一般认为，离体双子叶植物的根在以蔗糖为碳源时生长最好，单子叶植物则以右旋糖（如葡萄糖）为碳源时生长最好。

（4）其他糖类　其他的糖类像果糖（fructose）、半乳糖（galactose）、甘露糖（mannose）等虽有应用，但多见于某些特殊的培养类型。Ball 曾发现淀粉可作为北美红杉和玉米胚乳愈伤组织生长的惟一碳源，在甘蔗细胞液体培养和甘薯块根愈伤组织培养时，采用可溶性淀粉效果很好。蜜二糖与淀粉取代蔗糖和琼脂后，可提高大麦花药培养绿苗率（Sorvari 等，1987）。

4. 肌醇　肌醇（inositol，环己六醇）本身没有促进生长的作用，但有帮助活性物质发挥作用的功能，使培养物快速生长，对胚状体和芽的形成有良好的作用。肌醇在糖类互相转化中起作用，常可由磷酸葡萄糖转变而成，还可进一步形成果胶物质，是细胞壁的构建材料。1 分子肌醇还可与 6 分子磷酸残基结合形成植酸，植酸可与钙、镁等阳离子结合成植酸钙镁，也可以进一步形成磷脂，参与细胞膜的构建。肌醇用量一般为 100～200 mg/L。

四、固化剂和悬浮剂

固体培养基需要加入固化剂，某些液体培养需要加入悬浮剂。

1. 琼脂　琼脂（agar）是从石花菜属海藻中提取的一种球状衍生物，由中性琼脂糖和大量的与其相近的琼脂胶粒组成，主要成分为多聚半乳糖，在大多数培养基中用做凝胶化试剂。琼脂的使用浓度一般为 0.4%～1%。如果琼脂浓度太高，培养基就会硬化，浓度太低就会流质化，不能满足固定培养的要求。琼脂在偏碱 pH 下易固化，pH 低于 4.5～4.8 时，则不能凝胶化。

新购琼脂在使用前要先测一下它的凝固力，一般只要能稳定凝固就不要多加。姜长阳（1992）认为培养基的硬度，应以胨力强度来表示。胨力强度（又成凝胶强度）是衡量琼脂凝胶能力的标准，是指将琼脂配成 1.5% 的溶液，冷却至 20 ℃时，测定每平方厘米面积（测定条件：胶体厚度 3 cm，胶体面积 10 cm×10 cm）经 20 s 所能承受的最大压力，以 gf/cm^2 表示（1 gf/cm^2＝98.06Pa）。不同的厂家生产的琼脂胨力强度有差异，甚至同一厂家不同生产批次的产品，胨力强度也不同，所以不能用百分比浓度来表示培养基的硬度。组织培养培养基的胨力强度一般为 140～200 gf/cm^2，大多以 160 gf/cm^2 为宜。胨力强度是衡量琼脂质量的一个重要参数，市售的琼脂一般都应标明胨力强度，没有标明的为不合格产品。而日常使用的培养基胨力强度是一个相对恒定的值，所以只要知道所配培养基的体积，就可以准确计算琼脂的用量，而不致造成不必要的浪费。计算公式为

$$m = \frac{p_2 V}{p_1} \times 1.5\%$$

式中，m 为琼脂用量（g）；p_1 为商品琼脂的胨力强度（gf/cm^2）；p_2 为培养基所要求的胨力强度（gf/cm^2）；V 为所配培养基的体积（mL）。

例如：用胨力强度为 450 gf/cm^2 的琼脂，配制 6 000mL 胨力强度为 200gf/cm^2 的培养基。根据公式计算，可知需要琼脂量为

$$m = \frac{1.5 \times 200 \times 6\,000}{100 \times 450} = 40(g)$$

琼脂以颜色浅、透明度好、洁净的为上品。市售的琼脂几乎都含有一定的杂质，特别是钙、镁及其他微量元素（表 3-1）。在植物组织培养试验中应特别注意这些杂质的影响。

表 3-1　国外在植物组织培养中常用的琼脂成分

成分	Bacto 琼脂	Noble 琼脂	精制琼脂
灰分	4.5%	2.6%	1.75%
钙	0.13%	0.23%	0.27%
钡	0.01%	0.01%	0.01%
硅质	0.19%	0.26%	0.09%
氯化物	0.43%	0.18%	0.13%
硫酸盐	2.54%	1.90%	1.32%
氮	0.17%	0.10%	0.14%
铁	11.00 mg/L	11.00 mg/L	1.00 mg/L
锰	285.00 mg/L	200.00 mg/L	695.00 mg/L
铜	5.00 mg/L	7.50 mg/L	20.00 mg/L

2. 琼脂糖　琼脂是植物组织与细胞培养中常用的固化剂，但其纯度较差，对要求严格的花药培养、单细胞培养、原生质体培养效果有一定的影响。琼脂糖（agarose）作为一种纯度较高的固化剂代替琼脂，在花药培养中能提高花药培养的效率和质量，这可能是由于琼脂和琼脂糖化学成分上的差异引起的。高度纯化的琼脂糖以阿拉伯糖为基本组成单位。与琼脂比较，琼脂糖对培养组织和细胞毒性小。但由于琼脂糖价格昂贵，一般组织培养中也不使用，主要用于原生质体、细胞培养及某些植物的花药培养方面。

一些报道还提到采用滤纸、玻璃球、玻璃棉、石英砂、蛭石、硅胶、明胶、聚丙烯酰胺，甚至马铃薯、南瓜等来代替琼脂，然而到目前为止，比琼脂更方便、更好的支持物尚未发现。尽管如此，这些研究还是为我们解决生产中的一些实际问题开辟了新途径。如我国南方的许多工厂化的育苗中心常采用卡拉胶代替琼脂，因为它价格较低，而且使用时不需要高温熔化。

3. Gelrite　Gelrite（脱乙酰吉兰糖胶）是一种高纯度天然阴离子多糖，干粉呈米黄色，无特殊的味道和气味，约于 150 ℃不经熔化而分解。耐热、耐酸性能良好，对酶的稳定性亦高。不溶于非极性溶剂，溶于热水及去离子水，水溶液呈中性，在一价或多价离子存在时经加热和冷却后形成凝胶。胶强度为 550～850 gf/cm² （53.933～83.351kPa）。近年的研究表明，以 Gelrite 代替琼脂作培养基的固化剂，不仅能节约成本 10%～15%，而且可使在以琼脂为固化剂时离体培养难以成功的植株或基因型获得再生植株（Limmerman R，H，等，1995；Lydon J. 等，1993）。其优点是：比琼脂更均一，批次间差异更小；无酚类等污染物，灰分少，适用于敏感细胞及组织；用量仅为琼脂的一半；胶体澄清，易于观察和营养吸收。

4. Ficoll　Ficoll（聚蔗糖）是一种被广泛使用的悬浮剂。以 Ficoll 作为悬浮剂进行花药液体培养比固体培养有较好的培养效率。Ficoll 400 在花药液体漂浮培养中的使用浓度一般为 20%。

五、植物生长调节剂

植物组织与细胞的离体培养中，植物生长调节剂（激素）是调控植物组织和细胞生长、发育及脱分化和再分化的重要物质。在培养基的成分中，只有配合使用适当的植物生长调节剂才能诱导细胞分裂的启动、愈伤组织的生长、根和芽的分化、胚状体的发育等。植物生长调节剂以微小的量影响植物细胞的分裂、分化、发育和形态建成。

1. 生长素类　生长素（auxin）是人们发现最早的植物激素，早在19世纪末，达尔文在研究根向地性和胚芽鞘向光性的实验时发现，对光和地心引力最敏感的部位在尖端，但引起弯曲都是在生长部位。他当时判断这种刺激是从尖端传递到下部而引起的反应，认为胚芽鞘尖在单侧光照射下产生了一种物质转移到下方伸长区，导致了下方不均衡的生长而产生弯曲。之后，许多人用燕麦胚芽鞘为材料，证实了达尔文的观点。1928年，Went将燕麦胚芽鞘尖切下放在琼脂上，这种物质可以扩散到琼脂中。将琼脂块放在去了尖的胚芽鞘一侧，可诱导出类似的向光反应，之后，Went第一个将这种物质从胚芽鞘尖中分离出来。这种物质被命名为生长素，但因其在植物体内含量太低，所以Went未能分离出结晶。就现在所知，要得到1 g生长素需要2×10^4 t胚芽鞘尖，所以生物化学家不得不从其他材料中提取，直到1934年，荷兰的Kogl才从人尿中分离出了这种化合物。这个化合物被确定为吲哚乙酸（IAA）。吲哚乙酸是植物体内普遍存在的一种激素，不仅存在于高等植物中，低等的菌、藻类中也都存在。之后，还人工合成了一些生长素类物质，常用具有生长素活性的人工合成化合物，按其化学结构，大致可分为3类（表3-2）。

（1）吲哚类　人工合成的有吲哚丙酸、吲哚丁酸等，吲哚乙酸虽是天然的，但也有人工合成产品。吲哚乙酸易受植物体内酶的分解，在光下不稳定，在高压灭菌中热稳定性较差，所以常用人工合成的类似物。

（2）萘酸类　萘乙酸（NAA）生产容易，价格低廉，活性强。萘乙酸不溶于水而溶于酒精等有机溶剂，其钾盐或钠盐（KNAA，NaNAA）及萘乙酰胺（NAD或NAAm）溶于水，其效应与萘乙酸相同，但使用浓度较高。萘乙酸有 α 和 β 两种异构体，以 α 异构体活性较强。萘氧乙酸（NOA）β 异构体活性比 α 异构体活性强。

（3）苯氧羧酸类　主要有2,4-二氯苯氧乙酸（2,4-D）、2,4,5-三氯苯氧乙酸（2,4,5-T）、2,4,5-三氯苯氧丙酸（2,4,5-TP）,4-氯苯氧乙酸（4-CPA）等。2,4-D和2,4,5-T的活性最高，比IAA高出10倍。

生长素对植物生长、器官伸长有明显促进作用，但具有正负两面性。生长素在低浓度下，可以促进生长，中等浓度可以抑制生长，高浓度则导致植物死亡。幼嫩细胞对生长素反应敏感，高度木质化的器官和高度分化的细胞反应都不敏感，生长素可促进茎上不定根的产生，也可以刺激茎切段上产生根。生长素不足，表现为组织几乎不能生长，颜色加深，甚至死亡。

植物组织培养中生长素一方面用于诱导愈伤组织的形成和生根，另一方面是与一定量的细胞分裂素配合共同诱导不定芽的分化、侧芽的萌发与生长以及某些植物胚状体的诱导。生长素生理功能的发挥还与其种类有关。在矮牵牛茎的离体培养中，同一浓度的IAA、NAA、2,4-D处理，IAA引起愈伤组织的有限生长，NAA促进根的大量形成，2,4-D促进愈伤组织或胚状体的产生。

在刺激茎段生根方面，许多研究证明，NAA比IAA效果好，这是因为NAA不能被IAA氧化酶降解。IBA也是最常用于生根的激素，与其他激素相比，即使IBA代谢很快与肽形成衍生物，它还是有活性的。而且这些结合态的IBA，还能被逐渐释放，从而在较长时间内保持

表 3-2 人工合成的生长素类化合物

简 称	化学名称	结 构 式	半致死量 (mg/kg)	英文名称 通用名称	英文名称 商品名称
一、吲哚类					
吲哚乙酸	吲哚-3-乙酸	CH₂COOH	150（大鼠）	IAA	Heteroauxin
吲哚丙酸	吲哚-3-丙酸	CH₂CH₂COOH	—	IPA	
吲哚丁酸	吲哚-3-丁酸	CH₂CH₂CH₂COOH	100（大鼠）	IBA	Hormodin Seradix
二、萘酸类					
萘乙酸	1-萘乙酸	CH₂COOH	1 000~5 000	NAA	Tree-Hold Phyomone Rootone Fruitone-N Planofix Anastop
萘乙酸甲酯	萘乙酸甲酯	CH₂COOCH₃	—	MENA	—
萘乙酰胺	1-萘乙酰胺	CH₂CONH₂	6 400	NAD, NAAm	Amid-Tbin
萘氧乙酸	2-萘氧乙酸	OCH₂COOH	600	BNOA NOXA 2-NOA	Betapal Fulset
西维因 甲萘威	N-甲基-1-萘基氨基甲酸酯	OCONHCH₃	500~580	NAC	Carbary Sevin
三、苯氧酸类					
2,4-D	2,4-二氯苯氧乙酸	OCH₂COOH Cl Cl	500（大鼠）	2,4-D	Weed-B-God Plantgard Agrotect

（续）

简 称	化学名称	结 构 式	半致死量 （mg/kg）	英文名称	
				通用名称	商品名称
2,4-DP	2-(2′,4′-二氯苯氧)丙酸		2 200	2,4-DP	Dichlorprop
2,4,5-T	2,4,5-三氯苯氧乙酸		—	2,4,5-T	Fruitone-A Weedone Weedar Brush Killer
2,4,5-TP	2,4,5-三氯苯氧丙酸		—	2,4,5-TP	Fenoprop Nu-Set Fruitone T Silvex
3-CPA	2-（3-氯苯氧）丙酸		—	3-CPA	Fruitone CPA
4-CPA/PCPA	4-氯苯氧乙酸或对氯苯氧乙酸		2 000（大鼠）	4-CPA PCPA	Tomato Fix Sure-Set
ICPA	4-碘苯氧乙酸		1 872（大鼠）	ICPA	—
2MP	2-甲基-4-氯苯氧乙酸		—	MCPA	—
二氯丙酸	2-(2′,4′-二氯苯氧)丙酸		—	—	—

一定的活性水平，对于根的形成特别有利。在植物组培快繁中，大多试管苗单独使用某一种生长素即可有效生根。在调查的 21 种植物试管苗生根试验中，有 15 种植物单独使用 NAA、

IBA 或 IAA 获得了成功，2 种使用 IBA 和 NAA，4 种使用了同时附加生长素和细胞分裂素的培养基。

在常用的几种生长素中，NAA、IAA，IBA 和 2,4 - D 均能用于愈伤组织的诱导，以 2,4 - D 的生理活性最强，在许多情况下单独使用就可以成功地诱导愈伤组织；NAA 和 IBA 居中；IAA 最弱且热稳定性差，有时还需要细胞分裂素的辅助作用。但 2,4 - D 有抑制成芽的作用，适用范围窄，一般只用于启动脱分化，而诱导分化常用 NAA 和 IBA。崔凯荣（1997）等认为，多数植物离体培养诱导脱分化都必须有 2,4 - D,特别是单子叶植物，如禾本科作物往往需要较高浓度的 2,4 - D(小麦以 2.0 mg/L 为宜)。而双子叶植物需要的 2,4 - D 浓度一般只有单子叶植物的 1/20～1/10，而且诱导脱分化后还必须及时降低或去掉 2,4 - D，胚性细胞才能正常发育。三叶草组织培养诱导胚状体的发生，如果不及时降低 2,4 - D 的浓度，球形胚就产生次生胚，当次生胚发育为球形胚后又会形成次生胚，从而体细胞胚不能正常发育，被"困"在一个特殊的发育阶段。

2. 细胞分裂素类　早在 20 世纪 20 年代，Haberlandt 就提出各种植物的组织中存在未知物质，可以促进细胞分裂。20 世纪 40 年代初，Van Overbeek（1940）发现椰子乳可以促进细胞分裂，他用浓缩 170 倍的椰子乳，促进了胚的发育。现已知道，椰子乳中含有多种物质，包括肌醇、无色花青素、生长素、赤霉素，其中促进细胞分裂的物质主要是玉米素、玉米素核苷和二苯脲。20 世纪 50 年代初期，Skoog 在寻找促进离体培养烟草髓细胞分裂物质的过程中，偶然用了放置很久的鲱鱼精子 DNA，发现其中含有促进细胞分裂的物质，可促使愈伤组织加快生长，用新鲜的 DNA 处理则没有效果，将新鲜 DNA 进行高压灭菌处理后，就有活性物质分离出来，经鉴定，这种降解产物是 6 - 糠基氨基嘌呤，被命名为激动素（KT）。

尽管迄今为止并未在植物中发现激动素的存在，但大多数植物中，包括被子植物、裸子植物、藻类、细菌和真菌中存在着与它相近的化合物，具有促进细胞分裂的活性。1963 年，Letham 和 Carlos Miller 首先从未成熟玉米的乳状胚乳中分离出了天然的细胞分裂素，命名为玉米素。1964 年确定其化学结构。此后又从许多植物器官中提取出了与激动素、玉米素核苷相似的嘌呤类衍生物，它们都能引起细胞分裂。

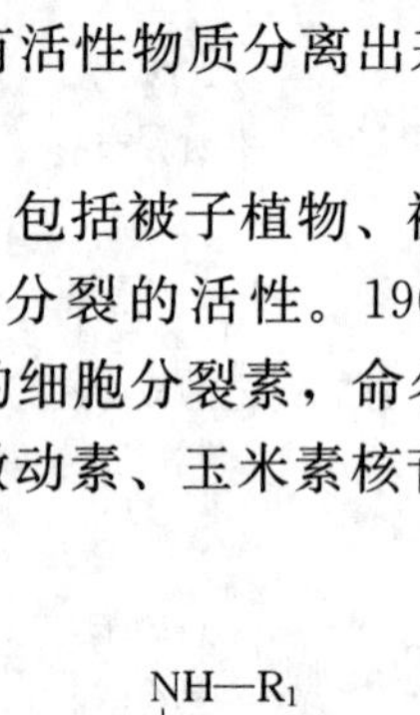

细胞分裂素（cytokinin）的基本结构为腺嘌呤（6 - 氨基嘌呤）在 6 位和 9 位 N 原子上以及 2 位 C 原子上的氢原子被 R_1、R_2、R_3 所取代（图 3 - 1）。腺嘌呤环对细胞分裂素的活性是最基本的，对嘌呤环的微小改变，例如，以 C 代替 N 则降低其活性。只有在腺嘌呤 N_6 位上取代的化合物（侧链 R_1）活性最高，R_2、R_3 上取代的无活性或活性很低。细胞分裂素的活性与侧链 R_1 的结构有关，R_1 侧链为环状的活性常比较高，R_1 如为直链，活性随 C 的数目增多而增强，到 5 个 C 时活性达到最高，再多活性则下降。侧链上有双链的活性高。侧链上引进氧（如乙氧基乙基腺嘌呤），可使活性降低。细胞分裂素种类众多，有天然的和人工合成的两类（表 3 - 3 和表 3 - 4）。天然的细胞分裂素在植物组织中含量甚微，例如，玉米素是活性很高的细胞分裂素，从 60 kg 未成熟玉米种子中只能得到 0.7 mg 的玉米素。

图 3 - 1　细胞分裂素的基本结构

表 3-3 天然细胞分裂素类化合物

简 称	化学名称	R_1	R_2	R_3	英文简称
玉米素（反式）	6-（4-羟基-3-甲基-反式-2-丁烯基）氨基嘌呤	$-H_2C-CH=C$ 上 CH_2OH 下 CH_3	H	H	tran-zeatin
玉米素（顺式）	6-（4-羟基-3-甲基-顺式-2-丁烯基）氨基嘌呤	$-H_2C-CH=C$ 上 CH_3 下 CH_2OH	H	H	cis-zeatin
玉米素核苷		$-H_2C-CH=C$ 上 CH_2OH 下 CH_3	H	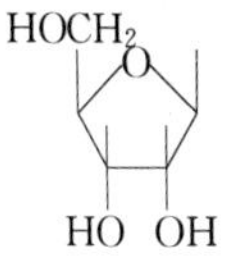 HOCH₂基团糖环 HO OH	zeatin riboside
甲硫基玉米素（顺式）	6-（4-羟基-3-甲基-2-丁烯基）2-甲硫基氨基嘌呤	$-H_2C-CH=C$ 上 CH_3 下 CH_2OH	CH_2S-	H	CH_3S-zeatin
甲硫基玉米素（反式）		$-H_2C-CH=C$ 上 CH_2OH 下 CH_3	CH_2S-	H	CH_3S-zeatin
双氢玉米素	6-（4-羟基-3-甲基丁基）氨基嘌呤	$-H_2C-CH-CH$ 上 CH_3 下 CH_2OH	H	H	Dihydro-zeatin
异戊烯基腺嘌呤	6-（3-甲基-2-丁烯基）氨基嘌呤	$-H_2C-CH=C$ 上 CH_3 下 CH_3	H	H	IPA-2ip
甲硫基异戊烯基腺嘌呤	6-（3-甲基-2-丁烯基）2-甲硫基氨基嘌呤	$-H_2C-CH=C$ 上 CH_3 下 CH_3	CH_2S-	H	CH_3S-IPA

表 3-4 人工合成的具有细胞分裂素活性的化合物

简 称	化学名称	结 构 式	半致死剂量（mg/kg）	通用名称	商品名称
激动素	6-糠基氨基嘌呤	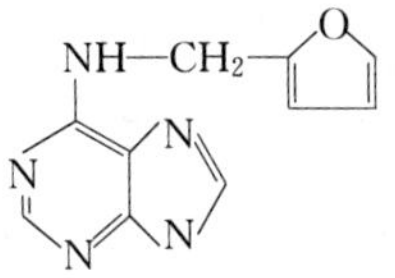	—	kinetin	—
苄基嘌呤（BA）	6-苄基氨基嘌呤	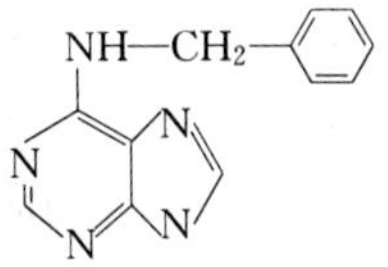	1 690（大鼠）	BA BPA 6-BA	Accel

（续）

简　称	化学名称	结　构　式	半致死剂量（mg/kg）	通用名称	商品名称
苄基腺苷	6-苄基氨基腺苷		—	6-BAR	—
四氢化吡喃基苄基腺嘌呤	6-（苄基氨基）9（2-4羟基吡喃基）9-H嘌呤苯并咪唑		—	PBA	—
二苯脲	N，N′-二苯脲		—	DPU	—
氯-二苯脲	氯-二苯脲		—	—	—
氟-苯缩脲	氟-苯缩脲		—	—	—
乙氨基乙氧基腺嘌呤	—		—	—	—
苯菌灵	1-（丁胺基甲酰）-2-苯并咪唑氨基甲酸甲酯		—	benlate	Benomyl

在植物组织培养中细胞分裂素的主要功能是促进细胞的分裂和分化，打破顶端优势，诱导芽分化与增殖，促进组织和器官的不定芽发育。当培养基中细胞分裂素/生长素的比值高时，诱导芽的分化，这时细胞分裂素起主导作用。细胞分裂素还能抑制衰老。常用的细胞分裂素类物质主要包括 6-BA、KT、2-ip、ZT 等。其浓度范围常在 0.5～30 mg/L 之间，但大多数植物在 1～2 mg/L 之间是适宜的。与生长素不同，细胞分裂素有强烈的诱导不定芽形成的能力，也使侧芽增生加速。但过高浓度的细胞分裂素会抑制芽生长，使细胞体积因强烈的分裂活动而急剧缩小，已

形成的芽过于细密，不利于进一步的生根和移植；若浓度太低，外植体的侧芽几乎没有生长。许多植物初培养时，甚至根本诱导不出苗，有些植物还会因缺乏细胞分裂素而死亡。所以，一般初培养时，使用较高浓度细胞分裂素诱导出苗后，应及时转移到低浓度细胞分裂素的培养基上，以利于幼芽的进一步生长发育。

同一种植物对不同种类的细胞分裂素的表现也不相同。Anderson 在杜鹃的组织培养中发现，2-ip 的效果最好；ZT 次之；BA 只能维持较低的嫩茎增殖率，并常常表现毒害作用，在含有 2.5～20 mg/L 的培养基上，有 40%～70% 的杜鹃嫩茎死亡。但在另一些植物中效果却相反，如白三叶草，用 2-ip 诱导嫩茎的增殖完全无效，而 BA 则表现不俗。从现有的文献看，多数人仍认为 BA 是最有效和可靠的细胞分裂素，价格也最便宜，在初培养时应首先加以试用，尤其在木本植物方面，如诱导柚愈伤组织产生嫩茎，BA 表现较好，而 KT 总是失败。其他木本植物，如杨属、云杉属和松属等都是采用 BA 用于茎芽分化的。

3. 赤霉素　赤霉素（gibberellin，GA）是日本人在研究水稻恶苗病时发现的，1898 年，在水稻栽培中发现，有些水稻长得高、瘦，叶子长而薄，植物失绿，根的生长和分化差，严重情况下则导致死亡。20 世纪初研究证明，此病是由真菌引起，这种真菌的有性世代是赤霉菌（*Gibberella fujikuroi*）无性世代属半知菌纲镰刀菌属（*Fusarium moniliforme*）。用这种菌的培养滤液来处理水稻幼苗，可引起恶苗病同样的症状，说明这种菌分泌了某种物质促进植物的生长。

1938 年，日本科学家住薮薮田和住木首先从上述滤液中分离出了两种具有生物活性的结晶，称为赤霉素 A 和赤霉素 B，20 世纪 50 年代从真菌培养液中大量提取出这种物质，并把这种物质称为赤霉酸，现已知是 GA_3。同时发现高等植物中存在着天然产生的赤霉素类物质，1958 年，Macmillan 和 Stuter 首先从高等植物中分离出赤霉素并进行化学鉴定。现已知道，在被子植物、裸子植物、蕨类、棕藻、绿藻、真菌和细菌中都有赤霉素或类似赤霉素的物质存在。已知的赤霉素有 60 多种，按其先后次序写为 GA_1、GA_2、GA_3、GA_4……

赤霉素是一种双萜，由 4 个异戊二烯单位组成，赤霉素的基本单位是赤霉素烷，有 4 个环，这 4 个环对赤霉素的活性是必要的，同时所有有活性的赤霉素在第七位碳上有羧基。GA_3 分子结构见图 3-2，不同种类赤霉素的区别在于羟基与双键的位置和数目，还有内脂环的存在与否、A 环的饱和度、酰基的有无等。它们的生理活性略异，作用的植物种类、部位、效应等有所区别。通常市售的赤霉素是赤霉菌发酵的粗提物，其中含有 GA_1～GA_4、GA_7、GA_9～GA_{16}、GA_{24} 和 GA_{25} 共 15 种赤霉素。一般认为，高等植物的幼嫩部位（如幼芽、幼叶、幼根、发育中的幼胚等处）是赤霉素合成的场所，它可以通过木质部和韧皮部向上或向下运输。

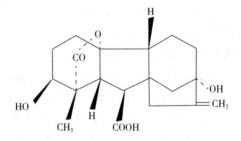

图 3-2　赤霉素的分子结构

与前两种激素不同，赤霉素对整个植株所起的作用，要比在离体器官和组织上所起的作用更显著。赤霉素的生理作用是能够诱导茎的细胞伸长，对根则无效，对矮生型植物恢复成高生型特别有效。有试验证实，GA_3 具有促进芽增殖和伸长的作用。在一定浓度范围内，随 GA_3 浓度的增加，不定芽的长度越来越长，GA 对茎伸长的促进作用可能与提高了细胞壁的伸展性有关。赤霉素对形成层的细胞分化有影响，往往同生长素有协同作用。IAA/GA 比值高有利于木质部的分化，比值低有利于韧皮部的分化。赤霉素还可以代替低温和长日照，使一些两年生植物当年开花。赤霉素在离体种子或幼胚培养时，常用于打破休眠，使之提前萌发。赤霉素还对生长素和细胞分裂素的活性有增效作用。GA 不耐热，高压灭菌后将有 70%～100% 失效，所以应当采用过滤灭菌法加入。

4. 脱落酸 1963 年，美国科学家 Addicott 在研究棉花幼果时，从棉花幼果中分离出一种促进脱落的物质，称之为脱落素。同年，英国的 Warting 从桦树秋天进入休眠的叶片中，分离出了一种可使芽休眠的物质，称之为休眠素。此后，证明这两种物质是同一物质。1965 年确定其化学结构。1967 年，在第六次国际生长物质会议上，两个研究室的人员共同将这种物质定名为脱落酸（abscisic acid，ABA）。

脱落酸是以异戊二烯为基本结构单位组成的。其结构与赤霉素有相近之处。赤霉素为 20 碳的双萜，脱落酸则是 15 碳的倍半萜烯化合物（图 3-3）。脱落酸的化学名称为 3-甲基-5(1′-羟基-4′-氧-2′,6′,6′-三甲基-2′-环乙烯)2,4-戊二烯。在 1′ 上有不对称的碳原子，因此，有右旋脱落酸和左旋脱落酸两种，天然存在的 ABA 多为右旋，人工合成的则是左旋和右旋各为 50% 的消旋物。左旋和右旋 ABA 在大多数情况下具有相同的生物活性。

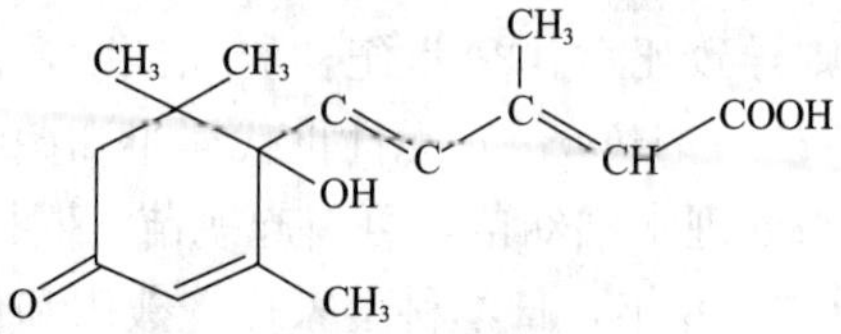

图 3-3 脱落酸的分子结构

脱落酸是一种强的生长抑制物质，广泛分布于植物体内的各个部位，在衰老的组织中含量尤高。ABA 抑制蛋白质合成，抑制生长素、细胞分裂素的作用。ABA 诱导休眠，促进衰老和脱落。短日照条件下诱导 ABA 合成，而长日照条件下诱导赤霉素的合成，这两种激素又控制和触发许多其他生理效应，如延缓生长、促进落叶、形成休眠芽、诱导开花等。这些因素在离体培养时依然发生作用。

作为一种生长抑制物质，ABA 很少应用于组织培养中，但在一些研究中人们发现一些生长抑制物质（如 B_9、ABA 和 PP_{333} 等）还有一定的良好作用。ABA 可能对一些植物体细胞胚正常发育是有益的，对甘薯块根培养物形成芽有良好影响（Yamagushi 等，1973），对柳杉下胚轴切段培养中芽的形成也有促进作用。

5. 乙烯 乙烯（ethylene）是植物体内合成的一种结构最简单的气态植物激素。结构式为 $H_2C{=}CH_2$，无色气体，可溶于水在体内进行运输，或以气体形式扩散至细胞间隙。

19 世纪中叶，人们已发现泄露的照明气能影响植物的生长发育。1901 年俄国学者尼留波夫证实照明气中乙烯的作用，发现植物对乙烯的"三重反应"。19 世纪 20～30 年代已查明乙烯对植物的广泛效应，并作为水果催熟剂。1934 年美国波依斯汤姆逊研究所克拉克等提出乙烯是成熟激素的概念。50 年代末，伯格等把气相层析技术引入乙烯研究中，精确测定追踪组织中极微量的乙烯及其变化。60 年代末，乙烯被公认为一种植物内源激素。

几乎所有高等植物的组织都能产生微量乙烯。干旱、水涝、极端温度、化学伤害和机械损伤都能刺激植物体内乙烯增加，称为"逆境乙烯"，会加速器官衰老、脱落。萌发的种子、果实等器官成熟、衰老和脱落时组织中乙烯含量很高。高浓度生长素促进乙烯生成。乙烯抑制生长素的合成与运输。

内源乙烯是植物根原基形成的天然调节物质，它不仅影响器官的发生，而且对体细胞胚的发生也有作用。Van Aartriijk（1984）对百合鳞茎再生进行研究时发现，在培养的 3～7 d 内施加乙烯可以促进不定鳞茎的形成。燃烧或高压灭菌可使容器中产生一定的乙烯积累，过高浓度的乙烯，驱使细胞向无组织状态增殖。如 Murashige（1977）发现，乙烯抑制胡萝卜愈伤组织体细胞胚的发生，而乙烯合成酶抑制剂可促进体细胞胚的发生。

植物生长调节物质对于绝大多数植物离体培养起着关键性的作用，基本培养基能保证培养物的生存与最低的生理活动，但只有配合使用适当的植物生长调节剂才能诱导细胞分裂的启动、愈伤组织的生长以及根、芽的分化或胚状体的发育等符合目的的变化。各类植物激素的生理作用具有相对的专一性，但这种专一性又是相对的，植物的各种生理效应是不同种类激素之间相互作用的综合表现。不同激素间还有颉颃作用，生长素与细胞分裂素对植物的顶端优势有相反的作用，生长素与乙烯对叶片的脱落作用也相反，脱落酸与细胞分裂素、生长素、赤霉素的生理作用也分别有颉颃作用。

6. 其他生理活性物质　除上述几种激素外，近年来人们还发现了许多具有激素活性的化合物，有的已经在植物组织培养中得到应用。李凤云（2001）分别用 BA、NAA、B_9、香豆素对马铃薯试管微薯进行诱导时发现，香豆素（20 mg/L）能有效提高结薯率，而 B_9（10 mg/L）能明显提高大薯率。韩德俊等研究证实，低浓度水杨酸（SA）显著促进马铃薯试管苗侧枝和葡匐茎的分化，0.1～1.0 mmol/L 的 SA 能诱导试管微薯形成并显著提高结薯率。

苯基脲及其衍生物是另一类具有细胞分裂素生理活性的生长调节物质，其中以 TDZ（噻二唑苯基脲，thidiazuron）、4‑PU（苯基脲，phenylurea）活性最强，0.5 μmol/L 的 4‑PU 使杜鹃芽的增殖能力接近 5 μmol/L 的 ZT 或 50 μmol/L 2‑ip 水平，说明 4‑PU 的活性比玉米素高约 10 倍，而比 2‑ip 高近 100 倍。Meyer 和 Kernsh（1986）也发现，TDZ 可引起美洲朴树芽增殖显著增加，0.05～0.1 μmol/L TDZ 的活性比 4～10 μmol/L BA 的活性强。TDZ 还可诱导烟草愈伤组织分化不定芽，其活性高于 KT，但低于 BA。0.3 μmol/L 的 TDZ 使花椰菜芽增殖达到 10 μmol/L 2‑ip 的水平。0.1 μmol/L TDZ 促使苹果形成芽的数量高于 4.4 μmol/L BA 的效果。1976 年，Jones 报道了根皮苷（PZ）及其衍生物根皮酚（PG）对苹果无根苗的生长和根的形成有促进作用。后来，人们发现一些酚类化合物，主要是间苯三酚，可以用于促进多种木本植物腋芽增殖与生长，同生长素结合还可促进不定根的形成。Camns 和 Lance 则于 1955 年首次发现离体正常组织生长可被抗生素促进，生长素依赖型的菊芋块茎的鲜重在含青霉素 G 或普鲁卡因青霉素（不含生长素）中增加 3 倍。随后的试验还相继发现了利福平、万古霉素、羧卞青霉素等其他抗生素在植物组织培养中的作用。一些化学物质（如腺嘌呤）也对培养植物组织细胞的分裂和分化有积极作用，腺嘌呤常用的浓度为 10～30 mg/L。

六、其他添加物

一些天然有机物，如椰乳（coconut milk，CM）、番茄提取物（potato extract，PE）、酵母

提取物（yeast extract，YE）、麦芽提取物（malt extract，ME）、玉米乳（corn milk）马铃薯煮汁（tomato juice，TJ）等也常用于植物组织培养中，并表现出良好的促进作用。但这些成分不定的复杂天然提取物，由于受产地、品种、季节、株龄、气候、栽培条件等多种因素的影响，其有利于生长和分化的成分表现不稳定，以致有些结果不易重现。因此，大多数研究者认为，除非特别需要，应尽量采用成分确定的化合物来代替天然产物为宜。

椰子乳是椰子的液体胚乳，它是使用最多、效果最好的一种天然复合物，一般使用浓度在10%～20%；酵母提取物一般用量约0.5%；麦芽提取物用量0.1%～0.5%。马铃薯煮汁是将马铃薯去掉皮和芽后，加水煮30 min，再经过过滤取得的滤液，用量为150～200 g/L。香蕉用量为150～200 mg/L。用黄熟的小香蕉，加入培养基后变为紫色，对pH的缓冲作用大，主要在兰花的组织培养中应用，对发育有促进作用。其他有机提取物（如洋葱汁、番茄汁、苹果汁、柑橘汁、黄瓜的果实、未熟玉米的胚乳等）在植物组织培养中也有应用，它们遇热较稳定，大多在培养困难时使用，有时有效。

七、其　　他

1. 活性炭　活性炭（active carbon）为木炭粉碎经加工形成的粉末，它结构疏松，孔隙大，吸水力强，有很强的吸附作用。活性炭颗粒的大小决定着吸附能力，粒度越小，吸附能力越强。通常使用浓度为0.5～10 g/L。它可以吸附非极性物质和色素等大分子物质，包括琼脂中所含的杂质、培养物分泌的酚和醌类物质、蔗糖在高压消毒时产生的5-羟甲基糖醛、激素等。茎尖初代培养，加入适量活性炭，可以吸附外植体产生的致死性褐化物，其效力优于维生素C和半胱氨酸。但活性炭的吸附作用是非选择性的，其在吸附有害物质的同时还会吸附一些有机营养成分和激素。

2. 抗氧化剂　植物组织在切割时会溢泌一些酚类物质，接触空气中的氧气后，自动氧化或由酶类催化氧化为相应的醌类，产生可见的茶色、褐色以致黑色，这就是酚污染。这些物质渗出细胞外就造成自身中毒，使培养的材料生长停顿，失去分化能力，最终变褐死亡。在培养基中加入抗氧化剂（antioxide），或用抗氧化剂进行材料的预处理或预培养，可预防醌类物质的形成。抗氧化剂包括抗坏血酸（维生素C）、聚乙烯吡咯烷酮（PVP）、牛血清白蛋白等。在静止的液体培养基中加入抗氧化剂比在固体培养基中加入抗氧化剂效果要明显得多。用50～200 mg/L的半胱氨酸及维生素C洗涤刚切割的外植体伤口表面，或过滤灭菌后加入固体培养基的表层，或在倒挂金钟茎尖培养中加入0.01% PVP便对褐变有抑制作用。其他抗氧化剂有二硫苏糖醇、谷胱甘肽、硫乙醇、二乙基二硫氨基甲酸酯等。

3. pH　植物生长对培养基的pH都有要求，多数植物喜欢弱酸性的pH环境，因此培养基的pH常被调整到5.6～5.8之间，有时到6.0，有些喜酸植物还可以到5.4，甚至4.6。Eriksson（1965）研究了培养过程中pH的变化情况，发现无论起始pH如何，经过一段时间培养后，pH都会稳定在5.6±0.1。莫成凡（1997）研究影响pH变化的因素时指出，一旦外植体植入，培养基的pH就开始发生改变，直到达到某一平衡点，不同的植物有各自的平衡点。

适宜的pH对植物细胞的离体生长是必要的，pH过高（>7.0）或过低（<4.5）都会阻止

离体生长和发育。pH 对植物细胞生长代谢的影响有以下几个方面：①营养物质沉淀。高的 pH 会引起某些阳离子的沉淀，从而降低植物对这些离子的吸收效能。Dalton（1983）发现，标准 MS 培养基中自由 Fe^{2+} 在 pH 大于 5.0 时会迅速氧化成 Fe^{3+}，同磷酸盐形成磷酸铁沉淀，如果将 EDTA 浓度增大 1 倍，pH 在 4.8～6.0 范围不会发生沉淀，即使高温处理后也是如此。②营养物质吸收。pH 对营养物质的吸收影响显著。Rose 和 Martin（1975）证实，NO_3^- 的利用率随 pH 的降低而增加，而 NH_4^+ 则相反。如果对 pH 加以控制，植物细胞在以 NH_4^+ 为单一氮源时也可生长良好。③植物激素的吸收。在多数情况下，细胞膜内外的 pH 梯度是植物激素，尤其是生长素向细胞内转移的原因。Rubery（1973，1980）证实，培养基 pH 低于 6 时，会有大量 IAA 以非解离形式扩散进入细胞。细胞质 pH 较高，IAA 分子一旦进入就会发生解离，由于质膜对 IAA 阳离子的不同透性，因而被困在细胞内。其他激素如(2,4-D、NAA、ABA)的吸收也有同样效应。

第二节　培养基的种类和特点

一、培养基的种类

培养基的组分对植物组织与细胞培养的成功与否关系甚大。20 世纪 30～40 年代植物组织与细胞培养发展的初期，使用的培养基成分简单，这是因为，一方面，人们对离体培养的植物组织和器官对营养的需求还不甚了解，另一方面，当时生产的化学试剂纯度不高，含杂质较多，因此，培养基中使用的无机盐成分种类过多，浓度较高时，对植物有害的物质必然相应增加。随着组织培养技术的发展，培养基的成分不断改进和完善，1943 年，White 建立了第一个较为理想的综合培养基，1963 年又做了改良。1962 年，Murashige 和 Skoog 设计了 MS 培养基。这是目前应用最广的基本培养基。之后，人们又陆续设计了适合各种培养需要的特殊培养基。培养基的改进和发展，极大地促进了植物组织与细胞培养技术的发展。目前已有数十种培养基用于植物组织与细胞培养研究，常见的几种培养基成分见表 3-5。

除了常用的几种培养基之外，某些特意设计的培养基可能更有利于某些物种或品种的特定器官、组织乃至细胞的培养。现在发展起来的特定培养基，大大改善了植物组织培养的效率，如用于小麦花药培养的 W_{14}、C_{17} 培养基，用于烟草原生质体培养的 NT 培养基等。这些特殊培养基将在后面的章节介绍。目前一些植物种类的组织培养没有成功，除植物材料本身的遗传因素外，很可能是还没有找到适宜于这一植物材料培养的培养基的缘故。因此，适用于各种植物组织培养的培养基还在不断设计、完善和发展之中。

不同的基本培养基在营养物质的种类和含量上存在差异，根据其中无机盐的含量可将基本培养基划分为 4 大类：①含盐量高的培养基，如 MS（Murashige 和 Skoog，1968）、LS（Linsmaier 和 Skoog，1965）、BL（Brown 和 Lawrence，1968）、ER（Eriksson，1965）。这类培养基在大量成分上基本相似，只是在某些有机物组成上有所变化，如 MS 培养基中减去甘氨酸、烟酸和盐酸吡哆醇就是 LS 培养基。②硝酸钾含量高的基本培养基，如 B_5（Gamborg，1968）、N_6（朱至清，1975）、SH（Schenk 和 Hildebrant，1972）。此类培养基的盐浓度也高，其中 NH_4^+ 和

PO_4^{3-} 是由 $NH_4H_2PO_4$ 提供。③无机盐含量中等的培养基，如 H 培养基（Bourgin 和 Nitsch，

表3-5　几种常用培养基及其成分（mg/L）

组成组分	White (1963)	MS (1962)	B_5 (1968)	N_6 (1975)	WS (1966)	BL (1963)	Nitsch (1969)
KNO_3	80	1 900	2 500	2 830	170	1 900	950
$Ca(NO_3)_2 \cdot 4H_2O$	300	—	—	—	425	—	—
NH_4NO_3	—	1 650	—	—	50	1 650	720
$(NH_4)_2SO_4$	—	—	134	463	—	—	—
$MgSO_4 \cdot 7H_2O$	720	370	250	185	764	370	185
Na_2SO_4	200	—	—	—	425	—	—
$NaH_2PO_4 \cdot H_2O$	16.5	—	150	—	35	—	—
KH_2PO_4	—	170	—	400	—	170	68
KCl	65	—	—	—	140	—	—
$CaCl_2 \cdot 2H_2O$	—	440	150	166	—	440	166
$Fe_2(SO_4)_3$	2.5	—	—	—	—	—	—
$FeSO_4 \cdot 7H_2O$	—	27.8	—	27.8	27.8	27.8	27.8
Na_2EDTA	—	37.3	—	37.3	37.3	37.3	37.3
$FeNa_2EDTA$	—	—	43	—	—	—	—
$MnSO_4 \cdot H_2O$	—	—	10	—	—	—	—
$MnSO_4 \cdot 4H_2O$	7	22.3	—	4.4	9	16.9	25
KI	0.75	0.83	0.75	0.8	1.6	0.83	—
$CoCl_2 \cdot 6H_2O$	—	0.025	0.025	—	—	0.025	—
$ZnSO_4 \cdot 7H_2O$	3	8.6	2	1.5	3.2	10.6	10
$CuSO_4 \cdot 5H_2O$	—	0.025	0.025	—	—	0.025	0.025
H_3BO_3	1.5	6.2	3	1.6	3.2	6.2	10
$Na_2MoO_4 \cdot 2H_2O$	—	0.25	0.25	—	—	0.25	0.25
甘氨酸	3	2	—	2	—	—	2
半胱氨酸	1	—	—	—	—	—	—
烟酸	0.5	0.5	1	0.5	0.5	0.5	—
维生素 B_1	0.1	0.4	10	1	0.1	0.1	0.5
维生素 B_6	0.1	0.5	1	0.5	0.1	0.1	0.5
肌醇	—	100	100	—	100	100	100
天冬氨酸	—	—	—	—	—	100	—
叶酸	—	—	—	—	—	—	0.5
生物素	—	—	—	—	—	—	0.05
蔗糖	20 000	30 000	20 000	50 000	20 000	30 000	20 000

1979）和 Nitsch（1969）基本培养基，它们的大量元素含量相当于 MS 培养基的 1/2，微量元素种类少而含量高，如 N_6 培养基中生物素的含量提高了 10 倍。④含盐量比较低的基本培养基，如 White（White，1943）、WS（Wolter 和 Skoog，1966）和 HE（Heller，1953）基本培养基。其中，B_5 培养基及其各种衍生培养基对于细胞和原生质体培养是适合的，特别对于十字花科植物的细胞悬浮培养和愈伤组织培养尤为有效。N_6 培养基是为禾谷类作物花药培养而设计的，对于禾谷类组织培养也同样适用。WS 和 LS 配方则适合于木本植物的培养。一般来说，MS 在各种

培养基中用途最广，具有普适性，特别是在培养再生植株时应用较多。但也有例外，如扶郎花属、杜鹃花属、山月桂属等对盐敏感的植物，用 MS 为基本培养基培养时并不能达到最适生长和发育。有时，在组织培养的不同阶段，所用的培养基也可能需要变化，如许多植物生根培养时往往要使用 1/4～1/2 大量成分的基本培养基。

选择培养基时一定要注意培养基、植物基因型、外植体类型、来源、年龄、培养条件之间的互作。大多数植物种类在不同的培养基配方上生长时，表现出较大的生长质量差异。造成这种差异的原因除了基因型以外，高离子浓度的抑制作用、总氮水平的影响、钙缺乏和对氯化物的敏感有时表现也十分明显。

（1）总离子浓度　一般而言，适合大多数草本植物的 MS 培养基对木本植物的芽培养效果不佳，一个主要的原因就是总盐浓度的影响，这种影响还与植物的基因型有关，有的植物对不同的培养基反应差异小，有的则出现生与死的差异。捕虫草的叶片在 1/2 LS 培养基中就会出现死亡，当盐浓度降低到 1/5 LS 时才能正常生长；越橘嫩茎在 1/4 MS 培养基中生长良好，高盐浓度时有毒害。培养基中的离子浓度主要由大量成分，尤其是氮源和钾源组成，因而降低离子浓度多从钾源和氮源考虑。在植物初培养时，应考虑用离子浓度较低的培养基，特别是木本植物，这样做可能引起一些植物不能达到最适生长，但至少不会出现高盐离子抑制致死的现象，这对珍稀濒危植物的培养尤为重要。

（2）氮素水平　培养基中的氮素主要由 NH_4^+ 和 NO_3^- 离子提供，有时也有一部分有机氮。植物的总氮需求在 12～60 mmol/L，其中 NH_4^+ 6～20 mmol/L，NO_3^- 6～40 mmol/L。大多植物对 NH_4^+ 的需求多于 NO_3^-，因此，要找出二者间的合适比例以确保植物正常的生长。杨属的一些基因型在 WPM 上生长不良，当转移至改良的 MS 培养基上时生物量和芽苗质量都大为提高。由于 MS 和 WPM 培养基的差异主要在大量成分上，所以推测这种生长差异可能是由氮素水平引起的，而当将 WPM 培养基中的 NH_4NO_3 增加到 MS 中的水平时，芽苗生长几乎可以接近改良 MS 的水平。据报道，类似的现象在胡桃上也有发生。

（3）钙缺乏　许多植物芽苗培养中，常常在继代后的 1～3 周，会出现幼芽茎尖脱色，最后逐渐死亡的现象。一些情况下茎尖会缓慢生长，致使幼茎弯曲畸形；幼苗茎尖死亡后，下面的腋芽萌发使幼苗产生许多分枝，这些分枝在钙缺乏严重时，也将表现坏死。甘薯（秦薯 4 号）茎段分别于 MS、N_6、WPM、B_5 和 MB 5 种培养基上培养，30 d 后 MS、MB 上芽苗生长快而健壮，其余 3 种培养基上均表现生长不良，其中 B_5 和 N_6 上芽苗出现茎尖坏死现象，尤其是在生长的后期，培养基水分含量低的情况下坏死更加严重，WPM 上则没有。这 5 种培养基中 MS 和 MB 具有相同的无机盐成分，WPM 和 MS 的 Ca^{2+} 含量相同，而 B_5 和 N_6 的 Ca^{2+} 含量还不到 1/2 MS。钙在植物组织中不能转移，旺盛生长的茎尖需要通过蒸腾流来源源不断地提供细胞生长所需要的钙。当蒸腾缓慢时就会导致茎尖缺钙坏死，所以培养后期培养基中水分含量降低时，蒸腾作用受到抑制便会加剧茎尖坏死。茎尖坏死可以通过降低芽苗生长温度、改善培养环境、增加培养基中的钙水平加以克服。

（4）氯化物的敏感性　一些植物在解决钙缺乏问题时，如以 $CaCl_2$ 作为补充时，往往引起芽苗叶片黄化、茎秆生长细弱，有时甚至组织衰退死亡。由于只改变了培养基中钙和氯化物的水平，所以这种症状都应该归因于氯化物中毒。为了谨慎起见，在不影响营养成分溶解性的前提下，应该尽可能地降低氯化物的水平。

二、培养基的特点

这里仅介绍 4 种常用培养基的特点。

1. White 培养基　它是 1943 年由 White 为培养番茄根尖而设计的。1963 年又做了改良，该培养基的特点是无机盐浓度低，适宜于生根培养。

2. MS 培养基　这种培养基是 1962 年由 Murashige 和 Skoog 为培养烟草细胞而设计的，其特点是无机盐浓度较高，为较稳定的离子平衡溶液，其养分的数量和比例较合适，可满足植物细胞的营养和生理需要，它的硝酸盐（钾、铵）的含量较其他培养基的为高，广泛用于植物的器官、花药、细胞和原生质体培养，效果良好。LS 和 RM 培养基是由它演变而来的。

3. B$_5$ 培养基　这种培养基是 1968 年 Gamborg 等为培养大豆根细胞而设计的，其主要特点是含较低的铵，这个成分可能对不少培养物的生长有抑制作用。从实验中得知，有些植物在 B$_5$ 培养基上生长更适宜，如双子叶植物，特别是木本植物。

4. N$_6$ 培养基　这种培养基是 1974 年朱至清等为水稻等禾谷类作物花药培养而设计的，其特点是成分比较简单，且 KNO$_3$ 和（NH$_4$）$_2$SO$_4$ 含量高，在国内，已广泛应用于小麦、水稻及其他植物的花药培养和组织培养。

第三节　培养基的制备

一、母液的制备与保存

在一些发达国家，培养基常由专业公司或专业实验室生产，出售的培养基为粉状，使用时只需要用蒸馏水溶解，然后加入琼脂、糖和其他附加物并定容后即可。我国常规的组织培养工作中，配制培养基是一项基本工作，为简便起见，常将配方中的药品一次称量供一段时间使用，即将培养基的各成分含量按一定倍数增大配成一定浓度的储存液，用时再进行稀释，这种储存液就叫储备液或母液。母液一般按照药品种类和性质分别配制，单独保存或者几种混合保存。制备母液一方面是为了制备培养基时方便，减少工作量；另一方面则是为了提高培养基中各成分含量的准确性，减少称量误差。

现以 MS 培养基母液的制备为例简单介绍培养基母液的制备方法。MS 培养基是应用最广的一种培养基，配制时可根据药品种类和性质分别配制成大量元素母液、微量元素母液、铁盐母液和有机成分母液，激素母液也应单独制备保存。

1. 大量元素母液　大量元素母液浓度一般为原培养基浓度的 10、20 或 50 倍，有时也可用到 100 倍，倍数不宜过高，也不应过低。倍数太高，准确性降低；倍数太低，则需经常配制，工作量加大。实验室少量制备培养基时可使用较低的倍数，工厂化大规模生产时，母液浓度可配制高一些。MS 培养基的大量元素无机盐由 5 种化合物组成，首先按各成分含量的 10 倍称量，用蒸馏水分别溶解，按顺序逐步混合。注意在溶解 CaCl$_2$·2H$_2$O 时，蒸馏水需加热沸腾，除去水

中的 CO_2，以防止产生 $CaCO_3$ 沉淀。药品称量过程要尽量快，防止一些药品因吸湿而增加称量误差。后用蒸馏水定容到 1 000 ml 的容量瓶中，即为 10 倍的大量元素母液（表 3-6）。

表 3-6 MS 培养基大量元素母液制备

| 序号 | 培养基 | | 扩大倍数 | 母液 | | |
	成分	浓度（mg/L）		称量（mg）	体积（L）	浓度（mg/L）
1	NH_4NO_3	1 650	10	16 500	1	16 500
2	KNO_3	1 900	10	19 000	1	19 000
3	$CaCl_2 \cdot 2H_2O$	440	10	4 400	1	4 400
4	$MgSO_4 \cdot 7H_2O$	370	10	3 700	1	3 700
5	KH_2PO_4	170	10	1 700	1	1 700

2. 微量元素母液 由于培养基中微量元素浓度多在 0.1~0.001 mg/L 之间，所以，母液宜配制成原培养基成分含量的 100 倍液，个别元素还可配置成 1 000 倍液。微量元素药品称量很低，称量准确性要求很高，应使用灵敏度高，感量为万分之一的电子分析天平。MS 培养基的微量元素无机盐由 7 种化合物（铁除外）组成。微量元素用量较少，特别是后两类用量甚微，一般分两次制备。前 5 种：硫酸锰、硫酸锌、硼酸、碘化钾和钼酸钠分别按含量的 100 倍称量，用蒸馏水充分溶解。按顺序混合均匀后定容到 1 000 mL，即为 100 倍的微量元素母液Ⅰ。但也有人将 KI 单独配制，储存于棕色瓶中。后两种含量甚微的硫酸铜和氯化钴按各自含量的 1 000 倍称量，分别溶解后混匀，定容到 1 000 mL，即为 1 000 倍的微量元素母液Ⅱ（表 3-7）。

表 3-7 MS 培养基微量元素母液制备

| 类别 | 序号 | 培养基 | | 扩大倍数 | 母液 | | |
		成分	浓度（mg/L）		称量（mg）	体积（L）	浓度（mg/L）
Ⅰ	6	$MnSO_4 \cdot 4H_2O$	22.3	100	2 230	1	2 230
	7	$ZnSO_4 \cdot 7H_2O$	8.6	100	860	1	860
	8	H_3BO_3	6.2	100	620	1	620
	9	KI	0.83	100	83	1	83
	10	$Na_2MoO_4 \cdot 2H_2O$	0.25	100	25	1	25
Ⅱ	11	$CuSO_4 \cdot 5H_2O$	0.025	1 000	25	1	25
	12	$CoCl_2 \cdot 6H_2O$	0.025	1 000	25	1	25

3. 铁盐母液 铁属于微量元素，但为了保证铁素的稳定供应，MS 培养基以及绝大多数常用的培养基都用螯合剂 $Na_2 \cdot EDTA$（乙二胺四乙酸二钠）和 $FeSO_4 \cdot 7H_2O$（硫酸亚铁）来单独配制铁盐母液，或者用 $Na \cdot Fe \cdot EDTA$ 形态的铁盐配制。配制时先按表 3-8 将称量好的 $FeSO_4 \cdot 7H_2O$ 和 $Na_2 \cdot EDTA$ 分别用 350~400 mL 蒸馏水溶解，可适当加热，然后混合搅拌均匀，并定容到 1 000 mL，最后将溶液 pH 调至 5.5，贴上标签，储存备用。

表 3-8 MS 培养基的铁盐母液制备

| 序号 | 培养基 | | 扩大倍数 | 母液 | | |
	成分	浓度（mg/L）		称量（mg）	体积（L）	浓度（mg/L）
13	$Na_2 \cdot EDTA$	37.3	100	3 730	1	3 730
14	$FeSO_4 \cdot 7H_2O$	27.8	100	2 780	1	2 780

4. **有机物质母液** 有机成分大多为水溶性，但一些药品（如叶酸）需要用少量的稀氨水才能溶解。MS培养基的有机成分有甘氨酸、肌醇、烟酸、盐酸硫胺素和盐酸吡哆醇。培养基中的有机成分原则上应分别单独配制，扩大适当的倍数制成一定浓度的母液，MS培养基的有机成分可根据其培养基中的含量配制成50倍的甘氨酸母液，100倍的盐酸硫胺素、盐酸吡哆醇、烟酸母液，20倍的肌醇母液（表3-9）。

表3-9 MS培养基有机物质母液的制备

序号	培养基		扩大倍数	母液		
	成分	浓度（mg/L）		称量（mg）	体积（L）	浓度（mg/L）
15	甘氨酸	2	50	100	0.1	1 000
16	肌醇	100	20	2 000	0.1	20 000
17	盐酸硫胺素	0.4	100	40	0.1	400
18	盐酸吡哆醇	0.5	100	50	0.1	500
19	烟酸	0.5	100	50	0.1	500

5. **激素母液** 植物组织培养中使用激素种类和含量是根据不同的研究目的而定的，但激素在培养基中含量甚微，因而，在制备培养基前也应先将可能使用的激素配制成一定浓度的母液储存。一般激素母液配制的最终浓度以0.5 mg/L为好。多数植物激素不是水溶性的，所以配制时应注意：IAA、ZT和NAA先用少量95%乙醇充分溶解，然后用蒸馏水定容到一定浓度；IBA用少量50%乙醇溶解后，加水定容；乙醇浓度太高时，加水会导致沉淀。2,4-D用1 mol NaOH溶解后，加水定容；KT、BA先溶于少量1 mol HCl，再加水定容。

激素的用量一般采用mg/L表示，过去也用mol/L表示。为了计算方便，现将mg/L与M换算表列于表3-10和表3-11。

表3-10 主要激素的mg/L和μmol/L的换算表

mg/L	μmol/L					
	NAA	2,4-D	IAA	6-BA	KT	GA₃
1	5.371	4.524	5.708	4.439	4.647	2.887
2	10.741	9.048	11.417	8.879	9.293	5.774
3	16.112	13.572	17.125	13.318	13.940	8.661
4	21.483	18.096	22.834	17.757	18.586	11.548
5	26.853	22.620	28.52	22.197	23.231	14.435
6	32.223	27.144	34.250	26.636	27.880	17.323
7	37.594	31.668	39.959	31.075	32.526	20.210
8	42.965	36.193	45.667	35.515	37.173	23.097
9	48.339	40.717	51.376	39.945	41.820	25.984
相对分子质量	186.20	221.04	175.18	225.26	215.21	346.37

表3-11 主要激素的μmol/L和mg/L的换算表

μmol/L	mg/L					
	NAA	2,4-D	IAA	6-BA	KT	GA₃
1	0.186 2	0.221 0	0.175 2	0.225 3	0.215 2	0.346 4
2	0.372 4	0.442 1	0.350 4	0.450 5	0.430 4	0.692 7
3	0.558 6	0.663 1	0.525 5	0.675 8	0.645 6	1.039 1

(续)

$\mu mol/L$	mg/L					
	NAA	2，4 - D	IAA	6 - BA	KT	GA₃
4	0.744 8	0.884 2	0.700 7	0.901 0	0.860 8	1.385 5
5	0.931 0	1.105 2	0.875 9	1.126 3	1.076 1	1.731 9
6	1.117 2	1.326 2	1.051 1	1.351 6	1.291 3	2.078 2
7	1.303 4	1.547 3	1.226 3	1.576 8	1.506 5	2.424 6
8	1.489 6	1.768 3	1.401 4	1.802 1	1.721 7	2.771 0
9	1.675 8	1.989 4	1.576 6	2.027 3	1.936 9	3.117 3

母液含有相当丰富的营养物质，易受污染。配制好的母液应放置在普通冰箱中保存备用。母液的保存时间不宜过长，当出现沉淀或浑浊及霉变时，应重新配制。保存时应贴标签，注明类型、日期、浓度等。

MS 培养基中的蔗糖为 30 g/L，在制备培养基时直接加入即可。

二、培养基的制备

配制培养基时先将储存母液按顺序放好；将洁净的各种玻璃器皿（量筒、烧杯、移液器（管）、玻璃棒、漏斗等）放在指定的位置；准备好 pH 计或 pH 精密试纸、1 mol NaOH 和 1 mol HCl；称好所需的琼脂、蔗糖；配好所需用的生长调节物质；准备好重蒸馏水及作封口用的封口膜、包装线等。

1. 移液与定容 每次配制培养基时应按培养基中各成分的含量和母液浓度，求出每升培养基吸取母液的量，计算公式为

$$吸取量（mL）=\frac{培养基中物质的含量（mg/L）}{母液浓度（mg/L）}\times 1\ 000$$

表 3 - 12 配制 1 L MS 培养基各母液的吸取量

母液类型	1 L MS 培养基的吸取量（mL）
大量元素	100
微量元素 I	10
微量元素 II	1
铁盐	10
甘氨酸	2
肌醇	5
盐酸硫胺素	1
盐酸吡哆醇	1
烟酸	1

按以上公式求算的各母液吸取量，结果见表 3 - 12。制备培养基时，先按表 3 - 12 的顺序和吸取量吸取各成分母液加入到 1 000 mL 的瓷量杯中，再按目的加入一定浓度的激素或其他附加成分。充分混匀后加入用蒸馏水熔化的 30 g 蔗糖和已溶化的琼脂，最后用蒸馏水定容到 1 000 mL。

2. 调 pH 由于培养基的 pH 直接影响到培养物对离子的吸收，因而过酸或过碱都对植物材

料的生长有很大影响。此外，琼脂培养基的 pH 还影响到凝固情况。所以，培养基定容后应立即进行 pH 的调整。最好用酸度计测试，既快又准，如无条件也可用精密 pH 试纸，培养基偏酸时用 1 mol NaOH 来调节，偏碱用 1 mol HCl（盐酸）来调节。

3. 分装、包扎 pH 调好后，将培养基及时分装于培养容器中，分装时要尽量避免培养基污染瓶口。分装后，盖上瓶盖或用无菌培养容器封口膜外加一层牛皮纸封口。

4. 灭菌 培养基采用湿热灭菌，在高压锅内于 0.1 MPa 压力下灭菌 20 min。灭菌后及时取出放平，待冷却后即可接种。

◆复习思考题

1. 植物组织培养培养基中的大量元素、微量元素各主要包括哪些？它们主要以哪些化合物的形式提供？

2. 蔗糖在培养基中有何作用？

3. 生长素类物质大致可分为哪几类？目前植物组织培养中主要使用哪些生长素？生长素在离体培养中有何作用？

4. 在植物组织培养中，细胞分裂素有何作用？

5. 试根据表 3-5 给出的基本培养基成分写出配制 White 培养基和 B_5 培养基的程序。

6. 简述 MS 培养基中铁盐母液的配制方法。

7. 生长素和细胞分裂素母液如何制备？

8. 简述培养基的制备过程。

9. 已知所有激素母液浓度为 0.5 mg/mL，问：欲配制 MS＋2 mg/L 6-BA＋1 mg/L KT＋0.5 mg/L NAA＋2.5％蔗糖＋0.5％琼脂的培养基 400 mL，应取 6-BA、KT 和 NAA 母液各多少毫升？称取蔗糖和琼脂各多少克？

若配制 MS＋1 mg/L 2,4-D＋3％蔗糖＋0.5％琼脂的培养基 250 mL，则应吸取 2,4-D 多少毫升，称取蔗糖和琼脂各多少克？

10. 目前，常用的培养基有哪些种类？各有什么特点？

11. 配制培养基时，为什么要先配母液？如何配制母液？

12. 培养基内加入活性炭的目的是什么？应注意什么问题？

◆主要参考文献

[1] 王清连. 植物组织培养. 北京：中国农业出版社，2002
[2] 王蒂. 植物组织培养. 北京：中国农业出版社，2004
[3] 沈海龙. 植物组织培养. 北京：中国林业出版社，2005
[4] 肖尊安译. 植物组织培养导论. 北京：化学工业出版社，2006
[5] 王玉英. 植物组织培养技术手册. 北京：金盾出版社，2006
[6] 李浚明. 植物组织培养教程. 北京：中国农业大学出版社，2005

[7] 朱建华．植物组织培养实用技术．北京：中国计量出版社，2001

[8] 崔德才．植物组织培养与工厂化育苗．北京：化学工业出版社，2003

[9] 吴伟民．固化剂（Gelrite）浓度对草莓花药愈伤组织诱导及分化的影响．中国南方果树．2002（2）：41～42

[10] 崔凯荣．植物激素对体细胞胚胎发生的诱导与调节．遗传．2002（5）：349～354

[11] 陈发菊．活性炭和椰乳对文心兰离体芽尖培养的影响．实用医学进修杂志．2000（4）：219～221

[12] 莫成凡．影响培养基 pH 变化的因素．植物学报（英文版）．1997（4）：347～352

第四章 植物细胞的全能性与形态发生

植物细胞的全能性理论是植物组织与细胞培养的理论基础，植物体的每个细胞都具有该物种的全部遗传信息，在离体培养条件下能经过脱分化（dedifferentiation）形成胚性细胞或愈伤组织，并经再分化（redifferentiation）发育成完整的植物个体。

第一节 植物细胞的全能性

1902 年，德国植物学家 G. Haberlandt 就预言，作为植物器官和组织基本单位的细胞，在供给一定的条件后，有可能实现分裂和分化，乃至形成胚胎和植株。这一见解后来被称为植物细胞全能性。植物细胞全能性是指每个植物细胞都具有该物种的全部遗传信息，在适宜条件下能发育成完整植物个体的能力。1958 年，F. C. Steward 通过胡萝卜细胞悬浮培养使得胚性细胞经胚状体途径发育成植株，首次证实了细胞全能性的存在。其后的不少学者通过花药、原生质体、胚乳组织等离体培养，均获得了再生植株。进一步证实了植物细胞全能性不仅存在于体细胞中，而且也存在于性细胞及胚乳细胞中。植物细胞全能性至少有以下两个方面的含义：①每个植物细胞具有母体的全部遗传特性；②每一个细胞都可以在特定条件下发育成为与母体一样的植株。全能性为植物生物工程的发展提供了坚实的理论基础，同时也为研究胚胎发育的分子机理提供了体外实验模型。

已分化细胞要实现其全能性一般要经历两个过程，一个是脱分化，使外植体的细胞转变成胚性细胞，从而获得不断分裂的能力；另一个是再分化，使胚性细胞分化形成器官。

理论上，植物任何体细胞都具有再生成完整植株的潜能。但在组织培养实践中，不是所有的体细胞都能再生出完整植株。不同分化程度的细胞，其脱分化的能力不同。Gautheret 指出，一个细胞向分生状态回复过程所能进行的程度，取决于它在原来所处的自然部位上已经达到的分化程度和生理状态。全能性只是一种可能性，要实现这种可能性必须满足两个条件：①具有较强全能性的细胞从植物组织抑制性影响下解脱出来，使其处于独立发育的离体条件下；②赋予离体细胞一定刺激，包括营养物质、植物激素、光周期、温度、酸碱度等。

当胚性细胞分化胚状体发育成为植株并完成个体发育时，这种全能性的表达是完全的。然而在更多的情况下，胚性细胞往往是只分化茎芽、花芽、根、性器官甚至果实等植株的一部分，而不是一个完整的植株，就是说全能性只得到部分表达。无疑，全能性的部分表达（partial expression of totipotency）也是植物细胞的一种特性。在植物组织培养中，胚性细胞是分化胚状体还是分化茎芽、花芽、根等器官，可以通过实验手段来控制，因此全能性的完全表达和部分表达是可以调控的。

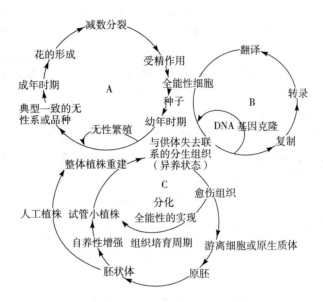

图 4-1　生命周期、细胞周期和组织培养周期之间的关系

（参照陈正华，1986）

　　植物细胞全能性的实现可用图 4-1 表示。A 循环表示生命周期，它包括孢子体和配子体世代交替，即从种子到种子。B 循环表示细胞周期，包括核质互换、DNA 复制、转录及翻译、细胞分裂、细胞全能性的形成和保持。C 循环是组织培养周期，从人工切取植物体部分器官、组织和细胞，失去与原母体的联系，在无菌条件下，靠人为补给的营养物质和植物激素等，使其处于异养状态，经历脱分化和再分化过程，成为能自养的个体而再进入 A 循环。C 循环可与 B 循环结合，繁殖具有特殊有益的遗传性状或目的基因的个体，而后再进入 A 循环。

第二节　愈伤组织的诱导与形成

一、愈伤组织的概念

　　愈伤组织（callus）通常是指植物受到机械、动物或微生物等伤害后，创伤部位细胞脱分化而不断增殖形成的松散排列、无特定结构和功能的非器官化组织。愈伤组织的产生是一种常见现象，几乎整个植物界中都能产生。植物器官或组织进行离体培养时，外植体也能产生愈伤组织。愈伤组织的形成是成熟（分化）细胞脱分化的结果，愈伤组织形成后，通过器官发生或体细胞胚胎发生可实现植株再生。

　　早在 19 世纪末期，一些植物学家就研究了从高等植物体上分离下来的组织切段。Vochting（1892）观察研究了离体植物组织的固有极性和在移植嫁接后的组织发生。Rechinger（1893）描述了离体根、茎切断上愈伤组织的形成，认为愈伤组织是植物分生组织无定向增殖的细胞团块。20 世纪 30 年代初，Gautheret（1934）将山毛柳、欧洲黑杨等植物形成层组织，培养在含有水解乳蛋白和葡萄糖的 Knop 固体培养基上，结果形成了类似藻类的突起物。愈伤组织真正意义上的培养成功是在 White（1937）发现 B 族维生素的作用之后。Gautheret（1939）在加入了 B 族维生素和 IAA 的培养基上，连续培养了胡萝卜根形成层，并获得首次成功。同年，White 由烟草种间杂种的瘤组织，Nobecourt 由胡萝卜也建立了类似的连续生长的组织培养物。按照 Gautheret 的实验，胡萝卜愈伤组织培养需要附加 Bertholot 无机盐混合液、葡萄糖、明胶、维生素 B_1、半胱氨酸和 IAA。这一时期研究的目的主要是重复地进行继代培养，使未分化愈伤组织不断繁殖，以证实培养组织具有潜在的无限生长习性。研究者被培养中出现的这种明显的不规则生长现象所吸引，并尽最大的努力去探索维持其生长所必需的营养条件。可以这样认为，初期的植物组织培养在某种意义上是愈伤组织的长期培养。

由于未分化的愈伤组织具有大量的薄壁细胞和再生潜力，因而，随着培养技术的日益完善，愈伤组织培养已被广泛用于植物突变体筛选、植物细胞转化、无性快速繁殖等方面的研究。同时，未分化愈伤组织也是植物细胞悬浮培养及原生质体分离和培养的主要材料来源和良好的遗传转化系统。

二、愈伤组织的诱导

1. **材料的制备**　用于愈伤组织培养的材料来源比较广泛，植物的分生组织、形成层组织（胡萝卜、甜菜等植物的肉质根）、叶片组织（双子叶植物的幼嫩叶片、单子叶植物的叶鞘、叶片组织）、单子叶植物的节间组织、鳞茎、块茎组织（大蒜、马铃薯等）、双子叶植物的某些幼嫩组织或薄壁组织（下胚轴、上胚轴、子叶、幼嫩茎切段、髓组织）及植物的某些幼嫩器官组织（花药、幼穗、幼胚、子房、胚乳、花序、幼嫩的花托花梗等）等均是植物愈伤组织培养的良好外植体材料。在实践中可根据培养的目的和植物物种，选择不同的组织或器官作为外植体进行愈伤组织培养。

2. **培养基**　尽管 Gautheret 和 White 早期的愈伤组织培养使用了比较简单的培养基，但很快就发现，许多植物组织培养需要更丰富的营养条件。一般选择盐浓度较高的培养基如 MS、B_5 及它们的改良培养基来进行愈伤组织诱导效果较好。对有些植物组织来说，还必须附加氨基酸及其他维生素类物质。另外，一些蛋白质水解物和天然提取物（如椰乳、番茄汁、酵母等），对某些植物的愈伤组织培养也是有益的。尽管葡萄糖在一些培养中与蔗糖等效，但在愈伤组织培养中广泛采用蔗糖。

培养基中还原态氮（主要为铵态氮）含量高（$NO_3^- - N/NH_4^+ - N = 2:1$），有利于愈伤组织的诱导。当愈伤组织生长过快、不分化时，用含细胞分裂素和高 NO_3^-/NH_4^+ 比率（$NO_3^- - N/NH_4^+ - N = 4:1$）的培养基培养可使其生长受到抑制，而促进分化。若硝态氮相对铵态氮含量较高，则有利于愈伤组织保持植株再生能力。高钙高磷组合的培养基有利于小麦愈伤组织的诱导、生长和再生。

虽然一些组织（如某些烟草髓组织、未成熟的柠檬果实、离体的维管束形成层等）在只有无机盐和糖的条件下也能形成愈伤组织，但对大多数植物组织来讲，激素是愈伤组织培养基中不可缺少的组成成分。生长素是最早用于愈伤组织诱导和培养的植物激素，它适应于大多数植物的愈伤组织诱导。用 IAA 诱导愈伤组织，需要一个相对高的浓度，一般为 1~10 mg/L。NAA 是人工合成调节剂，作用比较稳定，一般使用浓度为 0.1~2.0 mg/L。2, 4 - D 是更有效的生长素类物质，其作用比 NAA 更强，虽然在一些组织培养中为了诱导细胞分裂使用了 5~10 mg/L，但对一般组织使用浓度为 0.1~2.0 mg/L。细胞分裂素也被广泛应用于愈伤组织培养中，但它主要是和生长素配合使用来诱导愈伤组织，在单独使用情况下，虽然也能诱导一些植物组织（如白芜菁的根芽）形成愈伤组织，但对大多数植物来说，与生长素配合使用诱导为好。常用的细胞分裂素是激动素，有时也用 6 - BA，其浓度为 0.1~2.0 mg/L。

3. 诱导培养　外植体接入诱导培养基后，置于 25~28 ℃条件下培养。愈伤组织诱导培养不需要光照条件，在黑暗或散光条件下最好。外植体经诱导脱分化并进一步形成愈伤组织。不同外植体去分化的难易程度有差异，一般双子叶比单子叶植物及裸子植物容易；二倍体种子植物，茎、叶、花等皆易去分化，特别是形成层和薄壁细胞容易诱导愈伤组织。愈伤组织通过继代培养可以长期保存。

三、愈伤组织的形成

植物愈伤组织的形成与发育是内外因素互作的一个复杂过程。Yeoman（1970）最早提出愈伤组织发育过程的阶段性问题，认为愈伤组织形成过程可分为 3 个时期：启动期、分裂期和形成期。在油橄榄愈伤组织发育期和水稻花粉愈伤组织发育期的研究中，得到了相似的结论。荣一兵等研究了石刁柏（*Asparagus officinalis* L.）愈伤组织形成和发育特点，将愈伤组织的形成和发育分为 5 个时期：启动期、分裂期、分化期、形态发生期和衰退老化期。

1. 启动期　启动期也称诱导期，是指细胞准备进行分裂的时期。外植体接受外界条件刺激，应激改变原有的代谢，加强核酸和蛋白质的合成代谢。启动是愈伤组织形成的起点，从外观上看不到外植体有多大变化，但实际上细胞内都发生着激烈的变化，此时距伤口较近的薄壁细胞略有增大，细胞质开始增多，相应的液泡缩小，核变大，呈球形，并由细胞边缘向中央移动，核仁明显变大，RNA 含量上升。这些标志着分化的细胞又重新活跃起来，进入细胞分裂的准备阶段，开始脱分化，启动部位主要是表皮细胞和表皮以下的几层皮层薄壁细胞。

是什么力量导致这一变化呢？要了解去分化的机理，阐明细胞活化的条件，首先应研究外植体细胞处于静止状态的原因。一种看法是，细胞分裂能力在细胞分化过程中就丧失了，因此诱导活化的过程是一个重新恢复分裂能力的过程，要诱导细胞分裂，则诱导的细胞内需要重新合成一套"新的分裂机构"。另一种看法是，静止细胞并未丧失它的分生组织状态时的分裂能力，只不过是在分化过程中产生了一种抑制力量，使它的分裂潜能不能表达，只要去掉这种抑制，就能使已分化的细胞恢复它的分生能力，而内源激素和外源激素就是去掉这种抑制的主要因素。

损伤是诱导细胞分裂的一个重要因素，受伤时，受伤细胞释放出损伤激素和外源激素相互作用，导致去分化而诱导细胞分裂。

启动期持续的时间因植物物种、外植体来源、培养基、培养条件等不同而表现差异。如菊芋诱导一般只需 1 d，而胡萝卜需 2 d；刚收获的菊芋块茎只需 22 h，而储存 5 个月的菊芋则需 2 d。

2. 分裂期　如果说诱导启动是脱分化的开始，而进入分裂期则是脱分化的完成，同时也是再分化的开始。若外植体上存在有分生组织，这些组织可不经脱分化而直接进入分裂，而成熟细胞一般必须在细胞分裂之前脱分化，以使外植体已分化的细胞重新决定，并由成熟向幼态逆转，恢复其分裂能力。

分裂期的主要特征是被启动的细胞全面地进行活跃分裂。启动的细胞体积变小，细胞内有旺盛的物质合成，并逐渐恢复到分生组织状态。在细胞形态上，细胞呈多边形，细胞核和核仁变大，细胞质更浓，液泡少而小，RNA 含量继续上升，很像处于分生组织状态的根尖或茎尖细胞。细胞分裂形成分生细胞团，分生细胞团形成生长中心。细胞反复增殖，向外生长或突破外层的组织向外生长，形成一团团愈伤组织。启动细胞的分裂面是多方向、不规则的，既有平周分裂，又有垂周分裂，还有斜向分裂。这个时期细胞分裂快，结构疏松，未器官化，颜色浅而透明，如果在原培养基上继续生长，则不可避免地发生再分化。若立即转移到新鲜的培养基上，则愈伤组织可无限地进行细胞分裂，并保持不分化状态。

3. 形成期　形成期也称分化期，其特征是出现组织分化，如周皮分化、维管组织分化等。这一时期与分裂期没有明显界限，一方面细胞不断分裂增殖，形成大量愈伤组织，另一方面细胞开始再分化。形成期的细胞分裂已从分裂期的以周缘细胞分裂为主而转向较内部的组织，即愈伤组织表层细胞的分裂逐渐减慢，直至停止，而愈伤组织内部细胞开始分裂，并且改变分裂面的方向，出现瘤状结构的外表面，内部开始分化。这一时期细胞组织学特点主要是：①脱分化形成的分生细胞再分化成薄壁细胞，组成愈伤组织中的主要细胞类群，这些薄壁细胞在适宜的条件下又能脱分化形成分生细胞；②在薄壁细胞中，有些长形的薄壁细胞在纵向壁上出现木质化的增厚条纹，细胞质解体，形成管状分子，随着愈伤组织表层细胞分裂的减缓和停止，组织内部的管状分子横向壁有木质增厚，呈网状，多个管状分子端壁上逐渐形成穿孔，首尾相连，形成一纵行排列的导管。

虽然根据形态的变化列出了上述 3 个时期，但实际上这些时期的划分并不是严格的，特别是分裂期和分化期，往往在同一块愈伤组织中并存。在整个分裂期和分化期，愈伤组织都在生长。愈伤组织转移到分化培养基后，出现器官分化，进入形态发生期。愈伤组织如不及时继代培养，就会进入衰退老化期，丧失细胞分裂和形态发生能力，最终变为褐色而死亡。

四、愈伤组织的继代和生长特性

1. 愈伤组织的继代　愈伤组织在诱导培养基上生长一段时间（大约 4 周）后，由于诱导培养基中营养物质的逐渐减少、水分的散失、培养物分泌产物在培养基中积累等因素，导致愈伤组织生长减缓或停止生长，愈伤组织内部开始细胞分化，这样就很难保持一个旺盛分裂的、均一的愈伤组织群体，甚至老化、变黑死亡。因此，要及时将愈伤组织转移到新鲜培养基上进行继代培养，使其长期处于旺盛的生长状态，以供以后的研究使用。

愈伤组织转接的最佳时间是其生长即将达到顶峰之前，若在愈伤组织停止生长较长一段时间后才进行转接，就难以恢复细胞的分裂增殖。Yeoman 建议 25 ℃下生长的愈伤组织每 4～6 周继代一次为好。大多数研究工作表明，对 30 mL 培养基中愈伤组织每 28 d 继代一次可以获得一个保持长期分裂状态、细胞基本均一的稳定群体。

　　继代培养方法有两种，一种是固体培养法，另一种为液体培养法。固体培养法最大的优点是简便易行，只要具备一般实验条件就可进行，因而应用广泛。但它有几个无法克服的弱点：①由于被培养愈伤组织一部分和培养基接触，在培养过程中，接触部位的营养物质很快被吸收掉，而从培养基其他区域补充较慢，造成愈伤组织生长的不平衡；②愈伤组织在培养过程中排出的有害物质在培养物附近积累；③在静止放置情况下，受重力作用和单向受光等因素影响，愈伤组织极易出现极化和分化，产生微管分子、结节等分化细胞，最终难以获得均一的细胞群体。液体培养的优点是在培养基中不会出现营养物质的浓度差异现象，易获得均一的细胞群体。

　　在愈伤组织继代增殖中，也可在液体培养基中培养一段时间后，再转移到固体培养基上进行分化再生。在液体培养基中，体细胞胚胎发生比固体培养基更容易进行，随后的体细胞胚可转移到固体培养基上进一步发育成完整植株。实际上，在液体培养基振荡培养中，愈伤组织远比固体培养基中增殖生长快得多。这是因为：①在液体培养中愈伤组织细胞的吸收充分；②在液体培养中，氧气供应充分；③愈伤组织块在液体振荡培养中会分裂成更小的细胞团或单细胞，因而产生更大的吸收表面积；④在固体培养上存在一定的浓度梯度，因而会促进愈伤组织较早分化，抑制愈伤组织生长。

　　愈伤组织在液体培养基中培养应符合：①培养用三角烧瓶容纳的培养基占总容积的20%～30%，培养基含量可随培养物量的减少而减少；②转速一般为80～100 r/min，有时可采用40 r/min 或 120 r/min 的转速，但要避免植物材料沉埋于液体培养基中和培养基溢出；③液体培养中，细胞或愈伤组织的生长呈典型的 S 形曲线，即开始时为延滞期（lag phase），随后进入快速生长的对数生长期（log phase），然后逐渐减慢，直至停止。

　　2. 愈伤组织的生长特性　一般地，经过继代培养的愈伤组织在稳定生长 1～2 代后，具有 S 形生长曲线，开始一周生长缓慢，中间 3 周生长很快，4 周以后生长又变迟缓。

五、影响愈伤组织诱导和继代的因子

　　愈伤组织的形成受外植体内部因素和培养条件等外部因素的共同影响，主导因素是内源激素和外源激素的相互作用，物质基础是糖和无机盐。

　　1. 损伤反应　Haberlandt（1902）指出，受到伤害的植物细胞所释放出的物质对诱导细胞分裂具有重要的影响。他研究发现，在马铃薯块茎的切面上，由于形成了几层新细胞和多酚类物质沉积的保护层，从而使表层细胞停止分裂，在保护层下面才是创伤形成层。Steward 等（1951）把 2,4-D 和椰子汁加到马铃薯的切片上，分裂可以继续，结果形成了愈伤组织，这暗示着激素只对早期的细胞分裂才是重要的。Fosket 和 Roberts（1965）将胡萝卜根圆柱形外植体培养在不加 2,4-D 和椰子汁的培养基上，3 d 后看到了外植体自外向内分成 4 层：最外一层为破裂层，细胞内含物消失；第二层为休眠细胞，这些细胞在组织切割时也受到了撞伤和压挤，但是完整的；第三层是分裂层，通常有 1～6 层细胞；第四层是不进行细胞分裂的芯。用组织化学方法研究的结果表明，在培养 3 d 后的分裂细胞层中琥珀酸脱氢酶、细胞色素氧化酶活性很高，Yeoman 等（1968）把菊芋块茎的圆柱形外植体培养在含有 2,4-D 和椰乳的培养基上，也能分辨出与上述相似的分层现象。但有一个重要的区别，就是在第二层不分裂的休眠细胞中含有很高的活性酸性磷酸酶，这种酶可以作为细胞正在自溶的一个指标。因而他们认为在分裂层上面未破坏的细胞的自溶产物提供一种物质，在与外加生长物质的相互作用下，导致了下层细胞的分裂。把菊芋块茎组织的自溶产物取出来，加在培养组织上确实增加了第一次细胞分裂的百分率。外层细胞在切离组织后立即开始释放出自溶产物，一直继续到外层细胞解体，并浸满了木质软木脂类物质时为止。但在不加 2,4 - D 情况下只有少数细胞分裂，并且不能形成愈伤组织，只有在加入 2,4 - D 后才形成愈伤组织。因此，形成愈伤组织是自溶产物和 2,4 - D 相互作用的结果。

2. 基因型　理论上，所有的植物细胞都具有全能性，可以诱导产生有再生能力的愈伤组织，但不同植物种类诱导形成愈伤组织的敏感性和难易程度有很大差别，裸子植物、蕨类植物及苔藓植物诱导较难，而被子植物对愈伤组织的诱导较敏感，双子叶植物比单子叶植物容易诱导成功，草本植物比木本植物易产生愈伤组织及其后的形态建成。同科的不同属，同属的不同种，同种的不同基因型个体在愈伤组织的诱导及植株再生能力上都有差别。研究表明，外植体基因型不同，在其脱分化的时间、形成愈伤组织的频率和质地、继代特性等方面都有一定的差异。

3. 外植体的分化程度　同一物种不同外植体类型对诱导愈伤组织的敏感性也有较大差异，一方面，这可能是由于植株不同部位的细胞组成和细胞发育状态有很大差别。一般而言，分生细胞和薄壁细胞较易诱导出愈伤组织。分生细胞不必经脱分化就可进行细胞分裂，分化程度低的薄壁细胞，亦具有较大的发育可塑性。

另一方面，外植体不同部位内源激素和营养物质的差异或梯度性分布可导致胚性表达差异。张向东（2000）对玉米幼叶基部、中部和上部切段愈伤组织形成的能力进行研究，结果表明，愈伤组织形成能力自基部向上显著降低。基部切段愈伤组织形成率高达 80%，愈伤组织发达；而中部和上部愈伤组织形成能力低，愈伤组织仅限于切口边缘，在继代培养中不能增殖、褐变。进一步分析表明，玉米叶片愈伤组织形成能力表现出的形态部位差异与其内源激素水平有关，叶片基部内源激素 IAA 和 ABA 含量较高，而叶片中部至上部内源 IAA 和 ABA 水平显著下降。

目前在胚性愈伤组织诱导中，单子叶植物（如水稻、小麦、玉米、高粱、大麦、燕麦、黑麦等各种重要的禾谷类作物、牧草等）应用最为广泛的外植体是幼胚和成熟胚，幼穗也是高粱、小麦和大麦的适宜外植体来源，双子叶植物的叶片组织、子叶、下胚轴、形成层组织、髓组织等是应用最为广泛的外植体。此外，以鳞茎、球茎等地下茎组织、根尖、茎尖、叶鞘、花药或花粉等为外植体，也可诱导产生愈伤组织。

4. 供试材料的生理状态　在胚性愈伤组织的诱导中，外植体的发育状态是一个十分重要的因素。同一外植体的不同发育时期诱导产生的愈伤组织的质量差异很大，其本质可能是起始细胞生理生化状态差异的结果。Vasil 认为，外植体在发育过程中，存在一个很短暂的时期，此期外植体内的某些细胞处于未分化或部分分化状态，这些细胞具有形成胚性愈伤组织的能力，是胚性愈伤组织的实际来源。处于这一发育时期前或后的外植体都只能形成非胚性愈伤组织。因此，选择适宜的取材时期才可获得理想的培养结果。

处于幼嫩的烟草离体茎和叶片组织比成株期的茎和叶片组织易于诱导产生愈伤组织并继代。对于同一叶片，正在展开的离体叶组织比充分展开的叶组织易于诱导愈伤组织。在胡萝卜根培养时，选正在膨大时期的根为外植体，易于诱导愈伤组织。在小麦幼胚培养中，常以小麦开花后时间（一般 10～14 d）来确定取材时期。

一般地，生长健壮植物的外植体，由于生理代谢旺盛，易于诱导出愈伤组织，发育良好的植物组织和器官比发育较差的组织和器官愈伤组织诱导频率高，质地好。

5. 极性　极性是植物分化中的一个基本现象，极性造成了细胞内生活物质的定向和定位，建立起轴向，并表现出两极的分化，导致两极的不对称性。在一些植物的组织、器官诱导愈伤组织的培养中，外植体的固有极性对愈伤组织的诱导影响很大，烟草离体叶组织叶背面接触培养基容易诱导出愈伤组织；而叶背面朝上时在一些品种中很难或不易形成愈伤组织。小麦幼胚培养中，盾片向下直接接触培养基，多由胚根和胚芽形成愈伤组织，盾片诱导愈伤组织率低；而盾片朝上，则多由盾片产生愈伤组织。在玉米幼胚培养中也发现了类似情况。

6. 光照　光照对愈伤组织培养的作用因植物物种和基因型而异，同时受其他培养条件的影响。有些植物外植体在光照下可促进愈伤组织的形成，而另一些植物在黑暗条件下则有促进作用。不同的光照度、光波长、光周期等也有一定影响。

光对外植体内源激素代谢有明显的影响。Yeoman 和 Davidson（1971）研究发现，在光照条件下，切取菊芋外植体于黑暗下培养，有 35％～45％周缘细胞在第一次分裂时能实现分裂；而在低强度的绿光下切取外植体于黑暗中培养，则有 60％～75％的细胞在第一次细胞分裂时实现分裂。Davidson（1971）还观察到，在低强度绿光下切取并于黑暗中培养的组织，最初 9～10 h 内（即 DNA 复制前），如果用 18 英尺烛光照 15～20 s，分裂细胞的百分率仅为未照光培养的一半。DNA 复制开始以后，外植体对光线就不敏感。在以后的培养期间，光线对生长也只有很少刺激作用。

六、愈伤组织的类型和结构

1. 愈伤组织的类型　根据组织学观察、外观特征及其再生性、再生方式等，愈伤组织分成两大类：胚性愈伤组织（embryonic callus，EC）和非胚性愈伤组织（non-embryonic callus，NEC）。一般胚性愈伤组织质地较坚实，颜色有乳白色或黄色，表面具球形颗粒，其生长缓慢；而非胚性愈伤组织质地疏松易碎，颜色有黄色或褐色，表面粗糙，生长迅速。从细胞学来看，前者由等直径细胞组成，细胞较小，原生质浓厚，无液泡，常富含淀粉粒，核大，分裂活性强；后者由不规则的薄壁细胞组成，细胞大，高度液泡化，核质比小，分裂活性弱。尽管胚性愈伤组织和非胚性愈伤组织，在外部形态和内部结构上差异很大，但在多数培养物中这两者同时并存。一般只有胚性愈伤组织有再生能力，而非胚性愈伤组织在分化培养基中往往只能再生出不定根，很难生出不定芽。某些物种，非胚性愈伤组织经适当继代培养，可转变为胚性愈伤组织。

胚性愈伤组织又可分为致密型胚性愈伤组织和易碎型胚性愈伤组织。致密型胚性愈伤组织表现为质地致密，表面有许多疣状突起，继代培养中不易松散；易碎型胚性愈伤组织表现为质地松散，无疣状突起，继代培养中易散，这类愈伤组织适宜于快速建立悬浮细胞系。这两类胚性愈伤组织都能在分化培养基上再生完整植株。

2. 愈伤组织的结构　一般地，愈伤组织的结构是不均一的，同时还具有生理和遗传上的嵌合性和变异性。曹清波等对小麦愈伤组织的结构进行了研究，认为愈伤组织内细胞排列是有一定规律的。愈伤组织内的细胞表现了结构与功能的统一。从愈伤组织与培养基接触处开始，向外可以看到 3 层结构，内层以管状分子为主，早期表现为具有中央大液泡的长形薄壁细胞，细胞增长的同时，壁也木质化，薄壁细胞逐渐演变为管状分子。中层以分生细胞中心为核心，由大量薄壁细胞包围而成。分生细胞区域为圆形或冠形，生长过程中可以发育成几个分生细胞中心。外层以薄壁细胞为主，有少量厚壁细胞，此层细胞均为死细胞，呈细砂粒状的愈伤组织几乎都是这种薄壁细胞。层与层之间均由薄壁细胞相连，无明确的界限。另外，少数愈伤组织最外面还有一层排列紧密的表皮状结构。

3. 愈伤组织细胞增殖　分生细胞中心对愈伤组织的生长和发育起作用，它的活动使分生细胞中心分散，某些新的中心向外移动，在愈伤组织表面形成局部突起，而分散的分生细胞中心之间，靠液泡化的薄壁细胞介导物质交换，分生细胞中心与培养基之间的物质交换是通过薄壁细胞或管状分子进行的。

第三节　器官发生

一、器官发生的概念

器官发生（organogenesis）或器官形成（organ formation）是指植物根、茎、叶、花、果等器官的分化与形成。

植物组织与细胞培养能形成各种器官，例如根、芽或茎、叶、花以及各种变态的器官（如吸器、鳞茎、块茎、球茎等）。在有些情况下，器官是由外植体中已存在的器官原基发育而成时。但在不少场合下器官是重新形成的。培养植物组织中的芽、根的分化，是比较常见的，在植物组织培养的早期文献中就已述及。White（1939）曾报道保存在液体培养基中的烟草组织培养物的茎芽发生。Nobecourt（1939）首先在胡萝卜培养物中观察到根的形成，但早期的工作对再生的控制缺乏解释。Skoog（1944）分析证实了生长素能刺激根的形成和抑制芽的发生。之后，Skoog（1948）在烟草茎段和愈伤组织培养中发现腺嘌呤能促进烟草离体培养物芽的形成并抑制生长素对培养物的影响作用。Levine（1950）在向日葵和烟草茎段培养中也证实了这一点。Skoog和崔澂（1951）证实，离体培养条件下器官的发生程度依赖于腺嘌呤和生长素的比例。然而，器官形成研究中最有意义的事件是动力精这一细胞分裂素的发现，在应用于器官发生的研究中，激动素比腺嘌呤具有更大的潜力。KT 的应用导致了组织培养中器官发生方面一个经典模式的形成，即生长素和细胞分裂素之间的平衡控制器官发生（Skoog 和 Miller，1957）。生长素和KT 是烟草培养组织生长所必需的两类物质，当 KT 与生长素之比高时，有利于芽的形成，低时有利于根的形成，在一定配比水平时有可能既形成苗，也形成根，或者什么器官都不形成。这些开创性的研究工作，奠定了植物组织培养中器官发生研究的基础，后来的工作证明，离体培养物器官的分化受许多复杂因素的影响。

二、不定芽和根的形成

植物生于枝条顶端或叶腋处的芽，分别叫顶芽（terminal bud）和侧芽（axillary）或腋芽

（lateral bud），二者都称为定芽（normal bud）。生于老根、老茎、叶以及愈伤组织上的芽称为不定芽（adventitious bud）。在植物组织离体培养中，茎芽和根是普遍发生的，在一些情况下，茎芽等器官是由切下的外植体中已存在的器官原基发育而成的，但在不少情况下是重新形成的。而后者必须通过两步才能达到，第一步即离体外植体的脱分化，形成分生细胞团或愈伤组织，第二步由分生细胞团直接形成不定芽，或由新形成的愈伤组织或经继代培养的愈伤组织中，形成一些分生细胞团，随后由之分化形成不同的器官原基（图4-2）。

图4-2 烟草叶片（左）及葡萄愈伤组织（右）不定芽苗的发生

（引自陈耀锋，2005）

应该注意的是，在组织培养中出现的分生细胞并不总是与器官的形成有关。在很多情况下，由这种分生组织可以继续形成愈伤组织，或分化成维管组织。在短期培养中，新形成的器官原基与母体组织有一定的关系。例如：烟草茎段培养中，芽原基大多是从接近表面的下韧皮部产生的（Sterling，1951），在菊苣培养中是由形成层产生（Camus，1949），一品红苗下胚轴上形成的芽则起源于皮层（Nataraja等，1973）。但是这种情况并不适应于培养时间较长的组织，如已培养了较长时间的旋花根愈伤组织，其芽和根的分生组织亦可从培养物的薄壁组织部分产生；油橄榄愈伤组织中芽的分化主要起源于表面的分生细胞团，这些分生细胞团产生单向极性进行旺盛的分裂并向外扩展到愈伤组织表面而分化为芽原基，根则起源于愈伤组织内部的某些分生组织结节（王凯基等，1979）。对大多数植物的愈伤组织来说，茎芽原基通常起源于培养组织中的较表层的细胞，即与整体植物中一样是外起源的（Reinert，1962）；而根则发生在组织较深处，是内起源的。但旋花根愈伤组织中由内源和外源均能产生同一器官原基（Bonnet，1966）。

在组织培养中，通过茎芽和根而再生植株的方式大致有3种：①先形成芽，然后在芽形成的茎基部长根而形成小植株，这种形式大多数植物组织离体培养中可见到；②先形成根，对于多数植物，先形成根后就很难有茎芽的分化，但对一些植物组织培养，也有先形成根，而后在根上长出芽来；③在愈伤组织的不同部位分别形成芽和根，然后两者结合起来形成一株植物，这种情况在很多植物中均有发生。

组织培养中芽的发育通常是规则的，然而有时也会出现极为异常的结构，即仅形成芽的类似物。这种畸形在烟草肿瘤组织培养中（Braun，1959）和蒲公英根的正常组织上看到过（Bowes，1971）。组织培养中单独分化出叶的情况很少见，有时可以看到形成叶的类似结构。对于一些具有变态茎叶器官（如鳞茎、球茎、块茎等）的植物，在组织培养中往往也易于形成相应的变态器官，如百合和风信子鳞片切块培养中形成的小鳞茎（Robb，1957；Pierik 等，1975）、唐菖蒲茎端培养诱导的小球茎（Simonsen 等，1971）等。

三、器官发生的遗传控制

培养细胞形态发生的机理仍然是一个有待研究的难题，植物形态发生的分子生物学研究逐步揭示了与根和芽分化有关的基因及其功能。

1. 不定根发生的特异基因　在拟南芥和烟草分离的几个突变体中，*rac* 突变体为显性突变，茎生长弱，在任何生长素浓度处理下均不能诱导生根，但生长素能诱导韧皮部薄壁细胞和内皮层薄壁细胞的细胞分裂。*rac* 突变体通过降低质膜上生长素的结合位点来降低对生长素的敏感性。说明较高的生长素结合阈值是诱导的适宜信号，细胞分裂和根诱导是两类不同的生长素受体的反应结果。*HRGPnt* 3、*iaa* 4/5 和 *gh* 3 基因在烟草茎不定根根原基中表达，但 *iaa* 4/5 和 *gh* 3 在对生长素反应的各类细胞中都表达，而 *HRGPnt* 3 专一地在初生根原基或决定次生根发生的细胞中表达。这 3 个基因启动子对生长素诱导激活的反应表明，*HRGPnt* 3 在不定根诱导期特异性表达，其突变体的 *HRGPnt* 3 启动子不能被生长素激活，但其他两种基因的启动子能被生长素激活，说明 *HRGPnt* 3 mRNA 积累是发育和环境共同作用的结果，该基因的表达与 *rac* 突变体根器官发生潜能的丧失有关。

对其他植物生根诱导和基因表达的研究也有不少报道。火炬松下胚轴生根诱导时，生长素诱导的早期基因（early auxin-induced gene）家族中 5 个基因 *LPEA* 1～*LPEA* 5 的表达。NAA 处理后 10 min，*LPEA* 2 和 *LPEA* 3 迅速表达，*LPEA* 1 和 *LPEA* 4 在 1 h 后表达，而 *LPEA* 5 在处理后 5 h 表达，24 h 后均达到高峰，而且这些基因表达活性长达 5 d。脯氨酸丰富蛋白基因（*PRP*）局部表达与常春藤生根潜能表达有关。幼年期叶柄能诱导不定根，半成年期叶柄有的形成不定根有的形成愈伤组织，成年期叶柄仅仅形成愈伤组织。不定根形成的潜能和 *PRP* 的 mRNA 水平之间具有负相关，该基因表达与细胞分裂无关，*PRP* 的 mRNA 水平可以作为根发生的分子标记。

利用发根农杆菌 T-DNA 上的 *rol* 基因转化植物细胞，能提高转基因植物的生根效率。利用携带双元载体 pCMB-B、gus 的根瘤农杆菌 Cs8C1 转化苹果砧木 M26，*rol*B 基因表达增强了转基因植株的生长素敏感性和生根能力。gus 与 rolB 启动子的嵌合基因在根分生组织中表达很强，但在膨大的根细胞中不表达。用发根农杆菌 1855 处理胡桃试管苗基部，在无激素培养基上生根率达到 58.6%，而单独施用 IAA、IBA 和无激素处理均不能诱导胡桃试管苗生根。

2. 不定芽发生的特异性基因　不定芽发生首先是诱导愈伤组织形成茎端分生组织（SAM），再由茎端分生组织分化出叶原基和侧芽。对整体植物的茎端分生组织研究已经清楚地揭示了一些基因表达对茎端分生组织生长的调控机理，但其上游基因报道的并不多，*ESR* 1 基因（enhancer of shoot regeneration 1）（Banno 等，2001）和 *PkMADS* 1（*Paulownia kawakamii MADS* 1）基因（Prakash 和 Kumar，2002）被认为是与诱导茎端分生组织形成有关的基因，相信不久将发现更多的与茎端分生组织形成有关的特异性基因。

(1) *ESR* 1 基因　*ESR* 1 编码转录因子，属于 *AP2/EREBP* 基因家族。在野生型拟南芥中，

细胞分裂素诱导 *ESR* 1 表达。当获得感受态的根外植体转移到不定芽诱导培养基上时，*ESR* 1 转录水平迅速积累，转移后 1～2 d 达到高峰。转基因拟南芥的根外植体不依赖细胞分裂素形成不定芽，在细胞分裂素存在下 *ESR* 1 的表达显著地提高不定芽再生率，但 *ESR* 1 的表达不能诱导愈伤组织和根的形成。作为 SAM 形成标记的 *STM* 基因在根外植体转移后 15 d 才开始表达，所以 *ESR* 1 转录水平瞬时升高发生在根外植体获得器官发生的感受态后，并在诱导不定芽形成之前，说明 *ESR* 1 可能在培养细胞获得感受态后才对诱导不定芽再生起作用。

（2）*PkMADS* 1 基因 *PkMADS* 1 是同源异型（MADS）盒基因，其产物与拟南芥 AGL24（AGAMOUS like）和马铃薯 STMADS16 蛋白有 90％的同源性。该基因在台湾泡桐（*Paulownia kawakammi*）叶片外植体不定芽形成过程中表达，也在整体植株的茎尖表达，但在根尖、花器官、新培养的叶片外植体和愈伤组织中不表达。导入反义基因的植株表现出茎形成受到抑制，茎尖分生组织过早地停止细胞分裂，叶序改变。转反义基因的叶片外植体再生不定芽的频率比转正义基因的低 10 倍。原位杂交结果表明，*PkMADS* 1 表达仅仅限于叶片培养物正在形成的茎尖分生组织，说明该基因的功能是调控不定芽的形成。

诱导外植体产生不定芽，须经历感受态细胞诱导、形态发生诱导和器官发生 3 个阶段，在茎尖分生组织形成后，*stm*（shoot meristemless）、*wus*（wuschel）、*clv* 1（CLAVATA）和 *CLV* 3 基因起着维持茎尖分生组织稳定性的作用。

随着不断从培养细胞和组织中分离和克隆器官发生的特异性基因，将会揭示培养细胞形态发生的基因调控机理，对培养条件和方法产生很大的影响。

四、器官发生假说

长期以来，人们在植物组织培养中从不同的角度研究了培养细胞的器官发生，根据实验结果提出了不同的学说。

1. 激素学说 20 世纪 30 年代流行自生（cauline）学说，即认为各种器官的形成有其自身特殊的物质，如成根素、成茎素、成叶素等。后来相继发现了生长素和细胞分裂素等激素，它们相互配合对根、茎、叶等器官生长发育都有调节作用。

生长素和细胞分裂素的相对比例对植物培养细胞的器官发生影响很大。Skoog（1944）以及 Skoog 和崔徽等（1951）发现调节腺嘌呤/IAA 的比例是控制烟草离体茎段芽和根形成的重要条件之一。腺嘌呤/IAA 比例高时有利于形成芽，比例低时则形成根。Skoog 和 Miller（1957）提出了植物激素相对比例控制器官形成的概念，即在烟草髓组织培养中，培养基中生长素和细胞分裂素的相对浓度控制器官的分化。生长素与细胞分裂素比率高时促进生根；比率低时促进芽的分化；二者浓度相等时，组织则倾向于一种无结构生长的方式。后来许多研究证明，激素调控器官发生的概念对于许多植物都适用。

2. 拟分生组织学说 Torrey（1965）提出，在组织培养中，器官或有组织结构起源于一团未分化的细胞或分生组织团。早期的器官原基并没有区别，稍晚些器官分化成不同类型，如根、茎、胚状体。Cutter（1965）认为，器官建成有两个阶段，先是控制器官建成的部位，形成分生组织团；第二步再决定器官的类型。Hicks（1980）提出器官分化的类型与顺序：原初外植体→

愈伤组织→拟分生组织→器官建成。在不少植物的不定根诱导中，可以观察到不定根的形成过程可分为 5 个时期：脱分化期、诱导期、细胞分裂形成拟分生组织期、根原基形成期和根伸长期。拟分生组织的形成是器官分化中的一个重要阶段。

3. 位置效应学说　Wolpert（1969）认为，植物中存在造型素的浓度梯度，任何一个细胞发育的命运由其在这个梯度中的位置所决定。最主要的造型素是生长素和细胞分裂素，实际上我们可以想到这个梯度的存在，因为这两种激素的来源和运输机理不同，所以能产生浓度梯度，组织内的细胞以特定方式按其在梯度中的位置做出反应。一些研究表明，植物体中激素水平分布不平衡，不同部位来源的外植体可能在相同的培养条件下诱导再生不同的器官类型，或用不同的培养条件诱导相同的器官发生。

4. 胞间信息传递假说　这个假说指某一细胞和组织的器官发生潜能的表达受到其他细胞和组织刺激或抑制。Bastin 等（1966）发现，烟草亚表皮薄壁细胞单独培养时只有外植体的膨胀，没有根的分化，把分离的表皮复位，则这种修复的外植体可诱导直接分化芽。在其他植物组织培养中也有相似的报道。蓝猪耳（*Torenia fournieri*）茎段器官发生时，芽分生组织发生于表皮，根分生组织起源于维管组织，而表皮和维管束之间的薄壁组织则不表达形态建成的潜能。如果将表皮分离后单独培养，则表皮不能存活，把分离后的表皮再放回到原来的位置上，就能生长愈伤组织及分化不定芽。类似地，将亚表皮薄壁细胞分离后培养，只能分化成不定根，但将其与表皮细胞复原后共同培养，则能分化成不定芽和不定根。Horeau 等（1988）指出，芥菜（*Brassica juncea*）和花椰菜（*Brassica oleracea*）叶组织无全能性表达，但叶柄被诱导分化根或芽时必须依赖叶的存在。

五、影响器官发生的因素

1. 化学因素　Skoog 和 Miller（1957）早期在烟草组织培养上的研究，是外源化学物质控制器官发生的一个证明（图 4-3）。他们认为，器官形成是由参与生长和发育的物质之间在数量上相互作用即比例关系决定的。

在烟草组织培养中，若培养基中存在腺嘌呤或激动素，就会促进芽的分化和发育。细胞分裂素对茎芽分化的作用能被培养基中加入的生长素类物质所改变，浓度低至 5 μmol/L 的 IAA 可以完全抑制烟草茎芽在培养下的自发分化。据 Skoog（1971）估计，要抵消 1 个分子 IAA 对茎芽分化的抑制作用，需要 1 500 个分子的腺嘌呤和 2 个分子的激动素。

生长素和细胞分裂素的平衡能调节大多数植物的器官发生，特别是茄科植物。然而，也有一些例外。Mayer（1956）和 Stichel（1959）在仙客来属植物块茎组织培养中发现，腺嘌呤决定了器官形成的数目，而 NAA 浓度决定了形成器官的类型（根或茎）。Margara（1977）报道来源于花椰菜花序的外植体仅在有生长素存在的条件下能引起茎芽分化。Walker 等（1978）发现，苜蓿属一些植物组织培养中，高浓度的生长素和低浓度的细胞分裂素配合诱导了茎芽的发生，而在相反配合时，则诱导了根的形成。

在大多数禾谷类植物中，当把愈伤组织由含有 2,4-D 的培养基转移到不含 2,4-D 或含有 IAA 或 NAA 的培养基上以后，就会出现器官发生现象。然而，这些愈伤组织究竟是形成芽还是

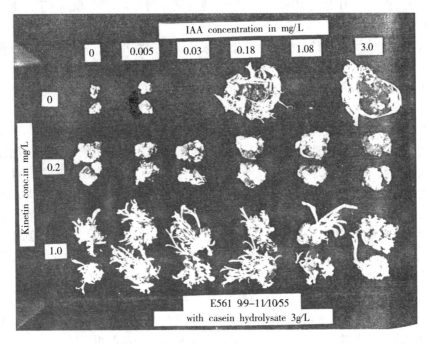

图 4-3　外源激素对烟草器官形成的影响

(引自 Skoog 和 Miller，1975)

形成根，则取决于该组织的内在能力。苜蓿的器官分化与禾本科植物相似，也是一个两步的过程：第一步，在含有 2,4-D 和激动素的培养基上建立和保存愈伤组织；第二步，把愈伤组织分割后转移到无激素的培养基上。与禾本科植物不同的是，在苜蓿中，通过调节在诱导培养基中两种激素的比例，可以控制在分化培养基上形成器官的类型。当 2,4-D/KT 比值高时，有利于茎芽的产生，当 2,4-D/KT 比值低时，有利于根的形成。

生长素是一类促进生根的物质，同时也是愈伤组织诱导和持续生长所必需的生长调节剂，生长素 IAA 易分解，人工合成的生长素 NAA、IBA 和 2,4-D 相对稳定，然而在烟草组织培养中，没有一种吲哚衍生物被证明优于 IAA（Thorpe，1980）。2,4-D 在高浓度时能引起培养组织遗传上的不稳定，这种不稳定的积累可能导致以后形态发生能力的丧失。尽管如此，2,4-D 仍然是大多数禾本科植物组织培养中广泛被选用的生长素。

细胞分裂素都能显示其促进茎芽分化的作用，在已使用的 KT、6-BA、2-ip、玉米素等细胞分裂素中，6-BA 是最有效的。值得提出的是，在器官发生研究早期的工作中已证明的腺嘌呤对茎芽的分化也是有效的。

在烟草组织培养中，赤霉素趋向于抑制器官的发生，而且这种表现很难被赤霉素的颉颃物所逆转。在烟草中，若把正在分化的愈伤组织在黑暗条件下以 GA_3 处理，时间即使短至 30～60 min，也会减少芽的分化。而且在处理之后 48 h，所有拟分生组织的茎芽全部不复存在。Thorpe（1978）认为，在烟草中内源赤霉素可能参与芽的形成过程，而外源赤霉素所表现的抑制作用，可能是因为愈伤组织本身合成的这种激素在数量上对于器官的发生是最适宜的。按照这个理论，在菊属和拟南芥属植物中，加入赤霉素之所以能促进芽的分化，可能是因为这种激素的内生水平低于最适值。另一方面，在甘薯中脱落酸之所以能促进芽的分化，可能是由于内生赤霉素的数量超过了最适水平。

虽然加入赤霉素在大多数情况下对器官的形成表现出抑制作用，但对已形成器官的生长则有促进作用，烟草不定芽的进一步发育，其形态受赤霉素/细胞分裂素比例的影响，增加 $GA_3/2$-ip 的比值。形成高而细弱的苗，而低的 $GA_3/2$-ip，则形成有圆叶的矮小幼苗（Skoog，1970；Engelke 等，1973）。

尽管在烟草中对器官形成能进行有效的化学控制，而且这种方法对其他一些植物也同样适用，但很难提出一个对所有物种普遍适应的公式。如前所述，不同组织在茎芽分化过程中对生长素和（或）细胞分裂素的要求是不同的，所要求的水平取决于这两类物质的内在水平。目前还有许多种植物组织在培养中不能形成茎芽。其原因并不是它们缺少茎芽分化的潜力，很可能是这些组织具有某些特殊的要求迄今还没有满足。有实验证明，在某些很难形成茎芽的组织中，若破例采用一些不常用的物质，如脱落酸、2,3,5-三碘苯甲酸（0.02 μmol/L），卡那霉素（2.5～20 μmol/L）以及生长素合成抑制剂 7-氮吲哚（0.01～0.1 mg/L）（或 5-羟基）硝基苯酞嗅等，就有可能诱导或者促进茎叶的形成。

2. 物理因素　不同的物理环境也影响器官的发生。虽然 White（1939）第一次报道了在液体培养基中，粉蓝烟草×南氏烟草组织培养物的茎芽发生，而且这一报道被 Skoog（1944）所证实，但烟草组织培养物茎芽发生在固体培养基上比在液体培养基上更广泛。

不同的植物组织培养物对光周期的反应不一样，烟草器官原基的发生既可以在连续光照条件下进行，也可以在黑暗培养下进行（Thorpe 等，1968）。而天竺葵愈伤组织在光照和黑暗的交替培养中能分化出茎芽，在连续光照条件下则没有器官的分化（Pillai，1968）。光质对器官分化也有一定的影响，蓝光对烟草组织茎芽的分化是重要的（Weis 等，1969）。紫外光（371 nm）在高强度下抑制烟草和洋葱组织器官的发生（Fridborg 等，1975；Seibet 等，1975），而在低强度下刺激器官的发生（Seibert 等，1975），红光和远红光对烟草组织的茎芽发生是无效的。

Skoog（1949）在 3～33 ℃范围内研究了温度对烟草愈伤组织生长和分化的影响，发现 33 ℃不能形成茎芽。然而，在亚麻下胚轴节段培养中，较高的温度（30 ℃）对茎芽的分化更为理想。

3. 外植体的生理状态　一般来说，和成熟及高度分化的细胞相比，由分生细胞和胚细胞产生的愈伤组织具有较高的再生能力。玉米授粉后 18 d 的胚形成的愈伤组织再生植株的能力最好，当胚龄再高时，愈伤组织再生能力逐渐下降，大于 23 d 的胚虽能形成愈伤组织，但不能分化茎芽（Green 和 Phillips，1975）。在木本植物中，具有再生能力的愈伤组织主要是由胚外植体中得到的，成年植株成熟的和已分化的细胞一般不表现这种能力。在可可中，也只有未成熟的胚（2.5～10 mm）能由子叶产生体细胞胚，较老的胚、胚珠、果皮和叶片只能形成无结构的愈伤组织。

由同一植物的不同器官或组织所形成的愈伤组织，在其形态及生理上差别并不大，如对烟草的茎、根、叶肉细胞、叶脉、种子等不同器官或组织进行培养时，均能在同样条件下诱导形成愈伤组织并进而使之形成芽、根器官，再生成植株。在水稻中，用种子、根、幼苗、茎节、花药、子房等器官及组织培养时也得到了类似的结果（Nishi 等，1975）。但在一些植物中，也观察到了取材的器官或组织的类型对随后器官的分化类型有密切的关系。如在莎草科的 *Pterotheca falconeri* 中，由根、茎、叶器官诱导形成的愈伤组织虽然都能形成根、茎芽和长成小植株，但器官分化过程明显地表现出一定的倾向性。由根分化出的愈伤组织，分化出根组织的比例比分化其他器官的要高；而由芽形成的愈伤组织则形成较多的芽（Mehra 和 Mehra，1971）。在甜菜中也观察到仅能从花芽或花茎段上形成的愈伤组织诱导形成芽（Margara，1970）。

供试外植体的个体发育年龄和部位对器官分化也有一定的影响。在烟草中，处于开花阶段的植株，其上部茎组织在离体培养时能诱导形成花芽（Wardell 和 Skoog，1969）。Tran Thanh Van（1973）的试验中，可以清楚地看见在烟草开花植株的顶中部存在着一个由下到上形成花芽的潜在能力递增的梯度。Kato（1974）在一种百合科植物的叶片培养中观察到，从其成熟叶片不同部位取下的组织的再生能力有一明显梯度，其基部的再生能力最低，而远基端的再生能力高，但在幼叶中无这种梯度，且不定芽形成比成熟叶片快得多。

外植体的大小也影响到器官的发生，这点在茎尖培养中特别明显，如所取的外植体太小，很难存活。在马铃薯块茎组织培养中，Okazawa 等（1967）也发现仅培养最大的组织块（16 mm×10 mm），在培养基上可以形成芽，小的外植体均不行。

4. 培养物的年龄　一般而言，愈伤组织如果在增殖培养基上生长过久，致使组织衰老后移至分化培养基上，往往会推迟器官的分化。所以，一般用生长早期的旺盛愈伤组织做材料来诱导器官的形成。当然，还有些例外的情况，Asuwa（1972）用培养了 8 年的烟草髓愈伤组织研究发现，在同一培养基上培养的愈伤组织在 60 d 前移出者均无芽的分化，但 60 d 后移出的则表现形成芽的能力增强，100 d 后又降低。很多研究证明，所分离的组织往往具有较强的再生能力，但在继代培养过程中，器官形成能力逐渐降低以至最后丧失。这种分化潜力的丧失在不同植物间有很大的差异，如烟草和胡萝卜的一些材料可以保持一至数年。

第四节　体细胞胚发生

一、体细胞胚的概念

正常生长条件下的高等植物胚胎发育是从受精卵（又称合子，zygote）开始的，受精卵在胚珠内经过分裂和分化，最终发育成一个完整的合子胚（zygotic embryo）。然而在自然界某些植物中，除合子胚之外，胚囊内其他细胞也可通过胚胎发生形成胚或胚状结构，如助细胞胚、反足细胞胚、甚至珠心细胞产生的不定胚。另外，由于受精失败或其他方法蒙导也可产生非合子胚（如卵细胞胚和精细胞胚）。这些胚有一个共同的特点，即都发生在植物的雌性器官中。随着植物组织培养技术的发展，人们发现一些离体培养的植物体细胞，也可经胚胎发生过程形成在形态上与合子胚相似的结构，这种结构同样具有再生出完整植株的能力。人们把这种类似胚的结构称为体细胞胚（somatic embryo，SE）或胚状体（embryoid）。体细胞胚胎发生是高等植物细胞存在全能性的最惊人的事实。

1948 年，Curtis 和 Nichol 在培养三色万带兰和兰属杂种胚的愈伤组织时，见到了分化出许多和兰科植物正常合子胚相似的原球茎，这是组织培养中最早见到体细胞胚结构的报道。对体细胞胚的认识过程是后来 Steward 等人在胡萝卜（*Daucus carota* L.）组织培养的大量工作中建立起来的，Steward（1958）和 Reinert（1959）几乎同时发现，组织培养条件下的胡萝卜根细胞产生一种与胚相似的结构，并观察到由这种结构长成完整的植株。随后在其他许多植物组织培养中也报道了形成体细胞胚的现象，说明体细胞胚发生具有普遍性。事实上已经发现，植物的每种器官在离体条件下都有产生体细胞胚的能力。正如 Bell（1965）所指出的那样，植物胚胎发生现象并不一定局限于生殖周期中，任何植物细胞，只要在其可逆的分化过程中还没有进展得太远，当其置于一种适当的培养基中时，都能以一种和胚相似的方式进行发育，并产生完整植株。因而，对于消除老化效应和重建胚胎特性来说，整个复杂的有性器官并非一个必要的前提。因此，受精之后在胚珠中所发生的事件，只是提供了胚胎发生的一种特例。

体细胞胚是植物组织培养中起源于一个非合子细胞，经过类似合子胚胚胎发生和发育过程形成的胚状结构。这一定义包括了下列几方面的含义：①体细胞胚是组织培养的产物，只限于组织培养范围内使用，区别于无融合生殖的胚；②体细胞胚起源于非合子细胞，区别于由受精卵发育而成的合子胚；③体细胞胚的形成经历了胚胎发育的过程，具有胚根、胚芽和胚轴的完整结构，并与原外植体的维管组织无联系，是个相对独立的个体，区别于组织培养器官发生中的不定芽和不定根。对这种胚状结构曾使用过多种名称，如胚、不定胚、附加胚、体细胞胚、胚状结构、胚状体等，现在一般趋向于采用胚状体或体细胞胚。

离体培养的外植体其形态发生有两种途径：器官发生途径和体细胞胚发生途径。与器官发生相比，体细胞胚发生具有明显特点。第一，体细胞胚最根本的特征为两极性（double polarity），即在发育的早期阶段从方向相反的两端分化出茎端和根端；而器官发生是单极性的，要么先分化

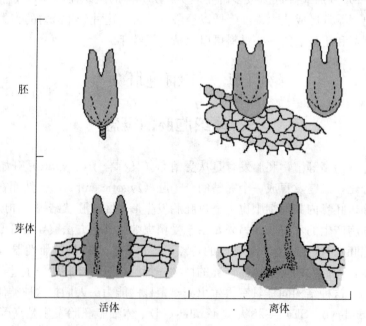

图 4-4　在活体（*in vivo*）和离体（*in vitro*）条件下胚和芽体的下端
在解剖学上的差异（虚线区域代表维管束痕迹）

（引自 Haccius，1978）

出不定芽，要么就先形成不定根，要成为完整植株，还需将不定芽或不定根切离并转移至其他培养基后，再诱导不定根或不定芽的形成（图4-4）。第二，体细胞胚的维管组织分布是独立的"Y"字形结构，与外植体组织无结构上的联系，出现所谓的生理隔离（physiological isolation）现象，这种结构便于细胞的分化和全能性的表达；而愈伤组织上分化的不定芽一般在愈伤组织的表面，不定根一般发生在愈伤组织较深的部位，且二者与外植体或愈伤组织的维管组织相联系。第三，体细胞胚具诱导数量多、速度快等特点，在胡萝卜细胞悬浮培养的一个培养瓶中，可产生近10万个体细胞胚（Steward等，1958），体细胞胚一旦形成，即可发育成完整的小植株，成苗速度快，成苗率高。

二、体细胞胚的产生

Sharp等把体细胞胚发生方式概括为两种：一是直接方式，即不经过愈伤组织阶段，从外植体直接产生体细胞胚；二是间接方式，外植体首先诱导产生愈伤组织，再在愈伤组织上产生体细胞胚。这两种方式所需要的条件不同，直接发生方式中体细胞胚起源于预定的胚性细胞，需要诱导物的合成或抑制物的消除，以恢复有丝分裂活动和促进胚胎的发生和发育。间接发生方式则相反，体细胞胚起源于分化细胞的重新决定，需要一种能促进细胞分裂的物质，诱导细胞脱分化而进入分裂周期。这两种胚胎发生的方式中，后者比较常见。

一般认为，体细胞胚是由单细胞起源的，体细胞胚经历了从单细胞→胚性细胞团→球形胚→心形胚→成熟胚的发育过程。但近年来有人提出异议，认为体细胞胚也可能起源于一个以上的细胞。对绝大多数培养来说，要追踪体细胞胚从原始细胞的发生是比较困难的，原因是体细胞胚起源的原始细胞不像活体上胚起源的合子具有固定的位置而容易识别，如果单个游离细胞直接发育成体细胞胚，或先发育成胚性细胞复合体再发育成体细胞胚，则体细胞胚发生的过程与合子胚相似。

根据目前的资料，体细胞胚可以从六种培养物中产生：①由外植体的表皮细胞直接产生；②由外植体组织内部的细胞产生；③由愈伤组织表面细胞产生；④由胚性细胞复合体的表面细胞产生；⑤由单个游离细胞直接产生；⑥由小孢子细胞产生。

1. 由外植体表皮细胞产生 许多离体培养的植物器官，如枸叶冬青的子叶、莳萝的合子胚、石龙芮的下胚轴等，在一定的培养条件下，可直接从器官上产生体细胞胚。从石龙芮花芽愈伤组织产生

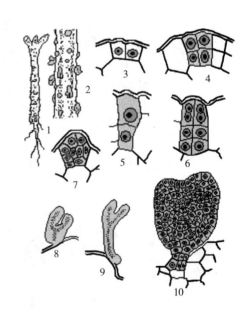

图4-5 石龙芮幼苗下胚轴产生
胚状体的过程

1. 培养1个月的幼苗（下胚轴产生许多胚状体） 2. 下胚轴部分放大 3. 两个表皮细胞（可由此产生胚状体） 4～7. 原胚的发生过程 8. 心形胚 9、10. 已分化出子叶、胚根和原形成层的胚状体

（引自Konar，1965）

的体细胞胚形成幼苗后，培养在含 10％椰子乳、1 mg/L IAA 的 White 培养基上，在下胚轴上形成许多体细胞胚（图 4‑5）。这些体细胞胚的发育是不同步的，所以能看到不同的发育时期，当切取下胚轴进行切片观察时，在横切片上可以观察到一系列体细胞胚发生过程。切片研究证明，石龙芮体细胞胚是从个别表皮细胞起源的，并形成一个不发达的胚柄。

2. 由外植体组织或愈伤组织内部的细胞产生　许多植物在离体培养时，存在于外植体或愈伤组织内部的一些薄壁细胞开始分裂，形成一个球形的分生中心（球形胚），球形胚进一步发育形成心形胚至鱼雷形胚。在体细胞胚的发育过程中，不断地从周围细胞吸取营养长大，其周围的薄壁细胞随着体细胞胚的增长而解体，最后体细胞胚撑破其相邻的表皮细胞或脱离愈伤组织的表面，孤立出来成为一个单独的个体。

3. 由愈伤组织表面细胞产生　从愈伤组织表面产生体细胞胚最为常见，胡萝卜根、蒔萝的体细胞胚、石刁柏叶肉细胞原生质体的愈伤组织，在含有细胞分裂素、生长素及腺嘌呤的 MS 培养基上培养一段时间后，转移到无激素的培养基上生长，在新形成的组织边缘区域，能产生许多发育不同时期的体细胞胚。成熟体细胞胚的结构和单子叶植物的合子胚相似。这些体细胞胚转移到含有 IAA 和玉米素的固体培养基上，能发育成完整植株。

4. 由胚性细胞复合体的表面细胞产生　这类体细胞胚的发生类型首先是培养的临近细胞分

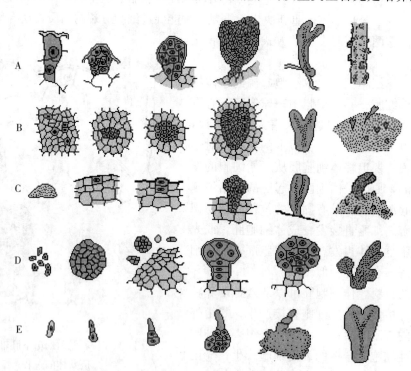

图 4‑6　植物胚状体产生的方式
A. 由外植体的表皮细胞直接产生（据 Konar 和 Nataraja，1965）　B. 由外植体组织内部的细胞产生
（据 Zee 和 Wu，1980，改绘）　C. 由愈伤组织表面细胞产生（据 Johri，1971，改绘）　D. 由胚性细胞复合体的表面细胞产生
（据 Street 和 Withers，1974，改绘）　E. 由单个游离细胞直接产生（据 Reinert 等，1978，改绘）
（引自周俊彦，1981）

裂、聚集形成胚性细胞复合体，这种复合体转入到固体培养基上之后，复合体由表面的胚性细胞单独分裂产生。

5. 由单个游离细胞直接产生　Backs‐Husemann 和 Reinert（1970）在显微镜下追踪研究了胡萝卜悬浮培养中一个游离单细胞发育成体细胞胚的过程。培养 4 d，可以看到游离单细胞开始一次不均等的分裂，形成两个大小不等的子细胞。培养 8 d，可以看到较小的子细胞继续一次分裂，较大的一个子细胞伸长为丝状细胞。培养 15 d，丝状细胞继续伸长，其余细胞已分化为一些薄壁细胞和原胚。培养 23 d，丝状细胞有几次分裂，原胚已经发育。这些观察虽然看得不很详细，但它证明了胡萝卜悬浮培养中游离单细胞经过一个胚性细胞团发育成为体细胞胚的过程。

6. 由小孢子细胞产生　在一些植物的花药培养中，体细胞胚可直接由小孢子细胞产生。由小孢子细胞产生体细胞胚的途径将在第九章讨论，这里不再赘述。其他 5 种体细胞胚的产生方式见图 4‐6。

三、植物体细胞胚的发育过程

以双子叶植物为例介绍体细胞胚的发育过程。体细胞胚原始细胞进行一次不均等分裂产生两个大小不等的细胞（相当于合子分裂产生的基细胞和顶细胞），然后由较小的"顶细胞"进行连续分裂产生原胚，而较大的"基细胞"也进行 1～2 次分裂构成胚柄。原胚依次经过球形胚、心形胚、鱼雷形胚、子叶胚各阶段（图4‐7）。但是球形胚的早期发生与合子胚并不都完全相同，例如，早期分裂不一定遵循严格顺序，有时缺乏典型的胚柄，而且在许多情况下还可观察到一些不正常的体细胞胚，如子叶畸形，一片子叶不发育或多子叶等。在禾谷类植物上还见到类似于盾片的盾片胚。

植物外植体体细胞胚发生和发育通常进行两步法培养。第一步，在含生长素（常用 0.5～1 mg/L 2,4‐D)的培养基上进行愈伤组织的诱导和增殖，在这种培养基上，愈伤组织分化成由局部分生组织细胞组成的胚性愈伤组织，在增殖培养基上多次继代培养，胚性愈伤组织可持续增殖而不会出现成熟胚。第二步，将胚性愈伤组织转接到生长素含量较低（0.01～0.1 mg/L）的培养基或无任何生长素的培养基上，它们就会发育为成熟胚。

王君晖等对大麦成熟胚培养中继代培养的初生愈伤组织切片镜检表明，大麦成熟胚的体细胞胚胎是间接发生的过程。第一阶段初生愈

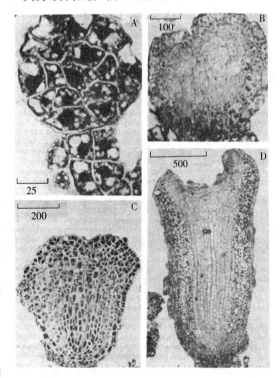

图 4‐7　胡萝卜悬浮细胞胚状体的形成

（引自 Street，1976）

伤组织细胞进行胚性分裂，形成原胚结构，然后，一些多细胞原胚逐步发育成球形胚、梨形胚和盾片胚。第二阶段是进行次级的体细胞胚发生，即上述不同时期的体细胞胚细胞又进行体细胞胚发生。然而，随着继代次数增加，大量胚性愈伤组织将转变成非胚性愈伤组织，体细胞胚发生能力也会急剧丧失。

四、体细胞胚发生的生化基础与调控

1. 体细胞胚形成中内源激素的变化　Jimenez 等（2001a）分析了玉米能诱导形成胚性愈伤组织的 A188 幼胚和只能形成非胚性愈伤组织的 B37 幼胚的内源激素水平，两种基因型的幼胚中内源 IAA 水平无显著差异，其他内源激素（ABA、GA、Z/ZR 和 iP/iPA）的分析结果相似，这意味着诱导体细胞胚前外植体内源活性物质和激素没有差异。

一旦获得体细胞胚发生的感受态细胞，培养物内源生长物质和激素水平等就会发生明显变化。茄子叶先端圆片体细胞胚胎发生频率高于叶基部圆片，分析外植体细胞的内源多胺表明，游离和结合的多胺与外植体的体细胞胚发生能力高低呈正相关。叶先端圆片和叶基部圆片都能使体细胞胚发育，仅仅是频率不等，意味着这些外植体中均存在感受态细胞，多胺的作用是促进细胞的分裂和体细胞胚发育，如用腐胺预处理叶基部圆片 4～7 d，体细胞胚数量提高 6 倍，达到叶先端圆片发生体细胞胚的频率（Yadav 等，1998）。玉米胚性愈伤组织的游离 IAA 水平高，非胚性愈伤组织和失去感受态的愈伤组织的内源 IAA 水平低，两者 IAA 水平无显著差异，其他内源激素均在不同类型的愈伤组织中有较大变化（Jimenez 等，2001a）。小麦有感受态细胞的基因型 Combi 与没有感受态细胞的基因型 Devon 相比，Combi 含较高水平的 ABA 和 IAA（Jimenez 等，2001b）。

2. 体细胞胚形成中生化特性　胚性细胞的生理和代谢途径变化大。山茶叶诱导后 2 周，矿质元素微量分析的 X 射线电子探针检测到胚性区光谱变化大，而非胚性区的光谱稳定。在同一培养时期，前者钠/钾比例基本保持不变，而后者的钠/钾比例波动很大，说明只有胚性区细胞有恢复钠/钾平衡的能力（Pedroso 和 Pais，1995）。芦笋体细胞胚和根、茎细胞壁的成分差异较大，体细胞发生过程中细胞壁纤维素含量低（20%），萌发成植株后根和茎细胞壁的纤维素水平提高（40%～50%），体细胞胚建成后，果胶多糖从 45% 降低到 20%～30%，半纤维素水平不变（30%～40%），半纤维素和阿拉伯糖在体细胞胚发生过程中甲基化瞬时增加，然后在植株生长时稳定下降（Yeo 等，1998）。

等电聚焦分析[35]S 标记的甲硫氨酸的蛋白质合成，发现愈伤组织诱导后 105 d 和 271 d 的胚性愈伤组织和非胚性愈伤组织的蛋白质种类差异很大，培养在 5.6 μmol/L 和 9 μmol/L 2,4 - D 培养基上 105 d 的胚性愈伤组织分别出现 33 种和 71 种胚性蛋白（E 蛋白），而 271 d 的胚性愈伤组织各为 43 种和 39 种 E 蛋白。无论 2,4 - D 浓度怎样变化，105 d 的非胚性愈伤组织有 10 种相同的 E 蛋白，271 d 的有 1 种，这些蛋白质可以作为胚性组织的标记（Fellers 等，1997）。中宁枸杞体细胞胚发生的早期阶段中 SOD 活性逐渐升高，后随体细胞胚进一步发育而下降；愈伤组织中过氧化物酶和过氧化氢酶活性高，但在体细胞胚分化诱导时迅速降低；抑制过氧化氢酶活性能增加体细胞胚发生的频率，而抑制 SOD 酶活性则减少体细胞胚的产生。胚性细胞间 H_2O_2 水平比愈伤组织高，较高

水平的 H_2O_2 处理能促进体细胞胚发生。进一步研究表明，外源 H_2O_2 能诱导中宁枸杞体细胞胚发育过程中的基因表达，产生几种新的蛋白质（崔凯荣等，2002）。

3. 体细胞胚形成中基因表达的调控　在体细胞胚发生过程中，已发现许多基因表达增强或特异性表达。表 4-1 列举了部分与体细胞胚建成有关的基因。其中，一些基因表达增强，如

表 4-1　影响体细胞胚发生的基因

基因类群	基　因	表达时期	产　物	相关功能	研究者
管家基因	Top 1	鱼雷形胚	拓扑异构酶（topoisomerase Ⅰ）	原维管束细胞增殖	Balestrazzi 等（1996）
	EF-1α	球形胚	延伸因子-1α（elongation factor-1α）	促进细胞分裂	Kawahara 等（1992）
	CEM 6	球形胚或之前	甘氨酸富积蛋白	促进细胞壁形成	Sato 等（1995）
	H 3-1	体细胞胚	组蛋白	促进细胞分裂	Kapros 等（1992）
	CGS 102	体细胞胚早期	谷氨酰胺合成酶	促进氮代谢	Higashi 等（1998）
	CGS 201	体细胞胚早期			
信号传导基因	SERK	胚感受态细胞	体细胞胚发生的受体激酶	确定体细胞胚发生	Schmidt 等（1997）
	swCDK	球形胚	钙依赖的蛋白激酶	钙信号传导	Anil 等（2000）
	CRK	体细胞胚	钙依赖的相关激酶	钙信号传导	Anil 等（2000）
	MsCPK 3	体细胞胚早期	类钙调素蛋白激酶	钙信号传导	Daveletova 等（2001）
生长素诱导基因	DcArg-1	胚性细胞诱导期			Kitamiya 等（2000）
	pjCW1	短期胚性培养物			Padmanabhan 等（2001）
	piCW2	短期胚性培养			
脱落酸诱导基因	DcECP 63	鱼雷形胚	胚胎发生后期富积的蛋白		Zhu 等（1997）
	DcECP 40	鱼雷形胚			Kiyosue 等（1993）
	DcECP 31	鱼雷形胚			Kiyosue 等（1992）
同源异型基因	Sbh 1（与 KN-1 同源）	心形至鱼雷形胚	转录因子	维管束形成	Lindzen 和 Choi（1995）
	CHB 1-CHB 6	球形和鱼雷形胚			
	DcDB 1	球形和心形胚	染色质结合蛋白		Putnanr Evans 等（1990）
胞外分泌蛋白基因	EP3-1	胚性细胞	几丁质酶	看护作用	Van Hengel 等（1998）
	EP3-2	胚性细胞			
	EP2	胚性细胞	醋转移蛋白	表皮形成	Sterk 等（1991）
	DcAGP1	胚性细胞	阿拉伯半乳聚糖蛋白	细胞增殖、膨大和体细胞胚发育	Baldwin 等（2001）
胚成熟基因	Mat 1	胚发育后期		胚干燥	Liu 等（1994）
	Dc 2.15	心形和鱼雷形			Holk 等（1996）
	Dc3	胚发育后期	胚发生后期富积蛋白	促进胚成熟	Hatzopoulos 等（1990）
	Dc8	胚发育后期			Zimmerman 等（1993）
	DcEMB 1	胚发育后期			
	Em	胚发育后期			
	DcECP 31	胚发育后期			
	DcECP 40	胚发育后期			
	MsLEC 1	胚发育后期	凝集素（lectin）	胚成熟	Brill 等（2001）
	MsLEC 2	胚发育后期			

管家基因和钙信号传导的基因，其基因产物水平提高；另一些基因是组织特异性或发育特异性表达，如体细胞胚发生的受体激酶基因（*SERK*）和阿拉伯半乳聚糖蛋白基因（*AGP*）等，*SERK*只在胚胎发生的感受态细胞到球形胚时表达，*AGP*表达也是受发育调节的。

必须指出，控制体细胞胚发生的基因远不止已报道的基因。对拟南芥来说，500～1 000个基因是合子胚发育所必需的，其中约40个基因控制胚极性轴的形成。图4-8表示拟南芥合子胚发育阶段中突变基因对胚形态发育和胚存活的影响。有趣的是，从突变体组织诱导形成胚性细胞后，由此获得的体细胞胚仍然与突变体的合子胚相似。例如，clavata（*clv*）突变体的顶端分生组织增大，shoot-meristemless（*stm*），wuschel（*wus*）和zwille/pinhead（*zll/pinh*）突变体的顶端分生组织缺失，它们的体细胞胚分别也表现为顶端分生组织增大和缺失。这些研究说明，控制

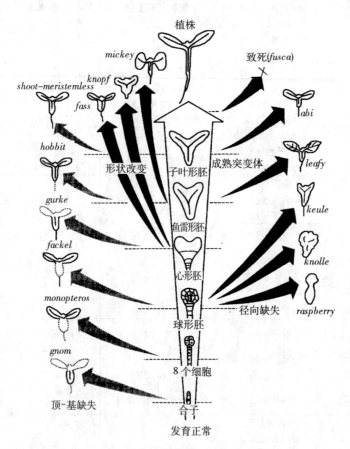

图4-8　拟南芥合子胚发育的突变体及其表现型

gnom. 无根和子叶　*monopteros*. 无根和下胚轴　*fackel*. 缺失胚轴（其根和子叶相连）　*gurke*. 影响子叶和茎顶端
　分生组织的形成　*hobbit*. 无根　shoot-meristemless. 无茎顶端分生组织　*keule*、*knolle*和*raspberry*. 表皮层缺陷
　fass. 幼苗粗而短、顶基轴紧凑　*knopf*. 幼苗小而宽　*mickey*. 形成厚盘形子叶，不成比例增大　*fusca*. 胚发育后
　期子叶积累花青素，幼苗不能发育到植株开花结实　*abi*. 胚早熟萌发　*leafy*. 子叶转变为叶状结构　（箭头表示突
　变基因的作用时期和突变体形态特征；虚线表示缺失器官或组织）

（引自 Dodeman 等，1997）

体细胞胚和合子胚形态发育和存活的基因是相同的。

五、影响细胞胚发生的因素

1. 氮源　在不含有机酸和缓冲剂的培养基中，细胞生长不能以 NH_4^+ 作为惟一氮源，因为它是一种生理酸性盐。NH_4^+ 和 NO_3^- 的相对和绝对量都影响体细胞胚的发生。Halperin 和 Wetherell（1965）报道，从野生胡萝卜叶柄外植体诱导形成的愈伤组织，只有在含有一定数量的还原态氮的培养基上才能进行体细胞胚发育。虽然在以 KNO_3 为惟一氮源的培养基上也可形成愈伤组织，但去掉生长素后却无法形成体细胞胚。然而，在含有 55 mmol/L KNO_3 的培养基中加入 5 mmol/L NH_4Cl，胚胎发育过程就会出现。他们发现，诱导培养基中还原态氮的存在与否最为关键，如果在 KNO_3 ＋ NH_4Cl 的培养基上形成愈伤组织，那么在分化培养基中无论 NH_4Cl 存在与否，都将形成体细胞胚。

与 KNO_3 不同，NH_4Cl 作为单一氮源可以形成相当于 KNO_3 和 NH_4Cl 最优组合下形成的体细胞胚数目，但必须不断地将培养基的 pH 调至 5.4。因为 NH_4Cl 单独存在时，培养基中的 pH 在 4 d 内会从 5.4 降至 4～3.5，这对体细胞胚发生有抑制作用，所以通常 NH_4^+ 和 NO_3^- 配合使用。

胡萝卜体细胞胚发生要求一个最低数量的内源 NH_4^+（约 5 mmol/kg，组织鲜重），如果达不到这个阈限水平，就不能进行体细胞胚发育。保持这个内源 NH_4^+ 的阈限浓度，需要相对低的外源 NH_4^+ 水平（2.5 mmol/L），但却需要相对高的 NO_3^- 水平（60 mmol/L）。

2. 生长素　内源 IAA 含量的上升或维持在相对高水平是诱导胚性细胞发生的基础。在香雪兰（*Freesiare fracta*）花序离体培养中，培养前外植体切段两端的内源 IAA 含量无明显差别，但培养 6 d 后，只有花序的原形态学下端分化出体细胞胚，而在形态学上端无体细胞胚的形成，且体细胞胚发生端 IAA 含量明显高于非发生端含量，培养 15 d 后 IAA 含量差别更加明显。在水稻的早期胚性愈伤组织中，胚性细胞出现时伴有较高的内源 IAA 水平，并且在胚性细胞转换时期，加入外源 IAA 或用阻止生长素流出细胞的抑制剂，均可促进水稻胚性愈伤组织的形成。在皇冠草、甘蔗、小麦等植物胚性愈伤组织的诱导和分化过程中同样发现，胚性愈伤组织内源生长素的含量远高于非胚性愈伤组织，特别是 IAA 含量在胚性细胞分化早期明显升高。

2,4-D 是愈伤组织诱导中常用的生长素类物质，它对内源生长素具有重要的调节和平衡作用，其作用机理是促进 IAA 结合蛋白的形成或提高 ATP 酶的活性，从而提高细胞对 IAA 的敏感性，诱导胚性细胞的发生。2,4-D 的作用具有阶段性，在诱导胚性愈伤组织阶段通常起促进作用，而在体细胞胚分化发育阶段一般起抑制作用。如在胡萝卜、金鱼草、茄子、芹菜、人参等植物培养中，2,4-D 能促进体细胞胚发生，但体细胞胚发育后期高浓度 2,4-D 反而具有抑制作用。Wochok 和 Wetherell（1971）认为，2,4-D 对胚胎成熟的抑制可能是通过产生内源乙烯进行的。2,4-D 抑制体细胞胚储藏成分形成，阻碍体细胞胚发育。因此，体细胞胚被诱导后必须去掉 2,4-D,转入较低浓度生长素的培养基中进一步发育。2,4-D 诱导体细胞胚的有效使用浓度范围是 0.5～25 μmol/L，不同植物种、不同外植体来源所需的最适 2,4-D 浓度及诱导响应时间也存在差异，通常单子叶植物所需 2,4-D 浓度较双子叶植物高。

3. 组织起源　胡萝卜和毛茛属一些植物几乎植株的所有部分都有高的体细胞胚形成潜力。

在胡萝卜中，已报道从主根、胚、花梗、叶柄、幼根、下胚轴等组织诱导了体细胞胚。

和胡萝卜不同，许多植物体细胞胚的形成与其组织特性有关。在柑橘属中，一些物种在活体条件下胚珠能产生许多发育成小植株的不定胚，同样在离体条件下，这些植株的胚珠也是一个良好的体细胞胚形成的组织来源。进一步的研究表明，柑橘属一些不能在自然条件下形成多胚的已受精后的胚珠在离体培养条件下也能形成体细胞胚（Rangan 等，1968；Kochba 等，1977）。番木瓜的花梗和子房（Litz 等，1980，1983）、萱草未成熟的子房（Kriko‑Rian 等，1981）、葡萄子房（Srivastave 等，1980）等在离体条件下也能形成体细胞胚。

在禾本科植物中，幼穗和幼胚易分化产生体细胞胚，这已在雀麦草、黑麦草、高粱、玉米、小麦、水稻、黑麦、大麦等上证实。另外，体细胞胚也从棉花等一些双子叶植物的下胚轴、豆科植物的子叶组织离体产生。

总之，对多数植物来说，诱导体细胞胚的组织起源是非常重要的。距活体胚胎发育较近的组织和成熟及未成熟的胚胎在离体条件下可能更有利于体细胞胚的诱导。

第五节　长期培养物形态发生潜力的丧失

一、长期培养物形态发生潜力的丧失

在离体培养条件下，有些愈伤组织或悬浮培养物起初具有器官或胚胎发生潜力，但经过反复继代培养之后，这种形态发生能力常常逐渐下降，有时甚至完全丧失。在胡萝卜细胞培养中，Reinert 等发现，胚胎分化在诱导条件下于组织分离后 4～6 周发生，以后在 15 个周时，达到最高峰，此后这种分化能力又逐渐下降，直到 30～40 周时丧失（图 4‑9）。离体培养物形态发生潜

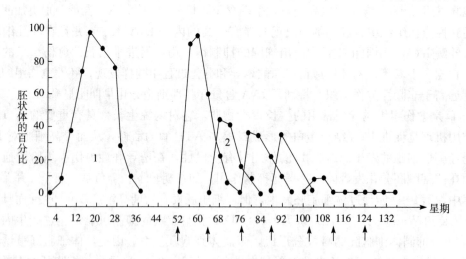

图 4‑9　胡萝卜胚的分化

1. 分离的胡萝卜组织培养于含有生长素及高氮水平的琼脂诱导培养基上时，在继代培养过程中胚胎形成能力的变化　2. 分离培养于含低氮（3.2mmol/L）的非诱导培养基上的组织，在分离培养后不同时期转移到高氮诱导培养基上的胚胎形成能力

力丧失的情况，在不同植物间有很大差异。如烟草和胡萝卜的形态发生能力可以保持 1 年到数年，也有经长期培养仍有分化能力的。如 Yamada 等（1967）用培养了 7 年的茄子愈伤组织，经诱导仍能分化出胚状体及小植物。但对绝大多数植物来讲，长期培养物形态发生潜力的丧失是一个普遍现象。

二、培养物形态发生潜力丧失的原因

1. 生理说　研究表明，至少在某些情况下，形态发生潜力的下降可能是由于细胞或组织内激素平衡关系的改变造成的。在这种情况下，细胞虽然停止了器官和胚胎的分化，但不一定就丧失了这种分化的能力。所以，当改变外部的处理条件时，应该有可能使细胞的这种内在潜力得到恢复。在有些植物组织培养中，通过冷处理或改变培养基成分，确实已实现了这种可能性。

在胡萝卜悬浮培养中，胚性细胞团在含有生长素的培养基上进行增殖，在不含生长素的培养基中发育胚状体，Fridborg 和 Eriksson（1975）看到，在含有 2,4 - D 的培养基中培养 8 周之后，本来具有全能性的胡萝卜培养物完全停止了胚胎发生过程，然而，若在这种含有生长素的培养基中加入 1％～4％的活性炭，又可以恢复其全能性。这一事例说明，在这个培养系统中，胚性潜力的丧失可能是由于内源生长素水平提高所致，胡萝卜驯化愈伤组织的生长并不需要外源生长素。对甜橙驯化愈伤组织的详细研究，也证实了生长素对胚胎发生的重要作用。起初，甜橙的珠心愈伤组织需要 IAA 和 KT 才能生长和发生胚胎分化，经过反复继代培养之后，愈伤组织的成胚潜力逐渐下降，大约在 2 年之后，某些后代组织看起来已具备了自生激素的能力，变成了驯化的组织，培养基中低至 0.01 mg/L 的 IAA 也会抑制胚胎发生。这表明，甜橙驯化愈伤组织成胚潜力的下降，也是由于内源生长素水平太高所致。

2. 遗传说　这一假说认为，长期培养物器官发生或胚胎发生能力下降的原因，是由于培养细胞中发生的染色体结构、数目变异、基因突变、染色体重排、DNA 的甲基化等自发体细胞变异引起。这种由遗传原因造成的形态发生潜力的丧失是不可逆的。

在植物体中，顶端分生组织，由于 DNA 合成之后立即进行核与细胞质的分裂，因而细胞染色体具有高度的稳定性。与顶端分生组织一样，中柱鞘、原形成层和形成层细胞都能保持核型稳定的状态。但是，离体培养的组织绝大多数细胞是已分化的细胞，已分化细胞在去分化培养的初期往往进行无丝分裂，常常导致染色体分配不均，而在去分化诱导和培养、继代中一些诱导因素（激素）及一些环境条件可能加剧这一现象的发生，从而导致长期培养物中细胞遗传组成上的不稳定。Sree 等（1983）用细胞光度测定法测定了培养 0 d、3 d 和 7 d 马铃薯原生质体的核型变化，发现随着培养天数的增加，出现了一些多核细胞和双核细胞，与整倍体 DNA 量相联系的"中间 DNA"值随培养天数的增加而不断增加。他们直接从马铃薯外植体诱导生长的愈伤组织在 1～6 周内也遵循一个相似的核型变化过程。研究表明，对一些植物，当这些整倍体和非整倍体变异与其正常个体核型距离不太远时，还可能再生出整倍体和非整倍体的个体，不会完全丧失它们的形态发生能力。然而这种核型的不稳定若在不断继代过程中不可逆地增加，可能导致长期培养物分化潜力的丧失。另一方面，培养细胞染色体的结构变异（例如缺失、易位以及基因突变）

破坏了植物细胞染色体间的固有平衡关系，而这种畸变不可逆的增加，也是导致长期培养物分化潜力丧失的重要原因。

3. 竞争说　这一假说本质上是前两种假说的结合，这一假说的倡导者 Smith 和 Street 认为，在胡萝卜细胞长期连续继代培养期间，有两个过程可能与胚胎发生能力的下降以至最终丧失有关。首先，细胞对于生长素(2,4-D)抑制全能性表达的作用变得比较敏感；其次，随着时间的推移，由于培养细胞在细胞学上的不稳定性，出现了缺乏胚性潜力的新的细胞系。这些细胞学上的变化不一定是染色体数目的变化，而可能只是遗传信息的小突变、丢失或易位。实际上，Jones（1974）已经证实，在胡萝卜培养物中，细胞群体在成胚能力上的不稳定性，可能是由于建立该培养物的组织带来的。在复杂的多细胞外植体上，只有少数细胞能产生胚性细胞团，其他细胞都是非全能性的。按照竞争学说，如果非胚性细胞类型在所用的培养基中具有生长上的选择优势，那么，在反复的继代培养中，非胚性的群体将会逐步增加，到一定时期，培养物中已不再含有胚性细胞，这时若再想恢复它们的胚性能力就不可能了。但如果培养基中还含有少量胚性细胞，这时如果通过改变培养基成分，使之有选择地促进全能细胞的增殖，就有可能恢复该培养物的形态发生潜力。

第六节　人工种子

一、人工种子的概念及意义

人工种子（artificial seed）是植物体细胞胚胎和器官发生研究走向应用的必然产物。人工种子是指将植物组织培养中所产生的体细胞胚胎（somatic embryo）或珠芽（bulbulet）包埋在人工胚乳和人工种皮里，制成的具有播种功能、类似天然种子的颗粒（图4-10）。

1958 年 Reinert 和 Steward 分别在胡萝卜的细胞培养中发现了体细胞胚的形成。20 年后，Murashige（1978）首次提出了制造人工种子的设想，即将组织培养增殖的体细胞胚（胚状体）或芽，包埋在胶囊内形成球状结构，使其具有种子的机能，可以直接播种在苗圃里。

Kitto 和 Janick（1981，1985）首次用聚氯乙烯包埋胡萝卜体细胞胚制成人工种子。不过，他们包埋的是成簇的体细胞胚而非单个体细胞胚。虽然其中有些在无菌条件下发了芽，但他们的包埋方法却偏离了真正种子类似物的概念。Rendenbaugh（1984，1986，1987）用藻酸钠包裹苜蓿、芹菜的单个体细胞胚，并使苜蓿的人工种子在无菌条件下的成苗率由 0.5% 逐步上升到 86%；用挑选的健壮体细胞胚制作的苜蓿和芹菜人工种子

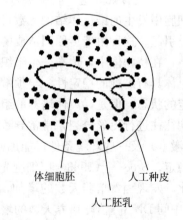

体细胞胚　　人工种皮

人工胚乳

图4-10　人工种子示意图

分别以 7% 和 10% 的频率在温室砂槽及移植槽中长成植株，在所做的人工种子田间播种试验中，结果虽不令人满意，但还是说明包装的体细胞胚可以适应机械化播种。至此，经过 Kitto 等（1981，1985a，1985b），Walker 等（1981）、Stuaxt 等（1984a，1984b）、Rendenbaugh 等

（1984，1986，1987）、Gray（1987）等着有成效的研究工作，已初步建立起胡萝卜、苜蓿及芹菜体细胞胚大量诱导及同步化筛选技术，并找到了对体细胞胚无害的包埋介质藻酸钠。此外，在机械包装、人工种皮和人工胚乳、人工种子的储藏运输、遗传变异、田间试验程序、技术经济等方面，进行了许多可喜的研究，已能在土壤条件下使苜蓿的人工种子有 20% 长成植株（Gray 等，1987），人工种子的制备成本已与自然种子的价格相近。

20 世纪 80 年代末，我国也开展了人工种子的相关研究，相继研发了胡萝卜（李修庆，1987，1988）、芹菜（郭仲琛等，1988）、水稻（葛扣麟和邹高治，1988）等作物的人工种子。李宝键等（1989）在中国苜蓿人工种子的研究中，首次制成含外源基因的苜蓿人工种子，并筛选出人工种皮材料高分子化合物 Zp-1；陈仲华（1989）在橡胶树、华腺萼木等方面也进行了人工种子的一些探索性研究。

人工种子作为一种新的生物技术，之所以引起不少科学工作者的关注和兴趣，主要是人工种子具有以下优点：①人工种子能代替试管苗快速繁殖，开创了种苗生产的又一新途径。体细胞胚具有数量多（每升液体培养基可产生 10 万个胚状体）、繁殖快、结构完整的特点。提供营养的"种皮"可以根据不同植物对生长的要求来配，以便能更好地促进体细胞胚的快速生长及适于进行机械化播种，特别是在快速繁殖苗木及人工造林方面，采用人工种子比用试管苗繁殖更能降低成本和节省劳力。②体细胞胚是由无性繁殖体系产生的。因此利用优良的 F_1 植株制作人工种子，不需年年杂交制种，从而可以固定杂种优势。③利用人工种子可使在自然条件下不结实或种子生产成本昂贵的植物得以繁殖。④在人工种子制作过程中，可以加入植物激素及有益微生物或抗虫、抗病农药，从而赋予人工种子比自然种子更优异的特性。

目前，人工种子仍有许多问题有待深入的研究解决。随着研究的进展，人工种子用于大田生产将不是遥遥无期的事。Redenbaugh（1989）认为，可采用人工种子生产的植物可分为两类：①具有坚强的工艺基础，即已具备体细胞胚形成体系的作物，如苜蓿、鸭茅、香菜、胡萝卜、樱等。②具有强大商业基础的作物，这是指由于孕性问题、配子不稳定性、杂种种子生产费工或一系列其他原因而使种子价格昂贵的作物，如秋海棠、硬花甘蓝、花椰菜、莴苣、棉花、矮牵牛、樱草、天竺葵、番茄等。当前，有一些作物能满足这两方面的需要并适用于人工种子工艺，如芹菜、咖啡、玉米、棉花、油棕等。

就目前所知，人工种子的生产过程主要包括两个部分：①高质量体细胞胚（或珠芽）的培养；②体细胞胚（或珠芽）的包裹，即人工胚乳和人工种皮技术。

二、体细胞胚的诱导与后熟

1. 外植体的选择　制备人工种子的起始外植体应具备 3 个基本条件：①材料的基因型优良；②具有良好的胚胎发生潜力；③遗传稳定性好。从这些要求出发，可以选择幼胚、幼穗、无菌种子萌发的无菌苗下胚轴、子叶及幼叶、茎尖外植体等作为接种材料。在木本植物方面，幼年型材料较易诱导体细胞胚，但幼年型材料的经济特性往往还来不及进行田间检验，如果用来产生大量人工种子，有可能造成不可估量的经济损失。所以，来自成年树的外植体才是理想的材料，因为成年树已经过了多年间的检验，产品的产量、品质及树体的抗性等都是已知的，可以选择最佳的品系或个体进行繁殖，以保证人工种子种植后的经济效益。但成年树外植体的胚胎发生相当困难，要使成年树外植体恢复胚胎发生能力，目前有3种方法：①利用现有自身复壮材料。有人认为，花器官的二倍体细胞与复壮的性细胞十分接近，因分生细胞的复壮发生在花器官形成之前或稍后，所以选用减数分裂前的幼嫩花序或减数分裂后的珠心组织作为外植体容易获得体细胞胚。②成年树中保持幼年型的部分作为外植体。树体低部位组织的休眠芽或根蘖往往保持幼年型，它们的胚胎发生潜力可能没有丧失，因此取成年树的萌蘖作为外植体可能使胚胎诱导获得成功。③成年树的组织经过长期继代培养可能获得胚性愈伤组织。

2. 体细胞胚的诱导及同步化

(1) 体细胞胚的诱导　人工种子体系的体细胞胚培养应建立类似于胡萝卜细胞悬浮培养诱导发生胚状体的系统，并同时建立同步化及改善转换率的步骤。目前，高频率诱导体细胞胚较为成熟的程序步骤主要有两个模式系统：胡萝卜和苜蓿。其全过程和培养条件分别列入表4-2和表4-3中。

表4-2　胡萝卜体胚大量诱导的培养程序

培养阶段	培养目标	培养基	培养条件
愈伤组织的诱导	愈伤组织 外植体：无菌苗下胚轴或子叶	MS（固体） +0.5~1 mg/L 2，4-D	26~28 ℃，黑暗 培养约21 d
体细胞胚的诱导	体细胞胚	MS（液体） 继代培养稀释率为1∶1或1∶4的新鲜培养基	26 ℃，连续光照 在盛有20 mL培养基的125 mL三角瓶中加入0.5 g愈伤组织，摇床（110~150 r/min）培养。2~3周可继代培养一次，筛选1~2 mm大小的体细胞胚供包装

表4-3　苜蓿体胚大量诱导的培养程序

培养阶段	培养目标	培养基	培养条件
愈伤组织的诱导	愈伤组织 外植体：无菌苗下胚轴	SH（固体） +1.5 mg/L KT +3 mg/L NAA	25±2 ℃，每天光照10 h，每20 d继代一次
体细胞胚的诱导	胚性愈伤组织	SH（固体）+8 mg/L 2，4-D	培养条件同愈伤组织的诱导，诱导时间为4~5 h
体细胞胚发生	体细胞胚	SH（液体）+4 g/L L-脯氨酸 + 10 mmol/L NH₄⁺	培养条件同愈伤组织的诱导，在盛有30 mL培养基的200 mL三角瓶中加入0.5 g愈伤组织，摇床（100 r/min）培养。15~20 d后体胚大量发生，可继代培养一次，并进行若干次同步化选择
体细胞胚成熟	成熟的体细胞胚	在湿润培养皿中，4 ℃下培养10~15 d	

可以看出，苜蓿的体细胞胚诱导程序较胡萝卜复杂一些。这主要是由于像胡萝卜这类的伞形花科植物，外植体在加适量2,4-D的诱导培养基上培养，即可产生出胚性愈伤组织，而苜蓿先诱导出的愈伤组织是无结构的，需要再经过一个短暂的体细胞胚诱导阶段，以诱导无结构的愈伤组织分化为胚性愈伤组织。苜蓿在愈伤组织的诱导阶段诱导出的愈伤组织可分为3

类，第一类为浅黄或无色透明湿润的愈伤组织，质地松软，易于悬浮培养，其数量较多；第二类为浅绿或浅黄色愈伤组织，质地紧密；第三类为白色干燥松散的愈伤组织，其数量最少。其中，前两种，特别是第一种愈伤组织体细胞胚发生能力强，而第三种愈伤组织在继代培养后大多数逐渐褐化死亡（李宝健，1989）。所以，愈伤组织在继代培养或转入体细胞胚诱导培养时应加以选择。

（2）体细胞胚的同步化　体细胞胚发生中的一个普遍现象，就是胚状体发生的不同步性，所以在同一悬浮培养液中可以观察到单个原始细胞、多细胞原胚、球形胚、鱼雷形胚、成熟胚的各个发育时期。如何控制胚状体的同步发生和同步化生长，以获得整齐一致的体细胞胚，是人工种子技术应用于生产实际的关键之一。目前，许多植物诱导胚状体发生并不困难，但要控制胚状体同步生长，却存在不少问题。目前控制胚状体同步化的方法主要有以下几个方面。

①同步脱分化促进细胞同步分裂：在细胞培养初期加入对 DNA 合成的选择抑制剂，如 5-氨基尿嘧啶等化合物，使细胞暂时停止 DNA 合成。在除去抑制剂后细胞便开始同步分裂。例如 Eriksson（1966）在单冠毛菊细胞悬浮培养中，采用 4 种 DNA 合成抑制剂，处理 12～24 h，在除去抑制剂后 10～16 h，细胞出现有丝分裂高峰。低温处理抑制细胞分裂，然后再把温度提高到正常培养温度，也有促进同步化的作用。如把培养瓶放在冰箱内于 8 ℃下处理 12～24 h，在正常有丝分裂高峰前 2 h 取出以正常温度培养，能达到部分同步化的目的。

②通气法：在烟草的细胞培养中，发现乙烯的产生与细胞的生长有密切关系，即在细胞生长达到高峰前有一个乙烯的合成高峰。所以，细胞生长可以受乙烯的控制。如向悬浮培养基中通氮气（每 10 h 或 20 h 通一次，每次 3～4 s），急剧降低培养细胞的有丝分裂活力，而回到正常通气以后 8 h 内细胞恢复分裂，可明显提高细胞有丝分裂指数。

③渗透压控制同步化法：不同发育时期的胚状体，具有不同的渗透压，如向日葵幼胚发育过程中，球形胚的渗透压为 17.5%，心形胚为 12.5%，鱼雷形胚为 8.5%，成熟胚为 0.5%。根据体细胞胚发育阶段，转变培养基的蔗糖浓度，以控制体细胞胚的发育停留在某一阶段，从而达到同步化生长的目的。

④同步胚的分段收集筛选法：不同发育阶段的胚状体，大小及密度都有差异，因此可用各种机械方法筛选、分离不同发育阶段的胚状体，然后分别集中培养，可明显提高同步化程度。李健宝（1989）在中国苜蓿的体细胞胚大量诱导中，在悬浮培养 3 d 后即用 20 目的滤网除去大块愈伤组织，再分别用 30 目、40 目、60 目的滤网过滤，将滤网上大小相近的愈伤组织分别培养，这样经 15 d 左右，这些大小基本一致的细胞团，有 50% 左右开始形成体细胞胚。再用滤网过滤后，将其分开培养，视不同情况照此方法筛选 3～5 次，可获同步化程度达 60%～70% 的成熟体细胞胚。

许多研究工作者认为，应用各种化学因素处理，虽对提高同步发生有一定效果，但畸形体细胞胚却明显增多。所以，收集同步胚的分离筛选法是目前真正可行的控制体细胞胚同步化的有效途径。

3. 体细胞胚的成熟处理　从悬浮培养直接得来的体细胞胚基本上都是玻璃化的，玻璃化的体细胞胚对低温忍耐力极差，在低温条件下大多数逐渐褐化死亡。因此，诱导发生的体细胞胚还应经历一个成熟化阶段，使体细胞胚干燥，逐渐由玻璃化转为正常，使体细胞胚充分发育，完成器官的分化和后熟作用；减缓体细胞胚的生长速度，以适应包装，储藏和运输。目前有以下方法。

（1）低温法 选择健壮体细胞胚于 4 ℃条件下处理 10～15 d。

（2）培养法 体细胞胚诱导成功后必须转入成熟培养基培养，使他们同步增殖并达到成熟，才可用于制备人工种子。表 4-4 是几种针叶树体细胞胚成熟培养基的成分。ABA 有助于体细胞胚中脂肪、淀粉和蛋白质的积累，有利于生长。在加入 ABA 的同时加入 PEG，可显著减少胚中的水分含量而并不使胚细胞发生质壁分离。ABA 处理后还要进行适当干燥，适当干燥不会损伤胚，转株后生长反而旺盛。胡萝卜胚状体以 ABA 处理 3 d 后干燥 36 h，成活率增高，苜蓿体细胞胚干燥后含水量在 8％～15％，在室温下储藏 12 个月仍有发芽能力。

表 4-4　几种针叶树体细胞胚成熟培养基的成分

种　名	外植体	成熟培养基成分
银枞	未成熟胚	无激素，2％蔗糖，3.8 μmol/L ABA，100～200 mmol/L 乳糖
欧洲落叶松	未成熟胚	无激素，3％蔗糖，10％～20％ PEG6000
西方落叶松	未成熟胚	0～100 μmol/LABA，2％蔗糖
欧洲云杉	成熟胚	15 μmol/LABA，3％蔗糖
云杉属之一种	未成熟胚	16～24 μmol/LABA，3％蔗糖，5％～10％ PEG4000
白云杉×恩格曼氏云杉	未成熟胚	40～60 μmol/LABA，1 μmol/LIBA，3.4％蔗糖

（3）自然干燥法 如芹菜，可将体细胞胚从悬浮液中滤出，在 22±2 ℃无菌条件下干燥 4～6 d。

改善体细胞胚的转换率，目前有两个方面的办法。一是从体细胞胚的鉴定选择着手，提高体细胞胚的质量；二是改善转换条件，如将体细胞胚培养在 SH（固体）＋1.5％麦芽糖（不用蔗糖）的转换培养中，3～4 周。Redenbaugh 等（1989）从以上两个方面增强体细胞胚的转换力，已使苜蓿体细胞胚的离体转换频率从不到 1％提高到 50％～60％。

三、体细胞胚的包裹——构建人工种子

体细胞胚不适于储藏及运输，更无播种功能，当然就还不是种子。体细胞胚包裹，就是将成熟的体细胞胚包埋于有一定营养成分和保护功能的介质中，组成便于播种的类似天然种子的单位，即构建成人工种子。

1. 人工种皮和人工胚乳 包裹体细胞胚的介质，最重要的是具有天然种子种皮功能的人工种皮物质。无胚乳种子植物，在体细胞胚包裹物中可以不加营养物质；而有胚乳种子植物，在包裹物中必须添加营养物质作为人工胚乳，否则就不成为人工种子。因此，对包裹材料的要求很高，它必须具备以下基本条件：①能保护被包埋的体细胞胚免受外部伤害；②能使体细胞胚在其中萌发并突破胶囊出苗；③在包裹材料中能加入营养、生长促进因素、农药以至有益微生物等，以保证发芽和生育初期的需要；④包裹体细胞胚后，适于储藏运输并能用现有农业机械播种操作；⑤能单个包装。

2. 包裹材料 根据以上条件，要求包裹材料对体细胞胚无害，干燥性和保水性皆好，有亲水性，既有良好的透气性又能防止泄漏，凝胶性好又不胶黏，并有一定的机械强度。

目前筛选获得的材料中（表 4-5），海藻酸盐是比较理想的，它对体细胞胚毒性小，既可作为构建雏形人工种子的人工种皮，又可作人工胚乳的基质。海藻酸盐是从海藻中提取的一种多糖类高分子化合物。包裹时使溶胶性的海藻酸钠水溶液滴入氯化钙溶液中，因离子置换作用生成凝胶性的海藻酸钙，极易胶化形成球状胶囊。但海藻酸钙胶囊黏性较大，并会在空气中很快变干，使操作和机器播种困难。

表 4-5　用于包被体细胞胚的几种水凝胶

水凝胶名称	浓度（%）（重量/体积）	络合剂名称	浓度（mmol/L）
海藻酸钠	0.50~5.0	钙盐	30~100
海藻酸钠及明胶	2.0~5.0	钙盐	30~100
角叉藻聚糖	0.2~0.8	KCl 或 NH_4Cl	500
洋槐豆胶	0.4~1.0	KCl 或 NH_4Cl	500

Redenbaugh 等（1986）筛选出一种 Elvax 聚合种皮物质，对包裹海藻酸钙胶囊最为合适。Elvax 为乙烯乙酸丙烯酸三元共聚物（Zoila Reyes 博士研制），它凝结在海藻酸钙胶囊的周围，从而形成一层疏水外皮。由此包好的胶囊可以大大减缓胶囊的干燥速度和减轻黏性，能经受一天的操作过程，可用机械播种。

淀粉（加淀粉酶）、蔗糖、麦芽糖等作为人工胚乳的物质效果都不显著，而加无机盐的效果则较好。所以，现在多数实验室用培养基中的无机盐成分做人工胚乳物质。人工胚乳的制作方法是：①与藻酸盐混合，一起包裹体胚。②先制成微胶囊，然后放入海藻酸盐胶囊之中或其表面。制作中要注意防止污染。

3. 包裹方法

（1）海藻酸盐包裹——雏形人工种子构建　用无菌水或液体培养基（如 1/2 MS、1/4 MS 的无机盐成分或植株再生培养基的无机盐成分）配制 1%~5%（通常多用 2.5%~3.5%）的海藻酸钠溶液，再配 0.1 mol/L 的氯化钙溶液作凝固剂。

用滴球法制作胶囊。具体方法是将成熟的体细胞胚放入海藻酸钠溶液中，然后用吸管吸起滴入氯化钙溶液中（每滴含体细胞胚一个），停留 10~30 min 后，通过离子置换反应形成包有体细胞胚的海藻酸钙小珠，小珠直径为 5~8 mm。再用无菌水冲洗，风干后即成为雏形人工种子。

（2）人工种皮包裹　用 Elvax 聚合种皮的包裹程序如下。

①将以上的海藻酸钙小珠在预处理液（10% 甘油+5% 葡萄糖+2% 氢氧化钙）中浸 30 min，以获得亲水表面。

②将 5 g Elvax 聚合物溶于 50 mL 环己烷中，在 40℃温度下再加入 5 g 硬脂酸、10 g 十六烷醇和 25 g 鲸蜡替代物（spermaceti wax substitute）使之溶解，另加入 295 mL 石油醚和 155 mL 二氯甲烷。

③将海藻酸钙小珠在上述热混合液中浸泡 10 s，取出后热风吹干，如此重复 4~5 次。Elvax 即在海藻酸钙小珠周围沉淀，形成涂膜（人工种皮）。

④用石油醚漂洗并使之风干。这样，成熟的体细胞胚包埋于人工胚乳（以海藻酸盐为基质）中，外包人工种皮，就构建成人工种子。

制备好的人工种子立即放入密闭容器内，在低温条件下储藏、运输。

◆复习思考题

1. 何谓细胞的全能性？
2. 何谓愈伤组织？
3. 何谓去分化和再分化？
4. 愈伤组织的形成大致可分为哪几个时期？各有何特点？
5. 愈伤组织有何生长特征？
6. 外植体的发育程度对愈伤组织的诱导和继代有何影响？
7. 离体培养条件下，茎、芽和根的再生方式大致有哪几种？
8. 影响器官发生的主要因素有哪些？
9. 何谓胚状体？其与合子胚有何异同？
10. 胚状体的发育大约要经过哪几个时期？
11. 离体培养条件下，胚状体产生有哪几种方式？
12. 影响胚状体发生的主要因素有哪些？
13. 如何区分离体培养条件下的不定芽与胚状体？
14. 生理说、遗传说和竞争说如何解释长期培养物形态发生潜力丧失现象？
15. 何谓人工种子？人工种子有何特点？

◆主要参考文献

[1] 翟中和，王喜忠，丁明孝主编. 细胞生物学. 北京：高等教育出版社，2000
[2] 肖尊安. 植物生物技术. 北京：化学工业出版社，2005
[3] 许智宏. 植物生物技术. 上海：上海科学技术出版社，1998
[4] 黄坚钦. 植物细胞的分化与脱分化. 浙江林学院学报. 2001，18（1）：89～92
[5] 周俊彦. 植物体细胞在组织培养中产生的胚状体Ⅱ. 影响植物胚状体发生和发育的因素. 植物生理学报. 1982，8（1）：91～99
[6] 崔凯荣，邢更生，周功克等. 体细胞胚发生的生化基础. 生命科学. 2001，13（1）：28～33
[7] 周俊彦，郭扶兴. 细胞分裂素类物质在植物体细胞胚发生中作用. 植物生理学通讯. 1996，32（4）：247～253
[8] 刘华英，萧浪涛，何长征. 植物体细胞胚发生与内源激素的关系研究进展. 湖南农业大学学报. 2002，28（4）：350～354
[9] 谷瑞升，蒋湘宁，郭仲琛. 植物离体培养中器官发生调控机制的研究进展. 植物学通报. 1996，16（3）：238～244
[10] 陈金慧，施季森，诸葛强，黄敏仁. 植物体细胞胚胎发生机理的研究进展. 南京林业大学学报（自然科学版）. 2003，27（1）：75～80
[11] 郑艳红，熊庆娥. 植物体细胞胚胎发生的研究进展. 四川农业大学学报. 2003（1）：59～63
[12] Dennis N B, David S I. Plant Tissue Culture. Southampton：The Camelot Press Ltd.，1976
[13] Sharp W R, Sondahl M R, Caldas L S, et al. The physiology of in vitro asexual embryogenesis. Hort Rev. 1980（2）：268～310

［14］ J Lynn Zimmerman. Somatic embryogenesis. A model for early development in higher plants. The Plant Cell. 1993（5）：1 411～1 423

［15］ Tomá Werner，Václav Motyka，Miroslav Strnad，Thomas Schmülling. Regulation of plant growth by cytokinin. PNAS. 2001（98）：10 487～10 492

［16］ Georg Haberer，Joseph J Kieber. Cytokinins. New insights into a classic phytohormone. Plant Physiol. 2002（128）：354～362

第五章　植物器官培养

植物器官培养（plant organ culture），是指对植物体的各种器官的离体培养，包括根、茎、叶、花器（花药、子房、花瓣、花蕾等）和果实等。器官培养由于取材范围广泛，培养的植物种类最多，取得成功的事例也最多，应用的范围最广。器官培养内容广泛，本章将重点讨论根、茎尖和叶片的分离、培养技术及其应用，其他器官的培养（如胚胎培养、花药培养等）将另专章叙述。

第一节　离体根培养

一、离体根培养的概念和发展

离体根培养（root culture *in vitro*）是指从植物体上分离出根系，在离体条件下进行培养使其进一步生长、发育的技术。

离体根培养的研究比较早。早在 1922 年，Kotte 和 Robbins 就分别报道了小麦根尖培养能有限地生长。同年，Robbins 培养了长度为 1.45～3.75 cm 的豌豆（*Pisum sativa*）等作物的茎尖，形成了一些缺绿的叶和根。1934 年，White 在含有无机盐、糖和酵母提取物的液体培养基上使番茄（*Lycopersicon esculentum*）根连续继代培养成功，建立了第一个活跃生长的无性繁殖系（vegetative propagated clone），在以后的 28 年共培养了 31 600 代，证明离体根在供给适当的营养物质后，具有无限生长的习性。之后，许多学者研究了 IAA、NAA 等在控制植物生长中的作用，证明了在根尖培养中，至少要补充几种维生素才能使根尖存活与生长，并建立了组织培养的人工综合培养基。1934 年至 1940 年间，我国科学家罗宗洛和罗士韦对玉米等禾谷类作物根尖进行了培养，并长期继代培养成功。1937 年前后，法国科学家 Gautheret 和 Nobecourt 几乎同时培养胡萝卜（*Daucus carota* var. *sativus*）根的小块组织，并使细胞增殖获得成功。1958 年，J. Reinert 和 F. C. Steward 分别发表了由胡萝卜直根髓的愈伤组织制备的单细胞，经悬浮培养产生了大量的胚状体和幼株，不但证实了细胞全能性的设想，也为组织培养中研究器官建成和胚胎发生开创了一个新的领域。至今，离体条件下已能使紫花苜蓿（*Medicago sativa*）、三叶草（*Trifolium*）、红车轴草（*Trifolium incarnatum*）、曼陀罗（*Datura stramonium*）、烟草（*Nicotiana tabacum*）、樱桃（*Prunus pseudocerasus*）、番茄、马铃薯（*Solanum tuberosum*）、黑麦（*Secale cereale*）、小麦（*Triticum*）等物种根系进行连续培养较长时间。

根据不同植物根对培养的反应，可以将根培养划分为 3 类：①具有高生根速度且产生大量强壮的根系，如番茄、紫花苜蓿、红车轴草、烟草、马铃薯、黑麦、小麦、三叶草和曼陀罗等，这些材料在培养中可以连续继代培养而无限生长；②根能培养较长的时间，但不是无限的，且由于生长下降和只长出稀疏的侧根以致常失去生长，如向日葵（*Helianthus annuus*）、萝卜（*Raphanus sativa*）、豌豆、百合（*Lilium brownii*）、矮牵牛（*Petunia hybrida*）、荞麦（*Fagopyrum sagittatum*）等；③离体根几乎很难生长，如大多数木本植物的根。

二、离体根培养方法

1. **一般培养方法**　离体根培养，一般采用 100 mL 三角瓶，内装 40～50 mL 液体培养基。如果进行较长时间的培养，就要采用大型器皿，如可装 500～1 000 mL 培养液的发酵瓶。在进行分析研究时，一般在一个培养瓶内接种 10～20 个根尖，培养一段时间后，将培养液取出进行分析。根据需要可在培养瓶内添加新鲜培养液继续培养，或将根进行分割转移继代培养。这种方法适宜于研究时间不太长的离体根代谢产物的释放以及营养的吸收。为避免培养过程中培养基成分变化对离体根生长的影响，可以采用流动培养的方法。

2. **结瘤实验的特殊方法**　离体根的结瘤实验用于研究豆科植物的共生固氮机理，即豆科植物的结瘤是否与地上部分有关，离体根是否也具有结瘤现象，结瘤后是否具有固氮能力等。Raggio 等（1965）设计了一种装置作为试验系统，使某些有机营养从根的基部提供，无机营养通过根尖吸收。这种装置由两部分组成，下部是一个试管，管中盛装含有无机盐的营养液，接种根瘤菌（rhizobium）；上部是一个玻璃盖，盖子中间有一个单向开口的管状凹槽，槽中盛放含有机化合物的琼脂固体培养基。在试验时，将根的基部插入固体培养基中，将盖子盖在试管上，使根尖的大部分浸没在水溶液中，小部分露于空气中（图 5-1 左），并在根尖部分接上根瘤菌，置于黑暗下恒温培养。Torrey（1963）设计了一个改良装置，将一个盛有有机成分的琼脂试管，放在铺有一层内含无机盐成分的琼脂培养皿上（图 5-1 右）。Bunting 和 Horrocks（1965）修改了 Raggio 等的装置，在粗沙中提供无机盐（图 5-1 中），这一技术曾用来使菜豆（*Phaseolus vul-*

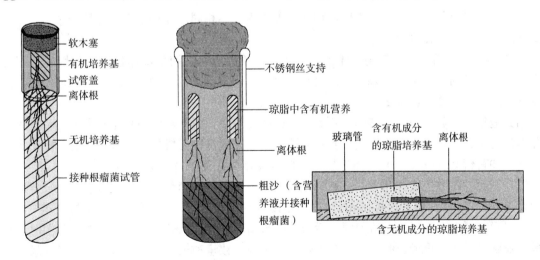

图 5-1　离体根的培养方法

（左：引自 Raggio 等，1965；中：引自 Bunting 等，1965；右：引自 Torrey，1963）

garis)、大豆（*Glycine max*）离体根结瘤，瘤中含有血红蛋白并能固定大量的氮。

3. 培养基　离体根培养所用的培养基，多为无机离子浓度低的 White 培养基及其他培养基。培养基中以硝酸盐为氮源效果较好，蔗糖是双子叶植物离体根培养最好的碳源。番茄离体根培养使用了改良 White 培养基，与 White 培养基相比，降低了大量元素的浓度，但甘氨酸和烟酸的用量增加，硫胺素（维生素 B_1）和吡哆醇（维生素 B_6）对离体根培养的作用明显，所用浓度仍为 0.1 mg/L。该培养基中增加了 0.38 mg/L 碘和 0.25 mg/L 硼。

对离体根培养研究得最多的是胡萝卜，将胡萝卜肉质根接种在添加 0.01 mg/L 2,4 - D 和 0.15 mg/L KT 的 White 培养基中，首先形成愈伤组织，将未分化的愈伤组织球形细胞转入到含低水平生长素的培养基中，细胞先形成根，再产生不定芽，长成小植株。用胡杨的根段进行离体培养，在根段的上面先形成愈伤组织，后者再分化产生出小植株。

4. 根无性繁殖系的建立　以番茄根无性系的建立为例介绍根无性繁殖系的建立。将种子表面消毒后在无菌条件下萌发，待根伸长后从根尖一端切取约 1.0 cm 的根尖，接种到根生长培养基中，接种后的根尖外植体很快生长并长出侧根，一周后又可切离侧根根尖作为新的培养材料进行扩大培养，如此反复直至建立起大量的无性系。通过这种由单个直根衍生而来并经继代培养而保持遗传性一致的根培养物，可称为离体根的无性系，是进行其他试验研究的基础材料。

三、影响离体根生长的条件

1. 基因型　基因型是影响离体根培养的重要因素之一，表现在植物类型不同、品种不同离体根对培养的反应不同。如番茄、烟草、马铃薯、小麦、紫花苜蓿、曼陀罗等植物的根能高速生长并能产生大量健壮的侧根（lateral root），可进行继代培养而无限生长；而萝卜、向日葵、豌豆、荞麦、百合、矮牵牛等植物的根尽管能较长时间培养，但不是无限的，久之便会失去生长能力；一些木本植物的离体根则几乎很难生长。

同一基因型材料，根尖来源不同，离体培养表现也不相同。如小麦离体根培养中，种子根要比离体胚的根具有旺盛的生长势。

2. 营养条件　培养基是影响离体根生长的另一重要因素。用于离体根培养的培养基多为无机离子浓度较低的 White 培养基或其改良培养基，其他常用培养基如 MS、B_5 等也可使用，但必须将其浓度稀释到 2/3 或 1/2。

和其他组织培养相似，对离体根营养需要的研究表明，对于整体植物生长所需的一些大量元素和微量元素，通常也是离体根生长所必需的。这些元素是以无机盐的形式提供的。用于番茄离体根培养和苜蓿（*Medicago*）离体根培养的培养液分别见表 5-1 和表 5-2。

（1）氮源　离体根能够利用单一氮源的硝态氮或铵态氮。硝酸盐和硝酸铵使用比较普遍，但前者要求 pH 为 5.2，后者则是在 pH7.2 时根系才能很好地生长。在豌豆离体根的培养中，以硝酸盐、尿素、尿囊素为氮源，培养两周后根的生长出现差异。用硝酸盐和尿囊素为氮源时，根的重量和长度最大，主根最长的是无机氮源，而次生根的数量和长度则以尿囊素和尿素为最好。有机氮源对离体根生长的效果不如无机氮源，如在番茄和苜蓿离体根培养中，以各种氨基酸或酰胺作氮源，虽能为植物所利用，但对离体根的生长效应均不如无机态的硝酸盐。

表 5 - 1　番茄离体根培养液

成　　分	浓度（mg/L）	成　　分	浓度（mg/L）
$Ca(NO_3)_2 \cdot 4H_2O$	143.90	KI	0.38
Na_2SO_4	100.00	$CuSO_4 \cdot 5H_2O$	0.002
KCl	40.00	MoO_3	0.01
$NaH_2PO_4 \cdot H_2O$	10.60	甘氨酸	4.00
$MgSO_4 \cdot 7H_2O$	368.50	烟酸	0.75
$MnSO_4 \cdot 4H_2O$	3.35	维生素 B_1	0.10
$FeC_6H_5O_7 \cdot 3H_2O$	2.25	维生素 B_6	0.10
$ZnSO_4 \cdot 7H_2O$	1.34	蔗糖	15 000.00
H_3BO_3	0.75	pH	5.2

表 5 - 2　苜蓿离体根培养液

成　　分	浓度（mg/L）	成　　分	浓度（mg/L）
$Ca(NO_3)_2 \cdot 4H_2O$	200.00	KI	0.80
Na_2SO_4	200.00	$CuSO_4 \cdot 5H_2O$	0.004
KCl	65.00	MoO_3	0.02
KNO_3	82.00	甘氨酸	3.00
$NaH_2PO_4 \cdot 2H_2O$	18.60	烟酸	0.50
$MgSO_4 \cdot 7H_2O$	740.00	维生素 B_1	0.10
$MnSO_4 \cdot 4H_2O$	4.50	维生素 B_6	0.10
$FeC_6H_5O_7 \cdot 3H_2O$	4.00	蔗糖	20 000.00
$ZnSO_4 \cdot 7H_2O$	2.70	pH	5.5
H_3BO_3	1.50		

　　培养基中的含氮量对离体根培养也有一定影响。在胡萝卜肉质根的细胞培养中，常用 White 和 MS 两种培养基，通常认为后者更适于胚状体的分化。对两种培养基的含氮量加以比较，差异很大，White 培养基仅含有 3.2 mmol/L，而 MS 培养基却高达 60 mmol/L，二者相差将近 20 倍。Reinert（1959）认为，高氮含量和低生长素含量是胡萝卜胚发育所必须具备的条件。如将胡萝卜细胞培养于除去生长素的 White 培养基上，也可形成少量的胚状体；若把 White 培养基的含氮量用硝酸钾提高到 40～60 mmol/L，即可使之全部形成胚状体。Ammirato（1969）用硝酸铵提高 White 培养基的含氮量，也可达到 MS 培养基的效果。Reinert（1972）认为，胚状体的形成并不是与培养基中氮的绝对含量有关，而是与氮和生长素的比例有关。

　　（2）碳源　对于双子叶植物的离体根来说，蔗糖是最好的碳源，其次是葡萄糖和果糖。但在禾本科等单子叶植物离体根的培养中，葡萄糖的效果较好。其他一些糖类对离体根的生长往往有抑制作用。如 0.01％～0.015％的 D-半乳糖明显抑制番茄根的生长；浓度为 0.05％时，抑制作用可达 100％；浓度低于 0.01％时其抑制作用可以完全被葡萄糖消除。

　　（3）微量元素　微量元素对离体根培养影响也较大。缺硫会使离体根生长停滞，有机硫化物中只有 L-半胱氨酸（最适浓度 5～25 mg/L）能维持离体根生长，效果与适量的硫酸盐相似。

　　缺铁会阻碍细胞内核酸（RNA）的合成，破坏细胞质中蛋白质的合成，根中游离氨基酸增多，细胞停止分裂。同时，铁又是血红蛋白以及许多酶系（过氧化物酶、过氧化氢酶等）的组成部分。缺铁时，酶的活性受阻，根系的正常活动受到破坏。培养基中一般使用螯合铁（FeEDTA），在较广的 pH 范围内不易沉淀，保证铁的供应。

缺锰时根内 RNA 含量降低，会出现缺铁时的类似症状。使用浓度一般以 3 mg/L 较为适宜，过高时有毒害作用。在许多酶系中，锰可以代替镁的作用。

缺硼会降低根尖细胞的分裂速度，阻碍细胞伸长。在未加硼的培养基中，番茄离体根生长 10 mm 后便停止生长，颜色变褐；在含有 0.2 mg/L 硼的培养基中，8 d 就能增长近 100 mm，而且长出许多侧根。

缺碘会导致离体根生长停滞，如缺碘时间过长，转入到合适的培养基中也难以恢复生长。

（4）维生素　维生素类物质中，最常用的为硫胺素（维生素 B_1）和吡哆醇（维生素 B_6）。番茄根离体培养中，维生素 B_1 是不可缺少的，对生长的促进作用在一定的范围内与浓度成正比，使用浓度一般在 0.1～1.0 mg/L。如从培养基中去掉维生素 B_1，根的生长立即停止，若缺少维生素 B_1 的时间过长，生长潜力的丧失将是不可逆的。磷酸硫胺素对于控制生长速度来说较为重要。虽然维生素 B_6 对于离体根的生长不是必需的，但在与维生素 B_1 共存时对离体根的生长有明显的促进作用。

3. 植物激素　离体根对生长调节物质的反应，因植物种类的不同而不同。在各类植物激素中，研究最多的是生长素。离体根对生长素的反应表现为两种情况：一是生长素抑制离体根的生长，如樱桃、番茄、红花槭（*Acer pseudoplatanus*）等；二是生长素促进离体根的生长，如欧洲赤松（*Pinus sylvestris*）、白羽扇豆（*Lupinus micranthus*）、玉米、小麦等。一般认为，生长素在低浓度时促进根生长，高浓度时抑制根生长。生长素促进根生长的浓度取决于植物种类和根的年龄，一般在 10^{-13}～10^{-8} mol/L，高浓度的生长素，如 10^{-6}～10^{-5} mol/L，往往抑制根的生长。赤霉素能明显影响侧根的发生与生长，加速根分生组织的老化。

激动素（kinetin）能延长单个培养根分生组织的活性，有抗"老化"的作用。在低蔗糖浓度（1.5%）条件下，激动素对番茄离体根的生长有抑制作用，这是由于分生区细胞分裂速度降低造成的。与此相反，在高浓度蔗糖（3%）条件下，激动素能够刺激根的生长。另外，激动素能与外加赤霉素和萘乙酸的反应相颉颃。

4. pH　pH 对侧根原基（lateral root primordium）形成的影响，随植物种类的不同而异。有的植物 pH 3.8 优于 pH 5.8，有的则以 pH 6.0 为好。在用 IAA 诱导萝卜幼苗根切段的侧根形成时，pH 显著影响其侧根形成，pH 3.8 时侧根原基数远多于 pH 5.8 和 pH 6.5 时。

在一般植物离体根的培养中，pH 值通常以 4.8～5.2 为最合适，但稳定的 pH 有利于根的生长。因此，在培养时可采用 $Ca(H_2PO_4)_2$ 或 $CaCO_3$ 作为 pH 缓冲剂。适当加入这些化合物，可获得 4.2～7.5 范围内任何所需的 pH。

5. 光照和温度　离体根培养的温度一般以 25～27 ℃为佳。通常情况下，离体根均进行暗培养，但也有光照能够促进根系生长的报道。研究显示，与黑暗处理相比，不同光质的光照均对黄瓜、玉米、油菜等离体根的生长表现了不同程度的抑制作用，无论是主根还是侧根其根长都明显小于黑暗。其中，白光对黄瓜离体根生长的抑制作用最强烈，其次为蓝光，红光的抑制作用表现较弱。但与黑暗相比，不同光质的处理，均促进了根鲜重的增加，对根长表现抑制作用最强烈的白光和蓝光对根鲜重的增加最为突出。究其原因，可能是根部原生质体在光诱导下合成叶绿素从而使根重增加的缘故，而白光和蓝光最有利于叶绿素的合成，其中黄瓜合成叶绿素的能力最强。

四、离体根培养中有机物质的释放

植物根系能够分泌各种各样的物质，其中包括矿质元素和各种有机物质，如糖、氨基酸和有机酸等初生代谢物，还有酚类等一些次生代谢物。根系分泌现象是根系的一种正常的、积极的生理现象，是根固有的生理功能。研究表明，离体根具有和整体植株根系相似的分泌功能。但不同植物种类其根系分泌物（root exudate）的种类和数量存在着差异，这是由植物的种类特性决定的。

Pearson 认为，根系分泌是通过生长最活跃的部位进行的，根尖是根分泌的主要场所，顶端区域也是根分泌作用的主要位点，侧根也可分泌较多物质，有些物质则是由根毛分泌的。Rovira 指出，根分泌物中的大分子有机物主要是从根尖分泌的，而小分子可溶性有机化合物的释放则以伸长区为主。分泌物中有些是植物从外界吸收的，有些是植物自身合成的。

1. 糖类的释放　根系分泌物中至少有 10 种糖，在所研究的糖中葡萄糖和果糖是最普遍的。如郑师章等在凤眼莲（*Eichhornia crassipes*）根分泌物中发现葡萄糖和果糖的大量存在。番茄离体根培养过程中糖的释放与培养基中 pH 变化有关。在 pH 4.8～7.2 范围内，离体根表面的蔗糖吸收速率没有变化，但葡萄糖和果糖的释放速度在 pH 4.4 时比 pH 7 时快得多（表 5-3）。当培养基中的蔗糖占优势时，葡萄糖和果糖的释放是等量的。单糖的释放似乎是由处于表面的转化酶的作用而引起的。

表 5-3　pH 对番茄离体根还原糖的释放及蔗糖吸收的影响

pH	试验	还原糖释放 [mg/（g·24h），鲜根重]	蔗糖吸收 [mg/（g·24h），鲜根重]
4.4	1	104.7	43.2
	2	135.7	54.8
7.0	1	27.2	47.0
	2	28.8	45.5

2. 氨基酸的释放　离体培养下，番茄、哈密瓜、苜蓿和小麦幼苗的离体根系都能分泌一系列的氨基酸，分别含有 16～17 种氨基酸和酰胺。常见的氨基酸有谷氨酰胺、丙氨酸、丝氨酸、天冬氨酸、亮氨酸、谷氨酸等 10 多种。这些分泌的氨基酸组成，类似于根中氨基酸库。当培养液中硝酸盐消耗殆尽时，就会发生某些氨基酸尤其是谷氨酰胺重新被吸收的现象。

培养基不同，植物根系氨基酸分泌物的种类和数量均有差异，在含有机物的培养液中出现的氨基酸种类和数量比在无机盐培养液中的多。离体根氨基酸的释放还随 pH 的降低而增加，在以铵盐为单一氮源时，其释放量高于以硝酸盐为单一氮源时。分泌的氨基酸在组成上也有差异（表 5-4）。离体根在铵态氮中比硝态氮中生长差可能与此有关。

凤眼莲离体根分泌物中，20 种常见氨基酸除色氨酸外，其余均有，同时还发现了一种非蛋白类氨基酸——GABA（γ-氨基丁酸），此类氨基酸往往只存在于神经系统中。

3. 有机酸的分泌　植物根系分泌有机物中，低分子量有机酸占有很大的比例。根系在养分胁迫或重金属逆境条件下会大量分泌一系列有机酸，如草酸、柠檬酸、苹果酸、酒石酸、琥珀酸

表5-4 离体番茄根在不同培养基中生长时氨基酸的释放

| 氨基酸 | 根原来培养在硝酸盐培养基上 (pH 4.4) | | | 根原来培养在铵盐培养基上 (pH 7.2) | |
	硝酸盐 (pH 4.4)	硝酸盐 (pH 7.2)	铵盐 (pH 7.5)	硝酸盐 (pH 7.2)	铵盐 (pH 7.2)
天冬氨酸	18.3	13.8	20.9	4.4	4.3
苏氨酸	2.5	2.2	3.2	0.9	1.2
丝氨酸	0.8	0.7	1.8	—	0.6
天冬酰胺	12.2	44.2	9.5	20.4	14.8
谷氨酸	16.1	7.5	12.9	11.1	31.0
甘氨酸	1.3	0.4	0.8	1.0	0.4
丙氨酸	3.1	0.6	11.2	0.3	1.1
缬氨酸	3.9	1.4	3.9	1.6	3.8
甲硫氨酸	1.2	0.4	1.2	0.3	1.1
异亮氨酸	2.9	2.1	3.1	1.3	1.8
亮氨酸	5.0	3.3	3.7	1.7	2.6
酪氨酸	—	0.7	—	0.5	0.3
苯丙氨酸	—	0.3	—	0.5	0.5
γ-氨基丁酸	5.4	9.6	2.0	3.8	2.0
赖氨酸	11.3	8.8	4.7	7.7	3.1
组氨酸	1.9	2.3	1.1	2.6	0.6
精氨酸	5.9	1.8	0.7	2.8	0.6

注：根由原来培养基中转移到新鲜培养基中48 h后测释放出的氨基酸。表中数值是该氨基酸占释放出的总氨基酸的百分数。

等。水稻根分泌物中有机酸成分主要是乙酸，豆科植物的根分泌物中脂肪酸较多。有些根系的分泌还具有严格的专一性，例如燕麦（*Avena sativa*）根能分泌莨菪碱（7-羟基-6-甲氧基香豆素），银胶菊（*Parthenium argentatum*）的根能分泌异肉桂酸，苹果（*Malus pumila*）根能分泌根皮苷，苜蓿根能分泌皂角苷等。

4. 生长素的分泌　植物根系分泌物中有大量的植物生长物质，其中主要是生长素。番茄离体根分泌物中有大量游离生长物质，其中对小麦芽鞘伸长具有较高生物活性的是IAA，还有另外两种物质，其一可能是吲哚乙酰天冬氨酸，其比移值Rf低于IAA，和Andreae（1955）及Thurman（1962）等人从植物体内提取的相近，在强酸中水解形成天冬氨酸，对小麦芽鞘的伸长有较低的促进作用；第二种物质可能是IAN（吲哚乙腈），其Rf比IAA的高，与Thurman（1962）等人从植物体内得到的结果一致（图5-2），对小麦芽鞘的伸长有抑制作用。苜蓿离体根分泌物中的三种生长物质和番茄离体根分泌物中的一样。

离体根分泌游离生长素的数量变化动态与根的生长存在一定关系。番茄根在接种后的前15 d迅速生长，但15～40 d内生长速度逐渐变缓，最后几乎停止。而培养液中的游离生长素含量，在接种后的25 d内，随时间的延长不断积累，在20～25 d内含量最高，以后又随时间的延长而显著下降（图5-3）。番茄离体根的生长曲线和培养液中游离生长素的曲线规律基本一致，但根的生长高峰在生长素累积之前。苜蓿离体根的生长及分泌物中生长素积累的规律和番茄离体根的相似，但其分泌物中生长素积累的高峰幅度比番茄大。在生长高峰出现时，苜蓿根的鲜重比番茄根大3倍，而分泌物中生长素积累量则仅为番茄根分泌物中的4.5%，12株苜蓿根的分泌物中生

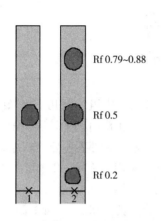

图 5-2　番茄离体根分泌物中游离生长素的
化学鉴定（Salkowski 反应）

1. IAA 标准度　2. 分泌物中的生长物质

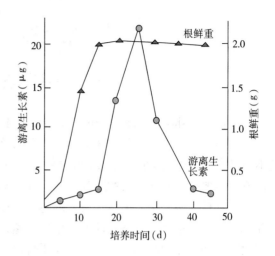

图 5-3　番茄离体根鲜重及生长素
分泌的变化动态

长素最高积累量只有 0.9 μg，而番茄根分泌物中生长素最高积累量则达 20 μg。若在培养液中加入 2 mg/L IAA，就会抑制番茄根的生长。由此可知，生长素的分泌物在培养液中累积到一定量时，会对离体根的生长产生不良影响。实验证明，与其他已研究过的植物相比，番茄离体根生长素的分泌量多，累积迅速，因此"老化"出现得较早。

植物根系不仅能分泌生长物质，同时也能释放 IAA 氧化酶，分泌物中生长素含量的变化可能与 IAA 氧化酶也有密切关系。

在根的生长过程中不断向培养液中释放各种物质，随着离体根的生长，通过离子的吸收和有机物的分泌等生理活动，使培养基成分发生显著的动态变化，这种变化部分反映了离体根的代谢，同时也反过来影响离体根的生长。

五、离体根培养的应用

离体根培养具有重要的理论和实践意义。首先，它是进行根系生理和代谢研究的最优良的实验体系，离体培养中根生长快，代谢强，变异小，不受微生物的干扰，可以通过改变培养基的成分来研究根系营养的吸收、生长和代谢的变化，如碳素和氮素代谢、无机营养的需要、维生素的合成与作用、生物碱的合成与分泌等等。其次，离体根培养得到再生植株是对植物细胞全能性理论的补充，也是研究器官发生（organogenesis）、形态建成（morphogenesis）的良好体系，如用来研究不定芽（adventitious bud）和不定根（adventitious root）的形态发生规律，目前已有几十种植物的根培养物可以再生形成植株。第三，建立快速生长的根无性系，可以研究根部细胞的生物合成，对生产一些重要的药物具有重要意义。用组织培养法生产有用物质的研究中发现，一些物质的产生往往与特定的器官分化有关，因此对于在根中合成的化合物的生产只能以根为外植体进行培养。目前，利用发根农杆菌感染产生的不定根的离体培养进行植物次生代谢物的生产，已成为植物次生代谢物生产的主要方法之一。

第二节 茎尖培养

一、茎尖培养的概念和意义

茎尖培养（shoot apex culture）是指从十到几十微米的茎尖分生组织至几十毫米的茎尖或更大的芽的离体培养。根据外植体大小可划分为茎尖分生组织培养和普通茎尖培养。前者是指对长度不超过 0.1 mm，最小仅有几十微米的茎尖进行培养，由于这样小的茎尖分离非常困难、难成活、成苗需要一年乃至更长的时间，因此在实际操作中，往往采用带有 1～2 个叶原基的生长锥进行培养。普通茎尖培养是指对较大的茎尖（如几毫米乃至几十毫米长的茎尖）、芽尖及侧芽的培养。由于茎尖培养具有方法简便、繁殖迅速、易保持植株的优良性状、能去除病毒等优点，因此在生产上和商业领域均具有一定的应用价值，广泛应用于名贵植物、花卉的快速无性繁殖和病毒脱除研究。

二、茎尖培养的一般方法

1. **材料制备** 从生长健壮的植物个体上切取 1～2 cm 长的顶梢，去掉大的叶片组织，流水冲洗干净后，用 75% 的酒精漂洗 5～10 s，转入 0.1% 升汞溶液或 2% 次氯酸钠消毒液中消毒 8～10 min。生有较多茸毛的植物材料可在消毒剂中加 1～2 滴吐温（Tween - 20 或 Tween - 80）以提高消毒效果。消毒完毕，用无菌水反复冲洗 3～4 次，无菌条件下切取不同大小的茎尖进行培养。为去除植物病毒，分离的茎尖组织应尽量小些，一般切取顶端 0.1～0.2 mm（含 1～2 个叶原基）长的茎尖，用于快速繁殖，则可取 0.5～1.0 cm（带有 2～3 片幼叶）长的茎尖甚至整个芽作为培养材料。

对于较难彻底消毒的材料，可以首先将种子消毒，在无菌条件下萌发形成无菌苗，再切取无菌苗或生长点进行培养。

2. **培养基** 植物种类不同，进行茎尖培养时适用的培养基也不同。大多数植物的茎尖培养用 MS 或 MS 改良培养基，有些作者把 MS 与其他培养基结合起来使用效果也较好。常用的还有 White、B_5、Heller、Gautheret 等培养基。

茎尖培养中通常以蔗糖为碳源，葡萄糖也有类似效果。当培养基中糖的浓度降低（如从 2.0%～2.5% 降至 0.5%）时，茎尖生长就会受到抑制。值得注意的是，在含有蔗糖的 Gautheret 培养基上培养的茎尖生长情况显著比葡萄糖好。

生长调节物质和有机添加物对茎尖培养都有明显的作用，当培养基中含有生长素和细胞分裂素或核酸类物质时，会显著影响茎尖生长与形态发生过程。向培养基中加入椰子汁，能促进马铃薯、草莓（*Fragaria ananassa*）、大丽花（*Dahlia pinnata*）、矮牵牛等植物茎尖的生长。

3. **培养方法**

（1）**固体培养法** 将分离出的茎尖组织接种到固体培养基上，接种时茎尖基部紧贴培养基表面，置于 25～28 ℃恒温条件下培养。固体培养操作简便，接种、培养程序简单，是茎尖培养中最常用的培养方式。但固体培养随着茎尖组织的生长发育，培养组织周围的营养物质逐渐被吸收利用，会产生营养物质的浓度梯度，导致营养供给的不平衡。同时，培养的茎尖组织也分泌出一些有害物质在茎尖周围累积，这些影响到茎尖组织的进一步发育。

（2）纸桥培养法　Norris（1954）在培养马铃薯茎尖时，观察到滤纸桥能使茎尖生长强健而且发育早。之后，Baker（1962）和 Holley 等（1963）在培养康乃馨（*Dianthus caryo-phyllus*）茎尖时，也采用了这一方法。方法是用滤纸代替琼脂，将圆形滤纸（直径 9 cm）折成刚好能放进试管的酒杯状并使杯底朝上，塞入试管中，再注入液体培养基，使滤纸底露出，试管口塞上棉塞。将离体茎尖置于滤纸上进行培养（图5-4）。用这种方法培养和育成康乃馨个体的效果比琼脂培养好得多。纸桥培养的最大优点是液体培养基中的营养物质能通过滤纸均衡而持久地供给外植体，有利于外植体的健壮生长，缺点是操作过程较为复杂。这一方法也被用于一些植物无菌苗的生根培养。

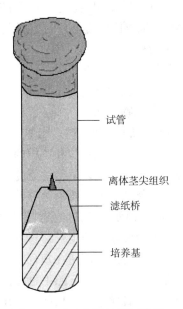

试管

离体茎尖组织

滤纸桥

培养基

图 5-4　茎尖组织的纸桥培养

三、茎尖培养的应用

1. 茎尖培养与植物开花生理研究　利用茎尖培养技术研究植物器官分化是茎尖培养早期研究的主要内容之一。花芽分化机理研究不仅将揭示植物生命活动中这个重要的生理过程的本质，而且也使人们有可能控制植物的开花过程。例如，催芽春化，使冬小麦可以春播而正常开花结实；用脱落酸（ABA）或赤霉素（GA）处理，可促使短日植物或长日植物在不利日照条件下开花结实；吲哚乙酸（IAA）、乙烯处理可提高黄瓜雌花比例；2,3,5-三磺苯甲酸（TIBA）可促使大豆开花数量增加；青鲜素（MH）抑制南繁甜菜抽薹，有利于糖分的积累等，均有利于挖掘植物的增产潜力。

（1）春化作用　在春化作用（vernalization）的生理方面，茎尖培养法证明植物感受低温的部位是茎尖。Purvis（1940）将吸水后的黑麦种子，从胚处切下带有一个叶原基（leaf primordium）的茎尖，培养在含蔗糖的琼脂培养基上，置于 1 ℃的低温条件下处理一段时间，然后在18 ℃下培养成植物。移入田间后，可以抽穗。该实验表明茎尖是感受低温的部位。在冬小麦试验中也证实了这一事实，把小麦胚的茎尖培养在含有无机盐和葡萄糖的培养基中，先置于 0 ℃下，以后在 20 ℃下连续光照来培养，从茎尖长出小植物，并在培养瓶内抽穗。若不经低温，一开始就培养在 20 ℃下，茎尖只能不断地进行营养生长。低温处理的茎尖，外形上没有什么变化，但改变了其内在的分化能力。

处于生殖生长状态的茎尖，能不断地发育，并把该种生理状态一直保持在茎尖。11 月份把冬小麦分别播种在田间和温室中，按时切取两种处理的小麦茎尖培养于高温和连续光照下。结果，在冬季田间生长过一个月的茎尖培养成的小植物迅速抽穗，在温室生长的茎尖培养成的小植株则不能抽穗。这证明了从低温处理茎尖长成的植株能够开花成熟，是由于正在进行细胞分裂的部分感受到了低温的缘故。这种感受状态（competence）在细胞分裂时，可以从细胞传给细胞。这种感受部位是在茎尖。

（2）花芽分化　Bytehko 等以紫苏属的白苏（*Perilla frutescens*）和牵牛花（*Ipomoea nil*）等短日植物（short - day plant，SDP），以及双色金光菊（*Rudbeckia*）等长日植物（long - day plant，LDP）为材料，用茎尖培养法，对花芽分化做了进一步的研究。切取带有 1～2 个叶原基的茎尖，在含无机盐和蔗糖的培养基上培养成小植物。短日植物在短日下，长日植物在长日下，各自都形成了花。值得注意的是，在培养基中如果加入某些物质，不论日照长短如何，均能控制开花。例如，短日植物白苏，在给予核苷酸类混合物（腺苷、鸟苷、胸腺核苷、尿核苷各 1 mg/L）后，即使在长日照条件下也会形成花。1 mg/L 激动素（KT）也能促进花芽分化，但抑制花芽的发育和茎叶的生长。这些物质对牵牛花的开花效应也大致相同。然而，0.1 mg/L 赤霉素（GA）处理后，即使在短日照下，也不形成花。长日植物双色金光菊，用赤霉素（0.1 mg/L）处理时，即使在短日照下也能抽薹、开花；而用细胞分裂素（激动素、6 - 苄基腺嘌呤）处理时，即使在长日照下，也只能停留在丛生状态。Bytehko 认为，茎尖内核酸与生长素的代谢平衡是决定花芽分化的关键。

在无光周期反应的烟草品种开花植株的茎切段（stem section）培养中，观察到了花原基（flewor primordium）的形成，在随后的培养中能进一步发育成正常的花（Aghion，1962，1964；Aghion - Prat，1965；Chouard 和 Aghion，1961）。但从不同部位取下的外植体表现不同。由茎部较老的节间取下的切段只能产生营养芽，而在上部较嫩的部分，特别是从花序轴上取下的切段，则产生花芽。奇怪的是，对日照敏感的烟草品种或种（短日烟草和长日烟草），在其离体茎切段培养中未能诱导形成花芽。

迄今为止，用其他光周期敏感植物或需低温春化植物的茎尖或无芽离体外植体进行培养，已获得了一些有意义的结果，为深入研究感受开花的诱导机理、寻找控制开花的化学物质提供了一些重要证据。

2. 离体脱毒和试管微繁　茎尖培养主要用于植物病毒的脱除和名贵珍稀植物的快速繁殖，茎尖也是重要的植物基因工程受体用于高等植物的遗传转化，其原理和应用详见本书第六章、第七章和第十五章。

第三节　离体叶培养

一、离体叶培养的概念和发展

离体叶培养是指包括叶原基、叶柄、叶鞘、叶片、子叶等叶组织的离体培养，离体叶组织在人工培养基的作用下进一步发育或经脱分化和再分化再生出新的个体。

叶是植物进行光合作用的主要器官，又是某些植物的繁殖器官，很多植物的叶片具有强大的再生能力。自然条件下，从叶片能产生不定芽的植物，以羊齿植物最多，其次是双子叶植物，单子叶植物最少。研究证实，许多植物的叶片组织在离体培养时，可直接诱导形成芽、根等器官或经脱分化形成愈伤组织，再由后者分化出茎、叶和根，形成完整植株。

1953 年，Steeves 和 Susex 成功地培养了蕨类植物紫萁（*Osmunda japonica*）的叶，使离体叶培养成为研究形态建成的一个重要手段。Steeves 等（1959）以向日葵（*Helianthus annuus*）和烟草为材料，进行了被子植物的叶培养。Heide 等（1965，1969）将直径约为 3.5 cm 并带有 2 cm 叶柄的秋海棠（*Begonia evansiana*）叶进行无菌培养，发现较高浓度的 KT 能促进芽的形成，抑制根的形成，IAA 则具有相反的作用。Gupta（1966）在 White 培养基上（加有 10％椰子汁＋1 mg/kg IAA＋1 mg/kg KT）培养烟草叶切片，10～15 d 后，在叶表面不同部位形成了愈伤组织。叶脉在叶切片的再生中作用也很明显，不少植物外植体常从叶柄或叶脉切口处形成愈伤组织分化并成苗，杨树（*Populus*）的一些品种一个叶柄基部就可形成 20～30 个芽（陈维伦等，1979）。20 世纪 70 年代后，采用幼叶叶尖培养在加速某些植物、特别是观赏植物的无性繁殖上也获得了成功。Churchil 等（1971）用卡特兰（*Cattleya*）未展开的幼叶叶尖，在液体振荡培养中形成了愈伤组织和原球茎。1985 年，Horsch 首创了农杆菌介导的叶盘共培养法（leaf disk cocultivation），这一技术是直接利用植物叶圆片组织与农杆菌共培养转化，将外源基因转入植物受体细胞并使其再生成完整植株，因而使双子叶植物的遗传转化研究有了长足的发展，也使叶组织作为重要的基因工程受体在高等植物遗传转化中得到了广泛的应用。

二、叶原基培养

叶原基培养（leaf primordium culture）是研究叶形态建成的重要手段。Steeves 等（1953）对紫萁叶原基培养的研究，是研究离体叶形态建成的一个例证。紫萁在冬天休眠期间，地下茎的顶芽上有 60～80 个叶原基，其中每年有 1/4 伸出地面，展开而成熟，也就是说，紫萁储藏了供 4 年用的叶原基。根据这些叶原基的分化次序，按年龄可分为 1、2、3、4 组（Ⅰ、Ⅱ、Ⅲ、Ⅳ），1～3 组呈柱状，分化年次越老就越大。第 4 组在第二年成熟，其外侧的叶原基进一步发育成鳞片，内侧的半数成为同化叶，就形成了"拳头"。1～3 组也各自分成为两部分，有将来发育成鳞片的（以 C 表示）和成为同化叶的（F）差别。

培养方法是：采用休眠期的顶芽，剥去一部分鳞片后，在 5％次氯酸钙溶液中浸泡 20 min，进行表面消毒。切取 1～3 组柱状叶原基进行培养，培养基采用 Knop's 无机盐（部分修改）或 Kundson（1951）配方，添加 Nitsch（1951）配方中的微量元素（再加 25 mg/L CoCl₂）和 2％蔗糖、0.8％琼脂，pH 调至 5.5。部分试验中添加维生素类、NAA、水解酪蛋白、椰子汁等。培养温度为 24 ℃，人工光照 12 h。Steeves 等首先用 1～3 组同化叶（F）进行培养，结果见表5-5。结果表明：第一，长度约在 1 mm 以上的叶原基，大致上都能发育成成熟叶，由此可知，叶的发育是叶原基按自己的规律进行的。第二，在正常植物体上，第 3 组叶原基需要两年才能发育成长约 1 m 的成熟叶，小叶数约为 28 对。而离体培养 8～10 周后，发育成为极小型的成熟叶。可以认为，培养叶极小，可能是早熟所致。第三，移植的叶原基愈小，达到成熟所需的时间愈长，长成的成熟叶愈小，他们对 1～3 组本应发育成鳞片的叶原基（C）

也进行了培养，但在培养中都发育成为同化叶。这一事实表明，决定叶原基发育成鳞片还是同化叶的时间是在叶发育阶段的后期，并受叶以外的其他植物体部分影响。试验还证明，为了使叶片成熟，光是必需的。培养在暗处，就会延长顶端生长，增加小叶数，但"拳头"完全不展开，小叶也不展开。

表5-5　紫萁（*Osmunda japonica*）培养叶的生长

（引自 Steeves，1979）

叶原基组别	培养开始的叶原基			培养后的成熟叶			
	长度（cm）	鲜重（mg）	干重（mg）	长度（cm）	鲜重（mg）	干重（mg）	小叶数（对）
ⅢF	2.1	96.8	23.8	11.9	672.3	111.2	15.5
ⅡF	0.55	9.1	1.8	4.5	205.5	50.5	8.2
ⅠF	0.12	0.6	0.1	3.1	91.3	26.4	8.3

三、叶组织培养

1. 叶组织分离与消毒　大多数植物的叶原基、幼嫩叶片及双子叶植物的子叶、单子叶植物心叶的叶尖组织等都可以用于叶组织的脱分化和再分化培养。由于植物的种类不同，取材部位不同，叶组织分离方式也有差异。

用植物幼嫩叶片进行培养时，首先选取植株顶端未充分展开的幼嫩叶片，经流水冲洗后，在无菌条件下用浸有少量 75％乙醇的纱布迅速擦拭叶片两面，立即投入 0.1％升汞溶液中消毒 5～8 min，再用无菌水冲洗 3～4 次。消毒时间根据供试材料的情况确定，特别幼嫩的叶片处理时间宜短。消毒后的叶片转入到铺有滤纸的无菌培养皿内，用解剖刀切成 5 mm² 左右的小块，上表皮朝上接种在固体培养基上进行培养。

2. 培养基　叶组织培养常用的有 MS、B_5、White、N_6 等培养基。培养基中的碳源一般为蔗糖，浓度为 3％左右。培养基中附加椰子汁等有机添加物，有利于叶片组织培养中的形态发生。激素是影响叶组织脱分化和再分化的主要因素。

3. 培养　叶组织培养一般在 25～28 ℃下进行，光照 12～14 h/d，光强 1 500～2 000 lx，在不定芽分化和生长时期适当增加光强到 3 000～10 000 lx。

四、影响叶培养的因素

1. 基因型　基因型是影响离体叶培养的首要因素，从目前已经培养成功的植物类型来看，同一个物种即使在不同品种间组织培养特性也不相同。陈耀锋等（1987）对 4 个烟草品种的研究发现，尽管烟草叶组织培养比较容易，但在器官分化上表现出了基因型间的差异（表 5-6）。闫华晓等（2003）也观察到了不同草莓品种在叶片培养中愈伤组织的颜色、生长情况和分化率在品种间差异显著。

表5-6　不同烟草品种叶组织培养特性

(引自陈耀锋等，1987)

培养基	品种	愈伤组织色泽	器官分化		
			芽	苗	根
MS+2 mg/kg 6-BA	白花大烟	翠绿	大量	大量	无
	6315	黄白	个别	极少	无
	红花大金元	黄绿	个别	极少	无
	CC77072	黄绿	大量	大量	无
MS+2 mg/kg 6-BA+0.1mg/kg IAA	白花大烟	黄绿	大量	大量	无
	6315	黄绿	极少	极少	无
	红花大金元	黄绿	极少	极少	无
	CC77072	黄绿	大量	大量	无

2. **激素**　大多数双子叶植物叶组织培养中，细胞分裂素（尤其是KT和6-BA）有利于芽的形成；而生长素（特别是NAA）则抑制芽的形成，而有利于根的发生；2,4-D有利于愈伤组织的形成。"美人"梅无菌苗叶片培养中，BA对叶片愈伤组织诱导起抑制作用，NAA可使叶片直接生根，2,4-D可以诱发叶片形成球形愈伤组织，而配合适当浓度的BA能够形成胚状体。适于胚状体诱导的培养基为WPM+1 mg/L BA+0.1 mg/L NAA+1 mg/L 2,4-D+100 mg/L L-谷氨酰胺+1 000 mg/L水解乳蛋白（张秦英和陈俊愉，2004）。银白杨（*Populus alba* Linn.）叶片不定芽诱导的最适培养基是MS附加6-BA和NAA（5∶1），不定芽再生率达95%以上；当6-BA∶NAA<5时，叶片不定芽再生率和再生系数均降低；当5≤6BA∶NAA≤30时，随着比值的增大，不定芽再生率明显下降，不定芽再生系数也减少（李慧，2004）。其他的一些实验也证明，叶片培养中，芽或根的形成仍然符合激动素与生长素配合比例的控制原理。

3. **供体植株的发育时期和叶龄**　不同生长期的叶片，其潜在的脱分化和再分化能力是不同的，个体发育早期的幼嫩叶片较成熟叶片分化能力为高。烟草成株期叶组织脱分化和再分化需要的时间较长，愈伤组织和分生细胞团多在伤口处大量形成，芽苗大多发生在分生细胞团和结构致密的愈伤组织上，而不是像幼叶那样直接从不同部位成苗（陈耀锋等，1987）。在草莓叶培养中，随着无菌苗苗龄的增加，芽的分化率有降低的趋势。"北斗"试管苗完全展开的叶切片效果最差，而幼嫩的叶切片产生不定芽的诱导率较高；"弗吉尼亚"试管苗叶色深绿、外观厚实、生长旺盛的叶片易再生不定芽，而叶色黄绿的幼嫩叶片或外观感觉较薄、生长势弱的叶片不易再生出不定芽（闫华晓等，2003）。银白杨无菌试管苗叶片不定芽再生能力强的最佳取材位置是自试管苗顶端向下伸展叶的第1~3片叶，生根试管植株叶片的不定芽再生能力强于无根试管植株（李慧，2004）。总之，对叶片的选取除了考虑叶龄的因素外，很重要的是叶片的生理状态，这可能是由于叶片的内源激素水平不同，从而对外源激素的反应不一样。

4. **叶脉**　离体叶组织再生中，常常是从叶柄和叶脉的切口处形成愈伤组织和分化成苗，如杨树和中华猕猴桃等。山新杨的叶柄分化能力很强，有时从一个叶柄基部可形成20~30个芽（陈维伦，1979）。在叶用莴苣（*Lactuca sativa* var. *capitata* L.）再生体系建立的研究中，发现在ZT与IAA组合中附加5mg/L AgNO$_3$和1 000 mg/L CH的培养基上，真叶外植体形成的不定芽数较子叶外植体多，外植体出芽频率最高为87%，以真叶柄为外植体效果最好，出芽外植体百分率高达98%以上（表5-7），真叶的培养效果优于子叶，而真叶柄又优于真叶柄以外的部位。以全息生物学观点来分析，真叶柄周围细胞群的生物全息表达潜能较强，易受外界条件的刺激，在适当的条件下易于产生全息现象（孙月芳等，1998）。

表 5-7　不同外植体对不定芽形成的影响

（引自孙月芳等，1998）

品种 （cultivar）	外植体 （explant）	接种外植体数 （number of explants）	出芽外植体数 （number of explants with buds）	百分率（%） （rate of explants with buds）
翠　叶	子叶（cotyledon）	135	117	86.67
	子叶柄（cotyledon petiole）	120	107	89.17
	真叶（leaf）	135	130	96.29
	真叶柄（leaf petiole）	120	119	99.17
玻璃生菜	子叶（cotyledon）	135	108	80.00
	子叶柄（cotyledon petiole）	120	104	86.67
	真叶（leaf）	135	119	88.15
	真叶柄（leaf petiole）	120	118	98.33

5. **极性**　极性也是影响某些植物叶组织培养的一个重要因素，如烟草一些品种在培养时若将背叶面朝上放置时，叶片不生长而死亡或只形成愈伤组织而没有器官分化，这种现象在茎尖培养中也有发生。

6. **损伤**　大量的试验证明，大多数愈伤组织首先在叶片伤口处形成并进行根芽的分化。损伤作为一种刺激，一方面是造成伤口处部分细胞的破损，可能产生一种创伤激素，促进伤口处的细胞分裂形成愈伤组织；另一方面，由于组织系统的分割，使整个外植体处于开放系统状态，伤口附近未破损细胞，也不可避免地受到一定的应力形变和细胞内生化代谢的改变，从而对细胞分化产生巨大的影响。但是损伤并不是诱导愈伤组织形成和分化的惟一原因。有些植物类型，甚至可以从没有损伤的叶组织表面大量发生愈伤组织和分化芽苗，如某些菊花、秋海棠等。

五、离体叶培养形态发生

离体叶组织脱分化和再分化培养中，茎芽的分化主要有以下 4 个途径。

1. **直接分化不定芽**　叶片组织离体培养后，由离体叶片切口处组织迅速愈合并产生瘤状突起，进而产生大量的不定芽，或由离体叶片表皮下栅栏组织直接脱分化，形成分生细胞进而分裂形成分生细胞团后，产生不定芽。这两种情况，一般都未见到可见的愈伤组织，是离体叶片不定芽产生的直接形式。

2. **由愈伤组织分化不定芽**　叶组织离体培养之后，首先由离体叶片组织脱分化形成愈伤组织，然后由愈伤组织分化出不定芽，或者脱分化形成的愈伤组织经继代（1 代至多代）后诱导不定芽的分化。这类方式的不定芽产生，可以两种方式诱导形成。一种是一次诱导，即使用一种培养基，在适当激素调节下，先诱导产生大量愈伤组织，愈伤组织进一步生长发育后，直接分化出不定芽。第二种是两次诱导法，即先用脱分化培养基诱导出愈伤组织，然后使用再分化培养基诱导出不定芽。

3. **胚状体形成**　大量的研究证明，叶组织离体培养中胚状体的形成也是很普遍的。在菊花叶片培养中，一般由愈伤组织产生胚状体居多，这类胚状体由愈伤组织中的分生细胞先经过分裂形成胚性细胞团（embryogenic cell group），胚性细胞团再进一步发育成原胚（pro-embryoid）、球形胚（globular embryoid）到鱼雷形胚（torpedo embryoid）；其次，叶片组织如栅栏细胞、表皮细胞和海绵细胞，经脱分化后都能产生胚状体。花叶芋叶片、烟草叶片、番茄叶片、山楂（*Crataegus*）子叶等植物的叶组织都有胚状体的分化能力。张丕方等（1985）通过非洲紫罗兰（*Saintpaulia ionantha* Wend）的叶片诱导胚状林，用于快速繁殖种苗。

4. 其他途径　杨树（*Populus*）、中华猕猴桃（*Actinidia chinensis*）等植物的外植体，常从叶柄或叶脉的切口处形成愈伤组织或分化成苗。大蒜（*Allium sativum*）的储藏叶、百合（*Lilium davidii*）及水仙（*Narcissus*）的鳞片叶经离体培养后，直接或经愈伤组织再生出球状体或小鳞茎而再发育成小植株。Churchill等（1971）用卡特兰（*Cattleya*）尚未展开的幼叶为材料，切取叶尖2 mm长的切段进行培养，在加有1.0 mg/L 2,4-D、0.5 mg/L 6-BA、1.0 mg/L硫胺素及3%蔗糖的Heller液体培养基中经振荡培养后得到了愈伤组织和原球茎，再经转移至Kundson C培养基上得到苗。另外，从树兰属植物的叶尖培养中也可经原球茎形成苗。

六、离体叶培养的应用

离体叶培养具有重要的理论和实践意义。首先它是研究叶形态建成、光合作用、叶绿素形成等理论问题的良好载体。离体叶不受整体植株的影响，因此就可以根据研究的需要，改变培养基成分来研究营养的吸收、生长和代谢变化。第二，通过叶片组织的脱分化和再分化培养，以证实细胞的全能性。利用离体叶组织的再生特性，建立植物体细胞快速无性繁殖系，提高某些不易繁殖植物的繁殖系数。第三，通过离体叶组织与细胞的培养，探索离体叶组织、细胞培养的条件和影响因素，为叶片原生质体培养和原生质体融合研究提供理论依据。第四，叶组织及其细胞培养物是良好的遗传饰变系统和植物基因工程的良好受体系统，经过自然变异或者人工诱变处理可筛选出突变体以及通过遗传转化获得转基因植物而对植物进行遗传改良。

◆复习思考题

1. 什么是器官培养？器官培养包括哪些类型？
2. 植物的离体根培养有何意义？
3. 植物离体根培养中释放的有机物质有哪些？
4. 什么是茎尖培养？在实践中包括哪两种培养类型？
5. 简述植物茎尖培养在春化作用和开花机理研究中的应用。
6. 什么是离体叶培养？影响离体叶培养的因素有哪些？
7. 离体叶培养进行形态发生的途经有哪几种？

◆主要参考文献

［1］中国科学院植物生理研究所细胞室．植物组织与细胞培养．上海：上海科学技术出版社，1978

［2］桂耀林，马诚．植物组织培养．北京：农业出版社，1985

［3］颜昌敬．植物组织培养手册．上海：上海科学技术出版社，1990

［4］杨增海．园艺植物组织培养．北京：农业出版社，1987

［5］闫华晓，赵辉，崔德才．影响草莓叶片植株再生因素的研究．山东农业大学学报（自然科学版）．2003，34（2）：177～180

［6］邓向东，耿玉轩，路子显等．外植体和培养因子对哈密瓜不定芽诱导的影响．园艺学报 1996.23（1）：57～61

［7］孙月芳，黄剑华，陆瑞菊等．叶用莴苣高频率再生体系的建立．上海农业学报．1998，14（3）：17～20

［8］John H Dodds，Lorin W Roberts. Experiments in Plant Tissue culture. 2nd ed. London，New York：Cambridge University Press，1985

第六章　植物离体微繁

植物离体微繁技术是 20 世纪 60 年代发展起来的一个重要的植物离体繁育技术，与常规的植物营养繁育技术相比，该技术能在较小的空间、较短的时间及人为控制条件下快速、有效地繁育和规模化生产植物个体。因此，该技术一经建立就很快用于植物的繁育实践，已成为名贵花卉及其他一些重要植物主要的快速繁育方式。

第一节　植物离体微繁的概念和发展

一、植物离体微繁的概念

植物离体微繁（micropropagation）又称微体繁殖、试管繁殖（test‐tube propagation）、离体繁殖（propagation *in vitro*），是指利用植物组织培养方法对分离的植物外植体进行离体培养，通过诱导外植体的增殖在短期内获得遗传性一致的大量再生个体的技术。

植物离体微繁是植物无性繁殖的又一重要方式，它具有常规无性繁殖的遗传特点，通过试管微繁，能够获得在遗传上与其亲本植物完全相同的个体和后代，从而使品种的遗传特性代代相传。一个个体经过试管繁育产生的在遗传上相同的一个群体称为一个无性系或者克隆（clone）。

二、植物离体微繁的发展

植物离体微繁技术是在植物组织培养技术研究和发展中发展起来的一个重要的高等植物离体繁育技术。1960 年，Morel 利用他和 Martin 在 1952 年发明的茎尖分生组织脱毒技术，在兰花上获得了去病毒株，通过脱毒株的微繁增殖，可使一个兰花茎尖在一年内生产出 400 万株在遗传性上和母本植株完全相同的兰花植株。这一重要的试管繁殖方式，使从事商业性兰花生产的人立刻意识到该技术蕴含的巨大价值，很快应用于生产并建立了兰花工业（orchid industry），开创了组织培养法进行植物快速繁殖的先例。1958 年，Wickson 和 Thimann 在茎尖培养研究中的另一个重要发现是应用外源细胞分裂素可促成在顶芽存在情况下处于休眠状态的腋芽的发育，而且也促进了由原来的茎尖在培养中长成的侧枝上的腋芽的生长，形成一个微型的多枝多芽的小灌木丛状的结构，若这些小枝条取下来再重复上述过程，就可在相当短的时期内，获得成千上万个小枝条，这些枝条也能转移到生根培养基上生根并进一步发育成完整植株。20 世纪 50 年代，Morel 和 Martin 以及 Wickson 和 Thimann 的重要发现和卓有成效的研究工作，建立了植物试管微繁研究与利用的基础，这一技术不仅是对兰花种植业的革命，而且开辟了利用茎尖培养法快速繁殖其他重要植物的新途径。1982 年，Kim 首先报道了马铃薯试管微薯（microtuber）的诱导方法，Pilar Tovar（1985）、Rolando Lizarrage（1989）也报道了这方面的工作，试管微薯的诱导为利用地下茎繁殖的植物的微繁开创了另一个新途径。20 世纪 80 年代末，日本千叶大学 Kozal 教授发明了无糖微繁技术，这一技术是在培养基中不用添加糖和生长调节物质，只是通过提高培养空间的光照度、CO_2 浓度、温度和湿度、气流交换速度等来增强组培植物的光合速率，从而促进微繁植物的增殖、生长和发育，无糖微繁技术开创了一个全新的植物微繁新技术。据初步统计，从 20 世纪 60 年代至今，人们已用各种微繁技术成功培育了 1 226 个属的 2 776 种植物，欧美发达国家的许多重要花卉已基本实现试管产业化的生产。

我国的试管苗应用始于 20 世纪 70 年代，相继在兰属植物、阴生植物、观叶植物、观花植物、果树、蔬菜等重要植物上取得了重要发展。此外，还对我国传统药用植物进行了离体培养和试管繁殖研究，已有 100 多种药用植物经过离体培养获得试管植株，苦丁茶、芦荟、怀地黄、枸杞、金钱莲、石斛等药用植物的试管微繁已部分用于生产，此项技术对于中药材的优良种质和濒危品种的繁殖、保存、良种选育、缩短栽培年限等方面，均可发挥出重要作用。随着茎尖培养脱病毒技术以及离体快繁技术的日趋成熟，我国也逐步建立了一批工厂化试管苗繁育基地，在马铃薯、草莓、香蕉、甘蔗、桉树、杨树以及一些花卉上已有商业化的试管苗生产体系，"香蕉产业"等一批试管微繁产业带来了巨大的经济及社会效益，从 1986 年到 1992 年，我国香蕉主产区的香蕉组培苗栽培总面积达 1.8×10^5 hm^2，仅 2000 年，全国香蕉商品组培苗量达 1 亿株左右，占全国商品组培苗总量的 2/3。目前我国约有 2 000 个组培室，在上千种植物中建立了组培再生技术，年产组培苗几亿株。

三、植物离体微繁的特点

与常规的营养繁殖相比，植物离体微繁的突出特点是：①繁殖效率高，在人工控制和离体条件下，试管苗有较高的增殖倍数（能以几何级数增长）、较短的增殖周期和周年连续生产的特性；②占用空间少，由于试验与生产过程中的微型化和精密化以及多层集约架式培养，使得空间利用比室外苗圃平面利用率提高了几十倍或几百倍，一个 $20 \sim 30$ m^2 的培养室一年就可以生产十几万至几十万株试管苗，同时节约了人力和物力；③微繁培养条件可控性强，不受季节和灾害性气候的影响，培养材料完全在人工提供的培养基质和环境条件下进行培养，培养材料的增殖速率、生长周期等重要特性都可通过对生长基质成分（如激素、营养、pH 等）、温湿度、光强、光质、光周期等因素调控进行有效控制，使培养材料的生长条件接近理想要求；④管理方便，同时便于种质的保存和交换。

第二节　植物离体微繁的一般方法

一、植物离体微繁的过程

植物离体微繁一般分为 5 个阶段：阶段Ⅰ，无菌培养物的建立；阶段Ⅱ，诱导中间繁殖体的生长与分化；阶段Ⅲ，中间繁殖体的增殖；阶段Ⅳ，试管苗的壮苗和生根；阶段Ⅴ，试管苗的出瓶移栽与管理。其中，前 4 个阶段在无菌条件下完成，而最后一个阶段是在温室中进行的。但 Debergh 和 Maene（1981）建议，在阶段Ⅰ前要增加一个阶段 0，主要是控制供体植株的生长环境条件并采取有效措施减少供体植物的表面污染和内生菌污染。

二、无菌培养物的建立

1. 供体植株选择　供体植株对于培养体系的成功建立有着重要的影响，尤其是用于脱除植物病毒时选择没有感染病原菌的植株作为原始材料进行培养就更为重要。生长在田间或温室的材料，由于内生菌和表面污染源的存在，很可能造成初代培养的失败。如果室外栽培的材料污染严重，多次接种都难获得无菌的材料，就必须采取严格的预防措施，先将植物样本掘出，剪除一些不要的枝条，改为室内盆栽，喷施杀虫剂和杀菌剂，经常施肥，加强管理。不便移栽的可套塑料袋，避免灰尘和污染，等长出新枝条后，再行采样接种，可获得理想的培养效果。

2. 外植体　植物种类不同，其无性繁殖的能力也不一样。对同一种植物而言，选取的组织和器官不同，其再生能力也有很大差异。木本植物、较大草本植物的茎段是比较适宜的外植体，通常经离体诱导侧芽萌发并生长，即可成为进一步繁殖的材料，如月季、变叶木、朱蕉、巴西铁树、菊花、香石竹等。对一些较易繁殖的草本植物，或本身短小或缺乏显著的茎，也可采用茎尖、叶片、叶柄、花萼、花瓣等作为外植体，如非洲紫罗兰、秋海棠类、倒挂金钟、虎尾兰等。

3. 取样和表面灭菌　从田间或温室选无病虫害的健壮植株，剪取幼嫩的茎尖、茎段或叶片组织。首先将离体材料在流水中冲洗 10～30 min，去掉表面大部分微生物。之后，将外植体移于超净工作台面，在无菌条件下，用 70% 乙醇快速漂洗或擦拭消毒，随即移入 2% 次氯酸钠溶液或 0.1% 升汞液中消毒 8～10 min（为提高表面消毒效果，可加入几滴 Tween - 60 或 Tween - 80），无菌水洗 3～4 次以去除外植体表面残存的消毒剂。消毒后的外植体置无菌滤纸上进行适当分割。

4. 接种与培养　消毒和分割好的外植体（茎尖、茎段、叶片等）及时接入到诱导茎、芽发生或发育的诱导培养基中，置 23～25 ℃、2 000～3 000 lx 光照条件下培养。

三、中间繁殖体的生长与分化

大多已经试验成功的植物或再生能力较强的植物，获得了无菌培养物，继代培养能连续生长和增殖，就可认为已经建立了无菌培养系。但对于一些难分化或者前人没有试验过的植物来说，仅仅获得无菌材料并不能算是建立了无菌培养系。这时需要诱导外植体生长与分化，使之能够顺利增殖。植物试管微繁中中间繁殖体的生长与分化有下述 4 种方式。

1. 顶芽和腋芽的发育　植物的每个枝条都有顶芽和腋芽（图 6-1）。腋芽存在于每个叶片的叶腋中，每个腋芽都有发育成一个枝条的潜力。离体培养条件下，顶芽和腋芽在适宜的培养基中都可被诱导而发育。单个芽可萌生出单一的苗或多个苗（试管苗）。苗子逐渐伸长，随着叶片的形成，新芽逐渐发育。将新形成的芽切割下来进行培养可使之再萌生出新苗（图 6-2）。如果在这一过程中使用适当种类和浓度的细胞分裂素，可以促使具有顶芽的或没有顶芽的休眠侧芽启动生长，形成一个微型的多枝多芽的小灌木丛状的结构。将这种丛生苗的一个枝条转接继代，重复芽—苗增殖的培养，从而迅速获得无数的嫩茎，繁殖系数呈几何级数增长。一些木本植物和少数草本植物可以通过这种方式进行再生繁殖，如月季、洒金柳、茶花、叶子花、菊花等。这种繁殖方式也称为无菌短枝扦插或微型扦插，是一种不经过脱分化途径增殖并使无性系后代保持原品种特性的一种微繁方式。

对于顶端优势比较强的植物，在培养中顶芽往往会抑制侧芽的萌发，结果是只

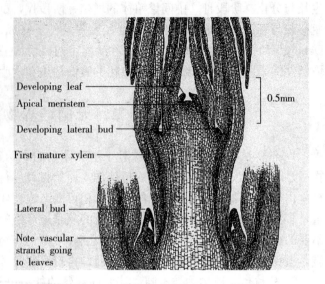

图 6-1　植物茎尖分生组织示意图

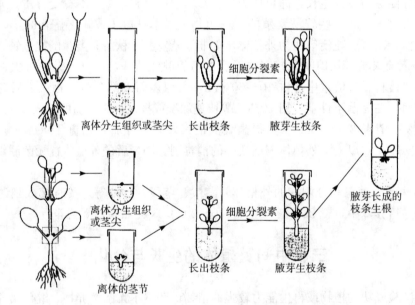

图 6-2　在不同生长类型植物中腋芽生枝条微繁方法模式图
(引自 Pierik, 1987)

获得分枝很少且独立的枝条，限制了繁殖的速度。有效的处理措施有两种，一种是切除顶芽，另一种是适当增加细胞分裂素的浓度。一般随着继代培养次数的增加，顶端优势现象即可削弱，逐渐长出多分枝的丛生苗。

2. 不定芽的发育　从现存的芽（顶芽和腋芽）之外的任何器官、组织上通过器官发生重新形成的芽称为不定芽（adventitious bud）。在自然条件下，很多植物器官（特别是根、茎、叶）

上都可产生不定芽；离体条件下，许多植物的器官如茎段（鳞茎、球茎、块茎、匍匐茎）、叶、叶柄、根、花茎、萼片、花瓣等都可诱导不定芽的产生。

微繁中不定芽的产生有两个途径，一是从外植体上直接产生，这类不定芽通常是从表皮细胞或表皮以下几层细胞中产生的，有时带有少量的愈伤组织；二是由外植体诱导产生愈伤组织上产生。通常将完全从愈伤组织上分化不定芽的方式叫做器官发生型的再生方式；将较少发生或不发生愈伤组织、直接从外植体上再生不定芽叫做器官型的再生方式。离体培养产生的不定芽通常需要切割分离，转接到生根培养基上才能形成完整的再生植株。

一些植物在整体条件下即具有从各个器官上产生不定芽的能力，如福禄考、悬钩子；某些苹果品种可从根上发生不定芽，许多树种从根上的不定芽长出根蘖苗，在离体培养特别是持续不断的植物激素的供应条件下，使得这些植物不定芽的形成能力被极大地激发起来，许多种类的外植体表面几乎全部为不定芽所覆盖。一些在自然条件下不能无性繁殖的植物，在离体培养条件下却能比较容易地产生不定芽而再生，如柏科、松科、豆科中的一些植物以及银杏、除虫菊、桉树等。一些植物虽然能进行常规的营养繁殖，但不通过不定芽发生的途径，在离体培养中也能顺利地产生不定芽，在蕨类植物的离体培养中也同样表现出巨大的形成不定芽的能力，把骨碎补（*Davallia*）和鹿角蕨（*Platycerium*）在无菌搅拌器中粉碎后，由组织碎片能够产生出大量的新植株。

许多单子叶植物常有特化的储藏器官，具有强的形成不定芽的能力。像风信子和虎眼万年青的几乎任何一种器官都能在无激素的培养基上产生不定芽并增殖。麝香百合通过鳞茎鳞片的切块离体培养可直接形成不定小鳞茎进行增殖。

显然，对于植物的无性繁殖而言，直接形成不定芽比通过愈伤组织形成不定芽更好。但这并不意味着这样形成的不定芽总是能够保持原品种特性，有时在繁殖具有遗传嵌合性的观赏植物品种时就会产生严重问题，因为不定芽的形成会引起嵌合体裂解从而出现纯型植株的风险，如一些镶嵌色彩的叶片，带金边、银边的植物等，在通过不定芽途径时，再生植株便失去这些富有观赏价值的特征，如金边虎尾兰、金边巴西铁树等。花斑叶天竺葵 Mme Salleron 品种有着美丽的杂色叶子，如果从叶柄切段上直接产生不定芽发育成植株，而未经愈伤组织形成阶段，这些植株最终不会表现出嵌合性，植株要么绿色，要么白色。与此相反，从茎尖培养出来的植株，即可表现出典型的花斑性状。

3. 体细胞胚的发生与发育　胚状体形成是高等植物组织培养过程中的普通现象。由于胚状体具有成苗数量多、速度快、结构完整等特点，因此利用体细胞胚进行无性系大量繁殖具有极大的潜力。目前，包括裸子植物、双子叶和单子叶植物都有胚状体发生。

4. 原球茎的发育　在兰科等植物的组织培养中，常从茎尖和侧芽培养中产生原球茎（protocomb）。原球茎可增殖并萌发成小植株。原球茎最初是兰花种子发芽过程中的一种形态学构造。种子萌发初期并不出现胚根，只是胚逐渐膨大，以后种皮的一端破裂，膨大的胚呈小圆锥状，称为原球茎。因此，原球茎可理解为缩短的、呈珠粒状的、由胚性细胞组成的、类似嫩芽的器官。培养的兰科等植物茎尖组织周围可产生几个到几十个原球茎，原球茎培养一段时间后逐渐转绿，相继长出毛状假根，叶原基发育成幼叶，转移培养生根即成完整的再生植株（图6-3）。扩大繁殖应在原球茎转绿前进行，将原球茎切割成小块，或给予针刺等损伤，转移到新鲜的增殖培养基上，可以增殖出更多的原球茎。一些种类可在慢速旋转的液体培养基中增殖。

图 6-3 大花蕙兰（*Cymbidium hybridium*）的微繁技术
A. 切取外植体 B. 形成的原球茎 C. 继代培养 D. 假植 30d 的幼苗（一级苗）
E. 已定植大苗 F. 当年开花株
（引自文颖，2005）

四、中间繁殖体的增殖

在第二阶段（诱导中间繁殖体的生长与分化）培养的基础上所获得的芽、苗、胚状体和原球茎等等中间繁殖体，数量相对有限，需要进一步培养增殖（图 6-4），使之越来越多，才能发挥快速繁殖的优势。增殖培养基对于同一种植物来说，每次几乎完全相同，一般含有适宜浓度和种类的细胞分裂素或细胞分裂素与生长素的组合。培养物在这一阶段以一定的繁殖系数迅速增殖，并在一定的时间达到一定的繁殖群体。这个阶段就是中间繁殖体的增殖阶段，这个阶段的最大特点是①试管苗增殖速度快，几乎以几何级数增长；②培养条件一致，培养基、光温条件、增殖速率、每代培养天数相同；③增殖代数多。

图 6-4　地灵（左）和芦荟（右）增殖

（引自陈耀锋，2001）

五、壮苗与生根

经中间繁殖体增殖的胚状体可不经诱导生根阶段直接出苗，但胚状体途径发育的苗一般较多，个体较小，所以常需要一个低的或没有植物激素的培养基壮苗生根。而经中间繁殖体增殖的茎芽没有根系形成，因此要经过一个特定的生根阶段，一般转移到壮苗生根培养基上诱导生根，同时调整培养基成分和环境条件壮苗。

试管苗生根有试管内生根和试管外生根两种方式。试管内生根是将试管苗分离成单苗或者小丛苗转接在生根壮苗培养基上进行壮苗生根。多数植物微繁壮苗生根阶段只需一次培养，一般认为矿物元素浓度较高时有利于发展茎叶，而较低时有利于生根，所以在此阶段多采用 1/2 或 1/4 的 MS 培养基，全部去掉或仅用很低浓度的细胞分裂素，并加入适量的生长素（如 NAA、IAA 和 IBA 等），随植物种类不同，一般 2～4 周即可生根（图 6-5），当长出洁白的正常短根时即可出瓶移栽。对于少数诱导生根较难的植物，如山茶花、香石竹等，需采用液体培养基的纸桥培养法诱导生根。若在增殖阶段培养基中细胞分裂素用量过高，小苗体内积累了较多细胞分裂素，在生根培养基上仍不能停止增殖，容易引起生根困难，这种情况下往往要延长第四阶段（试管苗的壮苗与生根），一般需要再转接一次生根培养。

试管外生根是从试管苗上切取嫩茎插条直接在介质中生根的方法，它减少了一次培养基制作的材料、能源消耗以及试管内生根需要无菌操作的工时耗费。一般做法是将切下的枝条用适当浓度的生长素溶液浸蘸处理，然后栽种在营养钵中。月季则可以先在试管内诱导枝条形成根原基，然后再移栽土中，遮阳保湿，待其生根。一些植物如越橘（Vaccinium）、南美捻（Feijoa）等的嫩茎在试管外生根远比在试管内好。

已证明，杜鹃（Rhododendron）嫩茎在试管内或试管外生根都同样好，在不灭菌的条件下，1 cm 的银毛球嫩茎可以百分之百地生根。有些植物（如月季、香石竹等），需要接种在生根培养基上一段时间，此后无论生根与否都可移栽成活，但省去这一步却难以成功。

试管内生根或壮苗的目的是为了成功地移植到试管外环境中，也是使试管苗逐步适应外部环境的一个过渡时期。因此，要加强试管苗对自然环境条件的适应能力，使它们减少对异养条件的依赖，逐步提高其光合自养能力。主要措施是减少培养基中糖含量和提高光照度，一般糖的用量减少一半，光照度由原来的 500～1 000 lx 提高到 1 000～3 000 lx 或 5 000 lx。同时，试管苗出瓶前应打开瓶口炼苗 3～5 d（图 6-5），增强试管苗对外界环境的适应能力。

图 6-5　葡萄试管苗壮苗生根（左）及炼苗（右）

（引自陈耀锋，1996）

六、试管苗出瓶移植与管理

试管苗是在控制条件下生长的，无论在形态解剖上还是在生理特性上都有很大脆弱性，例如水分输导系统存在障碍、叶面无角质层或蜡质层、气孔开张过大且不具备关闭功能等。这样的试管苗一旦出瓶种植，环境发生了不利于其生长的剧烈变化，可能很快失水萎蔫，最后死亡。因此为确保移栽成活，必须注意：①保持试管苗出瓶后的水分平衡，试管苗周围的空气相对湿度在90%～100%，尽量减少叶面的蒸腾，大型现代化温室一般采用保湿帐篷（humidity tent）、自动气雾化系统（automatic mist system）、雾化系统（fog system）保持适宜的湿度，以提高移栽幼苗的成活率。②选择疏松通气、易消毒处理的栽培介质，常用的有粗粒状蛭石、珍珠岩、粗砂、炉灰渣、谷壳（或谷壳炭）、锯木屑等，或者将它们以一定的比例混合应用。③防止移植介质及周边环境中菌类滋生。④加强光照与温度管理，初期温度较低，光照适中，逐步增加光照度，一般 1 500～4 000 lx 甚至达 10 000 lx。植物离体微繁的程序可总结于图 6-6。

第三节　试管苗增殖率的估算及实际可能性

试管微繁殖技术主要用于苗木的商品化生产，因而根据植物试管苗微繁特性，估算其繁殖速度和最终苗木产量是非常重要的，这直接关系到苗木生产的规模大小，成本核算等重要数值。周俊彦等（1990）提出了一套可靠而实用的计算参数。

一、繁殖系数

繁殖系数（propagation coefficient）是指在一次继代培养中由一个苗（芽或芽丛）得到新苗

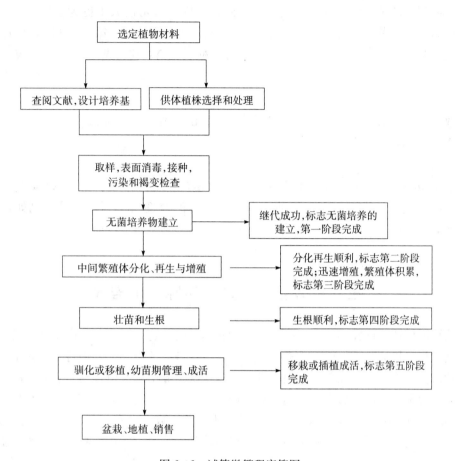

图 6-6　试管微繁程序简图

的个数。因此有

$$t = N_t/N_0$$

　　式中，N_t 为繁殖得到的新苗数，N_0 为原有苗数，t 为繁殖系数。例如 $N_t=48$，$N_0=12$ 时，$t=48/12=4$。

　　必要时也可连续培养若干代，分别算出各代的繁殖系数，再求其平均值。这样得到的数值更能代表实际繁殖情况，繁殖系数的大小与植物种类和培养条件有关。通常茎尖培养中芽繁殖系数为 5～10，有些植物，如葡萄（*Vitis vinifera*）等，繁殖系数较低，通常只有 3～4，但草莓、菊花（*Dendranthema morifolium*）、紫罗兰（*Matthiola incana*）等繁殖系数有时可达到 15～20，甚至高达 30～50。

　　在一定条件下，一种植物或一个繁殖体系的繁殖系数是大致稳定的。

二、繁殖速度和增殖倍数

　　通常所说的繁殖速度（propagation velocity）是指在一段时间（例如一年）内由一个苗经几

代连续繁殖得到的新苗数,因此,称其为苗在此期间内的增殖倍数则更为合适。如将 N_0 个苗,连续进行扩大繁殖,其繁殖系数为 t,各次培养所得的苗数应为:第一代培养得苗数为 $N_1 = N_0 \times t = N_0 t$;第二代培养得苗数为:$N_2 = N_1 \times t = N_0 t^2$;第三代得苗数为:$N_3 = N_1 \times t = N_0 t^3$。因此,第 n 代培养得苗数为

$$N_n = N_0 t^n$$

即繁殖系数为 t,由 N_0 个苗连续繁殖 n 代所得到的新苗数为 $N_n = N_0 t^n$。

又设 $N = N_n/N_0$,则有

$$N = t^n$$

这里 N 即可定义为:经过 n 代培养后试管苗的增殖倍数。

所谓连续繁殖,是指每一次均将前一次培养所得的全部苗用于再繁殖。例如,经过一段时间的繁殖,当 $t = 5$,$n = 10$ 时,则有:$N = t^n = 5^{10} = 9\,765\,625$,即在一年内苗增殖 9 百万倍以上。

三、有效繁殖系数和实际增殖倍数

以上估算的繁殖速度在实际生产中是根本无法达到的,这是因为在生产中并不是每次都将所得的新苗全部用于扩大繁殖,而是选取一定数量的生长健壮的苗子继续进行扩大繁殖,而将其余的苗转到壮苗生根培养基上壮苗或生根。例如,第一次培养由一个苗得到 t 个苗,在进行第二代培养时,取出数量为 a 的苗做生根之用,而仅用 $t - a = k$ 的苗进行再繁殖,k 即为有效繁殖系数(effective propagation coefficient),a 可称为诱导生根苗指数。以后一直保持 k 为有效繁殖系数,即取数量为 k 的苗用于再繁殖,其余转入到生根培养基中。经过 n 代培养后,繁殖产生的苗总数 $P_n = N_0(t-a)^n = N_0 k^n$。令 $P = P_n/N_0 = k^n$,P 即可称为实际繁殖速度或实际增殖倍数。

四、诱导生根苗的产量

与苗木生产直接有关的数值是用于诱导生根苗的产量,它包括两大部分:每次继代繁殖后从所得到的苗中取出用于诱导生根苗的累计数 M_1 和最后一代继代后转入生根的苗数 M_2。

1. 每次继代繁殖后从所得到的苗中取出用于诱导生根苗的累计数 M_1 根据以上讨论,如果保持 t、k 和 a 值等不变的情况下,那么每次用于繁殖的苗(P)与诱导生根的苗(m)之间应有如下关系

$$P : m = k : a$$

故 $m = \dfrac{a}{k} P$

第一代 $m_1 = \dfrac{a}{k} P_1 = \dfrac{a}{k} k_0^1$

第二代 $m_2 = \dfrac{a}{k} P_2 = \dfrac{a}{k} k_0^2 = ak$

第三代　　$m_3 = \dfrac{a}{k}P_3 = \dfrac{a}{k}k_0^3 = ak^2$

第 n 代　　$m_n = \dfrac{a}{k}P_n = \dfrac{a}{k}k^n = ak^{(n-1)}$

则 $M_a = m_1 + m_2 + m_3 + \cdots + m_n$

　　　　$= a + ak + ak^2 + \cdots + ak^{n-1}$

显然，这是一个公比为 k 的等比级数。根据求等比级数前 n 项和的公式

$$S_n = \frac{a_1(q^n - 1)}{q - 1}$$

则有

$$M_1 = \frac{a(k^n - 1)}{k - 1}$$

式中，M_1 就是从培养第一代至 n 代，每次取出诱导生根苗数的总和；M_a 为培养 n 代后，生根的总苗数。

2. 最后一次继代繁殖后转入诱导生根的苗数 M_2　前面已讨论过，由一个苗开始以 k 为有效繁殖系数进行 n 次继代繁殖后，用于繁殖的苗数将达到 $P = k^n$，由于生产的需要，这些苗的绝大部分终究要转入生根培养基中诱导生根。如果在繁殖几代之后将所得的苗（P）仅留一个作为第二年开始繁殖的苗（即恢复到 $N_0 = 1$），而将其余的全部苗均作诱导生根苗处理，则 $M_2 = k^n - 1$。

3. 繁殖 n 代后由一个苗所得的用于诱导生根的全部苗总量　因此，繁殖 n 代后，由一个苗所得的用于诱导生根的全部苗总量则为：$M = M_1 + M_2$，即

$$M = \frac{a(k^n - 1)}{k - 1} + (k^n - 1) = \frac{a(k^n - 1) + (k^n - 1)(k - 1)}{(k - 1)}$$

$$= \frac{a + k - 1}{k - 1}(k^n - 1) = \frac{t - 1}{k - 1}(k^n - 1)$$

M 即为在此期间（如一年）内实际可能达到的繁殖速度。

例如，当 $t = 5$，$a = 2$，且 $n = 10$ 时，这个系统可能实现的繁殖速度为 $M = \dfrac{5 - 1}{3 - 1}(3^{10} - 1) = 2 \times 59\,048 = 118\,096$。

又如，当 $t = 5$，$a = 3$，$n = 10$ 时，则有 $M = \dfrac{5 - 1}{2 - 1}(2^{10} - 1) = 4 \times 1\,023 = 4\,092$。

这就是说，在一年中，上述两种情况下苗的数量分别增加了 118 000 倍和 4 000 倍以上。

五、苗木的产率

繁殖后的试管苗，需要经过一个生根阶段诱导其基部产生不定根，然后才能移栽到土壤中去，育成商品苗木。由于试管苗生根的频率常常不能达到 100%，在移栽过程中也会损失一部分苗，移栽成活苗中也有一部分最后达不到商品苗的标准，因此，如果用 f_r 代表诱导生根率，f_v 代表移栽成活率，f_e 代表商品苗占全部移栽成活苗的百分率，则有 $f = f_r \times f_v \times f_e$，$f$ 即为从诱导生根苗得到合格商品苗的百分率。可称之为繁殖效率，故有

$$S = \frac{t-1}{k-1}(k^n - 1) \cdot f = \frac{f(t-1)}{k-1}(k^n - 1)$$

S 可定义为这个繁殖体系中的苗木产量率。如果整个繁殖过程需时一年，那么 S 为其年产率。

第四节　影响离体微繁的因素

一、基因型

和其他组织培养一样，离体微繁受基因型影响很大，不同科、属之间以及同一属不同种甚至不同品种之间在进行培养时要求的条件有很大差别，这种差别主要表现在对植物激素种类和浓度的要求不同。如非洲菊快速繁殖时在 MS+0.5 mg/L 6-BA+0.25 mg/L IAA 培养基上，每隔 2~3 代，添加 0.05 mg/L 多效唑，不但能使植株生长健壮、色绿，而且还能提高增殖系数；而美国红栌则以 0.1 mg/L 6-BA+0.02 mg/L IBA 诱导丛生芽数量最大；在进行香石竹的快繁中采用 MS+0.2 mg/L 6-BA 使试管苗玻璃化率控制在 10% 以内，可能是基因型控制着植物体不同的激素需求。

二、外植体

外植体是影响微繁成功的一个重要因素。适宜的外植体应根据植物种类确定，不仅要考虑到获得外植体的材料来源、器官和组织的类型，同时还需要考虑外植体的大小、生理年龄等。外植体可以是植株上的任何一部分，用于微繁的主要有幼叶、茎尖分生组织、种子、鳞茎、球茎、根茎、花序、茎段等。选取的外植体必须易于消毒，在适宜的培养基上启动率高。外植体以生长健壮、饱满的组织比较容易成功，一般不宜过大过小，过大不利于丛生芽和不定芽的形成，同时污染的几率增加；过小对培养基的要求比较严格，不容易培养成活。如香石竹茎尖小于 0.09 mm 时丧失形态发生能力，而 0.35 mm 的茎尖在培养基的诱导下能够产生大量嫩茎，而超过 0.5 mm 的茎尖嫩茎发生数量减少。

三、供试植株的生理状态

供试植株的生理状态不同，其含有的内源激素及营养成分不同，接种后对培养基的反应不同。幼龄材料生长旺盛，酚类物质含量低，接种后生长快，容易培养成功。有些鳞茎、块茎、球茎等存在一定的休眠期，只有经过低温处理或高温处理或光周期处理打破休眠后才能剥取茎尖进行培养。

四、芽在植株上的部位

对于草本植物，顶芽或上部的芽在培养时比侧芽或基部的芽容易成功。这可能与它们生长较为旺盛有关，但由于茎芽数量有限，在实践中也常以侧芽作为材料，但以靠近顶部的侧芽较好。但也有例外，如卡特兰的茎平均有 9 节，一般下部 1～3 节没有腋芽，从这里可长出根，腋芽长在 3～6 节，每节一个芽，大小不尽相同，中间部位的大芽成活率高，生长率也高。而香石竹以基部健壮的侧芽较好。

五、供试植株的年龄

多年生木本植物随着年龄的增加，分生组织、茎尖和芽的培养越来越困难，成年树比幼年树要困难得多。因此，剪取部分返幼、阶段年龄较低的根蘖苗或不定芽做材料或采取某些措施，如将芽嫁接在实生苗上、修剪、保持高水分、施肥、进行营养繁殖等，可以相对提高成功率。一年生或多年生草本植物，营养生长早期的顶芽、腋芽比营养生长后期的顶芽和腋芽培养要容易得多。

六、培 养 基

培养基是影响微繁成功与否和效率的关键因素。培养基组成的各成分，矿物盐、糖的浓度、维生素、铁盐、激素和有机附加物都会对快繁过程产生影响，其中以激素类物质影响最大。培养基成分应根据植物的种类、外植体的类别和快繁阶段来确定，在最初的外植体培养中使用较高浓度的生长素或细胞分裂素，在继代增殖中激素浓度可适当降低，生根阶段去除细胞分裂素而使用生长素等。

七、培 养 条 件

培养条件一般包括温度、光照、气体状况等，依不同的植物、不同的培养阶段而异。就温度而言，大多数植物微繁培养，其生长最适温度在 25～28 ℃之间，但也有不少例外，如文竹以17～24 ℃生长较好，而花叶芋在 28～30 ℃下生长较快。其次是光照，初代培养一般需要一段时间暗培养，继代繁殖散射光即可，而在生根壮苗阶段则需要强光。

八、极 性

在微繁过程中，当把外植体以不同方式接种在培养基上时，通常按照形态学方向垂直向上的接种方式诱导出的茎芽数量较多，而反方向接种即外植体基部背离培养基表面时，则产生的芽数量少或不产生芽，这就是培养中的极性（polarity）效应，在朱顶红、石刁柏等花序切段以及杜鹃、月季茎切段培养等许多植物类型中发现了该现象的存在。究其原因，可能是外植体中某些化学物质表现存在一定梯度，如生长素的传导梯度等，也可能是培养组织在解剖学上存在一定差异。但在有些植物上，极性的影响差别不大，尤其是使用了适当的植物激素后，可能会削弱极性的影响。

九、后生变异

离体培养形成的小植株在培养时受到的影响，可能会继续影响移植到自然环境中的植株生长，产生一定的变异，这叫做后生变异（epigenetic variation），如形成的第一批小植株其叶子在形态上可能是不正常的或出现早衰现象。因此在移栽时要选择好培养基并控制好移栽到栽培介质上的时间，可以在一定程度上避免后生变异的作用。

在顶端组织受到影响的地方，变化可能是比较持久的，例如分枝或叶序的增加，如Anderson（1980）描述的草莓微繁中的后生变异现象，由于叶序紊乱导致了过量的小枝冠的发生，使植株具有一种矮小的灌木状外型，解剖生长点发现有重叠的苗尖，以直线或偶尔以环状排列，高浓度的6-BA加剧了这种情况的发生，赤霉素则能减缓这种异常变化。在杨树、番茄等植物的茎尖繁殖中都发现了这种现象。避免的措施是在微繁过程中采用适当的激素种类和较低的激素水平，使其微繁植物既能达到一定的增值效率，又能减少或不产生后生变异。

第五节　离体微繁中存在的主要问题

一、褐　变

褐变（browning）是植物离体微繁中常常出现的现象，在木本植物、较大组织离体培养中比较常见。褐变是由于离体组织中的多酚氧化酶被激活，使细胞的代谢发生变化，酚类物质被氧化后产生棕褐色的醌类物质，它们会逐渐扩散到培养基中，抑制其他酶的活性，毒害培养的外植体材料，与菌类污染和玻璃化一起被称为组织培养中的三大障碍。

1. 影响外植体材料发生褐变的因素

（1）材料的基因型差异　不同种植物，同一植物的不同类型和品系，组织培养过程中褐变程度和频率不同，原因之一可能是酚类物质含量及多酚氧化酶活性的差异。木本植物一般比草本植物容易褐变，对于木本植物，单宁含量或色素含量高的植物容易发生褐变。如陈正华在橡胶的花药培养中发现，只有海垦2号花药的褐变较少；欧洲栗培养的幼年型材料褐变较轻，成年型材料褐变严重。

（2）材料的生理状态　幼龄材料一般比成龄材料褐变轻，分生部位接种后比分化部位褐变轻，冬春季取材褐变死亡率最低，其他季节取样则不同程度地加重。油棕用幼嫩外植体（如胚）培养时褐变较轻，而高度分化的叶片接种后褐变很严重。

（3）培养基成分　培养基的成分会影响外植体培养的褐变。过高的无机盐浓度会引起棕榈科植物外植体酚的氧化，油棕用MS无机盐培养外植体易褐变，用降低了无机盐的改良MS可获得愈伤组织和胚状体。此外，激素也影响材料褐变，细胞分裂素BA或KT能刺激多酚氧化酶活性提高。

（4）其他因子的影响　外植体大小对褐变有影响。枇杷的微茎尖（1mm以下）在培养时因酚类物质氧化褐变死亡，而较大的茎尖培养时褐化现象会消失，人为的切割和不良环境条件能够引起膜系统正常结构的破坏，造成酚类物质外渗，引起褐变，培养时间过长，造成酚类物质累积，易引起材料褐变甚至全部死亡。

2. 克服外植体褐变的措施

（1）选择适当的外植体和培养条件　许多成功的经验表明，选择适当的外植体并建立最佳培养条件是克服材料褐变的重要手段。在最适宜的细胞脱分化和再分化的培养条件下，使外植体处于旺盛的生长状态，便可大大地减轻褐变。Danhua 和 Carole 研究了外植体起源与组织褐变的关系，认为生长在背阴处的外植体比生长在全光下的外植体褐变率低，腋生枝上的顶芽比其他部位枝的顶芽褐变率低。选取分生组织进行培养可以有效地减轻褐变，而选择适宜的无机盐成分、蔗糖浓度、激素水平也十分重要，适宜低温、低 pH 和初代暗培养也有降低褐变的作用。

（2）抗氧化剂和抑制剂的作用　在培养基中加入抗坏血酸、聚乙烯吡咯烷酮（PVP）、半胱氨酸等抗氧化剂，或用其对材料进行预处理或预培养可预防酚类物质形成，在培养基中加入 0.1%～0.5% 的活性炭可以吸附酚类物质从而起到减轻褐变的毒害作用。

（3）其他防止褐变的措施　对易于褐变的外植体材料进行连续转移和预处理可以减轻酚类物质对培养物的毒害作用。天刺黑莓茎尖培养，接种后 1～2 d 转入新培养基，褐变现象基本不发生。山月桂树的茎尖培养，接种后 12～24 h 转入液体培养基中，然后每天转移 1 次，连续 1 个星期，褐变得到完全抑制。外植体经流水冲洗后，放置在 5 ℃左右的冰箱内低温处理 12～24 h，消毒后先接种在只含蔗糖的琼脂培养基中培养 5～7 d，使组织中的酚类物质部分渗入培养基中，取出外植体用 0.1% 漂白粉溶液浸泡 10 min，再接种到合适的培养基上，褐化现象便完全被抑制。

二、玻 璃 化

试管苗玻璃化（vitrification）是指组织培养过程中的特有的一种生理失调或生理病变，试管苗呈半透明状外观形态异常的现象。玻璃化苗绝大多数为来自茎尖或茎切段培养物的不定芽。通常玻璃化苗恢复正常的比例很低，在继代培养中仍然形成玻璃化苗，因此，玻璃化苗是试管苗生产中亟待解决的问题。

1. 玻璃化苗的形态学、解剖学特征　从形态上看，玻璃化苗水渍化呈半透明状，植株矮小肿胀，茎尖顶端分生组织相对较小，茎尖发育部分保持分生组织特性的时期也缩短，节间短或几乎没有，叶表面缩小或增大，叶片常皱缩并纵向卷曲，脆弱易破碎，其颜色不正常。

显微学观察表明，玻璃化苗一般茎皮层及髓部的薄壁组织过度伸长、细胞间隙大、输导组织发育不良或畸形，导管和管胞木质化不完全。叶片栅栏组织细胞层数减少，或仅有海绵组织，叶肉细胞间隙大。表皮组织发育不良，包括叶表角质层变薄或缺少角质层蜡质。

2. 玻璃化苗的生理生化特点　玻璃化苗细胞中含水量高，叶绿素、蛋白质、纤维素、木质素等含量较低；某些酶的活性发生明显的变化，例如与木质素合成有关的羟基肉桂酸 CoA 连接酶和与木质化进程有关的苯丙氨酸解氨酶的活性比正常苗低得多。与正常苗相比，玻璃化苗的内源激素状况也有显著的变化，如 Kevers 和 Gaspar 报道，石竹组织玻璃化组织的乙烯产量总是高于正常组织；牛自勉等研究发现，苹果玻璃化苗的叶片及茎尖中 GA_3、IAA、ABA 含量极显著上升，而 CTK 含量则显著下降；Gersani 等报道，石竹玻璃化苗叶片生长素的极性运输大大降低，Bttcher 等也报道，玻璃化石竹对赤霉素的敏感性高于正常苗，提示玻璃化苗的内源赤霉素也可能发生改变。

3. 影响试管苗玻璃化的因素　外植体的种类、培养基成分、培养条件等各种内外因素都影响玻璃化苗的发生，其中研究较多的是培养基水势、细胞分裂素、氮源和碳源的存在状况。

(1) 外植体　外植体类型及大小显著影响玻璃苗的发生，外植体愈幼小，玻璃化苗发生的概率愈大；外植体的取材部位也会显著影响玻璃苗的发生。

(2) 培养的环境条件　试管苗在培养过程中，光照、温度、湿度、pH 均会影响玻璃化苗的发生。众多研究表明，液体培养比固体培养更容易产生试管苗玻璃化，培养容器内相对湿度过高容易产生玻璃化。因此，提高培养中琼脂浓度能够降低玻璃化苗的发生频率。光照度提高，培养温度相对降低（储成才和李大卫，1993）或用 40 ℃ 热击处理，pH 7.0 培养，均可消除玻璃化现象（周菊华，1990）。

(3) 培养基成分　Ms 培养基是控制玻璃化发生较理想的培养基，培养基中增加钾、磷、铁、钙、锰、锌元素的含量，降低硼含量，增加硝态氮，降低铵态氮，可起到降低玻璃化率的作用。周音等研究表明，培养基中糖含量与生菜玻璃苗率呈负相关，在含糖 2% 的培养基中，玻璃苗率为 66.7%；含糖 5% 的培养基中，玻璃苗率则降至 43.3%。培养基中的 NH_4^+ 过多容易导致玻璃化苗的发生。Kevers、Pagues 和 Debergh 指出，玻璃化苗发生百分率和细胞分裂素呈正相关，其中 BA 的影响大于 ZT。细胞分裂素的主要作用是促进芽的分化，打破顶端优势，促进腋芽发生，因而玻璃化苗也相应表现出茎节短、分枝多的特性。周菊华等研究表明，在瑞香茎尖培养中，如果培养基中激素组合为 2.0 mg/L KT+0.1 mg/L IBA 时，玻璃苗百分率为 8.3%；而为 2.0 mg/L BA+0.2 mg/L NAA 时，则为 37.5%，差异十分显著。

4. 玻璃化苗的综合控制

(1) 选择合适的外植体　玻璃化是生长因子不平衡的产物，是培养物对不良培养基和培养环境的反应结果。因此，选择对逆境耐受能力较强的材料是避免玻璃化苗发生的基本措施。顶芽部位一般有利于减少玻璃化苗产生，但依植物类型而异。如菊花培养中能作为外植体的部位很多，目前用得最多的是茎尖、带芽茎段和叶片。此外，花序梗、花序轴、花瓣、花托、胚、胚轴、子叶和根等部位也经常用做外植体，但以茎尖、带芽茎段和种子作为外植体的都有不同程度的玻璃化，特别是茎尖和带芽茎段一般在接种 5 d 后就表现玻璃化并逐渐死亡，以种子为外植体萌发出的不定芽有 29.67% 的玻璃苗。胡开林等（1998）在青花菜组织培养时发现用花蕾做外植体诱导的芽不发生玻璃化，而用子叶、上胚轴和花序柄做外植体诱导的芽全部发生玻璃化。可见，外植体的种类能显著影响玻璃化的发生。

(2) 改善培养基组成　适当降低培养基中 NH_4^+ 浓度，适当添加 IAA、GA_3、ABA，减少 BA 用量均可降低玻璃化苗的发生频率。一般认为，IAA 对植物幼茎、叶柄等组织木质化的分化有直接作用，GA_3 促进蛋白酶、核酸、淀粉酶的生物合成，GA_3、IAA 的急剧下降可能诱发木质素、蛋白质、核酸等物质合成的失调，而 ABA 的适当含量是维持植物正常生长所必需的。注意碳源种类和浓度的选择，张敏等研究在不同碳源下草莓玻璃化苗发生情况表明，以蔗糖为碳源时草莓的玻璃化率显著低于以果糖、葡萄糖为碳源的玻璃化率。

（3）改善培养条件 适当提高培养时的光照度、延长光照时间、降低培养容器内的空气相对湿度、改善供氧状况、采用有透气膜的培养容器等培养条件的改良，均可以降低玻璃化苗的发生频率。在高温季节，降低培养室内温度、减小接种密度、增加继代次数或减少继代周期的天数、及时转移等也有助于降低玻璃化现象。

三、遗传的稳定性

在商业性微繁中，一旦建立了无菌培养体系，就以此作为大规模繁殖的起点进行连续继代增殖，中间则很少对其进行遗传稳定性分析，或者与亲本植株进行比较。而离体微繁的主要目的是获得大量的在遗传上与亲本植株完全一致群体。因此，仔细选择外植体、控制好培养条件对于防止变异的发生是非常重要的。

在繁殖过程中，经过愈伤组织阶段则很容易发生体细胞无性系变异，在常规的无性繁殖中，偶然会发生自发突变，由于大多数突变都是有害的，因此在繁殖过程中要将其除去。但在离体微繁中，突变苗不容易确认，在增殖过程中一直保持并进行着遗传变异的累积，只有在移栽到田间后才能表现出来，因此突变发生得越早，产生突变繁殖体的比例越大。

实践证明，茎尖分生组织是遗传学上最稳定的部分，通过顶芽和腋芽繁殖途径进行增殖是最能保持原品种优良特性的繁殖方式，在石刁柏、香石竹等的繁殖过程均没有发现突变的发生。而在培养过程中如果不能通过腋芽增生的途径而必须经过不定芽途径进行增殖的话，则需小心选择外植体和注意激素水平，尽量缩短愈伤组织生长的时间，使之尽早分化。

四、污　　染

1. 污染的来源　污染一般来源于两个方面。一是植物材料本身，如表面所带有的各种细菌、真菌等微生物由于表面消毒不完全而带入培养过程，或是不能被一般表面消毒所清除的植物材料内部的微生物（包括侵入的细菌、真菌、内生菌、病毒、类菌原体等）随着材料带入培养过程，这类污染不容易清除，尤其是内生菌。另一方面是在无菌操作和培养过程中由外界环境进入培养容器而引起的，如培养基、接种工具或器皿消毒不严格，没有严格按照无菌操作技术规程进行，封口部分老化或霉变造成培养过程中微生物进入培养容器中引起污染。这类污染可通过严格操作而控制。

2. 污染的症状　在初代培养中，表面微生物引起的污染通常在2～3 d就能在外植体周围或培养基表面形成明显的不同形状、不同颜色的菌落。而在外植体培养后3～5 d内并未发现细菌污染，以后则不断出现明显的或不明显的细菌菌落，就可能是由内生细菌引起的污染。在某些植物初代培养或前几代的继代培养中存在的污染，并不形成明显的菌落而只在培养基内部形成丝状物、晕状物，不易被肉眼察觉，如不仔细观察很易被忽视（背光检查时较易被发现）。因此，在培养时肉眼所看到的细菌和霉菌菌落很可能只是污染的一部分，有些微生物只有使用特殊的培养基和培养条件时才能被检测到。另外，有的微生物只有在成熟或老化的组织中才能生长或是由于内生菌所引起的，只有在培养物多次继代之后才能表现出来，这种情况在很多木本植物、天南星科、百合科等植物培养中是常遇见的现象。

3. 污染所引起的危害 污染引起早期培养的失败，试管苗生长速度减慢、生活力下降、增殖效率降低、玻璃苗增加及生长不均匀、叶片失绿甚至死亡等；在后期导致试管苗移栽困难和死亡；污染也会引起培养物的遗传变异。而存在于无病症的健康植物组织中的内生休眠病原菌，一旦寄主遇到恶劣的环境或外界微生物干扰时能够重新活动，如试管苗带有胡萝卜软腐欧文氏菌可以引起多种作物的病害，潜伏感染根癌土壤杆菌的紫菀属、感染田野黄单胞菌的鸢尾属试管苗移栽后表现出典型的病害。

4. 污染的防止

(1) 供体材料的选择 除选择健康、无病虫害的材料之外，应尽可能使用温室和人工气候条件（培养室或人工气候箱）中培养的植物作材料。只有在田间或天然条件下才能取到的材料可先在温室和人工条件下培养一段时间，使用新生长的部分，如木本植物的枝条取回后可插入水中待萌动后使用。在培养材料时一般应将温度控制在 20～25 ℃，相对湿度维持在 70% 左右，并进行合理的灌溉。对于那些容易污染的材料可在取材前用杀菌剂、抗生素进行处理，尤其是内生菌污染严重的材料。取材季节以材料积累了较丰富的营养和内源激素为佳，此时材料或抵抗病菌的能力强，或病菌还没活跃起来。一般情况，大多在材料休眠末期或萌动前期取材较为有利。如柑橘取休眠后期即将萌动的芽作为外植体比较合适；在桉树的离体培养中，3～5 月份取的外植体比下半年取的外植体污染少，且褐化率低；而番木瓜春夏外植体的污染率达 47.5%，而秋冬只有 7.5%，这与外植体本身在不同的气候条件下，其表面携带的病原菌有关。

(2) 培养物的检测 有些培养物的污染往往要较长时间才能表现，有些微生物在一般植物组织培养基上生长缓慢，不经细致检查不易发现，所以初期培养阶段要反复检查材料的污染情况，特别要注意培养物和培养基接触的部分。为了确保初代接种的效果，一般采用小容器、多数量、互相隔离的方法。

(3) 合理的扩繁程序 获得了最初的无菌培养物之后应将其中一部分作为"原原种"进行专门保存，分批繁殖和复检后再进行大规模生产。有时造成大规模污染的主要原因之一就是由于没有一个合理的程序，无限反复扩大由交叉感染所造成的。

(4) 严格无菌操作规程 接种室环境清洁度不高，超净工作台过滤装置能力欠佳，以及接种器具、器皿等带菌会造成材料的大量污染。操作人员除自身做到尽量少带菌外，严格无菌操作是很重要的。

5. 已污染培养物的处理 使用抗生素来控制已污染的培养物已有一些报道。在抗生素的使用上，应遵循 Folkiner 于 1989 年提出的 3 个条件：①必须弄清楚要抑制菌的种类；②弄清楚使用的抗生素是否对培养的植物组织有不良影响；③确立抗生素的使用浓度、处理时间的长短，因为没有一种抗生素能对所有引起污染的微生物都有效。所以，抗生素也不能完全代替灭菌技术，最好加在培养基当中作为一种辅助防止污染的措施。抗生素经常只能抑制细菌生长而不能完全杀死它，潜伏的污染可能在植物以后的生长中造成问题；抗生素本身对培养物的生长和分化也可能产生不良影响。因此，未经充分试验应避免长期在培养基中添加抗生素。

对于已污染的培养物，如果植物材料很难得到或重新建立要花费很多时间，因此希望采取一些措施恢复其无菌状态，方法之一是使培养物在试管内长成小植株后移栽，待它生长成健壮的幼苗后再重新消毒接种。另一种方法在毛白杨上曾经成功使用，具体操作是使已污染植株在一个较大的容器中生长，适当降低容器中的相对湿度，待植株长到一定高度后取较大的茎尖用低浓度的 $HgCl_2$（0.01%）消毒 3~5 min 后重新接种，但这种方法对已污染的愈伤组织和有内生菌的材料将不起作用。

第六节　试管微茎

一、试管微茎的概念

试管微茎（microstem）是利用植物细胞全能性原理，在离体培养条件下，通过对培养条件及培养基的调整，诱导植物的离体组织或试管苗在容器内形成微型变态茎的植物离体培养技术。

离体培养条件下产生试管微茎的最早报道是法国学者 Morel（1960）在兰花试管微繁中发现的原球茎。兰花原球茎是一种短缩的、呈粒状的、由胚性细胞组成、类似嫩茎的器官，它可以增殖成原球茎丛，切割原球茎可进行不断增殖，增殖的单个原球茎都可以发育成一个完整的植株。原球茎的这种增殖系统，促使了兰花工业的形成，获得了巨大的经济效益，至今，原球茎仍然是兰花植物惟一有效的大规模试管微繁方法。兰科植物的原球茎是在常规离体微繁条件下产生的，但一些植物试管微茎的形成需要进一步的诱导。Kim（1982）首先报道了马铃薯试管微薯的诱导方法，Pilar Tovar（1985）、Rolando Lizarrage（1989）也报道了这方面的工作，但这些研究所使用的培养基成本较高，方法过于复杂，不能用于微薯的大量生产。20 世纪 90 年代，各国学者通过对试管微薯形成机理的研究及培养条件的改良，使马铃薯试管薯作为一种重要的试管微繁方式走向应用。在试管薯研究与利用的带动下，近年来，一些重要植物、特别是药用植物试管微茎的诱导和利用研究有了长足的发展，百合试管小鳞茎、半夏试管茎、魔芋试管微球茎、郁金香试管鳞茎、马蹄莲试管块茎、怀山药试管块茎、芋试管球茎、试管姜等相继诱导成功。2000 年，柯卫东利用脱毒茎尖培养培育出了世界上首支试管藕（microtorus），试管藕一般有 3~5 节，平均长约 3 cm，粗约 0.5 cm，重约 1 g，每年理论上可以繁殖 100 万个藕芽，试管藕生命力极强，茎绿色、见光生长，并且自己向空中寻求氧气呼吸。因此，它不仅具有极高的繁殖系数，将大大缩短优良品种的选育和推广时间，解决了莲藕良种难以扩繁、引种的难题。2006 年，郭东伟从栽培地灵（*Stachys floridana*）的试管苗中成功地诱导出了试管根茎，地灵地下根茎含有丰富的低聚糖——水苏糖，是工业上加工提取水苏糖的重要原料，地灵栽培中长期的根茎繁殖一方面用种量大，大量根茎被用于生产，另一方面引起种性退化、根茎变细，根茎中重要物质水苏糖含量大大降低。地灵试管根茎的诱导成功，为地灵优良品种的快速繁育及规模化生产提供了一个重要的新途径。

二、试管微茎的意义

大多利用地下茎（根茎、块茎、鳞茎、球茎等）进行繁殖的植物，生产上用种量大，繁殖效率低（如传统连藕繁殖系数为 1∶10），运输成本高，优良品种繁殖速度慢。另一方面，长期的地下茎繁使病毒在植物体内连续累积，导致种性的退化和减产。尽管人们通过茎尖脱毒进行无毒苗繁殖，但大量无毒繁殖苗在生产上存在着运输难的问题。试管微茎的意义在于与试管苗相比具有几个重要的特点：①试管微茎可以由脱毒苗形成，具有试管微繁的所有特点，同时更方便运输；②利用试管微繁技术诱导试管微茎，对于深入研究试管微茎的形成、发育和调控机理，揭示植物地下茎形成机制等都具有十分重要的意义；③试管微茎是进行植物遗传转化的良好受体。因此，试管微茎将是地下茎繁殖植物一个新的、具有重要发展潜力的微繁方式和良好的实验研究系统。

三、试管微茎诱导的一般方法

兰科植物、郁金香、百合等名贵花卉，外植体在固体诱导培养基上即可形成原球茎、试管鳞茎等。马铃薯试管薯的诱导首先是利用试管脱毒、微繁殖建立起试管苗繁育系统，在此基础上诱导出生长健壮、来源一致的试管苗，剪取生长健壮的试管苗茎段用于试管薯的诱导。试管薯的形成一般有 3 种培养体系：液体培养体系、固液双层培养体系和固体直接诱导培养体系。

1. 液体培养体系　将茎段在液体 MS 培养基（MS＋2％～3％蔗糖）中浅层静置培养 21 d（光强 2 000 lx，光周期 16h/d，25±1 ℃）。然后转入液体诱导结薯培养基（MS＋5 mg/L BA＋500 mg/L CCC＋8％蔗糖）中，全黑暗条件下诱导结薯（图 6-7）。

2. 固液双层培养体系　茎段在固体 MS 培养基（MS＋3％蔗糖＋0.8％琼脂）中培养 21 d（光强 2 000 lx，光周期 16h/d，25±1 ℃）后，转入液体诱导结薯培养基（MS＋5 mg/L BA＋500 mg/L CCC＋8％蔗糖），全黑暗条件下诱导结薯。

图 6-7　液体培养马铃薯试管薯的形成
（引自韩德俊，1998）

3. 固体直接诱导培养体系　固体诱导结薯培养基（MS＋5 mg/L BA＋500 mg/L CCC＋8％蔗糖＋0.8％琼脂）中，全黑暗条件下直接诱导结薯。液体和固液双层培养体系诱导培养 60 d，固体直接诱导培养 30 d 后，可以获得试管微薯。

从培养方式看，液体诱导培养是当前马铃薯试管薯诱导的主要方式，试管薯产量高而且相对节约成本，但培养后期试管苗易出现茎叶黄化甚至枯萎现象。固液双层培养，试管苗茎叶鲜绿、生长健壮，成薯指数和试管薯产量也较高，但需使用琼脂，成本相对较高。固体直接诱导，结薯数量、鲜重、平均直径等都相对较小，但结薯时间短，试管薯之间差异小，成熟整齐一致，易于准确判断其发育时期，作为实验工具，它是研究块茎形成及碳水化合物代谢的一个理想体系（张志军，2003）。

四、影响试管微茎发生的因素

1. 外植体　外植体的来源和年龄是影响试管微茎发生的重要因素。风信子叶片外植体的鳞茎诱导能力要大于花被片和鳞茎，且外植体年龄越小，鳞茎的诱导率越高，鳞茎的质量（平均鲜重）也越好；叶片外植体在 1 龄和 2 龄时均有较高的鳞茎诱导率，平均鲜重也较高。在魔芋微球茎的诱导中，供体材料及材料的放置方式对诱导频率均有影响，叶柄平置的诱导频率最高，垂直放置的次之，带叶面的叶柄诱导频率最低。

2. **培养基**　试管微茎诱导培养基一般都使用 MS 或 MS 的改良培养基，适当提高培养基中磷和钾、钙的供应比例有利于提高试管茎产量，培养基中过高浓度的氮不利于试管微茎产量的提高。适当增加诱导培养基中磷酸二氢钾浓度能够提高马铃薯试管薯的结薯数量和单瓶结薯鲜重。微量元素中锰和铁影响程度最大，硼、铜和锌影响相对较小，在原 MS 基础上将锰增加 1 倍，铁和铜增加 0.5 倍可显著提高马铃薯试管薯的产量和品质（李会珍，2003）。

3. **激素**　影响试管微茎形成的植物激素主要有 6 - BA、NAA、IAA、BAP、CCC、多效唑等。6 - BA 单独或与 NAA、IAA 组合广泛用于试管微茎的诱导，但不同植物类型和品种使用的浓度不同。6 - BA 抑制魔芋试管芋的形成，只是诱导形成大量的不定芽。IAA 有利于马铃薯无柄薯的形成。在 2～10 mg/L 内，IAA 浓度的提高有利于试管薯鲜重和直径的显著增加。多效唑有促进试管茎薯提早形成的作用，增加试管茎薯鲜重、平均直径或数量，植株明显矮化，叶片颜色变深。BAP 浓度对诱导结薯无论在小薯数量还是薯重都有显著差异。其中，以 5 mg/L BAP 效果最佳（刘喜才，1995）。水杨酸是由植物产生的酚类物质，对大蒜试管鳞茎的形成具有调控作用，能诱导试管薯形成并提高结薯率，促进郁金香试管微鳞茎和芋试管球茎形成的数量和重量，具有调节试管微茎同期发育的作用。

4. **糖的种类和浓度**　试管微茎研究中大多以蔗糖为碳源。研究表明，高糖浓度促进试管微茎形成和生长。在培养基中添加 90 mg/L 蔗糖有利于试管球茎的形成，葡萄糖效果次之。离体条件下，马铃薯试管薯的形成对蔗糖有高度依赖性。蔗糖能诱导促进块茎形成的基因，如 *Patatin*，*Proteinase inhibitor* II 和 *ADP -Glc pyrophosphorylase*，调节匍匐茎顶端的内源赤霉素水平（Xu 等，1998）。通过反义 *ADP -Glc pyroPhosphorylase*，提高匍匐茎中蔗糖的水平，减少块茎中淀粉合成，以增加结薯数量（Muller - Rober 等，1992）。在离体培养中，一般在培养基中添加 8% 蔗糖，近年来为降低成本，有以食用白糖代替蔗糖的报道。在蔗糖浓度为 30～75 g/L 的范围内，东方百合试管结球率均为 100%，浓度的增加可促进试管球茎的形成和生长，75 g/L 蔗糖形成的球茎最大，超过后则球茎变小。试管藕的形成在蔗糖浓度为 8% 时效果最好。

5. **温度和光照**　不论短日照还是长日照，高温一般抑制马铃薯试管薯的形成，长日照条件下抑制效果更明显。因此，在试管苗繁殖期间多采用 22～25 ℃；在诱导结薯阶段温度略有下降，为 18～20 ℃。在张志军（2003）的报道中，无论是黑暗还是光照条件，17 ℃ 和 25 ℃ 下诱导形成的试管薯鲜重差异不大，17 ℃ 下诱导培养试管薯结薯数量高于 25 ℃，但平均直径均小于 25 ℃ 下的试管薯，可能是低温有利于结薯但结薯后的块茎在高温下生长较快。荸荠在 18 ℃ 时形成的试管球茎数最多，鲜重最大，其次为 24 ℃、12 ℃ 和 30 ℃。在大蒜鳞茎的研究中，一般认为低温是大蒜鳞茎形成的前提，植株在经过一段时间低温后，在高温和长日照条件下才能形成鳞茎。也有报道认为，低温是大蒜鳞茎形成的诱导因素，种蒜经一段低温期后，其植株在较低温度和较短日照条件下也可形成鳞茎。还有人认为，光周期是决定性因素，在日长 20 h 条件下一直处于 20 ℃ 以上高温的种蒜不经过低温条件也能形成鳞茎。试管鳞茎研究则表明，只有适当的较高培养温度才能促进试管鳞茎的形成（一般 20～25 ℃），低温预处理能促进试管磷茎的形成。

光照和温度及其互作对试管微茎的形成起着重要的调控作用，其调控作用与植物的种性有关。魔芋是热带亚热带半阴性植物，研究表明，光照为 1 500～2 000 lx，温度为 25～30 ℃时试管芋诱导率为 100%，过低或过高的光温条件均不利于试管芋的形成。不论在田间还是离体条件下，高光强促进马铃薯块茎形成，低光强延迟块茎形成，低光强的效果与高温类似，但高光强可减缓高温的抑制效果。在离体条件下，光周期对块茎的诱导效果报道不一，特别是一些研究中采用无叶片的茎切段或匍匐茎进行块茎诱导，没有呈现很强的光周期反应。刘喜才（1995）报道，无论是弱光或是全黑暗处理，对诱导试管结薯的影响无显著差异，但弱光下形成的小块茎没有休眠期，小薯萌芽率为 100%，而在全黑暗条件下形成的小块茎仍处于休眠状态。

第七节　无糖微繁技术

一、无糖微繁的概念

无糖微繁（sugar‑free micropropagation），又称光自养微繁（photoautotrophic micropropagation），是指在一个相对大的培养空间（培养间和大型培养容器），采用人工环境控制手段，用 CO_2 替代糖作为碳源，提供植株生长适宜的光、温、水、气、营养等条件，促进植株的光合作用，从而促进植物增殖、生长和发育的技术。

传统的植物组织培养大都使用含糖培养基，杂菌很容易侵入培养容器并在培养基中繁殖造成污染，是组织培养中的一大障碍。为了防止杂菌的侵入，在组织培养中通常将培养容器完全密闭，这种培养方式使植物生长相对缓慢，且易出现形态及生理异常，同时也大大提高人工费用和生产成本。为了解决组织培养技术中存在的这些问题，20 世纪 80 年代末，日本千叶大学 Kozal 教授发明了这一全新的植物组织培养技术。

二、无糖微繁的特点

无糖微繁技术是环境控制技术在植物组织培养苗生产中的典型应用，其特点是在植物微繁的过程中，培养基中不用添加糖和生长调节物质，只是通过提高培养空间的光照度、CO_2 浓度、温度和湿度，以及气流交换速度等来增强组织培养植物的光合速率，从而促进微繁植物的增殖、生长和发育。由于该技术尽可能多地依靠组织培养苗自身的光合能力，解决了传统组织培养技术由于培养器内 CO_2 浓度过低、气体交换不足以及弱光环境等对组织培养植株的光合能力提升的制约，简化了培养程序，移植苗的成活率和质量大大提高。同时，该技术的应用也为组织培养的工厂化、规模化提供了契机，但无糖微繁技术对环境控制条件要求严格，与常规组织培养培养室相比，需要配套相关的重要环境控制设备。

不同品种无糖组织培养和常规组织培养的培养效果比较研究表明，无糖组织培养适用于多种品种的组织培养苗，大多数植物的无糖组织培养效果明显优于常规组织培养，生根率和成苗率显著提高。研究证明，无糖微繁可以促进非洲菊组织培养苗尽早生根，在增加 CO_2 并且增强光照的条件下能够提高组织培养苗的生根率和移栽成活率，培育出的组织培养苗根系发达，植株健壮，明显优于常规培养培育出的组织培养苗（肖玉兰等，1998）。在以芽生芽为增殖方式的毛白杨继代培养中，培养基中必须加入适量的外源糖分作为碳素营养使其完成形态建成过程，其后补充 CO_2 可促进丛生芽苗的生长，并提高芽苗的整齐度（刘立秋，1996）；在以单芽为增殖方式的葡萄苗的继代培养中，无糖培养法是可行的，并且明显优于常规培养法。周耀红等（2003）对不同生根条件下培育出的草莓组织培养苗移栽后的生理特性进行研究，发现采用增加光照和 CO_2 浓度处理优于蔗糖供应的处理，无糖组织培养技术能够提高草莓组织培养苗的叶绿素含量和光合自养能力，缩短生根培养时间及驯化过程，促进移栽后的植株生长。

三、微环境对无糖微繁的影响

微环境是影响无糖微繁的重要因素，尽管这一新技术对这方面的研究资料有限，但也积累了一些研究结果。屈云慧等（2004）对彩色马蹄莲组织培养苗进行无糖生根培养试验时发现，初始的通气时间（即 CO_2 气体的补给时间），直接影响植株的生长。初始通气时间同时关系到培养箱中的湿度控制，是无糖培养中较为关键的控制因子。对于彩色马蹄莲组织培养苗，最佳的初始通气时间为培养的第 6 天，较早通气或者较晚通气都会对组织培养苗的质量产生不利影响。CO_2 浓度对小植株的生根及生长有一定的影响，在保证适宜初始通气时间的前提下，1 000～1 200 $\mu L/L$ 的 CO_2 浓度最适于植株的生根及正常生长。

较高浓度的 CO_2 对植株的光合没有促进作用，这可能是因为在同一个无糖培养系统中，人工补加的 CO_2 气体通过强制性通气系统进入箱式容器内，其浓度由限制钢瓶 CO_2 气体流速及各层的流量计来调控，在加大 CO_2 浓度的同时也加大了通气量，在培养初期降低了培养箱内的湿度，影响了小植株的生长。另外，过高的 CO_2 浓度（超过 1 500 mg/L）超过了小植株生长所需的 CO_2 饱和点，可能引起细胞原生质中毒或迫使植物叶片的气孔关闭，一定程度上抑制了光合作用。在利用无糖培养技术进行组织培养种苗生产时，1 000～1 200 mg/L 浓度的 CO_2 已可满足组织培养小植株正常生长光合作用的需求。满天星组织培养苗在无糖培养基中加入叶绿素合成的起始物质谷氨酸，能够促进满天星组织培养苗的生长，添加过量的谷氨酸则会起到相反的作用。单纯的增加光照度或者增大透气孔（即 CO_2 浓度）对满天星的组织培养苗影响不大，只有同时增加光照度和增大透气孔（即 CO_2 浓度）才能够较大程度地促进无糖组织培养苗的生长，无糖培养的各项指标均接近于有糖培养（李宗菊等，1998，1999）。提高封口材料的透气率值和外环境的 CO_2 浓度能够在间接控制的条件下促进甘薯组织培养苗的光合作用。在影响组织培养苗光合作用的环境、物理化学和生理学因素中，光照度和 CO_2 浓度的影响最大（徐志刚等，2003，2004）。使用带滤菌膜的可透气封口膜可以明显提高非洲菊组织培养的鲜重增量和干重率，促进根系的形成和生长，提高在无糖培养下苗的存活力和质量，延长组织培养苗的留瓶时间。透气状况的改善也可提高培养的效率（廖飞雄等，2004）。

无糖微繁技术是一个新的、发展中的植物微繁技术，尽管还有许多理论和实践上的问题需要研究和探索，但它在一些方面所表现出来的优点，是常规试管微繁技术所不能比拟的，相信它将是一个有重要应用潜力的快繁技术。

第八节　植物离体微繁的应用

一、植物离体微繁的条件

20世纪60年代以来的植物组织培养技术的广泛研究，使微繁殖技术已在不同植物中获得了成功和应用。80年代微繁工业被认为是能够带来巨大经济效益的产业，快繁产业首先在西方发达国家兴起，许多国家和地区纷纷建立植物繁殖公司，到2002年全球年产量已达10亿多株。一些国家和地区的观赏植物、无性繁殖作物和果树有40%~80%甚至全部种苗、种薯都是由组织培养繁殖提供的，植物微繁已成为能给投资者带来巨大经济效益的重要技术之一。但这一技术由于具有相对较高的成本，不可能适应所有植物的苗木生产。这一技术能否在生产上利用首先取决于3个条件，其一，本身的方法是否稳妥而完善。也就是说，是否已经解决了这一植物微繁殖中的技术问题，是否已具备了一套完备而稳定的技术路线和生产方法，而且已被实验证明是行之有效的、可靠的。第二，成本是否低于常规方法，微繁形成规模化生产后，是否具有显著的经济效益。第三，是否具有进行这一生产的设备、条件及人员。微繁殖是在无菌条件下的规模化生产，必须具备一定的设备和条件，同时还需要研究人员和训练有素的技术人员。目前，虽然植物组织培养技术有了广泛而深入的发展，但由于各种各样的原因，一些植物微繁殖技术的某些环节还没有突破；虽然一些植物的微繁殖技术比较成熟，但效率低，成本过高，市场需求不大，这些都限制了微繁殖技术在生产中的应用。

二、植物试管微繁的应用

1. 名贵花卉的繁殖　如兰科（Orchidaceae）植物主要靠分株繁殖，年繁殖率极低，虽然兰花（Cymbidium）的无菌播种可以得到大量的小苗，但它不能提供遗传性状均一的植株。同时，兰花又是世界各国人民喜爱的名贵花卉之一，利用茎尖组织进行兰花的微繁殖不仅可以极高的提高兰花的繁殖效率，而且能得到遗传均一、性状稳定的后代群体。因此，自1960年Morel利用兰花茎尖去病毒和大量繁殖的方法成功之后，这一新技术在兰花生产上得到了广泛的应用，现已成为常规方法，并在许多国家和地区发展成为一种新型的产业（图6-8）。郁金香（Tulipa gesneriana）、百合（Lilium brownii）、风信子（Hyacinthus orientalis）等鳞茎类花卉，常用做插花与盆栽花，这些植物通常以分球方式进行繁殖，繁殖率低，并常受病毒感染而退化，利用鳞茎和其他组织快速繁殖技术在这类植物上也有了广泛的应用。

2. 无病毒苗的繁殖　像马铃薯、草莓、香石竹（Dianthus caryophyllus）、百合、地灵、莲藕、香蕉、甘蔗、葡萄（Vitis vinifera）、苹果等，可先用茎尖分生组织培养的方法去除病毒，经鉴定后确认是无病毒植株时再用这一方法进行大量繁殖，得到的无病毒苗可用做原种或直接栽培生产，这样，就可以大量繁殖无病毒苗。

图 6-8 规模化的蝴蝶兰产业

3. 杂合园艺植物的繁殖 非洲菊 (*Gerbena jamesonii*)、花烛 (*Anthurium scherzerianum*) 等如果用常规种子繁殖时，由于后代分离而不能得到性状一致的后代，用组织培养微繁技术可产生遗传特性一致的无性系。

4. 特殊基因型的繁殖 如通过常规育种或生物工程产生的新品种、新类型、国外引入的优良品种或材料、果树中的芽变 (bud mutation) 材料、木本植物的优良单株等植株的快速繁殖。这里不仅包括了繁殖速度较慢的植物，也包含了繁殖速度较快的植物，例如草莓是匍匐茎繁殖速度较快的植物，以茎段、叶片和叶柄为外植体培养繁殖率很高，尤其是茎尖培养生长快、繁殖率高，国外报道草莓茎尖繁殖率为 10^6，即一个茎尖离体培养一年内可繁殖一百万至数百万个试管苗。我国曾利用这一技术快速繁殖了引进的草莓优良品种，并在短期内获得了大量的无性系后代。

5. 濒危植物的拯救 试管微繁可用于一些濒危植物、稀有植物的保存和繁殖，如我国新疆的盐桦、南方的竹柏等植物，存量极少，试管微繁可以拯救这些植物，并很快繁育成一定群体。

随着科学研究的不断深入，技术的不断完善，相信会有越来越多的植物可使用这一技术来繁殖。

◆复习思考题

1. 简述植物离体微繁的概念和意义。

2. 植物离体微繁在实际生产中有哪些应用？

3. 植物离体微繁一般包括哪几个阶段？在每一阶段分别应该注意哪些事项？

4. 如何估测试管苗增殖率？

5. 在离体微繁中主要存在哪些问题？

6. 什么是褐变？影响褐变的因素有哪些？如何有效地克服褐变？

7. 什么是试管苗玻璃化？其形态学和细胞学特征如何？

8. 怎样降低试管苗玻璃化的频率？

9. 如何有效地降低初代培养的污染率？

10. 什么是后生变异？

11. 什么是试管微茎？影响试管微茎发生的因素有哪些？

12. 什么是无糖培养技术？该技术有什么特点？

◆ 主要参考文献

[1] 李浚明. 植物组织培养教程. 第2版. 北京：中国农业大学出版社，2002

[2] 谭文澄，戴策刚. 观赏植物组织培养技术. 北京：中国林业出版社，1991

[3] 朱建华，彭士勇. 植物组织培养实用技术. 北京：中国计量出版社，2001

[4] 孙敬三，桂耀林. 植物细胞工程试验技术. 北京：科学出版社，1995

[5] 曹孜义，刘国民. 实用植物组织培养技术教程. 兰州：甘肃科学技术出版社，2001

[6] 颜昌敬. 植物组织培养手册. 上海：上海科学技术出版社，1990

[7] 杨增海. 园艺植物组织培养. 北京：农业出版社，1987

[8] 周俊彦，郭扶兴. 植物快速繁殖中的繁殖速度和产量率的计算. 农业生物技术. 西安：陕西科学技术出版社，1990

[9] John H Dodds，Lorin W Roberts. Experiments in Plant Tissue Culture. 2nd ed. London，New York：Cambridge University Press，1985

[10] Yeoman M M. Plant Cell Culture Technology. Blackwell Scientific Publications，1985

[11] Niu G H，Kozait. Stimulation of CO_2 concentration in the culture vessel and growth of plantlets in micropropagation. Acta Hort. 1998 (456)：37～43

第七章 分生组织培养与脱毒

危害植物的病毒迄今为止有文献记录的有 300 多种（不包括不同株系），几乎所有的栽培植物都发现感染一种甚至几种植物病毒。病毒对植物正常生长发育所产生的不良影响，采用生物、物理、化学等方法来防治收效甚微，有的则毫无成效，致使世界范围内病毒病的发展越来越严重，给粮食作物、园艺作物、经济作物和林木生产带来不可估量的损失。因此，通过植物组织培养脱除病毒，培育无病毒苗木对农业生产具有非常重要的意义。

第一节 植物病毒的危害及主要类型

一、植物病毒的危害

病毒在生产上造成严重危害的最早记录是马铃薯的退化症，其症状主要表现为产量逐年降低，植株变矮小并伴有花叶、卷叶等异常现象。马铃薯属于生长期短、产量高、适应性强、营养丰富的粮菜兼用作物，全世界每年种植面积约 1.867×10^7 hm² （国际粮农组织生产年鉴，1989），但由于病毒危害，每年造成生产上大面积减产 10％～20％，并限制了栽培面积的进一步扩大。小麦丛矮病毒在 20 世纪 70 年代，曾造成我国西北和华北冬麦区小麦严重减产。病毒的危害给园艺作物生产也带来重大损失，草莓病毒的危害，曾使日本草莓产量严重降低，品质大大退化，使草莓生产几乎受到灭顶之灾。柑橘的衰退病曾经毁灭了巴西大部分柑橘，圣巴罗州 600 万株甜橙死亡（约占总数的 75％），至今仍威胁着世界上的柑橘产业。葡萄扇叶病毒使葡萄减产10％～15％。可可肿枝病在非洲地区大部分蔓延，可可树被迫砍伐约 4 000 万株，损失产量约 5.5×10^4 t。枣疯病则几乎毁灭我国密云的金丝小枣。最近几年出现并逐步发展的苹果锈果病也是我国果树生产上亟待解决的病毒病。

植物病毒侵染植物后所表现出的外部症状随病毒的种类（甚至株系）、寄主植物种类、品种、生育期、器官及部位的不同而异，病毒对植物外观状态的影响可以归纳为以下几类。

1. 花叶型 受病毒侵染的植物中，存在着大量的花叶症状，即叶片色泽不匀，形成深绿与浅绿相间的症状，也称花叶病。这个名称来自 1882 年 Mayer 发现第一个病毒感染烟草叶片引起斑驳的叙述，这种病现称为烟草花叶病。花叶病有许多种变化形式，最普通的类型是在叶片上有暗绿、亮绿或黄色区域，常常还有凸起的疤状斑点。据研究，这种叶片上的颜色差异率由叶绿体结团和退化引起。在暗绿色区域，叶绿体分布正常，而在亮绿色区域，叶绿体结团，在绿色最亮区域（黄化区域）叶绿体结合和退化。至少在 4 种病毒感染的叶片中，发现暗绿区域比亮绿区域所含病毒更少。

2. 环斑型（靶斑型）　在一种寄主上引起花叶病的一些病毒，在另外的寄主上可以产生完全不同类型的症状。最常见的是环斑，有时也称靶斑。这类症状是在叶片、果实或茎的表面形成单线圆纹或同心纹的环、全环、半环或是近封闭状的一半，以及连续屈曲状的环。多数为退色的环，也有变色的环，退色的环可以发展成坏死环。在实践中发现，环斑和花叶类型经常同时发生，如马铃薯 X 病毒感染烟草，在机械接种时尤为常见，在禾谷类或者具有线状叶片植物的病毒病害中（如小麦条纹花叶病毒病），则形成纵向条点或条纹。

3. 畸形生长型　畸形生长包括各种反常的生长现象。例如，马铃薯 Y 病毒密切相关的病毒引起的烟草叶脉坏死，是持久和极为有害的，这种病毒使烟草产生严重的叶片下垂症状。在畸形生长类型中，叶片本身变形和畸形是常见的症状，马铃薯卷叶病因淀粉聚积，使叶片变得厚而坚韧，往上卷起；用黄瓜花叶病毒和烟草花叶病毒一些株系感染正常番茄植株，由于番茄植株生长受阻，而出现蕨叶或呈鞋带状。此外，也有叶片长出瘤状物，即所谓耳状突起。例如，黄瓜品种 Telegroph 感染番茄黑环病毒时，叶片上生成很大的耳状突起。

果实由于病毒的感染，也会发现许多形状和品质上的改变。被黄瓜花叶病毒感染的植株，其果实小、畸形和表面不平。番茄花叶病毒感染的番茄果实经常出现斑驳；而被番茄斑萎病毒或者番茄丛矮病毒感染时，则出现同心环斑。患红缝病的桃树果实常常畸形和品质下降。

此外，茎也表现出症状的多样性，丛枝病引起节间变短，分枝数目增加。一些被感染的树木，例如，柑橘剥皮病，可引起树皮裂化或者产生溃疡，或呈鳞状。

4. 变色型　这是一种非常普遍，而对病毒病来讲具有特点的症状之一。主要指叶片的局部或全部颜色改变，如退绿、变黄、变橙、变红、变紫、变成蓝绿色等，有时这种变色也出现在花瓣及果实上。

退绿是植物的绿色部分全部或者局部变成淡绿色或淡黄色，其原因大多是因为病毒侵染后造成叶绿素的形成推迟或者是形成量的减少，凡是属于这一类退绿，一般后期能恢复到正常的绿色。另一种原因是叶绿体被破坏，不能再形成叶绿素，这种退绿不可能再恢复到正常的绿色。

紫红及黄化都是由于叶绿素的被破坏或者合成量减少而突出了胡萝卜素及花青素之故。有的植物被病毒侵染后，胡萝卜素含量增加，叶绿素含量减少，则呈鲜黄色；花青素含量较高的，则呈红色或者紫色。例如，有研究证明。烟草花叶病毒侵染烟草后，烟叶中的叶绿素含量从正常的 46.5% 降低至 17.1%，胡萝卜素则从 35.6% 增加到 45%，而花青素则从 17.8% 增加到 37.9%，烟草叶片表现出深红紫色。

一些病毒的感染作用还常伴随有花的异常，其中以花的颜色变化最为常见。例如，有名的郁金香"碎裂花"系受一种马铃薯 Y 病毒组病毒——郁金香碎裂病毒感染。它们的花色由单色发生斑驳或者出现纵向条点，从而深得人们的喜爱。而用甘蓝环斑病毒感染血红色的桂竹香花后，花色同样出现杂色。

感染植物病毒的植株所结种子，大多数不变色，不带毒。但也有一些种子可以传播的病毒，如大豆花叶病毒往往使带有病毒的种子的外表上有雀斑或斑驳，甚至褐化。这种现象，为我们对种子带病传染类型的病毒防治提供了一种简洁有效的方法，即无病毒种子利用。

5. 坏死与变质　病毒对寄主植物最强烈的作用是杀死细胞、组织或者整株植物。但这并不是最普遍的一种影响。这里所指的坏死概念是指植物的某些细胞组织死亡，而变质则是由于病毒侵染导致的植物组织的质地变软或变硬，或是木栓化等。

植物细胞或组织的坏死从外观形态看，往往表现为枯斑、线条坏死、死顶、蚀纹等，植物内部的坏死则需借助于切面或解剖才能发现。坏死的形成，起源于植物组织对病毒侵染的过敏性反应，有时也称为休克反应。可以简单地理解为植物的一种自卫能力，因为病毒在许多场合可以被限制在枯斑之内或坏死部分而不至于影响整个植株。这种坏死往往被视为植物的免疫特性之一，并在抗病育种中被应用。

植物病毒侵染植株后，植物外部形态的变化是在一定环境条件下病毒与寄主植物相互作用的结果，属于生物体在生活过程中的一种反常生理生化反应。因此，上述形形色色的症状表现，即使是同类的症状也可能由不同病毒感染所诱致。所以，在研究植物病毒种类时，除需进行详细的症状观察记录外，还必须结合病毒分离提纯、免疫血清学技术等鉴定。

二、植物病毒的主要类型

目前发现的植物病毒病害已超过 300 种，几乎所有的栽培植物都发现感染一种甚至几种植物病毒病，无论从数量及其危害性来看，其重要性都超过细菌性病害。尽管人们对植物病毒病的认识远较细菌性病害早，但由于生物物理学、生物化学发展得缓慢，在 20 世纪 30 年代以前，人们对病毒特性和本质的认识，事实上仅仅局限于病毒侵染植株后的表现症状。电子显微镜的问世以及血清学技术、生物化学等学科的迅猛发展，使长期困扰植物病毒学家的一些问题得以澄清，"病毒"这一词的含义也几经变化，最后定义为："能传播的寄生物，其核酸基因组的分子质量小于 3×10^8 u（原子质量单位），而且为了自身的繁殖需要寄主细胞的核蛋白体或其他成分"。而英国著名病毒学家 K. M. Smith 给病毒下了一个更简单贴切的定义"寻找染色体的具感染性遗传物质的小块"。

虽然给病毒下了一个确切的定义，但更具体地讲，病毒的本质则是完全不同于细菌性和真菌性的病原。首先，病毒粒子仅仅具有一种类型核酸，或者是 DNA，或者是 RNA，别的病原则兼具两者；其次，病毒粒子由它们的单一核酸复制，而别的病原则由它们组分的复杂体系复制；第三，病毒粒子不能生长或者经受二均分裂；第四，病毒核酸具传染性，并携带着病毒的遗传信息；而蛋白质仅在核酸外形成衣壳，对核酸起保护作用，没有传染性；第五，病毒利用它们寄主细胞的核糖核蛋白体，即完全寄生性。以上这些特性为其他病原所缺少，而植物病毒所特有的。

生物的分类系统应该是根据生物系统发育的亲缘关系的一种编排。植物病毒的分类与命名，过去主要依据寄主植物、症状和传播等特性，其中直观的症状不是一个十分稳定的性状，其受寄主植物基因型、生理状态、病毒株系以及环境条件的影响。同时，在自然界中，寄主植物经常是受到几种病毒的同时侵染，复合症状现象比较多，加之不断出现病毒突变株和地理分布的区域性差别，实际上，在全世界各国发表的植物病毒类型中，由于过去主要依靠症状表现分类，以至于大量存在着同物异名或异物同名的病毒单元。

近代病毒分类体系趋向于将病毒这类非细胞结构的分子寄生物列为独立的"病毒界"，进一步分为 RNA 病毒和 DNA 病毒两大类。植物病毒分类的依据是病毒最基本、最重要的性质：①组成病毒基因组的核酸类型（DNA 或 RNA）；②核酸是单链（single strand）还是双链

（double strand）；③病毒粒子是否存在脂蛋白包膜；④病毒形态结构；⑤核酸分段情况（即多分体现象）等。根据上述主要特性，已建立的植物病毒有 10 个病毒科，包括 25 个病毒属，代表 491 种病毒。其中正式种有 296 种，暂定种 133 种，已定科而未定属的病毒 62 种。

植物病毒大部分属于 RNA 病毒，少数为 DNA 病毒。植物病毒的命名目前仍以寄主英文俗名加上症状来命名，如烟草花叶病毒为 *Tobacco mosaic virus*（TMV），黄瓜花叶病毒为 *Cucumber mosaic virus*（CMV）。

第二节 植物病毒的传播及在植物体中的分布

一、植物病毒的传播

植物病毒作为一种植物的病原，从它们传染的角度来看，与细菌和真菌等有非常不同的地方。细菌有兼性腐生的能力，借助雨水或昆虫等传带到适宜的寄主体上后，当外界条件适宜时，就能完成侵入而达到侵染植株的目的。真菌除与细菌有同样的传播方式外，还有专门的传播器官——孢子，孢子可借助于各种自然因素做远距离的传播。植物病毒一方面由于它的专性寄生性，在寄主活体外的存活期一般比较短，加之又不能从植物的气孔侵入，因而在传染上不如细菌那样有利；另一方面，植物病毒没有真菌那样的特殊传播器官——孢子，也没有主动侵入无伤组织的能力，因此在传染上也不能像真菌那样主动而有力。植物病毒的有效传染，近距离主要是依靠活体接触摩擦而传染，远距离的就依靠寄主繁殖材料和传毒介体的传带。根据植物病毒自然传染的方式，可以分为介体传播传染和非介体传染两大类。

1. 介体传播　介体传染是病毒依附在其他生物体上，借其他生物体的活动而进行的传播及传染。这类介体主要包括昆虫介体（如蚜虫、叶蝉、飞虱等）、动物介体（如螨、线虫）以及真菌和菟丝子，其中以昆虫最为重要。目前已知的昆虫介体有 400 多种，其中 200 多种属于蚜虫类，130 多种属于叶蝉类。70％为同翅目的蚜虫、叶蝉和飞虱，而又以蚜虫为最主要的介体。至于植物种子的带毒和无性繁殖材料的带毒，不能归于植物介体中，因为它们只是从母体接受了病毒，使自己受病毒病危害，而它所带的病毒则需借助其他介体或摩擦接触才能传染给其他植株或植物上。

2. 非介体传播　植物病毒的非介体传播作用是指植物病毒从感病寄主体内由于伤残或分泌而到达体外，与另一寄主通过机械摩擦所造成的微伤接触而传染，或通过感病的寄主体与无病的寄主体细胞间的有机结合而传到无病寄主体内的传染作用，这一概念包括病毒通过寄主液汁的擦伤传染及寄主之间的嫁接传染。至于我们前面所提及的带毒、带病种子以及鳞茎、块茎、插条等无性繁殖材料的"传播"，实质上并没有发生植物病毒从一个寄主体内传到另一个寄主体内去的情况，因此这种类型称为"非介体传播"可能更确切。

非介体传播也发生在田间接触或室内接种过程中，这类病毒大多存在于表皮细胞，浓度高、稳定性强。

非介体传播在无性繁殖、嫁接、种子和花粉传播中大量存在。以块根、球茎、接穗芽为繁殖体的作物特别容易受到侵染。如马铃薯、大蒜、苹果树等，这些无性繁殖体都可能带毒。嫁接可以传播任何种类的病毒、类病毒和植物病原体病害。大约20％的植物病毒通过种子传播，种子受到侵染的危害主要表现在早期侵染和远距离传播，带毒种子随种子调运发生远距离传播，如大豆烟草环斑病毒（TRSV）、菜豆普通花叶病毒（BCMV），均可在豆科种子中存活5年以上，种子还可能成为病毒越冬的场所，如黄瓜花叶病毒（CMV）可在多种杂草种子中越冬。种子传播病毒的寄主以豆科、葫芦科、菊科植物为多，而茄科植物很少。病毒进入种胚才能产生带毒种子，而仅种皮或胚乳带毒不能传播。种子带毒比例差别很大，如大麦条纹花叶病毒（BSMV）可达90％～100％，黄瓜花叶病毒可达1％～50％。樱桃卷叶病毒和李坏死环斑病毒则通过花粉传播，一些兰花的病毒通过病株与健康植株的接触传播。不少病毒只有一种常规传播方式，但许多病毒则不止一种方式，而且任何一种均可能在流行中起重要作用。

二、植物病毒在植物体中的分布

1. 植物病毒的侵入　植物病毒的侵入是病毒与寄主关系的开始，病毒通过不至于造成寄主细胞死亡的微小伤口完成侵入，并建立寄主关系，有些病毒却需要特定的昆虫刺吸式口器，把病毒输入寄主的薄壁组织或韧皮部中。据研究报道，植物病毒完成侵入后，必须通过细胞壁上沟通原生质的细小通道——胞间连丝（与细胞外层沟通的叫胞外连丝）进入原生质后，与原生质接触才能发生植物病毒的增殖而产生侵染。试验表明，如果病毒直接进入细胞中的液泡内，是不可能导致侵染的。

植物病毒的侵入和其他类型的病原物一样，具有一个侵染限点，也就是说，建立一个侵染点至少要有一定数量的病毒个体。这种侵染点因病毒的种类而不同，也可能因侵入时的环境条件而异，当然寄主内部的因素也是很重要的。有研究表明，烟草花叶病毒要在心叶烟上建立一个侵染点，需要1万到10万个病毒粒体。作为昆虫传播而侵入的病毒，可通过3种类型的组织侵入：第一类是通过寄主柔膜组织，这类病毒往往可以用擦伤来达到同样的目的；第二类是通过寄主韧皮组织，这一类病毒不能用擦伤或很难用擦伤获得侵入，而是借助于昆虫的刺吸口针把病毒直接送到韧皮部而侵入；第三类是通过木质部，这一类病例很少，现仅知道由叶蝉为介体传播的葡萄皮尔斯氏病（立克次体病原）是这种方式侵入的。与此同时，有许多病毒用擦伤和昆虫接种都难于侵入，只能用嫁接来传播。这类病毒无疑是要通过营养的主流才能侵入。植物在嫁接后，首先是形成层的愈合，从而使输导系统连接起来，使病毒能从接穗或砧木传到另一方而侵入。

病毒的种类、寄主的生理状况、接种部位、化学药剂、水分、温度、光照等因素都有可能对植物病毒的侵入产生促进或抑制作用。

2. 植物病毒在植物体内的增殖　植物病毒粒体进入寄主细胞后，不像真菌、细菌等寄生物那样从细胞中吸取养分而增殖，而是寄主细胞在病毒的影响下改变代谢途径，使正常的生理作用受到干扰和破坏，而病毒的核酸和蛋白质得以分别地合成和复制，然后再相互结合形成完整的病毒。以RNA病毒为例，目前公认的植物病毒的增殖过程是，首先病毒粒子（核酸）与病毒蛋白质衣壳分离，RNA以单链状态吸附在细胞核的周围或在细胞核里，这条单链的RNA作为一个正链模板，可以复制出与它本身在结构上相对应的负链，负链与原来的RNA分开后，又可以反复复制出相对应的正链，随后复制出的正链离开细胞核进入细胞质，诱发病毒蛋白质的形成，最后 RNA 和病毒蛋白质结合成为一个完整的病毒个体。

3. 植物病毒在植物体内的运转   植物病毒侵入植物体细胞后,经过一个短暂的隐藏期,接着在细胞核和原生质中的核酸物质迅速增加,随之就出现新生病毒,这时在植物组织中就出现侵染点,这些点表现为坏死斑或退绿斑(也有无症状现象)。植物病毒在侵染点建立以后,就逐渐开始由侵染点向植物其他组织和部位运转。运转的途径一种是通过细胞间的胞间连丝,在细胞与细胞之间运转,速度很慢,最多每天只能移动 2 mm;另一种是当病毒进入韧皮部后,随着营养物质的流动而运转,速度极快,最快的如马铃薯 X 病毒和烟草花叶病毒在番茄中的运转速度每小时可达 8 cm。这两种运转方式结合起来,便是病毒在植物体内的整个扩展道路。

植物病毒在植物体内的运转,其上行或下行的速度受植物种类或品种、当时的环境条件、接种部位及接种方式等而有所不同。就一般而言,病毒在同化作用最大、活力最强的部位或器官的行进速度比较快。例如,花芽部分常有这种现象。此外,植物病毒在植物体内的运转也受温度的影响,例如,甘薯的内生木栓病毒在薯块内的运转,可以用病芽栓嵌在健薯的一端进行塞接,然后放在不同的温度下,定时从距病芽栓 3.3 cm 处取样,可以采到的病毒从病芽处转移到 3.3 cm 距离处的时间随温度而异,在 27 ℃时需时 6 d,21 ℃时需时 14 d,而在 15.5 ℃时则需时 60 d。与此同时,有研究表明,病毒在通过基部时,不一定先进入其经过的侧枝或侧叶,而是直接先达到顶部,其次再进入侧枝或侧叶。

植物病毒对植物体的侵入、随后在寄主体内的增殖和运转这 3 个环节构成了植物病毒对植物体的侵染。

4. 病毒在植物体中的分布   从大量的研究中发现,植物病毒在同一个寄主体上其运转分布是不均匀的,即使在同一个组织中,病毒的分布也不完全均匀。顶端分生组织一般是无毒的,或者是只携有浓度很低的病毒。病毒数量随着与茎尖距离的加大而增加,在较老的组织中病毒浓度很高。Mathews(1970)等认为,分生组织能避免病毒侵染的可能机理是:①在植物体内,病毒通过维管系统移动,而分生组织不存在维管系统。此外,病毒通过胞间连丝在细胞间移动,但其速度很慢,难以侵入活跃生长的茎尖。②在旺盛生长的分生细胞中,代谢活性很高,使病毒无法进行复制。③倘若在植物体内确实存在着"病毒钝化系统"的话,它在分生组织中应比在任何其他区域都有更高的活性,因而分生组织不受侵染。④在茎尖中存在高水平的内源激素,可以抑制病毒的增殖。这就为我们利用脱毒技术获得无病毒植株提供了依据。

第三节   植物病毒的防治方法及原理

一、物理学方法

1. 高温处理(又称温热疗法)   为了解决病毒病的问题,曾试用热、X 射线、紫外线、超短波等物理疗法使病毒失活。射线和超短波处理,虽然可使体外病毒失活,但对存在于植物体内的病毒病几乎无效,故尚无实用价值。热处理是比较有效的一种手段,已经证明,热对于某些病毒病(如马铃薯卷叶病、草莓病毒病、烟草矮化病等)均有一定效果,而对另一些病毒病则效果甚微。热处理方法的依据是病毒和寄主细胞对高温忍耐性不同,利用这个差异,选择一个适当的处理温度和时间,使寄主体内的病毒失活,而寄主仍然存活,从而达到治疗的目的。

这种方法早在 1889 年,爪哇就有人利用热水浸泡甘蔗品种,其好处是一种病毒病大为减轻,现在仍有数以万吨计的甘蔗品种进行这样的处理。热处理也能治疗多种果树的黄化病,但最早证明热处理能使病毒失活的是英国科学家卡尼斯(1950),他发现马铃薯块茎经 20 d 37 ℃ 高温处理后,其中存在的卷叶病毒消失了。他还统计过,大约有一半以上侵染园艺作物的病毒能用此法使其钝化。热处理脱毒的方法有以下两种。

(1)温汤浸渍处理法 将剪下的接穗或种植的材料,在 50 ℃ 左右的温汤中浸渍数分钟至数小时。此方法简易,但温度掌握不好常易使材料受损伤,一般到 55 ℃ 时大多数植物会被杀死。此法多用于禾本科植物和需嫁接材料的热处理脱毒,例如,甘蔗枯萎病毒脱毒即是采用温汤浸渍处理法;又如苹果退绿叶斑病毒的脱毒,则是分别将无性系接穗和砧木分别处理后再进行嫁接。此法由于温度难于掌握,脱毒效果相对较差,很难达到彻底排除病毒的目的。

(2)热风处理法 将生长的盆栽植物移入室内或生长箱内,处理温度和时间因植物种类和器官生理状况而异。一般为 35~40 ℃,短则几十分钟,长可达数月,切取其处理后所长出的枝条做接穗和砧木,从而达到脱去病毒的效果。对于草本植物则直接经高温处理后达到消灭病毒的目的。目前热处理脱毒大多采用热风处理法。例如,康乃馨置于 38 ℃ 环境中两个月,草莓在 36 ℃ 中 6 周,即可清除茎尖的病毒。还有人采用变温处理来脱毒,如马铃薯未脱毒小苗在生长箱中进行变温处理,35 ℃ 4 h,31℃ 4 h,如此交替处理 1 个月,其脱毒效果可达 80% 以上。这个变温处理的优点是:35 ℃ 使病毒钝化,31 ℃ 可提高小苗生活力,这样既提高脱毒率,又能提高成苗率。

2. 低温处理(亦称冷疗法) 菊花植株在 5 ℃ 条件下分别处理 4 个月和 7.5 个月,没有菊花矮化病毒(CSV)的无病毒苗分别是 67% 和 73%,而没有菊花退绿斑驳病毒(CCMV)的无病毒苗分别是 22% 和 49%,未经处理的茎尖则无脱毒效果。

二、化学方法

不少化学物质能够抑制病毒的复制,如孔雀绿、硫尿嘧啶、8-氮鸟嘌呤以及某些病毒抑制剂、核酸合成抑制剂等,但因病毒的生物学特点,以及它与寄主代谢关系密切,因而对病毒有杀伤力的药品,往往对寄主植物也有伤害。因此,这类药剂虽然能去除病毒,也能毒害寄主,因而很难在生产上应用。近年发现三氮唑核苷(1-β-D-呋喃核糖-1,2,4-三氮唑)可用于防治一系列动物 DNA 病毒和 RNA 病毒,对植物也有效(表 7-1)。

表 7-1 烟草外植体在三氮唑核苷条件下培养脱毒情况

(引自 Long R.,1986)

供体中的病毒	三氮唑核苷浓度(μmol/L)	子代植株数	无病毒植株(%)
PVY	0	67	0
	20.5	52	1.9
	41.0	48	12.5
	205.0	26	100.0
CMV	0	58	0

（续）

供体中的病毒	三氮唑核苷浓度（μmol/L）	子代植株数	无病毒植株（%）
CMV	20.5	69	21.7
	41.0	54	25.9
	205.0	37	100.0
	0	19	0
TMV	41.0	27	7.4
	205.0	12	83.3

将感染了马铃薯 Y 型病毒（PVY）、黄瓜花叶病毒或烟草花叶病毒的叶柄，培养在三氮唑核苷的 MS 培养基上，子代植株则除去病毒，而对照则无效，说明三氮唑核苷抑制病毒的增殖。表7-2列出了钝化、抑制和消除植物病毒的一些化合物。

表7-2　钝化、抑制和消除植物病毒的一些化合物

化合物	植物病毒	寄　主
三氮唑核苷（ribavirin）	CMV，PVY，TMV	烟草
	ACLSV	苹果
	LSV，TBV	百合
	ORSV	大花蕙兰
	PVY，PVX，PVS，PVM	马铃薯
	EMCV	茄子
阿糖腺苷（vidarabine）	OMV	虎眼万年青
碱性孔雀绿（malachite green）	PVX	马铃薯
2-硫尿嘧啶（2-thiouracil）	PVY	烟草
放线菌素 D（actinomycin-D）	TMV	大白菜

注：ACLSV 代表苹果退绿叶斑病毒；CMV 代表黄瓜花叶病毒；EMCV 代表茄子杂色皱病毒；LSV 代表百合潜隐病毒；OMV 代表虎眼万年青花叶病毒；ORSV 代表虎眼万年青环斑病毒；PVM 代表马铃薯病毒 M；PVS 代表马铃薯病毒 S；PVX 代表马铃薯病毒 X；PVY 代表马铃薯病毒 Y；TBV 代表郁金香碎色病毒；TMV 代表烟草花叶病毒。

三、生物学方法

1. 种子繁殖　有些病毒不能侵染种子，这可能是大多数靠种子繁殖植物病毒病较少的原因之一。因此，用种子繁殖植物能够排除大多数病毒，达到复壮的目的。但有性繁殖不能维持无性繁殖植物的种性，使这一方法受到了一定的限制。

2. 分生组织培养　病毒在植物体上的分布是不均匀的，幼嫩组织和器官病毒含量极低，生长点含毒很少，或不含病毒，因此可以利用组织培养技术，对幼嫩的分生组织进行培养，获得脱毒苗。Morel（1952）用生长点培养法由感病植物获得了去病毒植株，从而为拯救优良品种开辟了一条新的有效途径。Holling（1964）研究了感染花叶病毒的康乃馨（香石竹）芽尖病毒（CarMV）的分布情况，切取各种大小的芽，将其汁液稀释至 500 倍，接种到被检植物上，根据局部病痕数（L.L. 数）进行调查，结果（表7-3）可以看出，病毒浓度愈接近茎尖顶端愈稀，保毒率在 170～200 μm 的生长锥中为 13/25 个，0.5 mm 时为 26/30个，0.75 mm 时为 8/9 个。

表7-3　康乃馨芽中 CarMV 的浓度

（引自 Holling，1964）

芽数（个）	芽大小（mm）	每片叶中 L. L. 数	无病毒芽数（个）	比率（%）
3	0.11	0.2	2	66
20	0.25	2.2	8	40
30	0.50	17.1	4	13
9	0.75	35.3	1	11
4	1.00	39.2	0	0
5	1.0 以上	98.6	0	0

森宽一等（1969，1970）用荧光抗体法，了解到若干有关芽组织中病毒的分布情况，将感 TMV 病的番茄、撞羽牵牛、烟草等植株的芽做成薄切片，观察荧光抗体反应。在撞羽牵牛的生长锥以及最上部的 1～2 个叶原基部分，没有看到 TMV 荧光；髓组织和 3～4 以下的叶原基中，可看到显著的特异荧光，表明含有大量的 TMV 病毒，而且荧光在叶原基的基部和维管束部位上特别显著。但同样是 TMV，在不同的植物上的分布状况也有所不同，番茄最上 1 个叶原基，撞羽牵牛最上 2 个叶原基，烟草最上 4 个叶原基没有一点荧光，可以认为它们没有病毒或病毒含量极低。后腾和夫（1956—1967）等利用这一方法共分离、培养、选育出 12 种植物 50 个品种去病毒植株，如无 X、Y、G、S 和卷叶病毒的马铃薯，无花叶病毒的大蒜、山葵、萝卜以及甘薯、草莓及几种花卉。

3. **培养中脱毒**　用茎尖分生组织培养脱毒的理论基础，是病毒在寄主内分布的不均匀，以至在分生组织中就可能没有病毒。如前所述，确实也有证据说明，越接近嫩枝顶尖部位，病毒浓度越低，但真正确定病毒侵入顶部范围的侵染性测定，直到近几年才得出结论。Kassanis（1967）在用电子显微镜检查分生组织时，第一次发现分生组织含有病毒粒子。Appiano 和 Pennazio（1972）用电子显微镜检查薄片，发现了马铃薯顶尖圆锥体细胞的细胞质内含有 PVX 病毒，因此得出结论，用分生组织培养法育成的无 PVX 病毒的植株，意味着病毒是在培养时脱除的。这一结论被 Krylova 等人用电子显微镜检查感染 PVX 的嫩枝分生组织的压碎匀浆时确证，并加以引申。他们检查了分生组织大小不同的 3 个群，发现分生组织在 0.08～0.1 mm 范围内，有 98% 含有少量病毒粒子，在 0.1～0.3 mm 中稍多一点，在 0.3～0.5 mm 中含量更多。他们还检查了培养 4 周后的分生组织压碎匀浆，结果表明，在不足 0.1 mm 的分生组织中，没有发现病毒粒子，在 0.1～0.3 mm 中也几乎没有病毒粒子。Pennazio 等（1974）利用汁液传送检测了马铃薯分生组织中的 PVX，他们把 3 种大小的分生组织分成两组，一组用做直接传播试验，另一组培养 90 d 后将小植株加以鉴定，发现被 PVX 感染的情况有明显差异。0.12 mm 的材料中，直接鉴定者感染率占 81%，培养后的材料感染率占 52%。0.27 mm 的材料中，经培养后感染率也明显降低。最长的 0.6 mm 的材料，直接鉴定和经过培养后鉴定，培养材料全部感染。

培养中脱毒的机制目前还不清楚，Ingraim（1973）认为，可能是因为分离组织所产生的某些钝化因子或培养基中某些成分对病毒的效应所致。Quak（1972）推测，病毒粒子的消失，可能是由于分生组织与培养基接触的结果，Miller 和 State - Smith 则认为，病毒复制时需要某些作用于靠近分生组织圆锥体细胞的酶类，当茎尖被剥成很小时，它们的生长进程暂时被打乱了，病毒复制所需的酶失去作用，这就中断了传染性病毒的复制。在小生长尖内病毒生长过程被打乱的程度最大，病毒复制被打乱的时间最长，长到病毒的核糖核酸降解并可能被植物细胞所利用的程度。在较大茎尖内，病毒复制被打乱的程度小，复制病毒所需要的酶，在核糖核酸全部降解之前是有效的。

4. 愈伤组织诱导　植物各部位器官和组织通过去分化培养诱导产生愈伤组织，经过几次继代，然后愈伤组织再分化形成小植株，可以得到无病毒苗。用感染烟草花叶病毒的烟草髓部组织诱导出的愈伤组织，经 4 代继代培养，用荧光抗体法检测，发现已没有特异荧光，说明愈伤组织细胞内已不存在病毒，即病毒颗粒会在愈伤组织的继代培养过程中逐渐消失（森氏，1970）。在康乃馨愈伤组织继代培养中，也发现这种现象（近藤，1967）。这一方法在马铃薯、天竺葵、大蒜、草莓等植物上也先后获得证明。愈伤组织培养脱毒的机理还不太清楚，一般认为愈伤组织中细胞分裂旺盛，可能抑制病毒复制，使部分细胞不含病毒。

愈伤组织在长期继代培养过程中，由于培养基中激素、生长素类物质的刺激影响，通常会发生体细胞无性系变异。这种变异的范围和方向都是不定的，因此，对于无性繁殖作物而言，为了保持其优良种性，在病毒脱毒上一般不采用此法。

5. 微型嫁接脱毒　热处理可以克服木本植物的某些病毒病（Murashige 等 1972；Nylano 等，1969），但对多数病毒则无济于事。茎尖培养，可使许多草本植物脱毒，但一些木本植物难以诱导成植株（Hollings，1965；Murashige 等，1972）。微型嫁接脱毒为一些木本植物顺利脱毒提供了可能。这一技术与原理是 1972 年 Murashige 首次建立的，Navarro（1975）又做了改进。随后不少研究者，用柑橘、苹果、桃、杏、葡萄等做微嫁接脱毒技术研究（Edriss 等，1984；Alskieff 等，1978；Shu-Ching Huang 等，1980）并取得了不同的进展。

微型嫁接方法有几种，Murashige 等曾用顶接法，即将小接穗置于去茎尖的上胚轴的顶端；Navarro 等曾试过 7 种嫁接方法和部位，结果以紧接上胚轴顶端切倒 T 形与顶接法两种为最优，但倒 T 形接法在有些材料中由于砧木切口处过盛生长的愈伤组织抑制了芽的生长，而成功率不高。马凤桐等（1990）用点接法使柑橘属茎尖微型嫁接成活率提高到 90%，成苗率达到 77%~85%。

点接法的具体操作如下。

（1）砧木苗的培养　采集充实无病种子，漂洗晾干后冷藏备用。剥去内外种皮进行表面灭菌，在无菌条件下接入固体培养基中，每试管 2~3 粒种子，27 ℃恒温暗培养 10~14 d 的白化苗，即可做小砧木。

（2）接穗的准备与嫁接　摘去叶片促使枝条绽发新芽，待芽长到 0.5~1.0 cm 时即可采做接穗。表面灭菌后，在无菌条件下借助解剖镜与冷温强光照明，切取长 0.1~0.2 mm 的茎尖做小接穗，再切去砧木苗的顶端，以根部与 1 cm 长的上胚轴做砧木，距顶端切面 1~2 mm 处，用刀尖轻刺小切口，尽快把已切好的小穗垂直而无损地镶进小切口，然后将嫁接结合体，通过 Heller 滤纸板置入 MS 液体培养基中，置 27 ℃恒温、每日 16 h 光照、1 000 lx 光照度下培养。

微嫁接脱毒能够脱除木本植物许多病毒病，脱毒植株生长正常，但其操作技术复杂，难度较大，因而，生产中尽量以茎尖分生组织培养脱毒为好。

6. 珠心胚培养　此方法大多用在果树作物上，多常用在柑橘类果树上。普通作物受精产生的种子绝大多数只形成一个胚，而柑橘的种子常形成多胚。柑橘类中的温州蜜柑、甜橙、柠檬等

80%以上的种类具有多胚性，而单胚占的比例很小，多胚中只有一个胚是受精后产生的有性胚，而其余是珠心细胞形成的无性胚，一般称珠心胚，通过珠心胚培养可以得到无病毒的珠心胚苗。自 Ransan 等（1968）首次成功培养珠心胚以来，利用该方法使柑橘类较多品种病毒脱毒上获得成功，其原因可能是因为病毒的转移通常是经维管束的韧皮组织传播的，细胞间转移很慢，而珠心与维管束系统无直接联系，因此，由珠心胚诱导产生的植株就可以免除病毒的危害。

第四节　分生组织培养脱毒的一般方法

一、分生组织的分离

从大田生长健壮植株上，取正在生长的顶芽、萌发芽或球茎的中心芽，带回实验室后除去可见叶片，材料经流水冲洗干净后，用70%的酒精迅速漂洗，再用0.1%升汞液或20倍的次氯酸钠液消毒8～10 min，无菌水冲洗3次。消毒后的材料在无菌条件下进行无菌操作。在解剖镜下，用解剖刀、针和镊子，逐层剥除芽外面的幼叶和叶原基，露出生长点，切下含有1～2个叶原基的0.1～0.2 mm长的生长点，转入到琼脂培养基上。操作时还应特别注意防止茎芽组织中的病毒通过接种工具带到生长点上，造成接种体本身带病毒，致使整个工作前功尽弃。

二、培　养　基

脱毒培养的目的是创造条件，促进芽生长成苗并生根。常用的培养基有 MS、White（1943）、Morel（1955）、Kassanis（1957）、农事场、革新等配方（表7-4）。对于芽的发育，低浓度的无机离子更有利，提高培养基中铵盐和钾盐的浓度，有利于茎尖的成活。植物生长调节剂的种类和浓度对茎尖生长和发育具有重要的作用，一般生长素和细胞分裂素的配合使用对于大多数植物的茎尖培养是有利的，细胞分裂素多用激动素和6-苄基嘌呤，使用浓度为0.05 mg/kg；生长素常用萘乙酸，浓度范围为0.1～1 mg/kg，吲哚乙酸也用于茎尖培养。少量的赤霉素有利于茎尖的成活和伸长，但如果浓度过高或使用时间过久，会产生不利影响，使茎尖转绿，最后叶原基迅速伸长，生长点并不生长。不同品种对生长调节剂的反应不同，因此必须结合材料类型和培养条件灵活掌握。

表 7-4　常用茎尖培养的培养基（mg/L）

成　分	Morel	Kassanis	农事试验场	革新
Ca（NO$_3$）$_2$·4H$_2$O	500	500	170	500
KCl	—	—	80	800
KH$_2$PO$_4$	125	125	40	125
KNO$_3$	125	125	—	125
MgSO$_4$·7H$_2$O	125	125	240	125
NH$_4$NO$_3$	—	—	60	—
（NH$_4$）$_2$SO$_4$	—	—	—	800
CuSO$_4$·5H$_2$O	—	—	0.05	0.05

（续）

成　分	Morel	Kassanis	农事试验场	革新
柠檬酸铁	—	Berthelot 溶液 10 滴	—	25
H_3BO_3	—	—	0.6	0.6
$MnCl_2 \cdot H_2O$	—	—	0.4	0.4
$(NH_4)_4Mo_7O_{21} \cdot 4H_2O$	—	—	—	0.025
$ZnSO_4 \cdot 4H_2O$	—	—	0.05	0.05
$H_2MoO_4 \cdot H_2O$	—	—	0.02	—
腺嘌呤	—	—	5	5
生物素	0.01	0.01	0.01	0.01
泛酸钙	10	10	10	10
胱氨酸	—	10	10	10
酪蛋白水解物	—	—	—	1
肌醇	0.1	0.1	0.1	0.1
烟酸	1	1	1	1
维生素 B_6	1	1	1	1
维生素 B_1	—	—	1	1
蔗糖	20 000	20 000	20 000	20 000
葡萄糖			10 000	

三、培　养

　　茎尖分生组织分离后转入到琼脂培养基上于 25～27 ℃条件下进行光照培养，离体培养的茎尖分生组织一般有以下 3 种生长发育类型（陶国清，1984）。

　　1. 生长太慢　接种的茎尖不见明显增大，但颜色逐渐变绿，最后形成绿色小点。有人认为这时茎尖进入休眠状态，更可能的原因可能是由于培养基中生长素浓度偏低，或培养温度低所造成，如果这时转入到生长素浓度稍高的培养基中，或适当提高培养温度，就能促进茎尖生长。

　　2. 生长过旺　接种后茎尖明显增大，一周内即在茎尖基部产生愈伤组织，很少看到茎尖伸长，颜色一直较淡。这可能是培养基中所使用的生长素浓度偏高，或光照太弱、温度过高。在这种情况下，应及时转入到生长素浓度较低的培养基中，或降低温度，提高光照强度，否则最后将形成半透明的一团愈伤组织，丧失了发育能力。

　　3. 生长正常　在正常情况下，接种茎尖颜色逐渐变绿，基部逐渐增大，有时形成少量愈伤组织，茎尖也逐渐伸长，一般茎尖大约一个多月，即可看到明显伸长的小茎，叶原基形成可见小叶。说明各因子都很适宜，这时可转入到无调节剂的基本培养基中，茎尖继续伸长，并形成根系，最后发育成完整小植株。

　　根据不同的茎尖生长类型，改变生长调节剂的浓度及处理时间，结合合适的培养条件能使茎尖成活率大大提高，有时达到 80% 以上。

　　接种后的生长点，在培养基上生长很慢，再生成植株往往需要几个月甚至一年以上，因此要满足其培养条件是十分重要的，最好给以昼夜温差周期。由于培养时间长，应注意培养基保湿，一般用防湿的铝箔或塑料薄膜包裹。

四、建立无性繁殖系

利用生长点培养无毒苗的成苗率和脱毒率都非常低，有时无毒株只占千分之几，在培养中还可能产生变异。因此，每一茎尖分化产生的植株，在作为母本生产无病毒原种以前，必须进行品种特性和特定病毒鉴定。生长点培养所得到的植株经继代培养，建立无性繁殖系。当每一株系达到一定苗数时可分成3份，1份用于病毒检测，1份用于品种特性鉴定，1份保存。

五、脱毒试管植株的移栽和品种特性鉴定

试管苗要从培养基中移栽到土壤中，这是一个由异养到自养的转变，这个转变需要有一个逐渐锻炼适应的过程。一般移栽前可以先在不附加生长调节剂的基本培养基上提高光强，进行炼苗，使试管苗生长粗壮，同时将培养室温度逐渐调整到与外界温度相一致，减少温差变化大造成的死苗，以提高移栽存活率。

试管内的植株移栽在合适的介质中，保证空气湿度、温度和光照等环境条件，是试管苗顺利完成由异养到自养的转变并成活的关键。将存活的试管苗与原植物种植在相同的环境条件下，对其生物学特性进行鉴定。

第五节　无病毒植株的鉴定

一、指示植物法

指示植物法是病毒检测中最古老和最常用的一种方法。从植物病毒学家开始从事病毒研究工作起，病毒学家在研究新的或可疑的病毒，尤其是可以通过汁液传播的病毒时，希望能寻求到一种转株寄主植物，而这种转株寄主能对汁液接种产生迅速和特有的反应，如能在接种叶片上形成局部病斑等，通常将这种转株寄主植物称为指示植物。植物一些病毒病害症状和指示植物如表7-5所示。

表 7-5　植物一些病毒病害症状和指示植物

病　毒	症 状 特 征	指示植物
马铃薯 X 病毒（PVX）	轻重不同的花叶和环斑，因株系而异	千日红、地霉松、指尖椒
马铃薯 Y 病毒（PVY）	花叶、皱缩花叶以及叶脉坏死，因株系而异	洋酸浆、地霉松、中国枸杞
马铃薯卷叶病毒（PLRV）	退绿，卷叶	洋酸浆
马铃薯 S 病毒（PVS）	花叶或典型的脉间花叶、斑驳，脉间组织凸起，叶脉深陷	千日红、灰条黎
马铃薯 M 病毒（PVM）	花叶，叶片变形，有时叶柄或叶脉坏死，因株系而异	千日红、毛曼陀罗、灰条藜、豇豆
马铃薯纺锤块茎类病毒（PSTVd）	植株矮化，叶小，叶柄与主茎角度变小，分枝直立	中国莨菪、黄花烟
马铃薯 A 病毒（PVA）	脉间花叶，皱缩	地霉松

（续）

病　毒	症　状　特　征	指示植物
马铃薯奥古巴花叶病毒	黄斑花叶	地霉松、指尖椒
甘薯羽状斑驳病毒（SPFMV）	退绿斑纹或带有紫色边缘的退绿斑，或沿叶脉形成紫色羽状斑纹，有的株系引起块根褐裂	巴西牵牛
甘薯潜隐病毒（SPLV）	叶片无明显症状，仅产生轻度的斑驳	巴西牵牛
烟草花叶病毒（TMV）	花叶，斑驳	番茄
番茄斑枯病毒（TSWV）	叶片褐色或黑色斑点；叶、茎或花上有黄色、黑色或坏死环；生长迟缓，茎尖坏死，花叶	蚕豆、矮牵牛

　　病毒指示植物鉴定法就是利用病毒在其他植物上产生的枯斑和某些病理症状，作为鉴别病毒及病毒种类的标准，有时该法也称枯斑测定法。指示植物鉴定法对依靠汁液传播的病毒，可采用摩擦损伤汁液传播鉴定法，对不能依靠汁液传播的病毒，则采用指示植物嫁接法。

　　指示植物法最早是美国病毒学家 Holmes（1929）发现的，他用感染烟草花叶病毒的普通烟叶的粗汁液和少许金刚砂相混，然后在心叶烟叶子上摩擦，2～3 d 后叶片上出现了局部坏死斑。由于在一定范围内，枯斑数与侵染病毒的浓度成正比，且这种方法条件简单，操作方便，故一直沿用至今，仍作为一种经济而有效的鉴定方法广泛使用。

　　常用的指示植物有：千日红、野生马铃薯、曼陀罗、辣椒、洋酸浆、心叶烟、黄花烟、豇豆、莨菪、巴西牵牛等。一种理想的指示植物应是容易并能快速生长者，它应具有适宜于接种的大叶片，且能在较长时期内保持对病毒的敏感性，容易接种，并在较广的范围内具有同样的反应。指示植物一般有两种类型，一种是接种后产生系统性症状，接种的病毒扩展到植物非接种部位，局部病斑不明显；另一种是只产生局部病斑，常由坏死、退绿或环斑构成。

　　病毒接种鉴定工作必须在无虫温室中进行，接种时从被鉴定植物上取 1～3 g 幼叶，在研钵中加 10 mL 水及少量磷酸缓冲液（pH7.0），研碎后用双层纱布过滤，滤汁中加入少量 500～600 目金刚砂作为指示植物叶片的摩擦剂，使叶片表面造成小的伤口，而不破坏表层细胞。加入金刚砂的滤汁用棉花球蘸取少许，在叶面上轻轻涂抹 2～3 次进行接种，然后用清水冲洗叶面。接种时也可用手指涂抹，用纱布垫、玻璃抹刀、塑料海绵、塑料刷子或用喷枪等均可。接种后温室应注意保温，一般温度在 15～25 ℃，2～6 d 后即可见症状出现。如无症状出现，则初步判断为无病毒植物，但必须进行多次反复鉴定，这是由于经过脱毒处理后，有的植株体内病毒浓度虽大大降低，但并未完全排除。因此，必须在无虫温室内进行一定时间的栽种后，再重复进行病毒鉴定，经重复鉴定确未发现病毒，这样的植株才能进一步扩大繁殖，以供生产上利用。

　　木本多年生果树及草莓等无性繁殖的草本植物，采用汁液接种法比较困难，则通常采用嫁接接种的方法。该法是以指示植物做砧木，被鉴定植物做接穗，可采用劈接、靠接、芽接等方法嫁接，其中以劈接法为多。目前世界各国草莓病毒的鉴定和检测，都是采用指示植物小叶嫁接法，其操作程序如下：先从待检株上剪取成熟叶片，去掉两边小叶，留中间小叶带叶柄 1.0～1.5 cm，用锐利刀片把叶柄削成楔形作为接穗；然后选取生长健壮的指示植物，剪去中间小叶作为砧木；再把待检接穗切接于指示植物上，用 Parafilm 薄膜包扎，整株套上塑料袋保温保湿。成活后去掉塑料袋，逐步剪除未接种的老叶，观察新叶上的症状反应。木本植物采用指示植物法进行病毒检测，其操作程序基本上与草莓病毒检测相同。

二、抗血清鉴定法

植物病毒是由蛋白质和核酸组成的，因而是一种较好的抗原。给动物注射后会产生抗体，这种抗体是动物有机体抵抗外来抗原而产生的一种物质，这种物质具有结合抗原，使它不能活动的能力，这种结合的过程叫做血清反应。由于抗体主要存在于血清中，故含有抗体的血清即称为抗血清。血清反应，不但在动物体内可以进行，在动物体外也可以进行。

具体来说，能刺激动物机体产生免疫反应的物质，称为抗原。而抗体则是由抗原刺激动物机体的免疫活性细胞而生成的，它存在于血清或体液中，为一种具有免疫特性的球蛋白，能与该抗原发生专化性免疫反应，蛋白、蛋白分解后的高分子化合物以及多糖类物质都具抗原的特性。由于植物病毒为一种核酸与蛋白复合体，因此也具有抗原的作用，能刺激动物机体的免疫活性细胞产生抗体。同时，由于植物病毒抗血清具有高度的专化性，感病植株无论是显症还是隐症，无论是动物还是植物的传播病毒介体，均可以通过血清学的方法准确地判断植物病毒的存在与否、存在的部位、存在的数量等，对植物病毒的定性、定量，对植物病毒侵染过程中的定位、增殖与转移等，均起到快速诊断的作用，因此，在植物病毒学中得到广泛应用。同时，由于其特异性高，测定速度快，所以抗血清法也成为植物脱毒技术中病毒检测最有用的方法之一。

抗血清鉴定法首先要进行抗原的制备，包括病毒的繁殖、病叶研磨和粗汁液澄清、病毒悬浮液的提纯、病毒的沉淀等过程。同时，要进行抗血清的制备，包括动物的选择和饲养、抗原的注射、采血、抗血清的分离和吸收等过程。血清可以分装在小玻璃瓶中，储存在 $-25 \sim -15 \, ^\circ\text{C}$ 的冰冻条件下，也可以分装于安瓿中，冷冻干燥，随后密封，有效保存。抗血清可以在植保研究单位购买。植物病毒血清鉴定试验方法很多，但常用的有试管沉淀试验、凝胶扩散反应、免疫电泳技术、炭凝集试验、荧光抗体技术、酶联免疫吸附法、免疫电子显微镜法等。

三、酶联免疫吸附法

酶联免疫吸附法是目前最新的血清学方法之一。许多植物病毒由于在寄主体内的浓度很低，或由于病毒粒子的形态，以及由于寄主体内所存在的病毒钝化物或抑制剂等种种原因，采用常规的指示植物法或常规血清学方法进行检测，结果常常不准确，而酶联免疫吸附法在很大程度上克服了这些限制。

酶联免疫吸附法是把抗原、抗体的免疫反应和酶的高效催化反应有机结合而发展起来的一种综合性技术，其基本原理是以酶标记的抗体来指示抗原抗体的结合。即通过化学的方法将酶与抗体或抗原结合起来，形成酶标记物，或者通过免疫学方法将酶与抗原抗体结合起来，形成免疫复合物，这些酶标记物或复合物，仍保持其免疫活性，然后将它与相应的抗原或抗体起反应，形成酶标记的或含有酶的免疫复合物。结合在免疫复合物上的酶，在遇到相应酶的底物时，催化无色的底物，发生水解，生成可溶性的或不可溶性的有色产物。如为可溶性的，则从溶液色泽的变化，用肉眼或比色计测定来判断结果，其溶液色泽变化的强度与被检植株体内病毒抗原浓度成正比。如果为不溶性有色产物，同时又是致密物质，则可用光学显微镜或电子显微镜识别和定量。

酶联免疫吸附法同其他血清测定法一样，也可以不同方式进行，常用的有以下几种。

1. **直接法** 用特异的酶标记抗体检出样品中的抗原。操作程序为：将待检抗原注入聚苯乙烯多孔微量板中，孵育，使抗原吸附于孔壁、洗涤，保留附着于壁面的抗原，随后在吸附有抗原的载体中（聚苯乙烯多孔微量板）加入特异的酶标记抗体，使抗原、抗体反应，然后洗涤，洗去未与抗原结合的酶标记抗体，在固相载体表面形成酶标记的抗原抗体复合物，此时加入酶的底物，在酶的催化作用下，底物发生水解，产生有色产物，用肉眼观察颜色反应，或用分光光度计测出底物降解的量，从而定性、定量地测出样品中的抗原。

2. **间接法** 首先把一定量的抗原吸附于固相载体表面，在潮湿环境中，置于 4 ℃ 冰箱中过夜，然后彻底洗涤，清洗后加入抗血清，在室温下保持 2～3 h，使抗原抗体充分结合，形成抗原抗体复合物，多余抗血清用含 0.5% 吐温 20、0.1% 牛血清白蛋白的 0.02 mol/L、pH 7.2 磷酸缓冲液彻底洗涤后，加入酶标记的抗球蛋白的抗体，室温下保持 2～3 h，使之和抗原抗体复合物充分结合。等反应充分后用上述磷酸缓冲液彻底洗涤，最后加入酶反应底物，据酶与底物间的作用情况判断结果。

3. **双抗体法** 和上述间接法不同之处在于抗体吸附在固相载体表面上，在与抗原作用后，以酶标记的特异性抗体检查两者的结合情况，最后加入标记酶反应底物，所产生的颜色变化与加入的待测病毒抗原呈正相关。目前在植物病毒学研究中，该法是最成功和最常用的方法之一。

四、电子显微镜法

此法可直接观察到病毒微粒是否存在，病毒颗粒的大小、形态和结构。由于这些特征相当稳定，故对病毒鉴定是很重要的。通常所用的技术包括投影法、背景染色法、表面复形的制备与扫描电镜法以及超薄切片法。

五、RT - PCR 法

逆转录聚合酶链式反应（reverse transcription polymerase chain reaction，RT - PCR）是将 RNA 的反转录（RT）和 cDNA 的聚合酶链式扩增（PCR）相结合的技术。首先经反转录酶的作用从寄主的 mRNA 合成 cDNA，再以 cDNA 为模板，通过利用病毒 DNA 特有的序列设计的引物进行 PCR 反应，分析 PCR 反应物，即可知道在寄主中是否有病毒基因的表达，从而确定病毒是否存在。

第六节 影响分生组织培养脱毒的因子

一、病毒的种类

病毒脱除的情况与不同种类的病毒有关，不同病毒在茎尖部分分布不同，有的病毒分布十分靠近茎尖分生组织，例如，马铃薯由带一个叶原基的茎尖培养所产生的植株，可全部脱除卷叶病毒，80% 的植株脱除 A 病毒和 Y 病毒，约 50% 的植株可脱除 X 病毒。有关资料表明，马铃薯茎尖培养脱毒的由易到难的顺序如下：马铃薯卷叶病毒（PCRV）、马铃薯 A 病毒（PVA）、马铃薯 Y 病毒（PVY）、马铃薯奥古巴花叶病毒（PAMV）、马铃薯 M 病毒（PVM）、马铃薯 X 病毒（PVX）、马铃薯 S 病毒（PVS）、马铃薯纺锤块茎类病毒（PSTVd）。此顺序也不是绝对的，因品种、培养条件、病毒的不同株系而有变化。此外，茎尖的大小因品种、栽培条件和部位（顶芽或腋芽）而不同，所以在脱毒培养时不能以茎尖的绝对长度或体积作为分离大小的标准，一般以茎尖带 1～2 个叶原基较为适宜。这样的茎尖，既能保证一定的成活率，又能去除大多数病毒。

二、离体茎尖的大小

利用组织培养获得的无病毒植株又称为脱毒苗。一般来说，所用的外植体可以是茎尖也可以是茎的顶端分生组织。顶端分生组织是指茎的最幼龄叶原基上方的一部分，最大直径约为 0.10 mm，最大长度约为 0.25 mm。茎尖则是由顶端分生组织及其下方的 1～3 个幼叶原基一起构成的，大多数无病毒植物都是通过培养 0.10～1.00 mm 长的茎尖外植体得到的。茎尖大小是茎尖培养能否脱除病毒以及脱毒效率的限制因子，脱除病毒的茎尖外植体的适宜大小，对不同病毒和植株的要求是不一样的，并且这些外植体大小还影响植株的再生，如表 7-6 所示。

表 7-6　苜蓿茎尖外植体大小与脱除白车轴草花叶病毒（WCMV）的关系

外植体大小（mm）	外植体数目（个）	移栽植株数目（株）	无病毒株数目（株）	无病毒植株率（%）
<0.6	90	18	18	100
0～1.2	113	45	19	42.0
1.3～1.8	190	102	25	24.5
1.0～2.4	158	88	11	12.5
2.5～3.0	174	92	11	12.0

苜蓿茎尖外植体大小与获得无毒苗的比例负相关，外植体越小，获得无病毒苗比例越高，反之，无病毒植株的比例减少。外植体越大，再生植株的频率越高，但清除病毒的效果越差。培养长为 0.6 mm、0.27 mm 和 0.12 mm 的马铃薯茎尖时，获得无病毒再生植株的比例分别为 0、37.5% 和 48%。在木薯中，只有达到 0.2 mm 长的外植体能够形成完整的植株，再小的茎尖或是形成愈伤组织，或是只能长根。表 7-7 表示不同植物脱除不同病毒的所需要的适宜茎尖外植体大小是不同的。

表 7-7　一些植物茎尖培养脱除病毒时适宜茎尖大小

（引自朱至清，2002）

植物种类	病毒种类	茎尖大小（mm）	植物种类	病毒种类	茎尖大小（mm）
甘薯	斑叶花叶病毒	1.0～2.0	康乃馨	花叶病毒	0.2～0.8
	缩叶花叶病毒	1.0～2.0	百合	各种花叶病毒	0.1～0.2
	羽状花叶病毒	0.3～1.0	鸢尾	花叶病毒	0.2～0.5
马铃薯	Y 病毒	1.0～3.0	大蒜	花叶病毒	0.3～1.0
	X 病毒	0.2～0.5	矮牵牛	烟草花叶病毒	0.1～0.3
	卷叶病毒	1.0～3.0	菊花	花叶病毒	0.2～1.0
	G 病毒	0.2～0.3	草莓	各种病毒	0.2～1.0
	S 病毒	0.3	甘蔗	花叶病毒	0.7～0.8
大丽花	花叶病毒	0.6～1.0	春山芋	芜菁花叶病毒	0.5

三、化学物质

一些化学药品如嘌呤和嘧啶类似物（如碱性孔雀绿、硫尿吡啶等）、氨基酸、抗生素处理，可在某种程度上抑制植物体内或离体叶片内病毒的合成，但仍不能使病毒失活。

四、热 处 理

热处理与茎尖分生组织培养结合，能提高去除病毒的能力。Thomson（1956）将感染 X、Y 病毒的马铃薯块茎放在暗处发芽，当芽伸长至 1～2 cm 时，用 35 ℃处理 7～28 d，然后采取 5 mm 长的茎尖培养，获得了无病毒植株；如果不进行热处理，5 mm 茎尖再生植株是不会脱毒的。Hollings 和 Stone 用 50 ℃的温水处理菊花原株 3～15 min，后取其茎尖培养，首次获得了菊花无矮化病毒植株。康乃馨的轮纹病、嵌纹病等病毒，在 38 ℃下处理一个月，再进行茎尖培养可以除去，花叶病毒则需要热处理两个月。高温外理能显著提高马铃薯奥古巴花叶病毒的除去率，对于马铃薯卷叶病毒、A 病毒和 Y 病毒，应用茎尖分生组织培养所得到的无病毒植株百分数也相当高（达 80％左右）。因此，如只除去它们，并不需要热处理。

应用热处理消除病毒的一个限制在于，并非所有的病毒对热处理敏感，一般来说，对于等径的和线状的病毒，以及对已知是由类菌质体引起的病害，热处理是有效的。另外，延长寄主植物的热处理时间，也可能会钝化植物组织中的抗性因子，因而和对照相比，会降低处理效果（Bhojwani 等，1983）。

热处理时，最初几天空气温度应逐步增高，直到达到要求的温度为止。若钝化病毒所需要的连续高温会伤害寄主组织，可试用高低温交替法。同时，在热处理期间，应保持适当的湿度和光照，一般进行热处理的植株必须具有丰富的碳水化合物储备，为了达到这个目的，事先应对植物进行缩剪（pruning back），Hollings（1965）报道，缩剪能增强植物忍受热处理的能力。

五、病毒间的干扰

研究发现，只有一种马铃薯 X 病毒存在时，从茎尖培养产生的 42 株植物中，有 34 株是无这种病毒的，但当植物受马铃薯 X 病毒和其他病毒复合侵染时，从茎尖培养产生的 34 株植物中只有 2 株是无马铃薯 X 病毒的。这说明病毒之间还可能存在着干扰作用。

第七节　无病毒植物的利用

一、无病毒苗的保存

1. **无病毒苗的隔离保存**　无病毒苗一旦得到后，一部分用于种苗的繁育，一部分应很好地隔离保存。这些原始材料保管得好，可以保存利用 5～10 年，在生产上就可经济有效地发挥作用。针对病毒传染途径提出对应措施。

（1）对昆虫传染病毒　特别是蚜虫传染病毒，无病毒苗应种植在隔离网室中，网纱 300 目，孔径为 0.4～0.5 mm，以防止蚜虫或其他昆虫进入。

（2）对土壤传染病毒　病毒会以土壤中的真菌和线虫为媒介，进入无病毒苗前，栽培土壤应进行消毒，周围环境也要整洁，及时打药。

（3）对接触传染病毒　已感染病毒的发芽马铃薯块茎在储存、运输和播种操作中会传染病毒。在田间，病株的病毒可通过工具、衣服接触传染病毒。

生产场所应做好防蚜和土壤消毒工作，有条件的地方，可找适合的海岛或高冷山地。因其气候凉爽，虫害少，所以有利于无病毒材料的生长、繁殖。

2. 无病毒苗的长期保存　脱病毒苗一般每月继代一次，比较麻烦，品种资源的脱病毒苗也需要较长期的保存，较安全、简化的保存办法有下述几种。

（1）生长延缓保存　以 MS 培养基为基本培养基，除去全部植物生长调节剂，加入 1×10^5（10 mg/L）的 B_9 或矮壮剂。培养基的量应比平时用量稍多，每瓶 3～4 个幼苗，保存在 1 000 lx 弱光和 5～25 ℃低温下，这样可隔 2～3 个月或稍长时间再继代一次。

（2）低温保存　试管苗长到 2 cm 左右，放在 4～6 ℃冰箱内的暗处保存，可保存 1 年左右。

（3）超低温保存　无毒芽体在液氮低温 −196 ℃中保存，细胞的代谢和生长完全停顿，可长期保存。

二、无病毒苗的快速繁殖

经脱毒培养并经鉴定确定的脱毒苗的数量是很少的，在种苗生产中，利用试管微繁快速繁育无毒植株是常用的方法，这一快速繁育技术已在第六章做了叙述。

三、无病毒种苗的生产和利用

无病毒种苗的生产，一般包括原原种、原种和良种的生产。原种和良种的繁育应选择高海拔、气候冷凉、交通方便、病虫害少的地区，繁育过程加强管理和鉴定，保证在每个世代都严格淘汰退化株、病株和杂株，经严格防护生产的无毒良种即可在生产中大面积栽培、利用。无病毒种苗的生产和利用的一般程序为：无病毒植株繁殖原原种 $\xrightarrow{\text{扩繁}}$ 原种 $\xrightarrow{\text{扩繁}}$ 良种 $\longrightarrow$ 生产上利用。

◆复习思考题

1. 植物组织培养在生产脱毒苗木上有何意义？
2. 植物脱毒的主要方法有哪些？各有何优缺点？应如何选择应用？
3. 热处理为什么可以去除部分植物病毒？热处理方法分为哪几种？常用的是哪一种？
4. 论述茎尖培养脱毒的原理、方法及影响其脱毒效果的因素。

5. 分离茎尖分生组织与分离普通茎尖有何区别？

6. 如何鉴定茎尖培养而成的苗确实是无毒的？

7. 怎样保存和利用无毒苗？

◆ 主要参考文献

［1］裘维蕃. 植物病毒学. 第 2 版. 北京：农业出版社，1984

［2］梁训生. 植物病毒学. 北京：农业出版社，1994

［3］胡琳. 植物脱毒技术. 北京：中国农业大学出版社，2000

［4］肖尊安. 植物生物技术. 北京：化学工业出版社，2005

［5］朱至清. 植物细胞工程. 北京：化学工业出版社，2002

［6］Bhojwani S S，Razdan M K. Studies in Plant Science 5，Plant Tissue Culture：Theory and Practice. a Revised Edition. Amsterdan：Elsevier Science，1996

［7］Chen Z L，Gu H Y. Plant Biotechnology in China. Science，Volume 26，1993

［8］Grout B. Genetic Preservation of Plant Cells *in vitro*. Berlin：Spring‑Verlag，1995

［9］Kurstak E. Handbook of Plant Virus Infection，Comparative Diagnosis. Elsevier/North‑Holland Biomedical Press，1981

［10］Matthews R. Fundamentals of Plant Virology. Academic Press，1992

第八章 植物胚胎培养

植物胚胎培养是指对植物的胚、子房、胚珠、胚乳等胚胎组织进行离体培养，使其发育成完整植株或者离体研究植物胚胎发生机理的生物技术。植物胚胎培养为揭示植物胚胎形成机理、克服植物远缘杂交不孕、不实、自交不亲和等生殖障碍、扩大植物遗传物质交流以及利用胚组织建立植物体细胞无性系等研究提供了新途径和方法。在实验胚胎学和植物遗传育种学诸领域发挥越来越重要的作用。

第一节 离体胚培养

一、离体胚培养的概念和发展

1. 离体胚培养的概念　离体胚培养（embryo culture）指从植物种子中分离出胚组织进行离体培养的技术。根据植物胚组织的发育情况，离体胚培养可以分为幼胚培养和成熟胚培养。

成熟胚培养（mature embryo culture）是指对发育成熟种子胚的培养，成熟胚培养主要是为了打破种子的休眠，并诱导形成小植株。因此，培养基相对简单，一般只需要大量元素和糖即可，有些培养为了打破种子休眠也加入一些植物激素。

幼胚培养（immature embryo culture）是指对发育早期胚或未成熟胚的培养，即供给一定的培养条件，使幼胚逐步发育成成熟胚，并进一步发育成小植株的技术。与成熟胚培养相比，幼胚培养对营养条件的需求非常复杂，不同发育阶段的幼胚，对营养条件的要求差异很大。一般地，越早期的幼胚，要求的营养条件越高。幼胚培养要根据幼胚发育的不同阶段，选用相应的培养基、营养条件和培养条件。

2. 离体胚培养的发展　胚培养的研究最早可以追溯到1904年Hanning的工作，他将萝卜（Raphanus）和辣根菜（Cochlearia officinalis）的成熟胚在无菌条件下离体培养在含有蔗糖和无机盐的培养基上，获得了可以移栽的幼苗。Stingl（1907）发现几种禾本科植物的胚乳彼此嫁接时，胚仍能生长良好，因而认为，胚不一定依赖本身的胚乳取得营养。Andronescu（1919）研究了禾本科植物胚的盾片在吸收营养中的作用，认为缺乏盾片的胚生长变弱。Dieterieh（1924）在培养了多种植物离体胚之后，发现带有Knop's无机盐和2.5%～5.0%蔗糖的固体培养基能使成熟种子中分离出的胚正常生长，但未成熟种子中的胚，常形成畸形实生苗，即早熟萌发（precocious germination），说明成熟胚在一个简单培养基上就可以生长，而未成熟胚可能需要更复杂的营养条件。Laibach（1925，1929）在亚麻属（Linum）的两个种间杂交（L. perenne×L. austriacum）中，通常只能得到皱缩和不萌发的种子，当把这种种子的胚取出，放在含有蔗糖或葡萄糖液的潮湿滤纸上时，胚能萌发并产生杂种植株。在同一组合的反交中也得到了类似的结果。这一研究结果给植物远缘杂交研究提供了一个启示，即在胚乳发育不良或在胚与胚乳之间不亲和的情况下，把胚在早期取出培养，有可能使杂交获得成功。Laibach 的试验不仅开创了植物胚胎培养应用于植物改良实践的新时期，而且对胚培养技术本身的发展起了很大推动作用。20 世纪 30 年代，Tukey 培养了多种果树（如苹果、梨、桃和李等）的胚胎并获得成功，而这些果树的胚在植物体上通常是在其完全发育之前即停止生长。Lammerts（1942）的研究证实，胚胎培养可以缩短落叶果树（如杏、油桃和桃）的育种周期，增加杂种种子的萌发率。

早期的胚培养，由于当时的培养技术以及人们对幼胚生长条件和需求缺少了解，只能培养较成熟的胚，而心形期以前的幼胚在成熟胚培养基上一般不能存活，或在形成没有分化能力的愈伤组织之前稍有分裂。20 世纪 30 年代开始，人们在培养基中尝试加入生长素、维生素、氨基酸及有机添加物（如酵母提取物和水解酪蛋白）等，使幼胚培养取得了一定进展。White（1932）把马齿苋（*Portulaca oleracea*）幼小的心形胚培养在含有无机盐、葡萄糖和纤维蛋白水解物的培养基上，获得了根原基和子叶几乎与成熟胚一样大小的完全胚。La Rue（1936）在含有无机盐、蔗糖、IAA 和 YE 的培养基中，成功地培养了几种被子植物和裸子植物 0.5 mm 大小的幼胚，但无论如何也不能培养 0.2～0.3 mm 的心形胚，最多在体积上稍有增大，却不能生长，致使 La Rue 得出结论：小于 0.5 mm 的幼胚培养不能成功。从 20 世纪 40 年代起，人们对离体胚培养的营养需求等方面进行了的大量研究，特别是 Van Overbeek、Conklin 和 Blakeslee 等（1941，1942）的研究，为幼胚培养的成功奠定了基础。曼陀罗的成熟胚是自养的，可以在含有无机盐和 1‰葡萄糖的简单培养基上生长成苗，但其鱼雷形胚和心形胚则不能。Van Overbeek 等在培养基中加入甘氨酸、维生素 B_1、维生素 B_6、维生素 C、烟酸、腺嘌呤、丁二酸、泛酸等有机物后，心形至鱼雷形幼胚可以萌发，而比心形再早期的幼胚还是不能生长，或在形成无分化能力的愈伤组织之前有微弱生长。当 Van Overbeek 等在培养基中加入椰汁、麦芽提取液等物质后，心形期或比心形期更早期的胚（0.1～0.2 mm）也能培养成功。幼胚的培养成功，使离体胚培养技术得到了更广泛的应用。

二、离体胚培养的一般方法

如上文所述，根据其胚胎发生的程度，离体胚培养可分为成熟胚培养和幼胚培养两种类型。从受精卵到成熟胚的发育过程中，胚胎细胞内在因素和胚周围的胚乳等外在因素对胚胎的生长发育都有不同程度的影响。从受精卵到分裂早期的胚，一般是消耗胚乳的营养而获得发育，为异养期（heterotrophy period），离体培养时，需要提供特殊的营养物质，包括氨基酸、碳水化合物、嘌呤、嘧啶、维生素、生长素等物质。而已分化的较成熟的胚为自养型（autotrophy），它们后来的发育在很大程度上由自身细胞的内在因素所控制，其离体培养要求的条件简单。胚这种自养和异养发育的临界年龄，不同物种间存在一定差异。在典型的双子叶植物中，一般在心形胚晚期，随着子叶开始发育和以后的内部分化，胚变得足够独立和自养，才使它有可能在离体条件下较独立地发育生长。

1. 成熟胚培养 已发育成熟的胚进行离体培养容易获得植株。早期的植物胚培养研究大都使用成熟的胚，在 Hanning 成功地培养了萝卜等植物成熟胚以后，研究者做了大量的工作，表明绝大多数植物的成熟胚，在含有无机大量元素和糖的培养基上，就能正常生长成幼苗。有时在成熟胚离体培养中也需附加一些有机化合物，对某些物种胚的生长有特殊促进作用，但这些附加物没有一种是成熟生长所不可缺少的成分。因此，对于成熟胚培养来说，不是寻求合适的培养基和培养条件，而主要是用胚培养来研究胚发育过程的形态建成、生长调节物质的作用、各部分的相互关系、营养要求等生理问题。

目前，也有研究者以成熟胚为外植体，进行脱分化诱导愈伤组织，旨在研究离体培养中，通过器官发生或体细胞胚胎发生途径，成熟胚的再生能力。其培养方法显著区别于本章讲述的旨在把胚直接培养成苗的方法。

2. 幼胚培养 幼胚培养是指对子叶期以前具胚结构的幼小胚胎培养并使其发育成植株的技术。由于幼胚培养在远缘杂交育种中有极大的利用价值，因此，幼胚培养引起了越来越大的兴趣。与成熟胚培养相比，幼胚培养需要比较复杂的营养和培养条件。研究表明，离体胚愈小就愈难培养，对营养和环境条件要求愈严格。

（1）幼胚的分离 根据研究植物胚生长特性，选择适当时期未成熟种子，用70%的酒精进行漂洗消毒，接着用饱和漂白粉或0.1%升汞液消毒8~15 min，无菌水冲洗3~4次，去除残留的药物。然后，在无菌条件下进行解剖，直接取出或在解剖镜下取出幼胚，接种在适当的培养基中。分离幼胚要特别细心，尽量取出完整的胚。

（2）培养基 成熟胚对培养基要求不高，而幼胚要求较高，需要较复杂的培养基。常用的培养基有 Tukey、Randolph 和 Cox、Rijven、Rappaport、Ranaswamy、Norstog 以及 MS、B_5、White、Nitsch 等培养基。其中前两者适于成熟胚培养，其他适于未成熟胚培养。这些基本培养基提供了幼胚和成熟胚培养必需的无机盐。除此而外，培养基中应添加适量的碳源、氨基酸、维生素、生长调节剂、植物胚乳提取物等。

①碳源：蔗糖是幼胚培养基中最好的碳水化合物，一方面作为碳源，另一方面起着调节渗透压的作用。Doerpinghous（1947）把10种曼陀罗的胚培养在含蔗糖、葡萄糖、果糖、甘露糖、甘油5种不同糖的培养基中，证明蔗糖对大多数种来说是最好的碳源。Rijven（1952）研究荠菜（*Capsella bursa-pastoris*）胚的发育，同样肯定蔗糖是最好的碳源。培养基中蔗糖浓度以2%~4%为宜。不同发育时期的胚要求不同的蔗糖浓度，胚龄越小，糖浓度要求越高，成熟胚在含2%蔗糖的培养基中生长良好，而幼胚需要4%甚至更高浓度的蔗糖。高浓度的蔗糖除了供给离体幼胚生长的碳水化合物外，主要维持培养基中的渗透压，而这一点对幼胚培养是非常重要的。如曼陀罗的前心形期胚培养要求8%的蔗糖含量，而鱼雷期要降到1.0%~0.5%。荠菜心型期前的胚要求的蔗糖浓度高达12%~18%。

②氨基酸：培养基中添加氨基酸能促进离体幼胚的生长。研究证实，谷氨酰胺是促进离体胚生长最有效的氨基酸（Paris 等，1953；Monnier，1978），谷氨酰胺促进了显花植物9个不同家系离体胚的生长。Sanders 和 Burkholders（1948）发现酪蛋白水解物（CH）能显著促进曼陀罗幼胚（100~250 μm）生长。不同物种的离体胚对 CH 的浓度要求不同，大麦幼胚培养的最适 CH 浓度为 500 mg/L，而曼陀罗为 400 mg/L（Kent 等，1947）。

③胚乳提取物：胚在正常植物体上是靠其胚乳滋养的，因而在培养基中加入胚乳提取物能促进离体胚的生长和发育。李继侗（1934）发现，银杏胚乳提取物对培养的银杏胚生长有一定促进作用。20 世纪 40 年代初，Van Overbeek 等把传粉 10 d 的曼陀罗幼胚（心形期）培养在附加未经高压消毒的椰子乳培养基上，使幼胚获得了迅速生长，在 6 d 内胚的体积增加几倍（由 0.15 mm 长至 0.8 mm）。Van Overbeek 认为，在椰子乳中含有某种不耐热的物质，能够促进离体幼胚的发育，他把这种物质称为胚胎素（embryo factor）。之后，Warmk 等（1946）在甘蔗、Choudhary（1955）在番茄、Norstog（1961）在大麦、郭仲深（1963）在向日葵（*Helianthus annuus*）等幼胚培养中也得到了类似的结果。Norstog（1956，1961）用附加椰子乳的培养基成功地培养了 66 μm 的甘蔗幼胚后发现，椰乳的作用随椰子种类的不同而有很大的差异，这可能与椰子汁的质量有关。Pollard 等（1961）报道了成熟的椰乳明显地抑制了成熟椰子胚的生长，他认为成熟椰乳中含有一种使胚保持休眠的物质。因而，一般认为，8 分成熟的椰乳对幼胚培养作用显著，而完全成熟的椰乳作用不明显。

发现椰乳对胚生长的显著作用后，更多的研究者试图从其他天然提取物中寻求促进胚离体生长的因子。Kent 和 Brink（1947）研究指出，海枣和香蕉的水提取液、小麦谷蛋白水解液和番茄汁象 CH 一样，可促进大麦离体幼胚生长。Ziebur 和 Brink（1951）进一步研究了多种天然提取物质，如大麦胚乳、麦芽、马铃薯块茎、大豆和豌豆芽的提取物等，发现仅有大麦胚乳提取物可以促进大麦胚的生长。Pieczur（1952）证明，玉米胚乳组织的提取物能促进离体玉米胚的生长。Matsubara（1962）用十几种植物种子、胚乳等组织的乙醇提取物对曼陀罗胚培养，结果证明，这些植物浸提液都具有胚因子活性，而且这种促进胚生长的效应不具有专一性。由此可见，促进离体胚生长的有效成分广泛地存在于其他植物组织中。另外，酵母提取物、蜂王浆等有机物对幼胚的生长也有不同程度的影响。

④维生素：维生素对于已经萌发的胚生长并非必需，而对发育初期的幼胚培养来说，则是必需的。如硫胺素、吡哆醇、烟酸、泛酸钙等对幼胚的发育是有利的。

⑤植物生长调节剂：植物生长调节剂对旨在获得胚苗的幼胚离体培养的影响，不同研究者的看法不一，且多持否定态度。Rijven（1952）在荠菜胚培养中发现，1 mg/L 以上的 IAA 抑制幼胚的生长。郭仲深等（1963）报道了不同浓度的 IAA 对向日葵幼胚的生长作用，低浓度的 IAA（0.05～0.10 mg/L）对幼胚生长有促进作用，高浓度（10～20 mg/L）对胚的生长有抑制作用。当培养基中含有 1 mg/L IAA 时，1/4 的胚长愈伤组织；含有 5 mg/L IAA 时，约有 2/3 胚长愈伤组织；含有 10 mg/L 以上 IAA 时，全部胚产生愈伤组织。在陆地棉幼胚培养中，IAA 对胚的正常生长起抑制作用。Raghavan（1980）认为，事实上，生长素一般抑制离体胚的生长。Monnier（1978）认为，胚在生长调节方面是自主的，因而建议，在离体培养中不要加入激素，因为激素易引起结构畸变。

（3）培养　离体胚培养一般用固体培养基，大多数植物的离体胚在 25～30℃生长良好，也有一些需要较低或较高温度，如马铃薯幼胚培养，Haynes（1954）认为 20 ℃为好，而香雪兰胚在 32～34℃下生长最好，水稻胚培养对光照无特别要求。虽然胚在母株上被包围在胚珠里面，但黑暗对幼胚培养不一定有利。一定的光照对胚芽的生长有利，但对根的生长不利。一般离体幼胚培养前期在散射光下培养，后期则要在 2 000 lx 光照度左右培养。

　　（4）胚乳看护培养　离体培养非常幼小的幼胚通常是非常困难的，尽管离体胚培养的培养基在 100 年来有了不少的改进，但若要拯救发育极早期的杂种胚仍有很大困难。一个有效的解决办法是采用看护培养，即把发育不全的杂种胚埋在从正常发育的胚珠中取出的胚乳内，培养至幼苗期。Ziebur 和 Brink（1951）在进行大麦未成熟胚（300～1 100 μm 长）离体培养的时候，在幼胚周围培养基上放上正常发育的大麦胚乳，对幼胚的生长有明显的促进作用。Kruse（1974）报道，在某些属间杂交中，若把未成熟杂种胚放在事先培养的大麦胚乳上培养，能够显著提高获得杂种植株的频率。在大麦×黑麦属间杂交中，采用这种方法，30%～40% 的杂种未成熟胚可以发育成苗。而用传统的胚培养法则只有 1%。

　　De Lautour 等（1978）、Williams（1978，1980）等对上述胚乳看护培养幼胚的培养法又做了一些改进。他们把离体杂种幼胚嵌入到由双亲之一或第三个物种胚乳中（原双亲或第三物种正常发育的胚珠提前取出），然后把二者放在人工培养基上培养。在车轴草属（*Trifolium*）植物中，通过这种方法已得到了不少种间杂种。周之杭等（1979）在大麦和小麦杂种幼胚的培养中，取授粉后 9～12 d 的穗子，消毒并在无菌条件下剥取稍见膨大的子房，剖出杂种幼胚，将其移植到自交的正常发育 14 日龄的去胚大麦胚乳上，将胚安放在大麦原来胚部的位置，获得了属间杂种幼苗。

三、离体幼胚培养的生长发育类型

　　1. 正常胚发育　离体培养的幼胚，在控制条件下，按照活体内的发育方式发育，最终发育成成熟胚，进而萌发形成小植株。这是幼胚培养胚拯救的正常发育模式。

　　2. 异常胚发育

　　（1）早熟萌发　离体的幼胚在培养基上不仅能越过休眠期，而且还常常终止进行此后的胚胎发育，它们并不表现晚期过程中胚胎发生所特有的正常生物合成活性。相反，它们长成弱小的幼苗，而且这种幼苗只具有那些当胚离体时已具有的结构，这种未完成正常的胚胎发育过程而形成幼苗的现象叫做早熟萌发。早熟萌发的后果是，很难得到发育正常的健壮苗。因此，在幼胚培养中，如何维持幼胚完成正常的胚胎发育过程、进行正常生长，一直是引人关注的问题。Dietrich（1942）对分属于十字花科、豆科、菊科、葫芦科和禾本科等多种植物的离体培养进行了广泛的研究，发现培养时若把离体胚置于培养基表面，则有利于早熟萌发；而把离体胚埋于培养基中，则有利于胚胎生长。在这种情况下，离体幼胚可以增大至正常胚的大小，甚至超过正常胚的大小而不萌发。后来 Kent 和 Brink（1974）报道，在大麦未成熟胚离体培养中，CH 能促进胚胎的继续发育，抑制早熟萌发。Zeibur 等（1950）发现，培养基中高浓度蔗糖（12.8%）能抑制大麦幼胚早熟萌发，但效力没有 CH 好；培养基中高浓度的蔗糖（12%～18%）同样能抑制荠菜胚的早熟萌发。

　　Andrews 和 Simpson（1969）发现，已经后熟的野燕麦（*Avena fatua*）非休眠种子的裸胚在某些培养基上能够萌发。而在同一种培养基上，同一品系野燕麦处于高休眠状态的刚收获的成熟种子的胚则不能萌发。但供给外源 GA_3 或让它们在琼脂培养基上渗漏后，这些休眠胚在同一种培养基上就能萌发。红豆杉（*Taxus*）种子需要有一个后熟才能完成胚胎发育过程，在这段时间内胚一般不能萌发。但若把休眠胚在液体培养基中培养 8 d，它们就能获得萌发能力。由此可见，这类胚中存在的某种或某些抑制因子是阻止早熟萌发的原因。这类萌发抑制因子之一就是脱落酸（ABA）。已知某些植物种子发育后期，ABA 积累的浓度很高。Norstog（1972）观察到，在通常能够抑制早熟萌发的培养条件下（培养基的高渗透压、高光照度和较高温度），加入 GA$_3$ 可诱导大麦未成熟胚早熟萌发。然而，这种由 GA$_3$ 诱导的早熟萌发，可通过 ABA 处理得到抑制。

（2）胚不完全发育　在一些植物中，植株上发育的种子并无胚根、胚芽和子叶的分化。兰花种子球形胚是未分化的，在离体培养条件下，胚芽即增大形成原球茎，最后由原球茎分化出根和茎。菟丝子属（Cuscuta）植物的成熟胚有胚芽，但没有胚根，在离体培养中很难诱导根的分化。

3. 胚脱分化和再分化　离体培养的植物成熟胚和幼胚组织，在外源激素的诱导下，可发生生物钟的强行逆转，经脱分化形成愈伤组织或胚性愈伤组织，并经再分化形成完整植株，如水稻、小麦等（图 8-1）。一些植物的某些品种特定时期的幼胚培养可直接形成胚状体，经转培后直接出苗（如葡萄），由胚诱导的胚状体在继代中可进一步产生次生胚状体，利用这些特性建立的高等植物高频再生体系已成为植物遗传修饰与改良的基础。在禾谷类植物中，尽管通过离体叶组织、茎尖组织、叶鞘组织、幼穗组织均诱导出了愈伤组织，但幼胚愈伤组织的再分化特性是最好的。因此，禾本科牧草、水稻的成熟胚、幼胚及小麦发育 12~14 d 的幼胚常用来建立体细胞无性系。

图 8-1　小麦幼胚体细胞无性系（左）及其再生（右）

四、影响离体幼胚培养的其他因素

1. 幼胚的发育时期　离体胚的发育年龄是离体胚培养的重要因素，依据对营养需求，Raghavan（1966）把胚胎发育过程分为两个时期：①异养期，胚依赖于胚乳及周围的母体组织吸收养分；②自养期，这个时期的胚在代谢上已相当独立。胚由异养转入自养是胚发育的关键时期，然而这个时期出现的迟早因物种而异，在荠菜中，胚在球形期以前是异养的，只有到心形晚期它们才转为自养。在这两个时期之内，培养中的胚对外源营养的要求也会随胚龄的增加而渐趋于简单。Van Overbeek 等（1941，1942）对曼陀罗以及 Torrey（1963，1964）对荠菜所做的研究清楚的说明了这一点（表 8-1）。

表 8-1　荠菜胚胎不同发育时期对营养的需求

(引自 Torrey, 1964)

胚发育时期	胚长（μm）	营养要求
球形胚早期	22~60	小于 40 μm 的胚对营养的需求不详
球形胚晚期	61~80	基本培养基（大量元素[①]＋微量元素[②]＋维生素[③]＋2％蔗糖）＋IAA（0.1 mg/L）＋KT（0.001 mg/L）＋硫胺腺嘌呤（0.001 mg/L）
心形胚期	81~450	仅基本培养基
鱼雷形胚期	451~700	大量元素[①]＋维生素[③]＋2％蔗糖
拐杖形胚及成熟期	700 及更大	大量元素[①]＋2％蔗糖

注：①大量元素（mg/L）：480 Ca（NO_3）$_2$·$4H_2O$、63 $MgSO_4$·$7H_2O$、63 KNO_3、42 KCl 及 60 KH_2PO_4；②微量元素（mg/L）：0.56 H_3BO_3、0.36 $MnCl_2$·$4H_2O$、0.42 $ZnCl_2$、0.27 $CuCl_2$·$2H_2O$、1.55 （NH_4）Mo_7O_{24}·$4H_2O$、3.08 酒石酸铁；③维生素（mg/L）：0.1 盐酸硫胺素、0.1 盐酸吡哆醇、0.5 烟酸。

由于早期胚培养需要复杂的营养条件，因此，Monnier（1978）设计了一种巧妙的培养系统，这种培养系统把两种不同成分的培养基连接起来，克服了因培养时需要把胚由一种培养基转移到另一种培养基造成的困难。具体方法是，先在培养皿中央放置一小的圆形玻璃环，将加热熔化的一种培养基围绕四周倒入培养皿，一旦凝固，该培养基就组成了一个外圈层。取出玻璃环，将另一种具有独特成分的培养基倒入中间。待冷凝后，将剥离的胚置于培养皿中央的特异培养基上进行培养，由于培养基成分的扩散，中央的胚就逐渐地经受着变化着的培养基的哺育作用。利用该系统，Monnier 培养 50 μm 长的球形胚获得成功。Monnier 用于荠菜球形胚培养的两种培养基见表 8-2。

表 8-2　荠菜球形胚培养的两种培养基

(引自 Monnier, 1978)

成　分	数　量（mg/L）	
	培养基 1（外环）	培养基 2（中央区）
KNO_3	1 900	1 900
$CaCl_2$·$2H_2O$	848	1 320
NH_4NO_3	990	825
$MgSO_4$·$7H_2O$	407	370
KCl	420	350
KH_2PO_4	187	170
Na_2EDTA	37.3	—
$FeSO_4$·$7H_2O$	27.8	—
H_3BO_3	12.4	12.4
$MnSO_4$·H_2O	33.6	33.6
$ZnSO_4$·$7H_2O$	21	21
KI	1.66	1.66
Na_2MoO_4·$2H_2O$	0.5	0.5
$CuSO_4$·$5H_2O$	0.05	0.05
$CoCl_2$·$6H_2O$	0.05	0.05
谷氨酰胺	—	600
维生素 B_1	0.1	0.1
维生素 B_6	0.1	0.1
蔗糖	—	180 000
琼脂	7 000	7 000

2. 胚柄的作用　胚柄是一个短命组织，长在原胚的胚根一端，一般是当胚发育到心形期时，胚柄发育到最大限度。研究表明，胚柄积极参与幼胚的发育过程。由于胚柄既小又易损伤，很难把它与胚一起剥离出来，因而在一般情况下离体胚的胚柄都不完整。然而一些研究证实，在培养中胚柄的存在对于幼胚的存活是一个关键因素。Cionini 等（1976）研究红花菜豆（*Phaseolus coccineus*）不同发育时期（胚长 0.5～5 mm）的胚对胚柄切除的反应，发现，无论胚柄是否完整，有胚柄的幼胚都能正常生长，而去掉胚柄的幼胚，除较老的胚（5 mm）外，都表现出胚的延迟发育，小植株的形成频率显著降低。Yeung 和 Sussex（1979）提出，若胚柄完整地连接在胚上，或虽与胚分离，但在培养基上与胚紧紧相靠，会显著刺激胚的进一步发育（表 8-3）。胚柄促进生长的活性在胚的心形期达到高峰。Alpi 等（1975）的实验结果表明，胚柄促进幼胚离体生长的作用能被浓度为 5 mg/L 的赤霉素代替，他指出，在红花菜豆中，心形期时胚柄中赤霉素的活性比胚本身高 30 倍。子叶形成之后，胚柄开始解体，GA_3 的水平急剧下降，但胚本身的 GA_3 水平增高。激动素也能促进幼胚的生长，它在相当宽的浓度范围内（0.001～1 mg/L）都是有效的，但无论在哪个浓度水平上，其作用也不能与赤霉素相比。

表 8-3　红花菜豆中胚柄对胚在离体条件下生长和发育的作用

（引自 Yeung 等，1979）

开始培养时期[1] （鲜重）	处　理	鲜重±SE[2] （N）	形成植株的胚数占 （培养的胚数）百分比
心形早期 （0.87±0.02mg）	只有胚本身	3.19±0.52 (10)	41.5 (89)
	胚连着胚柄	8.91±1.16[3] (10)	88.4 (95)
	胚与离体胚柄直接接触	6.22±0.78[4] (10)	72.5 (51)
	胚与加热杀死的 离体胚柄直接接触	4.10±0.43 (5)	37.0 (43)
	胚距胚柄 1 cm	—	33.3 (30)
心形晚期 （1.07±0.07 mg）	只有胚本身	17.2±2.84 (5)	94.4 (18)
	胚连着胚柄	15.4±1.41 (6)	94.4 (18)
子叶形早期 （3.92±0.19）	只有胚本身	20.3±2.5 (7)	100.0 (18)
	胚连着胚柄	24.4±2.75 (11)	100.0 (19)

注：①种子大小：心形早期 4.5 mm；心形晚期 6.5 mm；子叶形早期 7 mm；②鲜重是在培养 10 d 称量的；（N）代表样品数；③在 1% 水平上显著；④培养后 8 周的结果。

3. 培养基的渗透压　在幼龄胚培养中，培养基的渗透压是控制胚生长的重要因素。母体植株上的幼龄胚是在具有较高渗透压的液体胚乳之中生长，即幼胚被一种高渗液体包围着。郭仲琛（1978）研究表明，向日葵不同发育时期的胚对蔗糖的要求有较大的差异：幼胚长度 1～1.1 mm 要求蔗糖浓度 17.5%，成熟胚要求蔗糖浓度只有 0.5%。这说明，发育不同时期的胚要求不同的渗透压。随着胚的长大，对渗透压的要求逐步下降。Mauney（1961）测定了棉花胚珠液的渗透压，在传粉后 10 d 为 $12×10^5$～$13×10^5$ Pa（12～13atm），传粉 25 d 时为 $8×10^5$～$9×10^5$ Pa（8～9atm）。证实了随着胚的长大其渗透压逐步下降。

在培养基中保持与培养幼胚渗透势相近的渗透压，对幼胚的培养成功是重要的。这就首先要测定一定时期幼胚的渗透势，主要用小液流法来测定，即首先取发育同一时期的幼胚，浸入到含有不同蔗糖浓度的试管中，每管 20～30 个幼胚，浸 4 h 后，加几滴甲基蓝，然后吸一滴放入到具有相同浓度蔗糖液试管中央。观察这滴溶液在试管中的运动情况，是上升，还是下降。如果液滴不上升也不下降，说明等渗，这时幼胚的渗透势大致和液滴不移动的试管中蔗糖渗透势相当。据此，可以测出不同植物种类、不同发育时期幼胚的渗透势。

常用于调节渗透压的物质是蔗糖、甘露醇等。据报道，高浓度（60 mmol/L）的 NH_4NO_3 由于增加了培养基的渗透压，也促进了紫花曼陀罗未成熟胚（200～300 μm）的生长。Kent 等（1947）在培养基中加入了 1% 的酪蛋白水解物质能使 1.4～2.8 mm 的大麦胚进行正常的胚胎生长。

幼胚发育时期对培养基的营养和渗透压的要求不同，使幼龄胚培养过程更加复杂。培养基中过高的渗透压对幼龄胚的发育是适宜的，但随着幼龄胚的发育，高渗透压对胚的进一步生长发育不利。因而，必须转移到渗透压较低的培养基上进行培养。这增加了幼胚培养过程的复杂性。现已有一些通过加入其他物质代替蔗糖渗透作用而同时具有提供营养功能，在同一培养基上完成由幼龄胚到成熟胚发育的例证。这为幼龄胚培养简化培养程序提供了良好的思路。

五、离体胚培养的应用

1. 胚拯救　离体幼胚培养是远缘杂交育种中进行杂种胚拯救的有效手段。

（1）远缘杂交杂种胚拯救　在远缘杂交中，常因胚发育不良或胚乳不能正常发育以及胚与胚乳之间的不协调等原因，使杂种不育。如果将这类杂种的胚在适期取出，在人工合成的培养基上进行离体培养，则有可能使杂种胚继续发育、生长，从而获得杂种后代。玉米（*Zea mays*）和甘蔗（*Saccharum sinensis*）的属间杂交也有相似的情况，授粉后 10～15 d 的幼胚开始解体，如果将授粉后 5～9 d 的幼胚取出，进行离体培养，可获得大量的杂交后代植株。在棉花育种中，常用陆地棉（*Gossypium hirsutum*，$2n=52$）与树棉（*G. arboreum*，$2n=26$）进行种间杂交，使亚洲棉的早熟性和抗逆性转移到陆地棉中，杂交授粉 15 d 后，胚乳开始解体，如在授粉 15～18 d 内取出幼胚进行离体培养，就能获得杂种后代（张宝红等，1983）。在番茄中，曾试图用野生种 *Lycopercicum perurianum* 和 *L. glandudosum* 杂交，以便将抗病毒的特性转移到栽培种中。当 *L. perurianum* 和 *L. esculentrum* 正交或反交时，由于传粉后 30～40 d，胚乳退化，而胚也败育，通过早期的胚培养，可以获得杂种植株。胡含（1960）在小麦和黑麦属间杂交中看到胚乳初期发育较快，但不能形成胚乳细胞，核仁数目增加，有核融合现象，最后退化。还有许多种、属间的远缘杂交中都存在着胚乳退化现象，采用幼胚培养进行胚拯救，就有可能获得杂种后代。

（2）单倍体胚拯救　在普通大麦和球茎大麦（*Hordeum bulbosum*）的种间杂交和普通小麦与玉米的杂交中，胚胎发生的最初几次分裂期间，父本球茎大麦、玉米的染色体被排除，结果形成了只含有一套母本染色体的单倍体大麦或小麦胚，但受精后 3～12 d 胚乳逐渐解体，使胚得不到营养在颖果成熟前死亡。如果在授粉后一定时间内将幼胚取出，进行胚拯救培养，就能使未发育成熟的单倍体胚继续生长，从而得到单倍体后代。利用玉米与小麦杂交，受粉后 12 d 进行小麦单倍体胚拯救（图 8-2），进而通过加倍获得加倍单倍体，

图 8-2　小麦×玉米 12 d 杂种胚拯救

已成为小麦单倍体育种和遗传分析群体（DH）建立的重要方法。

2. **核果类胚的后熟作用** 核果类植物早熟和极早熟的育种工作中，胚培养技术是很有价值的。果树早熟育种中有一个棘手的问题，就是果实的早熟往往伴随着产生没有生活力的种子。如桃（*Prunus persica*）、樱桃（*Cerasus vulgaris*）、杏（*Armeniaca vulgaris*）等早熟品种，有很高经济价值，但其胚在母体组织内往往不能正常发育，或胚生理成熟速度慢于果实成熟速度。因此，以这些品种作母本进行杂交时，种子往往没有生活力，用一般方法很难得到杂种后代。利用离体胚培养就可以获得有活力的杂交种子或幼苗。核果类的果实发育过程包括了3个时期：第一个时期为果皮生长期，其特点是，果皮迅速生长，而胚发育很慢；第二个时期为胚发育期，果实生长减慢，胚生长加快，基本完成胚的分化；第三个时期为果肉迅速生长-果实成熟期。早熟品种和晚熟品种第一个时期长短是一样的，主要是第二阶段的长短不同，早熟品种这个时期很短，胚的生长不健全，生活力不强，所以用一般种子繁殖很难得到杂种后代。采用幼胚的离体培养方法就可以得到杂种后代。在培养过程中进行低温预处理，是保证这类植物胚正常生长发育的必要措施。中国科学院植物研究所和北京市林业科学研究所协作利用胚胎培养获得早熟桃新品种"京早三号"时，用早生水蜜×橘旱生进行杂交，待果实长到硬核期采下，在低温2～5℃条件下处理60 d，然后进行幼胚培养；西北农林科技大学在早熟桃胚培养时，把幼胚接种在培养基中，培养后在低温下处理到104 d，即度过整个冬天，获得了正常苗。

许多早熟葡萄的种子层积或种于土壤时不发芽，Ramming（1990）用改良White的大量元素、Norstog微量元素及维生素附加甘氨酸和酪蛋白水解物对早熟葡萄胚培养，使其发芽率由0%～16%提高到19%～24%，总株数产量达30%～32%。这种胚培养方法为果树育种提供了诸多便利。

3. **克服种子休眠** 有些植物种子休眠期很长，如鸢尾（*Iris*），一般种子成熟后要休眠2～3年才能萌发，如果将胚取出后放到人工合成培养基上，几天内种子就能萌发，大大缩短了育种年限。植物种子休眠的原因可能来自胚乳，因为离体胚如果带着胚乳培养，胚的生长就受到抑制。具有休眠特性的种子，其胚离体培养时，在培养基中加入1～2 mg/L的赤霉素，对打破种子休眠有显著作用。

4. **使胚发育不全的植株获得大量的后代** 兰花、天麻等一些寄生植物或腐生植物，在种子成熟时，种子中包含着未分化的胚，有的胚只有6～7个细胞，大多数胚不能成活，如在种子接近成熟之前（8分成熟时），把胚分离出来放在培养基上培养，胚就能继续生长发育成正常的植株。陈式群（1985）培养石斛（*Dendrobium*）28个种66个杂交组合的种胚，成功地获得了大量的幼苗。在培养技术上关键是胚龄，传粉后80 d的幼胚培养效果好。

5. **用于某些植物杂种胚的繁殖** 胚培养对于一些具有珠心胚的植物，如柑橘（*Citrus*）、芒果（*Mangifera indica*）、紫萼等，具有特殊的意义。柑橘类植物普遍存在着珠心胚，这种珠心胚数量多，可以达到50多个以上。在柑橘杂交育种中一个问题是杂交往往得不到杂种胚，因为杂种胚一般生存能力比较低，而珠心胚生存能力比较强，由于珠心胚的生长把合子胚挤到旁边。在这种情况下，必须把杂种胚取出来进行离体培养，才能使其正常生长，最终取获杂种后代。

6. **用于有关理论研究** 离体胚培养还可用于许多重大理论问题的研究，如胚胎发育过程、影响胚发育的各种因素、胚乳作用以及与胚发育有关的代谢和生理变化等。

7. 脱分化与再分化培养　以幼胚或成熟胚为外植体诱导愈伤组织，建立胚性无性系，不仅可以应用于研究体细胞胚胎发生（somatic embryogenesis）、分离原生质体，还可应用于植物体细胞遗传饰变和转基因技术的研究等。目前，在小麦、水稻等禾本科作物及禾本科牧草的转基因研究中，成熟胚、幼胚及其所诱导的胚性愈伤组织是转基因的良好受体。

第二节　胚珠和子房培养

一、胚珠和子房培养的概念及发展

1. 胚珠和子房培养的概念　有些物种间的杂种胚在发育到心形期或比这一时期更早的时期即可能夭折，要在此之前把它们剥离出来培养在技术上往往是困难的。在兰科植物中，有些寄生和腐生的种，甚至其成熟的胚也非常小，要分离出来在操作上也十分困难。在这种情况下，胚珠培养对于获得杂种或繁殖就有很大的潜在价值。胚珠培养（ovule culture）和子房培养（ovary culture）就是分离植物的胚珠或子房进行离体培养的技术，胚珠和子房培养依据培养的目的和方式不同可分为未授粉胚珠和子房培养及授粉后胚珠和子房培养。

授粉后胚珠和子房培养是对植物授粉后一定时间内植物胚珠或子房离体培养，诱导胚珠或子房内合子或早期胚胎进一步发育并再生出植株的过程。这一技术为拯救心形期胚或心形期以前的胚胎提供了新的途径。

未授粉胚珠和子房培养是对授粉前胚珠或子房进行培养，诱导其成熟胚囊中的雌配子或其他单倍体细胞去分化，通过分裂再生出植株的技术，是植物单倍体诱导的一个重要形式。

2. 胚珠和子房培养的发展　在无菌条件下分离和培养胚珠的最早尝试是 White（1932）在金鱼草中进行的，但离体胚珠只能进行有限的生长。Larue（1942）把美洲鹿百合（*Erythronium americanum*）的胚珠培养在附加了 IAA 的 White 培养基上，观察到胚珠体积虽有增加，但种子不能成熟。Wihner（1942，1943）培养了一些兰花的胚珠，从而缩短了从授粉到种子成熟之间的时间，加速了幼苗的生产。在兰花生产中，很多人通过胚珠培养来获得幼苗。在幼小胚珠培养方面取得重大突破的是 Maheshwari 等（1958，1961），他们培养了授粉后 5 d 的罂粟（*Papaver somniferum*）胚珠（此时的胚珠中含有的只是合子或两个细胞的原胚及少数胚乳核），获得了有生活力的种子。他们使用的是 Nitsch 培养基并附加 0.4 mg/L 激动素，发现KT 能加速胚珠中原胚的生长和分化，胚珠在培养基上生长 10 d 时，胚珠大小已达到 0.54 mm，超过了活体胚的发育速度，具有发育良好的子叶及茎尖结构；但是原胚生长速度不能持久，最后胚的长度为 0.54 mm，比体内发育的胚要小些；当胚珠培养 50 d 时，胚在试管内萌发形成小苗。

棉花的胚珠培养研究是最系统，也是最具应用价值的。在树棉×陆地棉杂交中，杂种胚只能发育到授粉后 8～10 d，以后则出现大量异常现象，使胚不能进一步发育。Pundir（1967）在授粉后 3 d（胚内含有合子或三细胞原胚），把胚珠剥离下来，5 周后胚已充分分化，7 周后 70%～80%的胚珠长成了杂种幼苗。通过这种方法，Steward 和 Hsu（1978）在棉属中获得了 4 个以前未曾有过的种间杂种。Weaver（1958）、Joshi 和 Pundir（1966）先后对棉花种间杂交后不同时期的胚珠进行培养，并对培养基进行改良，但没有很大成功。Steward 和 Hsu（1977，1978）对杂交胚珠培养进行了改进，把四倍体棉花与二倍体棉花杂交后两天的胚珠，在液体培养基中，成功地培养出杂种植株。棉花胚珠培养的成功为克服棉属杂种胚的败育提供了一条极为有效的途径，并且被应用到棉花远缘杂交育种工作中。

在棉花纤维发育的研究中，Beasley 等（1971，1974）应用胚珠培养方法，广泛地研究了胚胎发生对棉纤维与种子发育的效应，发现只有授粉后第二天的胚珠且悬浮在液体培养基上时，方可生长和发育纤维。浸没的胚珠和生长在固体培养基上的胚珠出现愈伤组织，或不生长。Beasley 和 Ting（1973，1974）还研究了植物激素对离体胚珠棉纤维发育的影响，GA 显著刺激受精胚珠纤维的发育，而 KT 和 ABA 抑制棉纤维的发育。

早期的子房培养主要用于揭示授粉子房的发育过程、果实形态发生和生理生化过程、附属花器在果实及种子发育中的作用、外源激素对果实和种子发育的效应等。子房培养的研究始于 20 世纪 40 年代，La Rue（1942）发现番茄、落地生根属（*Bryophyllum*）、连翘属（*Forsythia*）、驴蹄草属（*Caltha*）等植物授粉的花蕾（带一段花梗），在无机盐培养基上培养，不仅仍能成活，而且在培养过程中结实。建立完整的子房培养技术是从 Nitsh（1951）开始的，他在一种合成培养基上培养了小黄瓜（*Cucumis anguria*）、草莓、番茄、烟草、菜豆等离体子房，也获得了成熟的果实，而且果实内着生有生活力的种子。然而这些果实都比自然形成的小。Mahesdhwari 和 Lal（1958，1961）在屈曲花（*Iberis amara*）中成功地培养了授粉后 1 d 的离体子房。这个时期的子房内含有一个合子和少数几个游离胚乳核，这些子房能很好地生长在一种含有无机盐和蔗糖的简单培养基上，只是胚仍然比自然形成的小。当在培养基中加入 B 族维生素后，则获得了正常大小的果实。若在这种培养基中再加入 IAA，在离体条件下形成的果实甚至比在活体上形成的果实更大一些。在莳萝和天仙子中，合子期和双细胞原胚期的子房在培养中能正常发育。在补加椰子汁的培养基上，长成的果实能超过天然果实的大小。

随着子房和胚珠离体培养的进展，未授粉子房和胚珠培养在体细胞遗传学研究中越来越重要。通过未授粉子房和胚珠离体培养，诱导植物单倍体是其应用的另一个重要方面。Nishi 等（1969）最先从水稻子房培养产生二倍体与四倍体植株，但未见到单倍体植株。Uchimiya 等（1971）在附加 IAA 和 KT 的培养基上培养茄子（*Solanum melongena*）未受精胚珠，获得了旺盛的愈伤组织，而且观察到有单倍体细胞分裂，但都未得到单倍体。直到 1976 年，San Noeum 首次从大麦（*Hordeum vulgare*）未授粉子房得到了单倍体植株。我国研究者先后在小麦、烟草和水稻的未传粉子房的培养中成功地得到了单倍体植株（祝仲纯，1979；周娥等，1980）。王敬驹等（1981）在附加 2,4-D、NAA、KT 等生长调节物质的 N_6 培养基上培养了二棱大麦未受精子房，在接种一个月后，从部分褐变子房基部分化出胚状体并直接成苗，经染色体检查为单倍体植株。吴伯骥和郑国昌（1982）对未授粉的烟草子房培养，通过愈伤组织形成了胚状体。蔡得田与周嫦（1983）、Gelebart 与 San（1987）由未授粉子房培养分别得到单倍体小苗和植株。而华琳等人则建立了向日葵未受精胚珠培养再生单倍体植株的技术流程。这些工作都表明，用未受精的子房或胚珠培养，可以像花药培养那样诱发单倍体。

二、胚珠培养

1. 胚珠培养的一般方法

（1）材料的制备 为了取得胚龄一致的胚珠，在植物开花时进行花蕾标记。授粉后一定天数（不同物种间差异很大，如棉花为开花后 2～5 d；柑橘为花后 7～8 周），收集子房并在 5%～10% 次氯酸钙溶液中消毒，用无菌水冲洗 3～4 次。然后在无菌条件下切（剥）开子房，取出胚珠，立即植于培养基上。

（2）培养基 胚珠培养一般多用 Nitsch、White、MS 等基本培养基，在棉花种内或种间杂种幼龄受精胚珠培养上，Steward 和 Hsu（1978）使用了专用的培养基（表 8-4）。

在幼龄胚珠培养中，主要以蔗糖或葡萄糖作为碳源，Steward 等在棉花杂种幼龄胚珠培养中，还使用了 D-果糖。这些糖类一方面供给离体胚珠的碳源，另一方面则是为了维持培养基中的渗透压。培养基中的渗透压对幼龄胚珠培养非常重要。在矮牵牛中，授粉后 7 d 的胚珠处于球形胚期，若把它们剥离下来，置于含蔗糖的培养基上培养，蔗糖浓度在 4%～10% 范围内都能使其发育成为成熟种子。若胚珠内含有合子和少数胚乳核，最适的蔗糖浓度为 6%。

一些有机添加物和激素对幼龄胚珠的培养有一定的促进作用。Maheshwari 等（1958，1961）报道，培养基中添加激动素和水解乳蛋白能加速罂粟幼龄胚珠中胚在初期阶段的生长。在葱莲胚珠培养中。培养基中添加椰子汁（Kapoor，1959）有良好的效果。以水解酪蛋白代替培养基中的椰子汁，就会使发育减慢，但终能得到形状小而胚发育完全的种子。Joshi（1962）报道，培养基中添加发育中的胚珠提取物，有利于棉花离体胚珠的发育。在白车轴草胚珠培养中，添加黄瓜未成熟果实果汁有良好的效果（中岛，1969）。另一方面，在白花菜和凤仙花（Chopra 等，1963）、矮牵牛（中尾草，1969）的胚珠培养中，观察生长素在某些阶段对培养胚珠、尤其是胚的发育有效，如果同时加入细胞分裂素和生长素，对胚珠培养来说也同样有效。

表 8-4 培养棉花种内或种间杂种幼龄受精胚珠的培养基成分

（引自 Steward，1978）

成 分	数量（mg/L）	成 分	数量（mg/L）
KNO_3	5 055	$Na_2MoO_4 \cdot 2H_2O$	0.24
NH_4NO_3	1 200	$CuSO_4 \cdot 5H_2O$	0.025
$MgSO_4 \cdot 7H_2O$	493	$CoCl_2 \cdot 6H_2O$	0.024
$CaCl_2 \cdot 2H_2O$	441	烟酸	0.49
KH_2PO_4	272	盐酸吡哆醇	0.82
$FeSO_4 \cdot 7H_2O$	8.3	盐酸硫胺素	1.35
$Na_2 \cdot EDTA$	11	肌醇	180
H_3BO_3	6.18	D-果糖	3 600
$MnSO_4 \cdot 4H_2O$	16.9	蔗糖	4 000
$ZnSO_4 \cdot 7H_2O$	8.6	IAA	$5 \times 10^{-5} mol/L$
KI	0.83		

（3）培养 子房培养一般温度为 20～25℃。对光照要求不严，大多数植物子房培养早期在黑暗或弱光照条件下生长良好。

2. 胚龄　胚珠离体时合子胚的发育时期和发育状态对其离体后的发育有极大影响。植物授粉后，胚珠及胚珠内的幼胚发育进程和发育状态在不同植物间有较大差异。因此，针对不同植物材料，应选用适宜胚龄（常用授粉后天数表示）的胚珠作为培养的外植体。在棉花杂交中，授粉后 2～5 d 的棉铃极易脱落。在胚珠培养时，胚龄过小，易产生愈伤组织，且要求的培养条件比较严格，胚萌发率极低。如果培养时间过晚，杂种胚因得不到营养，造成胚拯救无效而死亡。如 8 d 后的胚珠，多数已逐步褐化死亡，因而成苗率也很低。因此，用于棉花杂种胚拯救的胚珠培养，以 4～6 d 胚龄为宜。另外，油菜胚珠培养最好是在授粉后 10 d 内进行。甘薯胚珠培养适宜时间为授粉后 11～20 d。

3. 胎座的影响　培养在自然条件下已受精的胚珠，即使是受精后不久。只要带有胎座或部分子房，培养就比较容易，这种现象在白花菜（Chopra 等，1963）、矮牵牛（中岛等，1963）等植物中均有观察。Pontovich 和 Sveshnikova（1966）发现，在罂粟含有合子或双细胞原胚的离体胚珠培养中，即使培养基里补加了水解酪蛋白、椰子汁、腺嘌呤或激动素，胚仍不能进行分化。但若培养连在胎座上的同一时期胚珠，合子就能分化出一个正常分化的胚。从这里可以推测，胎座组织在幼龄胚珠发育初期可能起着重要作用。这样，对于一些难于培养的植物的幼龄胚珠，可带上胎座或其他组织，以利于胚的发育。但对于一些往往只需要单个胚珠培养的研究，则有必要弄清楚胎座和其他组织在培养胚珠发育初期所起的重要作用，建立单个胚珠的培养技术。

三、子房培养

1. 子房培养的一般方法

（1）材料制备　植物未传粉子房培养时，材料一般选用开花前 1～5 d 的花蕾，用 75% 的酒精迅速漂洗后，放入 0.1% 升汞液中消毒 6～10 min，用无菌水洗 3 次，在无菌条件下剥取子房直接接种于培养基上。禾谷类作物只需要用 75% 酒精进行幼穗表面擦拭消毒，在无菌条件下剥出幼花，分离出子房接种。但对于已受精的子房，要直接剥离子房在 5% 次氯酸钠盐溶液中消毒 10 min，然后用无菌水洗 3～4 次，接种。

（2）培养基　子房培养常用的培养基有 MS、Whiter、Nitsch 等。碳源主要是蔗糖和葡萄糖，浓度为 2%～5%。B 族维生素、椰子乳和其他一些天然提取物对子房发育成果实或种子都有良好的促进作用。培养基中附加一定的赤霉素、生长素和细胞分裂素，可使离体子房发育的果实增大。

（3）培养　子房培养一般温度为 20～25 ℃。对光照要求不严，大多数植物子房培养早期在黑暗或弱光照条件下生长良好。

2. 附属花器的作用　花被的功能不仅作为性器官的保护结构，而且在果实和胚胎发育中成起着重要的作用。在培养普通小麦和斯卑尔脱小麦授粉后不久的子房时，只有小花的花被（内外稃）完整无缺，胚才能正常发育。若把花被去掉，原胚生长就受到损害。La Croix 等（1962）在大麦中也发现了类似的现象，并断定"花被因子"是胚正常发育所必需的，当不存在这些"花被因子"时，大麦胚的细胞虽能生长并合成 DNA，但不能分裂。双子叶植物各种花的萼片，对培养子房的生长显示了有利的影响（Maheshwari 等，1958；Guha 等，1966）。蜀葵球形原胚时期分离的胚培养，仅在有完整萼片时才能产生正常的胚（Chopra，1958，1962），即使培养中加入生长调节物质（如 IAA、IBA、GA 或 IAA 与 KT 的组合），也不能代替萼片的有利作用。Johri（1961）在石龙芮、蜀葵、葱莲子房培养中，也证实了花萼和花冠的去留对子房培养关系很大，保留花萼和花冠子房生长较好，胚发育正常。

3. 胚囊的发育时期　在利用未传粉子房诱导植物单倍体的研究中，除其他因素影响外，接种子房的发育时期，即胚囊的发育时期对诱导频率也有影响。从研究较多的大麦和水稻来看，在胚囊发育的各个时期都可以诱导，而以接近成熟的胚囊易于诱导成功。

四、离体子房和胚珠的发育

离体胚珠和子房的植株再生有两种途径：一种是在离体培养条件下，合子胚在胚珠内继续发育至成熟，最终成熟胚在胚珠内萌发，形成小植株；另一途径是，离体子房或胚珠内的幼胚等组织脱分化，产生愈伤组织，经诱导后，愈伤组织形成体细胞胚或经器官发生，再形成小植株。棉花等植物的胚珠培养植株再生一般为第一途径，而柑橘等是按照第二途径发育的。

1. 直接成苗的发育途径　植物远缘杂交不亲和性的原因主要在于胚与胚乳或胚与母体组织发育的不协调性。具体表现在：胚乳游离细胞核过早形成细胞，造成胚乳细胞数量少，且过早退化；胚珠内渗透压不能满足胚生长、发育的要求；珠心组织迟迟解体或不解体，使杂种胚无法获得来自珠心解体的营养和释放的供胚发育的空间。杂种胚珠进行离体培养，使杂种胚处于一个适合其生长发育的环境中，改变胚与胚乳及母体组织之间的关系，协调彼此的发育状况，使杂种胚能正常地发育成熟。

柑橘授粉 2 d 时，未离体的胚珠内胚发育已完成受精作用，成为合子。离体培养 1 d 后，合子开始分裂，形成 4～8 细胞的原胚。离体培养 4 d 时，自交的陆地棉胚已进入球形胚时期；8 d 时，部分球形胚进入心形胚期；12 d 时，有鱼雷胚出现；培养 18 d 的胚，多数处于鱼雷胚时期；22 d 时，少数鱼雷胚分化出子叶。在杂交种中，离体胚发育状态要比自交种迟 2～3 d，但培养 15 d 后，差别就不明显了。

在胚珠离体培养过程中，珠心和胚囊腔的生长变化在有胚胚珠与无胚胚珠之间存在明显差异。在有胚胚珠中，培养 4～6 d 时，珠心细胞体积开始增大；6～8 d，细胞开始解体；10～12 d，珠心细胞基本上全部解体。珠心的解体，一方面保证了胚发育的早期营养，另一方面，珠心全部解体后，整个内珠被内部成为一个大空腔，使胚有充分的生长空间。在无胚胚珠中，从培养的 6 d 开始，珠心不仅不退化，而且不断增厚，这种增厚并不是因为细胞数目增多，而是由于细胞体积的增大。因而，无胚胚珠的胚囊腔不能随离体胚珠的生长而增大，说明胚的生长发育与母体组织的变化有着直接的关系。

研究发现，很多的胚在球形胚时期即停止发育。因此，可以认为在胚珠培养过程中，球形胚时期是决定胚能否正常发育的关键时期。在球形胚时期以前的整个胚胎发育阶段，主要是母体组织（珠心和胚乳）提供营养。这些养分一旦用完，胚就要转向利用培养基中的养分。如果胚能顺利地完成并适应这种转变，就能进一步发育下去，否则，胚就会停止发育或向畸形发展。

2. 脱分化和再分化途径　有些植物的子房或胚珠离体培养一段时间后，胚珠内的合子胚不能继续发育，以致不能由合子胚直接形成小植株。而由胚胎母体组织，子房、胚珠或幼胚等组织，经脱分化形成愈伤组织或胚状体，进一步经诱导不定芽或胚状体完成再生。如培养约 20 d 的柑橘胚珠，产生出浅黄色的愈伤组织和绿色的球形胚状体。柑橘的胚状体具有非常明显的两极性，尤其表现在后期的两极生长，分别形成胚根和胚芽，它与愈伤组织间没有维管组织相沟通，而是通过胚柄周围的薄壁细胞与愈伤组织相联系，表现出相对的独立性。有些胚状体在发育过程中会出现与正常体细胞胚发生截然不同的异常发育，从而产生多种畸形胚状体。不定芽的发生和发育过程及形态特征与胚状体的差异很大。不定芽虽然也大多产生于愈伤组织的表面，但所经历的阶段远较胚状体简单。不定芽为单极性，只有芽原基，与愈伤组织间联系紧密，不易自行脱落，并且在它们之间存在一个凸出的环状节。不定芽的顶端可分化出数个叶原基，并包裹住中心生长锥，形成锥形茎尖。

五、未授粉胚珠和子房培养

通过雌配子体的离体培养，可以诱导胚囊细胞发育成单倍体胚。把这种通过未授粉胚珠或子房的离体培养进行单倍体胚胎发育的过程叫雌核发育（gynogenesis）。据报道，已有包括甜菜、小麦、水稻、烟草和玉米等多种农作物可以通过雌核发育途径产生单倍体。与雄核发育（花药或花粉培养）相比，虽然这种方法比较繁琐，且有时单倍体产生的频率很低，但对于某些雄核组织培养反应迟钝或雄核败育的物种来说，雌核发育途径是一个重要的创制单倍体的手段。有研究表明，由雌核发育获得的单倍体质量比雄核发育的单倍体好，特别在禾本科植物中，前者的白化苗率显著低于后者。

法国、波兰、美国、丹麦及我国都陆续开展了利用未授粉子房或胚珠培养，创造单倍体再生植株的研究。特别在甜菜、葱属等农作物单倍体及纯系的选育中，它是最有效的方法之一。与花药培养相比，甜菜未授粉胚珠培养不但诱导率高，而且外植体来源广泛，既可以是正常二倍体的胚珠或子房，也可以是三倍体或四倍体及其杂交后代的胚珠或子房。与甜菜等其他农作物不同的是，葱属植物未授粉胚珠培养，获得单倍体的频率比子房培养或花蕾培养低，而且很麻烦，所以葱属植物常采用未授粉子房培养或未授粉的花蕾培养的方法诱导单倍体。

1. 未授粉胚珠和子房培养的一般方法

（1）未授粉胚珠和子房的分离　胚珠的分离有两种，一是先将未开放的花蕾或未授粉子房消毒，之后从中分离胚珠并直接进行培养（Keller，1990）；二是将花蕾消毒后进行预培养，花蕾预培养一段时间后再从中分离胚珠进行培养（Bohanec，1995）。

子房培养也有两种方法，一种是从未成熟的花蕾中分离子房，进行培养，直到胚再生（Campion，1992）；另一种方法是，未成熟的花蕾先进行预培养 14～20 d，随后再分离子房，在另外培养基上培养，直到再生植株（Bohanec，1995）。第二种方法的优点是，子房已经分离并膨大，方法简单。

具体分离方法是，选取健壮花枝上胚囊已充分发育且即将开放的花（一般是在开花前一天），去掉托叶，先用清水冲洗，再用 2% 次氯酸钙消毒 15 min 或 0.1% 的升汞溶液消毒 7～8 min。然后，用无菌水冲洗 3～5 次。在无菌条件下切取子房，或在子房中剥出胚珠，接在固体培养基上，一般每瓶约 10～15 枚。也有研究者喜欢在接入胚珠或子房后，再滴加 3～4 mL 液体诱导培养基，进行液体-固体培养（李唯，1998）。

（2）培养基　应用于未授粉胚珠和子房培养的较理想的基本培养基有 MS、N_6 及改良 MS 培养基（附加维生素 B_1 4 mg/L），禾本科植物常用 N_6 培养基，其他植物多用 MS 培养基。激素是未授粉胚珠和子房培养中必需的调控物质，不同植物所要求的激素种类和配比各不相同。未授粉胚珠和子房培养培养基中的蔗糖浓度一般在 3%～10% 之间，诱导培养需要较高的蔗糖浓度，诱导分化培养要降低蔗糖浓度。诱导培养基中较高浓度的蔗糖能有效抑制体细胞愈伤组织的发生和增殖，而有利于雌配子体的脱分化和再分化。

（3）培养　在未授粉子房或胚珠的培养中，愈伤组织诱导和胚胎发生一般都是在黑暗或弱光条件下进行，而愈伤组织的继代培养和植株再生则需要在 1 500～2 000 lx 的光下进行。例如，2～5 周的黑暗处理对于硬粒小麦单倍体愈伤组织的诱导是有利的。培养温度一般为 24～28 ℃，相对湿度为 60%～80%。有研究者认为，低氧环境对于雌配子体的愈伤反应是有利的。

2. 离体未授粉胚珠和子房的发育

（1）愈伤组织和胚状体形成　与花药培养相似，在培养未授粉胚珠或子房时，由雌配子体细胞发育形成的单倍体，有两种再生途径：胚状体途径和愈伤组织途径。在大麦和烟草中只观察到胚状体的发育方式，而水稻和小麦则两种方式都有。

在甜菜未授粉胚珠离体培养中，培养 3～5 d 时，胚珠体积开始增大；培养 10～15 d 时，大部分胚珠体积显著膨大，颜色由乳白色逐渐变为褐色；20 d 后，胚状体陆续出现，珠被开始变成红棕色；大约 25 d 后，愈伤组织开始产生，将黄色疏松状愈伤组织在不含 2，4 - D 的培养基上继代培养。

在向日葵未受精胚珠离体培养研究中发现，向日葵未受精胚珠培养再生植株过程中，初期为胚状体途径，但在分化培养中，胚状体不能直接成苗，须经愈伤组织途径，最终分化再生植株。经诱导培养后，在向日葵胚珠上形成胚状体，胚状体发育并不同步，其发生的时间和发育的大小都有一定差异。由胚珠诱导产生的胚状体一般分化不良，有些胚状体始终保持原状或生长缓慢，以后退化，不会进一步发育；也有些胚状体直接分化出根或子叶类似物，但以后夭折。而在加入高浓度水解乳蛋白（200 mg/L）及谷氨酰胺（400 mg/L）的培养基中，胚珠产生的胚状体大量愈伤组织化，愈伤组织环绕在胚状体周围，生长旺盛、松软而多呈绿色。这种愈伤组织是以后再分化的基础。

（2）植株再生　华林等研究认为，向日葵未授粉胚珠培养是经器官发生途径实现植株再生。将愈伤组织继续在培养基上诱导分化。随着愈伤组织不断增殖和分化，大约 15 d 后，愈伤组织由黄色变为黄绿色。其上逐渐产生绿色的点状突起（芽点），此阶段加入 IAA 较为合适，但如果同时加入高浓度谷氨酰胺，则可能导致白色愈伤组织形成，不利于继续分化。30 d 后，将愈伤组织转入分化培养基，愈伤组织整体仍保持黄绿色，但绿色点状突起显著增多，一块愈伤组织中可多达 15～20 个。在此阶段，如果继续加入 GA_3，则不利于愈伤组织进一步分化。将这些绿芽分割转接，扩大繁殖，获得大量再生植株。经进一步继代培养，黄绿色愈伤组织中的绿色点状突起明显长大并分化出芽，继而开始根的形成。转移到生根培养基中，10 d 内根大量生长，形成完整小植株。

甜菜胚珠植株在原培养基上不易生根，因此把经继代培养生长健壮的胚珠植株转移到生根培养基上，约 10 d 左右，根开始萌动；经 20 d 左右，根可长达 2～3 cm，粗 0.5～1.0 mm，根为白色。这时可以移栽。

（3）试管苗的移栽　将生根小植株移至培养室外，在三角瓶中进行常温炼苗。3 d 后取出小植株，用清水洗净根部的培养基，并移栽在经灭菌且盛有湿润蛭石的营养钵或砂床中（营养土：细砂＝3：1）。保持湿度 90% 以上，3 d 后湿度逐渐降至 85%、75%、65%。定期施用适量 MT 培养基无机盐溶液，25 d 后移入较大的塑料盆中，加强光照，进行适应性炼苗约 2 周，再定植于田间。

（4）单倍体加倍　鉴定为单倍体的植株，利用秋水仙素加倍，其方法有：在固体培养基中附加 0.01% 秋水仙素处理 1～2 d；在液体培养基中附加 0.3% 秋水仙素，在 25 ℃下振荡培养 5～6 h，或用 0.2%～0.4% 秋水仙碱液滴注移栽成活后试管苗生长点，在盆栽条件下处理 3～4 d。

3. 单倍体植株的起源　植物未授粉胚珠或子房离体培养时，由于培养物既包含有孢子体组织（如珠心、珠被、子房壁等），又包含有配子体细胞（如卵细胞、助细胞、反足细胞等），因而在培养过程中，既可能产生单倍体愈伤组织或胚状体，也可能产生二倍体愈伤组织或胚状体，或二者同时产生。物种差异和培养条件的不同，都能影响未授粉胚珠或子房培养时单倍体或二倍体的愈伤组织形成和胚胎发生。在水稻未授粉子房离体培养产生的小植株中，既有单倍体，也有二倍体，还有多倍体（周嫦，1981）。在大麦中，San Noeum（1979）研究表明，胚囊中的卵细胞、助细胞和反足细胞都有可能产生胚，而且在一个胚囊中常常有多于一种来源的胚。同时指出，卵细胞和反足细胞起源的原胚，其再生植株的质量较好，而助细胞只产生愈伤组织。而田惠桥等（1984）在水稻的研究中表明，水稻胚珠培养中单倍体植株来自助细胞无配子生殖形成的胚状体。阎华等（1985）在向日葵未受精胚珠离体培养研究中发现，胚状体起源于未受精的卵细胞分裂。甜菜未授粉胚珠培养中单倍体植株再生，其来源多数报道认为是由卵细胞或反足细胞发育而来。看来，不同物种间存在着差异。

胚胎学研究确定了单倍体植株的产生经历了如下过程：①由助细胞无配子生殖产生原胚，有些原胚具有明显的胚柄；②由原胚发育成球形、梨形或不规则形状的愈伤组织；③由愈伤组织形成根、芽，再生小植株。

4. 影响未授粉胚珠和子房培养的因素

（1）培养基　培养基的成分对胚珠植株的诱导是极其重要的，不同基本培养基、激素种类、剂量和组合以及培养基的渗透压对胚珠的单倍体诱导频率表现出显著差异。培养基成分对愈伤组织的生长速度、质地、颜色及体细胞胚胎发生具有极大的影响，可通过调节培养基的附加成分，获得更高诱导率的胚性愈伤组织。

（2）材料基因型　基因型对单倍体的诱导频率也有较大影响，在小麦、水稻、烟草等未授粉胚珠或子房的离体培养中，都表现出单倍体的诱导频率存在着品种间的差异。

（3）雌配子体（胚囊）的发育时期　在利用未授粉子房或胚珠诱导植物单倍体的研究中，子房、胚珠离体时的发育时期，即胚囊的发育时期对单倍体的诱导频率有一定影响。从研究较多的大麦和水稻来看，在胚囊发育的各个时期都可以诱导，而以胚囊接近成熟的时期易于诱导成功。郭仲琛（1987）在水稻中观察到，未授粉子房在胚囊四核期到成熟期诱导频率最高。胚囊处于单核期，这时花粉发育处于单核中期。没有看到子房被诱导。所以，在未授粉子房培养诱导单倍体工作中，选择合适的子房发育时期是诱导成功的一个重要因素。子房不同发育时期与植株外部形态有一定对应关系，可依据植株的外部形态确定胚囊的发育时期。如在一些禾谷类作物中，可根据叶的发育状态（如旗叶与功能叶的叶环距离）进行选择；在一些双子叶植物中可根据花萼、花冠的长度以及比例来确定。不过，最好的办法是通过胚囊的发育时期与花粉发育时期的相关性，通过检查花粉的办法来选择。每一种植物胚囊和花粉发育时期都有密切的相关关系。例如，大麦胚囊发育与花粉发育时期的相关性见表8-5。

表8-5　大麦胚囊发育时期与花粉发育时期的相关关系

花粉发育时期	胚囊发育时期
单核中期花粉	大孢子四分体
单核靠边期花粉	单核至四核胚囊
二核花粉	八核胚囊
三核花粉	成熟胚囊

六、胚珠和子房培养的应用

初期的胚珠培养工作只限于自交的胚珠，目的在于研究离体状态下胚珠和纤维的生长情况及培养基成分对胚珠和纤维的影响，并探讨适宜的培养基。近年来，在克服植物远缘杂交中杂种早亡、创造雌核发育的单倍体、繁育无核植物的胚珠苗、作为植物转基因受体等方面，胚珠和子房培养技术都得到了深入研究和广泛应用。

1. 克服远缘杂交中杂种早亡　在植物远缘杂交中，可将杂种胚从母体上分离下来，进行裸胚培养，可以克服杂种胚早亡。但有些物种间的杂种胚在发育到心形期或比这一时期更早的时期即可能夭折，要在此之前把它们剥离出来，这在技术上往往是比较困难。另外，有些寄生和腐生植物，如兰科植物，成熟的种子都非常小，其胚则更小，要分离裸胚，在操作上也十分困难。在这种情况下，直接将子房或胚珠进行离体培养，对于获得杂种和繁殖就有很大的潜在价值。

在棉花远缘杂交中，杂种蕾铃在自然状态下，一般2～5 d就可能脱落。而此时的杂种胚一般处于合子期至几个细胞的原胚期，如果此时采用剥胚培养，则由于胚龄过小而难以成功。应用胚珠培养，可使杂种胚在离体胚珠内继续发育，待其发育到一定阶段，再从胚珠中取出，培养成幼苗。

在稻属植物的远缘杂交中，幼胚拯救方法主要有3种：裸胚拯救（胚培养）、子房培养和颖花培养。因为水稻的幼胚比较小，在解剖镜下不容易分离出来，而且，在分离过程中很容易造成机械损伤，所以，裸胚拯救法在实际操作中难度比较大，而且成苗率较低。采用子房培养法，则克服了胚培养的缺点，较容易得到再生植株。

2. 用于试管授粉　胚珠培养和子房培养也是试管受精的技术基础，它能克服常规授粉时存在的生殖障碍，使有性杂交不孕和自交不亲和的材料通过离体授粉获得杂种后代。

3. 创造雌核发育的单倍体　人工诱发植物单倍体的方法，花药培养已达到实际应用阶段。未授粉子房或胚珠培养在一些植物中相继突破，表明它在植物改良中具有很大的应用潜力。与花药培养类似，未授粉胚珠培养与常规育种方法相结合，能够加速杂种性状稳定，缩短育种年限，提高选择效率。很可能成为与花药培养并驾齐驱的技术而被广泛应用。这是因为子房培养在某些情况下具有独特的价值，对于一些植物花药培养难以成功或诱导率极低的情况，子房培养可能提供一条可行的途径。另外，从已有的研究看，子房培养产生绿苗的频率高，而花药培养在禾本科植物中白苗率高。但目前利用子房培养进行体细胞遗传学方面的研究处在探索阶段，离实际应用还有较大距离，有待于从技术和基础研究上进一步深入。

4. 获得大量的体细胞胚 Button 等（1971）在橙，Mullins 等（1976）和 Srinivasan 等（1980）在葡萄的未受精胚珠培养中都得到了来源于珠心细胞的体细胞胚状体。阎华等（1985）在向日葵未受精胚珠培养中还得到来源于向日葵特定结构——珠被绒毡层的体细胞胚状体。高峰等（1999），Navarro 等（1981）得到了柑橘未受精胚珠来源的体细胞胚状体，这种胚状体可用于脱毒苗的快速繁殖。黑豆未受精胚珠培养产生体细胞胚状体的现象进一步说明未受精胚珠是获得体细胞胚状体的良好材料。

5. 繁育无核植物的珠心苗 除了获得单倍体植株外，像柑橘、葡萄等植物，通过未授粉胚珠培养，可以获得无核品种的珠心苗。在柑橘中，对于许多像脐橙这样的优良无核柑橘品种，由于大孢子母细胞常常退化，花粉完全败育，不能通过实生播种获得珠心苗。因而，通过未受精胚珠的离体培养，是获得无核柑橘珠心苗的有效方法。无子葡萄受精合子能发育到 4～50 个左右的原胚，之后不再发育并死亡。Ramming（1983）在无子葡萄胚胎败育前剥离无子葡萄的胚珠培养，让原胚在胚珠中进一步发育，后剥离出胚再培养成株。他们培养了天然授粉果实中的 29 个具不同种痕的无子基因型植株，有些胚珠还发育成多胚，使这些不能得到植株的无子葡萄基因型得到了植株。这一技术已被广泛用于无子葡萄的杂交育种胚拯救中。

第三节 离体授粉、受精与合子培养

一、植物离体授粉、受精与合子培养的概念和发展

1. 植物离体授粉、受精与合子培养的概念 植物离体授粉（pollination *in vitro*）指在离体条件下对雌蕊的柱头、带胎座的胚珠和单个胚珠进行人工授粉和完成受精并形成种子的过程。离体受精（fertilization *in vitro*）指游离的植物精细胞和卵细胞融合形成合子，进一步培养使其形成完整植株的技术。离体授粉、受精也叫植物试管受精（test-tube fertilization）。合子培养是指对离体受精合子或分离的自然受精合子进行离体培养，并使其进一步发育成植株的过程。植物离体授粉、受精及合子培养是在植物胚胎培养技术的基础上发展起来的一个重要的生物技术。

有性杂交是植物常规育种的一个主要手段，通过杂交，不仅能把同一种不同品种的优良性状结合在一起，甚至还能把同一属不同种的性状结合在一起，从而创造出优良的植物新品种或物种新类型。在自然条件下，植物生活在一个开放的系统中，一个柱头在这个系统中可能接受到各种各样的花粉。然而并非所有落在柱头上的花粉都参与受精作用。柱头和花柱在长期进化中形成了自身所具有的特异识别和发育机制，使只有与之匹配的花粉才能正常地发挥其功能，因此在远缘杂交中，常出现杂交不亲和现象。另一方面，对于某些植物，也存在自交不亲和机制。造成这些受精障碍的因素主要包括：①花粉在柱头上不萌发；②花粉管不能进入胚珠，这可能是由于花柱

太长或花粉管生长缓慢所致；③花粉管在花柱中破裂。植物离体授粉、受精是在去除了有关生殖障碍的条件下进行的受精，该方法为克服植物远缘杂交不孕、自交不亲和等生殖障碍，获得常规杂交无法获得的新类型开辟了重要途径。

2. 植物离体授粉、受精与合子培养的发展　把花粉粒直接送入子房以实现受精作用是绕过受精前障碍的途径之一。在试管受精技术出现前，一些研究者试图利用子房内授粉（intraovarian pollination）的方法来克服杂交不亲和性。最早（1886，1915）有人用兰科植物尝试将花粉直接送进子房的试验，发现花粉在子房内可以萌发，且有些胚珠接受花粉管后形成了种子。Dahlgren（1926）在卵形党参中，通过把花粉授于子房顶部的切口上，成功地实现了受精。Kanta（1960）以及 Kauta 和 Maheshwari（1963）利用花粉直接注入子房的方法，以虞美人（*Papaver rhoeas*）、罂粟（*Papaver somniferum*）、花菱草（*Eschscholzia californica*）、蓟罂粟（*Argemone mexicana*）和淡黄蓟罂粟（*Argemone ochroleuca*）5 种罂粟科（Papaveraceae）植物为材料，将花粉粒悬浮液直接注入活体（*in vivo*）子房。注入的花粉在子房内萌发，花粉管进入胚囊，实现了双受精。子房正常地生长和发育成蒴果，并获得了有活力的种子。子房内授粉的方法有很大局限性，一方面要求受体子房要有足够的空间，用来接收花粉悬浮液；另一方面，要求花粉粒能在无糖介质中萌发，因为如果向子房注射有糖的悬浮液，则容易引起细菌和真菌感染。因此，除了能满足上述要求的蓟罂粟和淡黄蓟罂粟等少数植物外，还没有证据表明在其他情况下这项技术也有助于克服不亲和性障碍。

子房内授粉给人以启示，花粉粒不经柱头而直接进入子房，在胚珠上萌发并完成受精作用是可能的。在子房内授粉的基础上，Kanta 和 Maheshwari 等人提出并试验了胚珠试管授粉。他们（1963）将带有胎座的胚珠接种在 Nitsch 培养基上，并把成熟花粉直接授在胚珠表面上，结果在15 min 内花粉即萌发并迅速生长，在 2 h 内即在胚珠的外表布满了花粉管，在许多胚珠中发生了受精过程，最后得到了成熟的种子。随后他们用蓟罂粟、花菱草和葱莲进行类似的试验也获得了成功（1964）。在 Kanta 和 Maheshwari（1963）进行的另一组试验中，将由烟草子房切下的带有胚珠的整个胎座或部分胎座，培养在含 500 mg/L 水解酪蛋白的 Nitsch 培养基上，在无花粉存在时，培养的外植体不久就枯萎，但当撒上花粉后，很多胚珠即发育为种子并在管内萌发。随后，Rao（1965）用黄花烟草、Dulieu（1966）用普通烟草，培养了未授粉子房并在第二天进行人工授粉，这样可使受精过程及胚和胚乳的发育正常进行并得到成熟的种子。以后有许多研究者进行了植物试管受精研究，并在紫花矮牵牛、麝香石竹、甘蓝、黄水仙和小麦等植物上获得了成功，并逐渐使这一技术走向应用。

早期的体外受精操作是通过在胚珠或柱头上授粉，再进行胚珠或子房培养完成受精和胚胎发育，严格意义上讲，这只能称为离体授粉。进入 20 世纪 80 年代，先进的细胞生物学技术，特别是原生质体的分离、培养技术以及其他生物工程技术的迅速发展，促使一些研究者去思考引入先进的技术开辟控制受精作用的新途径。由于已成功地分离出花粉管原生质体和胚囊细胞的原生质体，20 世纪 80 年代中期，人们设想利用显微操作等技术，将分离的带雄核的和带雌核的原生质体在体外融合，进行离体受精的体外模拟，开创出受精工程的新领域。与此同时，国际上广泛开展了精细胞和卵细胞分离技术的研究，且取得了很大的进展，已从甘蓝、玉米等十几种植物的花粉粒或花粉管分离出有生活力的精子。从烟草、颠茄、蓝猪耳、玉米、白花丹等植物中分离出有活力的卵细胞。

Keijzer 等（1988）进行了离体受精的显微操作尝试。他们以蓝猪耳作为材料，因为这种植物的胚囊突出珠被之外，利用微吸管将分离的植物精核注射到离体胚珠的胚囊内，进行培养，成功地实现了体外受精，产生了胚和胚乳，并形成了小植株。

在性细胞分离技术和显微操作技术都有所突破的基础上，德国科学家 Kranz 和 Lörz（1989，1990，1993）进行了单粒花粉的离体受精研究。他们应用单细胞培养、显微注射和原生质体分离与电融合等一系列技术，将分离的玉米精细胞和卵细胞在体外融合。首先，在计算机控制下，使用微毛细管液压系统，选择分离的单个精核和卵细胞，并准确地放入事先准备好的覆盖一层矿物油的融合滴（含 0.55 mol/L 甘露醇液）中，然后在电融合装置上使用体细胞原生质体融合的条件，使雌雄配子融合。在不超过 1 s 的时间内，精核和卵细胞发生了融合，平均融合率高达79％。在同样的条件下，Kranz 等还发现精核也能与胚囊中非配子细胞——助细胞和中央细胞发生融合，融合率分别为 75％和 55％。他们采用看护培养的方法，以玉米未成熟胚的愈伤组织为饲喂细胞，对精核与卵细胞融合产物进行继续培养，使融合子实现了进一步分裂，并发育出多细胞的结构。这是植物生殖细胞工程的一次重大突破，该项工作表明，将来有可能用经转化的单个花粉粒进行离体受精，创制转化的后代。1998 年，Kranz 等在玉米中，将分离的精核与分离的中央细胞进行体外融合，产生了初生胚乳核，使在离体下产生人工胚乳成为可能。1991 年，Kranz 等将离体受精的合子培养成愈伤组织，之后又从离体培养的合子获得胚胎和植株。在离体受精合子培养成功的影响下，Holm 等（1994）在大麦、Mol 等（1995）在玉米、Kumlehn 等（1998）在小麦、Zhang（1999）在水稻、何玉池（2004）在烟草上从分离的自然受精的合子培养也获得了植株。这些重要技术的创立，为植物离体受精与合子培养技术的建立和发展奠定了基础。

由于在植物生殖工程和基因工程方面的潜在应用性，玉米离体受精技术模式的成功，将成为创建更多离体操作模式系统的推动力。因此，可把离体受精的成功作为植物受精研究中的一个重要里程碑。

二、离体授粉

1. 离体授粉的一般方法

（1）花粉的收集　一般地，在无菌条件下收集花粉是最易成功的方法。首先选择将要开花的幼穗或花蕾，经过常规消毒后在无菌条件下让花药自然开裂，用无菌培养皿或滤纸收集开裂花药撒出来的花粉，用于体外授粉。

（2）子房或胚珠的剥离　通常在开花前 1 d 将雌穗或花蕾取下，经过表面常规消毒后，剥取完整子房或胚珠，也可保留部分附属花器（如内稃、花萼、胎座等）。如用子房进行离体授粉，勿使雌蕊受伤。剥离的子房或胚珠及时转入培养基。

（3）授粉　子房离体授粉可采用两种方式，一是先将子房接入培养基，后用毛笔粘取刚撒落的新鲜花粉，涂在雌蕊的柱头上；另一种方法是在子房剥离后，可直接用子房的柱头直接粘取花粉或用毛笔在管外子房柱头上涂上花粉后再接入培养基中培养。

日本学者龟田和日向（1970）在芸薹属植物试验中，采用了两种方法进行离体受粉，一种是将花粉先撒于一适于花粉萌发的培养基上（培养基含有 2% 蔗糖、0.1% $CaCl_2$、0.01% 硼酸、10% 凝胶），再将胚珠在 0.1% $CaCl_2$ 溶液中浸片刻，而后将胚珠置于撒落的花粉中间，在 20±1 ℃下培养 24~48 h，用显微镜观察花粉管进入胚珠的动态。如已有花粉管长入，即移胚珠到一个盛有液体培养基的培养皿中进行胚珠培养（Nitsch 培养基，加甘氨酸 1 mg/L、烟酸 1 mg/L、维生素 B_1、维生素 B_6 各 1 mg/L 和 2% 蔗糖），定期取样观察，以确定胚的生长时期，如见有胚形成，即可移至胚培养基上（基本成分同胚珠培养基，但蔗糖用 5%，另加 0.8% 琼脂）。另一种方法将离体的胚珠放在含有 4% 凝胶、6% 蔗糖、0.01% $CaCl_2$ 和 0.01% 硼酸的培养基中浸数分钟，然后于胚珠上授粉，授粉后的胚珠在含有 5% 蔗糖的 Nitsch 琼脂培养基上培养。

（4）培养基　用于植物试管受精的培养基多为 Nitsch（1951）在进行子房培养时所用的无机盐加上蔗糖和维生素（表 8 - 6）。Sladky 和 Havel（1976）曾试验过几种不同的基本培养基，包括 White（1943）、MS（1962）以及 Nitsch（1969）培养基，但没有发现离体授粉子房对它们的反应有什么显著差异。朱庆麟和陈耀锋（1990）研究了简化马铃薯培养基、改良 White 和 MS 培养基对玉米离体子房受精结实的影响，发现这 3 种培养基对结实率的影响差异不大。

表 8 - 6　离体授粉胚珠培养的改良 Nitsch 培养基成分
（引自 Kanta 和 Maheshwari，1963）

成　分	数量（mg/L）	成　分	数量（mg/L）
$Ca(NO_3)_2 \cdot 4H_2O$	500	$FeC_6O_5H_7 \cdot 5H_2O$	10.00
KNO_3	125	甘氨酸	7.5
KH_2PO_4	125	泛酸钙	0.25
$MgSO_4 \cdot 7H_2O$	125	盐酸吡哆醇	0.25
$CuSO_4 \cdot 5H_2O$	0.025	盐酸硫胺素	0.25
$Na_2MoO_4 \cdot 2H_2O$	0.025	烟酸	1.25
$ZnSO_4 \cdot 7H_2O$	0.5	蔗糖	50 000
$MnSO_4 \cdot 4H_2O$	3.0	琼脂	7 000
H_3BO_3	0.5		

培养基中蔗糖浓度几乎都是 4%~5%。在玉米中，虽然有的研究者使用过浓度高达 15%~17% 的蔗糖，但 Dhaliwal 和 King（1978）在正常的 5% 蔗糖水平上，也由种内和种间离体授粉获得了有生活力的种子。据 Bajai（1979）报道，7% 蔗糖对玉米最合适。培养基中加入 500 mg/L 的水解酪蛋白，能提高子房结实数和种子的数量，在烟草和罂粟上都得到了一定的效果。不过，Rangaswamy 和 Shivanna（1971）在腋花矮牵牛以自身花粉进行胎座授粉之后，并未发现 CH 对种子发育有任何有利的影响。Balatkova 等（1977）研究了 IAA、KT、番茄汁（TJ）、椰子乳（CM）和酵母提取物（YE）对烟草胎座授粉后种子的发育效果，发现 CM、TJ 和 YE 有抑制作用，若加入 10 μg/L IAA 或 0.1 mg/L KT，则能显著提高每个子房的结实数。较高水平的 KT（1 μg/L）也有抑制作用。

（5）培养　一般情况下，试管授粉培养物在近乎黑暗中或散光条件下培养，Zenkteler（1969，1980）发现，培养物无论是在光照条件下，还是在黑暗中培养，离体授粉的结果没有任何差别。培养温度一般在 25～28 ℃。Balatkova 等（1977）指出，在某些实验中温度可以影响结实率，他们在水仙属植物中发现，若把培养物保存在 15 ℃，而不是通常的 25 ℃，能显著增加每个子房的结实率。然而，在罂粟中，由于它是在较温暖的条件下开花的植物，低温培养并不能提高结实率。

2. 影响离体授粉的其他因素

（1）亲本组织　在腋花矮牵牛离体胚珠授粉中，无论是剥下单个胚珠，还是连在一块胎座上的一组胚珠，都不能形成有生活力的种子。然而，当所有胚珠都原封不动地连在完整的胎座上时，授粉后由花粉萌发直到长出有生活力种子的整个过程都正常。在玉米中，连在穗轴组织上的子房比单个子房离体授粉效果好。减少每个外植体上的子房数目虽然并不影响受精，但对子粒的发育会产生有害影响。只带 1～2 个子房的小块穗轴不能形成任何发育充分的子粒，4 个子房一组时，只能形成不大的子粒；10 个子房一组时，其中有 1～2 个能充分发育，长成大子粒。

（2）柱头和花柱　Wagner 和 Hess（1973）报道，矮牵牛若把花柱全部去掉，在胎座授粉之后，对结实将会产生有害的影响。因而，在进行离体授粉时，他们培养的是整个雌蕊，为了使胚珠暴露出来，只剥去了子房外壁。在这种形式的外植体中，如果在同一个雌蕊上既进行胎座授粉，又进行柱头授粉。则后者受精结实的情况较好。叶树茂（1978）用烟草子房进行试管受精时也发现，在柱头和花柱全部保留的情况下，试管内受精良好，平均有 80% 的子房能结实；去掉部分柱头，对种子的形成影响不大；但将柱头和花柱全部去掉，则明显产生不利影响，平均只有 60.9% 的子房能结种子（表 8-7）。

表 8-7　烟草试管受精中柱头和花柱对种子形成的影响

（引自叶树茂，1978）

处理	内　容	净叶黄×净叶黄	净叶黄×许金 2 号	小计
保留全部花柱和柱头	接种子房数	25	34	59
	产生种子的子房数	21	26	47
	百分率（%）	84.0	76.5	80.2
	产生种子数	206	258	464
	每个子房的平均种子数	9.8	9.9	9.9
保留一半花柱	接种子房数	30	36	66
	产生种子的子房数	23	28	51
	百分率（%）	76.6	77.8	77.2
	产生种子数	235	327	562
	每个子房的平均种子数	8.3	11.7	11.0
去掉全部花柱	接种子房数	27	29	56
	产生种子的子房数	18	16	34
	百分率（%）	66.6	55.2	60.9
	产生种子数	130	97	227
	每个子房的平均种子数	7.2	6.1	6.7

（3）雌蕊的生理状态　在剥离胚珠时，雌蕊的生理状态对离体受精结实率也有影响。Balatkova（1977）看到，在烟草中，由曾用本身花粉或苹果属植物花粉授过粉的雌蕊上剥离下来的未受精胚珠，比由未授过粉的雌蕊上剥离下来的胚珠，经烟草花粉离体授粉后的结实率高。已知花粉在柱头上萌发和花粉管穿越花柱都会影响子房内的代谢活动。Johri 和 Maheshwni

(1966)、Sturani（1966）以及 Deurenberg（1976）证实，花粉管和花柱之间的互作，能够刺激子房中蛋白质的合成。Balatkova 等（1977）在烟草中证实了这项观察，这些结果说明，在实验植物的栽培条件下，如果对花粉、花粉管生长、花粉管进入子房和双受精等先后发生的时间有所了解，就有可能把胚珠剥离的时间选择在雌蕊受粉之后和花粉管进入子房之间。这样，就会增加离体授粉成功的机会。

（4）Ca^{2+} 离子的作用　十字花科植物的三核成熟花粉不易在离体条件下萌发，因而难于进行离体授粉。为了在甘蓝中得到有萌发能力的种子，Kameya 等（1966）对于离体授粉方法做了一些改变。他们把离体胚珠在 1% $CaCl_2$ 溶液中蘸一下以后，再把它们放在一张载玻片上（这张载玻片事先已涂敷上一层厚约 40 μm 的 1% 明胶溶液），然后立即用刚开放的花中采集到的花粉进行授粉。把载玻片放在培养皿中，用一个里面贴一张湿滤纸的盖子盖上，保存 24 h 后，把已受精的胚珠转到 Nitsch 琼脂培养基上，未受精的胚珠淘汰。通过这个方法，Kameya 等由原来 75 个授过粉的胚珠中，获得了 2 个具有萌发力的种子。若不用 $CaCl_2$ 溶液处理则不能形成种子，可见 Ca^{2+} 离子具有刺激花粉萌发和花粉管生长的作用。

（5）授粉方式　授粉方式也影响试管受精的效果。例如在烟草胚珠试管受精实验中，下面 4 种授粉方式的效果明显不同：①只在胎座表面的一个位点上授粉；②对整个胎座表面授粉；③把胎座接种于预先撒布有花粉的培养基上；④胎座接种于培养基上并在周围（距胎座约 3 mm 处）把花粉嵌在培养基上，使花粉不与胎座接触。结果是第一种授粉方式最好，每个子房平均结有 27 粒种子，其他 3 种授粉方式的结籽数目依次分别为 14 粒、9 粒和 9 粒。

三、离体受精与合子培养

1. 精子的分离　被子植物成熟的花粉有两种类型：三细胞花粉和二细胞花粉。三细胞花粉中有一个营养细胞和两个游离的精细胞，二细胞花粉中有一个营养细胞和一个生殖细胞，花粉萌发后，生殖细胞在花粉管中分裂形成两个精子。因此，三细胞花粉可从成熟花粉中直接分离精子，而二细胞花粉则要从萌发的花粉管中分离精子。

（1）三细胞花粉精细胞的分离

①研磨法：该法是将成熟花粉粒悬浮在具一定渗透压的溶液中，用玻璃匀浆器进行研磨，研磨液经过滤、离心，收集精细胞。莫永胜和杨弘远利用研磨法分离了紫菜苔的精细胞，他们将成熟紫菜苔的三细胞花粉先在 30% 蔗糖溶液中于 28 ℃ 条件下水合 30 min，离心沉淀花粉，收集沉淀花粉于分离液（含 20% 蔗糖、5% 山梨醇、0.1 g/L KNO_3、0.36 mg/L $CaCl_2$、0.3% PDS、0.6% 牛血清白蛋白、0.3% PVP）中，用玻璃匀浆器研磨。研磨悬浮液依次用 400 目不锈钢网、孔径 20 nm 和 10 nm 尼龙网过滤，收集滤液，离心得到沉淀精子，再悬浮到不含 PVP 的上述分离液中，于 4 ℃ 储存。

②渗透冲击法：这一方法是先将三细胞花粉置于低渗溶液中，花粉吸水破裂释放出精子，离心收集精细胞即可。杨弘远和周嫦（1989）收集玉米成熟花粉，并将其悬浮于 30% 蔗糖溶液中水合 30 min，加入无菌水直到绝大多数花粉释放出精子，然后经过过滤、离心收集精细胞，并将精细胞保存在储藏液中。

（2）二细胞花粉精细胞的分离

①离体花粉培养分离法：该法是先将二细胞花粉于液体培养基中萌发，待生殖细胞分裂形成两个精子时，用渗透压冲击或研磨法使花粉管破裂，释放并收集精细胞。

②活体-离体分离法：该法是先将二细胞花粉授于柱头上，待花粉萌发产生精子后，切下花柱放入培养液，用渗透冲击或酶法促使花粉管尖端破裂，释放出精子，通过离心收集精细胞。

2. 卵细胞或合子的分离　卵细胞位于成熟胚囊之中，胚囊又位于胚珠之中。卵细胞的分离是先从胚珠中分离出胚囊，再从胚囊中分离出卵细胞。卵细胞也可不先分离胚囊，而直接从胚珠中分离。合子是精卵细胞在成熟胚囊中融合的产物，所以，用于分离卵细胞的方法同样可以分离出合子。

（1）酶解分离法　酶解分离卵细胞时先要分离出生活胚囊，即将剥离的植物胚珠放在酶液中酶解，待珠被与珠心细胞解离之后，用解剖针轻轻挤压胚珠，释放出胚囊。分离胚囊的酶液一般含有纤维素酶、果胶酶，有的含有半纤维素酶、蜗牛酶或崩溃酶，其配方应随植物材料不同而异。胚囊释放出来之后，延长酶解时间，使胚囊壁降解，卵细胞即可从胚囊中释放出来。酶法分离卵细胞操作简便，适合分离大的胚珠，但分离率偏低，酶解还可能影响卵细胞的生活力。该法多用于胚珠小而数量多的植物材料，如烟草等。

（2）解剖法　该法是应用显微解剖技术，直接从胚珠中分离出卵细胞。即先从植物组织中剥离出胚珠，然后通过胚珠的纵剖、横剖、挤压等方式分离出卵细胞。解剖法分离卵细胞准确而分离率高，但分离速度慢，需要熟练的操作技术。该法多用于胚珠较大，数量较少的材料，如禾本科植物。

（3）酶解-解剖法　该法是将酶解法与解剖法结合的一种卵细胞分离法，即先用酶解离植物胚珠，后显微解剖出卵细胞。Kranz 和 Lörz（1993）用该法分离出了玉米的卵细胞，并经离体受精和合子培养获得了玉米再生植株。酶解-解剖法分离卵细胞率较高，但酶解过度或残留对后续合子培养不利。

3. 精卵离体融合与受精　分离的卵细胞几乎无细胞壁，呈圆球形；精细胞呈圆球形或蝌蚪形。离体精、卵细胞混合具有一定的自发融合活力，但融合率不高。利用植物原生质体融合的几种方法（如电融合、Ca^{2+}诱导融合及 PEG 诱导融合）均能大幅度提高精卵细胞的融合效率，这些诱导融合技术的原理和方法将在第十二章原生质体融合部分详述。Kranz 等（1991）用电融合法使玉米精卵细胞的融合率达到了 85%；Faure 等（1994）用 Ca^{2+} 诱导玉米精卵细胞融合率达 79.4%；Sun（2000）利用 PEG 诱导实现了单个精子与卵细胞的融合，融合率达 73%。一些研究也证明，在同等诱导融合条件下，精卵细胞的融合频率远高于精细胞与精细胞、卵细胞与卵细胞及性细胞与其他体细胞原生质体的融合频率，这些表明，植物精卵细胞间有互相识别的能力。因此，通过分离精卵细胞，进行高等植物离体受精，在植物遗传改良上具有更广阔的应用前景。

4. 合子的离体培养　合子的离体培养包括了自然受精合子的离体培养和离体受精合子的离体培养。Holm（1994）对大麦自然受精合子进行了分离、培养并再生成株。他们用解剖法从胚珠中直接分离出合子，用大麦小孢子培养物滋养培养，将合子培养成胚胎和完整植株，培养合子的成胚率高达 75%。Kumlehn 等（1998）报道了小麦离体合子培养再生植株的方法，他们用一个直径为 30 mm 的培养皿进行培养，培养皿中间放入一个直径为 12 mm 的微插入器，其底部是一层半透膜。培养皿中加入经过滤消毒的 0.35 mL N_6Z 培养基（表 8-8），合子接种在微室插入器底部的半透膜上，而微室插入器外面的培养液中接种 0.15 mL 大麦品种 Igri 的小孢子胚性愈伤组织悬浮液进行滋养。26 ℃暗培养 3～4 周，待合子发育为 1 mm 的胚胎时，将其转到 N_6D 固体培养基（表 8-8）上即可进一步生长、分化出小植株。Kranz（1999）成功地进行了玉米受精合子的离体培养，他们将离体受精的合子置于半透性透明薄膜制成的培养皿（12 mm）内，培养皿内加 0.1 mL 培养基，再置于半透性培养皿置含看护细胞悬浮液的 3 cm 培养皿中培养，将合子进一步培养成胚胎并分化出植株，自融合开始 100 d 内开花，11 株根尖染色体均为 $2n$，植株正常结实，性状遗传的表现与有性杂交的规律一样。除玉米外，小麦离体精卵受精、玉米卵细胞与高粱、薏苡、小麦、大麦等禾谷植物的精卵融合合子均已培养到了多细胞阶段。但玉米卵细胞与油菜精细胞融合产物却不能分裂，表明离体受精合子培养与精卵细胞的亲缘关系远近有关，亲缘关系愈远，培养愈难。

表 8-8　小麦合子培养培养基

（引自 Kumlehn 等，1998）

培养基组成	N_6Z 各成分含量（mg/L）	N_6D 各成分含量（mg/L）
$(NH_4)_2SO_4$	231	462
KNO_3	1 415	2 830
KH_2PO_4	200	400
$CaCl_2 \cdot 2H_2O$	83	441
$MgSO_4 \cdot 7H_2O$	93	186
$FeNa_2 \cdot EDTA$	25	25
$MnSO_4 \cdot 4H_2O$	4.0	4.0
H_3BO_3	0.5	0.5
$ZnSO_4 \cdot 7H_2O$	0.5	0.5
$Na_2MoO_4 \cdot 2H_2O$	0.025	0.025
$CuSO_4 \cdot 5H_2O$	0.025	0.025
$CoCl_2 \cdot 6H_2O$	0.025	0.025
维生素 A	0.01	0.01
盐酸硫胺素	1.0	1.0
烟酸	1.0	1.0
核黄素	0.2	0.2
泛酸钙	1.0	1.0
叶酸	0.4	0.4
盐酸吡哆醇	1.0	1.0
维生素 B_{12}	0.02	0.02
抗坏血酸	2.0	2.0
维生素 D_2	0.01	0.01
生物素	0.01	0.01
氯化胆碱	1.0	1.0
对氨基苯甲酸	0.02	0.02
苹果酸	40	40
柠檬酸	40	40
延胡索酸	40	40
丙酮酸钠	20	20

（续）

培养基组成	N₆Z 各成分含量（mg/L）	N₆D 各成分含量（mg/L）
谷氨酰胺	1 000	750
水解酪蛋白	250	250
肌醇	100	100
木糖	150	150
葡萄糖	8 500	—
麦芽糖	—	5 400
IAA	—	0.5
2，4 - D	0.2	—
KT	—	0.5
Phytagel（Sigma P8196）	—	7 000

四、离体授粉、受精与合子培养的应用

1. **克服远缘杂交不孕** 胚培养可以用于克服远缘杂种不育，而离体授粉、受精和合子培养则可以用于克服远缘杂交不亲和。这是获得远缘杂种要突破的第一道难关。Zenkteler 等（1980）在石竹科（Caryophllyaceae）植物的研究中，曾尝试用胎座授粉方式进行种间、属间和科间的杂交，结果在异株女娄菜（*Melandrium album*）×红女娄菜（*M. rubrum*），异株女娄菜×拟剪秋罗（*Viscaria vulgaris*），异女娄菜×夏佛塔雪轮（*Silene schafta*）和红花烟草（*Nicotiana tabacum*）×德氏烟草（*N. debneyi*）的杂交中，获得了含有生活力的胚。在其他组合中，受精能正常进行，但杂种胚不能发育成熟。当烟草胚珠授以天仙子（*Hyoscyamus niger*）花粉时，杂种胚能发育成球形期，并能形成相当完善的胚乳。龟田和日向（1970）以芸薹属植物进行试验，用胚珠培养进行离体授粉，由小油菜（栽培品种"雪莱"）×白菜（栽培品种"马纳"）得到了杂种植物。Dhaliwal 和 King（1978）通过把裸露玉米胚珠授以墨西哥玉米的花粉，得到了它们的种间杂种。叶树茂等（1990）在红花烟草（2*n*=48）与黄花烟草（2*n*=48）杂交中，通过离体授粉，也克服了种间远缘杂交不亲和性，并获得了杂交种子和植株，对杂种植株叶片进行过氧化物酶同功酶分析，发现杂种叶片过氧化物酶同功酶谱与父、母本均有差异并具有双亲共有的一些同功酶带。他们（1990）又以节节麦（*Aegilops squarrosa*）为母本，普通小麦为父本，通过雌蕊离体授粉直接得到了属间杂种。杂种植株具有双亲的特征，染色体为 28 条，与预期的染色体数一致。随着植物离体授粉、受精和合子培养技术的进一步发展与完善，该技术将在打破物种界限、扩大遗传物质交流的范围等方面发挥越来越重要的作用。

2. **克服自交不亲和性** 许多自交不亲和性的障碍，往往发生在柱头或花柱中，因此可以利用离体授粉和受精技术来消除这种不亲和性。腋花矮牵牛（*Petunia axillaris*）是一个自交不亲和的物种，在自花授粉的雌蕊中，花粉萌发的情况虽好，但花粉管不能长入子房。Rangaswamy 和 Shivanna（1971）用腋花矮牵牛自交不亲和品系进行试验，他们先将子房壁去除，把附着在胎座上的胚珠进行培养，并以同株植物的花粉进行授粉，结果在胎座和胚珠上看到花粉的萌发，进行受精并发育出种子。据 Niimi（1970）报道，在另一个自交不亲和物种矮牵牛（*Petunia hybrida*）中，以自身花粉进行胎座授粉也形成了有生活力的种子。这些结果说明了矮牵牛自交不亲和性反应局限在花柱和柱头上，胚珠对亲和的与不亲和的花粉管没有选择能力。利用试管受精技术在克服植物的自交不亲和性上是可行的。

3. 在诱导单倍体植株上的应用　利用远缘花粉进行离体授粉，可以诱导单性生殖产生单倍体植物。Hess（1974）等试图通过花药培养来得到锦花沟酸浆（*Mimulus luteus*）的单倍体，结果失败了。但是，当他们将雌蕊除去子房壁，在暴露的胚珠上用远缘物种蓝猪耳（*Torenia fournieri*）花粉做离体授粉，结果在1％的胚珠中获得了单倍体植株。这些单倍体植株被成功地移植到土壤中，经染色体鉴定，确定为锦花沟酸浆的单倍体。虽然诱导频率很低，但这足以证实，采用远缘离体授粉的方法能够诱导单倍体。

4. 用于花粉生理和受精生理的研究　十字花科植物离体授粉较难，Kameya等（1964）在进行甘蓝离体授粉时，在开花前一天切取子房，用1％ $CaCl_2$ 溶液处理，次日用新鲜花粉授粉，然后将已授粉的胚珠培养于培养基上，3个月后结了少数种子。这个试验结果与花粉生理研究中所称钙离子有助于改善花粉管对胚珠的趋化性结论是一致的。对植物离体授粉、受精和合子培养研究的成功，进一步促进了对植物花粉生理、受精生理及合子发育的研究，如一对精细胞在双受精中功能上是否有差异，精子与卵细胞之间是否存在识别作用，胚囊中非配子细胞的功能等。其次，利用受精这一自然属性进行受精工程研究，将在作物育种和改良中为细胞工程和基因工程技术的应用开辟更为有效的途径。

第四节　胚乳培养

一、胚乳培养的概念和发展

1. 胚乳培养的概念　植物胚乳组织培养（endosperm culture）是指分离被子植物的胚乳组织进行离体培养，使其经过脱分化和再分化形成植株的过程。

胚乳是一种独特的植物组织。大多数被子植物（81％以上的科）的胚乳是由3个单倍体核融合的产物，其中1个核来自于雄配子体，另2个来自雌配子体，因此胚乳是三倍体组织。胚乳为胚的正常发育提供营养，在很大程度上影响胚的发育过程。如果胚乳的功能不健全，或是完全没有胚乳，都能引起胚的发育不全，或夭折。有些植物（如豆科和葫芦科），初生胚乳核在形成胚乳过程中，被同期发育的胚所吸收，养分被储藏于子叶，因而形成无胚乳的种子。而另一些植物（如禾谷类、蓖麻、椰子、咖啡等），形成发达的胚乳组织，且以淀粉、脂肪、蛋白质等形式储存了大量的营养物质，形成有胚乳种子。

2. 胚乳培养的发展　胚乳的离体培养研究始于20世纪30年代，Lampe和Mills（1933）进行了被子植物胚乳离体培养的最初尝试，他们培养了玉米未成熟胚乳，发现靠近胚的胚乳层组织能增殖，虽然没有取得更显著的效果，但他们给人们指出了胚乳培养的可能性。La Rue等对胚乳组织在离体培养中的生长和分化进行了长达9年的深入研究，于1949年，La Rue首次报道，玉米未成熟胚乳进行离体培养，能够不断产生愈伤组织，但未分化器官。而后，Strsus等、Sternheimer、Tamaoki等和Sehgal等从不同角度继续对玉米胚乳培养进行研究，但也只得到了与La Rue类似的结果。随后，人们在巴婆（*Asimina triloba*）（Lampton，1952）、黑麦草（*Lo-*

lium perenne）（Norstog，1956）和黄瓜（Nalajima，1962）等植物中，进行了未成熟胚乳培养研究，都确认只有适宜年龄的未成熟胚乳才能在培养中生长。Mohan Ram 和 Satsangi 于 1963 年对成熟胚乳进行离体培养研究，两年后他们宣布，从蓖麻（*Ricinus communis*）成熟胚乳培养中获得了愈伤组织，证实成熟的胚乳细胞也具有分裂能力。1965 年，Johri 和 Bhojwani 在檀香科寄生植物柏形外果（*Exocarpus cupressiformis*）的研究中第一次发现，成熟胚乳离体培养，可直接分化出三倍体茎芽。这一发现有力地推动了胚乳培养研究的发展，导致了 20 世纪 70 年代胚乳培养研究的高峰时期。1973 年，印度学者 Srivastava 首次在自养被子植物罗氏核实木（*Putranjiva roxburghii*）的成熟胚乳培养中，获得了三倍体胚乳再生植株。接着，一些研究者相继从大麦（Sehgal，1974）、水稻（Nakano 等，1975）、苹果（母锡金等，1977）、马铃薯（刘淑琼等，1980）、猕猴桃（桂耀林等，1982）、杜仲（朱登云等，1997）等植物胚乳愈伤组织分化出了植株。在枸杞、猕猴桃上获得大量的试管苗并移入田间。这些结果证明了胚乳细胞同样具有一般植物细胞的全能性，并使胚乳培养在植物改良上的应用成为可能。

二、胚乳培养的一般方法

1. **外植体的制备**　成熟胚乳外植体制备比较简单。对于具有较大胚乳组织的植物（如大戟科和檀香科），去皮的种子直接进行表面灭菌，用无菌水洗后即可培养。在桑寄生科植物中，其胚乳被一些黏性流质层包围，取出胚乳很不方便，因此，对这些植物的成熟胚乳做外植体制备时，要将果实用 70% 乙醇消毒，在无菌条件下取出种子。

未成熟胚乳外植体制备时，先将整个种子做表面消毒，在无菌条件下剥出胚乳组织。而有些植物，如小麦、水稻、苹果、大麦和小黑麦等，分离胚乳时不能带任何胚组织，因为这些植物在未成熟胚乳培养中，胚乳细胞的脱分化及其进一步的发育不一定要有胚存在。分离出的胚乳及时接种在培养基上。

2. **培养基**　在胚乳培养中，常用的基本培养基有 White、LS、MS、MT 等，其中以 MS 使用频率最高。

培养基碳源主要是以蔗糖的形式供给，Straus（1960）在玉米胚乳培养中，试验了多种碳源的影响，发现蔗糖比任何其他的碳源都好，其次是果糖和葡萄糖。其他碳水化合物（如阿拉伯糖、乳糖、半乳糖、鼠李糖等）作为碳源时没有促进作用，有的甚至有抑制作用。蔗糖浓度试验的不多，一般为 2%～8%，小黑麦胚乳培养中，2%～4% 的蔗糖浓度有利于管胞细胞分化。小黑麦胚乳培养 8% 的蔗糖浓度有利于胚乳愈伤组织的诱导。在枸杞胚乳培养中，5% 的蔗糖浓度诱导胚乳愈伤组织效果最佳。

为了促进愈伤组织的产生和增殖，在培养基中还经常添加一些有机物，如酪蛋白水解物（CH）、酵母浸提物（YE）等。一般，培养基中加入一些天然有机物对胚乳培养是有利的。La Rue（1949）在培养玉米胚乳时在培养基中添加了番茄汁、葡萄汁、青玉米汁、酵母浸出物、牛奶等。其中，以 20% 番茄汁效果最好。Sternheimer（1954）也证实番茄汁对玉米胚乳愈伤组织生长的效果优于其他几种物质。一些研究证实，酵母浸出液可以在很大程度上取代番茄汁的作用，酵母浸出液也能促进黑麦草胚乳愈伤组织的生长。Straus（1960）发现，天冬酰胺（1.5×

10^{-2}mol/L）的作用比番茄汁和酵母浸出液更明显。在小麦、葡萄的胚乳培养中，在培养基中添加一定数量的椰乳（CM），对于愈伤组织的诱导和生长是必需的。

除基本培养基和有机添加物外，植物激素对胚乳愈伤组织的诱导和生长起着十分重要的作用。目前，用于胚乳组织脱分化和再分化培养的生长调节物质主要有两大类：生长素类和细胞分裂素类。不同的生长调节物质对胚乳愈伤组织诱导和器官分化有不同程度的影响。在没有任何外源激素的培养基上，柚、大麦、马铃薯、枸杞和橙的胚乳皆不能产生愈伤组织；苹果胚乳只产生少量愈伤组织，但不能继续生长；而玉米胚乳可以产生能连续培养的愈伤组织。虽然有些植物的胚乳在无激素的培养基上可以诱导出愈伤组织，但在加入生长调节剂后，能显著提高愈伤组织形成的数量和质量。Nakajima（1962 年）研究发现，在黄瓜胚乳培养中，只有在培养基中同时加入生长素和细胞分裂素，愈伤组织才能正常生长，生长素和细胞分裂素的合理搭配，其效果显著优于使用单一的生长素或细胞分裂素。另外，有些植物对激素的种类还有其特殊要求，例如：大麦胚乳只有在添加一定浓度 2，4 - D 的培养基上，才能产生愈伤组织，而在添加其他种类生长素的培养基上则不能；在猕猴桃胚乳培养中，玉米素则是效果最好的；枣的胚乳培养对外源激素的种类似乎没有特别的要求，无论是使用单一种类生长素或几种生长素配合，还是生长素与细胞分裂素配合，都能诱导愈伤组织；荷叶芹的胚乳在无激素培养基上，不仅能产生愈伤组织，而且在相同培养基上愈伤组织还能通过反复继代，不断增殖达半年之久。

3. 培养　植物胚乳培养的最适温度一般为 25～28 ℃。Straus 等曾试验了 20～36 ℃的温度对玉米胚乳生长的影响，发现在 30 ℃时，生长比 25 ℃时至少减少了 50%，在 25 ℃时比在 20 ℃时生长增长 4 倍。Johri 等（1973）试验证明，麻风树和蓖麻胚乳愈伤组织生长的最适温度在 24～26 ℃范围内。玉米胚乳在暗培养时，生长良好（Straus 等，1954），而蓖麻则在 1 500 lx 的连续光照下生长最好（Johri 等，1973）。对黑麦草胚乳愈伤组织，光下显示出有明显的影响（Norstog，1956）。

三、胚乳愈伤组织的形成和形态发生

1. 愈伤组织的形成　在胚乳离体培养中，除少数寄生或半寄生植物可以直接从胚乳分化出器官以外，绝大多数被子植物成熟或未成熟胚乳都需要经历愈伤组织阶段，之后在愈伤组织上分化植株。胚乳经过一定时间的离体培养后，先是体积增大，然后细胞分裂形成原始细胞团，继而再由原始细胞团发展成为肉眼可见的愈伤组织。胚乳愈伤组织，既可发生于胚乳外层细胞，也可以出现于胚乳深层组织。如水稻、玉米等植物胚乳愈伤组织是由周缘区细胞起动所形成，而苹果、檀香胚乳愈伤组织始于表层下 5～6 层的细胞。

玉米离体胚乳组织学研究表明，授粉后 12 d 左右，胚乳质地较均一，其最外层为分生细胞，离体培养时，这层细胞既进行垂周分裂，也进行平周分裂，结果不但扩大了这层细胞的本身周长，也使整个胚乳组织不断增加。培养 3 d 左右，最外层组织厚度显著增加。此后，不同位置的细胞生长速度出现差别，在若干部位形成突起，最后产生可见的愈伤组织。有些情况下，愈伤组织是由多个原始细胞团分裂形成的愈伤组织颗粒堆积而成的，颗粒之间留有间隙。

在大戟科、桑寄生科和檀香科植物的愈伤组织中，常常分化出管胞分子。这些管胞分子可能是分散分布的，也可能聚集成团。在生长较慢、结构致密的愈伤组织中，管胞分化的程度较高。在多数情况下，成熟胚乳细胞中常积累有丰富的储藏物质，在离体培养下，胚乳细胞启动形成愈伤组织时，那些具有分生细胞团的部位，储藏物质明显消失。很明显，胚乳细胞启动分化后，储藏物质作为一种能源而被细胞活动所利用。

有些植物，如葡萄、苹果和橙等，胚乳愈伤组织的发生始于合点端，而后向珠孔端发展。而猕猴桃则不同，它既可由合点端开始也可由珠孔端开始，或是由合点端与株孔端同时形成愈伤组织。在多数植物中，初生胚乳愈伤组织皆为白色致密型，但也有少数植物为白色或淡黄色松散型（如枸杞），或绿色致密型（如猕猴桃）。

2. 器官发生　早在 1944 年，La Rue 就报道通过蓖麻离体胚乳生根的现象。3 年后，La Rue 又在玉米胚乳培养物中观察到不到千分之一的生根现象。然而这两项报告都没有介绍能促进器官分化的培养基成分及其培养条件。Johri 和 Bhojwani（1965）首次令人心服地从檀香科植物柏形外果胚乳培养中获得了器官分化。由于檀香科和桑寄生科植物的种子缺乏种皮，他们把柏形外果种子直接接在附加 IAA、KT 和 CH 的培养基上进行培养，结果有 10% 的胚乳分化出茎芽，一个外植体上最多可长出 8 个茎芽，组织学证明这些茎芽起源于胚乳组织，同时也证明了胚乳细胞同样具有全能性。此后的研究表明，胚乳组织的器官分化也不是非常困难，在适当的营养和环境条件下，离体胚乳同样可以分化器官。

离体胚乳再生植株通常有两种形式，一种可以由胚乳细胞直接形成芽；另一种可先形成胚乳愈伤组织，而后再形成胚状体或不定芽。Johri 和 Nag（1970）在怒江钝果寄生（*Taxillus vestitus*）胚乳培养中，将半片胚乳裂片接种在含有 5 mg/L KT 的培养基上，并使其切口与培养基接触，培养 10 周后，所有的培养物均直接分化出芽而未形成愈伤组织，每个裂片上有 12～18 个芽。

桂耀林等（1982）在猕猴桃胚乳（细胞型）培养中发现，当胚乳分别接种于 MS＋3 mg/L ZT ＋0.2 mg/L NAA ＋500 mg/L CH 及 MS＋3 mg/L ZT ＋0.5 mg/L 2，4－D＋500 mg/L CH 的培养基上时，只是表层细胞启动形成分生细胞团。在细胞团附近的胚乳细胞内含物明显解离，呈现出一个无储藏物的胚乳细胞区。这团细胞并不向芽原基方向分化，而是向两侧呈扁平方向扩展并形成新的分生区，致使形成具多个分化中心的胚状体发展模式。这些胚状体内部还有不同程度的维管组织分化。而在含有 2，4－D 组合的培养基上，胚乳细胞则向愈伤组织方向发展。这种愈伤组织如不转移，则始终处于愈伤组织状态，若转移到无 2,4－D，只有低浓度细胞分裂素（1 mg/L ZT）的培养基上，则可进一步分化出球形胚或心形胚，乃至发育成正常的小植株。2，4－D 对胚状体的诱导有明显促进作用，但对胚状体的发育有抑制。在柑橘属中，王大元等使用了补加 2 mg/L 2,4－D、5 mg/L 6－BA 和 1 000 mg/L CH 的培养基，以具有细胞结构的幼龄胚乳建立了愈伤组织，当在补加了 1 mg/L GA₃ 的基本培养基上继代时，愈伤组织可分化出球形胚。若把培养基中盐浓度加倍，同时把 GA₃ 的浓度提高到 15 mg/L，则分化出了完全的胚，进而长成小植株。

胚乳愈伤组织胚状体的发生并不多见，在已报道的有限研究中，胚乳愈伤组织器官的发生大多是通过茎芽的分化途径完成的。在 Nag 和 Johri（1971）所研究的 5 种寄生植物中，其胚乳组织均可在附加 5 mg/L IBA、5 mg/L KT 和 2 000 mg/L CH 的 White 培养基上诱导形成愈伤组织，除 *Nuytsia* 外，其他 4 种寄生植物的胚乳愈伤组织转到以 2mg/L IAA 或 5 mg/L IAA 代替 IBA 培养基上时，均分化出了芽。这种胚乳愈伤组织通过茎芽的分化完成器官发生的植物还有麻风树（Srivastava，1971）、罗氏核实木（Srivastava 等，1978）、大麦（Sehgal，1974）、小麦（Sehgal，1974）等。细胞分裂素是胚乳茎芽分化不可少的激素，与生长素配合使用，诱导茎芽的效果更好。

四、影响胚乳培养器官发生的因素

1. 胚乳的发生类型和发育时期　在胚乳培养中，产生愈伤组织或胚状体的能力与胚乳发生类型和发育时期有密切关系。被子植物胚乳的发生有 3 种类型：核型胚乳（nuclear endosperm）、细胞型胚乳（cellular endosperm）和沼生目型胚乳（helobial endosperm）。核型胚乳的主要特征是，初生胚乳核的分裂都不伴随着细胞壁的形成，故胚乳细胞核呈游离状态，只有发育到一定阶段，胚乳细胞核才被新形成的细胞壁所分割而形成胚乳细胞。核型胚乳形成方式在单子叶植物和双子叶离瓣花植物中（如水稻、小麦、玉米、棉花、油菜、苹果等）普遍存在。细胞型胚乳的特点是，不经历游离核时期，初生胚乳核分裂后，随即产生细胞壁，形成胚乳细胞。双子叶合瓣花植物（如番茄、烟草、芝麻等），其胚乳发育都属于这一类型。沼生目型胚乳是核型与细胞型之间的类型。

胚乳发育时期对愈伤组织和胚状体诱导能力的影响在不同植物间也表现出差异。在胚乳离体培养中，不论是核型还是细胞型，发育早期的胚乳，不仅接种操作不便，而且愈伤组织的诱导频率很低。例如，同为细胞期的红江橙胚乳（核型），发育早期的愈伤组织诱导频率不到中后期的一半；青果期的枸杞胚乳（细胞型）愈伤组织诱导频率显著低于变色期和红果期。而处在游离核或刚转入细胞期的核型胚乳，无论它们是属于草本植物还是木本植物，甚至完全不能产生愈伤组织。

处于旺盛生长期的胚乳，在离体条件下最容易诱导产生愈伤组织。例如，处于这一时期的葡萄、苹果和桃的胚乳，愈伤组织诱导频率皆高达 90%～95%。因此，在胚乳培养中，旺盛生长期是取材的最适期。

王敬驹等（1982）通过不同发育时期的小黑麦胚乳培养诱导愈伤组织的研究（表 8-9）表明，只有当胚乳充分发育到细胞时期的，才能诱导产生愈伤组织，而超过一定时期，就不能诱导愈伤组织产生。从已有报道看来，一些草本植物胚乳培养的取材期应为：水稻授粉后 4～7 d，黑麦草和黄瓜授粉后 7～10 d，小黑麦授粉后 7～14 d，玉米和小麦授粉后 8～12 d，大麦授粉后 10～12 d。

表 8-9　小黑麦胚乳愈伤组织的诱导
（引自王敬驹等，1982）

胚乳发育时期（授粉后天数）	培养基含 3% 蔗糖			培养基含 8% 蔗糖		
	接种胚乳数	产生愈伤组织胚乳数	频率（%）	接种胚乳数	产生愈伤组织胚乳数	频率（%）
7	17	1	5.9	18	4	22.3
14	30	7	23.3	34	12	35.5
21	27	0	0	24	0	

对于木本植物来说，处在旺盛生长期的胚乳具有以下特点：①胚已分化完成；②胚乳已形成细胞组织（对核型胚乳而言），且已充分生长，几乎达到了成熟时的大小；③外观为半透明的固

体状，富有弹性。

在一般情况下，处于较晚时期的胚乳很少甚至不能产生愈伤组织。例如，种子发育中后期的苹果胚乳，愈伤组织诱导频率不超过 2%～5%；接近成熟的葡萄胚乳几乎不能产生愈伤组织；完全成熟的猕猴桃种间杂种胚乳，在离体条件下不能生长和增殖；授粉后超过 12 d 的玉米和小麦胚乳，授粉后 21 d 的小黑麦胚乳，皆不能产生愈伤组织。然而，有趣的是，同属于禾本科的水稻，其成熟胚乳却表现了较高的愈伤组织诱导频率和一定的器官分化能力。此外，不少木本植物，特别是一些大戟科、桑寄生科和檀香科植物，它们的成熟胚乳不仅能产生愈伤组织，而且其中有些还具有不同程度的器官分化能力，或是产生完整植株的再生能力。在已报道的研究中，寄生的被子植物如檀香科、桑寄生科的植物，几乎都是成熟胚乳培养。

2. 胚在胚乳培养中的作用　关于胚在胚乳培养中的作用问题还存在争议，或者说不同实验结果之间常有矛盾。然而，从已有的报道看，胚是否影响胚乳离体培养，主要与离体胚乳的生理状态（或胚乳龄）有关。

在未成熟的胚乳（尤其是处在旺盛生长期的未成熟胚乳）培养中，胚乳细胞的脱分化及其进一步发育不一定要有胚的存在。这已在小麦、大麦、小黑麦、水稻、猕猴桃、苹果、柚、橙和石刁柏的胚乳培养中得到证实，说明未成熟胚乳依靠自身的物质基础和外源生长调节物质的参与，就可启动脱分化，发育形成愈伤组织。但当有胚存在时，可以明显提高胚乳愈伤组织的诱导频率。顾淑英等（1985）在枸杞未成熟胚乳培养中，进行了带胚和不带胚的对比试验，结果发现，带胚和不带胚的胚乳细胞都能产生愈伤组织，但不论在哪种培养基上，带胚接种的胚乳产生的愈伤组织频率都比不带胚的高（表 8-10）。由此可见，在某些植物中，胚对未成熟胚乳培养，也有一定的促进作用。

表 8-10　胚在枸杞胚乳培养中的作用

（引自顾淑英等，1985）

培 养 基	带 胚			不 带 胚		
	接种胚乳数	产生愈伤组织的胚乳数	诱导频率（%）	接种胚乳数	产生愈伤组织的胚乳数	诱导频率（%）
MS+1.0 mg/L 2，4-D+0.1 mg/L KT+3%糖	32	3	9.4	31	2	6.5
MS+1.0 mg/L 2，4-D+0.1 mg/L KT+5%糖	21	5	23.8	28	2	7.1
MS+1.0 mg/L 2，4-D+0.1 mg/L KT+10%糖	22	3	13.6	39	2	5.1
MS+1.0 mg/L 2，4-D+0.1 mg/L KT+15%糖	14	1	7.1	0	0	0

成熟的胚乳，特别是干种子中的胚乳，生理活动十分微弱，在诱导其脱分化形成愈伤组织之前，必须首先借助于原位胚的萌发使其活化。Brown 等人（1970）研究发现，蓖麻干种子的胚乳切块在培养中不能生长；把种子在 3.5% Ca (OCl)$_2$ 溶液中浸泡 22 h 后剥下胚乳，进行离体培养，有些胚乳就能增殖，如果待浸过的种子萌发后再取胚乳，那么能够增殖的胚乳块数目还会进一步增加，而且在种子萌发后的天数和能够增殖的胚乳数目之间表现出一种正相关关系。Bhojwani 和 Srivastava 在巴豆、麻风树和罗氏核实木等成熟胚乳培养研究中发现，在成熟培养的初级阶段，必须把胚和胚乳连在一起培养才能形成胚乳愈伤组织，而一旦胚乳开始形成愈伤组织，则即使把胚去掉，也不影响胚乳愈伤组织的进一步生长。因而认为，胚在萌发过程中产生了某种代谢物质，从而促进了胚乳愈伤组织或胚状体的产生，他们把这种物质称为"胚因子"。已

知胚在萌发期间能释放某种类似赤霉素的物质。Bhojwani（1968）注意到，GA₃能代替胚因子的作用诱导巴豆胚乳的增殖。Srivastava（1971）在罗氏核实体木中也看到了类似的现象。王大元等在柚的胚乳培养中，由于添加了GA₃而使得带胚和不带胚试验都得到了愈伤组织并分化出了植株。

3. 基因型　胚乳培养是否成功，基因型也是一个重要的因素。王大元等（1978）在进行柑橘类的胚乳培养试验中，最初的目的是为了获得三倍体无子金柑，他们试验了金柑、甜橙和柚等多个品种的胚乳，其中只有在北碚柚的胚乳培养中获得再生植株。刘淑琼等（1980）在进行桃胚乳研究中，所用的桃品种包括"阿木斯丁"、"早生水密"、"大久保"、"白凤"和"晚黄金"，其中只有"大久保"的胚乳获得了胚状体。

4. 创伤和接种方式　创伤能提高胚乳对培养的反应水平。此外，胚乳的接种方式对茎芽的分化和分布也有显著的影响。不论接种方式如何，茎芽总是先在伤口处出现。当把怒江钝果寄生的胚乳纵切成两半后，切口表面与 White 培养基（附加 5 mg/L KT）接触时，100% 的外植体都能形成 12～18 个芽，当切口表面朝上，不与培养基接触时，则只有 30% 的外植体形成 1～3 个芽。若把切成两半的胚乳直立式或侧向插入培养基中，芽首先由紧靠培养基表面之上的接近切口的表皮细胞形成。因此，在这些胚乳上芽的形成位置几乎是可以预测的。这对于研究导致茎芽分化的细胞变化来说，是一个十分理想的实验系统。

五、胚乳培养染色体变异

1. 变异的广泛性　与其他具有正常体细胞核型的器官和组织培养比较起来，大多数被子植物胚乳愈伤组织的细胞核型具有广泛的变异。例如，Straus（1954）发现玉米胚乳愈伤组织细胞的染色体数目最多可达 210 条，其中包括大量多倍体、亚多倍体和非整倍体。在已报道的苹果（$2n=34$）胚乳愈伤组织细胞学研究中，发现染色体数目分布范围是 17～200 多条，其中最多的是 90～200 条，最少的为 17～26 条，常见的是 37～56 条，真正三倍体细胞只占 2%～3%，而 83.4% 的为非整倍体。枸杞、梨、玉米和大麦等的胚乳植株的染色体数也不稳定，同一植株往往是不同倍性细胞的嵌合体。然而，也有不少植物，如罗氏核实木、檀香、核桃、橙和柚，其胚乳细胞在培养中表现了倍性的相对稳定性，且这类胚乳细胞往往也能长期保持器官分化能力。

由于染色体数目变异的广泛性，胚乳愈伤组织分裂期间染色体的异常行为也很普遍。据研究，黑麦草胚乳愈伤组织分裂后期，大约有 10% 的细胞出现染色体单桥、双桥和三桥现象。在分裂中的玉米胚乳愈伤组织细胞，有的染色体十分巨大，而大多数情况表现出染色体桥和落后染色体以及纺锤体混乱等现象（Straus 等，1954）。据此，母锡金（1983）将植物胚乳培养细胞核型变化与器官分化的表现概括为稳定型和畸变型两种类型。

稳定型胚乳培养物的细胞染色体数目无变化，分裂正常，属于这一类型的植物有罗氏核实木、檀香、柚、核桃、橙等，这类植物的胚乳培养物表现了较稳定的器官分化能力。

畸变型胚乳培养物的细胞染色体出现许多异常行为，属于这一类型的植物有麻风树、巴豆、黑麦草、玉米、苹果等。这些植物的胚乳培养物分化器官的能力很低。

2. 遗传不稳定的原因　造成胚乳细胞在培养中染色体数目不稳定的原因可能有下述几方面。

（1）胚乳的类型　母锡金（1985）认为，对于胚乳愈伤组织细胞来说，胚乳自身的细胞学特性可能更为重要。Maheshwari（1950）、王伏雄（1957）和钱南芬（1960）等，早已报道核型胚乳在其发育的早期，普遍出现许多大小相差十分悬殊的核和无丝分裂图相。即使在形成细胞组织后，亦常见有多核细胞，这些现象可能导致胚乳组织细胞倍性的变化。Medinal（1978）研究了咖啡胚乳的细胞学，并得出结论，胚乳存在着明显的细胞学上的不稳定性。胚乳组织本身就是一个多种倍性细胞的嵌合体，由这种外植体产生的愈伤组织和再生植株当然也就不可能是稳定一致的三倍体。一般来说，核型胚乳在游离核发育时期常常发生无丝分裂、核融合以及异常有丝分裂现象，因此由核型胚乳产生的愈伤组织也必然是多种倍性细胞及非整倍体细胞的嵌合体。

（2）胚乳愈伤组织发生的部位　不同部位的胚乳细胞染色体组成情况可能有所不同，例如，苹果胚乳发育初期的各种异常有丝分裂及无丝分裂现象，在合点端比珠孔端更为普遍。

（3）培养基中外源激素的种类和水平的影响　例如，猕猴桃胚乳在含有 ZT（3.0 mg/L）＋ NAA（0.5 mg/L）的培养基上，产生的再生植株多数不是三倍体，而在 ZT（3.0 mg/L）＋ 2，4 - D（1.0 mg/L）的培养基上，产生的再生植株是三倍体。

（4）继代培养时间长短的影响。

六、胚乳培养的应用

1. 获得三倍体植物　与二倍体植物相比，三倍体物种在植物改良上具有特殊的意义。三倍体物种不仅具有营养体生长优势，而且还可以产生无子果实，因此，一些重要的经济植物（如苹果、香蕉、桑树、甜菜、西瓜等）的三倍体已在生产上应用。目前生产上应用的三倍体仍采用传统方法获得，即先进行染色体加倍产生四倍体，之后用四倍体与二倍体杂交产生三倍体。这种方法不但费工费时，而且由于同源四倍体的育性很低，往往使这一技术不易成功。由于胚乳是天然的三倍体组织，而且也具有细胞全能性，因此可以用胚乳离体培养诱导再生植株的方法，直接大量生产三倍体植物。

2. 创造并获得染色体数目变异的遗传材料　研究表明，被子植物胚乳再生植株，染色体数目变异很大，除三倍体外，还有其他多倍体和非整倍体植株。例如苹果、桃、大麦、小黑麦等，其胚乳再生植株变异广泛。虽然目前人们还不能对这样的胚乳植株的育种价值做出适当的估计，但在弄清胚乳植株染色体不稳定的原因和染色体变化规律后，人们有可能得到不同染色体组合的胚乳植株，为染色体工程探索一条有用的途径。

3. 理论研究　通过胚乳培养，研究胚和胚乳之间的关系，进一步阐明胚和胚乳在自然情况下的相互作用，对胚胎学的研究将会起到积极作用。另外，由于胚乳是一种均质的薄壁细胞组织，完全没有维管成分的分化，因此对实验形态发生学研究来说，胚乳培养也是一个极好的途径。同时，胚乳组织是一个储存养料的场所，在种子的发育和萌发过程中，这些组织也发生了变化。因此，胚乳培养也为研究胚乳组织中一些特有的天然产物的生物合成和代谢提供了一个理想的实验系统。

◆复习思考题

1. 何谓胚培养？简述胚培养的意义。
2. 离体幼胚培养胚发育有哪几种类型？各有何特点？
3. 影响离体幼胚培养的主要因素有哪些？
4. 胚培养中用小液流法测定幼胚渗透压的目的是什么？有何意义？
5. 何谓胚珠、子房离体培养？有何意义？
6. 何谓离体授粉？
7. 何谓离体受精？
8. 简述离体受精的一般程序。
9. 何谓合子培养？
10. 简述胚乳培养的意义。
11. 简述被子植物的胚乳发育类型与胚乳愈伤组织器官发生的关系。

◆主要参考文献

[1] 中国科学院上海植物生理研究室编译. 植物组织和细胞培养. 上海：上海科学技术出版社，1978
[2] 肖尊安. 植物生物技术. 北京：化学工业出版社，2005
[3] 朱至清. 植物细胞工程. 北京：化学工业出版社，2003
[4] 谢从华，柳俊. 植物细胞工程. 北京：高等教育出版社，2004
[5] 母锡金. 植物胚乳培养研究进展. 植物学报. 1990，32（6）：425～431
[6] Kranz E，Lörz H. *In vitro* fertilization with isolated，single gametes results in zygotic embryogenesis and fertile maize plants. Plant Cell. 1993（5）：739～746
[7] Johri B M，Bhojwani S S. Triploid plants through endosperm culture. in：Applied and Fundamental Aspects of Plant Cell，Tissue and Organ Culture（J. Reinerl and Y. P. S. Bajaj edited）. Berlin：Springer-Verlag 1977，398～411
[8] Erhard Kranz，Petra von Wiegen，Hartmut Quader，Horst Lörz：Endosperm development after fusion of isolated，single maize sperm and central cells *in vitro*. Plant Cell. 1998（10）：511～524

第九章　植物花药和花粉培养

植物花药和花粉培养是 20 世纪 60 年代发展起来的一个重要的植物组织、细胞的离体培养技术，由于花药和花粉培养能诱导小孢子的雄核发育（androgenesis）产生单倍体植株，单倍体植株经染色体加倍获得纯合双倍体，使这一技术很快被用于遗传研究和育种实践，由此而发展起来的植物单倍体育种技术及遗传饰变研究已成为植物育种的重要方法和技术。

第一节　植物花药和花粉培养的概念和发展

一、植物花药和花粉培养的概念

植物花药培养（anther culture）是指在离体条件下（*in vitro*），对植物花药组织进行培养，通过诱导花药中小孢子的雄核发育（androgenesis），产生植物单倍体（haploid），进而通过染色体加倍产生加倍单倍体（double haploid，DH）的技术。花药培养的外植体是植物雄性器官的一部分，花药组织包括了双倍性的药壁组织、药隔组织及单倍体的花粉粒（小孢子），一些花药还可能带有双倍体的药丝组织。实际上，花药组织培养再生的个体，大多数是由花药组织内处于一定阶段的花粉发育而来的。经减数分裂后的小孢子（microspore）所形成的花粉，可以看成是处于特定阶段的雄性生殖细胞，因而我们把这种再生方式也叫做雄核发育。但一些植物，特别是双子叶植物（例如葡萄）花药在一定培养条件下再生的植株，不仅来自小孢子，而且也可来自药隔、花丝等双倍体组织，由后者再生的双倍体植株的倍性及基因型是和母体完全一样的。因此，从培养类型上讲，花药培养仍属于植物组织培养的范畴。

植物花粉培养（pollen culture）也叫小孢子培养（microspore culture），是指在离体培养条件下，对植物游离花粉细胞进行培养，通过诱导花粉细胞（小孢子）的雄核发育产生单倍体，进一步获得加倍单倍体的技术。小孢子培养是对花粉细胞进行的培养，因此，从培养类型上讲，属于细胞培养的范畴。

尽管植物花药和花粉培养属于不同的培养类型，但其培养主要目的是为了获得植物单倍体，因此，本章我们将花药培养和花粉培养归为一章进行讨论。

花药培养诱导植物单倍体的主要优点是离体操作技术简单，而且，药壁组织有时可作为条件因子促进小孢子的发育。小孢子培养的主要优点是纯粹对单倍体细胞进行的培养，它排除了药壁、药隔及花丝等双倍体组织的影响，因此，能更好地调控雄核发育的各种因子，并且避免了一些植物花药组织培养中其他双倍体组织代谢的有害产物对小孢子雄核发育的影响。小孢子培养的另一有利条件是可以从较少的花粉细胞中，获得大量的花粉植株，这一培养同时也为花粉细胞的分化、胚胎和形态发生机理等研究提供理想的实验系统。

二、植物单倍体的概念及形成

单倍体是指具有配子染色体数的生物个体或组织，单倍体的细胞染色体数为 n，在正常的二倍体植物中，单倍体即为一倍体（monoploid）；在正常多倍体植物中，单倍体即为多倍单倍体（polyhaploid）。来源于二倍体及异源多倍体的单倍体一般是不育的（同源多倍体的单倍体除外），通过染色体加倍，可以成为基因型完全纯合的双倍体。

植物单倍体源于植物性器官中的单倍体性细胞，可通过自然发生和人工诱导产生。人工诱导单倍体主要有 3 种途径：①通过对植物性器官或性细胞的培养产生，如花药、子房组织培养，花粉细胞、雌雄配子原生质体培养等；②利用染色体消失法产生，如用球茎大麦与普通大麦杂交，杂种胚在发育中球茎大麦的染色体消失而最终获得了只有普通大麦单倍染色体数的大麦单倍体；③外源花粉蒙导孤雌生殖产生。在这 3 种途径中，花药和花粉培养是获得获得植物单倍体的主要途径。

由于植物单倍体具有单基因位点特性及经染色体加倍后能成为纯合双倍体的特性，使其广泛应用在植物材料的遗传饰变及植物育种后代基因型的纯合和快速稳定中，植物花药和花粉培养作为植物单倍体来源的重要途径也被人们广泛研究和利用。

三、花药和花粉培养的发展

1940 年，Gregory 等培养了减数分裂双线期的曼陀罗、番茄、麝香百合等植物的花药，并使之在离体条件下发育到了四分孢子。之后，Taylor（1950）及 Sparrow 等（1955）也分别在离体条件下培养紫露草和直立延龄草的花药，使之进一步发育。后来又有一些研究者在洋葱、紫万年青等植物上进行了尝试，但他们都是采用花粉减数分裂前期的花药进行培养，只能使培养的花药中的花粉进行有限的分裂。1953 年，Tulccke 进行银杏的花粉培养，首先得到了可继代培养的单倍体组织。1963 年，Yamada 等由紫露草属植物的花药培养中分离到了单倍体组织，但未再生成植株。1964—1966 年，印度新德里大学的 Guha 和 Maheshwari 将毛叶曼陀罗的成熟花药接种在适当的培养基上，意外地发现花粉能转变成活跃的细胞分裂状态，并从花药囊中长出许多胚状体，随后他们又进一步确定了这些胚状体起源于花粉，并从胚状体中获得了植株。在离体条件下，花粉改变正常的发育进程而转向产生胚状体，进而形成植株，证明了植物单倍体细胞的全能性，这一事实也给高等植物突变和遗传育种开辟了新的研究途径。由于大量获得单倍体植株对于育种实践以及对于遗传学、细胞学、细胞生物学、植物生理学等方面的基础研究均具有重要意义，Guha 等人的发现引起了各国学者的广泛注意。Bourgin 和 Nitsch（1967）、中田等（1968）由烟草花药获得了单倍体植株，新关宏夫（1969）由水稻获得了单倍体植株。1973 年，Nitsch 和 Norreel 发展了一个技术，培养了游离的烟草和曼陀罗的小孢子，并对单倍体个体进行了加倍，获得了纯合二倍体并得到了种子。高等植物游离小孢子的培养成功，使植物单倍体细胞培养成为可能，也为那些受花药体细胞组织影响而不能雄核发育的植物获得单倍体提供的有效的方法和途径。1988年，Hunter培养大麦小孢子成功，使禾谷类作物游离小孢子的培养首先在大麦上突破。之后，玉米（Coumans，1989）、小麦（Mejza，1993）、水稻小孢子培养相继成功。由于小孢子培养的效率比花药培养效率高得多，它在实践上的应用潜力更大。据Hu和Guo（1999）统计，已由分属于34个科、247个种的植物能用花药或花粉诱导出单倍体。我国在花药培养这一研究领域，特别是在应用方面，目前处于国际领先地位。在已获得花粉植株的250多种植物中，有1/4的植物种类是在我国首先取得成功的。目前这一技术虽然还存在着一些技术问题，但随着培养技术的不断改进，一些主要农作物（例如小麦、大麦、水稻等作物的一些品种）花培效率已达到了应用水平，并已在烟草、水稻和小麦上获得了一批优良品系和品种。花药和花粉培养已成为植物遗传育种、遗传饰变研究和应用的重要技术而用于植物改良中。

第二节　花药培养

一、外植体的制备与培养基

（一）外植体的制备

用于花药培养的花药大多数是未成熟花药，要根据不同的植物类型，特别是花期特征选择不同的材料制备外植体及消毒。首先，对花药中花粉的发育时期要进行染色检查。通常的做法是用醋酸洋红染色涂片法检查被培养植物花粉发育时期，然后选发育最适期的花蕾或幼穗进行消毒。以烟草为例，烟草花药当其花粉细胞为单核靠边期时，诱导频率最高，这时，对于大多数烟草来说正好是花萼和花冠的等长时期，因而选烟草花萼和花冠等长时期的花蕾或花穗，经70%酒精迅速漂洗后，用0.1%升汞消毒5~6 min，后用无菌水洗3次，在无菌条件下剥离花药组织接种于培养基上。对于水稻、小麦、玉米等禾本科植物，花粉细胞发育到单核中晚期时，花药组织诱导频率高，这时，幼穗被多层苞片包裹，材料制备时，可将幼穗连同外部苞叶一同剪下，除去伸展开的叶片，用70%酒精擦拭苞叶表面消毒后，于无菌条件下除去苞叶，取出幼穗小花中的花药组织接种。

（二）预处理

为了使小孢子的发育程序由配子体向孢子体发育途径转变，通常必须有一种信号，这种信号可通过某种方式给花粉施加胁迫而给予，这即是所谓的花药培养中的预处理。实验表明，如果花药或花粉从植株上取下后直接进行培养，其诱导频率是非常低的，在大多数情况下，仅有极少一部分花粉能够存活到从花药中释放出来。但是，如果取材后的花药，在接种前后进行适当的预处理，就能明显提高诱导率。

1. 物理因素处理

（1）低温处理

①低温预处理：用物理、化学因素提高诱导率方面，低温前处理的作用最为显著。所谓低温前处理，是指在接种之前将材料用0 ℃以上低温处理一段时间后再行接种。Nitsch（1973）首次报道用低温处理毛叶曼陀罗的花药能显著提高花粉胚状体诱导频率。之后，许多研究者相继在水稻、小麦、大麦、天仙子、枸杞等多种作物的花粉培养中同样证实了低温前处理具有提高小孢子

反应的作用。表9-1列出几种植物花芽或幼穗低温预处理的温度及时间。目前，低温预处理已成为一项广为采用的提高花药愈伤组织或花粉胚诱导率的措施。一般说来，较低的温度（如3～5℃）需要较短的处理时间，较高的温度（如10℃、15℃等）则要求较长的处理时间。例如，王续衍等（1981）在籼稻的花药培养中发现，稻穗在3～5℃下处理10d，6～8℃下处理10～15d，9～10℃下处理15～20d，较对照提高愈伤组织诱导率最为显著；且发现温度与处理时间之比与愈伤组织诱导率呈直线回归关系。

表9-1 常用植物低温预处理的温度和时间

物　　种	处理温度（℃）	处理时间（d）
黑麦（Secale cereale）	6	3～15
毛叶曼陀罗（Datura innoxia）	1～3	7～14
光叶曼陀罗（Datura stramonium）	0～1	2
大麦（Hordeum vulgare）	3	2
烟草（Nicotiana tabacum）	7～14	2
水稻（Oryza sativa）	10～14	2～14
矮牵牛（Petunia parodii）	6	2
小麦（Triticum astivum）	3～5	2
小黑麦（Triticale）	3～5	3

　　关于低温预处理提高花粉胚胎发生能力的作用机理存在两种不同的看法。Nitsch等认为，低温可以改变花粉第一次有丝分裂的纺锤体取向，由于细胞分裂面的改变，花粉粒的极性分化不起作用，因而形成两个均等的细胞，他们认为正是这种均等的细胞分裂使得花粉朝着形成胚胎的方向发育。然而Sunderland的实验表明，低温处理有丝分裂时的或刚完成有丝分裂的花粉的效果比单核小孢子更加明显，而这时有丝分裂轴向已经决定了，因此认为，低温作用的机理不在于改变纺锤体取向，而是保持花粉活力，使它们不致在数天中死亡，在此期营养细胞得以完成细胞质的改组转向胚胎发生。有许多实验支持Sunderland的观点，如赵成章等发现，花药在低温（6～8℃）处理开始4d，呼吸强度低于常温（18～22℃），6d后，处理过的花药呼吸强度缓慢下降，直到第15d稳定在一水平上，而常温下的花药的呼吸强度则直线下降，15d时呼吸强度为处理的1/3。它表明低温预处理可降低花药呼吸强度，减少物质消耗，延长花药寿命。有些植物中还发现，花药在低温处理过程中，重量仍有增加，细胞学观察表明，虽然低温处理有延缓发育的倾向，但能明显降低死亡花粉的数量。渠荣达等认为，冷处理的作用在于使绝大多数花粉保存并完成其诱导过程，因而较对照大大提高了愈伤组织和绿苗的诱导率。经过低温预处理的花药，一个花药中往往有成千上万个花粉发育为多胞花粉。但有关低温处理的机理并没有最后定论，而且不同看法也很多。

　　②低温后处理：这种方法即花药接种后先置于低温条件下培养一段时间，然后再移至正常温度下继续培养。关于低温后处理的研究报道不多。胡忠等（1978）将发育适时的水稻花药接种在固体培养基上，先置于8～10℃低温下处理4d或8d，再转移到26℃下培养，结果发现低温处理8d较未处理的对照显著提高了愈伤组织诱导率，低温处理4d效果不明显。其他很多研究者认为，相同温度和相同时间的低温前处理效果比低温后处理效果好。如赵成章（1983）发现，在水稻花药培养中用6～8℃低温处理3～12d，愈伤组织诱导率与绿苗分化率比对照有所提高；但

若用同样的温度和处理时间进行低温前处理，则前处理各组明显地高于相对应的后处理各组。推测这可能是由于花药接种后在处理过程中已有大量花粉（55%）死亡，而低温前预处理的花药中绝大部分花粉保持存活的缘故。

（2）γ射线和激光　利用一定剂量的γ射线照射，可以提高愈伤组织诱导和植株再生的频率。Yin 等在水稻上得到了很好的结果。曾有人用 10 Gy（1 krad）的射线照射黑麦材料，也表现出较好的效果。1991 年 Ling 等发现小麦花药接种后，经过 1～5 Gy γ 射线处理，可以提高胚胎发生频率及绿苗分化率，并且自然加倍频率比没有经过射线处理的对照有明显的提高，但再增加剂量，如用 7 Gy 剂量处理，表现出有害作用，10 Gy 处理没有产生胚状体。并且，γ 射线还能在不同程度上克服花药培养中存在的基因型效应，使没有反应的品种可能得到绿苗。所以，低剂量的γ射线处理新鲜的外植体能明显地改善花药培养效果。另外，北京市农业科学院曾利用激光照射茄子花蕾再进行培养，结果发现氦氖原子和氩离子激光处理可使成胚率提高 2～3 倍。

（3）高温预处理　研究表明，适当的高温预处理对某些植物的花药培养是十分有利的。Ouyang（1983）等发现刚接种的小麦花药先经过 32 ℃、8 d 的预处理，而后再转移到 28 ℃ 条件下正常培养，比连续用 28 ℃ 的温度培养有较高的绿苗分化能力。Zapata（1986）发现，用 35 ℃ 处理水稻 IR42 的离体小穗 15 min，可以明显提高花药愈伤组织诱导率。Liang 和 Hu 等将接种后的小麦花药在 33 ℃ 下预处理 3～5 d，然后转入 26 ℃ 条件下正常培养，愈伤组织诱导率和绿苗率都比一直在 26 ℃ 条件下培养的材料有所提高。并且还发现，花粉植株自然加倍频率达到 60%～80%。很多研究者在甘蓝上也证明了高温预处理的作用，而且 Osolnik（1993）在甘蓝上还发现不同的基因型对高温预处理温度要求不同。

（4）离心法　离心法作为一种预处理的方法可以提高花药愈伤组织诱导和再生的频率。1977年，Sangwan - Noreel 在毛叶曼陀罗花药培养中，采用离心和温度预处理相结合，促进花药培养效率的提高。潘景丽等对接种前小麦幼穗在 2 000 r/min 进行离心，处理 20 min 后培养花药，发现能显著地提高花粉直接成株的百分率。而且离心也能改善小孢子的胚胎发生特性。此外，离心法还能促进其他组织培养效果。至于离心能改善花药培养反应的机理至今不详，曾经细胞学观察的几种被子植物表明，花药随着离心速度和时间的变化，出现细胞器重新排列的现象。豌豆的花粉经过 2 h 的离心后，大多数细胞器都重新分布，转移到细胞的一边，进一步的影响情况还不得而知。

（5）厌氧条件　许多引起厌氧条件的因素，都可以促进小孢子胚胎发生。Imamural 等用能够引起培养容器气压降低和产生厌氧环境的短期预处理促进了烟草的花粉胚胎发生。但是这方面的事例并不多。

2. 化学因素处理　用化学物质处理也可以提高花药培养中愈伤组织的诱导率。化学物质的使用有 3 种方式，第一种是利用化学物质对供体植株进行预处理；第二种是将化学物质补加到诱导培养基中进行的预处理；第三种是用某种化学物质单独处理后再转移到培养基上。

（1）供体植株的预处理　最早进行这方面研究的是 1972 年 Bennett 等，他们在乙烯利诱导小麦雄性不育时，发现能引起花粉细胞核增殖，出现多核花粉粒，把这些具有不正常有丝分裂的花药转移到固体培养基上，看到花粉粒中核的分裂和增殖。王敬驹等在水稻上也发现这一现象。1987 年，Picard 等以 1.05～1.4 g/L 浓度的一种化学杀雄剂，在小麦减数分裂前后喷洒植株，然后取单核期花药接种，胚状体的产量可以提高3~20倍，而且这种处理效应不受基因型的限制。关于化学药剂喷洒提高花药培养效果的机理还不清楚。

（2）添加到培养基中的预处理　将水稻花药接种在加有秋水仙碱的培养基中处理4 d，当秋水仙碱的剂量为50~250 mg/L时，可以提高愈伤组织诱导率和分化率，而且明显地增加花粉植株中二倍体的比例。但当秋水仙碱的用量达到500 mg/L时，愈伤组织诱导率下降，绿苗分化率也下降，白苗率增加。将水稻花药漂浮在含有不同浓度乙烯利的培养液表面，经过低温预处理后再转移到没有乙烯利的固体培养基上，结果发现乙烯利对愈伤组织的诱导率有明显的促进作用。还有人利用放线菌素D对培养的小麦花药进行预处理，这是一种能阻抑DNA转录的化学物质，在培养初期用4 μg/mL的低浓度的放线菌素D处理花药1~2 d，可以显著地促进花粉胚胎的发生，花粉愈伤组织和胚状体的产量比对照增加1.13倍。细胞学观察表明，花粉细胞的发育变慢，停滞在单核期的时间较长，使细胞分裂推迟，但分裂开始非配子体途径发育的细胞显著增多。

（3）甘露醇预处理　将花药或游离收集的花粉粒，培养在甘露醇水溶液或补加一些特殊物质的甘露醇水溶液中适宜的时间，然后再转入正常诱导培养基中进行愈伤组织诱导的预处理法。Roberts和Dunwell（1990）用32 g/L甘露醇分1~10 d预处理大麦花药发现，大麦花药在含甘露醇培养基上处理4 d，培养效果最好，他们同时研究比较了大麦花药经4 ℃、14 d低温处理、25 ℃、4 d甘露醇处理和不经任何预处理的花药培养效率，结果在3种预处理中，25 ℃、4 d甘露醇处理效果优于4 ℃、14 d的低温预处理。甘露醇预处理方法缩短了花药的预处理时间，并能在一般条件下进行。Ziauddin等在利用甘露醇游离大麦花粉粒培养时，发现花粉粒在0.3 mol/L甘露醇溶液中处理3~4 d，除了有促进花粉粒的释放作用外，还能明显地提高花粉愈伤组织的诱导及胚胎发生的频率。类似这方面的研究结果很多，甘露醇的这种作用可以替代低温预处理。有实验表明，甘露醇预处理也存在明显的基因型效应，它没有消除基因型之间的差异。

在提高诱导频率的诸多预处理因素中，最引人注意和用得最多的是低温预处理和甘露醇预处理。李文泽（1993）对这两方面作用机理进行了探讨和比较，认为这两种预处理的作用机理主要是引起花药内小孢子的营养饥饿，从而改变小孢子的发育方向。二者有许多相似之处：①两种预处理都能诱发花药内源激素和过氧化物酶的变化；②两种预处理都能提高小孢子的生活力，延长花粉的寿命，加速花药壁的退化，使薄壁细胞和绒毡层逐渐解体；③两种预处理都能促进胚胎发生花粉的形成，二者在愈伤组织诱导率和绿苗产量上的差异不显著。二者也有许多差异：①因为低温预处理是作用于幼穗，而甘露醇预处理是直接作用于花药或花粉，所以表现为甘露醇预处理的作用强烈，而低温作用温和，且前者更有利于多细胞花粉破壁形成小愈伤组织或胚状体；②甘露醇形成破壁后，绝大多数花粉能存活，分裂发育，花粉内呈现染色体，且有丝分裂的几个时期容易观察到；而低温前预处理仅有少数小孢子内呈现染色体；③甘露醇处理有利于染色体数目加倍，使小孢子内染色体数目增多，为二倍体；而低温前预处理大多数小孢子的染色体数目较少，为单倍体；④甘露醇预处理的发育进度比低温预处理提早2~3 d。

（三）培养基

MS培养基是花药培养中应用最为广泛的基本培养基。它和改良的MS培养基、Nitsch培养基被广泛用于双子叶植物的花药培养，而且效果甚佳。禾谷类作物的花药培养，早期多采用Miller培养基或MS培养基，后来研究者发现培养基中高浓度的铵离子显著抑制花粉愈伤组织的形成。所以朱至清以水稻为材料，提出了 N_6 培养基。该培养基广泛应用于水稻、小麦、黑麦、玉米等单子叶植物的花药培养。Hunter（1988）认为，大麦花药培养在 FHG 培养基上绿苗产量最高，所以目前在大麦上广泛采用 FHG 培养基。调整基本培养基中的各种成分，就可能大幅度提高诱导率。例如，王培等在原来 C_{17} 培养基的基础上把硝态氮的含量更进一步降低，同时附加 1.5 mg/L 的生物素，从而建立一个新的小麦花药培养的培养基——C_{17} 培养基。C_{17} 培养基在诱导小麦花粉愈伤组织方面的效果比 N_6 培养基大幅度提高，所以近年来在国内外的小麦花药培养中 C_{17} 培养基几乎取代了 N_6 培养基。表 9-2 列出的是最常用的几种禾本科植物花药培养的培养基及其成分。

表 9-2　几种禾本科植物花药培养的基本培养基（mg/L）

成　分	N_6	FHG	BAC	Kao	Potato II	C_{17}	W_{14}
KNO_3	2 380	1 900	2 600	2 200	1 000	1 400	2 000
NH_4NO_3	—	1 650	—	600		300	
$(NH_4)_2SO_4$	463		400	67	100		
$NH_4H_2PO_4$	—	—		—		—	380
KH_2PO_4	400	170	170	170	200	400	
$CaCl_2 \cdot 2H_2O$	166	440	600	445		150	140
$Ca(NO_3)_2 \cdot 4H_2O$	—				100		
$MgSO_4 \cdot 7H_2O$	185	370	300	310	125	150	200
$NaH_2PO_4 \cdot H_2O$			150	75			
K_2SO_4	—					—	700
$FeSO_4 \cdot 7H_2O$	27.8				27.8	27.8	27.8
Na_2EDTA	37.3	—			37.3	37.3	37.3
$FeNa_2EDTA$	—	40	—	—			
Sequetrene 330Fe	—		40	28			
KCl	—			150	35	—	
$MnSO_4 \cdot 4H_2O$	4.4	22.3	5.0	1.0	—	11.2	
$MnSO_4 \cdot H_2O$	—	—			—		8.0
$ZnSO_4 \cdot 7H_2O$	1.5	8.6	2.0	2.0		8.6	3.0
H_3BO_3	1.6	6.2	5.0	3.0		6.2	3.0
KI	0.8	0.83	0.8	0.75		0.83	0.5
$Na_2MoO_4 \cdot 2H_2O$		0.25	0.25	0.25		—	0.005
$CuSO_4 \cdot 5H_2O$		0.025	0.025	0.025		0.025	0.025
$CoCl_2 \cdot 6H_2O$	—	0.025	0.025	0.025		0.025	0.025
肌醇	—	100	2 000	100		—	—
盐酸硫胺素	1.0	0.4	1.0	2.0	1.0	1.0	2.0
维生素 B_6	0.5		0.5	1.0		0.5	0.5
烟酸	0.5		0.5	1.0		0.5	0.5
甘氨酸	2.0	—	—	—		2.0	2.0
D-生物素	—			0.005		1.5	
谷氨酰胺		730					
水解乳蛋白	—	—	250	—		—	—

（续）

成　分	N$_6$	FHG	BAC	Kao	Potato Ⅱ	C$_{17}$	W$_{14}$
水解酪蛋白	—		300	—			
蔗糖	50 000	—	60 000	42 000	90 000	90 000	110 000
葡萄糖			175 000	25 000			
麦芽糖		62 000	—	—			
木糖			—	150			
Ficoll 400	—	20 000	300 000	300 000			
琼脂	8 000		—		5 500	7 000	5 000
pH	5.8	5.6	6.2	6.0	5.8	5.6	5.8

注：N$_6$引自朱自清，1975；FHG引自 Hunter，1988；BAC 培养基还含有（mg/L）：KHCO$_3$（50）、抗坏血酸（1.0）、柠檬酸（10）、丙酮酸（10）、AgNO$_3$（10）；Kao 培养基还含有（mg/L）：抗坏血酸（1.0）、柠檬酸（10）、丙酮酸（5）、延胡索酸（10）、叶酸（0.2）、泛酸钙（0.5）、氨基苯甲酸（0.01）、椰子乳（10）；Potato Ⅱ 培养基含 10% 的马铃薯块茎提取液；C$_{17}$ 引自王培等，1976；W$_{14}$引自欧阳俊闻等，1989。

1. 碳源　植物花药培养大多以蔗糖为碳源，葡萄糖有时可代替蔗糖。由于蔗糖的浓度还起着调节渗透压的作用，且不同植物细胞渗透压的差异甚大，因此各种植物花药培养要求不同的蔗糖浓度，烟草和油菜为 3%，水稻为 3%～6%，大麦为 6%，小麦为 6%～11%，玉米为 11%～15%，辣椒为 6%～12%。但近年来有人对蔗糖提出质疑。Hunter（1988）首先注意到了大麦花药培养中糖的浓度和形式，研究使用了低于 0.03 mol/L 的蔗糖、葡萄糖或含有两个或多个葡萄糖残基的低聚糖和多聚糖。结果表明，高浓度的蔗糖不利于大麦花药培养中小孢子胚状体的形成，麦芽糖和纤维二糖比蔗糖优越得多，当蔗糖与麦芽糖或纤维二糖一起加入到培养基中时，降低了花粉胚和绿苗发生频率，研究比较了培养基中蔗糖降解物（果糖和葡萄糖）和麦芽糖的降解物（葡萄糖）浓度，发现蔗糖培养基中含有高浓度的葡萄糖和果糖而引起了毒害。因此，大麦花药培养中培养基的改良是与降低或完全取代蔗糖相联系的。

Sorvari（1986）曾建议用大麦淀粉来代替琼脂导致了大麦花药培养中花粉胚和再生植株频率的提高。这一结果的进一步改良是用代谢性非常小的蜜二糖取代了蔗糖（Sorvari，1987），培养基中蜜二糖与大麦淀粉的最适浓度前者为 80～120 g/L，后者为 60 g/L，研究结果表明，蜜二糖代替蔗糖之后导致了高的绿苗/白苗比率，而蜜二糖的主要作用是作为花粉胚形成时的重要的渗透剂。Hunter（1989）证实，蜜二糖本身对花药培养没有改良作用。Sorvari 的 EDAM 培养基是以 N$_6$ 培养基为基础，用淀粉和蜜二糖代替了琼脂和蔗糖，培养基中使用了 1.0 mg/L 的 IAA 和 BAP，由于大麦淀粉主要降解产物是麦芽糖，很可能是淀粉在培养基中慢慢释放碳源的同时，又代替琼脂引起了培养基的固化，少量糖的代谢作用可能使盐（K$^+$、Na$^+$等）、氨基酸和有机酸代替了葡萄糖或蔗糖有一个比较多的吸收，但前者在细胞内是胚状体形成和植株再生的重要因子，而后者的主要作用是保持细胞的渗透压。在水稻和小麦（陈耀锋等，1992）等作物的花药培养中，用麦芽糖部分取代蔗糖也有利于花粉胚的发育和植株的再生。

2. 氮源　从花药培养研究至今，氮源方面的改变较多，主要认为硝酸铵及铵离子的含量过多对培养不利，在合成培养基中的无机氮源主要由硝酸钾、硫酸铵、硝酸铵提供，水解乳蛋白、水解酪蛋白、氨基酸是花药培养中的有机氮源。Olsen（1987）将培养基中 NH$_4$NO$_3$ 含量由 20 mmol/L 减至 2 mmol/L，同时补加 1 mmol/L 谷氨酰胺，结果表明，谷氨酰胺作为培养基中的无毒氮源部分取代无机氮源后，对大麦花药培养是非常有益的，它的使用显著提高大麦花粉胚和绿苗的诱导频率。谷氨酰胺的这种作用曾在烟草游离花粉培养（Wervicke 等，1977）和胡萝卜细胞悬浮培养（Wetherell 等，1976）中报道过。Henry 和 De Buyser 在小麦花药液体培养中注意到，当培养基中含有 3.4 mmol/L 的谷氨酰胺时，将可能代替马铃薯提取液促进花粉胚的形成。Hunter 在 FHG 培养基中加入 730 mg/L 的谷氨酰胺，使大麦的绿苗率有了大幅度的提高。在禾谷类作物及一些较难培养植物的花药培养中，附加 300～500 mg/L 的酪蛋白或乳蛋白水解物、500～800 mg/L 谷氨酰胺及少量的各种氨基酸等有机氮源，都能增加绿苗分化率和绿苗/白苗比值，提高花培效率。

3. 激素　外源激素不仅影响花粉发育的类型（即形成胚状体或愈伤组织），而且会影响体细胞二倍体组织（如药隔、药壁）和单倍体花粉细胞的生长增殖。不同品种、不同基因型的植株对培养基中激素的有无、种类和水平的反应是有差异的。一般来说，激动素或其他细胞分裂素对于诱导花粉胚是必要的，可促进曼陀罗、烟草、马铃薯等茄科植物花粉胚的形成。生长素，特别是 2,4-D，促使禾谷类的花粉发育为愈伤组织。在含有高浓度生长素的培养基上，茄科植物的花粉胚也会转变成愈伤组织，要想使花粉愈伤组织分化为植株，需将它们转移到含低浓度生长素和较高浓度的细胞分裂素的分化培养基上，但某些禾谷类植物的花粉愈伤组织也能在不含任何激素的分化培养基上完成植株再生。

外源激素在花药培养中对胚状体或愈伤组织的形成常常起着关键性作用，如 2,4-D 用量的多少能影响愈伤组织的质量和改变愈伤组织的发育途径，即按"器官发生"还是"胚胎发生"途径发育。根据这一点，2,4-D 在继代培养中可以用来调整愈伤组织的质量，增加分化能力。由于过高的 2,4-D 浓度对胚胎发生不利，所以研究者采用 2,4-D 与 IAA 配合使用，这样既有利于愈伤组织的诱导，又有利于胚胎发生。经花药培养形成的愈伤组织，一般需要将其转移到分化培养基上进行分化培养，分化培养基一般都只是改变激素成分，而基本培养基不变，一般是提高细胞分裂素含量而降低生长素含量。

除生长素和细胞分裂素外，一些生长调节剂也能能改善花粉愈伤组织质量。矮化剂多效唑（MET）添加到花药、花粉诱导培养基中，能明显提高愈伤组织分化率和绿苗产量，提高绿苗/白苗比值，使花粉植株健壮，明显提高移栽成活率。乙烯对花药的胚胎发生也十分重要，这一点在甘蓝（Biddington 等，1991）和大麦（Cho 等，1989）的花药培养中都得到证实。还有研究者研究了苯乙酸（PAA）的作用（Ziauddln 等，1992），发现其作用与 2,4-D 相似，可提高绿苗产量，但不同基因型反应不同。

4. 其他成分　某些有机附加物对于花粉愈伤组织的生长是有益的，如酵母提取物（500～1 000 mg/L）、肌醇（100 mg/L）、麦芽提取物、椰乳、番茄汁等物质能够促进花粉细胞分裂，提高胚状体或愈伤组织的诱导率、分化率和成苗率。另外，在有些植物的花药培养中，还经常使用活性炭，这有利于花粉胚状体或愈伤组织的发生，提高花粉植株的诱导率。Anognostakls（1974）将 1％的活性炭加入烟草花药的培养基中，使花粉植株的产量提高了 1～2 倍。这一作用在马铃薯、玉米、油菜、小麦和黑麦的花药培养后中都表现明显。活性炭的作用可能是吸附了琼脂中的抑制物的缘故。此外，活性炭还可能吸附高压消毒过程中蔗糖脱水产生的能抑制花粉胚的有害物质 5-羟甲基糠醛。还有人认为，活性炭吸附培养基中的激素，从而起到降低培养基中的外源激素水平的作用。

5. 琼脂糖和 Ficoll　琼脂和琼脂糖是植物组织培养中广泛使用的凝固剂，琼脂是由中性的琼脂糖和大量的与其相近的琼脂胶粒组成，而高度纯化的琼脂糖以阿拉伯糖为基本组成单位。与琼脂比较，琼脂糖对培养组织毒性小，这点在 Lyne 等（1984）和 Olsen（1987）研究中被分别证实。研究发现，用琼脂糖代替琼脂后，增加了胚状体的发生频率从而导致了绿苗产量增加。另外，琼脂糖也提高了小麦花粉胚的质量（陈耀锋等，1992）。

研究表明，以 Ficoll 作为漂浮剂对大麦、小麦等作物的花药进行液体培养比固体培养有更好的培养效率。Kao 和 Horn（1982）曾报道，当大麦花药接种在含有 20％ Ficoll 400 的液体培养基中，增加了反应花药数目和每个花药产生愈伤组织的数目。这种增加是与培养期间培养基中pH 的减小相伴发生的。Datta（1987）观察到经冷处理后的大麦幼穗在含有 Ficoll 400 的液体培养基上花粉胚的发生。刘成华和胡含（1990）发现在液体培养基中使用 3％～5％的低浓度的 Ficoll 即足以提高小麦花药的绿苗产量。

6. 马铃薯培养基　从 20 世纪 70 年代起不少研究者对于马铃薯提取液用于花药培养做了探索。中国科学院遗传研究所提出了马铃薯培养基。马铃薯培养基一个主要特点，就是在简化马铃薯培养基上所产生的愈伤组织在转到合成培养基中时都具有较高的绿苗分化能力，且诱导率高，如小麦花粉愈伤组织的诱导率比 MS 提高 4～5 倍。马铃薯简化培养基经改良后，也可用于分化培养，含有不同成分的马铃薯培养基分别可用于愈伤组织的诱导和分化。研究发现，在诱导培养基中 20％～50％浓度的马铃薯提取液可以取代 Miller 培养基的全部成分，且愈伤组织诱导率超过或接近对照，并有较高的绿苗分化率；在壮苗培养基中，可以用 10％～20％马铃薯提取液代替 White 培养基的全部成分，并且培养的小苗色绿健壮。

二、花药培养方法

植物花药培养的方法分固体培养法、液体培养法和条件培养法。

1. 固体培养法　在培养基中加入 0.5％～0.7％琼脂，使培养基呈半固体状态。加入的琼脂量应根据琼脂质量确定，根据一般经验，琼脂浓度一般以花药有 1/3 浸入而不沉没于琼脂中为宜。但很多研究发现，没有经过纯化的琼脂能降低花药培养的效果，所以很多研究者改用经过纯化的琼脂糖作为培养基的固化物。

2. 液体培养法　培养基中不加琼脂或琼脂糖，直接把花药接入液体培养基中培养的方法。液体培养基是一薄层（约 0.5 mm 液层）培养液。高国楠等发明在培养基中加入聚蔗糖（Ficoll），可使花药漂浮在液面上，这样通气良好，提高了培养效果。但在液体培养时，要特别注意及时转移沉于培养瓶底部的愈伤组织，否则会影响再分化培养的效果。

液体培养具有一定的优越性：①在液体培养基中不存在位置效应；②可以在培养过程中增加新鲜培养基和重新调整培养基成分；③液体培养有利于花粉粒的释放及分裂形成愈伤组织。但是如何掌握转分化时期等细微环节直接影响花药培养的效果。

3. 条件培养法　在含某些组织培养物分泌物的条件培养基上进行花药培养可以促使细胞的分裂和生长。许智宏等曾用此培养基培养大麦花药，他们先将双核早期的大麦花药接种到含适当激素配比的马铃薯或 N_6 培养基上,密度为每毫升培养液 10～20 个花药,培养 7 d 后,取出花药,并通过离心去掉散落的花粉及细胞碎片,得到条件液体培养基。然后将单核中期的花药接种到条件培养基上,在这种培养基上有 30%～90%的大麦花药产生了愈伤组织,而在对照的液体培养基上只有大约 5%的花药有反应。除了本种的花药外,异种花药也能使培养基条件化。

三、花药培养与形态发生

1. 培养　接种后的花药及时转移到培养室进行培养,离体培养的花药对温度比较敏感。对大多数植物而言,培养室温度控制在 28～30 ℃是适宜的。但不同种类的植物花药对温度的反应有所差别,如曼陀罗、小麦、油菜等植物都要求较高的温度,在 30～32 ℃下花粉胚的生成率或花粉愈伤组织的诱导率较在 26～28 ℃下高得多。但随着培养温度的提高,花粉愈伤组织分化白化苗的频率也增高。花药的脱分化培养一般采取暗培养或光、暗周期交替培养等形式进行培养。对于禾谷类植物的花药培养,其花粉愈伤组织或花粉胚的诱导率在黑暗或散射光下高于在强光照

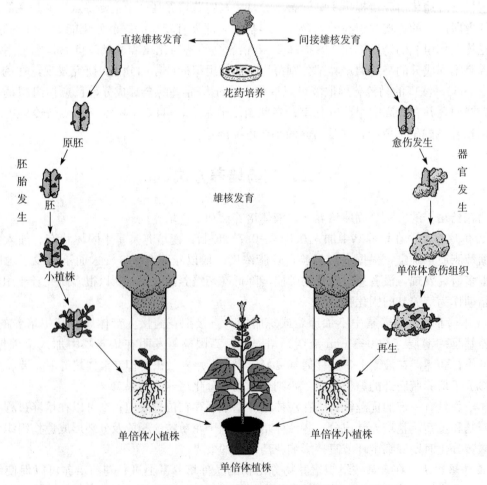

图 9-1　烟草花药培养的形态发生

条件下。但当愈伤组织转移到分化培养基上后，光照则有利于愈伤组织的分化和胚状体的进一步发育。当植株分化后，光照则对再生植株的健壮生长更为必要。

2. 形态发生　尽管被子植物的花药有二倍体的孢子体组织和单倍体的花粉粒组成，但在实际中，经花药培养再生的小植株多由处于一定阶段的花粉发育而来的。在离体培养条件下，花药或花粉经过异常分裂，脱离原来严格的配子体途径，而转向经多细胞花粉粒到孢子体的发育。培养后形成的多细胞花粉粒内通常看不到有明显分化的迹象。随着细胞在培养过程中连续增殖撑破花粉壁，形成多细胞团后经胚状体和愈伤组织再分化的两条途径发育成小植株（图9-1）。

（1）胚状体发育途径　小孢子脱分化形成的多细胞团，经球形胚、心形胚发育成鱼雷形胚，并分化出子叶和胚根，进而长成小植株。大多数双子叶植物常以此种方式形成小苗，烟草等植物这一过程可在花药组织内完成，直接形成大量的小植株；单子叶植物则不分化出子叶，而是形成胚根、盾片和胚芽鞘，小麦小孢子胚胎发生在花药组织表面（图9-2）。有时这种正常方式也被打乱，双子叶植物也产生类似下胚轴和盾片状的结构，单子叶也出现子叶状结构。

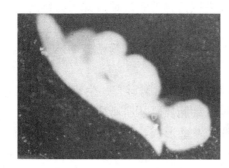

图9-2　小麦花药小孢子胚胎发生
（引自陈耀锋，1998）

（2）愈伤组织再分化途径　小孢子脱分化形成的多细胞团从花药中长出后进一步分裂形成愈伤组织（如水稻），转移到分化培养基上后，愈伤组织外层细胞的某些区域产生不定芽。首先，在这些区域渐渐出现突起，这是芽原基的开始，以后它们继续长大，并分化出不定芽（图9-3）。与此同时，在愈伤组织内部常有一部分细胞分化成根原基，则形成小植株。通常在愈伤组织内部

图9-3　小麦花药愈伤组织（左）及芽、根的分化（右）
（引自陈耀锋，2002）

不能分化出不定芽。

对已获的花粉植株的植物统计分析表明，不论是双子叶植物还是单子叶植物，都通过上述方式中的一种或两种方式再生植株。据研究，小苗形成的方式在同一种中也不是固定的，它可能受激素或其他物质的影响。

四、影响花药培养的其他因素

除了前文所述的培养基成分和预处理之外，花药培养的诱导频率还受其他众多因素的影响。

1. 材料的基因型　被子植物的花药培养研究发现，不同种的植物，对花药培养的反应差异很大。对培养有反应的物种集中在茄科的曼陀罗属和烟草属。具有主要经济价值的禾本科的许多种属虽然能诱导出花粉植株，但除水稻外，其余种属的诱导率都比较低。双子叶中，棉花、大豆的花药培养最难。木本植物正式报道成功的有杨树、三叶橡胶、四季橘等。虽然有些科属的植物容易产生花粉植株，但总的说来花药培养的难易和供试植物的系统地位并无必然的联系。同一科中，有些容易，有些不易诱导。同一科的不同亚科甚至品种在诱导率上也表现极大差异，如小麦的品种间杂种往往比纯种更容易产生花粉愈伤组织。研究表明，花粉植株的诱导率与供试材料的基因型有很大关系。

2. 花粉发育时期　1977年，Chen Chi-chang 根据花粉细胞形态、生理上的变化，把花粉发育时期分为6个时期：四分体期、小孢子单核早期（细胞质刚从胼胝质壁释放出来，无液泡，核位于浓厚的细胞质中心）、小孢子单核中期（花粉内外壁形成，液泡出现，核位于小孢子一端，染色质浓缩）、小孢子单核晚期（液泡消失，核移向中心，染色质扩散，核仁扩大）、有丝分裂期与双核小孢子期。大多数的研究认为，单核中期花粉的愈伤组织诱导率最高，是花药培养的最适时期。Chen Chi-chang 在水稻花药培养中发现，花粉母细胞与四分体时期花药在培养中停止在单核早期，不产生愈伤组织。其他发育时期花药的愈伤组织诱导频率分别为：单核早期为56%；单核中期为35.7%；单核晚期为10.5%；第一次分裂期为6.7%；双核期为0%。大麦花药离体培养的最佳期为单核期，特别是单核中期（黄斌，1985）。小麦单核中晚期的花药能够发育成为成熟的花粉胚，进而发育成植株（欧阳俊闻，1987）。辣椒花药胚状体形成的频率在单核晚期时最高（9.7%），双核期次之（8.06%），单核中期最低（3.8%）。由此看来，不同作物花药培养的适宜花粉发育时期不同。几种常见植物花药培养适宜的花粉发育时期见表9-3。

表9-3　不同植物诱导胚胎发生的最佳小孢子发育时期

（引自 Ferrie，1995）

小孢子发育时期	植物种类
单核早中期	*Hordeum vulgare*
	Hyoscyamus niger
	Solanum tuberosum
	Triticum aestivum
单核晚期—双核期	*Brassica napus*
	Nicotiana otophora

（续）

小孢子发育时期	植物种类
单核晚期—双核期	*Plumbaginifolia, sylvestris*
	Zea mays
双核期	*Capsicum annuum*
	Nicotiana rustica
	Nicotiana tabacum
	Solanum carolinense

为了在适宜的发育时期培养花药，在培养花药之前，需要确定花粉的发育阶段。而这些特定的发育时期常与植株的形态学特性相关联。据观察，当烟草花蕾的花冠与花萼等长时，恰好是单核晚期；当水稻雄蕊长度为颖壳长度的 $1/3\sim1/2$，颖壳颜色为浅黄绿色时，花药处于花粉单核晚期；而小麦花粉处于单核中期时，其旗叶到倒二叶之间的距离为 $7\sim14$ cm。根据这些外形形态，可初步确定花粉的发育时期，但为了准确起见，还需制片镜检以确定花粉的发育阶段。对茄科、禾本科的大多数植物来讲，常用的有醋酸洋红或碘-碘化钾溶液染色制片法；但对水稻、番茄、芸薹属和许多木本植物来讲，由于其花粉细胞核不易着色，需采用棓花青-铬矾法，棓花青-铬矾可使花粉细胞核染成蓝黑色。

（1）醋酸洋红法　将花药放在载玻片上，加一滴 1% 的醋酸洋红（于 100 mL 煮沸的 45% 醋酸中缓慢加入 1 g 洋红，回流煮沸 8 h 后于 50 ℃下过滤即得），用镊子柄把花药捣碎，加盖片后在显微镜下检查。

（2）棓花青-铬矾法　将 5 g 铬明矾 $[K_2SO_4 \cdot Cr_2(SO_4)_3 \cdot 24H_2O]$ 加入 100 mL 蒸馏水中，溶解后加 0.1 g 棓花青混匀，加温至沸腾，并煮沸 5 min，冷却至室温后过滤，并加蒸馏水至 100 mL。制片用的花药应先在卡诺固定液（无水乙醇：冰醋酸＝3∶1）中固定 20 min，然后取出放在载玻片上，加棓花青-铬矾溶液染色制片和镜检，细胞核应染成蓝黑色。

目前对花药培养最适时期的解释有两种，一种解释是，小孢子发育的第三期初期是胚胎形成的临界期，若在接种时花药已经超过了此阶段，胚状体就不再形成。Nitsch 等也认为小孢子中淀粉开始形成后，小植株便不能从花粉中发育出来。而个别基因型花粉在双核后期的花药接种后仍能得到花粉植株，其原因可能是由于花粉内每个花粉的发育是不完全同步的，或某些个别花粉在其发育过程中受到障碍，发育进度比别的花粉慢，因此在接种时没有越过胚胎形成的临界点。第二种解释是，小孢子发育过程中花药内激素平衡在不断改变，随花药的成熟激素变得不适合于它的生长和分裂，或者是生长必需的一些成分被耗尽，从而引起培养效果不佳。

3. 植株的生理状况　研究发现，同一植物开花早期和开花晚期处于同一发育时期的花药培养的结果不同。如烟草，开花早期时的花药比后期的更容易产生花粉植株，大约始花期后 6 d 花粉胚的诱导率最高；温室材料的绿苗分化率显著低于大田材料（Andersen 等，1987）；早接种的主穗上的花药比晚接种的分蘖穗上的花药培养效率高（胡道芬，1995）。此外，花粉植株的诱导率还与母体植物的生长条件有密切关系。Sunderland（1978）发现，让植物处在长期的氮饥饿状态下可以显著提高其花药的培养成功率。其他研究也表明，不施氮肥的植株无论是花药培养诱导率还是每个花药的胚胎产量均高于施氮的植株。另外，播期、纬度、海拔的不同也影响诱导率。这些迹象表明，母体植物的生长条件与花药培养成功率有一定关系。

4. 花药密度　花药培养的密度效应在烟草培养（Dunwell，1979）中就被注意到了。许智宏和 Sunderland（1982）采用液体小体积法对大麦花药培养的密度效应进行了系统的研究，证明在大麦漂浮培养中，为了获得大量的愈伤组织，用已经低温处理的单核中期花药，接种密度至少需要 60 枚/mL。Roberts 等（1990）在用甘露醇预处理的花药培养中，研究了固体培养基中每皿 20、30、40、50、60 枚大麦花药的密度效应，结果表明，在所试的密度范围内，花药的反应频率差异不大，但对花粉胚的萌发有显著影响。陈耀锋等（2001）在小麦花药培养中证实，固体培养条件下，每毫升 4.8、6.4 枚的花药密度，花药组织的反应率和愈伤组织诱导率显著高于每毫升 1.6、3.2 枚花药密度，高密度培养条件下，培养花药本身足以使所用的培养基条件化，即在短期内释放出足够的条件因子，促进花粉细胞脱分化形成愈伤组织。

5. 花药定向　在大麦花药培养中，Hunter（1987）注意到了大麦花药在琼脂培养基上的定向显著影响其花药培养效率。花药一侧与培养基接触与两侧与培养基接触相比较，前者比后者有显著高的反应率。接种后首先是上面花药室中的花粉粒体积增大，开始发育，而下面花药室中的花粉细胞没有反应。Sopory 等（1976）也曾在曼陀罗花药培养中报道过花药定向的影响，当曼陀罗花药的两侧与培养基接触时，获得植株频率最高。Roberts 等（1990）在用甘露醇进行预处理的固体培养基上，将花药平放（flat）和立放（on edge），处理后的花药全平放到含有麦芽糖的诱导培养基上，结果证明，两种定向对大麦花药反应频率无显著影响，但前者却显著地提高花粉细胞的胚状体发生频率。Olsen（1987）在大麦花药漂浮培养中发现，当花药漂浮在 Ficoll 培养基表面时，花药两侧与培养基同时接触，首先是药室侧旁的微孢子开始发育，在经过几次有丝分裂后，花药壁破裂，原胚进入培养基并在那里进一步发育。他认为，花药组织在不同培养基中的最适定向与高湿度条件、增加培养容器内气体的交换及利用高纯度的琼脂糖结合，常常诱导花粉胚的大量发生。

6. 培养温度　在花药培养中，培养温度对诱导愈伤组织或胚状体的形成十分重要，它的作用表现在整个过程中。有些物种（如小麦）花药培养对温度的反应很敏感，培养温度只要有 2～3 ℃之差就可导致花粉愈伤组织的产量发生大幅度的甚至成倍的提高或降低，也能导致花粉愈伤组织质量的明显改变。对大多数植物来说，培养温度控制在 28～30 ℃是适宜的。而曼陀罗、小麦、油菜等植物都要求较高的温度，在 30～32 ℃下花粉愈伤组织诱导率较在 26～28 ℃下高。有时，同一物种，不同的基因型要求不同的培养温度，而且同一基因材料在不同的生长条件下，其花药也要求不同的培养温度；即使是相同条件下的相同材料，在花药或花粉的不同阶段对温度的要求也不同。如 Deng 等在诱导大麦花粉愈伤组织时适宜温度为 23～25 ℃，而进行植株再分化时适宜温度为 18～20 ℃。适宜的培养温度除了提高花粉愈伤组织的诱导率和植株再生能力外，还可以克服花药培养中出现的白苗频率高的问题。

7. 转移时间　转移时间对花培效率也有明显影响。崔国惠等（1996）研究了愈伤组织向分化培养基上转移时间对绿苗分化的影响。结果表明，随着花药接种时间的延长，愈伤组织分化绿苗的能力下降，花粉愈伤组织向分化培养基上转移的时间以在接种 30～50 d 内，选择颜色淡黄，结构致密，直径在 2 mm 左右的愈伤组织，分 2～3 批转移为宜，这样可以避免愈伤组织绿苗分化潜力的下降。

8. 光照条件　培养时的光照条件对于出愈率和绿苗分化率也有重要影响。小麦花药在脱分化培养基上黑暗培养能明显提高出愈率和分化率，却对绿苗分化有一定的抑制作用。而与黑暗培养相比，较强的光照不但会降低出愈率还会降低分化率；而较弱的散射光对出愈率影响不大，却能提高绿苗分化率（Bjornstad 等，1998）。在愈伤组织分化培养时，强光照与较弱光照相比能明显提高绿苗分化率（Ekiz 等，1993）。Ekiz 等（1997）研究表明，在愈伤组织分化培养过程中，前 15 d 暗培养或低光照培养后再进行强光照培养可明显提高愈伤组织分化率和绿苗分化率。

第三节　花粉培养

一、花粉培养的意义

花粉培养是指把植物花粉从花药中分离出来，以单个花粉粒作为外植体进行离体培养的技术。花粉培养始于 20 世纪 50 年代，据 Tulecke（1953）研究发现，在适宜的培养基上，银杏的成熟花粉粒能够长成愈伤组织。后来他和其他研究者分别用紫杉属和粗榧属、波斯麻黄等裸子植物的花粉诱导出愈伤组织。在被子植物方面首先成功的是 Kameya 等（1970），他们用悬滴培养法培养甘蓝×芥蓝杂种 F_1 代的成熟花粉取得成功，获得了细胞团；1972 年 Sharp 等用花药做饲养层的看护培养法培养番茄花粉，使之形成了细胞无性繁殖系；1974 年前后，Nitsch 等首次成功地培养了曼陀罗和烟草游离花粉，使之成为胚状体，并获得再生植株。从那以后，花粉培养方面的研究报道日益增多。1988 年，Hunter 培养大麦小孢子成功之后，玉米（Coumans，1989）、小麦（Mejza，1993）、水稻小孢子培养相继成功。目前，花粉培养技术已比较成熟，在许多物种上都相继有成功的报道。

花粉培养用于诱导植物单倍体植株，受到了广泛的重视和发展，与花药组织培养相比，花粉培养具有以下优点：①虽然很多研究者认为花药培养产生的植株无论是单倍体还是其他倍性的植株均起源于花粉细胞，但有些研究者认为花药培养产生的植株并不都是起源于花粉，容易受药壁、花丝、药隔等体细胞组织的影响，再生的植株中会出现不同倍性的个体，所以花药培养在诱导单倍体方面有一定的局限性，而分离的花粉粒培养可以克服这一不足。分离的花粉粒是单倍体细胞，它经培养增殖、再生的花粉植株是单倍的。②由于去除了药壁和其他连接组织的干扰，因此能更好地调节控制雄核发育的各种因子，而且能直接从单细胞开始观察整个雄核发育的过程。③花粉是真正的单细胞单倍体，花粉群体的所有小孢子在培养条件下均能均质地接受各种化学的、物理的因子处理，是突变体筛选及外源基因导入研究的有用材料，对育种有很大的意义。④花粉群体大，一个花药中就有成千上万个小孢子，从花粉培养能得到更多的花粉植株。

二、花粉培养的一般方法

（一）预处理或预培养

在分离花粉前对花药组织进行一定时间的低温预处理或预处理加预培养能显著促进花粉细胞的脱分化。低温预处理，其作用被认为是促进了处于特定发育时期的花粉从生殖生长向营养生长的转化，即完成脱分化作用。花药预培养与外植体低温处理一样，可以促进花粉分裂，完成脱分化过程，而且外植体的低温处理作用可被花药的预培养代替。陈英等曾在水稻花粉培养研究中发现，从经过一天预培养的花药中分离出来的花粉，培养后有少数可分裂数次，但以后完全退化，预培养 2~3 d 的花粉可以发育为多细胞花粉，但不能突破花粉壁。只有经过 5 d 花药预培养的花粉才可以发育到多细胞团至愈伤组织阶段。当将新鲜稻穗在 10 ℃左右预处理 10 d、20 d、30 d，再取花药分离花粉进行培养时，可以观察到随着处理时间的延长，花粉启动的频率与细胞分裂的次数都有明显提高，并最终得到绿色植株。稻穗低温预处理与花药预培养相结合可以获得大量具有雄核发育能力的花粉。在其他植物的花粉培养中也同样看到预处理的效果。但低温预处理与花药预培养相比较，尚未知哪种效果更好，也不知低温处理外植体和花药预培养相结合效果是否比单独处理更好。Ziauddin 发现大多数外植体的低温处理作用可被 0.3 mol/L 甘露醇溶液预培养花药所代替。

（二）植物游离花粉的分离

由于花粉培养是以花药内特定发育时期的花粉为对象，所以首先要得到花粉粒。目前，游离花粉粒的分离方法归纳起来有 3 种：花粉自然释放法、机械分离法和甘露醇预处理法。

1. 花粉自然释放法

（1）固体培养 于无菌条件下把花药从未开的花中取出，直接接种在无菌固体培养基上，当花药自动裂开时，花粉散落在培养基上，移走花药，让花粉继续培养生长。

（2）液体培养 接种于液体中（即漂浮培养）的花药具有不断自然释放花粉的特点，因而可以根据这个特点收集花粉。有两种处理方式：第一是接种时接入大量花药，1~2 d 后，将大量散落的花粉经离心浓缩收集，再接种培养；第二是花药接种后一定天数（如 2 d、4 d、7 d、10 d），将花药从原培养瓶转移到另外一个含新鲜培养基的培养瓶中，花药可继续散粉，留下的所有花粉都可以进一步发育。

2. 机械分离法

（1）玻璃棒挤压 把无菌花药收集在装有无菌液体培养基的玻璃瓶中，然后用平头大玻璃棒反复轻轻挤压花药，用约 200 目镍丝网过滤，除去药壁体细胞组织，使花粉都进入滤液中。然后将滤液移入离心管，在 200 r/min 速度下离心数分钟，使花粉沉淀。吸去上清液，再加培养基重悬浮，然后离心，如此反复 3~4 次，就可得到很纯净的花粉，然后培养。1993 年，Tuvesson 等采用此法收集花粉，培养在含 9% 麦芽糖、1.5 mg/L 2，4-D、0.5 mg/L KT 的培养基上，诱导了花粉胚，并转移后成功得到植株。此法的优点是操作简便，但是花粉中往往混杂有体细胞并且所得的悬浮液中花粉密度也不易控制。

（2）微量搅拌器法 此法是将小花放在含有 125 mL 培养液的 250 mL 的微量搅拌器中，在高速条件下将其搅拌 12~15 min，匀浆液用 325 μm 的不锈网过滤，过滤物收集在 4 个 25 mL 的圆锥形管中，并在 1 000g 下离心。沉淀物归入 2 个小管，用 35 mL 培养液冲洗两次，并同上离心，将沉淀物重新悬浮于 2~3 mL 培养液中，并用 20% 的麦芽糖分层，再用 2 500g 离心后在梯度表面得到花粉。应用此法最早的是 Swanson（1987）。Mejza 等（1993）采用此法游离花粉，然后培养在含有麦芽糖作惟一碳源的培养基中，采用小麦或大麦子房进行看护培养，获得了小麦的花粉植株。

3. 甘露醇处理法　1990 年，Ziauddin 等采用甘露醇处理来收集花粉，他们将新鲜的花药接种于 0.3 mol/L 甘露醇中 25 ℃暗培养 3～4 d，这样就有大量的花粉释放出来。再通过离心进行收集，收集的花粉培养在正常的诱导培养基中，结果每个花药可产生 2.92 株绿苗。这种方法收集花粉，对培养反应较好，但对花粉粒不利，一些有害物质可能从破裂的花药壁组织和细胞中释放出来。

(三) 培养方法

花粉培养方法较多，常用的有下列 5 种。

1. 平板培养法　此法即是将游离花粉直接接种在固体琼脂平板培养基上进行培养的方法。Nitsch 等（1973）采用此法成功地培养了曼陀罗和烟草的游离花粉，形成了胚状体，并进而分化成小植株。

2. 看护培养法　将在适合培养基上培养裂开的花药（这种花药可以是同一种植物的，也可以是另一种植物的，但其胚状体或愈伤组织的诱导率必须比较高）作为一种哺养组织，然后在花药上覆盖一张滤纸小片，吸取 0.5 mL 分离好的花粉粒悬浮液滴在滤纸小片上，进行看护培养（哺养培养）。

Shaip 等（1972）曾用此法培养番茄的花粉，并得到了单倍体的愈伤组织。适宜条件下培养后，在滤纸片上长出细胞团。另外，用这种方法能将接种在矮牵牛花药上的烟草花粉粒诱导成植株。

3. 预培养法　早期的被子植物花粉粒培养工作是以甘蓝、百脉根、黑麦和矮牵牛为材料进行的，培养的花粉粒只能进行有限分裂，不能长成愈伤组织或胚状体。后来，Nitsch 及其同事采用花药预培养的方法，成功地获得了曼陀罗和烟草的花粉植株。此后，大多数花粉培养成功的例子都是来自经花药预培养后的花粉，成功的例子有天仙子、马铃薯、颠茄、矮牵牛、茄子和水稻的游离花粉培养。该法是将花药在培养基上先培养 3～4 d，然后再将花粉分离出来。将分离得到的纯花粉粒制成悬浮液，使其花粉粒密度为每毫升 5×10^4 个，再以 2 mL 的量转移到小培养器或小三角瓶中做薄层培养。如烟草用此法在 28 ℃散射光下，经 10 d 便能观察到由于花粉粒去分化而分裂成含有 2～10 个细胞的细胞团，细胞团进一步长大便突破了原来的花粉壁，进一步发育成胚状体，将胚状体转移到固体培养基上能在一周后形成小植株。

4. 微室悬滴培养法　1970 年，Kameya 等用此法成功地培养了甘蓝×芥蓝 F_1 的成熟花粉。他们把 F_1 花序取下，表面消毒后用塑料薄膜包好，静置一夜，待花药裂开，花粉散出，制成每滴含有 50～80 粒花粉的悬浮培养液，然后把一滴悬浮液滴在盖玻片上，悬滴周围先用石蜡画个圆圈，同时在中央安放一个石蜡短柱，把盖玻片翻个身后，安放在凹穴载玻片上，再用石蜡封盖玻片四周，放在 25 ℃下培养，每天稍转动以通气，悬滴继而发育成细胞团。

5. 条件培养法　此法是在合成培养基中加入失活的花药提取物，然后接入花粉进行培养。其具体操作方法是：把花药接种在合适的培养基上培养一个星期，这时有些花药的花粉开始萌动，然后将这些花药取出浸泡在沸水中杀死细胞，用研钵研碎，倒入离心管，高速离心，上清液即为花药提取物。提取液经无菌过滤（通过 0.45 μm 微孔滤膜）灭菌，然后把它加到培养基中，再接种花粉进行培养。由于失活花药中含有促进花粉发育的物质，有利于花粉培养成功。此法已促使烟草、曼陀罗的花粉诱导形成花粉植株。

三、影响花粉培养的主要因素

与其他器官的培养技术相比，花粉粒培养还不成熟，影响培养效果的因素可能很多，要非常系统地归纳还不可能。但参照一些花粉培养研究成果，大致可归纳为以下几方面。

1. 花粉小孢子的发育时期　利用适当发育时期的花药制备游离花粉进行培养，成功率最高。如烟草在单核后期至二核期最适。对禾谷类作物而言，大部分花粉发育阶段处于单核靠边期（晚期）最适宜。

2. 低温预处理或预培养　低温预处理已广泛用来提高花粉雄核发育的频率。但是有实验证明，即使低温预处理的花粉也常常发生正常有丝分裂形成一个营养核和一个生殖核。低温预处理不诱导雄核发育，但是能提高培养花粉的去分化能力，抑制配子体分化，处理的效应是间接的，因此该手段并不是分离花粉培养成功的先决条件。而花药或花粉预培养，其作用相当于一种营养饥饿处理，对促进以后的花粉分裂是很重要的。低温预处理外植体以及预培养中的饥饿处理导致花粉生理状态的变化，从而使特定发育时期的花粉从生殖生长（形成成熟花粉）转向脱分化（形成胚状体或愈伤组织）。

3. 游离花粉的纯度　在培养前分离的花粉应多次洗涤，否则其生长和形态发生将受影响。不洗涤的花粉不能生长或只能形成愈伤组织。

4. 药壁组织　只有已经启动的花粉才能在游离培养时进一步发育，而小孢子的启动必须在花药中进行，这一现象在曼陀罗、烟草、茄子、水稻等植物的花粉培养中都有发生。在花药离体培养的开始阶段，药壁组织对小孢子的启动可能起着主要的作用。曾有人研究了药壁对花粉去分化的影响，认为这种影响至少涉及下列两个方面：①在花粉去分化时，药壁组织为花粉提供了必要的营养物质；②通过药壁组织吸收、储藏和转化培养基中的外源物质，药壁起着花粉代谢库的作用。其他研究也证明，在培养早期，花药壁中的某些物质对于花粉的分裂和发育是十分重要的。Nitsch 的工作还进一步证明，培养花药的水提取物的确可以促使悬浮培养的花粉形成胚状体，提取物中起作用的物质可能是细胞分裂素、肌醇、谷氨酰胺、丝氨酸等物质。

5. 花粉细胞类型　在分离的花粉中，观察到两种不同类型的花粉，一种花粉体积较大，细胞质较少，数量很多；另一种花粉体积较小，富含细胞质，数量很少。在水稻游离花粉培养过程中，发现在培养的几天内，所有体积较小的花粉都死亡，仅极少数体积较大的花粉进行了分裂（直径为 $50\sim58\ \mu m$），并得到了花粉胚。这种花粉细胞经醋酸洋红染色后，其细胞壁呈粉红色薄壁状。而另一相反的例子是 Dupuis 和 Gary（1993）在研究玉米花粉粒成熟过程时，发现通过改良培养基成分，可促使花粉细胞的淀粉积累，从而提高花粉活力。而在烟草中，具有分裂能力的是体积较小且不含淀粉，细胞质透明的花粉。

另外，在培养中不能分裂的花粉（非胚性花粉）细胞在培养早期死亡，往往会释放出有害物质，不利于胚性花粉（具有分裂能力的花粉）的分裂。因此，有必要将非胚性花粉筛选掉。通常采用密度梯度离心的方法来纯化胚性花粉，能大大提高花粉的分裂频率和成苗率。

6. 培养基成分　糖源的种类和浓度影响花粉细胞的分裂和生长。在水稻花粉培养基中，6％

蔗糖比 3% 蔗糖花粉培养的效果好。在玉米花粉培养中提高蔗糖浓度至 8%～9.5%，可大大提高花粉愈伤组织形成率和植株的再生率。Xie 等（1994）研究发现，以 60g/L 的麦芽糖代替蔗糖，可提高粳稻游离花粉的分裂频率和成苗率。

一些激素类物质及有机附加物也能明显提高雄核发育的频率。如 ABA 可提高水稻愈伤组织的绿苗形成率。增加培养基中还原态氮、水解酪蛋白和谷氨酰胺的含量，以及适当增加 NAA 及 2，4 - D 的浓度对水稻游离花粉的体胚发生和植株再生也很重要。在培养基中增加甘露醇和 L - 脯氨酸对籼稻游离花粉培养也有一定的效果。

7. 培养基的物理状态　培养基的渗透压是影响花粉细胞分裂的一个重要因素。Counans 等（1989）认为，液体培养基中加入 Ficoll 之所以能提高玉米花粉植株再生频率，原因之一是 Ficoll 提高了培养基的渗透压。但 Matsushima T. 等（1988）在水稻花粉培养时，将培养基稀释到 1/8 倍，即降低培养基渗透压，也促进了水稻花粉细胞的分裂，而在原培养基上的花粉因培养基渗透压过高而逐渐衰老并失去活力。这可能是不同植株花粉细胞内部的渗透压不同，因而对培养基的渗透压大小具有不同要求所致。

培养基的通气条件不仅影响花粉的体胚发生，而且与花粉植株中的白化苗有关。Kao 等（1991）认为，通气条件不足，导致愈伤组织中的乳酸积累，从而产生白化苗。花粉液体培养时，在培养基中加入 Ficoll，不仅可悬浮花粉，而且可悬浮花粉发育的体胚，从而提高花粉分裂频率和成苗率，这与改善了花粉的通气条件有关。

花粉培养期间，更换新鲜培养基对促进花粉细胞分裂和增殖是重要的。薄层液体培养时，每隔 2 周应以等量新鲜培养基更换部分旧培养基（约 0.05 mL）。Hansen 和 Svinnset（1993）发现，大白菜游离花粉转移到培养基上后，采用过筛法，每 3 d 更换一次新鲜培养基，其花粉产生体胚的产量可提高 200%～300%。一般认为，游离花粉培养过程中会产生抑制花粉体胚发生的有害物质，通过更换新鲜培养基，可避免有害物质对花粉体胚发生的抑制作用。但不同植物游离花粉培养时更换培养基的周期也不同。另外，过筛法更换培养基，易使分裂的花粉附着在网孔上，可采用离心沉淀收集花粉，注入新鲜培养基悬浮后培养。

总之，影响游离花粉培养的因素很多，除了上面提到的以外，针对不同的植物，其他很多因素如基因型、培养方法、培养条件（温湿度、光强、光周期）等亦应考虑。而且，如何综合控制影响花粉培养的各种因子，也将成为今后提高游离花粉培养效率的一项重要研究内容。

第四节　花药培养一步成苗

一、花药培养一步成苗的概念

通常花药培养一般是采用脱分化、再分化和生根壮苗等几个培养程序，称为多级成苗。为了简化培养程序，提高培养效率，人们研究建立了一种一步成苗的新方法。一步成苗又称一次成苗或直接成苗，是指离体培养的花药组织的花粉细胞在一种培养基上同时完成脱分化和再分化过程，直接分化出完整植株的培养方法。花药培养一步成苗，已在烟草、水稻、小麦等作物上报道，并被成功的用于花药培养育种实践。

二、花药培养一步成苗的诱导方法

1. **材料的制备**　花药培养一步成苗的外植体制备基本上同花药培养多步成苗方法，亦应选取处于特定发育时期花粉的花药先进行预处理，再行消毒后取花药接入培养基中适宜条件下培养。

2. **培养基**　花药培养一步成苗所采用的基本培养基基本上同花药多步成苗，如双子叶植物的花药培养多用 Nitsch H 培养基及 MS 培养基；十字花科及豆科植物的花药培养多用 B_5 培养基；而禾谷类植物的花药培养报道得很多，选用的培养基也很多，如 MS、N_6、C_{17}、W_{14}、SK_3 等。

花药培养一步成苗对培养基的特殊要求主要体现在激素种类与浓度的选配上。在禾谷类作物的花药多步培养中，为了获得高频率的花药愈伤组织，通常在脱分化培养阶段，使用较高浓度的 2，4 - D；而在花药培养一步成苗时，要降低 2，4 - D 浓度（0.5 mg/L）或不使用 2，4 - D，而使用 IAA 或 NAA。同时，需配以一定浓度的细胞分裂素。适当降低培养基中的蔗糖浓度、选择无机盐浓度较低的培养基有利于花药组织的花粉细胞一步成苗。在小麦花药培养一步成苗上，无机盐浓度低的 N_6 培养基比无机盐浓度高的 W_{14} 培养基一步成苗效果好。

3. **培养**　接种好的花药宜先在暗或散射光下培养，温度为 25 ℃左右，经过 1 个月左右，待诱导出愈伤组织并开始分化胚状体时，移至 2 000～3 000 lx 强光下培养，光照时数与培养温度依不同的物种确定。

三、影响花药培养一步成苗的主要因素

影响花药培养一步成苗的因素较为复杂，总结前人的工作，影响花培一步成苗的主要因素有以下几个方面。

1. **基因型**　基因型对花药培养一步成苗有重要作用，林恭松等（1984，1983）认为，基因型对花药培养一步成苗有重要作用；陈耀锋等（2000）研究了 6 个不同基因型杂交组合 F_1 花药培养一步成苗效率，结果（表 9 - 4）表明，不同基因型组合的愈伤组织诱导率、绿苗分化率、白苗分化率及绿苗产量均有一定差异，基因型对小麦花药培养一步成苗效率有不同的影响，在选材上要注重选择高愈伤组织诱导率、高绿苗产量和高 G/W 配合适宜的基因型。

表 9 - 4　基因型对小麦花培一步成苗的影响

（引自陈耀锋，2002）

基因型	接种花药数	愈伤组织诱导率（%）	白苗分化率（%）	绿苗分化率（%）	绿苗产量（%）	G/W
千斤早×888	480	3.1	26.7	26.7	0.8	1.0
97（37）×004	560	2.7	6.7	26.7	0.7	4.0
西农 85×888	1 200	1.8	13.6	31.8	0.3	2.3
97（32）×888	560	1.6	44.4	0.0	0.0	0.0

（续）

基因型	接种花药数	愈伤组织诱导率（%）	白苗分化率（%）	绿苗分化率（%）	绿苗产量（%）	G/W
97（18）×004	480	1.3	33.3	16.7	0.2	0.5
97（19）×97（73）	1 120	2.5	3.6	3.6	0.1	1.0

注：G/W 为绿苗与白苗的比率。

在水稻上，江树业（1996）、林恭松（1984）都认为花药培养一步成苗的效果受基因型的影响较大，依次为：粳稻、籼粳杂交后代、籼稻，其绿苗分化率分别为 1.74%、1.16%、0.82%，差异达显著水平。

2. 碳源　花药培养中所用的碳源主要是蔗糖。蔗糖浓度对花药愈伤组织诱导率和苗分化率都有显著影响，在一定范围内，随着蔗糖浓度升高，花药愈伤组织诱导率和绿苗产量均明显增加，因此，在禾谷类作物花药培养中，一般使用了较高浓度的蔗糖。但蔗糖浓度过高，不利于花粉胚的萌发，降低培养基中的蔗糖浓度或者用麦芽糖部分代替蔗糖，有利于花药培养一步成苗。

3. 激素　激素是影响花药培养一步成苗的重要因素。2，4 - D、NAA、KT 等激素及其不同的配比经常被用于禾谷类作物的花药培养一步成苗的研究。高浓度的 2，4 - D 抑制了花药培养一步成苗的发生，用 IAA、NAA 代替 2，4 - D 或大幅度降低 2，4 - D 浓度，促进花药培养一步成苗的形成。培养基中附加 KT 促进了花培一步成苗的发生，在一定浓度范围内，随培养基中 KT 浓度的提高，花药培养一步成苗效率增加。林恭松等认为，适当提高培养基中 KT/2，4 - D 比例有利于一步成苗。

4. 低温预处理　低温预处理时间对花药培养一步成苗的作用最大。江树业（1996）发现，籼型品种早香 17 以 5～10 d 为宜，超过 15 d 的不能一次成苗。粳型品种 C57 以 10～16 d 较适宜，短于 10 d 或长于 16 d 的仍有一定效果。至于对诱导率、分化率和绿苗率等的适宜与处理天数则不尽一致。如早香 17 的诱导率、分化率和绿苗率以预处理 10 d 的最高，分别达 5.69%、8.41% 和 0.48%；C57 的诱导率、绿苗率以预处理 16 d 的最高（19.14%、1.54%），分化率以 10 d 的为佳（9.63%）。同时观察到，预处理时恒温处理优于变温处理，变温处理易引起花药提早变质。

5. 光照　在花药培养一步成苗中，后期强光照也是一步成苗的关键技术，3 000 lx 强光照有利于花粉胚直接成苗。

四、花药培养一步成苗的特点

与花药培养多步成苗相比，花药培养一步成苗有以下几个优点。

①花药培养一步成苗简化了培养程序，降低了培养成本，加快了成苗速度。多步培养一般需要经过诱导愈伤组织、分化绿苗、生根壮苗等几个程序，各需不同的培养基，需要经过至少两次的转移，始可出苗移栽。一步成苗培养仅需在一种培养基上即可出苗，大大简化了培养程序。江树业等（1996）在水稻花药培养中发现，一步成苗仅需 39 d，而多步成苗需 60 d，前者较后者缩短 1/3 的培养时间。

②花药培养一步成苗提高了花药培养效率。多数研究者认为，花药培养一步成苗是提高花药培养效率的主要途径。研究表明，一步成苗不仅可以提高花药绿苗率（分化绿苗丛数占接种花药数的百分比）、瓶绿苗率（分化绿苗丛数占接种总瓶数的百分比），而且，一步成苗主要是通过胚状体成苗，成苗快而健壮，因此提高了花药培养的效率。

③花药培养一步成苗中绿苗的质量明显提高。花药培养一步成苗的绿苗生长快而健壮，根系发达，易移栽成活。江树业等（1996）研究表明，水稻花药培养一步成苗的绿苗生长较为快壮，叶龄比多级培养的高 0.60，并且大小较为均匀；苗高较多步培养的增加近 1/3。此外，一步成苗的苗根系发达，一步成苗主要通过胚状体成苗，根芽同时长出，较为整齐，易于壮根旺苗，不出现无根绿苗。而多步培养的绿苗主要通过器官发生，基本上只能先分化茎叶，一般不在同一培养基上生根，无根绿苗多达 79.49%。而且，多步成苗的根一般褐色老化，基本上无须根；一步成苗的根多白色，易产生大量须根，平均每丛达 15.16 条。陈耀锋等（2000）在小麦一步成苗的研究中，也发现类似情况（图 9-4）。

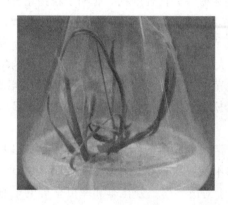

图 9-4　小麦花药培养一步成苗

④花药培养一步成苗简化了培养过程，减少了愈伤组织形成中的细胞变异，有效降低了花药培养中的白化苗产生频率，提高了花药培养效率。

第五节　花粉植株的起源和发生途径

一、花粉植株的起源

在被子植物里，配子体世代的发育通常是一致的。对雌雄配子体而言，当进入配子体世代后，特定的雄性器官经减数分裂产生 4 个小孢子，小孢子经过两次分裂就可以用于受精。第一次分裂产生一个大的营养细胞和一个小的生殖细胞；第二次分裂只与生殖细胞有关，可以在花粉粒中进行，也可以在花粉管里进行，这次分裂产生两个雄配子。被子植物的配子体世代很短，在它们产生配子后，如果不进行受精，花粉很快死亡。在离体条件下，培养花药中的小孢子常常不按上述正常的配子体途径发育，而是经过去分化转向孢子体途径发育，最后形成完整的植株即孢子体。这一过程称为雄核发育或花粉的胚胎发生。

20 世纪 60 年代，Guha 在曼陀罗上成功地获得花粉小植株后，紧接着就开始了雄核发育的研究工作。最早的工作主要在于搞清小植株是由花药体细胞形成还是由小孢子形成的问题。1966 年，Guha 等观察了小孢子或花粉形成胚状体的全过程后，确认了小植株是由花粉起源的。随着在其他物种上花药培养的成功，人们对小孢子形成花粉植株的形态发生过程进行了比较详细的观察，发现了雄核发育的多种途径，如花粉植株既可由小孢子直接产生，也可以由第一次配子体分裂后的营养细胞或生殖细胞产生。研究还发现，这一时期的细胞内经常出现异常的核行为和有丝分裂，如核融合、核同步分裂、核内有丝分裂等。这种细胞学上的变异可以解释有时花药培养中产生部分多倍体或混倍体植株的原因，同时，也为人们把出现染色体变异的后代植株应用到作物改良上提供了细胞学证据。

二、小孢子的雄核发育途径

（一）离体培养存活花粉类型

离体培养条件下，一些花药组织在培养初期死亡，存活的花药内小孢子的发育一般有 4 种类型：①发育停滞的花粉，花粉粒停滞在接种时的状态，经一段时间后核解体或凝缩，胞质变稀薄最后成为空花粉粒；②按配子体途径发育形成二核或三核花粉，偶尔还有花粉管延伸出来，以后发育停滞而退化；③内部积累颗粒状储藏物质的花粉。在单核、双核和三核花粉中都能发生，退化常从核开始，培养后期可以看到只有少数残余的储藏颗粒存在；④开始雄核发育即开始胚胎发生的花粉。这 4 种类型花粉在培养进程中，都可能退化，如小麦花药在接种两天后有 30% 的空花粉粒出现，8 d 后空花粉粒为 60%，15 d 后达到 89%。胚胎发生花粉与它们在花药中的部位目前还未发现有什么相关性。小麦同一花药内不同的花粉囊对培养反应可以完全不同。有时一个花粉囊被启动的花粉粒充满，而另一个则完全败育。

（二）花粉胚的发生途径

花粉胚发生途径，研究者有不同的划分方法，但大都根据小孢子初始分裂类型、胚状体的来源、细胞壁的有无等划分的。1977 年，Sunderland 等根据烟草和曼陀罗花粉分裂方式和胚状体的来源，提出胚状体发育的 A、B、C 途径。A 途径是指胚状体来自营养细胞的分裂，生殖细胞不分裂或分裂 1～2 次便退化。B 途径是指小孢子第一次有丝分裂形成均等的两个细胞，两细胞都参与胚状体的形成。C 途径是由融合的营养核和生殖核共同形成的胚状体。A、B 途径较普遍。在 A、B、C 途径基础上又进一步发现了一些新途径，而且 Raghavan 在天仙子中的工作令人信服地证明了真正起胚胎母细胞作用的是生殖细胞，而营养细胞实际上只起一个胚柄母细胞的作用。有研究表明，生殖细胞可以独立分裂并形成细胞团，而营养细胞只分裂 1～2 次便退化。关于生殖细胞的独立分裂，Sunderland 等根据大麦的研究，总结为 3 种类型：①生殖细胞分裂形成一单列的细胞层，营养细胞分裂形成游离核。②生殖细胞分裂形成一单列的细胞层，而营养细胞不均等分裂，形成大小两个细胞，较小的细胞进行单倍体分裂，而较大的细胞进行游离核分裂。这样，在花粉中形成由生殖细胞团和营养细胞团构成的嵌合体结构。③生殖细胞退化，仅由营养细胞形成多细胞团。

总之，这方面划分很多，结论也不尽相同。目前，一般是根据小孢子第一次分裂的情况将雄核发育分为 A 途径（不均等分裂）和 B 途径（均等分裂）两大类，其中 A 途径又可以根据第二次分裂及其以后的情况细分为 A-V 途径、A-G 途径、A-VG 途径（又称 E 途径）及 C 途径等类型。

1.B 途径（均等分裂类型）　小孢子第一次分裂为均等的有丝分裂，形成两个大小相近的细胞（或游离核），以后，由这两个细胞（或游离核）连续分裂产生单一类型细胞组成的多细胞花粉或多核花粉。这种分裂方式在水稻、小麦、玉米、曼陀罗、杨树物种中均有（图 9-5）。

2.A 途径（不均等分裂类型）　　小孢子第一次有丝分裂仍按配子体方式进行，为不均等的有丝分裂，形成在形态上明显不同的大、小两类核，大核是营养核，小核是生殖核，即 Sunderland 等描述的 A 途径。它又可细分为以下几种亚途径。

（1）A-V 途径　营养细胞作为胚母细胞，经多次分裂形成胚状体。生殖核附于花药内壁上，多不分裂，也可能分裂 1～2 次便退化消失，不参与胚状体的形成。这种发育途径在小麦、大麦、黑麦、小黑麦、水稻、玉米、烟草、颠茄、辣椒、苎麻等物种中存在（图 9-6）。

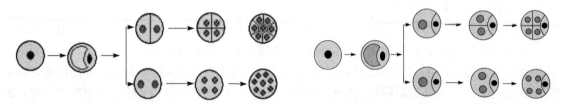

图 9-5　雄核发育的 B 途径　　　　　图 9-6　雄核发育的 A-V 途径

（2）A-G 途径　生殖细胞作为胚母细胞，可发生多次分裂，形成多核花粉，进而形成胚状体。而营养核不分裂或仅分裂数次而形成胚柄结构。由生殖细胞形成的细胞群，其核致密，染色后着色较深，容易同营养细胞衍生而来的细胞群区分开来。Raghaman（1977）在天仙子中首先发现了这种途径。迄今，在水稻和玉米中观察到生殖细胞的多次分裂，尚未见到胚状体产生（图 9-7）。

（3）A-VG 途径　A-VG 途径又称 E 途径，即花粉内的营养细胞和生殖细胞独立分裂，形成两类细胞群，各群的子细胞都类似其母细胞。在水稻和玉米中已观察到这种途径的存在。此外，Sunderland 等（1980）在大麦中还发现了所谓分隔单位（partitioned unit）的花粉。在这种花粉中，生殖细胞和营养细胞的共同发育，以一种更为特殊的形式表现出来，不仅可以区分为两

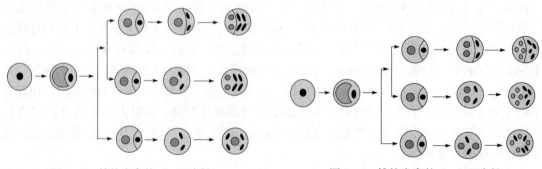

图 9-7　雄核发育的 A-G 途径　　　　　图 9-8　雄核发育的 A-VG 途径

种细胞群，而且可观察到营养细胞核的游离核区，核之间还可发生融合。营养细胞的分裂常常发展成为胚柄结构，有时也形成胚状体。通常，胚状体由生殖细胞分裂而成，它们不形成游离核区，也不发生核融合（图9-8）。

3. C途径（核加倍途径）　生殖细胞和营养细胞通过核融合后共同形成多细胞花粉，进而产生非单倍体植株。Sunderland等（1977）曾观察到毛叶曼陀罗的生殖核经核内复制，在分裂中期形成双份染色体，并与分裂中期的营养核染色体排列在一个赤道板上。由该材料产生的花粉植株得到了三倍体。曾君祉等（1980）在小麦中观察到分裂中期生殖核与营养核靠近、核融合的现象（图9-9）。

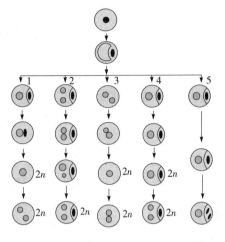

图9-9　雄核发育的C途径

根据现有的报道，大多数植物的雄核发育是多途径的。例如，在水稻、玉米中已观察到A-V、A-G、A-VG和B途径；在大麦中已观察到A-V、A-VG和B途径；在小麦中观察到A、B和C途径。除此之外，潘景丽等（1983）还观察到小麦中还存在着D型分裂途径，即均等的生殖性细胞型：单核花粉第一次有丝分裂后，产生两个大小相似、染色质均匀凝聚状的生殖核，它们继续分裂形成多细胞花粉。产生这种多途径发育的原因何在，目前尚无公认的确切解释。同一种植物可能存在几种不同的发育途径，但究竟以何种途径为主形成胚状体或愈伤组织，还没有统一的认识。一种观点认为胚状体或愈伤组织来源于营养细胞分裂，而生殖细胞不起作用，即倾向于A途径。例如，Sunderland认为，A途径是形成烟草花粉胚的主要途径。大多数学者在小麦、小黑麦、黑麦、大麦、黑麦草、玉米、茄子等植物上的研究支持了这种观点。另一种观点认为，胚状体或愈伤组织来源于小孢子细胞的直接分裂，即雄核发育的B途径。刘国民（1994）认为，不能用单一原因来解释多途径现象的存在，至少，以下3个方面的原因直接或间接地影响到雄核发育的方式：①物种和基因型的原因，这是内因。之所以不同物种雄核发育存在不同的方式，从内因上分析，只能说是与不同的物种差异有关。此外，在同一物种中由于实验所用材料的不同也会发现不同的雄核发育方式，如朱至清等（1988）、曾君祉等（1980）就曾分别报道小麦的雄核发育是以A途径为主和以B途径为主，这种差异则是由于小麦花药供体植株的基因型不同而造成的。②花药离体后所经的处理条件。Nitsch等（1973）曾报道，在毛叶曼陀罗中，按配子体发育时，小孢子分裂的纺锤体是纵轴垂直于花粉萌发孔对侧的细胞壁；启动雄核发育的小孢子纺锤体，其纵轴则平行于萌发孔对侧的细胞壁。低温或其他条件的影响可使纺锤体平行于萌发孔对侧的小孢子数目增多，即有更多的花粉启动雄核发育（B途径）。③与接种时小孢子所处的发育阶段有关。不少研究者发现，小孢子间期的G_1期和二胞花粉间期的G_1期是启动雄核发育的关键时期。例如小麦花药培养中接种的通常是单核中晚期的小孢子，正处于G_1期，因此，在小孢子的间期受诱导因素的影响，形成以B途径为主的雄核发育方式；而烟草小孢子通常接种后不久第一次有丝分裂即完成，故只有下一个细胞周期的G_1期才能启动雄核发育，所以，其雄核发育以A途径占优势。何定纲等（1985）用不同发育时期的小麦花药进行试验，结果表明，在单核中晚期、单核早期及四分体时期的花药中，二核花粉中均等分裂类型的比例分别为 46.4%、64.6% 和 72.1%，这证实小麦的雄核发育方式是以 B 途径为主还是以 A 途径为主确实与接种时小孢子所处的发育阶段有关。

三、雄核进一步发育中的异常行为

在培养的花药中，会出现雄核连续分裂而细胞壁不随之形成的现象。在这一类花粉中，许多核共存于一个花粉细胞，研究者把它们称为多核花粉或核融合多核花粉，也有人称之为游离核花粉。通常这类花粉在培养早期即产生，并在启动花粉中占一定比例，在小麦中有时可达 25%。均等分裂及非均等分裂都有可能产生游离核，最多时一个花粉内可包含有 50 个核。游离核的增加速度，可能与核的同步分裂有关。核与核之间还有融合发生，融合的结果使花粉核加倍，由于参与融合的核数目不一，能产生奇数或偶数倍性的植株。多核花粉是否能形成胚状体或愈伤组织，关键在于核间能否再生细胞壁，如若不能，少量的游离核只会分解退化。

在培养早期，除了在雄核发育花粉中观察到多核花粉外，还可以看到有微核和小核存在，它们对再生植株的形态表现也有某些影响。如朱至清等发现微核出现与小麦的白化苗产生有关。因此，培养早期的染色体行为、细胞壁形成等方面的各种研究都是重要的，这有利于解释花粉植株表现的多样性。

四、雄核发育的阶段性

据报道，启动的小孢子往往多于形成胚状体或愈伤组织的花粉，推测小孢子从启动到胚状体（或愈伤组织）的形成是分阶段进行的。不同的阶段在细胞形态上有不同的表现，对培养基和环境的要求也不同。

欧阳俊闻等发现，接种后短期高温培养对提高某些小麦愈伤组织的诱导频率有利，由此可见，花药培养的不同时期对环境条件有不同的要求。这意味着雄核发育有阶段性，在不同的培养时期，接种后的小孢子对环境条件也有不同的需求。但大多数人对这一现象并未给予足够的重视，往往在接种后直至肉眼可见的胚状体（或愈伤组织）长成，只使用一种培养基和同一个温度、光照等条件，妨碍了诱导频率的进一步提高。近年来有人开始把从小孢子启动到发育成肉眼可见的胚状体划分为不同阶段，如 Sopory 将马铃薯的花粉胚发育分为起始期、发育期和生长期。陈之征等（1983）将油菜的花粉发育分为 3 个阶段，第一是小孢子培养早期发育（4~7 d）；第二是多细胞花粉形成；第三是破壁多细胞团到胚状体形成。在此基础上研究了各阶段对培养条件的需求。研究认为，第一阶段要求高蔗糖浓度（达 10%~20%）和不补加激素的培养基；第二阶段要求补加激素的培养基；第三阶段对糖和激素都要求不高，2% 的蔗糖和不补加激素的培养基即可促进胚状体形成。另外，也可适时更换培养方法，以便提高诱导频率。从发育的实质上看，这 3 个阶段可归纳为启动的初始阶段、细胞的增殖阶段和多细胞团的分化阶段。小孢子在各阶段，形态上有不同的表现，生理上有不同的要求，因此对培养条件的需求也不一样。

了解雄核发育的阶段性，可以使提高诱导频率的工作根据发育阶段分步进行，逐步搞清各个阶段的主要因素，据此提出和选择各阶段最佳培养基组成及培养方法，使更多的花粉小孢子启动脱分化，提高诱导频率。

五、雄核发育的启动机理

对于花药在离体培养条件下能改变花粉正常发育途径而转向孢子体发育的原因，至今仍然不清楚。在许多讨论雄核发育启动机理的假设中，花粉二型性的本质和药壁的作用是有较多的实验资料为依据的。

1. 花粉的二型性与 E 花粉　在天然花粉群体中，除正常的花粉之外，还有一部分发育异常的花粉，其特征是发育迟缓，体积较小，细胞质稀薄，染色浅，既可进行不均等分裂，也可进行均等分裂。这种花粉中同时存在正常及异常花粉的现象叫花粉的二型性。而异常花粉则称为二型花粉。1977 年，Sunderland 在研究牡丹属的栽培品种时提出用花粉"二型性"解释花粉胚产生的原因，并认为物种间诱导胚状体频率的高低也受二型性花粉的影响。研究发现，异常花粉在进行第一次有丝分裂时，生殖细胞壁不成为弧形而是平直的，营养细胞再分裂；这种有丝分裂有时也可因纺锤体轴向改变而产生均等细胞或均等核，最多时可达 5 个细胞或 5 个核。这两种发育方式分别类似于离体培养时花粉发育的 A 途径和 B 途径。因此，推测这种异常花粉是具雄核发育潜力的花粉，称之为潜能胚胎发生花粉（potential embryogenic pollen，E 花粉）；由于这类花粉体积小，故也有人称之为小花粉（small pollen，S 花粉）；又由于其细胞质稀薄，不积累淀粉，染色浅淡或不着色，故也有人称之为不染色花粉（nostain pollen，NS 花粉）。

已在多种植物中发现异常花粉，包括小麦、大麦、黑麦及萱草属、牡丹属、瑞香属、黄精属、紫露草属的植物等。异常花粉产生的原因目前尚无统一的解释。Sunderland（1974、1977）曾推测二型花粉产生的内因可能与减数分裂末期 I 纺锤丝的轴向改变有关。但李懋学（1982）对芍药花粉后期 I 及末期 I 的分裂轴向进行观察时，并没有看到多种分裂轴向存在。周俊彦（1980）认为，在正常的连体花药中，少数的小孢子可能由于所处的局部条件的变化（包括遗传方面的或生理上的变化），改变了它们正常的发育途径，后来在连体条件下即形成不能正常发育的花粉。

由于在连体花药的花粉中往往可以观察到超数有丝分裂形成的多细胞花粉或多核花粉，这种异常花粉与离体培养过程中形成的早期花粉胚在形态上极为相似。而且，在已得到花粉胚的茄科和禾本科植物中都发现有花粉二型性，故有人认为异常花粉是花粉胚的惟一的或重要的来源。尽管这一观点仍有争议，但物种间诱导胚状体频率的高低在一定程度上确实受花粉二型性的影响。认为异常花粉启动雄核发育的主要证据有：①能发生胚胎的花粉与异常花粉形态大小相近。Sunderland 等发现烟草品种 Burley 胚胎发生花粉平均直径为 24.3 μm，异常花粉为 24.4 μm，二者极为相近，而正常花粉为 $35\sim40$ μm。在小麦中也存在类似现象。②胚胎发生花粉和体内异常花粉一样具有细胞质贫乏、液泡化程度高和染色浅的特点。而且这些胚胎发生花粉出现的频率与异常花粉出现的频率也有一定的相关性。如 Dale（1975）在大麦品种中发现愈伤组织分布的部位与异常花粉分布的部位一致，都在花药的下半部。Horner 和 Street（1979）在烟草中也观察到异常花粉的比例与花药培养中愈伤组织或胚状体诱导率有一定的相关性。③Rashid 等（1980）

在烟草中采用 Percoll 液密度梯度离心,将异常花粉与正常花粉分离开,然后培养异常花粉,获得了胚状体。这进一步证明了异常花粉对离体花粉的胚胎发生是很重要的。

但情况并非都是这样,一些研究发现,成胚细胞的数目大大超过了异常花粉的数目,至少说明异常花粉并非是花粉植株惟一的或是主要形式的来源。另外,大多数禾本科植物中,接种的是单核中晚期的花粉,此时花粉间在形态上和着色深度上看不到明显的差异,甚至在培养以后的胚胎发生花粉中,其细胞体积大小和细胞质染色程度等方面与配子体途径的花粉也没有明显的差异。因此,Dunwell(1978)认为,不能把异常花粉当作花粉胚惟一的或主要的来源是有一定根据的。

2. 药壁组织在胚胎发生中的作用 离体培养花药时,花粉需要的全部营养要通过药壁组织代谢转化才供给花粉细胞。另外,外界因素首先影响到药壁组织,然后才影响到小孢子的发育。所以,有许多研究认为,药壁组织对花粉的诱导产生影响。Sunderland 曾提出药壁因子假设,即花粉对药壁因子的接受能力在不同发育时期不一样,当花粉接受的能力最大时期与药壁因子作用的最大时期一致时,这种植株的花粉最容易被诱导。另外,国内外的许多报道表明,游离小孢子直接培养有困难,如加入花药组织提取液或用花药组织哺育培养,花粉就容易培养成功。迄今为止,对药壁因子影响脱分化的性质并不清楚。

3. 细胞孤立化与雄核发育启动的关系 有些研究者认为,细胞的孤立化是小孢子启动雄核发育的前提。Ootaki(1967)等也曾用手术或质壁分离的方法,人工制造蕨类植物配子体细胞孤立化,结果改变了这些细胞的分化状况,使它们恢复到孢子体发育,形成新的孢子体。在花药培养中,有人曾研究了高渗液对小麦花药漂浮培养的影响,发现经高渗溶液或无机盐溶液处理后,愈伤组织的诱导频率提高了。进一步的观察表明,高渗溶液短时间内处理只使药壁细胞发生质壁分离,而对花粉粒无影响。这样,由于药壁细胞的孤立化对花粉转向孢子体发育途径起了促进作用。在用较高蔗糖浓度培养玉米、小麦、油菜的花药时,诱导频率都提高了。杨弘远等认为,花粉在离体培养时,不受整个植株的制约和干扰,离开严格的配子体发育程序,而转向孢子体发育途径。他们在水稻上做了实验,使花药从半离体到完全离体,采用 3 种方式接种:①小穗带花药一起接种,花药不接触培养基;②接种方式同①,但使花药接触培养基;③单纯接种花药。结果表明,①的情况,即花粉离体最不彻底时,花粉顺利实现正常的配子体发育;②的情况,即花药既受小穗制约,又能自己直接接受培养基的影响,此时大多数花粉进行正常的发育,只产生少量的愈伤组织;③的情况离体最彻底,产生愈伤组织最多,大部分花粉的配子体发育通常不能彻底进行。从而证明"离体"这一因素的重要性。

4. 温度与雄核发育的启动 温度和其他物理因素等对花粉启动都有不同程度的影响,低温处理已成为一项广为采用的提高花粉胚或花粉愈伤组织诱导率及成苗率的措施,普遍应用于大麦、烟草、玉米、曼陀罗、小麦、水稻、枸杞等植物的花药或花粉培养中。至于低温对提高诱导频率的作用,至今尚无统一解释。有人认为,在低温时,小孢子受寒冷的刺激,使有丝分裂由不均等变为均等,结果使异核细胞增多,启动雄核发育。而 Sunderland 认为,低温的作用使小孢子离体后大量死亡的现象缓解,小孢子存活时间加长,因此有较多的小孢子开始雄核发育。刘国民(1994)总结了前人工作,认为低温处理可能是在以下几个方面综合影响了小孢子的雄核发育过程。

①低温处理改变了花药中某些物质的代谢过程，使之朝着有利于孢子体发育的方向转变。例如，H. Krogaard 等（1983）发现，烟草花粉第一次有丝分裂时出现游离氨基酸含量高峰，低温处理时游离氨基酸含量有所增加，这有利于花粉胚的形成。顾淑荣（1984）观察到，正常的枸杞花药，从四分体中期到单核中期，花药内壁均积累有大量淀粉，而经过低温处理的花药，其壁内的淀粉粒则完全消失。物质代谢的改变是通过酶活性和作用方向的改变来实现的，因为细胞内的物质代谢过程是在酶的催化下进行的，而酶的活性强弱明显地受温度的影响，不同酶最适温度范围有所不同。例如，催化淀粉水解为可溶性糖的淀粉磷酸化酶在较高温度下（10 ℃以上）活性较弱，而在较低温度下（0～9 ℃）则表现出较强的水解活性，故可促使较多的淀粉水解为可溶性糖，从而为花粉脱分化提供丰富的营养物质。在常温下，枸杞的花药内壁细胞及花粉内的细胞质分布和蛋白质染色都比较均匀，结构清晰；而经过低温处理后，则其细胞质凝聚，蛋白质染色不均匀，结构亦不清晰。所有这些变化，可能均与低温改变了酶的催化活性或作用方向有关。

②低温导致花药内源激素水平发生变化。Sunderland（1980）观察到，烟草花药在低温处理过程中内源 ABA 浓度明显上升。黄斌（1985）在大麦中观察到，经 4 ℃低温处理 28 d 或 35 d 后再接种的花药，培养 42 d 后花丝几乎完全不可见，而未经低温处理的花药则具有较长的花丝（＞3 mm）。经高压液相色谱分析，新鲜花药和经过低温处理的花药，其 ABA 含量并无明显区别。据此，他推测可能是由于低温处理导致 ABA 以外的其他内源激素的含量发生了变化，进而影响花粉愈伤组织的形成。Guye（1978）研究发现，低温可诱导乙烯产生，乙烯产生的迟早和多少则因品种而异。Cho（1989）认为，大麦的花粉胚胎发生需要适量的乙烯存在。

③低温能够在一定程度上抑制花药离体后小孢子的衰败，使小孢子存活时间延长，从而有较多的小孢子启动雄核发育。赵成章（1983）研究了低温处理对花药的生理效应，发现在处理的最初 4 d，花药在 6～8℃低温下呼吸强度缓慢下降，直到 15 d 基本稳定在每花药 50 μL/h 的水平上；而常温下花药的呼吸强度则直线下降，15 d 时降至每花药 17 μL/h。这表明，低温预处理可降低花药的呼吸强度，减少物质消耗，延长花药寿命。黄斌（1982，1985）观察到，大麦幼穗在适宜的低温处理条件下，绝大多数小孢子保持其活力。例如，经 4 ℃处理 28 d 后，仍有 90％以上的成活小孢子或花粉。在 Sabarlis 大麦品种中，新鲜花药在培养第 7 天已有 90％以上的退化或空瘪花粉，而经过预处理的花药在第 7 天退化空瘪花粉低于 30％。此外，在水稻花药培养中也发现，经过低温预处理的水稻花药在培养过程中花粉退化亦较新鲜花药缓慢。总的来看，这些反应均有利于抑制花粉的衰败，有利于启动雄核发育。

④低温造成小孢子孤立化。Sunderland 等（1984）发现，在低温处理过程中，药壁细胞和绒毡层逐渐退化解体，经处理后的花药中小孢子与药壁组织和绒毡层极容易分开，而新鲜花药中的小孢子则与绒毡层紧密相连。黄斌（1985）认为，在连体条件下，绒毡层的作用不仅在于给发育中的小孢子提供养料，而且很可能提供指导小孢子沿配子体途径发育的信息。通过低温等手段打破小孢子与绒毡层的密切联系，使小孢子孤立化，很可能对小孢子由配子体发育途径转向孢子体发育途径起着重要作用。

另外，还有一些研究发现，热击处理也可提高诱导频率。如 Zapata（1986）发现，用 35 ℃处理水稻 IR42 的离体小穗 15 min，可以明显提高花药愈伤组织诱导率。Pasa（1987）观察到，用 35 ℃处理 5 min 后，再在 10 ℃下进行 7 d 低温处理，可以明显提高水稻花药培养的效率，其中高温处理主要是提高了愈伤组织诱导率。Huang（1987）在小麦花药培养中观察到，如果接种后先在 35 ℃下培养 8 d，再转入 25 ℃下继续培养，可以明显提高愈伤组织诱导率和绿苗分化率。热击处理对于花药所产生的生理生化效应是多方面的，难以具体认定。目前一般认为，高温起着抑制原有表达程序，有利于新表达程序启动的作用。

5. 激素对小孢子脱分化的影响　1974 年，Sunderland 曾把植物分为需要激素和不需要激素的两类。但后来的研究发现，原来认为需要激素或生长素才能形成愈伤组织，然后再分化成植株的外植体，在无激素培养时也能形成胚状体并长成小苗。很多研究者对激素和生长素在花粉启动中所起的作用问题提出了不同的看法。对小麦、水稻的无激素培养结果分析认为，激素对花粉脱分化的启动并不重要，它的作用是促进启动后的花粉不断分裂生长，从而减少细胞花粉的死亡，提高诱导频率。潘景丽等（1980）认为，2,4 - D 主要影响小孢子的第一次分裂，使均等分裂增多，具均等核的花粉增多，对营养核的分裂影响较小，而 IAA 和呋喃氨基嘌呤的配合使用，其作用速度不及 2,4 - D 快，它们对花粉第一、二次分裂都有影响，促进异常花粉形成。还有人认为，那些无需在培养基中补加激素的植物，并不是启动时不需要激素，而是这类植物的花药壁或花粉本身能产生激素，其激素的含量已能满足该植物小孢子启动发育的要求，因此无需补加外源激素。当然，这方面的研究还非常不完全。

第六节　花粉植株的白化苗

白化苗是禾本科植物花药培养中最突出的问题。大麦、水稻和小麦及其近缘种花药或花粉培养中常产生大量的白化苗，白苗率一般约为 40%，高的达 80%～90%，甚至全部为白苗，严重地影响了花药或花粉培养在遗传和育种研究中的应用。因此，研究白化苗的成因进而控制其发生是禾谷类作物单倍体育种中亟待解决的问题之一。

一、花粉白化苗的特性

自新关宏夫等（1968）从水稻、欧阳俊闻等（1971）从小麦以及 Clapham 等（1973）从大麦的花药培养再生出花粉植株以来，这些作物花粉白化苗的大量发生，一直是广大花药培养工作者最感棘手的问题。大量研究表明，白化苗有以下重要特性。

①花粉白化苗和花粉绿苗虽在形态、营养生长和染色体倍性上无明显差异，但白化苗的生殖生长和雌蕊的发育均不正常，在离体培养条件下，它不能完成有性世代和获得白化苗的种子，因而无法用这种方法证明它是否是一种可遗传性状。

②在花粉白化苗的细胞中，常发现有微核存在。朱至清等（1979）在硬粒小麦的花粉白化苗中可经常观察到微核，这与早期在其他禾谷类花粉粒小细胞团内观察到微核存在相一致。并且认为，在小麦中，含微核外分生区细胞愈伤组织一般只具有分化白化苗的潜力。

③在花粉白化苗叶肉细胞的细胞质中，原生质体是存在的，质体早期发育正常，但发育到一定阶段即停止发育，故无正常发育的成熟叶绿体，只存在前质体到近乎正常叶绿体的各种形态的

质体。由于质体发育不正常，不能合成叶绿素，使叶片缺乏叶绿素而成白色。前质体仅含不规则的膜片和淀粉粒，缺乏核糖体。但白化苗叶片表皮细胞却有正常发育的叶绿体。

④花粉白化苗和绿苗在蛋白质、RNA 和 DNA 的组成上有明显差异。孙敬三（1977）研究发现，水稻绿苗叶片蛋白质电泳有 15 条带，而白化苗只有 13 条带，缺失的两条带中有一条为蛋白质 I 成分。Sun 等（1978）认为，水稻和小麦白化苗质体皆缺乏细胞核编码的 $Ch/_{a/b}AP_{2a}$ 和 $Ch/_{a/b}AP_{2b}$ 以及质体 DNA 编码的 $Ch/_aAP_2$ 和 $Ch/_aAP_3$，表明白化质体存在着核基因和质体 DNA 编码的蛋白质缺失，同时还有由质体 DNA 编码的 ATPase 的 α 和 β 亚基的分子质量和含量上的变化。绿苗中高分子 rRNA 有 4 条带：即在胞质核糖体上的 23SRNA 和 18SRNA 及质体核糖体上的 23SRNA 和 16SRNA，而在白化苗的质体核糖体上未发现或仅少量发现有 23SRNA 和 16SRNA。Day（1984，1985）从大麦、小麦和小黑麦的花粉白化苗和绿苗中提取出较完整的 DNA，比较结果表明，白化苗的质体 DNA 有相当大的一段易缺失区域，尽管缺失的部位和大小各不相同，但均处在这一段缺失区域内。分析白化苗质体 DNA 的分子质量、含量和拷贝数表明，皆比绿苗少得多，如分子质量仅为正常质体 DNA 分子质量的 1/4，质体 DNA 在总 DNA 中的比例仅为绿苗的 1/6，其拷贝数远较绿苗质体 DNA 少。Harada 等（1991）检测了 30 株水稻花粉白化苗质体 DNA，其中有 7 株质体 DNA 均严重缺失，植株间的缺失大小和位置是不同的，但所有情况下皆保留含有 Pst1 - 2 部分的 30 kb 区域。DNA 分子杂交检测 9 株大麦花粉白化苗有 6 株白苗的质体 DNA 均缺失了一些片段。这些结果表明，花粉白化苗的质体 DNA 是不健全的。

⑤花粉植株的白化现象是不可逆的，通过改变营养成分或其他条件都无法使白苗转绿。张玉麟等（1981）、朱至清等（1979）发现，培养小麦白化苗叶片细胞所再生的植株和培养水稻白化苗叶鞘细胞所再生的植株都是白苗，而其相同材料花粉绿苗所再生的植株，除绿苗外，也有白苗再生。

二、白化苗的形成机理

有关白化苗形成机理目前尚不十分清楚，但不少学者根据自己和别人的实验结果，探讨了禾谷类花粉白化苗的发生机理，总的看来，有以下几点不同的看法。

1. 花粉白化苗发生是由核基因控制的，或是由核 DNA 变异引起　花粉白化苗的发生频率在供体材料基因型之间的差异十分明显，据此，人们通过配置高白化苗率和低白化苗率基因型之间的杂交组合，研究了白化苗发生的核内遗传因子。Larsen 等（1991）和黄剑华等（1991）研究了若干绿苗型和白化苗型的大麦之间正反交组合的花培绿苗率和白化苗率的遗传表现，没有观察到正反交效应，发现它们的绿（白）苗率不是受细胞质基因控制，而主要是由核基因所控制。Tuvesson 等（1989）在小麦上也获得与此相一致的结果。Agache 等（1989）还发现，中国春小麦的 5B 染色体存在着增加小麦花粉培养白化苗频率的基因。

但亦有资料表明，花粉白化苗的形成并非是由植株原有隐性白化基因表达或小孢子隐性核基因突变引起的。王敬驹等（1977）对加倍的纯合花粉植株的穗子花药再培养，仍出现了大量的白化苗（表 9 - 5），其白化苗的发生比率甚至比同品种的非花粉植株的花药还高。这一事实说明，水稻白化苗的发生与植株原有的隐性基因突变无关，即说明白化苗的形成并非是亲本植株中存在的隐性基因的表达。何定纲等（1983）用二倍体和四倍体的水稻花药培养进行比较，白化苗形成的频率并无明显差异，并且绿苗的后代（H_2群体）中也无绿苗和白化苗的分离，说明水稻的白化苗形成并非细胞核基因的隐性突变所致。Schaeffer 等（1979）也否定了花粉白化苗可能是由植株原有隐性白化基因表达或小孢子隐性核基因突变引起的可能性。

表 9-5　绿色花粉植株花药再培养的苗色表现

（引自王敬驹等，1977）

花粉植株	绿苗株数	绿苗百分率（%）	白化苗株数	白化苗百分率（%）
景洪 P-1	6	14.6	35	85.4
景洪 P-2	2	3.1	63	96.6
景洪对照（非花粉植株）	22	23.9	70	76.1
廉江 P-19	9	3.4	252	96.6
廉江 P-2	61	18.0	455	82.0
廉江 P-3	31	7.4	389	92.6
廉江对照（非花粉植株）	3	6.3	54	94.7
B_1-3G	0	0	11	100.00
B_1-3G 对照（非花粉植株）	20	26.8	51	73.1

2. 花粉白化苗的发生可能与 DNA 损害有关　Sun 等（1979）通过电镜观察发现，在水稻的花粉白化苗中存在有原质体，但原质体的发育受到了干扰。生化分析结果说明，水稻白化苗缺少叶绿体基因组编码的 RuBP 羧化酶的大亚基，以及 16S 和 32S 的 rRNA，因此认为白化苗的形成可能与 DNA 的损害有关。

3. 白化苗的质体DNA发生严重缺失　在水稻（Harada 等，1991）、小麦（Day 等，1984）、大麦（Day 等，1985）和小黑麦（Ananev 等，1986）等禾谷类花粉白化苗中已观察到质体DNA缺失。Day 和 Ellis（1984）发现小麦花粉白化苗的质体 DNA 严重缺失，有的缺失量可超过80%。尽管不同白化苗的质体 DNA 的缺失段和缺失量不尽相同，然而不管缺失量如何，总有那么一个小区段是保留着的，即 Pst I 限制图的 P_{12} 及其附近的片段，Day 认为这一总是被保留着的小区段是进行复制所必需的。Mouritzen 等（1994）和 Day 等（1985）对大麦和陈湘宁等（1988）对水稻和小麦的花粉白化苗进行的研究，也获得相一致的结果。这些结果表明，质体 DNA 缺失导致质体的结构变化和功能丧失而直接影响白化苗发生。

4. 小孢子质体逐步发生变态和功能丧失　黄斌等（1986）认为花粉白化苗的形成似乎与接种花药时的小孢子中质体的状态有关。在花粉发育过程中，前质体一般都经历一个由致密的前质体转变为内部结构简单、不具核糖体的前质体的变态过程。这个变态过程有可能代表了前质体由孢子体状态（具有发育成叶绿体的潜力）向配子体状态（丧失了发育成叶绿体潜力）的转变。小孢子亚显微结构研究表明，在大麦、小麦和水稻中，这个变态过程于小孢子的单核中晚期已基本完成，而油菜、烟草等植物，这个变态过程在二核花粉时期还未开始。大麦、水稻和小麦花药培养时期正处于小孢子单核中晚期，小孢子质体变态过程正在进行，那么由已完成变态过程的小孢子诱导的花粉植株只能是白化苗，而油菜和烟草的花药培养时，质体还未发生变态，因而诱导的花粉植株全是绿苗。

以上几种观点似乎存在着核质基因的矛盾，但欧阳俊闻（1990）认为，白化遗传基础是细胞质基因有严重缺陷和白化苗分化率的高低是受核基因控制这两个概念并不是互相矛盾的，认为小孢子在接种前或在接种后发生质体基因组缺失的频率是受核基因控制的。而且已有资料表明，花粉发育过程中其质体是逐步地、或迟或早地发生变态以至完全失去功能。颜敬昌（1996）也认为，不同基因型禾谷类在花药培养中的不同花粉白化苗率和绿苗率不是受细胞质基因控制的，而是受核基因控制的。核基因可能是通过控制花粉质体变态和质体 DNA 结构改变、缺失过程发生的迟早、快慢、程度和频率而影响花粉白化苗发生的。这一推测和解释不仅同过去大量实践和实验结果相符合，而且可解释基因型的差异和通过一些措施可以降低白化苗发生，提高花粉绿苗率的原因。然而，这方面的证据还不充分，还需要进一步分析、探索。

三、影响花粉白化苗形成的因素及控制

1. 供体植物的基因型　诸多的研究发现，供体植株的基因型是影响花粉植株白化苗率的主要因素。首先，花粉植株的白化苗率因植物的遗传组成不同而异，在有的物种中迄今仅获得花粉白化苗；大麦、水稻和小麦的花粉白化苗率较高；而玉米花粉植株中白化苗现象却较少。此外，在同种植物中花粉白化苗的比例也因遗传组成不同而有变化，不同品种的小麦、大麦和水稻的白化苗比例也有较大差异。

2. 花粉发育时期　在花药培养中，白化苗比例随接种时花粉发育时期的延迟而提高。黄斌（1985）在大麦培养时发现，培养二核期的花药只能得到白化苗，相反，培养发育越早的花药，得到的绿苗就越多，也就是说，小孢子已经完成有丝分裂的花药组织往往只能得到白化苗。

3. 培养基成分　一些培养基成分在一定浓度时对叶绿体的形成可起抑制作用。Sharp 等曾指出，蔗糖浓度和烟草花粉白化苗的形成之间有明显的相关性，高的蔗糖浓度下导致出现白化的胚状体。在大麦（Hunter，1989）、水稻（陈英等，1990）、小麦（陈耀锋等，1993）花药培养中，用麦芽糖代替或部分代替蔗糖提高了花药培养的绿苗分化频率。除糖外，培养基的其他成分也能明显地影响白化苗频率。补加 250 mg/L 的水解乳蛋白和脯氨酸到诱导培养基中，可以明显地提高绿苗/白化苗的比值。刘成华和胡含（1990）研究表明，适宜的 2，4 - D 浓度有助于抑制白化苗的形成，在小麦中将 2，4 - D 浓度从 2 mg/L 增至 4 mg/L 时，白化苗率降低。秦跟基等（1999）在诱导培养基上附加 2 mg/L 的 β - 油菜素内酯能够明显提高绿苗率，降低白化苗分化率。诱导培养基中附加 0.15 μmol/L Cu^{2+}，可使小麦绿苗分化率提高两倍左右（陈耀锋，2006）。此外，在培养基中，补加聚蔗糖（Ficoll）以改善培养基中的通气条件，可使白化苗数量大幅度下降，同时，使绿苗/白化苗比值大增，说明培养基中良好的通气条件可使白化苗形成受到强有力的抑制。

4. 温度　在花药或花粉培养之前的预处理中，适当延长低温预处理时间能明显提高绿苗的比例。而且，培养时的温度也明显地影响白化苗的频率，提高培养时的温度，白化苗率也提高。在大麦中，培养室温度为 25 ℃时，大麦愈伤组织的总分化率为 30.4%，其中绿苗占 36%，白化苗占 64%；如果温度提高到 28 ℃，总分化率降为 16.9%，白化苗高达 92%。Li 等（Li 和 Hu，1991）通过降低分化培养温度（20 ℃）明显地减少了白化苗频率，提高了绿苗/白化苗比值。

总之，影响花药培养白化苗的因子很多，几乎所有的研究者都发现和承认内部因素（供体植株的基因型、花药和花粉本身的状态）和外部因素（低温预处理、培养基成分和生长激素水平、种类、培养的条件和方法、愈伤组织转分化时间）均可在一定程度上影响花粉植株的白化苗率。

第七节　花粉植株的倍性和染色体加倍

一、花粉植株的倍性

在花药培养过程中，形态建成后再生的花粉植株中，除单倍体外，还有双倍体、多倍体及非整倍体，在小麦上单倍体和双倍体植株占 90% 左右；在水稻上占 88.6% 左右；在玉米上占 88.2%。虽然曾有许多研究者对双倍体和其他非整倍体的来源提出质疑，但有研究表明，绝大多数植物的所有非单倍体植株都来源于小孢子，是培养过程中细胞自然加倍产生的。

单倍体自然加倍的频率是很低的，要得到纯合的双倍体，一般都要经过人工加倍。

二、花粉植株的倍性鉴定

花粉植株的倍性鉴定是花粉植株研究与利用的基础，利用不同倍性个体在植株水平、细胞水平和分子水平上的差异均可进行倍性鉴定，而细胞水平上的倍性鉴定是最简单，也是应用最广的鉴定方法。

1. 植株形态学鉴定法　形态学鉴定是花粉植株初步判定的方法，主要依据是单倍体植株与双倍体植株形态学上的差异。单倍体植株与双倍体植株相比，生长势弱，个体矮小，叶片窄小，小麦单倍体植株根系不发达，分蘖能力差，叶色较淡，花粉粒小，不结实。

2. 细胞形态学鉴定法　叶片保卫细胞、气孔的大小与数目等均与植物倍性高度相关。王培等（1989）通过检测叶片保卫细胞长度对小麦花粉植株进行了倍性鉴定，方法是从分蘖盛期花粉植株主茎第二叶的尖端，剪取 1.5～2.0 cm 长的叶片，以下表皮向上置于载玻片中央，用左手食指压住叶片尖端，右手持解剖刀，将下表皮和叶肉刮去，仅留下上表皮，然后在显微镜下测量保卫细胞的长度。保卫细胞长度在 65 μm 以下的为单倍体，在 65 μm 以上的为自然加倍的双倍体。

3. 细胞染色体计数鉴定　花粉植株倍性鉴定的最可靠方法是对茎尖或根尖细胞进行染色体计数，即从生长旺盛的花药培养苗根尖或茎尖中分离出分生组织细胞染色制片，观察计数有丝分裂中期花药培养植株细胞染色体数目，即可准确鉴定出花粉植株的染色体倍性。但这一方法费时、费工，操作繁琐。

4. 细胞流式仪测定法　细胞流式仪（flow cytometry，FCM）测定法是近年来发展起来的一种新的细胞倍性检测法，它可迅速地测定叶片细胞的核 DNA 含量，根据 DNA 含量曲线推断细胞的倍性。这一检测方法的主要特点之一是所用样品材料少，一般 1 cm^2 的样品就可以确定其倍性。其二是检测速度快，其三是准确度高。周伟军等（2002）采用此法对甘蓝型冬油菜 4 个 F_1 杂种的花粉植株进行了倍性检测，从矩形图上清楚地检测出了具不同倍性的花粉植株以及它们的嵌合体植株。

三、单倍体植株的染色体加倍

由花粉发育成的花粉植株，大多数是单倍体植株，在小麦花粉植株中，单倍体占 70%～90%，自然加倍率为 10%～30%。对单倍体植株必须进行人工加倍才能获得纯合的加倍单倍体（DH），并通过自交结实而稳定地遗传。常用于花粉单倍体加倍的试剂有秋水仙素、氟乐灵（tri-fluralin：α，α，α-trifluoro-2，6-dinitro-N，N-dipropyl-toluidine）、富民农、氧化亚氮等。秋水仙素是应用最广的加倍试剂。秋水仙素的作用在于阻止和麻醉分裂细胞纺锤丝的形成，而对染色体的结构和复制无显著影响，若浓度适当，药剂在细胞中扩散后，导致染色体分裂后细胞不分裂而使细胞染色体数目加倍。单倍体加倍的方法主要有下面几种。

1. 浸入法　即在花粉苗移栽前或移栽后用秋水仙素等化学试剂进行浸泡根、茎、生长点或分蘖节进行染色体加倍的方法。小麦在移栽后的分蘖盛期，将花粉植株从土壤中挖出，洗净根部泥土，用一定浓度的秋水仙碱溶液（一般为 0.04% 秋水仙碱 + 1.5% 二甲基亚砜）浸泡根至分蘖节（一般 5～8 h），处理期间的温度最好保持在 10～25 ℃，过高的温度会引起药害。处理后应当用流水冲洗植株数小时，洗净秋水仙素药液，然后重新移栽。成活后的植株最终能够结实即表示加倍成功。Mujeeb-Kazia 等（1993）用 0.05%～0.1% 的秋水仙素，加入 2% 的 DMSO（二甲基亚砜），在 20～25 ℃ 条件下处理小麦单倍体植株，6 h 后清水冲洗 30～45 min 再移栽，获得 60%～70% 的加倍率。王培等（1994）在移栽前从试管中取出绿苗，洗净培养基后用 0.04% 秋水仙碱 + 1.5% 二甲基亚砜溶液在 18 ℃ 条件下浸泡分蘖节 8 h，然后用自来水将药液冲洗干净，再栽于田间，即加倍移栽一次完成。这种加倍方法在不影响花粉植株加倍成活率和成功率的情况下可显著提高花粉植株的株穗数和穗粒数。陈新民等（2002）用浓度为 500 mg/L、750 mg/L 和 1 000 mg/L 的秋水仙素溶液（加 20 mg/L DMSO）在 23～25 ℃ 加光条件下处理已具 2～3 分蘖的单倍体植株 5 h，加倍率分别为 89.6%、76.0% 和 73.3%，并认为培育壮苗是提高加倍处理效率的重要因素。李大玮等（2000）对比了浸根法、浸泡分蘖节法和刨根法 3 种加倍方法的效果，结果表明，浸根法的成功率较高，为 25.58%，但对处理植株有不同程度的伤害。浸泡分蘖节法和刨根法的成功率较低，分别为 11.83% 和 11.04%。因此他认为，对于健壮的植株应采用简易的浸根法，对生长较弱的植株适宜于用先移栽后加倍处理的刨根法。

2. 培养过程加倍法　蔡旭（1987）、Barnabas 等（1991）采用脱分化期培养基中加入低浓度秋水仙素的方法对小孢子直接加倍，结果表明，秋水仙素直接作用于小孢子细胞而引起的染色体加倍效果很明显，而且秋水仙素对小孢子培养分化植株的频率没有太大影响。但从众多的研究结果看，在脱分化时期染色体加倍效果都不很理想（Liang 等，1979），主要表现在秋水仙素的处理会导致花药出愈率的明显降低，这可能与细胞所处生理状态有关，也可能是秋水仙素对细胞脱分化抑制作用较强的缘故。脱分化期的加倍技术还有待进一步研究。

在继代培养基中加入秋水仙素，是加倍处理另一途径。Ouyang（1994）用浓度为 250 mg/L 的秋水仙素对愈伤组织加倍处理 1 d，使某些材料的小麦加倍率达到 80% 以上，且愈伤组织分化能力几乎不受影响。值得一提的是，有些科研工作者采用秋水仙素对同一材料多个不同生理时期进行强化处理，这样使秋水仙素的毒性控制在某个时期植株可以忍耐的范围之内，待该时期受处理的细胞在基本摆脱药物毒性后，可在另一时期再次得到强化加倍处理。这种强化加倍处理的方法，常常可以得到较好的加倍效果。王秀仑（1979）曾用不同浓度的秋水仙素对小麦愈伤组织的分化期和幼苗期进行重复加倍，得到的加倍效果明显高于仅对一个时期加倍处理的效果。

3. 注射法　禾谷类作物花培单倍体苗采用分蘖节注射法可以得到良好的加倍效果。小麦单倍体苗在分蘖前用 0.05% 的秋水仙素 +1.5% 的二甲基亚砜注射分蘖节，注射在清晨 8～10 时进行，共 3 次，每隔 1 天注射 1 次，每次用量 25 μL，这一加倍方法的加倍成功率可达到 40% 以上，最高可达 68%。

4. 生长锥处理法　双子叶植物多用此种加倍方法，可用涂布、滴下、带药棉球处理法进行加倍。涂布法是先将秋水仙素与羊毛脂膏、琼脂、或凡士林混合，涂布于花药培养苗的顶芽上的一种加倍方法。滴下法是用一定浓度的秋水仙素溶液滴花药培养苗的顶芽进行加倍。带药棉球处理是将一定浓度的秋水仙素滴到棉球上，然后将棉球置于顶芽或腋芽进行处理加倍。

第八节　花药和花粉培养的应用

花药和花粉培养中，单倍体细胞的雄核发育为人们研究并利用生物的遗传和变异提供了新的途径和方法，开创了植物单倍体育种等研究与利用的新领域，在植物遗传育种中发挥越来越重要的作用。

一、植物单倍体育种

通过花药或花粉培养，单倍体细胞通过雄核发育形成的单倍体植株的每个染色体组和全部基因都是成单的，如果人为地将它的染色体数加倍，不仅可以由不育变成可育，而且其全部的基因都能纯合，获得遗传上完全纯合、完全稳定的纯合双倍体。这一重要的遗传学特性，为高等植物杂交育种中，杂种后代的迅速纯合和高效选择提供了重要的技术和方法，由此而产生的植物单倍体育种技术已经成为植物育种的重要技术之一，并在育种实践中发挥越来越重要的作用。

与常规的育种方法比较，植物单倍体育种缩短了育种周期。应用花药培养育种，能把供试杂种花药的两个亲本基因型的各种重组型基因型一次性纯合，所以花粉单倍体育种只需两个世代就可以得到稳定的品系，而常规杂交育种通常需要经过 5～7 代自交分离和选择，才能逐步获得稳定的选择材料。

花培育种同时提高了选择效率。由花药和花粉而来的加倍单倍体是纯合个体，成对基因间不存在显隐性关系，因而选择的显性方差减少，加性方差成倍增加。花培加倍后的纯合二倍体植株，排除了杂合体中显性因子掩盖隐性因子造成的干扰，提高选择的准确性和可靠性，从而大大减少了选择的盲目性，提高了选择效率。同时，常规育种是以杂合的个体或系统为主要对象进行选择，单倍体育种从一开始就是对完全纯合的系统进行选择。当 n 对独立基因进行分离时，按照孟德尔遗传法则，F_2 群体分离模式为 $(2^n)^2$，而单倍体类型出现的几率是 2^n。杂合后的隐性性状及重组体只有在纯合状态时才能辨认，所以当有 n 对独立遗传的隐性基因及重组体分离时，这些隐性性状及其重组体的出现几率在单倍体育种中将比双倍体育种高 2^n 倍。所以，在同一选择周期中，单倍体选择效率要比双倍体高得多。

应用花药培养方法，可以提高一些隐性性状（如小麦的白粒和矮秆等性状）的选择效率。表9-6是两个杂交组合花药培养植株 H_2 和有性杂交 F_2 的分离情况。从表9-6中可看出，白粒这一隐性性状在花粉植株中的表现几率大大高于杂交的 F_2 代。类似这样的遗传特点在诱变育种和研究突变遗传上特别有价值。

表9-6 F_2 与 H_2 群体的粒色分离比例的比较

材 料		调查株数或系数	红粒株数或系数	白粒株数或系数	红：白
Sonora×农图	F_2	413 株	313 株	100 株	3.1：1
	H_2	32 系	14 系	18 系	0.8：1
欧柔×小偃759	F_2	147 株	116 株	31 株	3.7：1
	H_2	55 系	27 系	28 系	0.9：1

正由于花培育种这些重要的特性，在作物改良上已被广泛应用并取得了引人注目的巨大成就。早在20世纪70年代前后，我国在烟草、水稻上通过花药培养培育出一批优良作物品种，水稻花培品种959目前推广面积 $5.33×10^4$ hm² （80 余万亩）。胡道芬等选育的"京花一号"冬小麦花培品种是世界上第一个大面积种植的冬小麦花培品种，是小麦育种技术上的一次重大突破，使我国在这一领域的研究应用跃居国际领先水平。近年来，我国又相继利用花培育种技术培育了"中花8号"、"中花11号"、"宁糯1号"、"浙粳66"、"花8504"等10多个水稻花培品种，累计推广约 $9.07×10^5$ hm² （1 360 多万亩）。育成了"京单9222613"、"京单9527001"、"花特早"、"花940"、"花育1号"等10多个重要的、优质多抗高产花培小麦新品种、新品系（图9-10），播种面积达 $1.16×10^6$ hm²。育成了"桂三1号"玉米花培杂交种。华中农业大学利用小孢子培养与常规育种结合培育的"华双3号"双低油菜品种，累计推广面积达 $2×10^6$ hm² （3 000 万亩）。花培育种在重要作物遗传改良中表现出了巨大的应用潜力，取得了巨大的经济和社会效益。

图9-10 花药培养单倍体育种培育的
小麦品系花育888

花培育种在树种改良上也表现出了巨大的应用潜力，木本植物一般杂合程度较高，小孢子存在多样性，有些基因型优良的花粉发育成小植株后，一经染色体加倍，便可能出现经济性状较为突出的个体，供育种选择之用。另外，用花药培养可以快速地从杂合的树体获得纯合的二倍体，使一些多年生木本植物也能利用杂种优势。在石刁柏的花药培养中，获得了 X、Y 型的单倍体植株，加倍后则得到雌株（XX）和超雄株（YY）。用超雄株与优良雌株杂交制种，F_1 代全为雄株，由于雄株产量比雌株高，从而可以增产，而超雄株则可以通过组织培养来繁殖。

二、构建 DH 群体

利用花培和单倍体的加倍，创建的纯合双单倍体（double haploid，DH）系是一个重要的遗传分析群体，广泛应用于抗病、抗虫、抗旱等性状的筛选、分子标记等基础研究以及遗传图谱构建、基因定位等遗传研究。目前植物中常用的遗传分析群体可分为永久群体和非永久群体（或称分离群体）两大类，其中永久群体主要包括重组自交系（recombinant inbred lines，RIL）群体、双单倍体群体和近等基因系（near - isogenic line，NIL）群体，非永久群体包括回交（back cross，BC）群体及 F_2 群体等。非永久群体构建比较容易，但一般只能使用 1 次。永久群体可以重复使用，并可对目标性状进行多年多点鉴定，试验准确性较高，结果可重复，群体可共享。永久群体中的重组自交系群体的构建至少需要对分离后代进行 6～7 代的随机自交，但所获得的群体仍然不是严格意义上的永久群体。而近等基因系群体仅用于单个的简单遗传目标性状的遗传分析。通过诱导 F_1 产生单倍体再经过加倍而形成的 DH 群体，其株系内基因完全纯合，株系间的差异构成了分离群体的遗传特性，因此是真正的永久群体。DH 群体与以上群体相比，有较多优点：①DH 群体与 RIL 群体相比，构建起来较快，在 2～3 年内就可完成；②DH 群体是个永久性作图群体，并且所有的等位基因在每一个 DH 系中是纯合固定的，因而可以无限地用于新性状和新标记的作图研究，并可在各研究小组间共享；③由于 DH 群体的每个 DH 系均包含许多完全纯合的相同的单株，因而可以对目的性状进行重复检测，得到精确结果；④DH 群体可用于多年多点检测，从而为数量性状的准确鉴定打下基础。Guzy 等（2003）通过比较重组自交系群体和 DH 群体的农艺性状、AFLP 和 RAPD 标记，认为 DH 群体与 RIL 群体的农艺性状没有显著差异，是理想的遗传作图群体。

Barua 等（1993）用 DH 群体定位了一些大麦重要数量性状基因。Lefebvre 等（1995）用 DH 群体对辣椒的一些重要性状进行了作图研究。Toreser 等（1995）利用油菜的 DH 群体对控制油菜子粒芥酸含量的数量性状基因进行了 RFLP 作图分析。Foisset 等（1996）用 DH 群体对油菜的矮秆、早花、子粒品质、抗病性等性状进行了研究。朱立煌等（1991—1992）利用花药培养构建了籼粳杂种窄叶青（籼稻）×京西 17（粳稻）的 DH 群体，标记分析并克隆了水稻的抗白叶基因 XA21。景蕊莲等（2002 年）利用花药培养创建了一个具有 191 个个体的小麦加倍单倍体作图群体，对小麦有关抗旱性状及产量性状基因进行了 QTL 分析作图。Torp A. M. 等（2001 年）利用含 50 个 DH 系的群体，采用 A FLP 标记将控制小麦花药培养中绿苗再生的基因定位在染色体的 2AL（Q Gpp. Kvl-2A）、2BL（Q Gpp. Kvl-2B. 1 和 Q Gpp. Kvl-2B. 2）和 5BL（Q Gpp. Kvl-5B）上。

三、遗传工程的受体与基础材料

花粉细胞及利用花药和花粉培养建立植物单倍体细胞无性系，是植物基因工程和细胞工程研究与利用的重要受体系统和遗传饰变的基础材料。单倍体细胞由于没有等位基因的互作，具有外缘导入基因和突变性状能直接表现、通过染色体加倍能直接获得纯合双倍体的特点，作为作物遗传转化的受体和遗传饰变的基础材料，极大地提高了高等植物基因转化、突变体筛选效率，在作物改良上的应用潜力更大。陈耀锋（2001）等利用小麦花粉胚成功地建立起了能长期继代并分化的单倍体细胞无性系，通过镰刀菌毒素胁迫筛选、突变细胞系的再生（图9-11）和染色体加倍，成功获得了小麦抗赤霉株系。Wenzel 等（1981）通过花药培养培育的马铃薯突变体表现对马铃薯囊线虫的抗性。

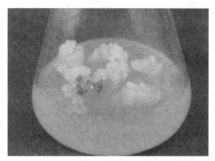

图 9-11 小麦单倍体无性系的再生（左）及
抗性系的再生（右）

四、创制染色体工程的基础材料

花药培养过程中易发生染色体数目、结构变异及以染色体重排和核融合等，从而在较短的时间内获得大量单倍体、多倍体和非整倍体等染色体结构变异的材料。是一项速度快、效率高、创造染色体工程基础材料的方法，这是染色体工程的重要发展，也是花粉植株染色体工程的一个特点。

五、转移异源染色体或基因

利用远缘杂交，将异源理想基因引入栽培品种，是作物改良的重要方法。这一研究的最大难点是引入的外源染色体与栽培品种的染色体发生配对和交换。然而，远缘杂种通过花药培养，能发生染色体断裂和染色体重排，从而提高所需的遗传交换率。而且在花药培养条件下，不同配子类型易显现，这样，在新的各种重组类型的再生植株中，通过染色体的加倍就能够直接获得异源附加系、异源代换系和易位系。小麦与黑麦杂交后得到双单倍体杂种，培养它的花药就有可能在花粉植株中得到各种类型的染色体代换系及易位系。当然，这方面的研究还很少，但这不能不说是一个非常有前途的附加系、代换系及易位系的创制方法。

六、基础研究

花药和花粉培养技术已成为生理、生化和遗传学研究常用的重要方法。这是因为花粉量多，呈游离的单个状态，体积小，形态均匀一致，便于在人工控制的条件下研究其生长、分化和遗传的变化过程。

◆复习思考题

1. 简述花药培养获得单倍体植株的一般程序。
2. 花药培养目前有哪几种方法？
3. 花药培养形态发生途径主要有哪两种？
4. 简述花粉游离的主要方法。
5. 花药培养一步成苗有哪些优点？
6. 简述植物雄核发育的主要途径有哪几种？
7. 何谓花粉的二型性和E花粉？
8. 影响花药培养白化苗形成的因素都有哪些？
9. 简述花药培养白化苗的形成机理。
10. 与常规育种比较，花粉单倍体育种有哪些优点？
11. 与花药培养比较，花粉培养有何优点？
12. 花药培养的意义是什么？
13. 在大麦花药培养中，主要通过哪些途径降低白化苗发生的频率？
14. 目前主要通过哪些方法对单倍体进行染色体加倍？

◆主要参考文献

[1] 颜昌敬. 农作物组织培养. 上海：上海科学技术出版社，1991
[2] 胡会，陈英. 植物体细胞遗传与作物改良. 北京：北京工业大学出版社，1988
[3] 张自力，俞新大. 植物细胞和体细胞遗传学技术与原理. 北京：高等教育出版社，1990
[4] 胡道芬. 植物花培育种进展. 北京：中国农业科技出版社，1996
[5] 张献龙，唐克轩. 植物生物技术. 北京：科学出版社，2004
[6] 谢从华，柳俊. 植物细胞工程. 北京：高等教育出版社，2004
[7] Rashid A. Cell Physiology and Genetics of Higher Plants, Volume I. Boca Raton, Florda：CRC Pres. Inc，1988
[8] Narayanaswamy S. Plant Cell and Tissue Culture. New Delni：Tata McGraw - Hill Pubishing Company Limited，1994
[9] Reinert J，Bajai Y P S (edi). Plant Cell，Tissue and Organ Culture. Berlin，Heidelberg，New york：Sprig - Vrelag，1997

［10］Kasha K J. Haploids in Higher Plant—Advances and Potential. Guelplh：University of Guelph，1974

［11］Sharp W R，Larson P O，Raghavan V. Plant Cell and Tissue Culture. Columbus：Ohio State University Press，1977

［12］Kasha K J，Ziauddin A，Cho U H. Haploids in cereal improvement：Anther and microspore culture. In：Gene Manipulation in Plant Improvement. Edied by J. P. Gustafson. New York：Plenum Press，1990

［13］Olsen F. Induction of microspore embryogenesis in cultured anthers of *Hordeum vulgare*. The Effect of Ammonium Nitrate，Glutamine and Asparaging as Nitrogen Sources. Carlsbetg Res，Commun. 1987（52）：394～404

第十章　植物细胞培养

植物细胞培养（plant cell culture）是指对游离的植物细胞或细胞小聚体进行的离体无菌培养。在细胞学说创立之后，科学家就猜想到单个细胞在供给营养后独立发展的可能性。1902年，Haberlandt首次进行了分离和培养显花植物单个叶细胞的尝试，但未成功。50年之后，Muir成功地进行了万寿菊和烟草的细胞悬浮培养，并利用看护培养技术培养了植物的单细胞，使实现科学家早期关于单细胞独立发展的猜想和检验Haberlandt的细胞全能性理论成为可能。随后，不少科学家在这方面做了卓有成效的工作，并使植物细胞培养技术不断地得到完善和改进。

第一节　植物细胞悬浮培养

一、植物细胞悬浮培养的概念和发展

1. 植物细胞悬浮培养的概念　植物细胞悬浮培养（cell suspension culture），又称悬浮培养、细胞悬浮培养、细胞培养等，确切的含义是指将植物的细胞和细胞小聚体悬浮在液体培养基中进行培养，使之在体外繁殖、生长、发育，并在培养过程中能保持很好的分散性的技术。这些细胞和细胞小聚体可来自愈伤组织、某个器官或组织，甚至幼嫩的植株。

2. 植物细胞悬浮培养的发展　植物细胞悬浮培养是在愈伤组织培养基础上发展起来的一种新的培养技术。1953年，Muir发明了摇床振荡培养技术，它将烟草和万寿菊的愈伤组织转移到液体培养基中，放在摇床上振荡，形成了由单个细胞和小的细胞集聚体组成的细胞悬浮液，并成功地进行了继代繁殖。1956年，Nikell第一次证明了由菜豆下胚轴组织形成的高度分散的悬浮培养细胞可以像微生物一样进行培养并不断生长，以后他又用微生物发酵技术研究了培养细胞产生的动力学、生化组成和特殊代谢产物的生产，推动了植物细胞悬浮培养技术的发展。1958—1959年，Reinert和Steward分别报道了由胡萝卜根髓的愈伤组织制备单细胞，经悬浮培养法通过胚状体途径形成了植株，首次证实了Haberlandt关于植物细胞全能性的理论。这些工作，都大大地推进了植物细胞培养技术的发展和应用。这一技术已从试管的悬浮培养发展到大容积的发酵罐培养，从不连续培养发展到连续培养，直到用恒定法等自动控制的大规模连续培养。

3. 植物细胞悬浮培养的特点　与愈伤组织培养相比，植物细胞悬浮培养有两个主要特点，其一是细胞通过悬浮培养能产生大量的比较均一的细胞，而不像愈伤组织那样只能提供细胞间已经有明显分化的细胞群体；其二是悬浮细胞增殖的速度比愈伤组织快，适合于大规模培养。

二、植物细胞悬浮培养的一般方法

(一) 单细胞的游离

植物细胞悬浮培养首先要从植物组织或离体培养的愈伤组织中游离出单细胞，游离植物单细胞的方法很多。

1. 从培养愈伤组织中游离单细胞　大多数植物细胞悬浮培养中的单细胞都是通过这一途径得到的。这一途径比较方便，分离单细胞时，首先要将经过表面消毒的植物器官或组织上刚切下的一小块组织，置含有适当激素的培养基上，诱导出愈伤组织。一般来说，从外植体最初诱导的愈伤组织，质地较硬，很难建立分散的细胞悬浮液。Wilson 和 Street（1975）观察到，当把新切取下来的橡胶树愈伤组织转移到液体培养基中并加以搅动时只能破碎成小块，不能获得高度分散的细胞悬浮液。这种情况在葡萄上也见到。因此，为了获得高度分散的悬浮细胞，一般将新诱导出的愈伤组织，转移到成分相同的新鲜培养基上让其继续增殖，通过在琼脂培养基上反复继代，不但可使愈伤组织不断增殖，扩大数量，更重要的是能够提高愈伤组织的松散性。这一过程对大多数植物通过愈伤组织获得悬浮细胞是非常必要的。经过愈伤组织诱导、继代，获得了松散性良好的愈伤组织后，就可以制备细胞悬浮液，具体做法见图 10-1。

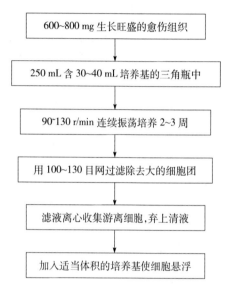

图 10-1　从培养的愈伤组织中游离单细胞

2. 从完整植物器官中分离单细胞

（1）机械研磨法　这种方法是将植物组织取下后，经常规消毒后于无菌条件下置于无菌研钵中轻轻研碎，然后再通过过滤和离心把细胞净化。Gnanam 和 Kulaivelu（1969）用研磨法从若干物种成熟叶片中分离出具有光合活性和呼吸活性的叶肉细胞。Edwards 和 Black（1971）应用类似的方法从马唐（*Digitaria sanguinalis*）中分离出了具有活性的叶肉细胞和维管束鞘细胞，从菠菜中分离出叶肉细胞。

研磨法分离单细胞时，必须在研磨介质中进行，研磨介质主要是一些糖类物质缓冲液和对细胞膜有保护作用的金属离子等，如甘露醇、葡萄糖、Tris-HCl 缓冲液、$MgCl_2$、$CaCl_2$ 等。不同的研究使用的研磨介质有一定的差异，但主要功能一样，都是使细胞在游离过程中和游离出来以后尽量不受或者少受伤害。研磨法是机械分离中应用最广的一种方法，其程序图示如图 10-2 所示。

除过研磨法外，Ball 等（1965）、Joshi 等（1967，1968）曾先后用撕去叶表皮，然后用小解剖刀把细胞刮下来的办法分离了花生成熟叶片细胞。这些离体细胞在液体培养基中很多能成活并持续地进行分裂。另外，Rossini（1969）和 Harada 等（1972）在玻璃匀浆管中把 1.5 g 叶片材

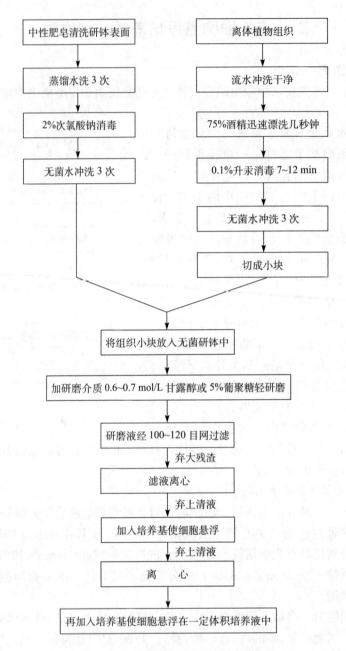

图 10-2　研磨法分离植物单细胞程序

料制成匀浆，然后经 61 μm 和 38 μm 双层过滤器过滤，离心除渣，分别分离出了篱天剑（*Caly-stegia sepium*）和石刁柏的叶片组织游离细胞。

（2）果胶酶分离法　利用果胶酶降解细胞壁之间的果胶物质可使单细胞游离。Takebe 等（1962）首次报道了用果胶酶处理烟草叶片而大量分离具有代谢活性的叶肉细胞的方法。之后，Otsuki 和 Takebe（1969）又把这种方法用到了 18 种其他草本植物上，并取得成功。Takebe 等

（1968）证明，用于分离细胞的离析酶不仅能降解果胶层，而且还能软化细胞壁，因此，用酶法离析细胞时，必须给细胞予以渗透压保护。在烟草细胞分离中，若甘露醇的浓度低于0.3 mol/L，烟草原生质体将会在细胞壁内崩解。在离析液中加入硫酸葡聚糖钾，能提高游离细胞的产量。酶法分离细胞的程序可概括于图10-3。

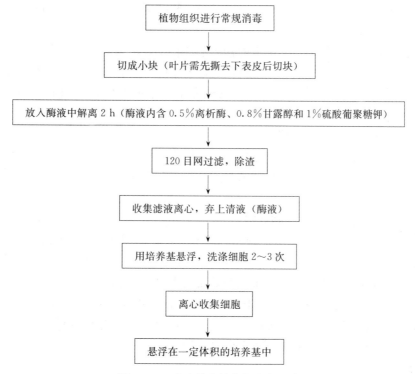

图10-3 酶法分离植物细胞的程序

与机械法分离相比，酶法分离植物细胞具有一次分离数量多、速度快的特点，但其缺点是酶解时间过长，对游离细胞可能产生伤害。避免的办法是在酶解时每30 min更换一次酶液，收集一次细胞。第一个30 min游离的细胞很少，可弃之不用。以后每30 min收集一次，及时洗净，并悬浮在培养基中。另外，一些植物（例如大麦、小麦和玉米）的叶片，很难通过酶法使细胞分离，最好是通过愈伤组织分离细胞。

（二）培养基

植物细胞悬浮培养常用的基本培养基有 MS、B_5、NT、TR、VR、SS、SCN、SLCC 等。要根据不同种类的培养细胞及培养目的选择适当的碳源、氮源以及其他添加物，如生长素、椰子乳（5%～10%）、酵母抽提物（0.01%～0.1%）、麦芽提取液（0.01%～0.1%）等。利用愈伤组织制备的悬浮细胞在培养时，培养基应以原愈伤组织继代时的培养基除去琼脂为好。

植物细胞培养多采用蔗糖、葡萄糖和果糖作为碳源。葡萄糖和果糖可以直接被细胞吸收利用，而蔗糖或其他多糖一般在灭菌或培养过程中会降解成为单糖而被细胞利用。邢建民等（1999）研究发现，水母雪莲悬浮培养细胞能够快速地将作为碳源的蔗糖降解为葡糖和果糖，并首先利用葡萄糖。

氮源对悬浮细胞的培养也有重要的影响，尤其是在次生物质的生产中，含氮化合物的浓度和种类对次生物质的形成有很大的影响。如当培养基中硝酸盐和尿素的浓度增加时，假挪威械培养细胞中酚类化合物的累积降低（Westcott 等，1976）。相反，紫草愈伤组织中紫草宁衍生物的含量则随着培养基中总氮量增加而增加（Mizukami 等，1977）。此外，降低培养基中 NH_4NO_3 含量和增加 KNO_3 数量会使日本莨菪细胞悬浮培养中血纤维蛋白溶液抑制剂的形成急剧增加，而生长则只受到很小的影响。

在活跃生长的悬浮培养物中，无机磷酸盐的消耗很快，不久就变成一个限制因子。若把烟草悬浮培养物保存在一个含有标准的 MS 无机盐的培养基中，培养起始后在 3 d 之内磷酸盐的浓度下降到零，即使把培养基中磷酸盐的浓度提高到原来水平的 3 倍，5 d 内也会被细胞全部用光（Noguchi 等，1977）。

生长调节物质的浓度和种类对培养细胞的生长、分化、分散度和次生物质的产量都有极大的影响。因此，对于生长调节物质，特别是生长素和细胞分裂素的比例需要进行一些调节，但由于植物材料和生理状态的差异，所用生长调节物质的种类和配比无一定模式可循，必须经过试验来确定。

（三）培养细胞的起始密度及细胞计数

1. 最低有效密度的概念　在植物细胞悬浮培养中，使悬浮培养细胞能够增殖的最少接种量称为最低有效密度（minimum effective density）或称为临界起始密度（critical initial density），如在培养中低于此值细胞就不能增殖。最低有效密度因培养材料、原种保存时间长短、培养基的成分不同而有差异，一般为 $10^4 \sim 10^5$ 个细胞/mL，在培养过程中可增殖到 $1 \times 10^6 \sim 4 \times 10^6$ 个细胞/mL。例如，假挪威械的细胞，在标准的合成培养基上，临界的起始密度为 $9 \times 10^3 \sim 15 \times 10^3$ 个细胞/mL，在这个密度下开始培养到最大密度（约 4×10^6 个细胞/mL），平均每个细胞要分裂 8 次。

2. 细胞计数　要保证细胞培养的最低有效密度，在细胞游离后，要对分离的单细胞进行计数。细胞计数最常用的方法是血细胞计数板法，操作过程与血细胞计数相同。滴一滴悬浮细胞液到计数板的凹槽中，盖上盖玻片使其与计数板紧密结合。操作时要仔细，既要防止凹槽中形成气泡，因为一旦形成气泡，等于缩小了凹槽的体积，又要防止大细胞使盖玻片抬起来，二者都可造成计数上的误差。接着，调节显微镜使视野中能见到清晰的计数板上的方格和方格中的细胞，然后计数。计数时为了避免重复或遗漏，常将分布在格线上的细胞，一律以接触方格底线和右侧线上的细胞作为记入本格内的细胞数，以减少人为计数误差。数出了方格中的细胞数就能计算出每毫升悬浮液中的细胞数，因为方格的边长在计数板上已经给出，而凹槽的深度一般为 0.1 mm，这样每一格的体积是已知的，知道单位体积中的细胞数就能算出每毫升溶液中的细胞数。

例如上海医学光学仪器厂生产的血细胞计数板槽的深度为 0.1 mm，在每个划线区域由"井"字形的粗线分成 9 个区域，每个区域长 1 mm，宽 1 mm，总面积为 $1 mm^2$，计数格内共有 25 个大方格，体积为 $0.1 mm \times 1 mm^2 = 0.1 mm^3$。每个大格又由 16 个小格组成，即每个区域分成 400 个小格（16×25），每个小格的面积为 $1/400 mm^2$。实际计数时，只计数计数格内四个角上的大格及中央大格（共 5 格）内的细胞数，然后按下式计算细胞数，每个样品计数 4~6 个重复。

$$每毫升细胞数＝5个大格内细胞总数×5×10×1\,000×稀释倍数$$

3. 活细胞测定 进行细胞悬浮培养之前，除测定细胞密度外，尚需要测定活细胞率以作为确定起始密度和参考。在采用上述血细胞计数板计数细胞密度时，同时也可以用来测定活细胞，也可用普通载玻片，在显微镜下检查5个视野，后根据公式求算活细胞率。

$$活细胞率＝\frac{5个视野中的活细胞数}{5个视野中的细胞总数}×100\%$$

活细胞测定有如下几种方法。

(1) 醋酸酯-荧光素染色法 该方法是用荧光素-醋酸酯（FDA）对悬浮细胞进行活体染色。FDA本身无荧光，无极性，可自由通过原生质体膜进入细胞内部，进入后由于受到活细胞内酯酶的分解，而产生有荧光的极性物质荧光素，荧光素不能自由出入原生质膜而留在细胞中。若在荧光显微镜下可观察到产生荧光的细胞，表明是有活力的；相反，不产生荧光的细胞，表示是无活力的。

醋酸酯-荧光素染色法的具体操作：取0.5 mL细胞悬浮液，加入10 mm×100 mm的小试管中，加入FDA溶液，使其终浓度达到0.01%，混匀，在室温下作用5 min，然后用荧光显微镜观察（激发滤光片为QB24，压制滤光片为TB$_8$）。统计5个视野，计数活细胞数，求算活细胞率。

(2) 死细胞着色法 一些染料（如酚藏红花、伊万斯蓝、洋红、甲基蓝等）也可用于悬浮细胞活力的测定。活细胞原生质体有选择吸收外界物质的特性，用这些染料处理时，活细胞不吸收染料而不着色，死细胞则可以着色，统计未染上色的细胞，就可以计算活细胞率。这种方法也可用做醋酸酯-荧光素染色法的互补法。

酚藏红花染色测定方法的具体操作：测定时先配制0.1%酚藏红花水溶液，溶剂为培养液。然后将悬浮细胞滴一滴在载玻片上，后滴一滴0.1%酚藏红花溶液与其混合，盖上盖玻片。染料与细胞混合后，很快就可在普通显微镜下观察，会发现死细胞均染成红色，而活细胞不能被酚藏红花染色，即使30 min后亦是如此。

(3) 双重染色法 为了更精确地测定细胞活力，还可采用双重染色法，即将细胞悬浮液和FDA溶液先在载玻片上混合，再用酚藏红花水溶液或其他染料做染色剂，滴一滴于载玻片上与细胞悬浮液和FDA溶液混合，盖上盖玻片，于显微镜下检查，若无色、发荧光的则为活细胞，若呈现红色且不发光则为死细胞。

（四）悬浮细胞培养方法

悬浮细胞培养方法基本上可分为两种类型：分批培养和连续培养。

1. 分批培养 分批培养（batch culture）是指把植物细胞分散在一定容积的培养基中进行培养，在培养过程中除了气体和挥发性代谢产物可以同外界交换外，一切都是密闭的，当培养基中的主要营养物质耗尽时，细胞的分裂和生长即行停止。

(1) 分批培养设计 分批培养中，为了使培养基不停运动，曾使用了各种类型的设计。首次成功地进行植物细胞悬浮培养的Muir（1953），在进行烟草和万寿菊细胞悬浮时使用的是旋转式摇床（图10-4c），迄今在分批悬浮培养中仍是一种应用最广泛的设备。摇床的载物台上装有瓶夹可以互相调换，以适应不同大小的培养瓶。摇床的转速是可控制的，对于大多数植物的组织来说，以转速 30～150 r/min 为宜，冲程范围应在 2～3 cm 左右。转速过高或冲程过大都会造成细胞破裂。因此，用于微生物培养的摇床往往因振动过剧而不适用于植物材料。振荡培养器可设在恒温室内。

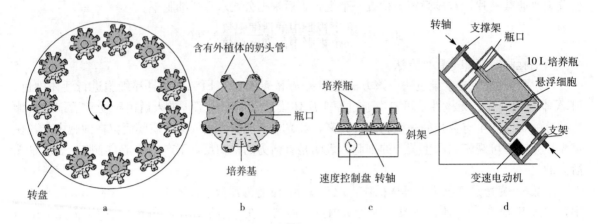

图 10 - 4　分批培养设计

a. 转床（转床上带有 10 个奶头瓶）　b. 奶头瓶结构　c. 旋转式摇床　d. 自旋式培养架

（引自 Dennis 等，1976）

　　Steward 等（1952）设计了一种转床培养胡萝卜细胞。转床的基本结构是在一根略微倾斜（12°）的轴上平行安装着若干转盘，转盘上装有固定瓶夹，转盘向一个方向转动，培养瓶也随之转动，转速 1～2 r/min。Steward 等当时使用的培养容器为 T 形管，横管长 12.5 cm，直径 3.5 cm，装 10 mL 培养基，支管直径 1.7 cm。培养物由支管送入，用棉塞封口。1956 年，Steward 和 Shantz 又用奶头瓶代替 T 形管，每个奶头瓶的容量为 250 mL，瓶壁上有 8 个奶头状突起。当转盘转动时，瓶内的培养物交替地浸在培养基中或暴露于空气中（图 10 - 4a 和 b）。

　　Steward 等（1969）用自旋式培养架（图 10 - 4d）进行了较大容积的植物细胞悬浮培养，培养了假挪威槭的悬浮细胞。将含有 4.5 L 培养基的 10 L 培养瓶固定在一个钢架上，倾斜角 45°，转速为 80～120 r/min，瓶口塞上棉塞以保证能进行足够的体积交换。用这一装置，培养假挪威槭悬浮细胞 21 d，每 4.5 L 培养液中，得到了 1.0×10^9 个细胞，这些细胞体积为 1.4 L，干重为 40g。

　　较大的分批培养装置（1.5～10 L 培养液），能使细胞均匀地分布在培养液中，并依靠通入无菌的压缩空气或者既通入空气又不断搅拌的办法，使细胞一直处于悬浮状态。在这样的搅拌装置中，由于盛放培养液的容器是静止的，故能够容易地把储藏新鲜培养液的容器、空气补给装置等和此培养容器连接起来。图 10 - 5（左）描绘了一个分批培养的搅动装置：培养容器是一个圆底的玻璃烧瓶，瓶盖上有 4 个小孔：培养液加入孔（IP）、气体出口（AO）、空气入口（AI）和样品收集孔（ST）。外界压缩空气进入培养瓶前先要通过微型空气过滤器（F）。样品收集管上接一个无菌水管（SWL），在每次取样后，无菌水流进来把管子及样品接收瓶都冲洗干净，这样便于下一次再取样。培养容器的底部是磁力搅拌器，以 200～600 r/min 的速度转动，由它带动插入瓶底的不锈钢转轴（S）。培养液的转动既靠这个搅拌器，又靠空气入口（AI）不断冲进来的压缩空气进行流动。

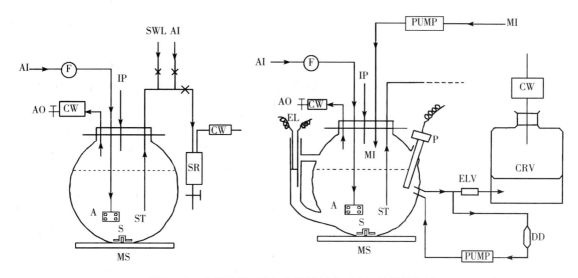

图 10-5 分批培养（左）与连续培养（右）的搅动装置

×. 管夹 A. 充气器 AI. 空气入口 AO. 空气出口 CRV. 培养物接收瓶 CW. 空气过滤器

DD. 密度控制器 EL. 体积感应电极 ELV. 体积控制出口阀门 F. 微型空气过滤器 MI. 新鲜培养基入口

IP. 接种口 MS. 磁力搅拌器 P. 探测电极（O_2 含量或 pH） S. 磁力棒

SR. 样品收集器 SWL. 无菌水管 ST. 样品收集孔

（引自 Dennis 等，1976）

（2）分批培养细胞的增殖 在分批培养中，细胞数目的增殖变化情况表现为一条 S 形曲线（图 10-6）。培养开始是滞后期，细胞很少分裂，接着细胞进入对数生长期，细胞分裂活跃，数目迅速增加。经过 3～4 个细胞世代之后，由于培养基中某些营养物质已经耗尽，或是由于有毒物质的积累，增长逐渐减缓，最后进入静止期，增长完全停止。滞后期的长短主要取决于继代时原种培养细胞所处的生长期和转入细胞数量的多少。如果缩短两次继代间隔的时间，例如，每2～3 d 即继代一次，则可使悬浮培养的细胞一直保持对数生长。在分批培养中，细胞繁殖一代所需要的最短时间，因植物种类的不同而不尽相同，许多细胞系经过 18～25 d 就能完成此增殖过程，如用储存的细胞接种则需要 21～28 d，这是因为储存的细胞在继代培养时处于静止期的原因。相反，如果采用对数期的细胞接种，就可大大缩短培养天数，一般只需 6～9 d。

2. 连续培养 连续培养（serial culture）是利用特制的培养容器进行大规模细胞培养的一种培养方式。在连续培养中，由于新鲜培养基的不断加入，同时旧培养

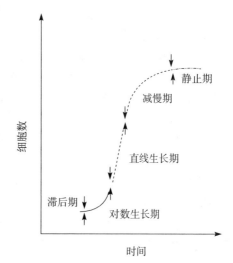

图 10-6 分批培养中单位容积培养液内的
细胞数与培养时间的关系

（引自 Wilson 等，1971）

基不断排出，因而，在培养物的容积保持恒定的条件下，培养液中的营养物质能够得到不断补充，使培养细胞能够稳定连续生长。

连续培养根据其方法上的不同可分为封闭式连续培养（sealed serial culture）和开放式连续培养（opened serial culture）。

（1）封闭式连续培养　在封闭式连续培养中，排出的旧培养基由加入的新培养基进行补充，进出数量保持平衡。排出的旧培养基中的悬浮细胞经离心收集后，又被返回到培养系统中去，因此，在这种培养系统中，随着培养时间的延长，细胞数目不断增加。

（2）开放式连续培养　在开放式连续培养中，新鲜培养基不断加入，旧培养基不断流出，流出的培养液不再收集细胞用于再培养而是用于生产。在这个系统中，遵守两个原则：新培养基加入速率等于旧培养基的排出速率；排出细胞的速率等于新细胞增长的速率。因而，在这样的一个系统中，悬浮培养的细胞处于一种在量上的稳定状态，能使培养物和生长速度长久保持在一个接近最高值的恒定水平上。这种培养系统可以用化学恒定法（chemostat）或者浊度恒定法（turbidostat）进行控制。其培养设计见图 10-5（右），与分批培养系统的搅动装置相比，瓶口多了一个新鲜培养基入口（MI），瓶身设计了体积感应电极（EL）、探测电极（P）和培养物接收装置系统。在培养物接收装置中安装有密度控制器（DD）和体积控制出口阀门（ELV）。通过这些装置进行控制，使培养瓶中的培养物生长速度长久保持在接近最高值的恒定水平上。

①化学恒定法：在整个细胞培养中，有些化学的物质（如氮、磷、葡萄糖、生长激素）对细胞的生长影响很大。因而它们的浓度可被调节成为一种生长限制浓度，以固定的速度加入到培养基内，从而使细胞的增殖保持在一定的稳定状态之中。在这样一种培养基中，除生长限制成分以外的所有其他成分的浓度，皆高于维持所要求的细胞生长速率的需要，而生长限制因子则被调节在这样一种水平上，它的任何增减都可由相应的细胞增长速率反映出来。

Wilson 等（1974）以 4 L 培养液培养假挪威槭细胞，以硝态氮为限制因子，采用化学恒定培养法，得到了稳定状态的群体，在个别试验中稳定状态持续了 200 d 以上。Wilson（1971）以磷为营养物质的限制因子，细胞外形的大小、培养基的组分、培养液的 pH 等都处于稳定水平。用化学恒定培养法来研究假挪威槭细胞的氮代谢时还看到了酶活力也处于稳定状态。

化学恒定法的最大特点就是通过限制营养物质的浓度来控制细胞的增长速率，而细胞生长速率与细胞特殊代谢产物形成有关。因此，只要弄清这一关系，就可以通过化学恒定培养法控制一种适宜的细胞生长速率，生产最高产量的某种特殊代谢产物（如蛋白质、有用药物、香精等），这对于大规模细胞培养的工业化生产有重要的意义。

②浊度恒定法：浊度恒定法中，新鲜培养基的加入，受由细胞密度增长所引起的培养液浑浊度的增加所控制，当培养系统中细胞密度超过所选定的细胞密度时，细胞可随培养液一起排出，从而保证细胞密度的恒定。

浊度恒定的原理基于悬浮培养细胞的浑浊度与细胞密度、细胞干重之间的相关性。曾有人用浑浊度计来测量过植物培养细胞的增长。Eriksson（1965）以迅速生长着的单冠毛菊为材料，测量了培养细胞干重和光密度之间的相关性。Dougall（1965）用比色法测定了蔷薇悬浮培养细胞的生长。在假挪威槭悬浮培养中，悬浮细胞的浑浊度和细胞密度、细胞干重之间具有相关性，而且浑浊度与密度、干重之间的关系并不为假挪威槭细胞聚集度改变而破坏，这样用浊度法不仅可以测量出连续培养中的细胞密度，而且还可以用来控制细胞密度，将培养细胞控制在一个稳定状态。

浊度恒定法的特点是，在一定限度内，细胞生长速率不受细胞密度的约束，生长速率决定于培养环境的理化因子和细胞的代谢速度，不受任何培养物质不足的影响，因而是细胞代谢调节研究的良好系统。它可在生长不受主要的营养物质限制的条件下，研究环境因子（如光线和温度）、特殊代谢物质和抗代谢物质以及内在的遗传因子对细胞代谢的影响。

三、植物细胞悬浮培养中细胞生长的测定

对于任何一个建立的细胞系都应进行动态测定，以掌握其生长的基本规律，为继代培养或其他研究提供依据。在悬浮培养中，细胞的增长一般可用以下方法进行计量。

1. 细胞计数　细胞的数目是细胞悬浮培养中不可缺少的生长参数。由于悬浮培养的细胞并不全呈游离单细胞，因而通过从培养瓶中直接取样很难进行可靠的细胞计数。如果先用铬酸（5%～8%）或果胶酶（0.25%）对细胞团进行处理，使其分散，则可提高细胞计数的准确性。大多数细胞悬浮液可用铬酸在 20 ℃下离析 6 h，也可提高铬酸的浓度和处理的温度来加速离析。Street 等在计数悬浮培养的假挪威槭细胞时，将 1 份培养物加入到 2 份 8% 铬酸溶液中，在 70 ℃下加热 12～15 min，然后将混合物冷却，用力振荡 10 min，用血细胞计数板进行计数。

2. 细胞大小的测定　培养细胞大小的一般用显微测微计法测定。显微测微计有镜台测微计和接目测微计两个部件（图 10 - 7），后者是一块可放在目镜内的圆形玻璃片，其中央刻有 50 等份或 100 等份的小格，每小格的长度随目镜、物镜放大倍数的大小而变动。因此，必须先以镜台测微计（每格的长度为 10 μm）来校准并计算出在某一物镜下接目测微计每小格的长度，然后才可用接目测微计测量被测对象的长度和宽度。其操作步骤为如下。

（1）放置接目测微计　取出目镜，旋开接目透镜，将接目测微计放在目镜的光阑上（有刻度一面向下），然后旋上接目透镜，插入镜筒。

（2）放置镜台测微计　将镜台测微计放在载物台上，通过调焦看清镜台测微尺的刻度。镜台测微计中央有一刻度标尺，全长为 1 mm，划分 10 大格，每大格又分 10 小格，故每小格长为 0.01 mm（即 10 μm）。

（3）校准接目测微计的长度　用低倍物镜观察，移动镜台测微计和转动接目测微计，使两者刻度平行，并使两者间某段的起、止线完全重合，数出两条重合线之间的格数，即可求出接目测微计每格的相应长度（接目测微计和镜台测微计两个重合点的距离愈长，则所测得的数值愈准

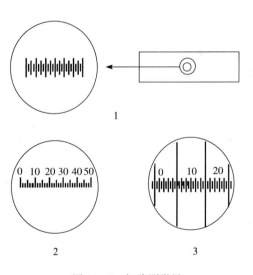

图 10 - 7　细胞测微尺
1. 镜台测微计及其放大部分　2. 接目测微计
3. 镜台测微计和接目测微计的刻度相重叠

确）。用同样的方法分别测出用高倍物镜和油镜观察时接目测微计每格的相对长度。

（4）计算接目测微计每格的长度　例如，测得某显微镜的接目测微计 50 格相当于镜台测微计 7 格，则接目测微计每格长度为 $7 \times 10\ \mu m/50 = 1.4\ \mu m$。

（5）测量细胞的大小　取下镜台测微计，将培养细胞悬浮液吸一滴置载玻片上，后放在镜台上，通过调焦，使物像清晰后，转动接目测微计（或移动载玻片），测量其长与宽各占几格。将测得的格数乘以接目测微计每格长度即可求得细胞的大小。

这种方法还可以用于测定植物原生质体、小孢子及组织切片中细胞的大小。

3. 细胞体积的测定　细胞体积（细胞密实体积，PCV）可用离心法使细胞沉淀后进行测定。其操作方法是先将一定量（一般为 10 mL）的细胞悬浮液放入 15 mL 刻度离心管中于 2 000g 离心 5 min，则在离心管上可得到细胞沉淀的体积，然后将此换算成以每毫升细胞悬浮液中细胞的体积（mL）来表示。

4. 细胞的鲜重和干重的测定　将一定量的细胞悬浮液加到预先称重的尼龙布上，用水冲洗并抽滤除去细胞黏附的多余水滴，然后称重。测量干重时，将离心收集的细胞转移到预先称重定量的滤纸片上，然后在 60 ℃下烘 12 h，在干燥器中冷却后称重。细胞的鲜重或干重一般以每毫升悬浮培养物的重量表示。

5. 有丝分裂指数的测定　在一个细胞群体中，处于有丝分裂的细胞占总细胞的百分数称为有丝分裂指数（mitosis index，MI）。指数愈高，说明分裂进行的速度愈快，反之则愈慢。有丝分裂指数只反映群体中每个细胞用于分裂所需要时间的平均值。在愈伤组织生长的早期以及活跃分裂的悬浮培养物中，分裂指数还反映了细胞分裂的同步化程度。一个迅速生长的细胞群体的有丝分裂指数为 3%～5%。

测定有丝分裂指数的方法简单。对于愈伤组织，一般采用孚尔根染色法，先将组织用 1 mol/L HCl 在 60 ℃水解后染色，然后在载玻片上按常规方法做镜检，随机检查 500 个细胞，统计其中处于分裂间期及处于有丝分裂各个时期的细胞数目，计算出分裂指数。悬浮培养细胞先应离心、固定，然后将细胞吸于载玻片上染色、镜检。至少检查 500 个细胞，随后计算出分裂指数。

四、悬浮细胞的同步化

培养的植物细胞在大小、形态、核的体积和 DNA 含量以及细胞周期的时间等方面都有很大的变化，这种变化使得研究细胞分裂、代谢、生化及遗传问题复杂化了。因此，人们试图采用一些同步化方法使悬浮培养的细胞分裂趋于高度一致性。悬浮细胞的同步培养（synchronous culture）就是指在培养中，通过一定的方法使得大多数细胞都能同时通过细胞周期所有的各个阶段（G_1、S、G_2 和 M）。

与非同步培养相比，在同步和部分同步培养中，细胞周期内的每个时间都表现得更为明显。因此，通过植物细胞的同步化，不仅可以详细地了解细胞周期的真实过程，还可以认识真正控制着从亲代细胞到子代细胞过程中生化变化的序列因子。但在一般情况下，悬浮培养细胞都是不同步的，为了取得一定程度的同步性，许多研究者进行了各种尝试。要使非同步培养物实现同步化，就要改变细胞周期中各个事件的频率分布。通常，人们用有丝分裂指数来计量同步化程度，但 King 和 Street（1977）及 King（1980）强调指出，同步化程度不应只由有丝分裂指数来确定，而应根据若干彼此独立的参数来确定。这些参数包括：①在某一时刻处于细胞周期某一点上的细胞百分数；②在一个短暂的具体时间内通过细胞周期中某一点的细胞的百分数；③全部细胞通过细胞周期中某一点所需的总时间占细胞周期时间长度的百分数。

这里介绍几种用于实现悬浮培养细胞同步化的方法。

1. 物理方法

（1）体积选择法　培养的植物细胞在形态和大小上是不规则的，并常聚集成团，这些差异使根据植物细胞的体积进行选择（volume selection）十分困难，但是根据细胞聚集的大小来选择是可行的。Fujimura 等（1979）在胡萝卜细胞悬浮培养中，将悬浮细胞在附加 0.5 $\mu mol/L$ 2,4-D的培养基中继代培养 7 d 后将悬浮细胞先经过 47 μm 的尼龙网，除去大的细胞聚集体，后再经过 31 μm 网过滤收集网上的细胞和细胞团，用等体积的液体培养基悬浮，然后将 1 mL 悬浮液加入到含有 10%～18% 的 Ficoll 不连续密度梯度（含 2% 蔗糖）的离心管中于 180g 离心 5 min，分别收集不同层次的细胞到各离心管中，加入 10 mL 培养液离心收集细胞，并用培养基洗涤 3 次，除去悬浮液中的 Ficoll。通过这种分离的细胞是匀质的，经转移到诱导培养基上 4～5 d 即可产生同步胚胎发生，同步化达到 90%。

（2）冷处理法　温度刺激能提高培养细胞的同步化程度。在胡萝卜细胞悬浮培养中，Okamura 等（1973）使用冷处理（cold treatment）和营养饥饿相结合的方法使细胞同步化。首先将培养悬浮细胞在摇床上于 27 ℃ 培养至静止期，继续培养 40 h。然后在 4℃ 下冷处理 3 d，再加入 10 倍体积的经 27 ℃ 温育的新鲜培养基，在 27 ℃ 下培养 24 h，重复冷处理 3 d。之后，在 27 ℃ 下培养，经 2 d 后细胞有丝分裂频率的数目增加。

2. 化学方法

（1）饥饿法　悬浮培养细胞中，如断绝供应一种细胞分裂所必需的营养成分或激素，使细胞停止在 G_1 期或 G_2 期，经过一段时间的饥饿处理（starvation method）之后，当在培养基中重新加入这种限制因子时，静止细胞就会同步进入分裂。Gould 等（1981）报道，培养基中的磷和糖类物质的饥饿使假挪威槭细胞阻止在 G_1 期和 G_2 期，氮源饥饿的细胞仅积累在 G_1 期。若把已生长到静止期的假挪威槭悬浮细胞继续培养 1～2 周后，将细胞转移到 10 倍体积的新鲜完全培养基上，该细胞培养物能同步生长 2～5 个细胞周期。Komamine 等（1978）在长春花细胞培养中，先使细胞受到磷酸盐饥饿 4 d，然后再把它转入到含有磷酸盐的培养基中，结果获得了同步性。另一些实验证明，生长调节剂的饥饿也能使细胞分裂同步化。在烟草中，若把静止期的细胞移入新培养基中（2,4-D 和 KT 迟加 24～72 h），短时间里有丝分裂指数可提高 7%。Everett 等（1981）报道，在假挪威槭悬浮细胞培养中，生长素饥饿能引起细胞分裂指数和细胞周期性的增加。当悬浮细胞生长到静止期时收集细胞，然后用无生长素或无细胞分裂素的培养基洗涤 3 次，在无生长素和细胞分裂素的完全培养中继代直到有丝分裂指数为 0。然后将细胞转移到含有生长素和细胞分裂素的完全培养基中，经 3 d 后，有丝分裂指数能提高 5～10 倍。Smith 等（1999）在培养海藻细胞时，通过氮、磷同时饥饿处理 50 h，使 50% 的细胞处于 G_1 期，解除饥饿后，细胞立即进入 S 期，恢复细胞生长并进入同步化。

（2）抑制法　抑制法（inhibition method）是使用 DNA 合成抑制剂 5 -氨基尿嘧啶、5 -氟脱氧尿苷、羟基脲、过量的胸腺嘧啶核苷等，使细胞同步化。当细胞受到这些化学药剂处理后，能暂时阻止细胞周期的进程，使细胞积累在某一特定时期（G_1 期和 S 期的边界上），一旦抑制得到解除，细胞就会同步进入下一个阶段。5 -氟脱氧尿苷已用于大豆、烟草、番茄等悬浮培养细胞的同步化试验，处理时间为 12～24 h，浓度 2 μg/mL。Szabados 等（1981）报道，羟基脲已用于小麦和欧芹悬浮细胞同步化试验，在生长指数期的悬浮培养物中加入 3～5 mol/L 羟基脲，继续培养 24～36 h，后经洗涤进行培养，使小麦和欧芹悬浮培养细胞有丝分裂指数达到 30% 和80%。Peres 等（1999）用羟基脲处理玉米悬浮培养的细胞，大约有 55% 的细胞处于 G_1 期，解除抑制后 8～14 h，60%～70% 的细胞进入 G_2 期。

（3）有丝分裂阻抑法　有丝分裂阻抑法（mitotic inhibition method）是指在细胞悬浮培养时，加入抑制有丝分裂中期纺锤体形成的物质，使细胞分裂阻止在有丝分裂中期，以达到同步化培养的方法。在各种纺锤体阻抑物中，秋水仙碱是使细胞停留在中期的最有效的抑制剂。在指数生长的悬浮培养物中加入 0.02% 的秋水仙碱，4 h 后，玉米悬浮培养物有丝分裂指数提高，经10～12 h 达到一高峰。该法简单，但要避免秋水仙碱处理时间过长，因为它能使不正常有丝分裂的频率增高，表现为中期染色体发黏，一般处理时间以 4～6 h 为宜。秋水仙碱应过滤灭菌后使用。

应该指出的是，在植物细胞悬浮培养中，要达到高度的同步化是比较困难的，其主要原因是由于活跃分裂细胞的百分数较低，而且在悬浮培养液中细胞有聚集的趋势，经常采用指数生长的培养物继代培养可减少这些因子的影响。

第二节　植物单细胞培养

一、植物单细胞培养的概念及发展

植物单细胞培养（single cell culture）是指从植物器官、愈伤组织或细胞悬浮培养液中游离出单个细胞，于无菌条件下，进行体外培养，使其繁殖、生长、发育的一门技术。

人们分离和培养植物单细胞的设想和实践都比较早，但成功地进行单细胞培养是随着更有效的培养基的发展以及从愈伤组织悬浮培养物分离单细胞的专门技术的建立才实现的。Muir 等（1954）首次设计了愈伤组织看护培养技术并成功地培养了由烟草细胞悬浮液和易分散的愈伤组织中分离的单细胞，并由此获得了单细胞无性系。De Rope（1955）首先在微室中用悬滴试图培养单个细胞，结果未见到单细胞分裂，只有细胞团中的细胞分裂。Jorrey（1957）用双层盖玻片法，看护培养了由豌豆根的愈伤组织分离出来的单个细胞，其中大约 8% 的单细胞出现了分裂。之后，Jones 等（1960）改进了微室培养技术，并成功地培养了由烟草杂交种愈伤组织分离出来的单细胞，首次在微室培养条件下得到了单细胞无性系。Vasil 和 Hildeberandt（1965）证明，应用微室培养法，可以由培养一个离体的单细胞开始，形成单细胞无性系，并获得一个完整的开花植株。与 Jones 等不同，他们在进行单细胞培养时使用了含有无机盐、蔗糖、维生素、泛酸钙、椰子乳等成分的新鲜培养基。在单细胞培养上最卓越的工作是 Bergmann（1960）首创的细胞平板培养法，这一方法是将悬浮细胞接种到一薄层固体培养基中进行培养，以获得大量的单细胞无性系。这是目前应用最广泛的单细胞培养法，并被应用于原生质体培养等方面。

二、植物单细胞培养方法

1. 看护培养 看护培养（nurse culture），也称饲喂层技术（feeder layer technique），是指用一块愈伤组织或植物离体组织看护单细胞使其生长并增殖的一种单细胞培养方法。Muir（1954）首创了这一方法并培养出了单细胞株。具体做法是：在新鲜的固体培养基上先接入几毫米大的愈伤组织，在愈伤组织块上再放一张预先已灭过菌的滤纸，然后放置一个晚上，使滤纸充分吸收从组织块渗上来的培养基成分，次日即将单细胞吸取并放在滤纸上培养。愈伤组织和要培养的细胞可以属于同一物种，也可以是不同物种。培养一个月单细胞即长成肉眼可见的细胞团，2～3个月后从滤纸上取出放在新鲜培养基上直接培养（图10-8）。

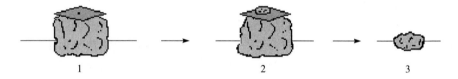

图 10-8 看护培养单细胞的生长
1. 单细胞接种于正在培养的愈伤组织上面的无菌滤纸上 2. 单细胞分裂形成单细胞无性系
3. 单细胞无性系转入到新培养基上继代

一个直接接种在诱导培养基上一般不能分裂的细胞，在看护愈伤组织诱导下则可能发生分裂。由此可见，看护愈伤组织不仅给这个细胞提供了培养基中的营养成分，而且还提供了促进细胞分裂的其他物质，并且这种细胞分裂因素可通过滤纸扩散，以便供给培养细胞用于生长分裂。愈伤组织刺激离体细胞分裂的效应，还可以通过另一种方式来证实：把两块愈伤组织置于琼脂培养基上，在它们周围接种若干个单细胞，结果可以看到，首先发生分裂的都是靠近这两块愈伤组织的细胞，这也说明了活跃生长的愈伤组织所释放的代谢产物，对于促进细胞分裂是十分必要的。而且，这种看护培养方法简便，且能培养低密度下的离体细胞，但是该方法不利于在显微镜下直接观察细胞的全生长过程。

2. 平板培养 将悬浮培养的细胞接种到一薄层固体培养基中进行的培养称为平板培养（plating culture）。平板培养是为了分离单细胞无性系，并对不同无性系进行生理、生化和遗传特性研究而设计的一种单细胞培养技术。Bergmann（1960）首创了这一培养方法，该方法需要较低的细胞密度，并均匀地分布在一薄层固体培养基中。为了使在平板上长出的细胞团都来自单细胞，用悬浮培养物做接种材料时，应将培养物经过适当大小孔径的过滤网，除去大的细胞聚集体，使材料大部分为游离单细胞。平板培养制作时，将单细胞悬浮液与30～35 ℃呈熔化状态的琼脂均匀混合，然后浇注到培养皿中成一薄层，琼脂冷却固化后，均匀分布的细胞就在其中生长、分裂，形成起源于单个细胞的小集落，再将这些小集落进一步扩大繁殖，就能获得起源于单个细胞的无性系。

（1）平板培养的制作　平板培养是单细胞培养，因此第一步先要分离单细胞，其方法和悬浮培养中分离单细胞的方法一样。不论是由哪种材料、哪种方法获得的细胞悬浮液中的细胞，绝大多数必须是单细胞。细胞游离后用血细胞计数板计数，平板培养细胞的起始密度一般为 $10^3 \sim 10^5$ 个细胞/mL。如果细胞悬浮液与琼脂培养基以 1：4 混合，那么悬浮的细胞密度应为 $5 \times 10^3 \sim 5 \times 10^5$ 个细胞/mL。因此在平板制作前先要根据细胞计数的结果，通过离心使细胞沉淀，如果要提高密度可吸走一定量的上清液；如果要降

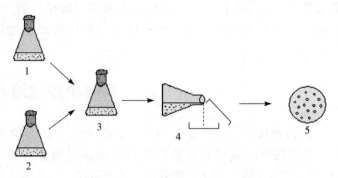

图 10-9　细胞平板培养过程

1. 配制的具一定密度的悬浮细胞液　2. 经高压灭菌后冷却到 35 ℃的琼脂培养基　3. 悬浮细胞与 35 ℃的液体琼脂培养基混合均匀　4. 混匀后倒入无菌培养皿中制成 5 mm 的琼脂平板　5. 在 25 ℃条件下培养 21 d 形成单细胞无性系

低密度可加进一定量的培养液，使细胞悬浮到需要的密度。然后将 1 份单细胞悬浮液与 4 份30～35 ℃下呈熔化状态的琼脂固体培养基充分混合均匀，迅即倒入到无菌培养皿中成一平板，并使培养平板的厚度在 5 mm 左右，盖上培养皿盖并封口，培养。在 25 ℃条件下大约 3 周后即可形成单细胞无性系（图 10-9），用解剖针挑出无性系愈伤组织转入到新鲜固体培养基上继代。

（2）植板率　植板率（plating rate）是平板培养中常用的一个术语，它以长出的细胞团的单细胞在接种细胞中所占的百分数来表示。

$$植板率（\%）=\frac{每个平板中新形成的细胞团数}{每个平板中接入的细胞总数} \times 100$$

式中，每个平板中新形成的细胞团数要进行直接计量。计量时应掌握合适的时间，即细胞团肉眼已能辨别，但尚未长合在一起的时候。如过早，肉眼不能辨别小的细胞团；太晚靠得很近的细胞团长合在一起难于区分，这些都影响计量的正确性。通常植板率一般在 25 ℃下培养 21 d 后进行计算。

（3）降低平板培养细胞起始密度的方法　按照常规的平板培养方法，细胞在平板中均匀分布后其细胞间的距离大约是细胞直径的 3～4 倍，这样的密度太大，单细胞生长后易长合且不易从琼脂培养基中分离出来，因而平板培养中需要降低细胞的起始密度以便更好地获得单细胞无性系。但是，在平板培养中，其培养效率（植板率）是随着培养细胞密度的增加而增加的。Bergmann（1977）研究了黑暗条件下烟草细胞密度对植板率的影响（表 10-1），充分的证实了这一点。因此，随着植板细胞密度的减小，细胞对培养条件要求越高，也就是说，在低密度下进行平板培养并提高植板率，必须创造在高密度下单细胞周围的环境条件。选用条件培养基可以降低培养细胞的起始密度。所谓条件培养基就是已经进行了一段时间悬浮细胞培养的培养基。条件培养基的制作方法是：先将细胞或愈伤组织悬浮培养一段时间然后离心取其上清液，上清液中含有细胞培养时释放出的促进细胞分裂的物质，这即是最简单的条件培养基，用它制备悬浮细胞并与等量的琼脂培养基混合制板，可以培养较低密度的细胞。

表 10-1　黑暗条件下烟草细胞密度对植板率的影响

(引自 Bergmann，1977)

细胞数/mL	细胞数/平板	植板率（%）	集落数/mm²
90	1 350	0	0
180	2 700	9.9±3.1	0.04
360	5 400	45.7±6.1	0.40
720	10 800	90～100	1.70

若在基本培养基中加入一些天然提取物（如椰子乳、水解酪蛋白、酵母浸出液等），则可有效地取代影响细胞分裂的群体效应。同样，配制营养物质十分丰富的合成培养基，也能降低平板培养的细胞密度。Kao 等（1975）配制了一种含有无机盐、蔗糖、葡萄糖、14 种维生素、谷氨酰胺、丙氨酸、谷氨酸、半胱氨酸、6 种核酸碱和 4 种三羧酸循环中有机酸的合成培养基，在这种培养基中，密度低到 25～250 个细胞/mL 的植板细胞也能分裂。若用水解酪蛋白（250 mL/L）和椰子汁（20 mL/L）取代各种氨基酸和核酸碱，有效植板细胞密度则进一步下降。

三、微室培养

1. 微室培养的概念　微室培养（micro-chamber culture）是指将含有单细胞的培养液小滴滴入无菌小室中，在无菌条件下，使细胞得以生长和增殖，形成单细胞无性系的培养方法。它是为进行单细胞活体连续观察而建立的一种微量细胞培养技术，运用这一技术可对单细胞的生长、分化、细胞分裂、胞质环流的规律等进行活体连续观察。也可以对原生质体融合、细胞壁的再生以及融合后的分裂进行活体连续观察。因此，它是进行细胞学实验研究的有用技术。

最早用微室培养植物细胞的是 De Rope（1955），他试图在微室中培养单细胞，结果未见到分裂，只有在细胞团（至少有 10 个细胞）中见到了有丝分裂的发生。Torrey（1960）改进了微室培养制作技术，观察了由烟草杂种（*Nicotiana tabacum*×*N. glutinosa*）的愈伤组织分离的单细胞细胞分裂和线粒体分裂活动。1982 年，陆文梁发表了制作微室的新方法，并用此方法成功地观察了胡萝卜根愈伤组织游离单细胞的分裂行为，且发现了细胞脱分化新的无丝分裂方式——劈裂分裂。

2. 微室培养的方法

（1）双层盖片培养法　这一方法是 Torrey（1957）设计的，他用这种培养方法培养了由豌豆根的愈伤组织分离出来的单细胞，并使单细胞成活了几周，其中有 8% 的单细胞出现了分裂形成细胞团，最大的细胞团达到 7 个细胞。具体方法是先在一块小盖玻片中央放一团与单细胞同一来源的愈伤组织作为滋养组织，然后滴上一滴琼脂，琼脂的四周具有分散的单细胞，然后将盖片粘在一块较大的盖玻片上，翻过来放在一块凹穴载玻片上，再用石蜡-凡士林将其周围密封（图 10-10），放到 25 ℃下培养。

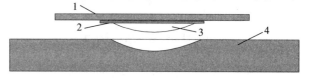

图 10-10　双层盖片培养设计
1. 大盖玻片　2. 小盖玻片　3. 琼脂滴　4. 凹穴载玻片
(引自 Torrey，1957)

（2）微室薄层培养法　Jones 等（1960）又改进了微室培养制作技术，其方法是先在载玻片的两端分别滴一小滴石蜡油，然后分别放上 22 mm×22 mm 灭过菌的盖玻片，使两端盖玻片中间保持约 16 mm 距离。在两块玻片中间区域的中心滴一小滴液体培养基，培养基中悬浮着游离细胞。然后在液体培养基四周加上石蜡油，将第三块盖玻片覆盖在上面，并使石蜡油将液体培养基包围和渗入到第三块盖玻片与第一块和第二块盖玻片的覆盖层中，这样使 3 块盖玻片与石蜡油组成的微室与外界隔绝（图 10-11）。应用这种方法，Jones 观察了由烟草杂种愈伤组织分离的单细胞的分裂活动。

（3）改良微室培养法　陆文梁 1983 年在 Jones 的微室薄层培养技术基础上又做了进一步的改进，并用它连续观察了离体胡萝卜细胞在脱分化过程中的劈裂分裂过程。陆文梁对 Jones 法进行了 3 方面的改进：①只用一块盖玻片；②用四环素眼药膏代替石蜡油；③四环素眼药膏中横放 1 根毛细管，既能起支撑盖玻片作用，又能起到通气作用。其具体操作方法是先将洗净的盖玻片与载玻片在酒精灯火焰上灭菌，冷却后按盖玻片的大小在载玻片上涂一圈四环素眼药膏，并在顶端四环素眼药膏上放 4 小段毛细管，以给微室通气。然后，在药膏中间载片上滴一滴细胞悬浮液，盖上盖玻片，稍压使其与药膏充分接触（图 10-12），再置于 25℃下培养。

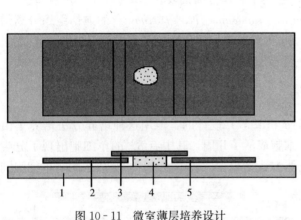

图 10-11　微室薄层培养设计
1. 载玻片 25 mm×75 mm　2、5. 盖玻片垫片 22 mm×22 mm
3. 盖玻片 22 mm×22 mm　4. 具细胞的液体培养基
（引自 Jones 等，1960）

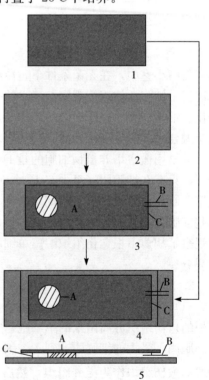

图 10-12　改良微室培养设计
1. 盖玻片　2. 载玻片　3. 载片上用四环素软膏涂一方圈（C），顶端放毛细管（B），中间接入一滴含游离细胞的培养液（A）　4. 盖好盖玻片，轻压使其密封并使悬浮细胞小滴与盖片接触
5. 微室纵面图

四、影响单细胞培养的因素

单细胞培养对营养和培养环境的要求往往比愈伤组织和悬浮细胞培养更为苛刻，影响单细胞培养的因素主要有以下几个方面。

1. **条件培养基的作用**　看护培养技术表明，用做看护的愈伤组织，不仅向滤纸上面的单细胞提供了培养基中全部的必需养分，而且还提供了那些能够越过滤纸障碍，诱导单细胞分裂的特殊物质。在细胞悬浮培养时，如果在培养基中加放这些代谢产物，细胞悬浮培养的最低有效密度就会大大降低，这就是条件培养基。Street 和 Stuart 等（1969）在假挪威械的细胞悬浮培养时，制备了条件培养基，从而使最低有效密度从 $9 \times 10^3 \sim 15 \times 10^3$ 个细胞/mL 下降到 $1.0 \times 10^3 \sim 1.5 \times 10^3$ 个细胞/mL，即降低到原来的 1/10。Street和 Staurt（1969）设计了一个液体条件培养装置（图10-13），在三角瓶中放入一根玻璃管，管的一端套上一纸透析袋或多孔玻璃套管，扎紧。管内盛有高细胞

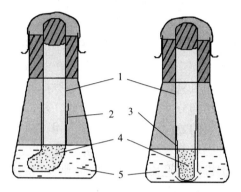

图 10-13　制备液体条件培养基的装置
1. 玻璃管　2. 透析袋　3. 多孔玻璃套管
4. 高细胞密度悬浮培养　5. 低细胞密度悬浮培养

密度的培养液，管外盛低细胞密度的培养液。高密度细胞释放的代谢产物通过透析袋或多孔玻璃套管扩散到的细胞密度低的培养液中，促进后者的细胞分裂，单细胞则不能通过透析袋或多孔玻璃套管流出。这些说明，如果培养细胞起始密度高时，培养基成分就可简单些；密度低时，培养基成分就应复杂些。进一步的研究证明，若在培养基中加入一些天然提取物或设计营养条件丰富的"合成条件培养基"，则可以有效地取代影响细胞分裂的这种群体效应。

2. **细胞密度**　大量的实验表明，单细胞培养要求植板的细胞达到或超过临界密度，才能促进其分裂和发育。低于此临界密度，培养细胞就不能进行分裂和发育成细胞团。关于细胞密度对细胞分裂影响的解释可能是建立在这样的一种基础上：在细胞培养中，细胞能够合成某些对其进行分裂所必需的化合物，如细胞分裂素、赤霉素、乙烯、氨基酸等，只有当这些化合物的内源水平达到一个临界值以后，细胞才能分裂，而且，细胞在培养过程中会不断地把它们所合成的这些化合物渗漏到培养基中，直到这些化合物在细胞和培养基之间达到平衡时，这种渗漏过程方可停止。因此，当细胞密度较高时达到平衡的时间比细胞密度较低时要早得多，因此在后一种情况下，延迟期就会拖长。当细胞密度在临界密度以下时，永远达不到这种平衡状态，因此细胞也就不能分裂。当然，植板的临界密度不是一成不变的，它因培养基的营养状况和培养条件而改变，培养基的成分越复杂，营养成分越丰富，植板细胞的临界密度越低；反之，植板密度要求越高。如在使用含有上述必需代谢产物的条件培养基或营养丰富的"合成条件培养基"时，则可能使相当低细胞密度的细胞开始分裂。

3. **生长激素**　在单细胞培养中，补充生长激素是非常重要的，它可以大大地提高植板效率。如在低密度中，旋花细胞培养必须加入细胞分裂素和一些氨基酸，才能开始生长和分裂。在美国

梧桐和假挪威槭的细胞培养中，也看到类似情况。

4. **挥发性物质的影响** 某些不稳定的产物（在水溶液中迅速分解的产物或易挥发的产物）对于起始细胞的分裂是必需的。Stuart 等（1971）证实，的确有某些易挥发物质存在，他们用一只分隔成两层的培养瓶，一层装有低密度细胞的培养液，另一层装有高密度细胞的培养液，两层液体是不流通的，而气体是流通的（图 10-14），这种培养方法可以使最低有效密度下降到 600 个细胞/mL。如果在此培养基的一个侧臂中装入氢氧化钾等二氧化碳的吸收剂后，由于培养瓶内气相部分的二氧化碳被吸收，从而这种促进起始细胞分裂的效应也消失了，这表明二氧化碳浓度是影响

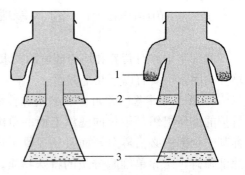

图 10-14 双层培养瓶试验
1. 氢氧化钾 2. 高密度悬浮细胞
3. 低密度悬浮细胞

单细胞培养效应的一个因素。进一步实验证明，人为地提高培养容器中二氧化碳浓度到 1%，可以促进细胞生长，而超过 2% 则反而起抑制作用。如同时用低浓度的乙烯（2.5 $\mu L/L$），这种对细胞生长的促进作用更明显。然而，用这种改变气体组分的办法很难完全达到由活跃生长的培养物释放出来的挥发性物质所表现的促进作用，因而有理由认为，还有一些另外的挥发性物质参与此促进过程。

另外，适当调节 pH 和提高培养基中铁的含量有时能提高置板率，这说明影响细胞透性和组织离子状态的因素在条件化过程中可能是重要的。当在培养基中补加营养成分并将 pH 调到 6.4 时，可将假挪威槭悬浮细胞起始最低有效密度从 $9 \times 10^3 \sim 15 \times 10^3$ 个细胞/mL 降低到 2×10^3 个细胞/mL。

第三节　植物细胞固定化培养

一、植物细胞固定化培养的概念

细胞固定化培养技术是将植物悬浮细胞包埋在多糖或多聚化合物（如聚丙烯）制成的网状支持物中进行无菌培养的技术。固定化是植物细胞培养方法中一种最接近自然状态的培养方法。由于固定化的结果，促使细胞以多细胞状态或局部组织状态一起生长。特别重要的是，由于细胞处于静止状态，这样所建立的物理和化学因子就能对细胞提供一种最接近细胞体内环境的环境。

1966 年，Mosbach 等第一次报道了一种地衣（*Umbillicaria pustulata*）被埋在聚丙烯酰胺凝胶里的完整细胞固定化方法。之后，Van Wezel（1967）将动物胚胎细胞固定化在 DEAE-Sephadex 微型株上，并使其生长。从此，各种生物，但大多是微生物细胞被固定化在一系列的基质上面。1979 年，Brodelius 首次将固定化技术应用到高等植物细胞培养中，他们用藻酸盐将海巴戟（*Morinda citrifolia*）、长春花（*Catharanthus roseus*）和毛地黄（*Digitalis lanata*）的细胞固定起来进行培养，培养的海巴戟细胞合成了蒽醌类化合物，长春花的细胞利用前体合成吲哚类生物碱，毛地黄细胞将毛地黄素（digitoxin）转化为地高辛（digoxin）。1980 年，Brodelius

等使用各种包埋和支持剂固定植物细胞，比较研究了各种固定剂对植物细胞培养特性的影响，使固定化植物细胞培养技术日趋成熟并普及。

二、固定化细胞培养的特性及其意义

1. 固定化培养的细胞生长缓慢　当细胞被固定在一种惰性基质上面或里面时，与在悬浮液培养基中的细胞相比，细胞以较慢的速度生长并产生较多的次生代谢产物。有证据表明，生长和次生代谢物积累之间存在着负相关性，因此，固定化细胞的缓慢生长有利于次生代谢物的高产。

2. 细胞的组织化水平高　人工聚集（固定化）不仅使培养细胞的生长速度减慢，而且细胞与细胞之间的紧密接触提高了细胞的组织化水平，使其越接近于整体植株的水平，从而使培养细胞以与整体植株相同的方式对环境因子的刺激起反应，这更有利于次生代谢物的产生和积累。如Lindsey（1983）发现，在生物碱的积累能力上，聚集的或部分组织化的细胞要比生长迅速而松散的细胞高。

3. 易于建立化学上和物理上的梯度　固定化本身就会使细胞与细胞之间紧密接触，再加上缓慢生长，就能理想地形成细胞与细胞之间化学上的和物理上的相互影响及梯度。这一点对于次生代谢物的高产也是很重要的。在完整的植物体中，任何细胞都是被其他细胞包围着的，但是一个细胞与其他细胞的相对位置，在整个生命史中是可能发生变化的，而且一个细胞在植物体中的位置，最后决定了这个细胞和周围细胞的分裂速度和分裂类型。同时，细胞的分化程度和分化形式，也是细胞在植物体中位置的决定因素。因此，细胞的组织化如何来控制代谢途径，也可以表述为细胞的物理环境如何来控制代谢途径，而形成物理和化学上的梯度可能是细胞组织和次生代谢物高产之间的关键性问题。

4. 易于次生代谢物的收集　目前植物细胞固定化培养体系大多是一个连续的生产体系，很容易使所要的代谢物从细胞运送到周围的介质里，并能很容易地将此化合物从营养介质里分离出来，而且固定化细胞培养体系使得在收集产物时对细胞不产生伤害。此外，在固定细胞上用化学处理来诱导产物的释放是相当容易进行的，这可以应用到在那些天然情况下不向外释放产物的细胞上。这一点对把次生代谢物的产量提高到最大限度是很重要的，因为它消除了反馈抑制作用。

三、植物细胞的几种固定化方法

根据固定细胞的介质及原理，可将固定化方法归纳为三大类：包埋、吸附和共价结合。以包埋技术为主。

1. 包埋固定　包埋是植物细胞固定的常用技术，是利用高分子物质的截留作用，将植物细胞夹裹在高分子材料中达到固定植物细胞的技术。用于植物细胞包埋固定的介质较多，包埋介质不同，其包埋方法也各异。下面介绍几种常用的植物细胞包埋固定技术。

（1）藻酸盐法　藻酸盐包埋固定植物细胞是最常用的植物细胞固定化技术。藻酸盐是由一种葡萄糖醛酸和甘露糖醛组成的多糖，在钙离子和其他多价阳离子的存在下，糖中的羧酸基和多价阳离子之间形成离子键，从而形成藻酸盐胶。用离子复合剂（如磷酸、柠檬酸、EDTA）处理这种凝胶后，能使该胶溶解并从胶中释放出植物细胞。用这种胶固定细胞，培养后还可以回收细胞做另一培养处理。

用藻酸钠小批量固定植物细胞时，先在含少量钙离子的合适介质中制备5％浓度的藻酸钠溶液，在120 ℃下灭菌20 min（灭菌时间不要过长，否则易使凝胶性能变弱）。同时，用离心或过滤方法从悬浮培养物中收集细胞。然后将2 g鲜重的细胞和8 g藻酸钠溶液在一无菌小烧杯中混匀，后倒入一注射器中。该注射器预先放在一三角瓶中，瓶中盛有50 mmol/L氯化钙溶液50～100 mL，当注射器中黏性悬滴慢慢滴进钙溶液中后，经磁力搅拌后形成球状小珠。让形成的小珠在该液中停留30～60 min，以便能使钙离子进入球的中心。小珠的大小可用不同的针头来调节，一般可制成2～5 mm直径的小珠。用过滤方法收集小珠，经无菌溶液充分洗涤（例如3％蔗糖溶液）后转到合适的培养基中（至少应含有5 mmol/L氯化钙，以保证小珠的完整性）备用。

（2）甲叉藻聚糖法　甲叉藻聚糖在钾离子存在下能形成强力凝胶，它也能像藻酸盐那样固定植物细胞，不同之处是前者与细胞混合时必须预先加热熔化以呈液态，要选用低熔点（5％浓度时，30～35 ℃）的甲叉藻聚糖。少量制备时，先在0.9％氯化钠溶液中制备3％甲叉藻聚糖液，在120℃下灭菌20 min。这里用氯化钠做溶剂，因为钾离子存在时（培养基中都含有较多钾离子），甲叉藻聚糖基本不溶解。然后将2 g鲜重的细胞悬浮在于35 ℃下熔化的甲叉藻聚糖中，将此混合液滴入含有0.3 mol/L氯化钾的介质中，可形成小球，并在此液中静止30 min。然后，过滤收集小珠，经洗涤后转移到合适的培养基中培养。由于培养基中都含有足够的钾，因而能保证小珠的稳定性。

（3）琼脂糖法　琼脂糖具有稳定性，无需平衡离子的作用，可在任何介质中作凝胶，一般选用凝点较低的琼脂糖。琼脂糖经过化学修饰（如引入羟乙基）之后，可以在较低温度下凝结成胶，即称为低熔点琼脂糖凝胶。用于固定植物细胞的做法是先在培养基中制备3％琼脂糖液，高压灭菌（120 ℃下灭菌20 min）后冷却到35 ℃。将2 g细胞悬浮在8 g琼脂糖中混匀后，制备均匀小珠或圆柱状凝胶。

（4）聚丙烯酸胺凝胶　丙烯酸胺的单体对植物细胞有毒，而聚丙烯酸胺的毒性低可进行植物细胞固定化培养，一种方法是在固定化之前，将植物细胞与藻酸钠混合，然后加入丙烯酸胺的单体溶液，聚合后，得到有活性的固定化植物细胞。

（5）膜包埋固定　许多膜状结构的物质（醋酸纤维、聚碳酸硅、聚乙烯等）均可用于植物细胞的包埋。当悬浮液中的细胞与这些材料（通常是球形或直径约1 cm的纤维管束）混合时，细胞就迅速结合到网中并生长于网孔中，从而通过物理束缚或基质材料的吸附作用被固定。纤维膜具有渗透性，培养液中的营养物质及次生产物前体可通过纤维膜渗透到网孔的培养细胞中。这种植物细胞固定化方法比较简单，纤维膜通过清洗还可再次利用，因此是近年来应用较广的一种固定化方法。

2. 吸附固定　吸附固定是利用细胞与载体间非特异性物理吸附或生物物质的特异吸附作用将植物细胞吸附到固体支撑物上的一种植物细胞固定化方法。

3. 共价结合　共价结合是将植物细胞与固体载体通过共价键结合进行细胞固定化的技术。

首先利用化学方法将载体活化，再与植物细胞上的某些基团反应，形成共价键，将细胞结合到载体上。

四、植物固定化细胞反应器

细胞的固定化培养是在固定化细胞反应器中进行的，目前，植物细胞固定化培养常用的细胞反应器种类较多。

1. 填充床反应器　填充床反应器（fixed-bed bioreactor）是一种常用的固定化细胞反应器（图 10 - 15a）。在此反应器中，植物细胞被固定在支持物的表面或内部，支持物可为藻酸钙、甲叉藻聚糖、琼脂糖等，与培养细胞制备成小球珠颗粒，支持物颗粒堆积成床，培养基在床间流动。该反应器的特点是填充床中单位体积中细胞数较多，但由于颗粒间的挤压，常易造成颗粒破碎使填充床堵塞，同时由于混合不匀，床内氧传递速率低。

2. 流化床反应器　流化床反应器（fluid-bed bioreactor）是利用流质的能量使支持物颗粒处于悬浮状态的植物细胞固定化培养技术（图 10 - 15b）。这一技术的特点是甲叉藻聚糖混合效果好，但流体的切变力和固定化颗粒的碰撞常导致支持物颗粒受损。同时，流体力学的复杂性也使其放大较为困难。

3. 膜反应器　膜反应器（membrane bioreactor）是采用具有一定孔径和选择性透性的膜来固定培养植物细胞的技术。在该反应体系中，营养物质可以通过膜渗透到植物细胞中，细胞产生的次生代谢产物通过膜释放到培养基中（图 10 - 15c）。膜反应器主要有中空纤维反应器和平板膜反应器，前者培养细胞保留在装有中空纤维的管中，细胞不黏附到纤维膜上，反应器可以长期保留膜的机械完整并反复利用。平板膜反应器具有单膜、双膜和多膜类型，相应的培养液通道有单侧通道和双侧通道，培养细胞载入膜细胞层，培养液通过扩散和压力驱动进入膜细胞层，合成的次生代谢产物扩散到无细胞的小室。与其他两种固定化反应器相比，膜反应器具有容易控制、易于放大、产物易分离、简化了下游工艺等优点。但由于膜材料的限制，构建膜反应器的成本较高。

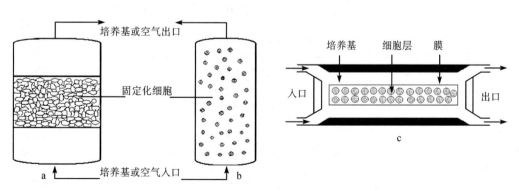

图 10 - 15　固定化细胞反应器示意图

a. 填充床　b. 流化床　c. 膜反应器

（引自 Ramawat 和 Merillon，1999）

第四节　植物细胞培养的应用

一、植物细胞次生物质的生产

几个世纪以来，人们一直把植物作为很多化学产品的有价值来源，至今仍然有 25% 的药物是由植物衍生而来的，如奎宁、可待因、薯蓣皂苷、异羟基毛地黄苷等。今后，这种天然的资源将要被人们更多地利用。通过组织培养，从组织培养物中再生植株的同时，人们注意到从培养的细胞中或者细胞培养基中又分离出了近似于植物产生的次生物质，这些给予人们一种新的启示，从植物组织、细胞的培养中获得人类需要的次生代谢物质是可能的。植物组织和细胞培养技术的发展，使得植物细胞像微生物那样在大容积的发酵罐中进行发酵培养成为可能。并用它来大量生产那些微生物所不能合成的产物，如药用植物中的有效成分（如人参中的皂苷、皂苷元、油烷酸等，喜树中的抗癌物质喜树碱）、香料植物中的精油成分以及工业生产中需要的一些植物次生产物（如生物碱、甾醇等）和初生产物（如蛋白质、酶等）。

1. 植物细胞的次生物质　植物界蕴藏着巨大的合成化合物的能力，目前人们已经知道由植物合成的化学物质大概有几万种之多。而且随着研究工作的不断扩大和深入，这个数字还在源源不断地增加着。有趣的是，各种不同的化学物质，往往只限于在各自不同的植物类群和科中合成。表 10-2 列出了一部分植物合成物质的来源、用途及应用在有关方面的名称。可以看出，特定的植物产物一般都来自特定的植物种类，并具有特定的用途。

表 10-2　部分植物天然产物的来源和用途

（引自 Chawla，2002）

化 合 物	植 物 种 类	用　途
除虫菊酯	茼蒿 (*Chrysanthemum cincerariefolium*)	杀虫剂
	万寿菊 (*Tagetus*)	杀虫剂
烟碱	烟草 (*Nicotiana tabacum*)	杀虫剂
	黄花烟草 (*Nicotiana rustica*)	杀虫剂
鱼藤酮	毛鱼藤 (*Derris elliptica*)	杀虫剂
	Lonchocarpus utilis	杀虫剂
	西非灰白豆 (*Tephrosia vogaeli*)	杀虫剂
	云南灰毛豆 (*Tephrosia purpurea*)	杀虫剂
印库楝子素	印度苦楝 (*Azadirachta indica*)	杀虫剂
植物蜕皮激素	*Trianthema portulacatrum*	杀虫剂
酒神菊素	*Baccharis megapotamica*	抗肿瘤
鸦胆素	鸦胆子 (*Brucea antidysenterica*)	抗肿瘤
Cesaline	苏木 (*Caesalpinia gillisesii*)	抗肿瘤
脱氧秋水仙素	粉花秋水仙 (*Colchicum speciosum*)	抗肿瘤
椭圆玫瑰树碱，9-甲氧基玫瑰树碱	玫瑰树 (*Ochrosia moorei*)	抗肿瘤
花椒	美国崖椒 (*Fagara zanthoxyloides*)	抗肿瘤
三尖杉酯碱	日本粗榧 (*Cephalotaxus harringtonia*)	抗肿瘤
N-氧化大尾摇碱	大尾摇 (*Heliotropium indicum*)	抗肿瘤
美登素	布昌南美登木 (*Maytenus bucchananii*)	抗肿瘤

（续）

化 合 物	植物种类	用 途
足叶草毒素	足叶草（*Podophyllum peltatum*）	抗肿瘤
红豆杉醇	短叶红豆杉（*Taxus brevifolia*）	抗肿瘤
唐松草碱	唐松草（*Thalictrum dasycarpum*）	抗肿瘤
雷公藤内酯	雷公藤（*Tripterygium wilfordii*）	抗肿瘤
长春碱，阿马里斯	长春花（*Catharanthus roseus*）	抗肿瘤
奎宁	正鸡纳树（*Cinchona officinalis*）	抗疟药
地高辛，利血平	狭叶毛地黄（*Digitalis lanlata*）	强心剂、强胃剂
薯芋皂素	三角叶薯蓣（*Dioscorea deltoidea*）	避孕
吗啡	白罂粟（*Papaver somniferum*）	止痛
二甲基吗啡	苞罂粟（*Papaver bracteatum*）	可待因
莨菪胺	曼陀罗（*Datura stramonium*）	抗高血压
阿托平	颠茄（*Atropa belladonna*）	肌肉松弛剂
可待因	罂粟（*Papaver* spp.）	止痛
紫草素	紫草（*Lithospermum erythrorhizon*）	染料、药物
蒽酮	海巴戟（*Morinda citrifolia*）	染料、泄药
Rosamarinic acid	彩叶草（*Coleus blumei*）	香料、抗氧化剂
茉莉油	茉莉（*Jasmium* spp.）	香水
甜菊苷	甜叶菊（*Stevia rebaudiana*）	甜味剂
藏花素，苦藏花素	番红花（*Crocus sativus*）	香料
辣椒素	辣椒（*Capsicum frutescens*）	辣味素
香草醛	香果兰（*Vanilla* spp.）	香料

植物在生长发育的过程中，其细胞合成着许许多多的化学物质，如糖、蛋白质、氨基酸、纤维素等等。它们的绝大多数参与了细胞代谢、生长和繁殖等过程。而且在大多数植物中都有其相同的或相似的物质，它们是对生存起基本作用的物质。而次生代谢产物主要是指那些由植物细胞产生的、对其生存不起或很少起作用的特定化合物。根据这个定义，就把诸如简单的糖类及其衍生物以及蛋白质、氨基酸之类的化合物，都排除在次生物质之外。植物细胞的次生代谢产物往往具有一些特定的功能而受到科学家的高度重视，并被挖掘、研究而应用在药品、农药、食品、化妆品、洗涤剂等不同的领域。传统的植物细胞次生代谢物主要是从栽培植物中提取的，但由于自然资源的短缺和需求量的加大，使得这些物质的生产远远不能满足人们的需要。

2. 植物细胞培养与次生代谢物的积累　随着植物组织培养的研究和发展，细胞培养已成为植物次生代谢产物生产的一个来源。Routier 和 Nkkell 在 1956 年为申请专利所提出的报告，可能是将植物细胞培养作为一个工业合成天然产物途径的最早的一份详细资料。尽管他们保证这项工程以及有关的工作大有前途，但实际上在此后的十年中这方面的工作进展缓慢。在许多实验里，想要合成的产品在培养中根本不生产，或者虽然生产了，但产量却少得可怜。另外，在研究中人们形成了一个近乎教条的观念，认为除非在培养中促进组织或器官的形成，否则要想合成次生产物就未必能成功。由培养所繁殖的再生植株，与最初培养细胞的母株一样，都能合成在质和量上完全相同的一系列产品，由此证明，在细胞培养的过程中，合成产品的能力并没有丧失，而只是由于一种未知的原因，这种合成的能力并没有表达出来罢了。在 20 世纪 50 年代到 70 年代中期的这一段时间里，植物细胞培养，虽然普遍地存在着产品产量低的问题，但仍有一些成功的事例，所有这些成功的实例都证明了，由细胞培养生产的这些产品的产量，都接近或超过亲本植株所能达到的水平。通过对当时的资料分析发现，细胞合成的产量往往不如亲本植物，因为就植物方面来说，被引用的经典的产量数值，都是从该产品积累的最多部位求得的，而这些部分往往是我们从植株上收获的部分。例如，吗啡碱的产量数值，都是从分析罂粟的蒴果取得的。如果我们把这个产量用整株植物来平均，这样计算的结果，产量就会显著的下降。

后来研究关于用细胞培养生产特定而合乎需要的次生代谢产物，获得适当产量的报告有所增加，表10-3列出了部分细胞培养的次生物质含量，它说明，随着培养技术的提高，不少培养细胞中的次生代谢物的产量是可以超过从整体植物中提取的产量的。只要控制得当，次生代谢产物的产量还有可能进一步的提高。

表 10-3　细胞培养与植物组织某些天然物产率的比较

(引自 Mantell 和 Smith，1983)

天然产物	植物种类	产　率	
		细胞培养物	植株组织
蒽醌	橘叶鸡眼藤	900 nmol/g（干重）	110 nmol/g（干重）
蒽醌	决明	鲜重的 0.334%	种子干重的 0.209%
西萝芙木碱和蛇根碱	长春花	干重的 1.3%	干重的 0.26%
薯蓣皂苷配基	正三角叶薯蓣	26 mg/g（干重）	20 mg/g（块茎干重）
人参皂苷	人参	0.38%（鲜重）	0.3%~3.3%（鲜重）
烟碱	烟草	3.4%（干重）	2%~5%（干重）
泛醌	烟草	0.5 mg/g（干重）	16 mg/g（干重）
蒂巴因	大红罂粟	130 mg/g	140 mg/g（干重叶） 300 mg/g（干重根）

3. 植物细胞培养次生代谢物的生产

(1) 高产细胞株的选择　培养细胞的遗传特性对产量有重要的影响。一般高产次生代谢产物的植物种类、品种或它们的高产植株，都可建立高产的细胞培养系统，通过选择高产细胞系可以大大提高次生代谢物的产量。高产细胞株的选择有两种方法：①对高产细胞团的选择，这一方法是从高产株产生次生代谢产物的部位，取出部分材料培养成愈伤组织，然后在含有适当种类和浓度的生长激素的培养基中，于 28 ℃下培养 10~14 d。然后将每个由小的细胞团长出的愈伤组织在无激素培养基上进行继代培养若干天，将其分为两半，一半拿去进行化学分析，以确定其次生代谢产物的产量；另一半进行继代培养，待化学分析结果明确后，将次生代谢产物产量最高产的愈伤组织扩大培养。重复上述筛选程序多次，以选出次生代谢产量最多的细胞团。②高产细胞系的筛选，如能分离出单细胞，并能选择出高产细胞系或细胞克隆，由此继代并发展出来的细胞系的性状，就有可能基本上保持一致。

(2) 培养基成分　采用不同培养基往往使细胞生长量和次生代谢物的产率有很大的差别。不同的细胞培养对外界环境条件影响不一样。在细胞大规模培养中，简单的无机盐浓度（例如氮、磷、钾元素的提供形式和含量等）、生长激素、pH 等都有可能成为细胞培养产生次生代谢物的限制因子，而这些在不同的细胞培养中是有差异的。另一方面，促进植物细胞大量生长的培养基并不一定是适用该植物细胞大量产生次生代谢物的最佳培养基，这些要经过实验取得结论。选择出既利于细胞大量生长繁殖又利用次生代谢产物大量产生的培养基。

（3）培养方法

①悬浮培养生物反应器：植物细胞大规模培养也曾一度采用现在在微生物发酵上所采用的平叶轮式生物反应系统。该系统由一个两头封闭的圆柱形筒体和中心加有几片垂直叶片的中轴所组成，随着叶片的转动，带动内部培养细胞转动，它一般附有对 O_2、CO_2 及 pH 的调节装置，可使筒体内培养液的上述因素保持基本稳定状态。这种反应器的大小由 1 L 到 20 000 L 不等。由于上述的植物细胞具有膨压和大液泡的特点，叶轮转动时极易打碎细胞。为了降低搅拌的切变力，植物细胞大量培养的容器多使用空气升液式反应器，它有两种形式，一种利用套筒形式使气体和培养液环流，另一种是在此基础上简化的回流式空气升液器。它们均是利用压缩空气在反应器内的循环，带动培养液及细胞流动，其优点在于切变低，混合好，能使更多的空气溶入培养液中。

②固定化培养：前面介绍的几种固定化细胞反应器是近年发展起来的细胞大规模培养技术，可明显地提高植物细胞培养中的次生代谢产物的产量。例如，将辣椒培养细胞转入聚尿烷泡沫中进行固定，可较长时间培养，形成比悬浮培养多 1 000 倍的辣椒素。

③两相培养：在培养体系中加入水溶性或酯溶性有机物或者具有吸附作用的多聚物使培养体系分为上下两相，培养细胞在水相中生长、合成次生代谢物，分泌的次生代谢物质再转移到有机相中，然后从有机相中分离出植物次生代谢物。例如在紫草悬浮系培养的适当时间，添加十六烷提取紫草素，可使产量增加 7 倍。两相技术的主要特点是，利用有机相及时分离植物细胞产生的次生代谢物，减少了次生代谢物的反馈抑制，同时提高了次生代谢物的产量，而且有机相可以连续使用，实现了植物细胞的连续培养。但这一培养所加的有机物或多聚物必须能有效地溶解和吸附次生代谢产物而不吸附培养基中的有效成分。

④反义技术：这一技术是近年发展起来的新技术，主要原理是根据碱基互补原理，人工合成或生物合成特定互补 DNA 或 RNA 片段，抑制或封闭某些基因的表达。通过此技术，可以将反义 DNA 或 RNA 片段导入植物细胞，使催化某一分子代谢的关键酶活性受抑制或加强，从而提高目的物的含量，同时抑制其他化合物的合成。

⑤冠瘿培养：利用农杆菌感染植物可将 Ti 质粒的 T - DNA（含有诱导冠瘿组织发生的 tms 和 tmr 基因）整合进入植物细胞的基因组，诱导植物细胞冠瘿组织的发生。冠瘿组织离体培养时，具有激素的自主性，细胞生长、增殖快，次生代谢物合成能力强。

⑥诱导子或引导物技术：诱导子是一种能引起植物过敏反应的物质，当它在与植物相互作用时，能快速、高度专一地诱导植物特定基因的表达，进而活化特定次生代谢物的合成途径，积累特定的目的代谢物，从而提高次生代谢物的产量。目前用于提高植物次生代谢物产量的诱导子有真菌诱导子、寡糖素、茉莉酸类、金属离子、紫外线等。真菌诱导了葡萄细胞培养次生代谢物白藜芦醇产量的大幅度提高，因为白藜芦醇是葡萄真菌病害侵染时防卫反应的一个重要物质；茉莉酸甲酯诱导使红豆杉培养细胞的紫杉醇含量提高了 5～10 倍。

⑦毛状根培养：严格地讲，这是一个近似器官培养生产次生代谢物的技术，毛状根是双子叶植物在发根农杆菌（Agrobacterium rhizogenes）感染后产生的，感染过程中，发根农杆菌 Ri 质粒的 T - DNA 转移并整合到植物基因组，诱导出毛状根，从而建立了培养系统。毛状根在不添加外源激素的条件下，生长快、分枝多，且具有器官化的特征，遗传及生理生化特性稳定，具有比悬浮细胞培养更强的次生代谢物合成能力。人参毛状根人参皂苷的含量达干重的 0.95%，远

高于天然栽培根人参皂苷的含量（0.4%）。

4. 利用植物细胞培养生产次生代谢物的应用　利用植物细胞培养能生产许多次生代谢物，包括香料、调料、食品添加剂、杀虫剂、杀菌剂等一些化合物。从较多的研究资料来看，这些次生代谢物的生产仅仅停留在实验室阶段，培养细胞积累的次生代谢物的产量还很有限，以下仅就各种培养细胞能积累的何种次生代谢物进行简单介绍。

（1）利用植物细胞培养技术生产重要药物　利用植物细胞大规模培养技术已能生产许多重要的药物和保健品。在已研究过的 200 余种植物细胞培养中，可产生百余种临床上需要的重要药物或保健药物，如长春花碱、紫杉醇、地高辛、东莨菪碱、山莨菪碱、奎宁等重要药物的细胞培养已进入了中试阶段或已进入了规模化生产，日本的紫草素、韩国的人参皂苷、德国的迷迭香、美国的紫杉醇、中国的白藜芦醇等已进入了产业化的生产和商品化阶段。

（2）利用植物细胞培养技术生产香料　利用植物细胞大规模培养技术已能生产许多种香料物质。例如，在洋葱细胞培养中，从蒜碱酶抑制剂羟基胺中提取出了香料物质的前体烷基半胱氨酸磺胺化合物；在玫瑰的细胞培养中发现增加成熟的不分裂细胞产生除五倍子酸、儿茶酸之外的更多的酚；在热带栀子花的细胞培养产生的 iridid 型单萜葡糖苷、格尼帕苷和乌口树苷的产量很高。

（3）利用植物细胞培养技术生产调料　利用植物细胞培养已能生产较多的天然调料，如在甜菊叶的培养细胞中能积累甜菊苷（类皂角苷），此物质是一种天然甜味剂，甜味大约是蔗糖的 300 倍；长春花培养的细胞能积累磷酸二酯酶，此酶能催化细胞中 RNA 分解成 $5'$-核苷酸，这类核苷酸是一种味道极好的调味品；在旱芹悬浮培养的愈伤组织细胞中，也能分析到有邻苯二酸酐和类萜烯调料化合物的积累；将辣椒细胞放在固定反应器中培养也获得了与辣椒果中相同含量的辣椒素。

（4）利用植物细胞培养技术生产食品添加剂　在食品工业中，由于化学合成物质的使用受到了严格限制，因此利用植物细胞培养技术进行天然食品及食品添加剂的生产变得尤为重要，特别是一些色素的合成。例如，从十蕊商陆愈伤组织与悬浮培养物中可分离甜菜苷，它是一种红色素，也是一种糖苷，是由甜菜苷配基和葡萄糖组成的，可用于食物着色。以后又发现在甜菜、藜和菠菜的冠瘿组织及日本草木樨的愈伤组织中也可积累红色素，这种色素也是甜菜苷。

（5）利用植物细胞培养技术生产天然食品　除食品添加剂以外，用植物细胞培养技术还可生产天然食品，如从咖啡培养细胞中可收集可可碱和咖啡碱；从菜蓟愈伤组织和悬浮培养细胞得到奶皮蛋白。用放线菌素 D、黑曲霉多糖或钒酸钠处理豇豆、红豆等植物的培养细胞，可诱导产生出 5 种黄豆苷，从海藻（如石花菜、江蓠、扁平石花菜等）的愈伤组织培养物中可生产琼脂等。

（6）利用植物细胞培养技术生产杀虫剂和杀菌剂　利用植物细胞培养技术生产杀虫剂和杀菌剂种类较多。例如，从万寿菊的培养组织和细胞中可收集农药噻酚烷，从鹰嘴豆和扫帚艾的愈伤组织细胞中能收集到三种鱼藤生物碱、灰叶素、苏门答腊粉、鱼藤酮、除虫菊酯等；从锦葵叶获得的愈伤组织细胞中能收集到生物碱；从胡卢巴（香草）静态培养物中能分离到蓝鱼藤酮、粉红鱼藤酮、红紫鱼藤醇酮等杀虫剂的纯品；从山黧豆的愈伤组织细胞及其悬浮培养的细胞中可获得神经毒素氨基酸。目前，这些杀虫剂和杀菌剂的生产仅仅停留在实验室阶段，并且收集的产量较低。

（7）用植物细胞培养技术生产其他化合物　利用植物细胞培养技术生产次生代谢物在多种植物上获得一定成功后，人们就想将这一技术推广开来，应用于生产的各个领域，在蚕的饲料生产上使用此技术就是一个例子。蚕需要专门植物（桑、蓖麻、柞、榆）作为饲料，虽然发明了若干种人工饲料，但仍旧不及天然叶理想，若用桑、蓖麻、柞、榆的愈伤组织细胞再配合一些附加物（曲大豆粉、蔗糖、淀粉等）制成饲料，可解决蚕的饲料问题。另外，也可用此技术从银胶菊愈伤组织细胞中生产橡胶。

二、植物细胞的生物转化

通过廉价前体生产有价值的、珍贵的植物产品是植物细胞培养在实际应用中的一个很有趣的领域。生物转化就是利用生物系统把一个分子的一小部分或一部分转化成某一种分子，这可能涉及水解、加氢、羟基化作用、氧化和还原等步骤。植物细胞培养中已报道过部分的生物转化类型见表 10 - 4。

表 10 - 4　可以通过细胞培养进行的生物转化

反　应	基　质	产　物
还原反应	$C{=}C$	$CH_2{-}CH_2$
	$C{=}C{-}CO$	$CH_2{-}CH_2{-}CO$ 或 $CH_2{-}CH_2{-}COOH$
	CO	$CHOH$
	CHO	CH_2OH
氧化反应	CH_3	CH_2OH 或 $COOH$
	CH_2OH	CHO
	$CHOH$	CO
	${=}S$	$S{=}O$
羟基化作用	CH	$C{-}OH$
	CH_2	$CH{-}OH$
	NH_2	$NH{-}OH$
环氧化	$CH{=}CH$	$\overset{O}{{-}HC{-}CH}$
葡基化作用	OH	O-葡萄糖
	$COOH$	COO-葡萄糖
	CH	C-葡萄糖
	N	N^+-阿拉伯糖
酯化作用	OH	O-棕榈酸盐
	$COOH$	COO-苹果酸盐
	NH	N-乙酸盐
甲基化和去甲基作用	OH	O - CH_3
	N	N^+ - CH_3
	$N^+{-}CH_3$	${=}NH$
异构化反应	反式	顺式
	右旋	左旋
	β - OH	α - OH

利用细胞进行生物转化有两种不同的方法，第一种是给细胞提供一般情况下植物所不具备的

底物化合物，如人工合成化合物、中间产物类似物，或其他物种的植物产物，以期得到自然中所不存在的化合物；第二种方法是给细胞提供天然产物的中间体（如某种化合物的前体），以期提高该种天然化合物的产量。

利用细胞培养进行生物转化最成功的例子就是 β-甲基毛地黄的生物转化。这一化合物是通过甲基化由毛地黄毒苷制备的。毛地黄细胞培养，将这一化合物羟基化为 β-甲基异羟基毛地黄苷（即强心苷）。这是经过 12β 羟基化作用而形成的，这种化合物被广泛的应用于医学，而至今这一化合物基本上还是由异羟基毛地黄毒苷的化学甲基化法来生产的。

三、植物细胞变异体的选择及人工种子的生产

细胞培养使人们在细胞水平上对植物进行改良及诱导游离植物单细胞胚胎发生成为可能，由此而产生植物细胞变异体的选择技术及人工种子开辟了植物细胞培养与利用的新领域，这方面的理论与实践在本书的第四章和第十三章有详细的讨论。同时，植物悬浮细胞又是高等植物遗传转化的良好受体，在遗传转化中有重要作用。

四、重要的实验研究系统

细胞培养，特别是单细胞培养，为植物细胞的生长、繁殖、分化以及相关调控等研究提供了重要的实验方法。这一重要的实验系统，已被成功地用于植物细胞的脱分化、再分化及植物原生质体细胞壁的再生、细胞的分裂、生长等研究。其生长动态的观察研究为揭示植物细胞生长、分化等相关机理提供了重要的细胞学、遗传学证据。

◆复习思考题

1. 何谓植物细胞培养？何谓细胞悬浮培养？
2. 细胞悬浮培养有何意义？
3. 何谓最低有效密度？其有何意义？
4. 简述细胞计数方法。
5. 何谓分批培养？分批培养有何特点？
6. 分批培养中细胞的生长可分为哪几个时期？
7. 何谓连续培养？连续培养有哪几种方法？
8. 在开放式连续培养中，遵守的两个原则是什么？如何恒定？
9. 何谓同步化培养？目前实现悬浮培养细胞同步化主要有哪几种方法？
10. 何谓看护培养？
11. 何谓平板培养？如何制作细胞平板？
12. 何谓植板率？如何降低平板培养细胞的起始密度？
13. 何谓植物细胞固定化培养？为什么要进行植物细胞的固定化培养？

14. 简述植物细胞的几种固定化方法。

15. 通过分离收集到 10 mL 5×10^4 个细胞/mL 的曼陀罗悬浮细胞。已知在制琼脂平板时，悬浮细胞和琼脂培养基的混合比例为 1：4，问：①如何利用该细胞悬浮液制成细胞密度为 1×10^4 个细胞/mL 的琼脂平板？②在含有 5 mL 的琼脂培养基上形成了 100 个细胞团，则植板率为多少？

16. 何谓植物次生代谢物？简述利用细胞培养生产植物次生代谢物的程序。

17. 何谓生物转化？

◆ 主要参考文献

[1] S. H. 曼特尔，H. 史密斯主编. 朱澂等译. 植物生物工程学. 上海：上海科学技术出版社，1989

[2] 张自立，俞新大. 植物细胞和体细胞遗传学技术与原理. 北京：高等教育出版社，1990

[3] 谢从华，柳俊. 植物细胞工程. 北京：高等教育出版社，2004

[4] 肖尊安. 植物生物技术. 北京：化学工业出版社，2005

[5] 孔祥海. 植物次生代谢物的细胞培养技术研究进展. 龙岩学院学报. 2005，23（6），60～76

[6] Archambault J, Williams R D, Perrier M. Production of sanguinarine by elicited plant cell culture Ⅲ. Immobilized bioreactor cultures. Journal of Biotechnology. 1996（46）：121～129

[7] Bhojwani S S, Razdan M K. Studies in Plant Science 5, Plant Tissue Culture：Theory and Practice. Revised Edition. Amsterdam：Elsevier Science, 1996

[8] Dennis N B, David S I. Plant Tissue Culture. Southampton：The Camelot Press Ltd, 1976

[9] Reinert J, Baijaj Y R S. Plant Cell. Tissue and organ culture. Berlin, Heidelberg, New York：SpringVrelag, 1977

[10] Evans D A, Sharp W R, Ammirato P V. Handbook of Plant Cell Culture. Volume 4, Techniques and Applications. New York：Macmilan Publishing Company, 1986

[11] Rashid A. Cell Physiology and Genetics of Higher Plant. Volume Ⅱ. CRC Press, Inc. , 1988

[12] Lu Wen Liang. Continous observation of amitosis in dedifferentiating living cells of carrot *in vitro*. Scientia Sinica（seriesB）. 1983，16（9）：943～950

第十一章　植物原生质体培养

植物原生质体培养是 20 世纪 60 年代发展起来的重要的植物细胞培养技术。由于植物原生质体具有遗传操作上的优势，自酶法分离植物原生质体成功以后发展很快，已成为一个重要的生物技术领域，在植物科学研究和实践中发挥越来越重要的作用。在原生体培养技术上发展起来的植物体细胞杂交技术、外源基因导入技术、细胞拆合技术等已成为植物遗传改良的重要手段。

第一节　植物原生质体培养的概念

一、植物原生质体培养的概念

植物原生质体（protoplast），就是具有细胞质膜而没有细胞壁的植物细胞。就单个细胞而言，除了没有细胞壁，它具有完整活细胞的一切特征。原生质体事实上是代表着活细胞的全部成分，与细胞壁的有无完全无关，所以原生质体像植物其他细胞一样具有在适宜条件下进行分裂、增殖并再生植株的能力。

原生质体是通过一定的技术从植物细胞中游离（isolation）出来的，一般分离出来都是完整原生质体，但有些植物组织在分离原生质体时，有时会引起细胞内含物的断裂，形成一些不完整的小原生质体，分离出的完整原生质体经一些物理或化学因素处理，也可产生小原生质体，这类原生质体叫做亚原生质体（subprotoplast）。亚原生质体包括具薄层细胞质和完整细胞核的微小原生质体（miniprotoplast）、具薄层细胞质和部分细胞核（含1～多条染色体）的微核原生质体（microprotoplast）和无细胞核仅有细胞质的胞质体（cytoplast）。

植物原生质体培养就是通过研究植物原生质体分离、培养的条件和发育机理，利用一定的技术和方法，从植物细胞中分离出原生质体，经过离体培养，使其分裂、增殖进而分化成完整植株的技术。

二、植物原生质体研究的发展

"原生质体"一词是 1880 年 Hanstein 第一个使用的，他把通过质壁分离，能够和细胞壁分开的那部分生活物质叫原生质体。1892 年，Klercker 第一次用机械方法从 *Stratiotes aloides* 中获得原生质体。他的做法是首先使细胞发生质壁分离，然后切开细胞壁释放出原生质体。这种用机械分离法获得的植物原生质体数量有限。1960 年，英国科学家 Cocking 等人开始用提纯制备的疣漆斑菌（*Myrothecium verrucaria*）纤维素酶制剂分离番茄幼根细胞原生质体，获得了大量有活力的原生质体。1968 年，Takebe 先用果胶酶分离出植物细胞，再用纤维素酶从细胞中分离出原生质体。同年，Power 等用果胶酶和纤维素酶的混合酶液，一步法分离出大量的植物原生质体。酶法分离可获得大量的活性原生质体的事实，使得原生质体培养的条件成熟了。1971 年，Takebe 等首次报道了烟草叶肉原生质体用固体平板法培养，通过细胞壁再生、细胞分裂等过程再生出了完整植株，开创了植物原生质体培养研究的新领域。1972 年，Bhojwani 等从烟草的四分体细胞中分离出了花粉原生质体，使得从性细胞分离植物原生质体成为可能。1985 年，周嫦等用压片分离技术分离出绣球百合的生殖细胞。同年，胡适宜分离出了烟草胚囊细胞原生质体。1986 年，Russell 建立了白花丹精细胞的大量分离技术。性细胞原生质体的分离及分离技术的建立，为性原生质体的融合建立了基础。1985 年，日本学者 Fujimura 等分离水稻原生质体经培养获得再生植株，使培养特性差的禾谷类作物原生质体培养获得了突破。原生质体培养技术的不断完善和重要植物原生质体的培养成功，为原生质体培养的应用鉴定了基础，1972 年，P. S. Carlson 通过粉蓝烟草（*Nicotiana glauca*）和郎氏烟草（*N. langsdorffii*）两个物种之间原生质体的融合获得了第一个植物体细胞杂种，开创了原生质体融合研究的新领域。1973 年，Potrykus 和 Hoffmann（1973）首次从矮牵牛叶肉细胞原生质体中分离出了细胞核，在存在溶菌酶和等渗甘露醇的条件下，矮牵牛叶肉细胞原生质体的细胞核可进入到矮牵牛、粉蓝烟草和玉米原生质体中，为以原生质体为受体进行细胞器的移植工作做了开拓性的尝试。1984—1985 年，Paskowski 和 Potryku 应用体外重组、含高效表达启动子和选择标记基因的重组 DNA，在 PEG 诱导下转化烟草细胞原生质体，获得了有外源基因的再生植株，并观察到外源基因在烟草中的表达遗传符合孟德尔定律，开创了利用原生质体进行植物遗传转化的新领域。1986 年，Pirrie 等将黏毛烟草（*Nicotiana glutinosa*）小孢子四分体原生质体与普通烟草硝酸还原酶缺陷型叶肉原生质体融合，获得了三倍体种间杂种植株，为获得三培体种质提供了新途径。这些在植物原生质体培养基础上发展起来的新技术、新领域，已成为植物细胞工程和基因工程研究的重要内容，在植物科学研究和发展中起了重要作用。

三、植物原生质体的特点

随着原生质体培养技术的日益完善和发展，人们对原生质体在植物科学研究和实践等方面的作用越来越感兴趣，由于植物原生质体没有一层纤维素组成的硬壁，细胞质膜完全裸露，与完整植株或器官相比，它有以下诸多优点。

①原生质体是观察大分子吸收及转移现象的一种特别有用的材料，是植物遗传操作的良好受体。由于去除了细胞壁的天然屏障，它能比较容易地摄取外来的遗传物质，如 DNA、染色体、病毒、细胞器、细菌等，从而为高等植物在细胞水平和分子水平进行遗传操作提供了实验体系。

②因没有细胞壁，试剂可以更直接地作用于细胞，而且利用的可以是均一分化的细胞群体，处理可在同一时间和相等强度遍及全部细胞，能直接测定细胞的反应，并能很快分离出高纯度的反应物。

③原生质体是分离植物细胞器的理想材料，能分离出纯度较高而损伤较少的细胞器。

④植物原生质体几乎可以和动物及人细胞培养物一样进行基因互补、不亲和性研究、连锁群和基因鉴定、分析基因的激活和失活等，还可以进行有性世代的后代遗传试验，以期获得细胞水平的结论。

⑤原生质体是植物体细胞杂交的材料，细胞膜的相似性使植物原生质体能与所有具细胞结构的生物细胞融合，将高等植物遗传物质的交流范围扩展到整个生物界，为植物遗传特性的改良提供了广阔的前景。

第二节　原生质体的分离

一、材料来源

一般而言，植物的器官（如叶、茎、根、果实、花、胚胎组织、幼苗）的各部分以及培养的细胞等均可作为分离原生质体的材料，但要适时地获得大量而又能在培养中再生、分化的原生质体，选择合适的植物和组织来源特别重要。所以，各种实验最常用的，且在短期内能大量提供同质原生质体的仍然是由叶肉细胞以及由各部分形成的培养细胞和悬浮细胞。

用叶肉细胞分离原生质体，来源方便，供应及时，有叶绿体存在时也便于在融合中识别。由原生质体再生的第一个植株就来自烟草的叶片，随后有许多实验室相继用植物叶片分离原生质体，在十多个科的几十个属植物中都得了再生的植株或茎。但对于某些植物，尤其是禾谷类植物来说，尽管可以从叶片分离到大量外形上与其他植物叶片一样健康的原生质体，但难以分裂。另外，栽培的肥水条件、生长季节及植物的年龄、叶龄都会明显地影响到原生质体的得率及活力。一些实验室采用的叶片为培养室内的无菌苗上的叶片，这种叶片既不用再表面灭菌，又可避免因温度和光照不适而产生的不良影响。

现在，越来越多的研究者采用分裂旺盛、分化力强的愈伤组织（callus）或悬浮细胞（suspension cell）作为原生质体的材料，它们不仅可以避免植株生长环境的不良影响，能够常年供应，易于控制新生细胞的年龄，处理简单易行，而且往往可以分离到大量无碎片的原生质体。这种愈伤组织或悬浮细胞的起源组织很重要，最好选用那些易于分生和分化的组织。原生质体的质量和进一步的发育受多种生理因素的影响，如在继代和悬浮培养过程中的时间、培养基适合的程度、愈伤组织或细胞的状态等。

二、材料的预处理

虽然叶片有它的缺点，但仍不失为很多植物进行原生质体分离的材料，特别是那些已展开的幼叶，取材方便，分离的原生质体多。原生质体经过培养是否能分裂，目前还没有一定的判断标准。为了使难以分裂的细胞分裂，往往采用材料预处理的方法来解决。预处理的手段大致有低温处理、黑暗处理、材料预培养等等。

1. 低温处理　在原生质体培养中，低温处理对某些材料是重要的，它像花药培养中的低温诱导花粉分裂一样。有人证明，从龙胆试管苗叶肉中分离的原生质，只有在 4 ℃低温条件下处理过才能分裂。百脉根（*Lotus corniculatus*）植物的子苗在 4 ℃低温及黑暗下处理 48 h，可以提高子叶原生质体的质量及植板率。

2. 暗处理　曾有报道认为，淀粉粒的存在对原生质体的活力具有不利的影响，而暗处理期间，会出现淀粉粒的降解现象，这样就提高了原生质体的潜在产量。Contabel（1973）在豌豆（*Pisum sativa*）叶肉原生质体培养中发现，将生长在温室中 5～7 周的豌豆的特定节间切下，在黑暗中至少放置 30 h 后，取其上的叶片，分离的原生质体存活率高，并能持续分裂。在其他一些植物上也有类似的报道。

3. 材料的预培养　为了使某些不易分裂的原生质体进行分裂，可将材料在培养基上先培养一段时间，使原来处于分裂间期的叶片细胞进入分裂周期，然后再进行原生质体分离。Berry 等在分离莴苣（*Lactuca sativa*）原生质体之前，先把材料在诱导愈伤组织的培养基中预培养两周，分离的原生质体才能持续分裂。Catenby（1977）等先将去掉表皮的甘蓝（*Brassica oleracea*）叶片在诱导愈伤组织的培养基上培养 7 d，然后去壁，经预培养后分离的原生质体高度液泡化，叶绿体解体，与不经预培养的原生质体形态上差异很大，虽然在原生质体分离数量上前者没有后者大，但在分裂频率上前者却大大高于后者。Ito（1986）等发现，百合科（Liliaceae）植物小孢子母细胞的预培养明显地提高了原生质体的生活力。预培养方法很多，如在分离原生质体前，把愈伤组织在无糖或低糖的培养基上继代培养一段时间，可能会有效地增加原生质体的产量和植板率。

4. 其他预处理方法　Kaur-Sawhney（1970）等报道了燕麦（*Avena sativa*）叶片先在含环己亚胺的溶液内做预处理，可使分离原生质体在产量、抗自溶性以及代谢活性上都有好的表现。并发现激动素也可起到环己亚胺的作用。Meyer（1974）将烟草（*Nicotiana tabacum*）叶片消毒后，先在无菌风中吹一小时使叶片萎蔫，然后揭去下表皮，在 0.7 mol/L 甘露醇液内做质壁分离预处理后再去壁，获得了良好的结果。另外，还有一些其他的处理方法也是非常有益的。

三、原生质体分离

1. 机械分离法　1892 年，Klercker 第一次用机械方法从 *Stratiotes aloides* 中获得原生质体。他的做法是先将植物组织放在高渗液中使植物细胞发生质壁分离，然后切开细胞壁释放出原生质体。此后不少研究者用机械法从被子植物质壁分离细胞中分离出原生质体。当细胞发生质壁分离时，质膜收缩离开细胞壁，从而使原生质体发生变形，这种改变与细胞原来的形状有关，叶肉细胞、愈伤组织和悬浮培养的细胞一般是等径细胞，在高渗液中，由于质壁分离引起原生质体剧烈收缩成一球形。而另一些较长的细胞，质壁分离时，质膜不破裂，而原生质体分裂为若干个亚原生质体，其中一个亚原生质体是有核的。胞间连丝（plasmodesma）原来是连接相邻细胞的原生质体的，由于它的连接才形成了组织共质体，当质壁分离时，原生质体脱离细胞壁，胞间连丝就自行封闭。1953 年，Yotsuynagi 在伊乐藻的叶细胞中发现，当把该叶细胞在一定浓度的氯化钙或硝酸钙溶液中质壁分离持续 50 d，细胞质还有典型的原生质流。如果把质壁分离的细胞切开，有时可能切掉细胞壁而不损伤其内部结构，从而获得机械法分离的原生质体。之后，有很多研究者用不同的渗透方法得到了机械分离的原生质体。1956年，Whately将甜菜（*Beta vulgaris*）小块放在高渗蔗糖液中，质壁分离2 h，然后把外部溶液浓度逐渐增加到1 mol/L左右，再把甜菜小块切成薄片，放入0.5 mol/L左右的蔗糖液中，未损伤的原生质体膨胀，并由于渗透压作用而把它从细胞切口推出，这样就得到了甜菜组织的离体原生质体。要用机械法成功地分离原生质体，必须用明显地发生质壁分离，并且质壁能完全分开。采用机械法分离原生质体主要还只用于储藏组织方面，如萝卜（*Raphanus sativa*）的表皮和黄瓜（*Cucumis sativus*）的中表皮等。但也有人用其他组织得到机械分离的原生质体。Bilkey等将紫罗兰（*Matthiola incana*）的一个品种的叶柄切断，培养在MS培养基中诱导愈伤组织，3个月后，愈伤组织才开始慢慢长起来。这种愈伤组织的细胞很小，细胞质很浓，细胞壁很薄，生长缓慢。生长3～10个月的愈伤组织放到液体培养基中后只要用解剖针轻轻地不断拨动，就可使原生质体大量地释放出来，这种原生质体的细胞质像根尖原生质体一样致密，且这种原生质体在一般培养基所用的糖浓度中可保持稳定而不破碎，并可在诱导愈伤组织的培养基中培养，原生质体经培养后变形、长壁。李向辉等认为，这种原生质体有独特的优点：它可与动物细胞融合，因一般动物细胞是经受不住植物原生质体所要求的高渗条件，还可用于其他与原生质体有关的生理学研究。

用机械法分离原生质体的主要缺点是：①原生质体的产量一般很低；②方法繁琐费力；③这种技术只能用于质壁分离会射出原生质体的那些细胞，而不能从分生组织细胞中分离原生质体。而且，除了个别物种外，还没有人详细研究过用机械法分离的原生质体的细胞壁再生问题，也没有人得到过可靠的证据来表明这些原生质体具有活力以及生长与分化的能力。但是，此法与下面述及的酶法相比也具有优点：虽然机械法也有破裂细胞释放出来的酶影响原生质体的代谢变化，但它可能适当地排除外加酶对离体原生质体的结构和代谢活性的有害影响。从20世纪初以来，直到20世纪70年代初，机械法都陆续有人采用。近年来，机械分离法在性细胞原生质体分离上有了广泛的应用，已成为胚囊、生殖细胞、精细胞、卵细胞和合子细胞分离的重要方法之一。

2. 酶分离法 1960年，英国科学家Cocking开创了一种大规模生产高等植物原生质体的新途径，他采用能消化植物细胞壁的酶——纤维素酶，从番茄苗的根尖获得原生质体，迄今这种方法已能从任何分离原生质体所用原材料中获得原生质体。Cocking认为，采用酶法分离的主要优点是能够从不出现质壁分离的分生组织那样的细胞中分离原生质体，并能一次获得大量原生质体，与机械法相比，酶法分离植物原生质体有以下优点：①容易分离出大量的完整原生质体；②只需细胞质发生轻微的渗透收缩，几乎能从所有植物组织或细胞中分离出原生质体；③细胞不会像机械法那样破碎。

不同植物组织及同一植物的不同组织、部位的细胞壁成分和结构不同。例如，叶肉细胞壁主要是由纤维素、半纤维素、果胶质等组成，而花粉母细胞与四分体的胼胝质（callose）是由几丁质（chitin）、多糖等成分构成，因此，酶法分离植物原生质体，要获得大量完好的原生质体，需要针对使用的材料，选择适合的分离酶种类和分离方法。

（1）酶的种类 用于酶法分离植物原生质体的酶类主要有纤维素酶（cellulase）、果胶酶（pectolase）、崩溃酶（driselase）、半纤维素酶（hemicellulase）、蜗牛酶等（表11-1）。

①纤维素酶：目前市场上主要有分解细胞壁较好的纤维素酶Onozuka、Meicelase和

表 11-1　用于原生质体分离的商品酶类

(引自 M. K. Razdan，1993)

商品酶种类	来　源	商品酶种类	来　源
Onozuka R-10 纤维素酶	绿色木霉（*Trichoderma viride*）	半纤维素酶 HP150	黑曲霉（*Aspergillus niger*）
Onozuka RS 纤维素酶	绿色木霉（*Trichoderma viride*）	蜗牛酶	罗马蜗牛（*Helix pomatia*）
纤维素酶	绿色木霉（*Trichoderma viride*）	软化酶	根霉菌（*Rhizopus arrhizus*）
Meicelase P-1	绿色木霉（*Trichoderma viride*）	软化酶 R-10	根霉菌（*Rhizopus arrhizus*）
崩溃酶	白耙齿酶（*Irpex lacteus*）	果胶酶	日本曲霉（*Aspergillus japonicus*）
半纤维素酶	黑曲霉（*Aspergillus niger*）	藤黄节杆菌酶	藤黄节杆菌（*Arthrobacter luteus*）
半纤维素酶 H-2125	根霉菌（*Rhizopus* spp.）	纤维素酶 EA-867（增）	绿色木霉（*Trichoderma viride*）

Driselase。纤维素酶 Onozuka 根据活力高低分为 P1500、P500 和 R-10 等数种。它们都是从绿色木霉中提取的一种复合酶制剂，主要含有纤维素酶 C_1（作用于天然的和结晶的纤维素）、纤维素酶 C_2（作用于无定形的纤维素）、纤维素二糖酶、木聚糖酶、葡聚糖酶、果胶酶、脂肪酶、磷脂酶、核酸酶、溶菌酶等。纤维素酶中，较纯及活性较高的有 Onozuka R-10 及 Onozuka RS，后者的活性比前者更高。中国科学院植物生理研究所与有关单位协作（1975）从野生型绿色木霉经一系列诱变处理筛选出的酶活力较高的菌株 EA3867，也是纤维素酶较好的菌株之一，该酶制剂在水中溶解度高、酶活力较稳定，它含有纤维素酶（C_1、C_x）、果胶酶、半纤维素酶等组分，经与 Onozuka R-10 进行比较，发现其羧甲基纤维素酶活力比后者高出一倍，而低糖酶差不多，软化酶活力高，半纤维素酶活力低。由于商品酶或酶粗制剂中含有的杂质会对原生质体活力有不良影响，因此最好在使用前进行纯化。

②半纤维素酶：在植物细胞壁含有一定量的半纤维素时，在酶液中加入一定量的半纤维素酶可获得较好的结果。其中，Rhozyme HP-150 对悬浮细胞、豆科的根瘤、幼苗的根及子叶的原生质体分离有特殊的效果。

③果胶酶：果胶酶是从根霉、曲霉中提取出来的，它能从植物组织中把细胞单独分离出来。常用的果胶酶有 Macerozyme R-10（离析软化酶，主要成分是果胶酶），此酶的活性较高，但含杂酶也较多，如使用浓度过高（超过 2%），分离时间过长，则有毒害作用。Pectolyase Y23（离析软化酶）的活性极高，一般叶片使用量为 0.1%，悬浮细胞为 0.05%，特别是对消化那些用其他酶混合物处理不能得到原生质体的组织（如大豆的真叶及子叶等）有很好的效果。

④崩溃酶（driselase）：这是一种粗制酶，同时具有纤维素酶及果胶酶的活性，在与果胶酶混合使用时，对分离培养细胞及根尖细胞有加速解离的效果。

⑤蜗牛酶：主要用于分解小孢子的原生质体。如降解花粉母细胞及四分体等的胼胝质壁效果很好。另有报道发现，分离川芎幼苗茎段原生质体的酶混合液中如不加进 0.5% 的蜗牛酶，则不能得到原生质体。

（2）酶液中酶的种类和浓度　不论用哪一种材料，在采用酶法降解细胞壁的过程中，除了考虑植株的年龄和生理状况外，重要的是选配合适的酶种类、酶的浓度、酶处理时间、温度等。是否需要振荡条件，也应依材料而定。对于主要含纤维素、半纤维素和果胶质的叶肉细胞来说，采用由绿色木霉菌提取的纤维素酶即可起到快速降解细胞壁的作用。某些植物种类（如茄科、豆科）的幼叶片需要酶的浓度较低，0.5%～1%的纤维素酶就够了，而果胶酶可更低些（0.2%～0.5%），在25～27℃下经2～4 h即可得到较好的有生命力的原生质体。但对愈伤组织细胞、悬浮细胞、冠瘿细胞来说，纤维素酶、果胶酶的浓度就要提高到1%或2%。然而对那些由几丁质和β-1,3多糖构成的花粉母细胞四分体的胼胝质和初生壁，则多采用蜗牛酶等混合酶液。有研究表明，冠瘿瘤细胞可以酶解过夜。但时间过长，酶对原生质体也有损害作用。

（3）酶液中的渗透稳定剂　在常态下，细胞壁形成物理和生物屏障保护着细胞，因此原生质体不易受伤害，但在分离原生质体时，必须放在能保证它们稳定性和活力的溶液中。为使酶类能较快地发挥作用而原生质体又维持在一定的渗透压下，使之既不涨破，又不因过分收缩而破坏内部结构，就必须在酶液中加入渗透稳定剂。不同组织、甚至不同季节的原生质体，要求有不同的渗透浓度。常用的渗透稳定剂有糖醇系统和盐类系统，前者包括甘露醇、山梨醇、葡萄糖、蔗糖等，后者为一些盐类，如$CaCl_2 \cdot 2H_2O$、KCl、$MgSO_4 \cdot 7H_2O$等。它们在一定浓度下引起细胞的质壁分离，并保持原生质体的生活能力，它们在原生质体分离时能起到维持渗透浓度的稳定作用，蔗糖等则易被原生质体所吸收而在处理过程中被大量利用掉，造成渗透浓度不断降低，因而不利于原生质体的渗透稳定作用。在酶液中通常加入一些盐类以增加原生质体的稳定性，$CaCl_2 \cdot 2H_2O$（0.7～1.0 mmol/L）或钙阳离子是各实验室普遍采用的一种质膜稳定剂。

有时也可加入少量KH_2PO_4或MES［2-（N-吗啡啉）乙磺酸，2-（N-morpholine）ethane sulfonic acid］缓冲剂等以刺激某些材料原生质体的释放。在清洗原生质体的洗液中，盐类也常为不可缺少的成分。加入葡聚糖硫酸钾（0.2%～0.5%）可以提高原生质体的稳定性。另外，牛血清白蛋白可以减少或防止解壁过程中对细胞器的破坏。有的实验室还向酶混合液中加各种抗生素，以抑制细胞或真菌的生长。

（4）酶液的pH　原始酶液中的pH对原生质体的产量、活力及继代培养都有一定的影响。纤维素酶及果胶酶单独使用时相应的pH以5.4及5.8为宜；如果两种酶混合使用则以pH 5.4～5.6为宜，pH降至4.8则原生质体破裂。

（5）酶液的配制　根据供试材料，按以上各项要求确定使用的酶和稳定剂的种类和浓度，称取酶和各种稳定剂并把它们逐步溶解，配制成酶液，之后，酶液用孔径为0.45 μm的微孔滤膜过滤灭菌后备用。表11-2列举了一些材料原生质体成功分离的酶液组成及各成分浓度。

表 11-2　几种植物原生质体分离的酶液配方

酶液成分	植 物 材 料					
	双子叶植物子叶[①]	马铃薯叶片[②]	水稻悬浮细胞[③]	小麦悬浮细胞[④]	玉米悬浮细胞[④]	柑橘悬浮细胞[④]
Rhozyme HP150	2%	—	—	—	—	—
Meicelase	4%	—	—	—	—	—
Macerozyme R-10	0.3%	0.2%	1%	—	0.5%	—
Cellulase Onozuka R-10	—	1%	1%	—	—	1%
Cellulase Onozuka RS	—	—	0.5%	2%	3%	—
Pectolyase Y23	—	—	0.1%	0.2%	0.1%	—
Pectolyase Serva	—	—	—	—	—	2%
Hemicellulase	—	—	—	—	0.5%	—

（续）

酶液成分	植物材料					
	双子叶植物子叶[①]	马铃薯叶片[②]	水稻悬浮细胞[③]	小麦悬浮细胞[④]	玉米悬浮细胞[④]	柑橘悬浮细胞[④]
$CaCl_2 \cdot H_2O$	—	10 mmol/L	1 470 mg/L	1 470 mg/L	1 470 mg/L	0.36%
KH_2PO_4	—	0.7 mmol/L	95 mg/L	95 mg/L	95 mg/L	—
MES（吗啉乙基磺酸）	—	—	600 mg/L	600 mg/L	600 mg/L	0.12%
Mannitol（甘露醇）	13%	0.45 mmol/L	0.4 mol/L	0.55 mol/L	0.5 mol/L	12.8%
CPW 盐溶液（Fearson 等，1973）	+	—	—	—	—	—
pH	5.6	5.6	5.7	5.6	5.6	5.6

　　注：①引自 Lu 等，1982；②引自孙宝林等，1989；③引自李世君等，1989；④引自张献龙等，2004。

　　（6）原生质体的分离　植物原生质体的分离就是利用已制备好的酶液在一定温度和时间范围内，除去植物细胞壁，使原生质体从植物组织或培养组织、细胞中游离出来（图 11-1）。分离植物原生质体的方法有两步法和一步法。

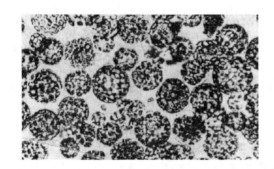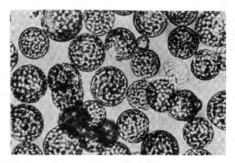

图 11-1　分离的马铃薯原生质体（右，引自 Carlberg 等，1983）和烟草
原生质体（左，引自 Poewr，1976）

　　①两步法分离植物原生质体：这种分离方法是先用果胶酶离析植物组织，使植物细胞从组织中分离出来，然后收集细胞经洗涤后用纤维素酶解离细胞壁，最后获得原生质体。Takebe 等（1968）用两步法分离了在温室内生长了 60～100 d 的烟草叶片原生质体，分离前 1 d 对植物限制供水，使叶片失水萎蔫，不仅便于撕除下表皮，而且可以提高原生质体产量。他们使用了两种酶液：酶液 I 和酶液 II。酶液 I 含：0.5% 果胶酶（Macerazyme R-10）、0.3% 葡聚糖硫酸钾、0.7 mol/L 甘露醇、0.1 mmol/LCaCl_2 · 2H_2O，pH 5.8。酶液 II 含：2% 纤维素酶（Onozuka R-10）、0.7 mol/L 甘露醇、0.1 mmol/L $CaCl_2 \cdot 2H_2O$，pH5.4。

　　分离方法是，将烟草叶片进行常规表面消毒后，在无菌条件下剥去下表皮并切成长、宽为 4 cm 的小块，将叶小块放入酶液 I 中，2 g 叶片材料加 20 mL 酶液，抽气减压 3 min，让酶液渗入组织，然后置往返式摇床上振荡（120 次/min），在 25 ℃ 条件下保温 15 min，这时溶液中有少量从破损细胞中流出的内含物。倒去酶液，重新加入 20 mL 新鲜酶液，以后每 30 min 更换一次酶液。约 2 h 后叶肉细胞解离完毕，离心收集细胞，用 0.7 mol/L 甘露醇液（含 0.1 mmol/L CaCl_2）洗涤数次，收集的单细胞再加入酶液 II 保温 2～3 h，游离的原生质体经 0.7 mol/L 甘露醇液（含 0.1 mmol/L CaCl_2）洗 2～3 次后，经 100 g 离心 1 min，后悬浮在培养基内备用。

②一步法分离植株原生质体：即把一定量纤维素酶、果胶酶及渗透稳定剂组合成混合酶液（表11-2），对材料进行一次性处理，处理温度为25～30℃，处理的时间根据材料及酶浓度确定，为2～24 h。由于早期使用的两步分离法手续繁琐，因而现在几乎都用一步分离法分离原生质体。几种组织一步法分离植物原生质体程序见图11-2。

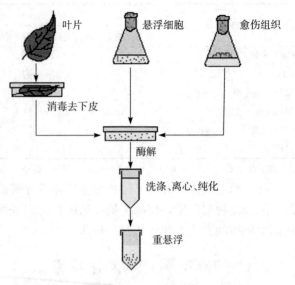

图11-2　几种组织一步法分离植物原生质体程序

四、性细胞原生质体的分离

性细胞是植物在有性过程发生前经减数分裂形成的单倍体细胞，含有单倍体基因组，其遗传组成单一。对性细胞原生质体的分离和研究，在植物细胞工程和生殖生物学研究上都有重要意义。由于性细胞结构上的特殊性，性细胞原生质体的分离与体细胞原生质体的分离不尽相同。

（一）花粉原生质体的分离

被子植物的花粉母细胞减数分裂形成四分体，四分体被共同的胼胝质壁包围，胼胝质是一种不分支的 β-1，3-葡聚糖，四分体游离成单核小孢子后，胼胝质壁消失。小孢子被内外两层细胞壁包围，外壁主要成分是孢粉素，迄今尚无商品酶降解，内壁主要成分为纤维素和果胶质，常规商品酶即可分解。花粉原生质体分离主要根据不同植物或不同发育时期花粉的生物学特点进行分离。

1. 一步酶解法　这是利用蜗牛酶、纤维素酶、崩溃酶等酶液处理四分体或花粉粒，一次性地游离出花粉原生质体的方法。Bhojwani 等（1972）用1‰蜗牛酶在 30 ℃下酶解 1 h，从烟草、矮牵牛的四分体中分离出了花粉原生质体。岳建雄等（1995）利用蜗牛酶、崩溃酶从棉花四分体小孢子中分离出了原生质体，而纤维素酶和果胶酶不能消化棉花小孢子壁。酶法分离花粉原生质体与花粉细胞的发育时期也有关，萱草早中期的小孢子很难分离出原生质体，后期原生质体的分离效果增加，以成熟花粉粒分离率最高。

2. 水合-酶解二步法　先将花粉放在蔗糖溶液中充分水合，使外壁裂开或完全脱落。然后将其移入酶液中，降解内壁，分离出原生质体。

3. 萌发-酶解二步法　先将成熟花粉置于适宜的培养基中，待花粉大量萌发，从萌发孔或萌发沟长出花粉管时，将其转入酶液中进行酶解。花粉管壁的主要成分为果胶质、纤维素和胼胝质等，用细胞壁降解酶可以分解花粉管壁，再扩展至花粉内壁，分离出原生质体。

（二）配子原生质体的分离

人工分离的生殖细胞、精细胞和卵细胞一般均呈原生质体状态，将它们统称为配子原生质体。配子原生质体一般通过酶法或机械法获得。

1. 生殖细胞与精细胞的分离　被子植物的成熟花粉有两种类型：二细胞花粉和三细胞花粉，二细胞花粉细胞中含有一个生殖细胞，三细胞花粉细胞中含有一对精细胞。生殖细胞与精细胞分离方法有两类，一类为机械法，利用机械力量使花粉壁破裂，从而获得生殖细胞或精细胞；另一类是渗透冲压法，利用低渗溶液使花粉或花粉壁破裂，释放出生殖细胞或精细胞。

（1）生殖细胞的分离　生殖细胞是精子的前身，被子植物多为二细胞花粉类型。分离方法有下述几类。

①一步渗透压冲击法：将花粉置于等渗的蔗糖溶液中保温一段时间，花粉自行破裂，生殖细胞随营养细胞质流出，收集生殖细胞。这一方法适用于花粉粒在蔗糖溶液中容易破裂的植物，如棉花等植物生殖细胞的分离。

②二步渗透压冲击法：将花粉置于等渗的蔗糖溶液中培养，当大部分花粉开始萌发时，加入一定量的蒸馏水使渗透压骤降，导致花粉破裂释放出生殖细胞。这一方法适合于花粉粒在蔗糖溶液中不易破裂，但易萌发的植物，如石蒜、风雨花、烟草、凤仙花、蚕豆等。

③低酶法：将花粉置于0.1%的纤维素酶与0.1%果胶酶和低渗蔗糖溶液中保温，促使花粉细胞破裂释放生殖细胞。这一方法适用于花粉在蔗糖溶液中既不破裂也不萌发的植物，如黄花菜、韭菜、朱顶红、唐菖蒲等。

④花粉原生质体释放法：首先分离出花粉原生质体，然后用渗透压冲击或机械法使原生质体破裂，获得生殖细胞。

（2）精细胞的分离　其方法与生殖细胞类似，但二细胞花粉和三细胞花粉分离方法略有差异。二细胞花粉精细胞是在花粉管中形成的，因此需要让花粉管发育后才能分离，其方法一：活体-离体法，先将花粉授于柱头上，当花粉管中已形成精细胞后，切下柱头，将切口插入液体培养基中，当花粉管由花柱切口长出后，用渗透压冲击法或酶解法促使花粉管尖部破裂而释放精细胞。方法二：离体萌发法，将花粉置于培养基中萌发，待花粉管中生殖细胞分裂形成精细胞之后，用渗透压冲击等方法使花粉管破裂，释放精细胞。

三细胞花粉成熟时已形成精细胞，可直接从花粉粒中分离，其方法一：研磨法，将悬浮于一定介质中的花粉用玻璃匀浆器轻轻研磨，使花粉壁破裂而释放精细胞，玉米、油菜、甘蓝等重要作物就是用这一方法分离。方法二：渗透压冲击法，将花粉置于低渗液中，使花粉吸水后自行破裂释放出精细胞，小麦、玉米等作物用此法分离出了精细胞。

2. 胚囊与卵细胞的分离　胚囊是高等植物雌性器官中，大孢子母细胞经减数分裂，减数分裂4个产物中的一个经胚囊发育而来。成熟胚囊中含有一个卵细胞、两个助细胞、3个反足细胞和两个极核。它们都含有单倍的遗传组成。但植物个体胚囊收集远不如花粉那样可大量收集，因此，从胚囊中分离单倍体细胞的难度较大。一般方法是用人工解剖法除去子房壁，然后从胚珠中分离出胚囊，再从胚囊中分离出卵细胞、助细胞、反足细胞和中央细胞的原生质体。其方法一：将胚珠置于酶液中酶解，使胚珠与珠心细胞离散，裸露出胚囊。一般需要在酶解的同时适当进行吸打、压片或解剖，以提高分离胚囊的效果，后从分离的胚囊原生质体中分离出卵细胞等。方法二是解剖法，即应用显微操作仪直接解剖胚囊及其卵细胞等，但操作难度大、效率低。

第三节　原生质体的纯化及活力测定

一、原生质体的纯化

　　酶法分离的原生质体中，除了游离出大量完整的原生质体外，其中还含有大量细胞碎片和分散的细胞器等。所以要经过镍丝网（50～100 μm）过滤，除去大的残余物；还要用清洗液离心洗除小的细胞碎片，另外还要除去一些死的原生质体。纯化包含两方面的含义，一是从酶混合液中收集到的原生质体，在培养前必须把酶冲洗干净。Kao 等在雀麦原生质体培养研究中强调，原生质体从酶液中释放出来后须用冲洗液洗 4 次，把酶冲稀 10^6 倍。这样做对于原生质体再生壁和分裂是极其重要的。常用的原生质体清洗培养基为 Cocking 等人采用的 CPW 盐溶液，其成分为 KH_2PO_4 27.2 mg/L、KNO_3 101 mg/L、$CaCl_2 \cdot 2H_2O$ 1 480 mg/L、$MgSO_4 \cdot 7H_2O$ 246 mg/L、KI 0.16 mg/L、$CuSO_4 \cdot 5H_2O$ 0.025 mg/L，pH 5.6。纯化的另一个含义是，得到纯的原生质体。纯化原生质体的方法很多，有离心沉淀法、蔗糖漂浮法、界面法、滴洗法和密度梯度离心法。

　　1. **离心沉淀法**　这是最常用的方法，将原生质体与酶的混合液在 500～1 000 r/min 下离心 3～5 min，只要原生质体沉到管底，其余细胞碎片等物多数漂浮在溶液中即可。用吸管移去上清液，再加入无酶组分的原生质体分离液或 CPW 盐溶液，轻轻吸打离心管底层沉淀的原生质体，使其重新悬浮，再离心，共离心纯化 3 次，最后用原生质体培养基洗一次后，悬浮在培养基中即可。

　　2. **蔗糖漂浮法**　有时通过离心沉淀法获得的原生质体尚混有较多的碎片及少量的老细胞时，可选用此法。用 20% 左右（约 0.6 mol/L）蔗糖离心，完整的原生质体浮在液面，碎片及老细胞沉到管底。Bornman 等还专门设计了一种颈部逐渐缩小的离心管，有助于漂浮原生质体的收集和定量化。蔗糖漂浮法有其局限性，这主要取决于原植物细胞的生理状态，对高度液泡化的原生质体高度有效，而对细胞质浓密而无液泡的原生质体并不理想。另外，这种方法虽然能获得高纯度的原生质体，但产量低，对某些原生质体可能有毒害作用。

　　3. **界面法**　它是利用高分子聚合物混合液产生两相水溶液的原理，如将用酶液处理后的原生质体放在有葡萄糖和聚乙二醇的混合液中，通过离心，高度净化的完整原生质体可在这两相系统的界面上收集到。Kanar 等曾用 30% 聚乙二醇、20% 葡聚糖 T40、2.4 mol/L 山梨醇及 0.9 mL 原生质体悬浮液收集和纯化了玉米叶片原生质体。

　　4. **密度梯度离心法**　用葡聚糖做密度梯度离心也可以把原生质体与细胞碎片分离开来，即先将原生质体漂浮在葡聚糖液中，经离心后，在一定部位收集完整原生质体。

　　5. **滴洗法**　将原生质体与酶的混合液移进孔径 8 μm 的微孔滤器内，原生质体的洗净是用 80 mL 洗液慢慢地滴加并在 1～2 滴/s 的重力下完成。滤器中的原生质体和最后的洗液达到一定的容积后，将其与一定容积的原生质体培养基混合后进行培养。

二、原生质体的活力和密度

　　1. **原生质体的活力测定**　无论用机械法分离还是用酶法分离，获得的原生质体是否存活是分离成功与否的标志。有活力的原生质体是进行培养和再生的先决条件。在使用一个原生质体制备物作为供试材料之前，常常必须测定原生质体的活性，研究者曾用许多方法对原生质体活性进行测定。

（1）荧光素双醋酸酯（FDA）染色法　荧光素双醋酸酯（fluorescein diacetate，FDA）是一种可积累在活性原生质体质膜中的染料，能被荧光显微镜检测出来。用丙酮配成 2 mg/mL 溶液于冰箱（4 ℃）保存。荧光素双醋酸酯本身没有荧光，在活细胞中，荧光素双醋酸酯经酯酶分解为荧光素，荧光素为具有荧光极性的物质，能在细胞中积累，在紫外光的照射下，发出绿色荧光，发荧光的细胞均为有活力的原生质体。用荧光素双醋酸酯处理原生质体必须在5～15 min 内检测，因为大约 15 min 后，荧光素双醋酸酯就从细胞膜中游离出来了。

（2）酚藏花红染色法　在这种染色法中，有活力而质膜完整的原生质体对染料有排斥作用而不被染色，死亡的原生质体能被酚藏花红染色。使用酚藏花红的终浓度为 0.01%。

（3）荧光增白剂染色法　荧光增白剂（calcofluor white，CFW）能通过检测细胞壁再生的开始而确认原生质体的活力。荧光增白剂束缚新合成的细胞壁中的 β-葡萄糖苷键，通过观察质膜周围的荧光环可以观察到细胞壁是否合成，0.1 mL 的原生质体与 0.5 μL 的 0.1g/100 mL 的荧光增白剂溶液混合可以得到最佳染色效果。

（4）其他检测法　一般凭形态即可识别，如形态上完整、含有饱满的细胞质、颜色新鲜的原生质体即为存活的原生质体。由于存活的完整原生质体会由于渗透压变化引起形状大小变异，把形态上认为正常的原生质体放入略为降低渗透浓度的洗液或培养基中后，即可见到分离时缩小的原生质体又恢复原态，那些正常膨大的都是有活力的原生质体。除此之外，可利用胞质环流作为活跃的代谢指示物；用指示呼吸代谢作用的氧电极测定氧的摄入量；测定光合作用的活性等方法也可检测原生质体的活性。

2. 原生质体的密度　植物原生质体培养中，原生质体的密度是重要的，常用的原生质体密度为 10^4～10^5个/mL，分离纯合后的植物原生质体浓度可以用细胞计数器进行测定，具体方法同细胞培养中游离细胞的检测计算方法。

第四节　植物原生质体的培养

原生质体是去掉细胞壁的裸露的植物细胞，因此比较娇嫩，与其他组织和细胞培养相比，对培养基和培养条件要求高。这一点是考虑一切培养条件的前提。如在培养基所用的试剂方面要求的纯度要高一些，光线的刺激（即光照问题等）也要考虑。总的来说，尽管很多方面原生质体培养与一般组织培养的方法有相似之处，但它仍然存在许多应注意的问题。

一、培　养　基

分离纯化后获得的新鲜而健康的原生质体在适宜的培养条件下方可重新形成细胞壁，进行细胞分裂形成细胞团，此后通过器官发生或胚胎发生过程形成完整植株。培养原生质体用的培养基成分主要是模仿植物细胞培养、组织培养的基本要求设计的。但没有细胞壁的原生质体的生理功能和细胞有显著的差异,原生质体从酶液中清洗纯化后,还是裸露的,因此要求培养基必须维持高渗状态,所用的渗透稳定剂种类基本与分离所用的相仿。Ca^{2+} 对维持和加强原生质膜稳定性有利。植物原生质体培养所用的培养基通常是细胞培养基的改良配方,这些培养基被修改来适应原生质体培养的特殊需要,但培养基的成分仍然包括矿质盐(大量及微量元素)、有机物质、维生素以及激素和必不可少的碳源。

1. 氮源　许多研究指出,NH_4^+ 浓度太高的培养基,不能用做原生质体培养基。NH_4^+ 对许多植物如烟草(*Nicotiana tabacum*)、马铃薯(*Solanum tuberosum*)的原生质体有毒害作用,它抑制原生质体的生长。降低培养基中 NH_4^+ 浓度,可能对原生质体的存活、细胞再生及持续分裂都有利。近年来很多研究结果支持这种观点,并认为合适浓度的谷氨酰胺对原生质体细胞再生、分裂和生长都起到促进作用。另外,还有很多实验发现硝酸盐对原生质体有毒害作用。像 D_2a 培养基硝酸盐的含量明显低于细胞培养常用的 MS 培养基的用量。

2. 激素　生长素与细胞分裂素对诱导植物原生质体细胞壁的形成和细胞分裂通常是需要的,但不同的植物原生质体对培养基中激素的需求是不同的,有些植物材料如苜蓿(*Medicago sativa*)的原生质体,无论培养基中有无激素,生长状况都表现一样;而有些植物,在原生质体培养早期,需要一定浓度的激素来启动分裂,如爬山虎(*Parthenocissus tricuspidata*)等。另外还有一些植物的原生质体不能在含有生长素和细胞分裂素的培养基中生长分裂。所以,在不同的实验条件下及不同的培养基上,人们往往乐于采用多种不同的生长激素配比或不同的浓度来促进再生细胞分裂。如在 MS 或 B_5 培养基中加入少量生长素即可在禾本科作物的原生质体培养方面获得满意的结果。造成激素需求差异的原因可能是由于植物原生质体或细胞本身合成激素能力的差异。像氨基酸等一些化合物在培养过程中会释放和渗漏一样,激素也会向外界环境中释放和渗漏。不同的植物合成激素的能力不一样,向外界环境中释放或渗漏的速度也不一样。由于内源激素的渗漏,提高了整个激素的浓度,某些材料可能忍受较高的激素浓度,对进一步分裂无明显影响,而另一些材料可能不能忍受,从而它的进一步分裂增殖就会受到抑制。有研究发现,一旦生长素转运受到抑制,渗漏减少后,原生质体自己就能够满足其生长素的需求。在 D_2a 培养基中,除了 6 - BA(0.6 mg/L)及 NAA(1.5 mg/L)以外,还增加了生长抑制剂三碘苯甲酸(0.5 mg/L)以利于不同植物原生质体的再生、分裂。另有报告指出,在原生质体或细胞不断分裂过程中,有时还有降低外源激素浓度的必要。

3. 碳源　在原生质体培养基中,糖的需要是根据细胞材料的来源和培养条件而定的。在碳源方面,一般认为葡萄糖较好,而且也是最可靠的碳源;在葡萄糖与蔗糖相互配合的培养基中,生长也良好;但如果单独使用蔗糖,效果不尽如人意。在有些培养基中,核糖或者别的戊糖也可作为辅助碳源添加。在 D_2a 培养基中是以葡萄糖(0.4 mol/L)为主,蔗糖(0.05 mol/L)为辅的组成,这样的组合有利于原生质体形成细胞过程的需要,包括再生细胞新壁和进一步细胞分裂的碳源和能源,还有在消耗葡萄糖的过程中能保持再生细胞合适的渗透压。当再生细胞形成细胞系后进入旺盛分裂时,除去葡萄糖并及时为 D_2a 培养基补充蔗糖,以便满足细胞分裂时对碳源的大量消耗,这对快速生长形成愈伤组织有良好作用。

4. 钙镁　许多研究者在原生质体培养基中增加钙浓度达到正常植物细胞培养用量的 $2\sim4$ 倍。在 D_2a 培养基中,对 Ca^{2+}、Mg^{2+} 的需求都比 MS 成倍增加。这些离子的增加可能增强原生质体的稳定性，同时也会明显改变细胞质内外的离子交换。有人发现，增加 Ca^{2+}、Mg^{2+} 的含量可明显提高原生质体的分裂频率，推测这可能和原生质体再生细胞壁有关。

5. 渗透压　原生质体培养中，渗透压是一个值得注意的问题。最常用的渗透剂是甘露醇和山梨醇，二者可以单独使用，也可以配合使用。现在很多人用葡萄糖代替糖醇。由于原生质体培养基是一种高渗溶液，当原生质体再生细胞壁并开始分裂后，必须逐步降低渗透压，直到与细胞培养基同样的水平。一般研究者采用过渡的方法，以避免原生质体或细胞在渗透压降低时受太大的冲击，做法是事先配好原生质体培养及细胞培养两种培养基。当第一次分裂开始就可以加入由少量的细胞培养基和多量的原生质体培养基组成的新鲜培养基。然后在不断加液时，逐步加大细胞培养基成分，降低原生质体培养基成分，直到最后全部由细胞培养基来替代。

6. pH 及灭菌　各种组织细胞进行培养时，都需要有一个适当的 pH。培养基中的 pH 是决定外源生长素是否产生毒害的一个因素，换句话说，培养基的 pH 往往能影响原生质体对营养成分的吸收。一般以 pH 5.6～6.0 为宜。有研究发现，在 pH 5.6～6.0 时，培养基中 2,4-D 浓度超过 1 mg/L 时对低密度培养物是有毒害的。但是 pH 在 6.4 时，2,4-D 浓度即使到 30 mg/L 还可使细胞团持续分裂。在 D_2a 培养基中，由于主要碳源是葡萄糖，高温高压灭菌就会使葡萄糖变酸，颜色变黄，pH 降低 0.5～1.5，使培养基 pH 降低，而不利于原生原体的再生。因此，要采用醋酸纤维微孔滤膜过滤灭菌，以免除这种不利变化。此外，在有机成分中的一些成分（如叶酸、赤霉素等）在高温下会分解变质，所以也要用微孔滤膜过滤。

7. 几种常用的植物原生质体培养基　人们在进行植物原生质体培养时，已设计并完善了各种培养基，它们都具有各自的特点。其中有些适应性较广。目前，植物原生质体培养基中常用的培养基有 NT 培养基（Nagara 和 Takebe，1971），它最适合于烟草原生质体培养；还有 DPD 培养基（Furand 等，1973）、D_2a 培养基（李向辉等，1981，这一培养基根据 DPD 修改而成，适应性广）、MS 培养基（Murashige 和 Skoog，1962）和 B_5 培养基（Bamborg 等，1968）。为了适应低密度培养或某些材料的特殊需要也设计了一些复杂的加富培养基，例如 KM 培养基（Kao 和 Michayluk，1975），这种培养基的特点是富含各种有机成分（如氨基酸、有机酸、椰乳等）；在这一培养基基础上修改的 V-KM 培养基（Bindig 和 Nehls，1978），是现在适应范围较广的原生质体培养基。所有培养基均进行过滤灭菌。表 11-3 列出了几种常用的原生质体培养基以供参考。

表 11-3　原生质体培养的几种常用培养基（mg/L）

成　分	NT	DPD	D_2a	KM_8P	V-KM
无机盐					
KNO_3	950	1 480	1 480	1 900	1 480
NH_4NO_3	825	270	270	600	1 444
$CaCl_2 \cdot 2H_2O$	220	570	900	600	735
$MgSO_4 \cdot 7H_2O$	1 233	340	900	300	934
KH_2PO_4	680	80	80	170	68
KCl	—	—	—	300	—
$MnSO_4 \cdot H_2O$	—	—	—	10.0	10.0
$MnSO_4 \cdot 4H_2O$	22.3	7.2	5.0	—	—

（续）

成　分	NT	DPD	D_2a	KM_8P	V - KM
KI	0.83	0.25	0.25	0.75	0.75
$CoCl_2 \cdot 6H_2O$	—	0.01	0.01	0.025	0.025
$CoSO_4 \cdot 7H_2O$	0.03	—	—	—	—
$ZnSO_4 \cdot 7H_2O$	8.6	1.5	1.5	2.0	2.0
$CuSO_4 \cdot 5H_2O$	0.025	0.015	0.015	0.025	0.025
H_3BO_3	6.2	2.0	2.0	3.0	3.0
$Na_2MoO_4 \cdot 2H_2O$	0.25	0.1	0.1	0.25	0.25
Na_2EDTA	37.3	37.3	37.3	—	37.3
$FeSO_4 \cdot 7H_2O$	27.8	27.8	27.8	—	27.8
Seqestrene 330 Fe	—	—	—	28	—
糖类和糖醇					
葡萄糖	—	—	0.4（mol/L）	68 400	108 900
蔗糖	10 000	17 100	17 100	250	250
果糖	—	—	—	250	250
核糖	—	—	—	250	250
木糖	—	—	—	250	250
甘露醇	127 520	55 000	—	250	250
鼠李糖	—	—	—	250	250
纤维二糖	—	—	—	250	250
山梨醇	—	—	—	250	250
甘露糖	—	—	—	—	250
维生素和有机酸					
肌醇	100	100	100	100	100
盐酸硫胺素（维生素 B_1）	1	4.0	4.0	1	1
盐酸吡哆醇（维生素 B_6）	—	0.7	0.7	1	—
烟酸	—	4.0	4.0	—	1
烟酰胺	—	—	—	1	—
抗坏血酸	—	—	—	2	2
氯化胆碱	—	—	—	1	1
泛酸钙	—	—	—	1	1
叶酸	—	0.4	0.4	0.4	0.4
核黄素	—	—	—	0.2	—
对氨基苯甲酸	—	—	—	0.02	0.02
生物素	—	0.04	0.04	0.01	0.01
维生素 A	—	—	—	0.01	0.01
维生素 D_3	—	—	—	0.01	0.01
维生素 B_{12}	—	—	—	0.02	—
柠檬酸	—	—	—	40	40
苹果酸	—	—	—	40	40
延胡索酸	—	—	—	40	40
丙酮酸钠	—	—	—	20	20
氨基乙酸	—	1.4	1.4	2	—

（续）

成　分	NT	DPD	D_2a	KM_8P	V-KM
其他有机添加物					
椰子乳	—	—	5%	20（mL/L）	20（mL/L）
水解酪蛋白	—	—	—	250	250
生长调节剂					
2,4-D	—	1.3	—	0.2	—
6-BA	1.0	0.4	0.6	—	0.4
NAA	3.0	—	1.5	1.0	1.5
IAA	—	—	—	—	1.0
2,4,5-T	—	—	0.5	—	—
玉米素	—	—	—	0.5	—
pH	5.8	5.8	5.7	5.6	5.7

注：NT 引自 Nagata 和 Takebe，1971；DPD 引自 Durand 等，1973；D_2a 引自李向辉等，1981；KM_8P 引自 Kao 和 Michayluk，1975；V-KM 引自 Binding 和 Nehl，1979。

二、培养方法

植物原生质体培养大致可分为固体培养法、液体培养法和固液相培养法。

1. 固体培养法

（1）平板培养法　平板法（agar plating culture），其培养基用琼脂来固化，它是 1971 年 Nagata 等研究的一种较早的用于原生质体培养的方法。Nagata 等将液体培养基分出一半，在其中加入琼脂灭菌熔化后在 45 ℃下等比混入含有原生质体的液体培养基，混匀后，凝固成一平板。原生质体分布在不同的层次中。应用此法时，要严格掌握琼脂的温度，不得超过 45 ℃，操作比较麻烦，能分裂的原生质体往往局限于表层，生长速度比液体培养基慢，近年来用此法的不太多。但它的优点是可以定点观察培养效果及原生质体的生长发育情况，即很容易观察由一个原生质体分裂、生长和发育成为植物的整个顺序，也容易估计平板培养的效率。因此，有人试图改良此法。为了减少琼脂对某些原生质体的毒害，应寻找胶态温度低的试剂。有些研究者用藻酸盐来代替琼脂，以使原生质体在植板时不受温度的影响。加入螯合剂后又可使固体液化，这样有助于细胞团转移到其他培养基中去。

（2）X 平板培养法　在植物组织培养研究中，为了减少一部分细胞和组织所产生的有害物质对其他存活细胞的影响，有时将一定量的活性炭加到培养基中，以改善细胞或组织的生长与细胞群落的形成。Carlberg 等（1983）在马铃薯原生质体培养中利用 X 平板培养法（X plating culture），应用活性炭从而提高了马铃薯原生质体培养的出苗能力。这一方法是将固体平板分成 4 块，在相对的两块如 2 和 4 中的储备培养基（R_2）中加有 1% 的活性炭，而在另外的相对两块如 1 和 3 中则不加活性炭而培养原生质体（图 11-3）。研究以不加活性炭的 X 平板培养作对照，结果加活性炭的 X 平板原生质体培养的效率有了显著的提高。这一方法与传统的平板培养方法相比，

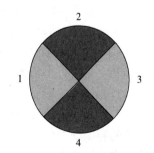

图 11-3　X 平板培养法
1、3. 原生质平板　2、4. 储备培养基中加 1% 活性炭

一方面，X平板可能连续而均衡地通过储备培养基向原生质体渗透营养物质；另一方面，由原生质体产生的或由死细胞释放的抑制剂，在向储备培养基扩散中不断得到稀释，而活性炭可能增加其稀释性，从而减少对原生质体的毒害。因此，用这一方法培养原生质体可进一步研究活性炭的作用，还可以探讨培养基组分等问题，有效地提高培养效率。

(3) 双层固体培养法　这种培养法是应用较早的一种饲喂层培养。即先将代谢生长活跃的大豆、单冠毛菊悬浮培养细胞或细胞原生质体用培养基制成平板，后用X射线或紫外线（半致死剂量）照射使其失去细胞壁再生或分裂形成细胞团的能力而形成饲养层。然后在饲养层上面制一薄层固体平板，培养低密度原生质体，这样增加了细胞群落的形成率。

2. 液体培养法

(1) 液体浅层培养法　液体浅层培养法（culture in shallow liquid medium）是目前常用的一种有效的原生质体培养方法。它是将含有一定密度原生质体的悬浮培养液加在玻璃或塑料培养皿中，形成一个液体薄层，例如在6 cm培养皿加2 mL培养液，培养皿四周用胶带密封后，放在培养室中静止培养。它的优点是通气性好，接触氧气面大，排泄物易扩散，而且易于补加新鲜培养基，也易于观察和照相，形成细胞团或愈伤组织后也易于收集和转移。其缺点是一旦有极个别的孢子或细菌污染就导致整个实验的失败。

(2) 悬滴和微滴培养法　该法一般多用于融合实验中。先将原生质体悬浮于培养基中，使密度达到$10^4 \sim 10^5$个/mL。取50 μL的小滴接种于小培养皿中，将小培养皿翻转过来放置培养即成悬滴培养，培养皿正置培养即为微滴培养。注意，在这种培养中，切勿使悬滴流动，悬滴培养可在皿底内加少量培养液以保持湿度，待形成再生细胞团后再转移到大培养皿中培养。悬滴和微滴培养法（drop culture）要求所用的容器当液滴滴上后不铺开，一个容器内可滴若干滴容量为5~100 μL的培养物。其优点是通气性能好，即使个别液滴污染也不至于造成一次实验的全部失败。当原生质体的产量很低时，用此液滴培养法。此法还适合于用较少的原生质体进行筛选不同培养基的比较试验。

(3) 改良液体培养法　有人把改良液体培养法列入饲养层法。它是Weber建立的一种改良液体培养方法，即把原生质体或者细胞接种在一种微孔滤膜上，架在培养皿的金属网架上，浮在含有原生质体或细胞的液体培养基上，这样可定期更换培养皿中的培养液，以排除一些有害的细胞代谢物。

3. 固液相培养法

(1) 双层培养法　此法与双层固体培养的饲养培养相似，只是在饲养层上面用液体培养基进行原生质体培养。如在直径为6 cm的培养皿中先用3 mL含悬浮细胞或原生质体的琼脂培养基制板，后用射线照射使培养细胞原生质体失活，然后将制备好的原生质悬浮液3 mL注入固体平板培养基上，再将小培养皿放入到大培养皿中，置培养箱内培养，每天轻轻摇动2次。

(2) 固体小块培养法　这种方法是先将凝固剂（0.5%琼脂或琼脂糖）与原生质体一起制成平板，6 cm培养皿中加入5 mL，待凝固后切成小块。固体小块放在直径10 cm含有30 mL液体培养基的容器中，然后在旋转式摇床上（80~100 r/min）培养。这一方法的特点是悬浮在液体培养基中的固体小块可以随时取出更换培养基而不影响细胞的分裂和生长。这样，可以不断供给新鲜培养基而除去对生长有害的分泌物质，有利于原生质体的分裂和进一步发育。

(3) 固体小滴培养法　这一方法是先将原悬浮的原生质体与琼脂混合后迅速滴在无菌培养皿

底层并均匀排开，待小滴凝固后，再倒一薄层液体培养基。这种培养方法的特点是液体培养基可以不断地补给琼脂小滴中由于原生质体生长而对营养物质的消耗，同时能迅速稀释原生质体在生长发育过程中不断释放的一些对生长有害的物质。另外，琼脂小滴也易移动，便于转移培养。

三、影响原生质体培养的其他因素

1. **植物种类、组织类型和基因型**　尽管酶法分离能从所有植物中获得理想的原生质体，但不同植物原生质体培养特性差异很大。最早原生质体培养及融合成功的植物是来自茄科的烟草，这一植物在相对比较简单的培养条件下，即可发育再生。禾谷类植物原生质体培养需要更复杂的培养基和培养条件，离体组织产生酚类物质代谢的某些木本植物很难培养。在水稻中，籼稻原生质体的培养难度明显大于粳稻。Hu 对芸薹属（*Brassica*）6 个类型和新疆野生油菜 36 个基因型的原生质体进行了培养，其中白菜型油菜和新疆野生油菜不能再生，其他类型均再生出了植株。

同一基因型植物不同组织原生质体培养能力差异是很大的。烟草幼嫩叶片组织原生质体的分离特性和培养特性远高于其他组织；小麦等禾谷类作物的叶片组织分离的原生质体在培养中很难分裂，而从幼胚、幼穗诱导的胚性愈伤组织分离的原生质体能进行有效的分裂和再生。经过大量的研究积累，人们对不同植物原生质体培养的材料选择有了以下共识：茄科植物一般选择刚展开的幼嫩叶片；十字花科植物一般选择种子萌发 4～5 d 的无菌苗下胚轴，下胚轴分离的原生质体比叶片、子叶、根尖分离原生质体得率高、活性强、再生频率高；大豆、蚕豆、花生等豆科植物，用未成熟种子胚的子叶分离原生质体产量高、活力强、再生能力强；小麦、水稻等禾谷类作物利用幼胚、幼穗、花药（或花粉）诱导的胚性愈伤组织及胚性悬浮细胞系进行原生质体的分离和培养可获得良好的结果。

2. **原生质体的活力**　分离原生质体的活力对植物原生质体培养特性影响也很大，直接影响原生质体的植板率。生长旺盛的植物组织、愈伤组织和悬浮细胞分离的原生质体活性高。酶种类、纯度和酶液浓度、渗透压等都对原生质体活力有重要影响。要保证分离得到的原生质体完整、有活力，应尽量降低分离原生质体酶液中的酶浓度和酶解时间，保证酶的纯度。分离酶液中的渗透压应大致与该原生质体内渗透压相当，渗透压略大有利于原生质体稳定，过大使原生质体收缩并影响分裂。酶液中加入 $CaCl_2$、MES 可提高培养原生质体膜的稳定性。通过这些技术的优化，可分离出健康、活力强的原生质体。

3. **原生质体的起始密度**　原生质体的密度对在进一步培养中原生质体的再生分裂起一定的作用。一般液体培养基中常用的原生质体密度为 10^4～10^5 个/mL，平板培养时采用 10^3～10^4 个/mL 的密度，微滴培养中至少也要保持 10^5 个/mL 左右。使用下层有经 X 射线照射过的原生质体的饲养层培养法，可促使低密度（5～10 个/mL）的烟草及其他种的原生质体发育成细胞团。一般来讲，培养时原生质体的密度过高或过低都不利于再生细胞的分裂，密度过高，有可能造成培养物的营养不足；而密度过低，细胞代谢物有可能扩散到培养基中，从而妨碍培养物的正常生长。更重要的是，应根据原生质体再生细胞的发育状态和需要，调节各发育时期的营养和碳源的成分，特别是那些难以再生分裂的禾谷类植物原生质体培养。

4. **渗透调节**　原生质体的培养中，渗透调节剂的种类较多，其作用也不一样，主要取决于所培养的植物类型，一种渗透剂在一种作物中有良好的促进作用，但在另一只物种不一定如此。有资料表明，在马铃薯原生质体培养中，以蔗糖作为渗透剂其作用显著高于葡萄糖。但在人参、当归等药用植物的原生质体培养中，以蔗糖作为碳源和渗透剂时，细胞不能持续分裂；而用葡萄糖时，原生质体能持续分裂形成细胞团。

5. 原生质体的粘连　原生质体在培养约 20h 以后，经常观察到原生质体的自然粘连现象，这种培养早期原生质体发生粘连现象在谷子等植物中曾有报道（Pojnar 等，1976），但原因尚不清楚。Fowke 等（1973）认为，原生质体可以通过类似质膜的结构联系在一起。Burgess（1974）等在原生质体粘连的位置上看到有纤维物质的存在，在对西叶黄芪叶肉原生质体发育早期细胞壁的再生研究中，用荧光增白剂对刚游离的原生质体染色，发现随着原生质体表面荧光逐渐增强，部分原生质体开始粘连；又用细胞壁合成抑制剂香豆素处理刚游离的原生质体，早期原生质体均处于离散状态，未发生粘连，经荧光增白剂染色，原生质体表面都不呈现细胞壁的特异荧光。试验证明，粘连现象是原生质体再生壁物质相互交联的结果。粘连现象在不同植物间有差异，胡萝卜、谷子原生质体易发生粘连，烟草原生质体不易发生粘连。粘连对有的植物原生质体有正面影响，而对有的作物则有不利的影响。在柑橘原生质体中，往往是那些发生粘连的原生质体能够正常分裂、生长和再生；而荔枝中原生质体粘连易导致培养失败。

6. 培养条件和方法　原生质体的培养方法对原生质体的培养特性影响很大。加有储备培养基的 X 平板培养，由于储备培养基能不断补给原生质体的营养，同时扩散培养细胞分泌出的有毒产物，所以其培养效果远高于一般的平板培养。这一重要特性在储备培养基再加入活性炭时进一步被加强。这点在 Carlberg 等（1983）进行的马铃薯原生质体培养时被证实，并在以后的培养中被应用，获得了良好的培养效果。

光照条件对绿色植物是重要的生长发育条件，但大多数植物的原生质体分裂的诱导并不需要光，有些甚至是光敏感型的。如普通番茄的原生质体培养在相同温度下（29 ℃），黑暗时植板率为 22%，而光照 1 000 lx 时植板率降为 8%。一般在原生质体再生的初期给以较低的光照不影响发育，但进入分化前就要加强光照（2 000～10 000 lx），进一步发育后，光照条件应达到 30 000 lx 的光照度，以满足大量叶绿体发育的需要。光照的长短也应根据植物的光周期加以区分。

原生质体培养时，应根据不同的植物类型调节合适的培养温度。一般温带植物（如烟草、矮牵牛等），在 24～28 ℃就可以满足发育的需要。温度是否适宜，将影响原生质体的植板率。曾经在相同光照条件下观察不同温度对某番茄品种原生质体的影响。结果发现，在 29 ℃时该原生质体的植板率为 38%，而在 27 ℃条件下植板率降为 26%，25 ℃以下温度时原生质体不分裂。

第五节　植物原生质体的再生

一、原生质体的发育

1. 细胞壁的再生　原生质体在洗去酶以后，通常可以很快又再生出新的细胞壁，植物种类、取材的器官或组织不同，细胞壁开始再生的时间也不同。一般来说，由培养细胞和幼嫩组织分离的原生质体，再生壁开始得较早；而对于叶肉原生质体，再生壁则需较长的时间。有研究表明，

Vicia hajastana 悬浮培养细胞分离的原生质体，清洗去酶后 10 min 即开始细胞壁的再生过程，但对于多数植物来说，通常要在 10 h 或更长时间才发生。在合适的培养条件下，可能需要两天到几天完成这一过程。烟草属、矮牵牛属和芸薹属的叶肉原生质体 24 h 即可形成新的细胞壁，而禾本科和豆科植物需要更长的时间。

原生质体失去其圆球形特征表明了细胞壁的再生，原生质体是否已再生细胞壁，常用的鉴定方法是荧光增白剂（CFW）染色法。鉴定的方法是：吸取少量原生质体悬浮液，置于一载玻片上，随后加一滴荧光增白剂，染色 1 min，在荧光显微镜下，当用 369 nm 波长的紫外光照射时，纤维素的细胞壁发生荧光。也可以用高渗液产生质壁分离方法来证实新壁的存在。

再生壁的过程中也有一些不正常的情况，如禾本科的小麦、大麦等叶肉原生质体培养中，有一些原生质体出现异常的芽状外凸，且常只有原生质体的膨大，细胞壁的形成不完全。只有能形成完好细胞壁的再生细胞才能进入细胞分裂阶段。

2. 细胞的分裂 当原生质体形成新的细胞壁后，胞质增加，细胞器增殖，RNA、蛋白质及多聚糖合成增加，原生质体即可发生核的有丝分裂及胞质分裂。原生质体进行第一次细胞分裂所需的时间也随植物种类和分离原生质体的材料来源而异，一般需要 2～7 d。烟草叶肉原生质体通常在培养 2～3 d 后可以见到第一次细胞分裂；而由培养的矮牵牛悬浮细胞，绿豆（*Vigna radiata*）等植物的幼根分离的原生质体常在培养后 24 h 即开始分裂。并不是所有植物已经开始分裂的再生细胞都能顺利地继续分裂下去，一些植物是可以继续分裂下去的，如茄科（Solanaceae）、豆科（Leguminosae）等植物；但禾本科植物如小麦（*Triticum*）叶肉来源的原生质体在 D_2a 培养基上只能分裂 2～3 次，大麦也只能分裂 5～6 次。当细胞开始分裂后，要及时降低培养基的渗透压，使细胞能进一步分裂、增殖。

3. 植板率的统计 虽然每个原生质体都有再生分裂的潜在能力，但是在培养基中分裂的原生质体也只是其中一部分。一般用植板率来衡量植物原生质体的再生能力。植板率指原生质体培养 7～15 d 后统计，进行细胞分裂的原生质体占接种原生质体的百分率。这是原生质体培养中衡量培养效率的一个主要指标。植板率的高低，受诸多因素的影响，如基因型、培养基、培养方法、培养时原生质体的密度、培养条件等。有研究曾将烟草叶肉原生质体分别培养在 NT 和 2N-11 培养基上，培养一周后，在 NT 培养基上分裂频率为 54.99%，而在 2N-11 培养基上则可以达到82.8%。很明显，两种培养基的成分差异导致了植板率的差异，2N-11 培养基中含有的水解乳蛋白等有利于再生细胞分裂。

4. 基因型与原生质体分裂 不同的植物种有不同的分裂能力。一般来说，茄科的一些植物种原生质体分裂频率较高，如油葵（*Helianthus*）可达 50%，烟草（*Nicotiana tabacum*）可达80%，矮牵牛（*Petunia hybrida*）可达 90%；而有些植物（如禾本科植物）的分裂能力差。分裂能力差的植物原生质体也可通过供给更全面的营养条件得以改良，寻求提高这些科、属植物原生质体再生细胞分裂频率的因素，对原生质体转化、融合都将有重要意义。

二、愈伤组织的形成与植株再生

原生质体再生壁后的细胞如果各方面的条件满足将会持续进行细胞分裂，持续分裂的结果是形成细胞团或愈伤组织。已经开始分裂的细胞，形成细胞系的叶绿体已全部退化，对大多数植物而言，由细胞系到愈伤组织的过程中不需要额外调整培养基的主要成分，可以补加一些新鲜培养基的碳源。原生质体培养后形成的细胞团或愈伤组织，可以通过下述两条途径完成植株的再生过程。

第一种植株再生方式是愈伤组织诱导形态发生。从愈伤组织得到再生植株的方法与前述各章中组织培养和细胞培养过程中诱导再生相似。原生质体诱导再生的关键是选择合适的培养基，并配以适当的生长素和激动素的种类及浓度。如前所述，诱导芽和根要求不同的生长激素水平，最好是先诱导芽的发生，再诱导根的发生。有些植物根、芽可同时发生，一般诱导根比诱导芽容易。关于激素的种类及用量正像前面叙及的，应依植物的种类而异，如有些植物细胞本身能合成相当量的内源激素和生长素，它们的生长激素有时可以自给自足，外加大量生长激素反而更不利于生长和分化。

第二种植株再生的途径是由植株原生质体再生细胞系在培养过程中直接诱导形成胚状体，并且可以继续形成极性，即下端生根、上端分化芽，从而发育成完整植株。如胡萝卜（*Daucus carota* var. *sativus*）的原生质体培养，即通过胚胎发生的途径一次成苗。Vasil 曾用珍珠谷（*Pennisetum americanum*）未成熟胚来源的胚性细胞的原生质体培养，诱导出具有极性生长的胚状体，进而发育成小植株。胚胎发生途径是克服不易分化的一个有用途径，如禾本科、豆科植物及其他一些难以再生的植物种。

由于原生质体培养技术的不断完善发展，使原生质体再生植株的植物种类已超越茄科和十字花科几个少数科的范围，扩展到园艺植物、经济植物及药用植物。虽然能从原生质体完成再生植株的种类还不像人们期望的那么多，但研究的前景是喜人的。

三、性细胞原生质体的培养

利用性细胞原生质体分离技术，已成功地分离了各种类型的性细胞原生质体，并进行了离体培养研究。但性细胞原生质体培养的难度很大。花粉原生质体培养有孢子体发育途径和配子体发育途径，前者在培养条件下，偏离原有的发育途径转向脱分化，经细胞分裂形成多细胞团，进而再生出植株。这一途径和花药、花粉培养中的雄核发育相似。一般处于单核中后期至二核早期的幼嫩花粉原生质体具有孢子体发育的潜能。花粉原生质体的配子体发育途径，是在离体培养条件下，并不脱分化，而是萌发出花粉管，其中的生殖细胞分裂形成精细胞，这是花粉原生质体培养的独特发育途径。

生殖细胞在体内是被包围在营养细胞内的，其本身细胞质稀少，故带有半寄生的性质，离体培养条件下不分裂或进行有限的几次分裂。迄今为止，生殖细胞、精细胞、未受精的胚囊原生质体和卵细胞原生质体培养尚未成功。

尽管各种配子细胞原生质体的培养没有成功，但具单倍体染色体数的配子细胞原生质体已被成功地用于原生质体的融合，并获得了三倍体植株。同时，正是由于配子原生质体不能再生的特性，使杂种细胞的选择更有效。另一方面，游离的精、卵细胞已被广泛用于离体受精研究，并成功地获得了一些植物的离体受精合子及合子细胞的培养物，如从玉米试管受精合子中成功诱导出了植株。由于配子原生质体这些重要的遗传特性，相信将在相关研究上发挥更大的作用。

四、原生质体培养过程中的管理

为了使由原生质体再生的细胞持续分裂下去，并最后能再生出完整的植株，很多细节需要注意。如应及时添加新鲜培养基，及时逐步降低培养基的渗透压，以适应不断生长增多的细胞对营养的吸收。有时要添加几次，这一做法可能对禾本科植物更为必要。在一些情况下，可以增加有利于细胞分裂的蔗糖以代替甘露醇或葡萄糖等碳源。另外，在培养过程中，应及时调整培养基中的激素成分，不同的培养方法处理的方式是不同的。

对于琼脂平板培养的原生质体，待原生质体分裂后，可以将内含分裂原生质体的琼脂块移到新鲜的琼脂培养基上，所用新鲜培养基的成分一般与原培养基的相同，但渗透压降低，可通过减少培养基甘露醇、山梨醇等物质的含量达到这一目的。如有必要，可将琼脂块做第二次转移培养。

对于液体浅层培养或液体-琼脂双层固液结合培养的原生质体，可以定期加入一定量渗透压较低的培养基补充营养物质并降低渗透压。培养过程中渗透压降低的速度要根据原生质体的生长和分裂的快慢来决定。如果原生质体分裂开始得比较早，则需要较早地降低培养基的渗透压。例如，在绿豆幼根的原生质体培养中，培养一周后，就需要加入低渗培养基稀释液，以促进其生长，加速细胞团的形成，否则形成的细胞团极易褐化。

图 11-4 为烟草叶肉原生质体液体培养中的渗透压调节步骤。

原生质体培养在 8 mL 含 9%甘露醇的培养基中（MSP$_1$）

↓2 周

加入 2 mL 含 6%甘露醇的 MSP$_1$

↓2 周

加入 2 mL 含 3%甘露醇的 MSP$_1$

↓2 周

加入 2 mL 无甘露醇的 MSP$_1$

↓2 周

将形成的较大的细胞团或愈伤组织转移到 MS 琼脂培养基
（含 2 mL/L IAA 和 1 mg/L BAP ）上培养促进芽的形成

↓2 周

转移到 MS 基本培养基上诱导生根成苗

图 11-4　烟草叶肉原生质体液体培养的渗透压调节步骤

第六节　原生质体再生植株的遗传特性及应用

一、原生质体再生植株的遗传特性

原生质体携带了和母体植株完全一样的遗传信息，经培养获得的再生植株应具有和母体一样的遗传特性，但实际上，和其他组织培养及细胞培养一样，原生质体培养的再生植株存在着较为广泛的遗传变异。

1. **再生植株的染色体变异**　植物原生质体再生植株的染色体变异，主要为结构变异和数目变异，这种变异与供试的植物种类、材料来源、组织的分化程度、继代时间等因素有关。一般由茎尖组织、叶肉和胚性细胞团分离的植物原生质体能够很好地保持母体的遗传特性和核型。分离原生质体的组织分化程度愈高、继代培养的愈伤组织或细胞继代时间愈长，原生质体再生植株染色体变异愈大。在烟草、番茄、三叶草、曼陀罗、水稻等植物用叶片或胚性细胞分离的原生质体培养中，有再生植株均为二倍体或双倍体的大量报道，表明染色体倍性稳定；而从继代的愈伤组织或悬浮细胞分离的原生质体培养中，再生植株有染色体的变异。马铃薯原生质体再生植株染色体变异程度较大，但也有品种、材料来源上的差异。Jones（1983）对 14 个四倍体马铃薯原生质体进行了培养研究，来自 Fotyfold 和 Majestic 两个栽培品种的原生质体再生植株中，有 50％的再生植株为正常的四倍体（$2n=4x=48$），其余植株为 48 ± 2 条染色体；而其他品种所得的 26 个植株中，仅 1 株为 48 条染色体，其余均高于这个数。Fish 等（1986）从 178 个马铃薯叶肉原生质体再生植株中观察到正常的四倍体植株占 63.6％，非整倍体占 36.4％。

2. **再生植株遗传性状的变异**　植物原生质体在保持了供体植物遗传特性的基础上，还存在着广泛的性状变异，其中包括叶片特征、熟性、抗性、育性、生长习性等诸多方面。植物原生质体的形态变异，一部分是由染色体的变异引起，一部分与基因的变异和修饰有关。植物原生质体变异是植物细胞体细胞无性系变异与利用的重要部分，一些重要的优良变异（如矮秆、块茎形状、早熟等）已在植物育种中利用。

引起植物原生质体变异的原因很多，但离体条件下，植物细胞生物钟的强行逆转可能是变异的主要原因。通过供体材料的选择、游离和培养原生质体条件的控制也能有效地控制或扩大这种变异。

二、原生质体培养的应用

1. **体细胞杂交**　由植物原生质体培养发展起来的一个重要技术和研究领域是植物体细胞杂交，生物界具细胞结构的生物，细胞膜具有相似性，使得通过原生质体膜的融合进行细胞融合成为可能。利用植物原生质体融合技术进行植物种、属、科间，甚至遗传关系更远的植物间的细胞融合已成为一个比较成熟的技术。

2. **遗传转化及细胞器转移**　植物原生质体是一个良好的基因工程和细胞工程受体，以植物原生质体为受体，通过 PEG 介导等技术进行基因转化，是高等植物遗传转化的重要技术之一。1984 年，Paskowski 等人首次建立了聚乙二醇（PEG）或聚乙烯醇（PVA）诱导植物原生质体直接摄取外源 DNA 的方法，利用这一技术，先后成功地将体外重组的 NPTⅡ基因、GUS 基因和苏云杆菌 δ-内毒素等基因导入到烟草、黑麦、水稻等作物中，并使其在个体水平上表达。1986 年，Crossway 将含有质粒 DNA 的外源基因通过微注射法导入烟草原生质体，外源基因的整合率达 6％以上。1958 年，Fromm 和 Langridge 首创了以植物原生质体为受体的电击法导入外源基因技术，通过这一转化技术，使外源重组基因在胡萝卜、烟草、玉米等植物上得到了稳定表达。

以植物原生质体为受体，进行细胞器转移、核置换、摄入微生物等研究开创了植物细胞工程研究的新领域。1973 年，Potrykus 将正常的叶绿体导入到矮牵牛白化突变的原生质体中，发现 0.5％的白化原生质体中摄入了 1～20 个正常叶绿体。1975 年，Lorz 和 Potrykus 将几种禾谷类植物的细胞核通过 PEG 诱导，导入玉米原生质体，摄入率可达到 5％。植物原生质体摄入外源染色体也是一个重要的研究方面，这一工作最早在矮牵牛原生质体中获得成功。利用植物原生质体摄入藻类、微生物也是一个新的研究领域。1975 年，Davey 和 Power 首次进行了植物原生质体摄入非固氮的蓝绿藻细胞的研究；1979 年，Powke 成功地进行了胡萝卜原生质体摄入衣藻（*Chamydomonas reinhardii*）的研究，摄入率达 10％～20％。这一方面的进一步研究是植物原生质体摄取固氮菌等重要微生物的研究。

3. 无性系变异的良好体系　研究证明，在所有植物组织与细胞培养中，原生质体培养是体细胞遗传变异最丰富的。Thomas 等（1982）详细调查了由马铃薯原生质体获得的 23 个再生植株田间生长特性和块茎特征，结果它们与亲本植株都不相同，而且这些变异既有染色体水平上的，也有基因水平上的。原生质体变异，是植物体细胞遗传变异的重要组成部分，已在实践中被进一步研究和利用。

4. 分离植物细胞器的理想材料　使用植物原生质体在温和的条件下就可以分离到非常完整的细胞器，这是其他方法所不能比拟的。植物原生质体已被广泛用于植物叶绿体、线粒体、细胞核以至染色体的分离。

5. 基础研究的实验系统　理论上，植物原生质体含有该植物全部的遗传信息，是进行相关基础研究的好材料。植物原生质体为植物细胞壁的形成、细胞膜的透性、离子及其他物质转运、细胞渗透势、细胞的分裂、分化等重要问题的深入研究提供了非常好的研究材料。

由于植物原生质体对处理的反应比完整细胞更灵敏、迅速，利用激素、诱变剂、抑制剂及外界环境条件诱导，刺激原生质体进行植物细胞反应的相关研究会更加有效。因此，在揭示植物细胞生命现象上有更好的发展前景。

◆复习思考题

1. 何谓原生质体？原生质体作为遗传饰变和生理生化研究的材料有何特点？
2. 简述酶法分离植物原生质体的基本原理。
3. 简述两步法分离植物原生质体的程序。
4. 如何纯化原生质体并鉴定其活力？
5. 与其他组织培养、细胞培养相比，原生质体培养有何特点？
6. 简述 X 平板法培养植物原生质体的原理和方法。
7. 简述几种原生质体培养方法的特点。
8. 简述影响植物原生质体培养的因素。
9. 简述渗透剂在植物原生质体游离中的作用。
10. 试论原生质体培养的应用。

◆ 主要参考文献

［1］李宝健，曾庆平．植物生物技术原理与方法．长沙：湖南科学技术出版社，1990

［2］肖尊安．植物生物技术．北京：化学工业出版社，2005

［3］朱至清．植物细胞工程．北京：化学工业出版社，2003

［4］H．S．查夫拉著．许亦农，麻密主译．植物生物技术导论．北京：化学工业出版社，2005

［5］张献农，唐克轩．植物生物技术．北京：科学出版社，2004

［6］王蒂．植物组织培养．北京：中国农业出版社，2004

［7］Chawla H S . Introduction to Plant Biotechnology. Enfield，New Hampshire：Science Publishers，Inc.，2002

［8］Indra K Vasil. Cell Culture and Somitic Cell Genetics of Plants，Volume 3. Plant Regeneration and Genetic Variability. Academic Press，Inc.，1986

［9］Evans D A，Sharp W R，Ammirato P V（edi）. Handbook of Plant Cell Culture，Volume 4. Techniques and Applications. New York：MacMillan Publishing Company，1986

［10］Narayanaswamy S. Plant Cell and Tissue Culture. New Delhi：Tata McGraw‐Hill Publishing Company Limited，1994

第十二章　原生质体融合

植物原生质体融合是在植物原生质体培养的基础上发展起来的一个重要的生物技术领域。原生质体融合打破了植物有性杂交的生殖障碍，将植物遗传重组的范围推向整个生物界，开创了高等植物遗传重组研究的新领域。

第一节　原生质体融合的概念及发展

一、原生质体融合的概念

原生质体融合（protoplast fusion）也称体细胞杂交（somatic hybridization），是相对有性杂交而言的，它是指把两种不同基因型个体或不同种、属、科生物细胞的原生质体分别分离出来，再用一定的技术融合成一个新的杂种细胞，乃至发育成杂种植株的过程。

原生质体融合的基本原理是自然界具细胞结构的生物，都具有相似的细胞膜结构，按照相似相溶的原理，通过具相似结构的细胞膜的融合，就可以达到同一生物或不同种、属、生物、甚至遗传关系更远生物间的细胞融合，形成细胞杂种。原生质体的融合克服了自然条件下雌雄配子融合进行遗传物质交流、重组的生殖隔离障碍，特别是克服合子前的不亲和性，将生物遗传物质的交流与重组扩充到整个自然界具细胞结构的生物，极大地扩大了生物遗传物质交流的范围，为实现生物远缘杂交提供了新的可能性。

原生质体融合后杂种细胞细胞质和细胞核的遗传物质均由亲本双方提供，同时还可能出现遗传组成更为复杂的其他杂种细胞。而自然条件下的有性杂交，杂种后代的细胞核由亲本双方提供，细胞质仅由母体提供，表现母性遗传（图12-1）。因此，原生质体融合也为生物细胞质基因的重组和获得特殊的类型提供了可能，在生物遗传物质的交流与重组上有着更广阔的研究和利用前景。

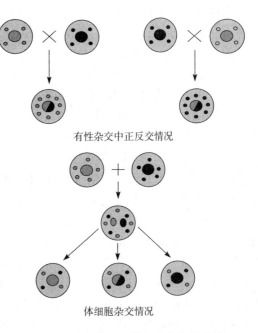

有性杂交中正反交情况

体细胞杂交情况

图12-1　有性杂交和体细胞杂交的比较

二、原生质体融合的发展

植物原生质体研究融合始于 20 世纪初。早在 1909 年，Kuster 将洋葱（*Allium cepa*）根和伊乐藻放在硝酸银溶液中，由于质壁分离产生亚原生质体，当质壁分离复原时看到了亚原生质体的融合，也偶然看到游离原生质体融合。之后，Plowe（1931）用针插入到原生质体可使液泡膜和质膜融合。Michels（1937）观察到亚原生质体、同种不同细胞的原生质体以及不同原生质体间（菜根原生质体与葱根原生质体之间）的融合。但 20 世纪 60 年代以前，主要用机械法制备原生质体，难以进行大量的试验研究。60 年代后，由于酶法分离植物原生质体的成功，使植物原生质体培养和融合研究有了迅速的发展。

1960 年，英国诺丁汉大学的 Cocking 首先采用纤维素酶从番茄幼苗根尖中分离原生质体成功，开创了酶法大规模分离植物原生质体的新时期，同时也打开了利用原生质体作为实验材料的许多重要研究领域。1970 年，Power 等设计了控制条件，用硝酸钠做诱导剂，可使燕麦（*Avena sativa*）、玉米（*Zea*）等根原生质体有较大量的融合。1971，Takebe 等从分离的烟草（*Nicotiana tabacum*）叶肉原生质体用固体平板法培养再生成完整植株，首先证明了高等植物原生质体具有全能性，从而奠定了植物体细胞杂交的基础。1972 年，Carlson 等在了解粉蓝烟草（*Nicotiana glauca*，$2n=24$）和郎氏烟草（*Nicotiana langsdorffii*，$2n=18$）以及此两种的杂种双二倍体（$2n=42$）原生质体生长特性的基础上设计了筛选细胞杂种的程序，从而通过选择、愈伤组织分化和嫁接得到了第一个体细胞杂种（somatic hybrid）。1973 年，Keller 等发展了高 pH 高钙溶液诱导原质体融合的方法。1974 年，Kao 等、Wallin 等开始应用聚乙二醇（PEG）诱导植物原生质体融合，并在以后将 PEG 法与高 pH 高钙溶液洗涤相结合诱导植物原生质体融合，显著提高了原生质体的融合效率，这为加速植物细胞杂种的出现奠定了基础。1978 年，Melchers 等通过诱导番茄（*Lycopersicon esculentum*）和马铃薯（*Solanum tuberosum*）原生质体的融合得到了第一个属间细胞杂种再生植株。1979 年，Senda 等将两电极分别放在邻近的原生质体两端，用 4～15 A 的直流电短暂脉冲，成功地诱导了萝芙木（*Rauvolfia*）单对原生质体的融合。80 年代，Zimmermann 和 Scheurich（1981）研究了大量原生质体在电场中融合的方法，在融合小室的两端装有平行电极，通过短暂电击诱导原生质体的融合，发展了大量原生质体的电融合（electric fusion）技术，基本上解决了化学试剂作为诱导融合剂的毒性问题，且融合率高，重复性好，方法简单。80 年代的另一个重要的技术是原生质体的非对称融合（asymmetric fusion）技术，Zelcer 等用 X 射线照射普通烟草的原生质体与林烟草（*Nicotiana sylvestris*）原生质体融合，在再生植株中发现了供体亲本（普通烟草）的染色体全部丢失，首次通过非对称融合获得了胞质杂种（cybrid）。原生质体的非对称融合及其发展起来的微核技术（micronucleus technology）等，开创了植物原生质体融合转移外源染色体和外源基因的新领域。1986 年，Pirrie 等将黏毛烟草（*Nicotiana glutinosa*）小孢子四分体原生质体与普通烟草硝酸还原酶缺陷型叶肉原生质体融合，获得了三倍体种间杂种植株，为获得三倍体新种质提供了新途径。1990 年，Jones 等用电融合的方法进行了马铃薯和 *Solanum brevidens* 的体细胞杂交，体细胞杂种植株的诱导频率比同条件下的 PEG 融合频率高 4.7 倍。电融合方法极大地提高了植物原生质体的融合效率，进一步促进了植物原生质体融合和体细胞杂交工作的研究和发展。

自酶法分离植物原生质体之后，原生质体融合技术在 40 多年里有了快速的发展，融合理论和技术日趋完善，融合方法更加先进，融合技术正走向应用并开创了新的研究领域。通过体细胞融合，不仅可以综合各种遗传信息，还可像动物细胞杂交那样，揭示各种基因的作用。所以这一技术对植物育种具有实践意义，并成为体细胞遗传学和遗传工程研究的有力手段。

第二节　植物原生质体融合

一、植物原生质体融合的类型

1. 自发融合与诱发融合　植物原生质体可以自发融合（spontaneous fusion），也可以诱发融合（induced fusion）。经去壁后的原生质体有一定的自发融合倾向，可形成多核细胞，有时这种自发融合的产物尚可分裂、分化乃至形成植株。原生质体自发融合的频率一般比较低，经由性母细胞（如小孢子母细胞）分离出的原生质体的自发融合频率较高，从培养细胞分离出来的原生质体要比从叶肉组织分离出来的原生质体出现自发融合的频率高些。高等植物细胞分离原生质体间的这种自发融合及原生质体在高渗液中质壁分离时形成的亚原生质体在低渗液中复原时的融合现象，已被显微镜观察和研究的结果所支持。自发融合大多都是同一基因型原生质体间的融合，其意义不大。

不同来源的植物原生质体融合才能实现体细胞杂交。通过酶法等途径分离的植物原生质体，为表面光滑的球状体，因此，不同来源植物原生质体的融合，一般需要添加一些促融剂或者创造一些促融条件诱导融合，利用促融剂或者促融条件诱导植物原生质体的融合称为诱发融合，植物细胞培养中所述的原生质体融合一般指诱发融合。

2. 植物原生质体融合的类型

(1) 体细胞原生质体融合　这是指从两个亲本体细胞分离的原生质体的融合，融合的两个亲本原生质体均含有完整的细胞核（2n）和细胞质，这是最常用的原生质体融合技术，也叫做对称融合。Carlson 的粉蓝烟草和郎氏烟草原生质体的融合、Melchers 等的番茄和马铃薯原生质体的融合，以及近年来进行的日本水稻与 *Oryza officinalis*、大豆与野大豆、小麦与高冰草等作物及柑橘种、属间的原生质体融合均属于体细胞原生质体融合。

(2) 配子-体细胞原生质体融合　这是指融合亲本一方为体细胞原生质体（2n），另一亲本为配子原生质体（n），这种融合将产生三倍体的细胞杂种（3n）。近年来，随着配子原生质体分离技术的成功，这一研究有了很大发展。前文已述 1986 年，Pirrie 等将黏毛烟草小孢子四分体原生质体与普通烟草硝酸还原酶缺陷型叶肉原生质体融合，获得了三倍体种间杂种植株，为获得三倍体新种质提供了新途径。1994 年和 1996 年，周嫦等用芸薹属青菜幼嫩花粉原生质体与甘蓝型油菜下胚轴原生质体融合和用烟草幼嫩花粉原生质体与黄花烟草叶肉原生质体融合均获得了再生植株。配子-体细胞融合具有自己的独特优点，一方面，它可以直接获得三倍体植株；另一方面，由于配子原生质体很难再生，在杂种细胞的选择上有优势。

(3) 配子原生质体融合　这是指融合的两亲本原生质体均为完整配子原生质体（n）的融合

技术。配子原生质体融合的类型较多，其中以精、卵原生质体融合研究进展最快。这一技术首先在玉米上获得成功，获得了玉米精、卵原生质体融合的再生植株。配子原生质体融合成功并再生，使得高等植物在性器官发生的雌雄配子融合事件在离体条件下得以实现；另一方面，更重要的意义是原来受性器官影响而不能融合的远缘植物雌雄细胞融合成为可能。

（4）亚原生质体-原生质体融合　这是指亚原生质体（subprotoplast）与完整原生质体间的融合。亚原生质体指形态和结构上不完整的较小原生质体。用于融合的亚原生质体主要有：①小原生质体（miniprotoplast），即具有完整的细胞核，含有部分细胞质的原生质体；②胞质体（cytoplast），即无细胞核，只有细胞质的原生质体；③微原生质体（microprotoplast），即只有1条或几条染色体的小原生质体，也叫微核体。因此，亚原生质体-原生质体融合实际包含了小原生质体与原生质体融合、胞质体与原生质体融合和微核体与原生质体融合三大方面。和前面几种原生质体融合不同的是，亚原生质体与原生质体融合前，先要获得亚原生质体。亚原生质体主要通过化学药剂处理结合高速离心获得。采用细胞松弛素B（cytochalasin B，CB）处理原生质体或用Percoll等渗密度超速离心是获得亚原生质体的常用方法。

3. 对称融合和非对称融合　从原生质体融合的性质上，还可将原生质体融合分为对称融合和非对称融合。

（1）对称融合　对称融合（symmetric fusion）是原生质体融合的主要形式。所谓对称融合，是指融合的两亲本原生质体都有完整的细胞核和细胞质，能够产生细胞核和细胞质重组杂种。这种融合方式在农艺性状互补的体细胞杂种方面有一定的优势，但由于它综合了双亲的全部性状，在导入有利性状的同时，也带入了一定的不利性状。同时，这种融合，当融合亲本亲缘关系较近时，能够产生对称杂种（symmetric hybrid），当亲缘关系远时，对称融合的杂种细胞在进一步发育中，由于细胞分裂的不同步可能造成一方染色体的部分或全部丢失，最后产生不对称杂种植株（asymmetric hybrid）。

（2）非对称融合　非对称融合（asymmetric fusion）指利用物理或化学方法使某亲本细胞的核或质失活后再进行融合。非对称融合还可分为3种类型，一种为一亲本的细胞核与另一亲本的细胞质融合，这种融合将产生核质杂种；第二种为一亲本完整细胞与另一亲本细胞质融合，这种融合将产生胞质杂种；第三种类型叫微核技术（micronucleus technology），是以植物原生质体经微核化处理后形成的、被细胞膜包裹、内含少量细胞质和一条或几条染色体的微核作为供体，与另一质核基因组完全正常的原生质体融合产生不对称杂种的技术。微核技术的主要特点是克服了远缘植物对称融合杂种细胞再生难的特性，能有效地向供体转移单条或多条染色体，获得异附加体或异附加系。微核技术是近年来在原生质体融合技术的基础上发展起来的一项新技术，其使遗传关系较远的种、属、科植物，甚至更远的植物获得转移染色体和基因的杂种植株成为可能，开创了植物原生质体融合的新领域，在植物遗传和育种研究中有重要的理论和实践意义。

4. 非对称融合中的原生质体前处理

（1）供体原生质体的处理　对供体原生质体处理的目的是造成供体细胞核的钝化或染色体的断裂等，从而使供体染色体进入受体后大部分丢失，达到向受体转移部分遗传物质的目的。供体原生质体的处理主要是用X射线、γ射线和紫外线（UV）照射原生质体、限制性核酸内切酶处理原生质体、纺锤体毒素处理原生质体等多种方法，以射线处理应用最多。用于射线处理的材料多为原生质体，处理后用洗液洗两次即可用于融合。但一些研究是先对分离原生质体的材料（悬浮细胞、愈伤组织及用叶片分离原生质体的小植株）进行辐射处理，然后再分离原生质体。一些研究在用酶分离原生质体的同时进行辐射处理。辐射处理的组织不同，使用的射线剂量也不一样，原生质体比悬浮细胞对射线处理更敏感。辐射处理后的组织或细胞分离原生质体的质量和数量下降。

（2）受体原生质体的处理　在非对称融合中，为了使杂种细胞能直接被筛选，对受体原生质体不处理或用一些代谢抑制剂如碘乙酸（iodoacetic acid，IA）、碘乙酰胺（iodoacetamide，IOA）和罗丹明 6 - G（rhodamin - 6 - G，R - 6 - G）等来处理，使受体原生质体的正常代谢活动受抑。R - 6 - G 抑制线粒体氧化磷酸化，IA 和 IOA 都可与磷酸甘油醛脱氢酶上的—SH 发生不可逆的结合，抑制该酶的活性，从而阻止 3 -磷酸甘油醛氧化成 3 -磷酸甘油酸，使细胞中的糖酵解不能进行。线粒体氧化磷酸化和糖酵解都是在细胞中产生能量的过程，这些代谢途径受抑，细胞就不能正常生长和发育。受代谢抑制剂处理的受体细胞和未受代谢抑制剂处理的供体细胞融合，代谢上就可获得互补，从而使杂种细胞能够正常生长、发育，非对称融合将产生非对称杂种。

（3）亚原生质体的制备　亚原生质体可以通过原生质体梯度离心、使用细胞松弛素 B 处理等方法制备。密度梯度离心的基本原理是：原生质体在高速离心过程中由于离心力的作用，原生质体显著变形、拉长，不同密度的细胞组分处于不同的渗透梯度中，细胞核组分密度大，移向离心管的底部，而含液泡的细胞质部分密度小，朝向离心管顶部，随着离心时间的延长，含有细胞核的部分与含液泡的细胞质部分分离，从而产生带有细胞核的微原生质体和含液泡的胞质体。

细胞松弛素 B（cytochalasin B）处理能引起植物原生质体排核，经离心后可获得胞质体（cytoplast）和微核体（microkaryoplast）。细胞松弛素 B 处理获得亚原生质体技术源于动物细胞，1967 年，Catter 发现细胞松弛素 B 处理体外培养的动物细胞能诱发其排核。1972 年，Prescott 借助细胞松弛素 B 的这种作用，并结合高速离心成功地排出了一种哺乳动物的核而得到了胞质体。进一步的研究表明，胞质体能在正常的培养条件下至少存活 16～36 h。电子显微镜研究表明，胞质体内的细胞器与完整细胞相同，即具有内质网、线粒体、溶酶体、高尔基体、中心体等及微丝、微管等骨架系统，各细胞器仍占有固定位置。线粒体的运动十分活跃，线粒体膜上各酶系的分布及氧化磷酸化过程多照样存在。胞质体内虽然不像有核细胞那样具有 DNA 的复制，但线粒体内自主性的 DNA 能进行有限的复制，蛋白质的合成在排核后一段时间内仍在持续。胞质体的这种性质，使其作为亚原生质体进行原生质体融合转移细胞质基因成为可能。另一方面，细胞松弛素 B 在排核形成胞质体的同时，还产生了小原生质体和微原生质体（微核）。近年来，细胞松弛素 B 也被用来处理植物原生质体引起排核来获得亚原生质体。

Lorz（1984）总结了用梯度离心和细胞松弛素 B 与梯度离心相结合的亚原生质体的制备方法（表 12 - 1）。在这两种方法中，都设有离心梯度。在制备时，先将溶液 1 到溶液 4 依次分层置于离心管中，不混合，形成不连续的梯度。在吊桶式转头离心机中放入 2×10^5～5×10^5 个原生质体的 10 mL 离心管，梯度 A 在 37 ℃下以 20 000～40 000g 离心 15～20 min，梯度 B 在 12 ℃下以 20 000～40 000g 离心 49～90 min。离心后，无细胞核的胞质体位于梯度溶液的顶部，而有细胞核的微原生质体在溶液 1 和溶液 2 之间形成一条带，用移液管分别吸出，重新悬浮于原生质体培养基中，用于原生质体的融合。

Ramulu 等（1995）发展了制备微核原生质体的方法，首先用羟基脲（hydroxy urea，HU）和蚜栖菌素（阿菲迪克林，aphidicolin）诱导植物细胞分裂同步化，然后用甲胺膦（aminophospho-methyl）和秋水仙素或 oryzalin 处理，抑制细胞中微管的多聚化作用，使细胞停滞在分裂中期，诱导细胞中形成高频率的微核。接着，从植物细胞中分离原生质体，用聚蔗糖等渗密度梯度离心（$10^5 g$，2 h）获得微核原生质体，后用孔径为 48 μm、20 μm、15 μm、10 μm 和 5 μm 的网筛依次过滤，富集微核原生质体。

表 12-1　制备亚原生质体的梯度溶液

（引自 Lorz，1984）

溶液编号	梯　度　A	梯　度　B
1	—	0.22 mol/L $CaCl_2$ 中的原生质体
2	培养基中的原生质体	0.5 mol/L 甘露醇，5% Percoll
3	1.5 mol/L 山梨醇，50 μg/mL 细胞松弛素 B	0.48 mol/L 甘露醇，20% Percoll
4	饱和的蔗糖溶液	0.45 mol/L 甘露醇，50% Percoll

二、植物原生质体融合的方法

1. **融合亲本的选择**　正确选择分离植物原生质体的亲本，是原生质体融合成功的关键。经验表明，只有采用那些既能方便融合、杂种筛选，又能形成稳定遗传重组体，并能再生的原生质体亲本组合，才能期望获得有效的研究结果。一般用于融合的原生质体需考虑以下几个方面：①在进行原生质体融合之前，应根据目的慎重地选择亲本，若是以育种为目的，双亲的亲缘关系或系统发育关系不应过远；②能分离出大量有活力的、遗传上一致的原生质体，而且双亲之中至少有一方具有植株再生的能力；③选择的亲本在原生质体融合后，应带有可供识别核体的性状，如颜色、核型、染色体差异等；④在异核体（heterokaryon）发育中有能选择杂种的标记性状，如各种有互补作用的突变体，或对某药物敏感的亲本原生质体。

2. **植物原生质体的分离**　植物原生质体的分离和纯化方法与第十一章所述完全相同，酶法分离的植物原生质体经洗剂、纯化、活性鉴定和计数之后，经离心重悬浮为高密度（10^5 左右）的原生质体悬浮液，即可用于原生质体的融合。

3. **原生质体融合的方法**　不同来源的原生质体融合需要诱导才能实现。分离的原生质体完全是球形，接触面很小，必须引进一种处理使原生质体膜之间建立紧密接触。诱导融合是一个循环进行的过程。首先，使亲本原生质体双方互相接触，进而使两者质膜紧密结合，然后逐步扩大质膜的融合面，形成一个具有共同质膜的异核体，最后在培养过程中进行核的融合。最早应用于促进植物原生质体融合的因素是 $NaNO_3$，随后，还试验过各种不同的处理，例如使用病毒、明胶、高 pH 高 Ca^{2+}、PEG（聚乙二醇）、植物凝血素抗体、聚乙烯醇、电刺激等进行融合，但在这些研究中，只有 $NaNO_3$、高 pH 高 Ca^{2+}、PEG 和电融合得到了广泛的应用。

(1) $NaNO_3$ 诱导融合　早在 1909 年，Kuster 研究证实，在一个发生了质壁分离的表皮细胞中，低渗 $NaNO_3$ 可引起两个亚原生质体的融合；Cocking（1960）提出可用 0.2 mmol/L $NaNO_3$ 做诱导剂来诱导植物原生质体融合；Power 等（1970）设计了控制条件，以 $NaNO_3$ 为诱导剂，使燕麦、玉米等根原生质体融合，使原生质体的融合试验能够重复和控制。利用这一融合剂，Carlson（1972）首先在植物中获得了第一个体细胞杂种。但这一方法的缺点是异核体形成频率不高，尤其是当用于高度液泡化的叶肉原生质体融合时更是这样，因此目前几乎不再使用。

（2）高 pH 高 Ca^{2+} 诱导融合　用钙盐〔$CaCl_2$、$Ca(NO_3)_2$〕做融合剂开始得很早（Kuster，1909），但形成这一方法主要还是受了动物细胞融合研究的启发。在探讨生物膜构型时，诱导集聚与融合的机理都涉及 Ca^{2+} 的作用，以后又发现人与鼠的细胞杂交显著地受 pH 影响，37 ℃和高 pH 高 Ca^{2+} 能诱导红血细胞的融合。既然生物膜有共性存在，动物细胞的融合与植物原生质体的融合首先都要经过膜融合，而且它们之间可能也存在着某些相同的机理。1973 年，Keller和 Melchers 研究了高 pH 高 Ca^{2+} 对烟草原生质体融合的影响，他们将分离的植物原生质体在含有 50 mmol/L $CaCl_2 \cdot 2H_2O$ 和 0.5 mmol/L 甘露醇的强碱性（pH 10.5）融合诱导溶液中离心3 min（50 g），含有原生质体的离心管在 37 ℃的水浴中培养 40～50 min 后，原生质体的融合频率很高。应用高 pH 高 Ca^{2+} 诱导融合方法，Melchers 和 Labib（1974）及 Melchers（1977）在烟草属中获得了种内和种间杂种。已报道的许多种内和种间体细胞杂种都是利用这一方法得到的。

（3）PEG 诱导融合　PEG 诱导融合是目前较常应用的原生质体融合方法，1974 年由加籍华人高国楠等提出来的，这一方法是用聚乙二醇（PEG）来融合植物原生质体，使原生质体融合频率明显提高。接着他们把 PEG 和高 pH 高 Ga^{2+} 液结合起来使用，使大豆（*Glycine max*）和粉蓝烟草（*Nicotiana glauca*）的原生质体融合率达到 10%～35%；Clebe 等用此法获得了烟草种间体细胞杂种植株；1980 年，李向辉等用稍加修改的 PEG 法获得了烟草和曼陀罗（*Datura stramonium*）的属间杂种。

PEG 诱导原生质体融合的原理是：植物原生质体表面带负电荷，这阻止了原生质体间接触，使其很难发生融合。PEG 诱导原生质体融合的机制还不完全清楚，一般认为，由于 PEG 带有阴电荷的醚键，可能使大量带阴电荷的 PEG 分子和原生质体表面阴电荷间，在 Ca^{2+} 连接下形成共同的静电链，从而促进异源原生质体的粘连和结合。在用高 pH 高 Ca^{2+} 液处理下，钙离子和与质膜结合的 PEG 分子被洗脱，导致电荷平衡失调并重新分配，使原生质体的某些正电荷基团与另一些原生质体的负电荷基团连接起来，形成具有共同质膜的融合体。采用聚乙酸乙烯酯（PVA）或聚乙烯吡咯烷（PVP）也能产生和 PEG 相似的效果。

PEG 和高 pH 高 Ga^{2+} 结合诱导原生质体融合是目前原生质体融合的主要方法之一。这一融合方法中的几种溶液配方见表 12-2。这里列出目前较广泛使用的 Kao 等（1974）建立的 PEG、高 pH 高 Ga^{2+} 融合法的一般步骤。

表 12-2　PEG 和高 pH 高 Ga^{2+} 融合的几种溶液配方

酶　洗　液	PEG 融合液	高 pH 高 Ca^{2+} 液
0.5 mol/L 山梨醇（9.1 g）	0.2 mol/L 葡萄糖（1.8 g）	50 mmol/L 甘氨酸（375 mg）
5.0 mmol/L $CaCl_2 \cdot 2H_2O$（73.5 mg）	10 mmol/L $CaCl_2 \cdot 2H_2O$（73.5 mg）	0.3 mol/L 葡萄糖（5.4 g）
dd H_2O　　　100 mL	0.7 mmol/L KH_2PO_4（4.76 mg）	50 mmol/L $CaCl_2 \cdot 2H_2O$（735 mg）
pH　　5.8	50% PEG（25 g）	dd H_2O　　　100 mL
	dd H_2O　　　50 mL	pH（NaOH 滴定）　　10.5
	pH　　　5.8	

①先制备融合亲本的原生质体，再将高密度的亲本双方原生质体（仍停留在酶溶液中）各取

0.5 mL 混合在一起，加 8 mL 酶洗液，100 g 离心 4 min。

②吸去酶液，如上再重复洗一次，将沉淀的原生质体悬浮于 1.0 mL 原生质体培养液中。

③放 1 滴液态硅于 60 mm×15 mm 培养皿中，再放一片方形载玻片（22 mm×22 mm）于液态硅滴之上。

④滴 3 滴混合双亲的原生质体于上述载玻片上，静置 5 min，让其在载玻片上形成薄薄的一层。

⑤缓缓小心地加入相对分子质量在 1 500～1 600 的 PEG 的融合液 0.45 mL 于上述的原生质体小滴的中央，盖上培养皿盖。

⑥让在 PEG 融合液中的原生质体在室温下静置 10～20 min。

⑦用移液管轻轻加入 2～3 滴高 pH 高 Ca^{2+} 液于中央，静置 10～15 min。

⑧以后每融 5 min 加入高 pH 高 Ca^{2+} 液，每次滴数逐增，共加 5 次，总共加入高 pH 高 Ca^{2+} 液 1 mL。然后在离心管中离心，吸去上清液，用原生质体培养液洗 4～5 次。

⑨加入原生质体培养基 0.3～0.5 mL，这样重悬后的原生质体及杂种细胞以微滴形式进行培养，用双层封口膜封皿的边缘，在倒置显微镜下观察细胞并计算融合率。

PEG 作为融合剂已在植物、动物以及微生物的细胞融合研究中得到广泛使用，使细胞融合跨出了分类的目内界限。PEG 平均相对分子质量变化很大，目前所使用的 PEG 相对分子质量在 1 540～6 000 之间，使用的浓度为 25%～30%，加上高 pH 高 Ca^{2+}，融合率最高时可达 100%。PEG 法融合率虽高，但一些植物种原生质体由于质膜性质强弱不一，常出现对 PEG 敏感而破碎的现象。PEG 相对分子质量的大小直接影响原生质体的融合效果，使用的 PEG 相对分子质量大，获得的融合产物比例高，但对原生质体的毒害也增大。相对分子质量低于 100 的 PEG 不能诱导原生质体紧密粘连，相对分子质量大促进原生质体黏结紧密。PEG 浓度高低的使用不当，也可影响融合的效果。另外，要注意的是，要求融合原生质体能有充分互相接触的密度，在悬浮液沉淀后能处于同一水平面，否则处理时异源原生质体不易接触融合。

（4）电融合　虽然 PEG 法诱导频率较高，但容易引起产生细胞毒性。1979 年，Senda 等利用直流电短暂脉冲，成功的诱导了萝芙木（*Rauvolfia*）单对原生质体的融合。1981 年，Zimmermann 和 Scheurich（1981）发展了大量原生质体在电场中融合的技术，基本解决了诱发融合剂的毒性问题。它的主要特点是融合率高，重复性好，方法简单，且对原生质体不产生毒害。

电融合（electric fusion）是用细胞融合仪完成的，它的基本原理是将一定密度的两亲本原生质体悬浮液置于细胞融合仪的融合小室中，接着开启单波发生器，使融合室处于低电压的非均匀交变电场中，使原生质体发生极化而形成偶极子，这样它们会自动聚集并粘连成串珠链，这个过程需要的时间短，当原生质体彼此靠近并在两个电极间排列成念珠状时，启动直流电脉冲发生器，给以瞬间的高压直流电脉冲（0.125～1 kV/cm），高压直流电脉冲可导致原生质体膜接触面发生可逆性的击穿而融合（图 12-2），因此电融合的过程是诱导粘连—电击—融合。

在电融合中，融合仪不同，其融合参数的可调范围也不同；供试的植物材料不同，原生质体电融合的参数也不一样，这要在实践中不断的摸索。电融合的主要参数有交流电压、交变电场、交变电场的作用时间、直流高频电压、脉冲宽度、脉冲次数等。蔡兴奎（2003）报道，在交变电场（AC）100 V/cm、AC 作用时间 20 s、直流脉冲电压（DC）1 100 V/cm、DC 脉冲时间 60 μs

及脉冲次数 1 次时，马铃薯叶肉原生质体的双核融合率达 40％以上。

为了减少电脉冲可能导致的物理损伤，1984 年，Chapel 等提出了改良电融合法。该法首先用精胺处理原生质体，使先发生自动粘连，再加电脉冲即可诱导融合。若将实验参数调整至最适值时，可获得多个成对原生质体的融合，融合率高达 50％。应用电融合技术，已成功地诱导了包括烟草、蚕豆、大麦、水稻、小麦等植物在内的原生质体的融合，但是，电融合法常常影响杂种细胞植株再生，所以有必要进一步研究改良此法。

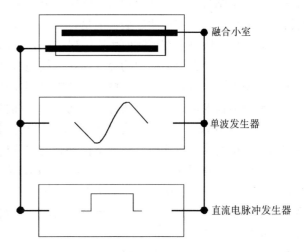

图 12-2　电融合仪工作原理
(引自肖尊安，2005)

（5）微滴培养（drop culture）与单细胞融合技术　这是 1987 年 Schweiger 等发展的融合技术，它能实现真正的 1∶1 异源融合。这一技术的原理是：在一个微滴培养基（约 50 μL）上覆盖一层矿物油，每微滴培养一个原生质体，这就相当于通常的 2×10^4 个/mL 的原生质体密度。如将异源的两个原生质体移到低离子强度的融合培养基微滴中，用一直径为 50 μm、长 10 mm 的白金电极，在倒置微镜下定位后进行融合操作，再将电融合产物移到微滴中进行培养。

第三节　体细胞杂种的筛选与鉴定

一、融合体的形成与发育

常用的原生质体融合方法，都可以使植物原生质体间发生融合，原生质体融合过程首先是发生膜融合。膜融合可分成接触、诱导、融合和稳定 4 个时期，融合后原生质体中含有双亲的全部核、质遗传物质。

膜融合后是核融合，这是原生质体融合的关键一步。核融合并不像膜融合那么简单，因为所有具有膜结构生物的细胞膜都有共性，然而不同生物的核相却差异很大，融合双方原生质体由于在核相、分裂周期等方面的差异可能导致核融合的失败或融合核发育上的不正常，由于这些情况，融合体发育受到一定的影响，而最终完成发育的融合细胞杂种的遗传组成大多都比较复杂。

二、体细胞杂种的筛选

原生质体融合后，在融合反应体系中，存在着未融合的原生质体、同质融合的同质体和异质融合的杂种细胞，而只有两个异质原生质体融合所产生的杂种细胞才是有价值的。因此，首先要将这种杂种细胞与亲本细胞及同质体细胞区分开来。利用双亲的细胞形态和色泽差异识别融合体是挑选杂种细胞的一种简便办法，但是，大多数挑选都基于隐性其因遗传互补的原理并配合以适当的培养条件。所以，在植物原生质体融合中，可以利用自然存在的遗传、生理和生化上有差异的材料或人工诱变有遗传标记的突变体作为细胞融合的亲本，以便进行杂种细胞的一次选择或多级选择。激素自养型互补选择、白化体和野生型互补选择、营养缺陷型互补选择、抗性互补选择以及机械分离技术、分子杂交法等技术均是杂种细胞鉴定与选择的方法。

1. 互补选择法　互补选择是依据融合双亲原生质体在生理和遗传特性上的互补性进行的选择，这也是植物原生质体融合中，杂种细胞的主要选择方式。

(1) 激素自养型互补选择　1972 年，Carlson 首次成功地应用遗传互补法筛选出了生长素自养的体细胞杂种。实验中所选用的两个二倍体烟草粉蓝烟草和郎氏烟草的原生质体，其生长都需要外源生长素激素，混合在一起进行融合后的杂种细胞，由于双亲的互补作用，能产生内源生长素激素，可以在无外源激素的基本培养基上生长。因此，使用无激素培养基培养融合产物，只有杂种细胞能够生长，双亲的原生质体和同质融合的同质融合体都不能生长，并很快死亡（图 12 - 3）。但这一方法是在事先已知双亲的有性杂种具有这一特点的基础上进行的，有很大的局限性。

(2) 白化体和野生型互补选择　该法即用叶绿素缺失突变体进行体细

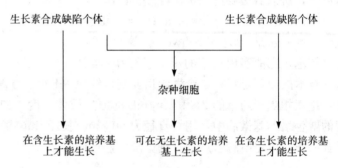

图 12 - 3　激素自养型互补选择

胞杂种的筛选。1974 年，Melchers 利用两种突变白化苗的细胞经融合互补后产生绿苗的特性，选择到曼陀罗、矮牵牛（*Petunia hybrida*）、烟草（*Nicotiana tabacum*）等种间体细胞杂种。此外，有人观察到，如用一正常深绿色植物中的叶肉原生质体与白化苗原生质体融合，往往产生淡绿色的苗。后来，Cocking 也成功用该法选择杂种，他用的材料一方是在限定培养基上能生长和分化的矮牵牛叶绿体缺失突变体原生质体，另一方是在此限定培养基上不能发育成大的细胞团的野生型拟矮牵牛原生质体，融合后，在限定培养基上选择绿色愈伤组织或幼苗杂种（图 12 - 4）。形态和细胞学的观察表明具有杂种特点。此法可以不靠事先的有性杂交知识，能广泛用于不同亲缘关系的种间融合。

(3) 生长自主互补选择　20 世纪 80 年代初发展了一种能广泛使用的选择杂种体系，主要是利用自然存在的或人工诱导的白化冠瘿瘤细胞和任一野生型植物原生质体融合。它主要是综合了白化、生长互补及对生长的反应三者在一起，而且可以根据瘤细胞的遗传标记进行杂种鉴定。李

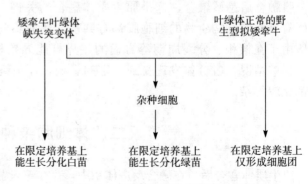

图 12 - 4　白化体和野生型的互补选择

向辉等（1981）曾以一种生长激素自主、无植株再生能力的烟草冠瘿瘤细胞 B_6S_3 为一亲本，它含有 Lgsopin 脱氢酸（LpDH）；另一亲本是矮牵牛 W_{43}，它具有与烟草 B_6S_3 完全相反的特性，即生长需要生长激素，不含 LpDH 酶，能再生完整植株，且细胞能转变成绿色。二者融合后在 D_2a 培养基上形成细胞团后，先淘汰掉白色小细胞团（有可能是由烟草冠瘿瘤 B_6S_3 原生质体发育来的），把绿色细胞团转到不含生长激素的选择培养基上，再选择绿色而且能继续生长的愈伤组织。由选出的 7 块愈伤组织，分化出 34 株绿色杂种植株，其中 6 株含有 LpDH 酶，外形倾向矮牵牛，认为是杂种植株（图 12-5）。另外一个成功的例子是，Wullems 也使烟草 B_6S_3 和烟草抗链霉素突变体原生质体融合，在含有链霉素而不含生长激素的培养基上选出了绿色能分化

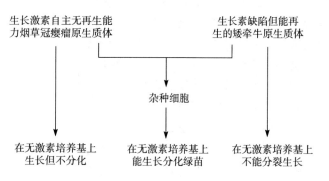

图 12-5　生长自主互补选择示意图

的植株，含有章鱼碱，为杂种性质。鉴于冠瘿瘤在很多双子叶植物中存在，因此它可能被广泛地用于融合和转化试验。这种选择方法不需要特殊的突变体。

（4）代谢互补选择　Glimelius 等（1978）用烟草两个硝酸还原酶缺失突变体——缺乏 NR 脱辅基酶蛋白突变体（nia⁻）和缺乏钼辅因子突变体（cnx⁻）来选择杂种细胞。这两个突变细胞均由于缺乏正常的硝酸还原酶而不能在以硝酸盐作为惟一氮源的培养基上生长，而杂种细胞由于两个突变体的互补作用恢复了正常的硝酸还原酶活性，因此能正常的生长和分化。利用这一互补特性，就可在硝酸盐培养基上直接将杂种细胞筛选出来（图 12-6）。

（5）营养缺陷型互补选择　营养缺陷型是最有吸引力的材料，可以在细胞培养的早期阶段选择杂种细胞。它是微生物中广泛应用的方法，由于在高等植物中能够互补的代谢缺陷的突变体的获得比较困难，因此这一方法的应用受到限制。但是这一技术还是可行的，特别是在低等植物中。如 1976 年，Schieder 用地钱的两个营养缺陷型进行原生质体融合，融合亲本之一是需要烟酸的体细胞突变体，另一亲本是叶绿体缺陷型并

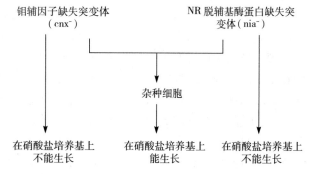

图 12-6　代谢互补选择示意图

要求葡萄糖的突变体，两种原生质体融合，得到的杂种细胞能在缺少烟酸的培养基上自养生长而被选择出来，核型鉴定表明是杂种。

（6）非等位基因互补选择　该法是利用由非等位基因控制的不同突变体之间的互补进行选择。例如，烟草有 S 和 V 两个光敏感叶绿体缺失突变体，在正常光照下，生长缓慢，叶色淡绿。但有性杂交的 F_1 杂种则能正常生长。将两个突变体原生质体融合，形成绿色愈伤组织并再生出

植株，放在 1 000 lx 强光照下，杂种叶片呈暗绿色，而对照的烟草 S 和 V 表现为淡色。这个方法要求有互补的突变体及对二者的有性杂种的认识。

（7）抗性互补选择　如果有抗性突变体或抗药性有差异的材料，就可能用于抗性互补选择杂种。例如，拟矮牵牛原生质体在限定培养基上只能分裂成小的细胞团，且不受 1 mg/L 的放线菌素 D（actinomycin - D）的限制；而矮牵牛在限定的培养基中能分化成植株，然而在上述浓度的放线菌素 D 的培养基中不能分裂。将两种原生质体融合后，在上述培养基中选出了抗放线菌素 D 的愈伤组织并发育成株（图 12 - 7），分析表明有杂种性质。Maliga 曾用抗卡那霉素，但失去再生植株再生能力的 *Nicotian sylvestris* 突变体，与有生长愈伤组织能力。但从未形成过植株的 *Nicotian knightiana* 野生型烟草原生质体融合，在含有卡那霉素的培养基

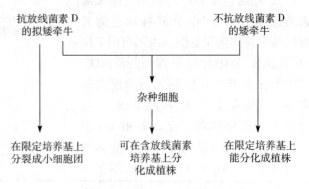

图 12 - 7　抗性互补选择示意图

上恢复了再生植株的能力，形成了杂种性质的植株。这种选择方法对育种家有重要价值。

2. 机械法　在前面已经介绍了几种选择杂种细胞的方法。它们虽然各有优点，然而在植物上目前还不像在微生物中有许多突变体可供利用，即使能获得突变体，但有些突变体不易再生。因此发展了另一类分离杂种细胞的方法：机械法。

（1）天然颜色标记分离法　该法原则上是选择那些在显微镜下能区别的两类细胞为亲本。常用的是含有叶绿体或其他色素质体的组织细胞（如叶片、茎、花等）为一方，另一方则选用悬浮培养或固体培养的细胞，不含其他色素。在异源原生质体融合后能明显识别。如用含叶绿体的绿色叶肉原生质体与含淀粉粒的白色原生质体融合，只要当融合发生便马上可检出其融合产物。初期可以见到一半绿色而另一半白色的产物。具体方法是利用两种原生质体形态色泽上的差异，在融合处理后分别接在带有小格的 Cuprak 培养皿中，每个小格中有 2～3 个原生质体，在显微镜下可以找出异源融合体，标定位置长大后转移到培养皿中培养，测定染色体的变化，比较同工酶的差异。Kao 用这种方法观察到大豆和烟草杂种细胞。Gleba 用上法选出了拟南芥菜（*Arabidopsis thaliana*）和油菜（*Brassica napus*）的融合产物。然而这种方法要求具有适于低密度原生质体培养的有效培养基。

（2）显微操作分离杂种细胞　Menczel 等用显微操作技术分离原生质体，然后逐对进行融合，选出一个异核体细胞，然后在小滴中进行微滴培养，再用处于迅速分裂状态的白化细胞做看护培养，待单细胞分裂形成细胞团后，转分化诱导杂种细胞再生植株。此法可较广泛地用于各种物种间的融合，能严格地由一组试验分离出各种单个杂种细胞克隆，有利于杂种及其后代的遗传学分析。此法比其他方法发现杂种细胞早，可以避免杂种细胞在群体培养中因野生型细胞竞争而受到抑制。但该法费时，选择量少。

（3）荧光素标记分离　该法是利用非毒性的荧光素标记亲本原生质体选择杂种细胞，适合于任何类型的细胞。其选择原理是：先在两亲本的原生质体群体中分别导入不同荧光的染料，诱导

融合后，根据两种荧光色的存在可以把异核体与双亲和同核体区别开来。

（4）荧光活性细胞自动分类器分离　Alexanda 等建议的荧光活性细胞分类装置，已用于植物原生质体融合体的选择（Galbraith，1984），它能在很短的时间内选择与分类几千个细胞。其原理是用不同的荧光剂标记双亲的原生质体，经融合处理后，异源融合体应同时含有两种荧光标记，当混合细胞群体通过细胞分类器时，产生的微滴中只有单个原生质体或融合体，用电子扫描确定微滴的荧光特征并做分类。该仪器精密昂贵，结构和操作复杂，应用此法的还不多。

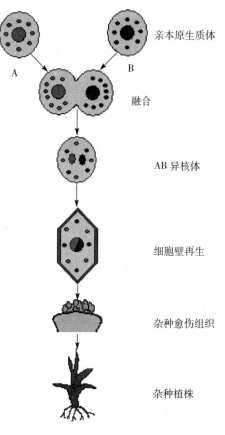

亲本原生质体

融合

AB 异核体

细胞壁再生

杂种愈伤组织

杂种植株

图 12 - 8　植物原生质体融合程序

三、杂种细胞的培养

原生质体融合后，杂种细胞的培养和培养基一般与植物原生质体培养的方法相同，培养基均进行过滤灭菌。融合原生质体在培养条件下，产生细胞壁，经细胞分裂后进一步发育成愈伤组织，将肉眼可见的愈伤组织转分化培养再生成小植株并移入田间，即获得体细胞杂种植株（图 12 - 8）。

四、体细胞杂种的鉴定

经原生质体融合、再生的体细胞杂种还需要经过进一步的鉴定认定。再生植株上的鉴定目前主要有以下几种方法。

1. 形态学比较　形态学的比较是最基本的鉴定方法。体细胞杂种植株的一个突出特点是在不同的杂种植株中，各种性状都可以产生很大的区别。形态学上的特征是介于两亲本之间或偏向于某一亲本，如叶片大小和形态、叶表毛状体密度、叶柄大小、花形、花大小和花色以及种子、植株其他的形态和结构，植株的抗病性、抗逆性等。Carlson 等（1972）获得的第一个粉蓝烟草和郎氏烟草的体细胞杂种植株，其叶片形态学和有性杂种相同；红花矮牵牛原生质体与白花拟矮牵牛原生质体融合，杂种植株的花色为紫花，这些体细胞杂种形态学上的变化，是鉴别体细胞杂种最直接的方法。在远缘植物的体细胞杂种中，形态变化更多，更易识别。由于植株的形态学的特征受环境影响大，因此，它的鉴定是初步的，而且应进行多年鉴定。

2. 细胞学鉴定　细胞学鉴定主要进行杂种细胞的核型分析。染色体的数目往往是体细胞杂种的一个重要特征，在遗传关系较近的植株原生质体对称融合中，大多杂种体细胞染色体的数目是双亲的染色体数目之和；在遗传关系较远的植株原生质体对称融合及不对称融合中，将产生染色体数目与融合亲本染色体总数不一致的不对称杂种。在格蓝氏烟草（$2n=24$）与普通烟草（2n＝48）原生质体融合中，大多数融合杂种细胞的染色体数目 2n＝72，为对称杂种；但也有部分杂种植株染色体数目少于 72 条，为不对称杂种。另外，杂种植株细胞染色体形态上也具有两亲的特点，如 2n＝24 的格蓝氏烟草有多对大染色体和一对中部着丝点染色体，普通烟草是小染色体，有 9 对中部着丝点染色体，在他们的体细胞杂种中则不但有小染色体，也有大染色体，还有 10 对中部着丝点染色体。但在大多数体细胞杂种的不同细胞中，常常还发生多种非整倍体细胞，还有染色体消除现象等。细胞学鉴定是目前杂种植株认定的主要方法之一。

3. 同工酶分析　这也是鉴定体细胞杂种的有效方法之一。同工酶是基因表达的产物，一定基因型生物个体其同工酶表达的种类及活性是稳定的，在聚丙烯酰胺凝胶电泳中能出现迁移率稳定的同工酶谱带，比较两亲本和杂种植株的同工酶谱带，就可以对体细胞杂种的真假做出认证。研究者发现，一般来自不同亲本的两种同工酶均有不同的谱带，而杂种都具有双亲谱带的总和，有时还出现新的谱带。Wetter 等在粉蓝烟草（*Nicotiana glauca*）和普通烟草（*Nicotiana tabacum*）的体细胞杂种植株中发现存在天冬氨酸酶，而在有性杂种中也有这种酶类存在，但在亲本中不存在，这表明体细胞杂种植株增生了新的多肽，形成酶蛋白。另外，一些种间和科间的杂种细胞中有明显不同的同工酶酶带，或丢失部分亲本酶带，曾做过一有趣的试验发现，当粉蓝烟草和杂种细胞再融合后，在融合后的某种杂种细胞中又恢复了丢失的亲本酶带，细胞学分析表明，体细胞杂种中，烟草的染色体又增加了。用于鉴定体细胞杂种的同工酶主要有：过氧化物酶、酯酶、细胞色素氧化酶、6-磷酸葡萄糖脱氢酶等。但同工酶的表现受植物的生长阶段、发育时期的影响，因此，在进行同工酶分析时，要使用处在同一发育时期的植物组织。

4. 分子生物学鉴定　应用 DNA 的分子标记和分子杂交技术可为体细胞杂种提供更直接的分子证据，这也是目前体细胞杂种鉴定的主要方法之一。在原生质体的对称融合中，体细胞杂种的质、核基因组都发生了融合及可能的重组，而融合双亲在质、核基因组上的差异是很大的，融合双亲的亲缘关系愈远，质、核 DNA 的差异就愈大，因此，应用 RFLP（restriction fragment length polymorphism）、RAPD（randomly amplified polymorphism）、AFLP（amplification fragment length polymorphism）、SSR（simple sequence repeats）等 DNA 的分子标记技术，通过双亲及体细胞杂种 DNA 特异性的酶切扩增、特异性片段扩增及扩增产物的对比分析，就可以准确对体细胞杂种做出认定。一些融合亲本可能带有一致的特异 DNA 序列，这些体细胞杂种还可通过分子杂交进行分析。这一技术的主要特点是鉴定速度快、鉴定更直接，能直接比较 DNA 的差异，同时，可同时对质基因组和核基因组进行比较分析。

5. 染色体原位杂交鉴定　染色体原位杂交技术（chromosome *in situ* hybridization，CISH）是 20 世纪 60 年代末建立的一种染色体的鉴定技术。它是一个整个基因组标记的技术。在原生质体融合中，对一方（供体）基因组进行标记，通过细胞制片和原位杂交，可以直接观察到体细胞杂种中供体染色体的数目及供体染色体的附加、易位等情况。该技术可以快速、准确地对对称体细胞杂种和非对称体细胞杂种做出判别，同时对不对称杂种的供体染色体附加数目、易位等做出直观的显现，是这一技术的最大优点，也是其他鉴定技术所不能比拟的。这一方法已成功地在小麦、水稻、烟草等作物的原生质体融合杂种细胞的检测中应用。

第四节　体细胞杂种的遗传

一、体细胞杂种的核遗传

通过植物原生质体的融合，实现供试亲本遗传物质的融合和重组，是原生质体培养的重要目的之一。体细胞杂种核的遗传组成，是体细胞杂种应用的关键，体细胞杂种核遗传组成与原生质体融合的方式有关。

1. 对称融合体细胞杂种的核遗传　对称融合体细胞杂种的核遗传，与融合亲本的亲缘关系、细胞分裂周期、核融合的程度等有关。亲本的亲缘关系愈近愈能获得核对称杂种。核对称杂种也叫亲和细胞杂种，这种体细胞杂种含双亲全套染色体和胞质基因，为异源双二倍体。柑橘植物亲缘关系较近，在柑橘属种间原生质体融合，亲本染色体为 $2n=18$，体细胞杂种为对称杂种，染色体数为 $2n=36$，且体细胞杂种形态一致，多居于双亲之间。Carlson 首次用粉蓝烟草（$2n=24$）和郎氏烟草（$2n=18$）原生质体融合也获得了双二倍体（$2n=42$）间体细胞对称杂种。由于该对称体细胞杂种是受两套基因组的控制，所以性状的变异也很大，除表现双亲中间性状外，一些性状的表现优于或劣于亲本。

当融合亲本亲缘关系远时，由于融合亲本发育周期的同步程度和系统发育关系较远，在核融合和以后的发育中的不正常，将产生各种类型的不对称杂种。一般来讲，在原生质体融合早期，不论亲缘关系远近，都能在有效的融合处理下形成各种融合体及异核体，然而在融合体分裂之后就有了分歧。已有的试验表明，种内及种间亲和的植物原生质体融合后的异核体多数能经过细胞分裂、细胞团分化、再生形成具有两套染色体组的体细胞杂种。然而不亲和的远缘属、科间植物原生质体融合，虽然也能形成异核体初期分裂，如大豆（*Glycine max*）和粉蓝烟草（*Nicotiana glauca*）、小麦（*Triticum astivum*）和矮牵牛（*Petunia hybrida*）等都可以产生融合细胞分裂，但在融合体分裂以后，就会出现诸如核融合失败、染色体丢失及染色体重排或形成嵌合体，最后产生不对称体细胞杂种，在产生的不对称杂种中，多为部分亲和的细胞杂种，这类杂种的大部分由于体细胞杂种在进一步发育中一亲本染色体被大量消减最终使体细胞杂种含有一个亲本的全套染色体组，而另一亲本染色体组中有少量或个别染色体甚至部分染色体片段重组于这一亲本的染色体组中，进入了同步分裂。例如 Babiychuk 等（1992）在茄科不同亚科的烟草和颠茄的原生质体融合中，体细胞杂种自发地大量消除颠茄染色体，形成具烟草（$2n=48$）的 48 条大染色体和一条颠茄小染色体的体细胞杂种，杂种形态类似于烟草，正常可育。另一个例子是通过胡萝卜（*Daucus carota* var. *sativus*）和羊角芹（*Aegopodium*）原生质体融合，将羊角芹有些基因片段整合到胡萝卜细胞核中，发育成为不对称杂种。另外，一些核不对称杂种还表现为双亲染色体的互相消除，一些核不对称杂种还出现了染色体倍性和数目增加的现象，产生更广泛的染色体变异（表 12-3）。这些不对称的体细胞杂种在再生、再生植株的育性等方面还有许多问题，如马铃薯（*Solanum tuberosum*）和番茄（*Lycopersicon esculentum*）属间原生质体融合形成的杂种植株，往往由于败育而得不到可发育的种子；大豆和烟草科间植物原生质体融合虽然能形成杂种细胞，但很难再生植株。更远的像人的 Hela 细胞和胡萝卜原生质体融合后，胡萝卜核发生退化现象。

表 12 - 3　通过原生质体融合产生的部分种间杂种的染色体变异

（引自 Chawla，2002）

融合亲本植物种及染色体数	杂种染色体数
花椰菜（*Brassica oleracea*）（$2n=18$）＋芸薹（*B. campestris*）（$2n=18$）	变化很大
甘蓝型油菜（*Brassica napus*）（$2n=38$）＋芥菜（*B. juncea*）（$2n=36$）	变化很大
南阳金花（*Datura innoxia*）（$2n=24$）＋曼陀罗（*D. stramonium*）（$2n=24$）	46，48，72
烟草（*Nicotiana tabacum*）（$2n=48$）＋心叶烟（*N. glutinosa*）（$2n=24$）	50~58
烟草（*Nicotiana tabacum*）（$2n=48$）＋*N. nesophila*（$2n=48$）	96
烟草（*Nicotiana tabacum*）（$2n=48$）＋野生种烟草（*N. sylvestris*）（$2n=24$）	72
番茄（*Lycopersicon esculentum*）（$2n=24$）＋野生型番茄（*L. peruvianum*）（$2n=24$）	48
矮牵牛（*Petunia hybrida*）（$2n=48$）＋碧冬茄（*P. hybride*）（$2n=14$）	44~48
马铃薯（*Solanum tuberosum*）（$2n=24，48$）＋*S. chacoense*（$2n=14$）	60

2. 不对称融合体细胞杂种的核遗传　原生质体的不对称融合将产生不对称的体细胞杂种，在利用射线处理供体原生质体使核钝化后进行的不对称融合中，由于受射线的处理，染色体会发生一定程度的丢失，形成的体细胞杂种核的遗传组成与辐射剂量、亲缘关系等因素有关。在原生质体融合前，用射线处理一亲本原生质体，可达到消除该亲本染色体的目的。一般而言，随辐射剂量的增加，杂种的核不对称程度增加。Yamashita（1989）用 100 Gy 剂量的 γ 射线处理油菜原生质体，消除了 1~4 条油菜染色体；当照射剂量为 200~300 Gy 时，体细胞杂种中油菜染色体被消除了 10~15 条，同时，还引起了染色体易位形成了一条特大染色体。Hinnisdaels 用 γ 射线处理矮牵牛原生质体，与 *Nicotiana plumbaginifolia* 原生质体融合，得到了附加矮牵牛 1~4 条染色体的二倍体和四倍体的 *Nicotiana plumbaginifolia*。但也有报道认为，射线剂量的增加并不一定使供体亲本染色体的丢失增加。另一方面，亲缘关系也是影响不对称融合体细胞杂种遗传组成的重要因素，亲缘关系愈远，供体染色体消除的程度愈大。

利用微核技术进行的原生质体不对称融合主要产生转 1 至几条染色体或基因的不对称体细胞杂种。这种技术最早源于哺乳动物和人类细胞生物学或细胞工程研究中，采用微细胞杂交（microcell hybridization）的方法，转移单个完整的染色体以建立单体或多体的细胞杂种。Ramulu 等（1995）在此基础上发展了植物微原生质体介导的染色体转移技术（microprotoplast-mediated chromosome transfer，MMCT），并应用这一技术将携带抗卡那霉素选择基因 *npt* Ⅱ 和 *uid*A 报告基因的马铃薯单染色体转移到烟草和番茄中，融合后 3~4 个月获得单染色体添加的杂种植株，这些植株除含有受体植物全套染色体外，还含有携带单拷贝 *uid*A 基因和单或双拷贝的 *npt* Ⅱ 基因的一条马铃薯染色体。Binsfeld 利用微核技术进行了向日葵种间的不对称融合，供体微核和受体原生质体融合后，产生了在受体 $2n=34$ 条染色体上附加 2 条供体染色体的不对称杂种。

由于核不对称杂种所含双亲染色体数不等，变异较大，在传递中也不稳定，要经过多代自交纯合并加以选择才可利用。

二、体细胞杂种细胞质基因组的遗传

与有性杂交雌雄配子的融合不同，体细胞杂种不仅有双亲核物质的融合，而且有双亲细胞质的融合，这里，融合体细胞质遗传物质的传递和体细胞杂种细胞质的遗传组成是体细胞杂种应用的前提。在植物原生质体中，细胞质基因组主要是叶绿体基因（cpDNA）和线粒体基因（mtD-NA）。

1. **体细胞杂种中叶绿体基因的遗传**　在原生质体融合的产物中，双亲的叶绿体是共存于一起的，但随着杂种细胞的分裂，愈伤组织的形成和植株的再生，来自双亲的叶绿体普遍分离，cpDNA 也随叶绿体的分离而分离。体细胞杂种中的 cpDNA 分离有随机分离和非随机分离两种，随机分离一般出现在亲缘关系较近的杂种中，而非随机分离则相反。随机和非随机分离的结果在体细胞杂种植株中，只保留了亲本任何一方的 cpDNA，随机分离在同一原生质体融合组合的后代中，双亲细胞质分离出现在杂种中的比率大约为 1∶1，而非随机分离分离比不是 1∶1，最典型的非随机分离是所有杂种的细胞质均来自亲本之一。例如普通烟草与碧冬茄属间体细胞杂种中没有碧冬茄的 cpDNA。表 12-4 列举了一些十字花科植物种间和属间体细胞杂种叶绿体的分离情况。

表 12-4　十字花科植物种间和属间体细胞杂种叶绿体的分离

（引自 Glimelius 等，1990，有修改）

体细胞杂交组合	杂种植株数	具亲本 A 叶绿体植株（%）	具亲本 B 叶绿体植株（%）	分离比
花椰菜（2n=18，CC）＋白菜（2n=20，AA） B. oleracea＋B. campestris	23	54	46	1.2∶1
甘蓝型油菜（2n=38，AACC）＋黑芥（2n=16，BB） B. napus＋B. nigra	30	88	12	7.3∶1
甘蓝型油菜（2n=38，AACC）＋花椰菜（2n=18，CC） B. napus＋B. oleracea	18	68	32	2.1∶1
甘蓝型油菜（2n=38，AACC）＋芥菜型油菜（2n=36，AABB） B. napus＋B. juncea	8	100	0	不分离
甘蓝型油菜（2n=38，AACC）＋芝麻菜（2n=22） B. napus＋Eruca sativa	24	85	15	5.7∶1

植物原生质体融合后，体细胞杂种中 cpDNA 单亲传递的现象发生于原生质体的对称融合和非对称融合中，并已得到了实验的证明。澳洲指橘与柑橘属间原生质体融合产物在胚性愈伤组织阶段，都能测到供体和受体叶绿体的存在，大多能表现出双亲叶绿体的特征带型，但在再生植株中，只有供体或受体的叶绿体特征带型（张献龙，2004）。类似的情况在烟草种间、油菜种间均有表现。

原生质体融合产物中叶绿体的单亲遗传的机理还不清楚，可能与融合前叶绿体的发育状态（前质体或叶绿体）、核-质遗传上的相容性等因素有关。

体细胞杂种中也可发生叶绿体的重组，但重组几率小，这方面的工作还不多，但已有一些实验证据。例如栽培番茄（Lycopersicum esculentum）与野生番茄（L. pennellii）的部分体细胞杂种中，发现有两亲本重组的cpDNA。

2. **体细胞杂种中线粒体基因的遗传**　与cpDNA的遗传相比，mtDNA的遗传要复杂得多，其主要的遗传特征是重组mtDNA的出现。体细胞杂种中mtDNA的重组程度也与双亲的亲缘关系有关，亲缘关系愈近，发生重组的几率愈高。Donaldson等（1994）报道，在同一亚属的普通烟草和 *Nicotiana glutinasa* 的40个体细胞杂种中，38个杂种发生了mtDNA的重组，重组率95%，只有两个杂种的mtDNA类似于烟草；同亚属的普通烟草和黄花烟草的组合中，81%的体细胞杂种发生了mtDNA的重组；而烟草与 *Nicotiana debneyi* 的亚属间杂种，大多数杂种的mtDNA与 *Nicotiana debneyi* 相同，仅有个别杂种具有重组mtDNA。与cpDNA的遗传相比，重组的mtDNA在传递中具有不稳定性，在有性和无性传递过程中可逐步达到稳定。

也有一些研究关于mtDNA非随机分离的报道，但很少。人们还注意到在体细胞杂种或胞质杂种中出现雄性不育性状的植株，其mtDNA均是重组类型。这一遗传特性可能在雄性不育的利用上有重要的意义。

三、胞质杂种

胞质杂种（cybrid）是原生质体融合中的一个重要产物，理论上，把在原生质体融合后，含有亲本一方完整的核基因组，同时含有亲本双方细胞质基因的体细胞杂种叫细胞质杂种或胞质杂种。在有性杂交中，雌雄配子融合产生的杂种细胞，核基因组来自双亲，而质基因仅来自于母体，在这种杂交中，实现了双亲核基因的融合与重组，而质基因则不能。胞质杂种为在同一核基因背景下，研究质基因的融合、重组和遗传提供了可能。另一方面，细胞质含有具重要功能的多种细胞器，并带有自主或与核基因互作影响植物活动的基因、基因组，如叶绿体基因、线粒体基因等，它们与植物的育性、光合作用、能量代谢等的许多重要功能有关。因此，胞质杂种的培育和研究在植物遗传和实践上有重要的理论和实践意义。

胞质杂种创制及研究最早源于动物。20世纪60年代中期，Catter发现细胞松弛素B的排核作用，并很快用于动物细胞得到去核的胞质体，胞质体与完整动物细胞融合产生了胞质杂种。这一技术很快也被沿用到植物原生质体融合中，利用细胞松弛素B的排核作用或Percoll密度梯度离心，均可以得到具生活力的胞质体，胞质体与正常的植物原生质体融合即可得到胞质杂种。实际上，高等植物产生胞质杂种的途径还很多，Power等（1975）曾证实，在对称融合的原生质体培养中，也有可能分离出胞质杂种，他们在矮牵牛叶肉原生质体和爬山虎冠瘿瘤细胞原生质体的融合培养中，就选出了一个只含有爬山虎染色体的胞质杂种。利用X射线、γ射线和UV射线处理使供体原生质体核钝化后与受体原生质体融合的不对称融合，也是获得胞质杂种的重要途径。

四、体细胞杂种的性状表现

迄今为止的研究结果均表明，体细胞杂种与有性杂种一样会出现新的性状，并和有性杂交一样，双亲亲缘关系愈远，后代的变异程度愈大。有性杂交的杂种与体细胞杂交的杂种之间可以进行直接的比较，但体细胞杂种各种性状具有更大变异，不仅可以出现双亲性状、双亲中间性状、超亲性状，更可产生新的性状。其总的变异幅度（以变异系数为代表）可以大大超过有性杂种的后代。

体细胞杂种具有变异幅度大的特点，大概是由以下原因造成的：①一般通过体细胞杂交实验时，所采用的两亲本的亲缘关系常常比有性杂交时更远一些；②从原生质体融合后再培养成株，培养的时间很长，培养过程可能伴随发生染色体结构和数目变异，产生多倍体、非整倍体等；③由于远缘染色体的识别或互斥，可能在培养过程中丢失部分染色体，甚至有时还会丢失某一亲本的整组染色体，这样这些染色体上的基因或基因上所携带的遗传信息就可能跟着消失了；④融合后，曾经一度合为一体的细胞质或核的遗传因素可能发生重组与分离，即随着杂种体细胞的不断分裂，可以不断发生新的重组合现象。

第五节　原生质体融合技术的应用

一、克服生殖隔离，创制新类型

植物原生质体融合，打破了植物有性杂交的生殖障碍，使获得有性杂交不亲和的种、属乃至亲缘关系更远的生物体间的细胞杂种成为可能。原生质体融合，能够产生多种用于植物遗传和育种研究的新类型。

1. 产生对称的亲和细胞杂种　即杂种细胞含有双亲的全部核、质基因组。对称的体细胞杂种有些也可以通过有性杂交产生，但在有性杂交过程中，很难像体细胞杂交那样得到核、质基因均融合的杂种，因而体细胞杂交为转移由胞质控制的特性及胞质基因的重组提供了有效途径。

2. 产生部分亲和的不对称细胞杂种　这类杂种含有一个亲本的全套染色体组，而另一亲本染色体组中有少量或个别染色体重组于这一亲本的染色体组中，进入了同步分裂，最终产生体细胞外源附加体、附加系、易位系等，成为植物遗传育种的重要种质和中间材料。

3. 产生胞质杂种　融合细胞在发育过程中，亲本之一的染色体组全部被排斥掉，细胞核中只有一个亲本的全套染色体，但细胞质是双亲的。

4. 产生核质杂种　上面3种情况中，虽然细胞核的情况不同，但细胞质是双亲的。而具有双亲细胞核和细胞质的异核体有时也可能分离出另一种类型，即具有一个亲本的细胞核和另一个亲本细胞质的核质杂种，在烟草等植物中都见到了这种情况。核质杂种是目前植物生产，特别是植物雄性不育利用的重要方面。传统的核质杂种要通过远缘杂交，6～8代的回交才能获得，而且是建立在供体双方可杂交的基础上；而原生质体融合为植物核质杂种快速有效地获得提供了新的途径和方法，同时扩充了核质杂种获得的范围，在植物遗传育种上具有重要的应用潜力。

5. 产生嵌合体　融合细胞在核融合发生之前就产生了新的核膜，并在两个子核周围形成细胞壁，以后再继续分裂进而形成嵌合体（chimera）。

6. 产生非整倍体和多倍体　在原生质体融合中，如发生多细胞融合现象，将产生多异核体，这些多异核体有时会继续发育形成杂种植株，它们可以是异源多倍体，也可能是异源非整倍体，在大部分种内或种间体细胞融合形成的杂种中，细胞染色体数目大体上没有偏离双亲染色体数目的总和，最终有些杂种植株中还会出现异源非整倍体，而且，它们可能在融合后再生的植株中还占多数。由于用于融合的双亲亲缘关系的远近不同，在融合产生的杂种植株中倍性的变化也很复杂。如胡萝卜（*Daucus carota* var. *sativus*）和羊角芹（*Aegopodium*）两个不亲和的属间杂种植株的染色体与双亲偏差很大；在粉蓝烟草（*Nicotiana glauca*）和矮牵牛（*Petunia hybrida*）体细胞杂种中，发现大量非整倍体。所以通过体细胞杂交产生各种多倍体和非整倍体是可能的，这些非整倍体和多倍体是植物遗传育种研究的重要种质资源和中间材料。人们通过原生质体融合已获得的一批种间和部分属间体细胞杂种（表 12-5），显示了这一技术在创制植物新类型上的潜力。

表 12-5　通过原生质体融合获得的部分属间体细胞杂种

（引自 Chawla，2002）

融合植物亲本及其染色体数	新产生属
萝卜（*Raphanus sativus*，$2n=18$）+甘蓝（*Brassica oleracea*，$2n=18$）	*Raphanobrassica*
甘蓝（*Brassica oleracea*，$2n=18$）+*Moricandia arvensis*（$2n=27$，28）	*Moricandiobrassica*
芝麻菜（*Eruca sativa*，$2n=22$）+甘蓝型油菜（*Brassica napus*，$2n=38$）	*Erucobrassica*
二行芥（*Diplotaxis muralis*，$2n=42$）+甘蓝型油菜（*Brassica napus*，$2n=38$）	*Diplotaxobrassica*
烟草（*Nicotiana tabacum*，$2n=24$）+番茄（*Lycopersicon esculentum*，$2n=24$）	*Nicotiopersicon*
马铃薯（*Solanum tuberosum*，$2n=24$）+番茄（*Lycopersicon esculentum*，$2n=24$）	*Solanopersicon*
毛叶曼陀罗（*Datura innoxia*，$2n=48$）+颠茄（*Atropa belladonna*，$2n=24$）	*Daturotropa*
水稻（*Oryza sativa*，$2n=24$）+稻稗（*Echinochloa orzicola*，$2n=24$）	*Oryzochloa*
拟南芥（*Arabidopsis thaliana*，$2n=10$）+芸薹（*Brassica campestris*，$2n=20$）	*Arabidobrassica*

二、转移染色体或优良基因

原生质体融合中，体细胞杂种有的可能含有被斥亲本较多的染色体，而有的可能只含有远缘亲本的个别染色体或染色体片段或甚至是个别基因。不对称融合，特别是近年来发展的微核技术使得有目的地向植物细胞转移染色体和基因成为可能。利用微核技术向受体原生质体转移外源染色体获得异附加系、异附加体及染色体易位系在烟草、油菜等作物上已获成功。利用原生质体融合进行有性过程难以实现的优良基因转移也取得了重要的研究结果。马铃薯、烟草、油菜等作物的野生资源中，存在着许多栽培种所不具有的抗病、抗虫、抗逆等性状，应用原生质体融合技术已得到了一批将野生资源中的抗性导入这些栽培作物中的种内、种间和属间杂种（表 12-6）。利用原生质体融合，改善作物品质是原生质体融合的重要目的之一。利用 C₄ 植物与 C₃ 植物原生质体融合，以提高 C₃ 植物的光合效率在十字花科和水稻上已取得了成功。Heath 等利用原生质体融合培育了亚油酸含量只有 3.5% 的甘蓝型低亚油酸油菜，提高了甘蓝型油菜的食用品质。还有一些体细胞杂种获得了育性提高、结实性变好及块茎产量提高的特性。原生质体融合在目前常规方法可利用的育种资源匮乏的情况下，为挖掘利用有性杂交之外的遗传资源提供了有效的途径和方法。

表 12 - 6　部分作物通过原生质体融合转移获得的抗性性状

(引自 Chawla，2002，修改)

融合植物组合	抗性性状
马铃薯（*Solanum tuberosum*）＋*S. chacoense*	抗马铃薯 X 病毒
马铃薯（*Solanum tuberosum*）＋*S. brevidens*	抗马铃薯卷叶病毒、枯萎病、马铃薯 Y 病毒
马铃薯（*Solanum tuberosum*）＋康氏茄（*S. commersonii*）	抗冻性
马铃薯（*Solanum tuberosum*）＋*S. bulbocastanum*	抗线虫
烟草（*Nicotiana tabacum*）＋*N. nesophila*	抗烟草花叶病毒
烟草（*Nicotiana tabacum*）＋*N. nesophila*	抗烟草虾壳天蛾
欧洲油菜（*Brassica napus*）＋*B. nigra*	抗根朽病菌
欧洲油菜（*Brassica napus*）＋欧白芥（*Sinapis alba*）	抗 *Alternaria brassiceae*
甘蓝（*Brassica oleracea*）＋*B. napus*	抗黑腐病
大麦（*Hordeum vulgare*）＋*Daucus carota*	耐冻性、耐盐性

三、转移细胞质基因组

利用原生质体融合转移细胞质基因组，是原生质体融合应用的另一重要方面。研究表明，细胞质基因组的两个重要基因组在植物生命活动中起着重要的、无法代替的作用，mtDNA 与植物能量代谢、雄性不育等重要代谢过程和重要性状有关，cpDNA 基因组编码一些抗生素抗性、RuBPcase 组分Ⅰ蛋白的大亚基合成的作用，这些重要的基因在有性繁殖中是很难交流的，原生质体融合使得细胞质基因的转移、交流和重组成为可能。转移胞质基因最成功的例子是胞质雄性不育（cytoplasmic male sterility，CMS）基因的转移。CMS 是高等植物中普遍存在的细胞质遗传性状，由线粒体基因决定，能导致植物花粉败育，被广泛应用于杂种优势利用。野败型雄性不育广泛用于水稻杂种优势的利用中，Bhattacharjee 等采用原生质体融合将野败型雄性不育性状转移到可育的水稻中，获得的核质杂种花粉败育，自交不结实，与各自可育亲本回交后，获得了不育的回交一代植株。由融合获得的 CMS 系与恢复系杂交，恢复育性。用原生质体融合技术转移 CMS 培育植物雄性不育系比常规通过回交转育培育植物 CMS 系所用的时间短、效率高，是一个有效可行的技术和方法，并已在烟草、水稻、矮牵牛、胡萝卜、油菜、黑麦草等重要植物中获得成功。

尽管原生质体对称融合能够转移 CMS 基因，但原生质体的不对称融合，特别是用胞质体融合效率更高。通过 X 射线、γ 射线、紫外线诱导供体核钝化的原生质体和去核的胞质体融合转移细胞质基因，减少了供体核对细胞核和细胞质基因组的干扰，有利于细胞质基因的表达，这方面有不少成功的报道。Sakai 等利用胞质体-原生质体的融合，将胡萝卜的 CMS 基因转移到油菜中，获得了新的 CMS 型油菜。

利用原生质体融合进行细胞质基因的转移，是一个非常诱人的研究领域，细胞质中的重要基因都可以通过这一方法有目的地转入受体植物。

◆ 复习思考题

1. 何谓原生质体融合？

2. 与有性杂交相比，原生质体融合有何特点？

3. 原生质体融合有哪几种主要方法？各有何优缺点？

4. 何谓对称融合？何谓非对称融合？

5. 何谓亚原生质体？用于原生质体融合的亚原生质体有哪些？

6. 何谓胞质杂种和核质杂种？它们是怎样形成的？

7. 以激素自养型互补、营养缺陷型互补和抗性互补为例，说明利用互补选择体细胞杂种的原理和方法。

8. 简述非对称融合体细胞杂种的遗传特点。

9. 简述体细胞杂种 cpDNA 的遗传特点。

10. 简述体细胞杂种 mtDNA 的遗传特点。

11. 试论原生质体融合在外源基因转移上的作用和潜力。

◆ 主要参考文献

[1] 李宝健，曾庆平. 植物生物技术原理与方法. 长沙：湖南科学技术出版社，1990

[2] 肖尊安. 植物生物技术. 北京：化学工业出版社，2005

[3] 朱至清. 植物细胞工程. 北京：化学工业出版社，2003

[4] H. S. 查夫拉著. 许亦农，麻密主译. 植物生物技术导论. 北京：化学工业出版社，2005

[5] 张献农，唐克轩. 植物生物技术. 北京：科学出版社，2005

[6] 王蒂. 植物组织培养. 北京：中国农业出版社，2004

[7] 焦瑞身等. 细胞工程. 北京：化学工业出版社，1989

[8] Indra K Vasil. Cell Culture and Somitic Cell Genetics of Plants，Volume 3. Plant Regeneration and Genetic Variability. Academic Press, Inc., 1986

[9] Evans D A，Sharp W R，Ammirato P V（edi）. Handbook of Plant Cell Culture，Volume 4. Techniques and Applications. New York：MacMillan Publishing Company，1986

[10] Narayanaswamy S. Plant Cell and Tissue Culture. New Delhi：Tata McGraw-Hill Publishing Company Limited，1994

[11] Motegi T，Nou I S，Zhou J，Kanno A，Kameya T，Hirata Y. Obtaining an ogura-type CMS line from asymmetrical protoplast fusion between cabbage (fertile) and radish (fertile). Euphytica. 2003 (29)：319～323

第十三章 植物体细胞无性系变异

植物细胞在离体培养条件下，由于生物钟的强行逆转能发生一系列的遗传变异，这种被称为细胞无性系的变异广泛存在于离体培养的植物组织和细胞中，植物细胞全能性概念的提出及证实为这一遗传变异的选择和利用奠定了理论基础。研究离体条件下植物细胞的遗传和变异规律并加以利用，已成为现代遗传学的重要内容之一。

第一节 植物体细胞无性系变异

一、植物体细胞无性系变异的概念

体细胞无性系变异（somaclonal variation）是指植物的组织、细胞、原生质体在离体培养的条件下所得的培养物及再生植株的变异。在植物组织或细胞培养中，离体培养的植物组织、细胞和再生植株会出现各种变异，这些变异可分为外遗传变异（epigenetic variation）和可遗传变异（heritable variation），前者是由于生理上的原因造成的，是不遗传的，在有性或无性繁殖中会很快消失；而后者则是培养细胞内遗传物质（DNA）发生的一种永久而能遗传的变化，这种变异在有性或无性繁殖中能稳定地传递。植物体细胞无性系变异主要是指可遗传的变异。体细胞无性系变异理论的确立是近代植物体细胞遗传学研究的重要内容，是一种很有潜力的修饰植物基因的方法。

对于体细胞无性系的概念有不同的认识。早期提出把来源于愈伤组织和原生质体的再生植株分别称为愈伤组织无性系（calliclone）和原生质体无性系（protoclone）。Larkin 和 Scowcroft（1981）提出由任何形式细胞培养所得到的再生植株统称为体细胞无性系（somaclone），而将这些植株所表现出来的变异称为体细胞无性系变异（somaclonal variation）。Evan 等（1984）认为，somaclone 一词不能包括由花粉来源的再生植株，提出了用配子无性系（gametoclone）表示由配子组织来源的再生植株；后又提出了孢子体体细胞无性系（sporophytic somaclone）和配子体无性系（gametophytic somaclone）两个概念。王关林等（1991）认为，体细胞无性系变异的概念应该包括培养细胞的变异、愈伤组织的变异及再生植株的变异，其定义为：任何形式的细胞培养物产生的变异统称为体细胞无性系变异，通过在名词前面加定语来体现体细胞无性系的来源，如来源于单细胞培养的无性系简称单细胞无性系或同源细胞无性系，其变异则称同源细胞无性系变异；来源于原生质体培养的无性系简称原生质体无性系，其变异称原生质体无性系变异；来自花粉培养的无性系简称为花粉细胞无性系或单倍体细胞无性系。细胞无性系变异主要表现在培养细胞的形态结构和生长能力的变化，细胞器官分化或体细胞胚胎发生能力的改变，以及再生植株形态特征和性状的变化等。

二、植物体细胞无性系变异的特点

体细胞无性系变异在植物界普遍存在，既不局限于物种，也不局限某些特定的器官。植物组织培养中的细胞、组织和再生植株都可能出现变异，变异所涉及的性状也相当广泛。体细胞无性系变异几乎可以在所有的植物类型上发生，有时甚至高达90%以上。早在1969年，Sacristan和Melchers首先注意到长期继代培养的烟草愈伤组织再生的植株出现各种形态学变异，经细胞学检查证明，变异株是染色体数目异常的各种非整倍体。1970年，Carlson和Filner等几乎同时分别从通过诱变剂处理的单倍体烟草细胞和矮牵牛细胞中成功地筛选出突变体。Heinz和Mee（1969，1971）发现甘蔗组培苗有分蘖过多、生长缓慢现象，再生植株中观察到高频率的变异植株，首次在幼叶和幼茎愈伤组织再生的无性系中观察到形态学、细胞遗传学和同工酶谱的变异。斐济的Krishnamurthi和Tlaskal（1974）从甘蔗幼茎愈伤组织再生的无性系中筛选抗斐济病毒病和霜霉病的株系，表现抗病性增强，有的兼抗两种病害。Heinz等（1977）也报道，从对斐济病高度敏感的甘蔗品种再生的735个再生植株中，有181株表现不同程度的抗病性，在无性系中也观察到抗眼斑病的株系。之后，人们陆续从曼陀罗、大麦、水稻、黑麦、小麦、菠萝、番茄、香蕉、玉米、马铃薯等不同植物的离体培养中，发现了大量的、极其丰富的体细胞无性系变异，特别是具重要应用价值的优良变异，并且一些重要的优良变异已被成功分离并被用于作物育种实践。实践证明，体细胞无性系变异是植物遗传变异的一个重要形式，在植物遗传改良中具有重要的研究和利用价值。

体细胞无性系变异的特点主要表现在：①体细胞无性系变异是植物组织与细胞培养中的一种广泛存在的现象；②变异涉及的性状相当广泛，包括数量性状、质量性状、染色体数目、生理生化特性等方面；③体细胞无性系变异是可遗传的，能够通过有性或无性过程进行传递；④无性系变异的频率高低与外植体的来源及培养时间的长短有关；⑤变异幅度大但畸变频率低，单个或少数基因变异占较大比例，一般再生植株两代基本可以得到稳定，同时还具有隐性性状活化的特点。

三、植物体细胞无性系变异的来源

植物体细胞无性系变异主要来自下述两个方面。

一方面，在离体培养条件下，由于植物细胞的全能性，使得那些在个体水平上不易表现出来的体细胞突变在细胞水平和再生植株水平上表现出来。可以这样认为，植物组织和细胞培养中出现的一部分变异可能来源于外植体细胞在离体之前的变异。这方面已有实验证据，例如一些植物胚乳细胞培养中出现的染色体的不稳定变异现象，在刚分离的胚乳细胞中也存在。同时，多细胞外植体的细胞种类并非完全一致，可能会存在内多倍性、体细胞突变等现象，如韧皮部细胞、薄壁细胞、木质部细胞等来源于不同组织、染色体倍性存在差异的细胞，在不同组织内的分化和生长是非同步的，当外界条件改变时，这些细胞的发育就会改变方向，从而产生变异。预先存在变异包括内复制造成的细胞间染色体倍性差异、体细胞突变、DNA 甲基化状态的变化等，由不定芽再生导致嵌合体的分离是最明显的预先存在变异的表现，如果树普遍存在的嵌合体是由不同遗传组成的组织和细胞构成，虽然它在原植株中未能表现出来，但经组织培养后有可能表达于某些再生植株中，McPheeters 和 Skirvin（1983）发现，来源于有刺黑莓的无刺嵌合体，在组织培养后获得半数短刺或者无刺的再生植株。

另一方面，植物组织或细胞在脱分化（dedifferentiation）培养或继代培养过程中，植物细胞生物钟的强行逆转可能造成细胞代谢或细胞分裂上的不平衡而导致了某些基因结构、表达及染色体结构和数目上的变异，这种变异是体细胞无性系变异的主要部分。Mecoy fliol 等观察到燕麦再生株的变异频率随培养时间的延长而增加，这表明变异的发生与培养时间有关。Thomas 等（1982）从单个马铃薯原生质体再生出一些植株，这些来自同一细胞的再生植株具有明显不同的变异，表明是在培养阶段发生了变异。培养中诱导产生的变异主要受培养类型、外植体类型（或组织来源）、培养条件、培养物的年龄、遗传组成（或基因型）、有丝分裂重组等因素的影响。一般说来，离器官化生长越远，时间越久，体细胞无性系变异频率就越高。从腋芽、茎尖和分生组织进行培养要比从无分生组织功能的叶、根、细胞和原生质体培养产生的变异少。

第二节　体细胞无性系变异的遗传基础

植物体细胞无性系变异有细胞水平上的染色体结构、染色体数目变异及分子水平上的基因突变、碱基修饰、基因扩增和缺失、基因重排以及转座子的激活而影响到细胞核质基因的表达等方面。分子水平上的遗传饰变是植物体细胞无性系变异和利用的主要方面。

一、染色体数目变异

离体培养物及再生植株的染色体数目变异，被认为是无性系变异发生的最主要的证据和来源，也是人们最容易鉴别和接受的变异类型。在大麦、小麦、玉米、水稻、马铃薯、甘蔗等作物的愈伤组织、再生植株和原生质体培养中发现了广泛的染色体数目变异。染色体数目的变异包括非整倍体（aneuploid）、一倍体（monoploid）、多倍体（polyploid）、双二倍体和混倍体（mixoploid）等，其中非整倍体发生的频率最高。在异源八倍体小冰麦杂种的愈伤组织中，观察到有40.1％的细胞表现出变异，其中非整倍体细胞较多，占变异细胞总数的57％；而在再生植株中，有 37.50％出现染色体数目变异。Singh（1986）在大麦的愈伤组织中观察到了单倍体（$2n=x=7$）、三倍体（$2n=3x=21$）、四倍体（$2n=4x=28$）等细胞，说明愈伤组织细胞中遗传组成的多态性。李文祥发现玉米胚乳愈伤组织和再生植株发生大量的染色体数目变异，愈伤组织有 34.26％是整倍体细胞（10，20，30，40，50，其中三倍体为 9.5％），有 65.74％为非整倍体细胞（5～49）；再生植株有 35.97％为整倍体（其中 8.69％为三倍体），64.03％为非整倍体，并表现明显的株间差异。在其他（如水稻、小麦、甘蔗、柑橘等）作物上也有许多类似的研究报告。花粉培养过程中染色体的自然加倍，花粉单倍体细胞转变为二倍体的现象是常见现象。

植物组织的离体培养，尤其是继代培养的细胞常出现细胞分裂和染色体行为的异常，这是引起愈伤组织细胞中染色体数目、组型变化的主要原因。多倍体的产生可能是纺锤体功能受阻而形成了加倍核，或是由于无丝分裂形成多核细胞，而后发生核融合；单倍体来源于二倍体或多倍体细胞的多极分裂；非整倍体来源于无丝分裂或有丝分裂后期染色体落后而造成的染色体丢失、染色体不分离，或由于染色体数的不均等分裂，使得子代细胞的染色体数目发生了增减，从而导致了非整倍体的形成。但染色体倍性的变异并不一定都会影响到表现型的变异。属间杂种再生植株中所产生的非整倍体，若是外源染色体有选择性丢失的结果，那么这些材料在遗传分析和育种实践上都将很有价值。在栽培大麦和芒颖大麦草杂种再生植株中，有 5%～10% 的单倍体或近等单倍体，发现所丢失的染色体均为外源染色体，而且在丢失之前已经与大麦染色体发生了相互易位。类似的研究也发现，随着野生种的不同，其与栽培大麦间杂种再生植株的非整倍体，表现丢失染色体的情形不同，有的是外源染色体丢失，有的却是大麦染色体丢失。

二、染色体结构变异

染色体结构变异是产生体细胞变异的主要机制。染色体结构变异可以大致分为染色体型和染色单体型两大类，染色体型包括染色体环、双或多着丝点染色体、端部着丝点染色体和染色体缺失；染色单体型包括假嵌合体、染色单体缺失与互换以及染色单体损伤。染色单体类型的结构变异发生于 S 期或 G 期，而双或多着丝点染色体是结构变异中最为显著和常见的一类。Jelaskal 等在蚕豆培养细胞的染色体分带检查中发现 C 带带型明显变化，在小冰麦再生植株及愈伤组织细胞中观察到染色体的易位、倒位、缺失等现象。另外，Orten 和 Steid 在大麦×芒麦草杂种无性系变异中观察到二价体和多价体的增加，而杂种实生苗却无此现象，推测染色体联会增加可能是由于易位或抑制配对基因缺失所致。

染色体结构变异造成遗传物质的重排和丢失，可能是引起植株表现型发生变异的原因之一。遗传上的重排可导致一些基因的丢失和原来其他一些"静止"基因的活化，引起丢失或在一些情况下关闭某个显性基因，从而使隐性基因表达。染色体结构的变异不仅使染色体断裂处的基因受到影响，也会使邻近的基因，特别是那些调节转录的基因同样受到干扰。如果在不同位点上发生染色体重联或移位，则远端基因的功能也会改变。因此，易位、倒位、重复和缺失会由于基因位于一个新的位置而诱导一种新的表现型，这种位置效应的间接遗传学效应，可以改变基因表达的时间和组织特异性，且能彻底改变基因的表达程度。

三、有丝分裂交换

有丝分裂交换（MCO）或称体细胞交换在烟草、大豆、棉花、果蝇等生物中均有报道，这也是体细胞无性系变异的一个方面。有丝分裂交换可以包括对称重组和不对称重组，非同源染色体间的非对称交换会产生体细胞突变体，体细胞姊妹染色单体的不对称交换，将导致遗传物质的缺失和重复，从而发生变异。

有丝分裂体细胞交换重组由于位置效应可能影响到断裂位点基因、邻近基因及相关较远基因的功能，同时也可能造成一些基因表达的沉默。

四、基因突变

基因突变是指基因序列中碱基发生了改变，导致由一种遗传状态转变为另一种遗传状态，基因突变被认为是体细胞无性系变异的重要来源之一。单基因突变在许多作物上已经表现出来，并且大多数是稳定遗传的。对玉米、烟草、水稻等的观察说明，单基因突变的再生植株后代，表现出典型的孟德尔隐性遗传。Phillips 等（1987）从玉米的再生植株中分离出 45 个突变类型，包括胚乳缺陷型、矮生型、斑马状条纹叶、多分枝、雄性不育等。近年来，随着分子生物学的迅速发展，分子生物学技术被用来检测体细胞无性系变异是否发生基因突变。Brettell（1986）等从 645 株玉米杂种胚培养再生植株中提取 DNA，通过 Southern 印迹分析，发现一个稳定遗传的 Adhl（玉米乙醇脱氢酶）位点突变体，对突变基因 Adhl-Usv 进行克隆后，碱基序列分析发现此突变基因的第 6 号外显子发生了单碱基对的改变，一个编码谷氨酸的三联体密码 GAG 中的 A 转换为 T，导致多肽序列中的谷氨酸被缬氨酸代替。在拟南芥的愈伤组织细胞中发现了 2 个突变细胞系 Roo2 和 Roo6，在 Roo2 中没有检测到 ADH 酶蛋白和 mRNA 有何变化，但在 adh 基因座阅读框架上碱基 T 代替了 C，而形成终止密码子 TAG；在 Roo6 中仍存在正常水平的无活性的酶蛋白和 mRNA，原因是阅读框架上的碱基 G 突变为 A，结果使 ADH 酶活性中心上的半胱氨酸转变为酪氨酸。用相似的方法，在拟南芥和烟草的乙酰脲抗性突变体中发现乙酰乳酸合成酶基因发生了点突变，抗性为单基因显性遗传。

五、基因扩增与丢失

基因扩增是细胞内某些特定基因的拷贝数专一性地大量增加的现象，是细胞在短期内为满足某种需要而产生足够基因产物的一种调控手段。研究表明，在正常的组织培养条件下，植物基因组会发生扩增和丢失，并且在 20 世纪 80 年代初就被认为是体细胞无性系变异原因之一。Dhillon 等在烟草的花粉植株中发现异染色质增加了 12%。在水稻中，一些重复序列在组织培养中有明显的选择性扩增，愈伤组织 DNA 重复序列与叶片相比有 5～70 倍的拷贝数差异，而不同品种的叶片间的差异只有 2～3 倍。Wang（1990）从栽培稻及其悬浮培养物中提取 DNA，转移到硝酸纤维素膜上，与同位素标记的 DNA 高度重复序列探针杂交，检测到在未分化的培养细胞中的这些高度重复序列扩增了 75 倍。在抗性选择的过程中，受选择剂抑制的一些合成酶的基因也经常发生扩增，使酶水平相应提高，从而维持细胞正常生长。

基因丢失是在细胞分化过程中通过丢失某些碱基序列而失去基因活性。体细胞无性系变异中核糖体 DNA（rDNA）及其间隔序列以及一些重复序列，容易发生 DNA 序列的丢失。Cullis 等在亚麻中用重聚动力学分析发现，再生株中核糖体顺反子发生了丢失。Brettel 观察到小黑麦再生植株 1R 染色体上 rDNA 间隔区序列减少了 80%。对大豆悬浮培养物的 DNA 测定也发现细胞中 DNA 丢失，如延长培养时间，DNA 丢失可达 1/3。同样发现，长期培养的甜瓜愈伤组织细胞中散置重复序列大量减少。目前还不清楚在体细胞无性系中 DNA 序列减少对细胞脱分化、再分化及植株再生有何生物学意义。

六、基因重排

基因重排是指 DNA 分子内部核苷酸顺序的重新排列，在组织培养细胞脱分化时期发生基因重排，这是无性系变异的另一原因。玉米栽培系 A188 的培养细胞中，玉米储藏蛋白基因座位有高频率的基因出现重排现象，重排起源于 DNA 复制过程中的同源染色体重组和缺失、倒位和插入（Das，1990）。由于核基因组体积较大，研究起来较为困难，所以主要对线粒体 DNA（mtD-NA）和叶绿体 DNA（cpDNA）的重排进行研究。mtDNA 和 cpDNA 通常具有很大的保守性，与 cpDNA 相比较，高等植物的 mtDNA 变化较大（218~2 500 ku），而且含有 2 个或多个线状或环状质粒。通过组织培养技术，可导致 mtDNA 产生较大的变异。对多种植物的限制性片段分析，已发现来自整体植株和培养细胞的 mtDNA 存在很大的不同。Hartmann（1989）将小麦幼胚愈伤组织继代 1 次和继代 6 次后获得的再生植株相比较，发现后者的 mtDNA 发生重排，并且培养的时间越长，再生植株 mtDNA 变异程度越大。2 年培养的油菜细胞 mtDNA 存在广泛的重排，发现至少有 2 个倒位和 1 个比较大的重复；在整体植株中具有 1 个 11.3 kb 的线性 mtDNA 片段，但是在培养细胞中则未出现。此外，培养时间越长，再生植株的 mtDNA 变异程度越大，mtDNA 基因组重排可能是细胞脱分化时期发生的，短时间的培养不会导致线粒体基因组不可逆的重排。

七、碱基修饰

有的植物器官组织经过一段时间的离体培养，基因组中的碱基就会发生某种化学修饰如甲基化，DNA 甲基化变化是真核生物基因表达调控的一种方式。一般认为，甲基化程度越高，基因的表达水平越低。甲基化影响表达的可能机理是某些与蛋白质特异结合位点 DNA 的胞嘧啶甲基化后，蛋白质与 DNA 的结合被抑制，或者相反，蛋白质更易与 DNA 结合。检测甲基化状态通常需要使用成对限制性核酸内切酶（如 $HpaⅡ$ 和 $MspⅠ$），这两种酶的切点都是 CCGG；$HpaⅡ$ 识别并切割未甲基化的 CCGG 序列，但是对甲基化的 CG（CmG）则不起作用，当靠外的 C 甲基化后，$MspⅠ$ 不起作用。当运用这类成对的酶酶切 DNA 后，如果检测到的 DNA 片段的长度有差异，则被认为是甲基化状态不同引起。Brown（1989）发现，玉米体细胞无性系的有些再生植株与对照相比是超甲基化的，有些更容易被 $HpaⅡ$ 切割，表明甲基化的趋势发生了改变；而且在玉米的组织培养中，甲基化变化在基因组中的分布不是随机的。同一块愈伤组织再生的植株中，甲基化状态也有所不同，Müller 等用 $DpnⅠ$（当限制性位点有 6-甲基腺嘌呤时才有酶切活性）酶切水稻愈伤组织再生植株和对照植株的基因组 DNA，比较 RFLP 的带型，结果显示，在对照植株中，只出现一条带，而再生植株中有的有多条带出现，说明组织培养过程使甲基化程度提高，在 $DpnⅠ$ 位点出现了 6-甲基腺嘌呤。Devaux 等（1993）比较了大麦由组织培养得到的 DH 群体和由球茎大麦的染色体消失法所得 DH 群体的 DNA 甲基化差异，结果发现，由甲基化引起的 RFLP 多态性变化 96% 来自组织培养的 DH 群体。这些都说明组织培养能引起甲基化，而甲基化对无性系变异起重要的作用。但是，目前尚未有将某一甲基化变化与组织培养导致的变异性状联系起来的例子，也没有资料证实，甲基化变化确实与体细胞无性系变异相关联。甲基化变化并未改变染色体序列，其状态有时可以保持数代，有时又迅速回复。从本质上讲它是外遗传的。但是，由于甲基化变化可能激发其他机制，进而引起 DNA 序列的改变，其作用不容忽视。

八、转座子的激活

转座子是引起体细胞无性系变异的另一个重要原因。McClintock 在自交的玉米后代中发现了转座子，并证明在其细胞中经历了染色体断裂—末端连接—重新断裂的循环过程。在体细胞无性系中，转座子的激活可能起源于染色体断裂和重排及碱基去甲基化等。研究表明，在组织培养的过程中，转座子一旦被激活，能在基因组中从一个位点跳跃到另一个位点，它们的插入和解离，直接影响相邻的基因表达，导致基因组产生一系列明显的变化。支持这一假说的证据首先来自 Peschek 等人的研究，玉米的 3 个转座系统 Ac、Spm 和 Mu 表现出活性，利用无 Ac 活性的玉米材料，在组织培养的无性再生植株中，发现 3% 植株的 Ac 被激活，从 Ac 因子被激活的植株后代中，进一步分离出与 Ac 活性共分离的并与 Ac DNA 序列同源的两个限制性核酸内切酶片段，Sst Ⅰ - 30 kb 和 Bgl Ⅱ - 10 kb，并认为其中含有组织培养活化的 Ac 因子，研究还证实，另一转座因子 Spm/En 的转座活性在玉米组织培养过程中也能被激活，1% 的玉米再生植株表现出 Spm 活性。James 和 Stadler（1989）的研究表明，玉米 Mu 因子在组织培养中保持活性，而且在高达 38% 的株系中产生了新的 Mu 同源限制性酶切片段。Tos17 是水稻的一种逆转因子，对 Tos17 的 9 个插入位点的研究表明，其中 5 个为结构基因编码区，Tos17 的插入与解离，导致所在的基因发生变异，而且随培养时间的延长，Tos17 的拷贝数增加，进而增大了无性系变异的频率。同样，在苜蓿的组织培养后代中，也观察到因转座因子的活化而引起的花色变异。朱至清提出，用转座因子激活理论解释无性系变异与变异发生情况在许多方面是吻合的，首先，植物体中多种转座子的作用可以引起广泛的变异，这可以解释无性系变异的频率高；其次，转座因子可使沉默的结构基因活化，可以解释较高频率的显性突变出现；第三，转座因子活动还可导致多拷贝基因中沉默拷贝的表达，提高基因的表达水平，导致表现型变异。但也有研究者认为，转座因子的激活只能解释组织培养引起的变异中很少部分。

九、细胞质基因变异

无性系变异研究发现，变异不仅涉及核基因，而且与细胞质基因有关。在无性系变异中同样能够诱导细胞质基因的变化，致使再生植株发生变异。20 世纪 70 年代发现了线粒体 DNA（mtDNA）和叶绿体 DNA（cpDNA），并且表明这些细胞质基因对一些重要性状的遗传（如雄性不育、抗病、抗药）等有重要意义。线粒体基因通常具有很大的保守性，而培养细胞会在这方面引起更多的变异。Brettel（1980）在玉米的 65 个再生植株中找到了 31 株能抗叶斑病、可育的细胞突变体，叶斑病 T 小种的敏感基因 T 细胞不育系的不育基因存在于线粒体的 DNA 上，酶切图谱表明，突变体线粒体 DNA 中缺了一段 6.6 ku 的 xho 片段。Umberk 和 Gengenbacbt 在 T 胞质雄性不育品系玉米组织培养中发现有 8 株再生植株的雄性不育特性发生变化，取其中 6 株做了

mtDNA 限制性核酸内切酶图谱分析，有 5 株少了一段 6.6 kb 的 DNA，此段 mtDNA 与玉米的雄性不育有关。Mcnay 等（1984）比较了甜玉米正常幼苗与培养细胞的内切酶图谱，结果发现在培养细胞中 mtDNA 少了一条 8.8 kb 段，而多了一条 6.3 kb 段。Leavings 还发现，mtDNA 的变化与核背景有关，组织培养条件下丰富的核变异背景为 mtDNA 变化提供了多种选择压力，利用这一途径可以选择具有新的细胞质型的植物品种。植物组织培养中，cpDNA 的变异较小，由长期培养的烟草悬浮细胞（1 000 代）中分离出来的 cpDNA 在基因组大小和内切酶图谱上都和种子植株的 cpDNA 没有明显区别。在其他几种植物（如玉米、甜菜等）的组织培养细胞中分离出来的 cpDNA 与天然的无明显区别。但在白化苗中表现出 cpDNA 缺失现象。在水稻白化苗中 cpDNA 缺失了 23 SrRNA 和 16 SrRNA 基因。

第三节　影响体细胞无性系变异的因素

一、激　　素

培养基中外源附加物对无性系变异有影响，尤其是生长调节剂的种类和含量。更多的研究表明，其作用是通过细胞分裂、非器官化生长程度及特异细胞类型的优先增殖影响体细胞无性系变异。2,4-D 可增加紫露草属（*Tradescantia*）雄蕊毛中的粉红突变的频率，同时显著提高大蒜根尖细胞的姊妹染色体交换的频率。但更多的证据表明，生长调节物质是通过在组织培养中对细胞分裂、非器官化生长的程度及特异细胞类型的选择性增殖等过程而对体细胞无性系变异发挥作用的。李士生等（1990，1991）对小麦愈伤组织染色体研究发现，6-BA、AgNO₃、高浓度2,4-D、蔗糖均不同程度地诱发小麦愈伤组织的姊妹染色单体交换，2,4-D 提高变异频率，而 AgNO₃ 则降低变异频率，6-BA 影响不明显，但高浓度的 6-BA 增加了长期培养愈伤组织的超倍性体细胞频率。Kallak 和 Vappe 试验表明，2,4-D 和激动素会引起染色体数目和结构变异。总之，生长调节物质非平衡浓度的使用会引起再生植株的表现型变异，王仑山等通过在 MS 培养基附加不同浓度的 2,4-D 和 KT，对伊贝母鳞茎切块愈伤组织细胞染色体的变异进行了观察和研究，表明当培养基中含有多种激素时，其染色体的变异频率要大于单一激素，而含 2,4-D 的复合激素的变异率又大于不含该种激素培养基中的变异频率。

二、供体基因型

体细胞无性系变异是基因型依赖性的，即随基因型不同，变异的数量和程度也不同。基因型影响再生频率和体细胞无性系变异的频率，最有说服力的例证是，在同一培养条件下，不同马铃薯品种再生植株和体细胞无性系变异的变化很大。Sun（1983）比较了水稻 18 个品种多倍体的再生频率，发现只有印度品种能再生多倍体，而日本品种却不能。大量的试验表明，在相同的培养条件下，不同基因型供体的无性系变异频率明显不同。Larkin 比较了由 50 多个不同基因型小麦获得的无性系变异，它们相互之间差异很大，并从中选出几千个有价值的无性系。供体基因型对无性系变异的影响有如下规律：纯合基因型供体的无性系变异较小，杂合基因型供体的无性系变异较大，远缘杂种的无性系变异最大。

三、供试组织的分化状态

不同外植体类型产生的再生植株上的体细胞无性系变异频率和性质存在差异。一般而言，越衰老的、分化程度高或高度特化的组织进行培养，产生变异的机会越大，而幼龄的、预先存在分生组织或细胞的外植体（如顶芽、腋芽、分生组织）则很少发生。外植体的来源经常被认为是体细胞无性系变异的关键因子，茎尖、腋芽等具有分生组织的外植体，其变异率低于叶片、根段和茎段等未分化形成分生组织的外植体。菠萝无刺卡因种 Mitsubishi 品系的顶芽、腋芽和果实不同外植体上诱导出团状愈伤组织，经 7～14 个月的继代培养后均再生了植株，但以果实为外植体的所有再生植株均发生变异，顶芽的有 7% 发生变异，腋芽的变异率为 34%。受伤的外植体比未受伤的变异频率高；倍性高或染色体数目较多的外植体发生变异的频率也比较高。不同品种相同的外植体、同一品种的不同外植体及外植体的生理状态也明显地影响变异频率。利用天竺葵研究表明，体细胞无性系变异可以产生于整体植物的根或叶柄插条，而不是茎插条。从插条、顶芽和腋芽再生的菠萝植株只表现皮刺性状的变化，而合心皮果的愈伤组织再生植株则出现叶色、皮刺、蜡质和簇叶的变异。Van Harten 等（1981）观察到，12.3% 的马铃薯叶圆盘再生植株有表现型变化，而花序轴和叶柄愈伤组织来源的植株变异为 50.3%。

四、离体培养的方式

诱导原生长组织（如：根尖、茎尖、腋芽、休眠芽等）发育的个体基本不产生遗传变异，这种培养方式能保持物种的种性而广泛地用于植物试管克隆中。但一个已分化的细胞经历脱分化和再分化过程很容易产生变异，愈伤组织培养、细胞培养和原生质体培养由于要经过脱分化和再分化的过程，容易产生变异，因而这些培养方式常常与体细胞无性系变异联系在一起。当然，体细胞无性系变异并不局限于这几种培养方式，其他如直接不定芽的发生和体细胞胚胎发生也可导致变异产生。

五、培养时间和继代次数

大多数离体培养的植物组织和细胞，随着培养时间的延长，继代次数增多，无性系变异增大。其突出的特点是细胞或组织的全能性逐渐降低甚至丧失，这种全能性的降低或丧失有生理上和遗传上的原因，一般认为遗传上的原因主要是培养细胞的染色体变异。杜捷等对不同继代的兰州百合两种愈伤组织中分裂中期的染色体进行观察发现，在诱导的初代愈伤组织中，染色体数目的变异即达 16.8%，存在亚单倍体、单倍体、亚二倍体、超二倍体等多种变异形式，在进一步的继代中，这种变异的频率趋向增高，尤其是亚单倍体和超二倍体数目的增长频率大于整个变异的频率。陈秀铃等对继代培养 12.5 年的普通小麦济南 177 愈伤组织染色体的结构变异进行了研究，并与继代时间为 1.5～8.6 年的进行比较，发现其染色体结构变异的类型发生了改变，除了原有的少数染色体断片和双着丝粒染色体以外，较高频率地出现了近端着丝粒染色体和端着丝粒染色体，分布频率分别为 91.11％和 84.44％，并认为长期继代培养不仅能引起染色体数目和结构变异，同时能导致基因消失或表达的改变。

离体培养的条件（如光、温等）、选择剂的种类与浓度等也影响变异频率。

第四节　植物体细胞无性系变异的选择

一、植物体细胞无性系变异选择的历史与意义

自从 1927 年 Müller 发现 X 射线能增加果蝇的突变频率后，人们对诱发突变有了新的认识。1928 年，Studler 发现了 X 射线对玉米也有诱变作用后，常规的植物诱变育种工作开始了。但是，由于高等植物的诱变往往在整体上进行，而不像微生物那样，可以容易地在数目众多的"单细胞"群体中反复进行，所以人们开始设想是否能以植物的培养物作为实验体系和操作对象开展突变体诱发和筛选的研究，便有可能像对微生物那样设计各种实验，用单倍体、二倍体以及多倍体细胞来扩充对高等植物的认识与改良植物的性状。20 世纪 50 年代末期，植物细胞全能性的证实及随后的植物组织培养技术迅速发展，使得植物细胞无性系变异的选择和研究工作在细胞水平上进行成为可能。

1959 年，Melchers 和 Bergmann 首先尝试并报道了从金鱼草悬浮培养中筛选温度突变体的试验。1969 年，Tuleche 从银杏花粉培养物上分离出需精氨酸的细胞突变体。1970 年，Carlson 以单倍体烟草细胞悬浮培养，经甲基磺酸乙酯诱变，选择出渗透的营养缺陷型。随后 Maliga、Heimer、Binging 等许多学者分别从烟草和矮牵牛的细胞培养物中，分离出几种营养缺陷型细胞及抗苏氨酸和抗链霉素等细胞突变体之后，高等植物突变体的筛选与利用研究逐渐发展起来了。实践证明，这是细胞培养技术高度发展与细胞工程和分子遗传学密切结合的产物，是植物生物工程创建新种质资源的一个组成部分。通过对离体植物细胞的自发变异或诱发变异的筛选，已从水稻、小麦、玉米、高粱、大麦、燕麦、甘蔗、大豆、亚麻、番茄、马铃薯、胡萝卜、苜蓿、烟草、向日葵等包括重要作物在内的一些植物中筛选出了抗病、抗逆境胁迫、抗除草剂、氨基酸累积、营养缺陷、矮秆等细胞突变体，它们不仅可以进行植物细胞的遗传变异理论的研究，而且创制了重要的植物种质资源，并被成功地用于植物育种实践，这一技术也成为植物细胞工程改良的重要手段。

二、植物体细胞无性系变异选择的特点

与常规个体水平上突变体的诱发和选择相比，植物细胞水平上突变体的诱发和筛选有几个重要的特点。

1. 诱发处理可在大群体中进行　细胞诱变处理群体大，筛选方便，它能在比田间试验小得多的空间和时间内，于人工控制环境条件下操作大量的基因组，获得广泛的变异类型，甚至产生自然界尚未发现的突变，为突变体选择提供丰富的遗传基础。如在 1 mL 细胞培养物中就有几十

到几百万个个体，在一个培养皿中可容易地处理和培养 5×10^5 个细胞，而在大田中种植相同数量的植株则需要非常大的土地面积，而在那样大的空间进行突变体的诱导和筛选几乎是不可能的。

2. 提高了诱变和筛选效率　培养细胞诱发突变频率高，筛选时间短。一个细胞平均分裂周期不足 1 d，大大缩短了筛选周期。同时，突变体筛选主要是利用野生型细胞和突变型细胞对选择剂敏感性上的差异，有目的地直接选择，提高了筛选效率。利用单倍体细胞无性系还能比较容易地筛选出隐性突变体，并通过染色体加倍直接获得隐性突变的纯合二倍体。

3. 便于进行遗传分析　细胞突变体来自单一细胞，可从突变体的细胞学与生化变化一直研究到再生植株性状的遗传与变异，从而更加严格地确定突变体的特征。

三、植物体细胞无性系变异选择的起始材料

起始材料的选择恰当与否往往是突变选择的关键所在。由于通过诱发突变往往仅能改良个别的性状，因此选择综合遗传性状好的种和品种材料，通过诱变进而改良其个别性状，往往能达到培育良种的目的。同时，起始材料的离体培养特性也很关键，起始材料有良好的离体培养及再生的成熟技术，才有可能制定完善的诱导以及选择的计划。

用于筛选突变体的实验材料，希望具备如下的理想属性：单倍体或双倍体（最好是单倍体）；具有简单、短期和能重复分离和培养的程序；能常规地、高效地再生植株；能长期并简单地保存；有理想的、稳定的与可遗传的所期望性状，而没有基因多效性影响；知道突变性状的遗传和生化基础。

目前用于分离突变体的细胞材料有：愈伤组织培养物、细胞培养物、原生质体培养物等，它们各有优缺点。从理论上讲，原生质体培养物是用于细胞突变体筛选的最理想的材料，其优点是，它们为严格的微生物体系，每个原生质体都可以植板，形成一个可供选择的克隆，而这些原生质体中产生的克隆是非嵌合的，能比较有保障地得到纯的细胞系，但缺点是培养技术复杂。3～4 d 继代培养一次的悬浮培养细胞常常用于诱变和分离突变系，它们与微生物有些基本的相似点，悬浮细胞常以单个细胞存在，也有由少数细胞形成的细胞集聚体和较大的细胞团，通过筛选去掉大的细胞团，而用单细胞或平均由 20～30 多个细胞组成的均匀的细胞团来进行诱变和选择效果较好，用 200～400 目筛过滤可以得到这样的细胞团。处于一个容器内的悬浮培养细胞，不易选出单一的突变体克隆，在适当时候必须采用固体培养技术。愈伤组织是目前普遍采用的最简单的分离细胞突变体的材料，然而具有许多不利因素，如培养物相对生长速率较慢，由于处于表面的少部分细胞材料能够直接接触到培养基中的选择压力，会使大部分细胞可能逃避选择压力的作用；已死的或将死的组织块中的个别抗性细胞，可能由于周围生理生化障碍，限制了它分裂产生新细胞团的能力；由于交叉饲养作用，有可能出现抗性表现型的假象；物理或化学诱变剂的作用不可能达到均一。因此，用愈伤组织培养物进行筛选并不是一种适宜的材料。但从育种实践角度看，采用最初的新鲜愈伤组织，比培养周期较长的细胞培养物和原生质体培养物，有其独特的优势，就是培养周期短，可减少染色体遗传不稳定性以及发生遗传变异的频率。

四、自发突变和诱发突变

1. **自发突变**　自发突变在植物组织与细胞培养中（体细胞无性系变异）是经常发生的，这种自发变异同时被培养细胞和再生植株中对变异体选择的事实所证实。1969 年，Nickell 等通过甘蔗组织培养，在几个品种中分离出稳定抗眼点病（由 *Helminthosporium sacchari* 引起的）、斐济病（由一种通过蚜虫传播的病毒引起的）和霜霉病（由 *Sclerospora sacchari* 引起的）的变异系。1980 年，Shepard 等由美国推广最大的一个马铃薯品种 Russet Burbank 的叶肉原生质体再生出了大量的植株，在他检查过的 1 万个原生质体无性系中，约有 60％无性系在一个或一个以上的农艺性状上表现了稳定有利变异，这些变异包括株型紧凑、块茎早熟、块茎均匀一致、表面光滑、白皮、短日照条件开花、高抗早疫病（由 *Phytophtrora infestans* 引起的），其中很多无性系在田间条件下经过 3 个生长季节仍然保持着这个性状。陆维忠以小麦幼穗为外植体，在 MS 培养基上诱导分化获得了大量的植株，自体细胞无性系 R_2 代起，进入常规育种程序，经过连续 5 年的田间选择和赤霉病抗性鉴定，于 1990 年鉴定出了对赤霉病有较强抗性的优良细胞无性系 894013、894037 等，其赤霉病抗性好于或相当于抗病品种苏麦三号，丰产性接近或相当于大面积推广品种杨麦五号。

2. **诱发突变**　在分离植物细胞突变体中，对于使用诱变剂的必要性还缺乏足够的证据，使用和不使用诱变剂的效果几乎是相同的。但据 Flick（1987）统计，在已报道过的 15 个营养缺陷型突变中，有 14 个是使用诱变剂得到的，使用化学和物理诱变因子都是有效的。相反在 16 个抗生素突变体中，有 14 个是没有使用诱变剂而得到的，这是由于许多抗生素的特性是细胞质遗传的，常用的诱变剂对细胞器 DNA 的生物学效应不如对 DNA 那样有效。也已有一些资料表明，经过理化因素诱变后，可以提高突变频率。从经过诱变处理的细胞群体中筛选出突变体的频率，可以比未经诱变处理的细胞群体高 $10\sim100$ 倍，达到 $10^{-4}\sim10^{-5}$。

（1）**物理诱变**　物理诱变因素很多，包括不同类型的辐射，如 X 射线、γ 射线、中子、α 粒子、β 粒子、紫外线等。使用物理诱变因子的优点是处理后可以省去洗涤诱变剂的步骤，但物理诱变一般要求较贵重的仪器或必须具备同位素试验的设施。紫外线是使用较方便的诱变因子，且能使操作保持无菌条件，但处理后的细胞应保存于暗处，以免发生光复活作用。也可应用超剂量紫外线处理，再以适当的光照（日光灯）使其产生光复活作用，也可以获得较高的突变率。另外，紫外线透过组织能力很弱，故比较适用于诱发单细胞培养物的变异。

（2）**化学诱变**　主要化学诱变剂有 5-溴尿嘧啶（BU）、8-氮鸟嘌呤、2-氨基嘌呤、马来酰肼等碱基类似物，甲基磺酸乙酯（EMS）、硫酸二乙酯（DES）、亚硝基乙基脲烷（NEU）、亚胺（EI）等烷化剂，吖啶橙、普鲁黄、5-氨基吖啶等吖啶类染料。

（3）**诱变剂量和诱变方法的选择**　诱变剂量一般常用半致死剂量（LD_{50}），可用单一因子进行诱变，也可用复合因子诱变，用复合因子诱变可能得到较多的有经济价值的突变体。复合处理的方法有两种或多种诱变剂同时使用或先后交替使用，以及同一诱变因子连续重复使用等。选用物理或化学诱变剂及确定其处理方案时，应该考虑它们的作用特点、培养细胞类型等因素，并注意安全保护。不少化学诱变剂都有剧毒或有致癌作用，不能用口吸取，并避免接触皮肤，有的化学诱变剂如 DES、EMS 及 NEU 能与水分子缓慢地反应，产生无诱变效果的产物，因此最好是配制后立即使用。诱变处理通常在培养基中进行。经化学诱变剂处理后，可用解毒剂或大量稀释来终止作用，例如，用硫代硫酸钠来终止 DES 或 EMS 作用等。终止处理后，培养几个细胞周期，使表现型得到表达，之后，再按所希望的表现型来筛选培养物。

五、植物体细胞无性系变异的选择方法

1. **再生植株水平上的选择**　这一方法首先是对植物组织、细胞或原生质体进行离体培养并继代扩繁，后转入到分化培养基上使其分化成苗，当绿苗长到 3～4 片叶时定植于大田（或营养钵）中，成熟时采收种子（R_1），翌年按株系种植，田间记载农艺性状，并进入育种程序进行选择。利用这一方法，已选择出了一批重要的植物细胞突变体（表 13-1）。

表 13-1　再生植株水平上筛选的部分作物抗病细胞突变体

（引自 Chawla H. S.，2002，增改）

作物种类	抗　病　原　菌
小　麦	禾谷镰刀菌（*Fusarium graminearum*）
大　麦	大麦云纹病菌（*Rhynchosporium secalis*）
玉　米	小斑病菌（*Helminthosporium maydis*）
水　稻	水稻旋孢腔菌（*Helminthosporium oryzae*）
油　菜	黑胫茎点霉真菌（*Phoma lingam*，*Alternaria brassicicola*）
甘　蔗	斐济病（*Fiji virus*，*Sclerospora sacchari*，*Helminthosporium sacchari*）
	褐锈病菌（*Puccinia melanocephala*）
马铃薯	茄链格孢（*Alternaria solani*）
	晚疫病霉菌（*Phytophthora infestans*）
	马铃薯 X、Y 病毒（*Potato virus X and Y*）
烟　草	寄生疫霉菌（*Phytophthora parasitica*）
番　茄	尖孢镰刀菌（*Fusarium oxysporum*）
	青枯假单胞菌（*Pseudomonas solanacearum*）
紫花苜蓿	黑白轮枝菌（*Verticillium albo-atrum*）
	茄腐镰刀菌（*Fusarium solani*）
芹　菜	芹菜萎凋病菌（*Fusarium oxysporum* f. sp. Apii）
	芹菜小壳针孢菌（*Septoria apii*）
莴　苣	莴苣花叶病毒
苹　果	疫病菌（*Phytophthora cactorum*）
香　蕉	香蕉萎凋病菌（*Fusarium oxysporum f.* sp. cubense）
桃	桃花穿孔病菌（*Xanthomonas campestris* pv. pruni）
	丁香假单胞菌（*Pseudomonas syringae* pv. syringae）
白　杨	*Septoria musiva*，*Melampsora medusae*

2. **组织水平上的选择**　绿岛法是在个体水平上的诱导，细胞或组织水平上的筛选。利用培养细胞进行突变体筛选时，由于培养物处于无组织无器官分化的状态，许多重要基因在培养细胞上并不表达，因此无法根据某种表现型进行识别和筛选。例如，许多除草剂只在光合细胞中起作用，因此，对于具备这类除草剂抗性的突变就无法在无叶绿体分化的培养细胞中进行筛选，而需

要在植株上使叶面细胞发生突变和创造选择压力，使抗性突变体细胞存活下来，形成绿色斑点（绿岛），然后切下这部分组织或细胞进行培养，并再分化成完整植株。1978 年，Radin 和 Carlson 用射线处理烟草单倍体小植株后用除草剂处理，在烟草叶片上形成一些仍为正常绿色区域（对除草剂具有抗性），从叶片上切下绿色部位培养在适宜培养基上诱导成具有抗性的植株（图 13-1）。利用同样的方法，Aboche 和 Mullere（1980）辐射处理后的烟草单倍体植株经一个月生长之后，叶组织出现了突变细胞和野生细胞的分离；选择叶组织上出现斑点的叶片分离原生质体，将原生质体植板在含缬氨酸的选择培养基上，从突变的原生质体上得到了抗性群落。这种筛选方法也可以用于植物抗病毒细胞系的筛选，亦可借助接毒后使不抗病毒细胞失绿，留下抗病细胞的"绿岛"，然后进行分离培养获得抗病毒细胞系。

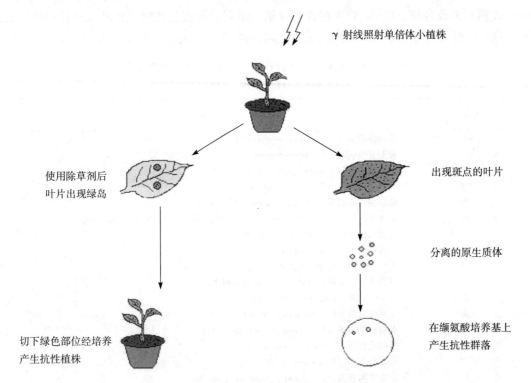

γ 射线照射单倍体小植株

使用除草剂后
叶片出现绿岛

出现斑点的叶片

分离的原生质体

切下绿色部位经培养
产生抗性植株

在缬氨酸培养基上
产生抗性群落

图 13-1　绿岛法筛选细胞突变体

（引自 Radin 和 Carlson，1978；Aboche 和 Mullere，1980）

3. 细胞水平上的选择

（1）直接选择法　直接选择法是在确定了选择的方向，选定了选择的因素之后，在设计的选择条件下，使新的突变表现型能优先生长，或得到在预期的外观上可测定的其他可见的差异，因此就能直接把突变细胞从大量的细胞群体中分离出来。Carlson 把这种选择方法分为正选择系统和负选择系统两种类型。

①正选择系统：正选择系统，是指在培养基中加入某种对正常细胞有毒的化学物质，从而使正常细胞不能生长而突变体却能生长的系统（图 13-2）。过去大多数突变体均应用此方法选择而来。如要得到色氨酸生物合成的突变系，就要分离出对 5-甲基色氨酸有抗性的细胞系；要得到

Picloram 除莠剂抗性系，可以在细胞培养基中直接加此除莠剂进行选择等。

图 13-2　正筛选中突变细胞生长而野生细胞死亡

（引自陈耀锋，1990）

正选择系统又可分为两种，一种是一步选择系统，也称一步筛选法，它是指在培养基中加入较高剂量（致死剂量或接近于致死剂量）的选择剂，可以一次性地抑制或杀死所需突变细胞以外的其他细胞，只使突变细胞留下来。另一种正选择系统是多步选择系统，即多步筛选法，通过多步连续选择才能筛选出突变体。以悬浮细胞生长数量对培养时间作图，得出生长曲线。细胞接种后经过一段滞缓期，然后开始分裂，此后细胞数量随着培养时间的延长而增加，最后达到最大值，这种稳定的生长型是在不加有毒物质时得到的。在加入低量有毒物质（如抗生素、抗代谢物或盐类）后，滞缓期延长，细胞分裂速度放慢，细胞数量的最大值降低，毒素的剂量不同，生长曲线也不同。根据这一原理，便可以选出突变细胞。

两种不同的选择系统可以选出不同类型的突变体。一步选择只需一次实验，即在高剂量毒素的培养物中寻找突变体，而不管突变是否发生。多步选择则需经过几个不同步骤，第一步加入低剂量毒素，使 90％ 的细胞不能生长，从中选出生长较好的细胞，然后再依次增加毒素剂量，进行第二轮、第三轮等筛选，这样就适应不同类型突变体的筛选。迄今为止所知道的抗逆性状一般都有几个不同水平，所以需应用多步选择系统。

所用的正筛选系统还决定着突变体的性质。用一步选择系统得到的突变体一般是单基因突变。在细菌中单基因缺陷多为隐性突变，而且按孟德尔规律传递。在植物细胞中，抗代谢物和抗生素抗性突变体都是用一步选择系统得到单基因隐性突变。在植物中多步选择系统多用于多基因性状的突变体筛选，如 Nabors 用多步选择获得了抗氯化钠的烟草细胞系统和植株。现已证明，多步选择系统对于那些生化背景不详，但可能较为复杂的突变体的获得是很有效的，用此法可进行抗盐、抗低温和抗旱突变体筛选。因为多步选择得到的突变体，不是由于单基因的变化，因此需要更多的步骤，以便发生更多的突变事件，从而使有关的各基因在所处的环境中逐步发挥功能，而且多步选择系统还可以增加特定基因的拷贝数。

②负选择系统：另一种直接选择法是负选择系统，它是用特定的培养基使突变体细胞处于不能生长的状态，而正常细胞则可生长，然后用一种能使生长的细胞中毒死亡的选择剂淘汰这些细胞，最后使未中毒的突变细胞恢复生长并分离出来，这种方法又称浓缩法。这里主要有 5-溴脱氧尿苷（BrdUrd）系统和高氯盐系统。

5-溴脱氧尿苷系统已用于营养缺陷型和温度敏感型突变体的选择。此系统的基础是，合成 DNA 的细胞才能生长，不合成 DNA 的细胞不生长，生长的细胞可将有毒的 5-溴脱氧尿苷（BrdUrd）掺入到其 DNA 中，因而死亡，不生长的细胞无此能力，故存活下来。选择营养缺陷型时，将经过诱变剂处理的细胞群体放在不含补充营养物质的低限培养基中，加入一定浓度的 BrdUrd 掺入到 DNA 胸苷位置，然后用新鲜培养基洗去 BrdUrd。再加入到补充营养物质（维生素、氨基酸、核酸碱基）的培养基，暴露于可见光或波长为 360 nm 的光线中，掺入了 BrdUrd 的 DNA 对光线很敏感，因而死亡，不掺入者不敏感，因而存活下来，这样便可选出营养缺陷型。同样方法可以选择温度敏感型突变体。一般植物细胞生长温度是 20～30 ℃，温度敏感突变体是指在高温下（28 ℃）不长，而在低温下（23 ℃）生长的突变体。先将诱变剂处理过的细胞群体放在 28 ℃，此时正常细胞生长，突变体不长，然后暴露于 BrdUrd 下 1～2 d，再洗去 BrdUrd，最后放在低温下进行光照，选出生长的细胞，这样就可以选出温度敏感的突变体。温度敏感突变体的重要性在于，它涉及植物中的蛋白质，其机制是使某些蛋白质在非允许温度下的变性增加，而任何一种重要蛋白质若经历快速的变性，细胞便不能生存。

高氯酸盐负选择系统也可用来筛选温度敏感突变体。其原理是，硝酸还原酶含量高的植物细胞，能在硝酸盐作为氮源的培养基上迅速生长；硝酸盐还原酶量很低或根本不含有的细胞，则生长缓慢或停止生长。高氯酸盐本身并没有毒，但可与硝酸还原酶结合并被催化而形成次氯酸盐，次氯酸盐则是一种非常有毒的物质，能杀死细胞。所以不生长细胞，就能抗次氯酸盐的毒害；而生长的细胞，则对次氯酸盐毒害非常敏感，因而被杀死。用高氯酸系统选择温度敏感突变体的步骤大体与用 BrdUrd 系统相同，即先用诱变剂对细胞群体进行短时间处理，然后提高温度，加入高氯酸盐，过一段时间（在此期间，正常的非突变细胞由于处于生长状态而被杀死，而突变体由于不生长而存活下来），洗去高氯酸盐，转至低温下培养，存活的温度敏感突变体就开始生长。

（2）间接选择法　这是一种借助于突变表现型有某种相关的特性作为间接选择指标的筛选方法。当缺乏直接可供选择的表现型指标或在选择所需表现型的直接选择条件对细胞不利时，可以采用间接选择法。例如，一个选择抗旱性细胞系的方法是用脯氨酸做选择因素，因为过量脯氨酸的产生是植物干旱的一种反应，能耐受超常量的脯氨酸类似物（如羟基脯氨酸）的突变系，可以产生超常量的脯氨酸，一般有较强的抗旱性。因此，在一些情况下，应用间接法也可选出有用的突变表现型。

值得注意的是，利用直接选择法和间接选择系统筛选后，在悬浮培养细胞、原生质体或愈伤组织中被确定为具有突变性状的细胞系，在再生成完整植株中并非一定表达；相反地，有些表现型不出现于培养物之中，但成株后却表现出来。这些现象无疑大大增加了选择难度。

第五节　植物体细胞无性系变异的鉴定

一、遗传分析

变异性状能通过再生植株有性传递是突变最有说服力的证明。一般是让再生植株发育成熟，自交获得种子,观察再生株及其后代的表现型变化,以鉴定其是否真正发生了所需要的遗传突变。通常核 DNA 突变会产生孟德尔式分离,而叶绿体和线粒体 DNA 突变则是母性遗传方式。对染色体的数目和形态特征进行检测也是一种经常采用的细胞遗传学检测手段,但染色体数目与结构变异具有随机性,而且不能用基因座和等位基因模型来解释。染色体数目虽然高度遗传,但是,不同特化组织类型因组织内存在内多倍性(endopolyploidy)而使检测到的染色体数目存在差异。另外,体外培养中产生的染色体数目和结构变异又常与培养类型有关,例如 Griesbach 和 Larkin 记载了体外培养中诱导出的染色体数目与结构变异,几乎都与脱分化的组织或单细胞的培养方式相联系。

二、与基因产物改变相关的生化机制

胚性愈伤组织继代过程中,有关酶的活性降低和同工酶谱的变化与胚性的降低相吻合,说明利用酶活性和同工酶酶谱的变化可以作为鉴定体细胞无性系胚性变化的指标。实验证实变异细胞中有改变了的基因产物,如一种酶改变了氨基酸序列,或是一种氨基酸生物合成控制酶改变了对有关氨基酸类似物的反馈敏感性,均可以作为突变体的证明。如抗性突变体常采用这种间接的鉴定方法,获得的抗性突变体与对照相比,过氧化氢酶(CAT)、苯丙氨酸解氨酶(PAL)、过氧化物酶(POD)、超氧化物歧化酶(SOD)、胞内可溶性蛋白和可溶性糖、细胞的鲜重、叶绿素含量、水杨酸(SA)含量、羟脯氨酸含量、游离氨基酸含量、胞外产物、胞外水解酶等多个指标均可能发生变化,因此可以将其作为抗性指标。同工酶是存在于生物同一种属或同一个体的不同组织,甚至同一组织或同一细胞中催化同一种化学反应,但酶分子结构有所不同的一组酶,它是由染色体上的不同基因位点或同一位点的等位基因编码的,是基因型的生化表现型,它反映了编码酶蛋白的序列信息,酶谱的变化反映了等位基因和位点的变化。潘重光通过对小苍兰试管植株同工酶的研究认为,同品种不同来源的植株,在相同器官中一定具有不同的活化基因,正因为这样,才能表现出代谢和分化的差异。如果酶谱差异发生于转录水平,则试管植株在快速繁殖取得成功的情况下,有可能形成不同类型或新品种;如果酶谱差异发生于翻译水平或翻译后的修饰,那么试管植株可能会有复壮功效。

三、变异频率

变异频率也是鉴定是否突变的一个重要指标。突变发生的频率很低,一般都低于 10^{-5} 左右(多位点的突变例外)。

四、变异细胞离开选择剂后的稳定性

筛选的突变体细胞系在没有选择剂的培养基上继代 2～3 代后,再转至选择培养基上,如仍然表现抗性,则可认为是突变细胞或组织,而继代培养几代后便消失的变异性状不是真正的突变,这是常用的鉴定方法之一。

五、分子差异分析

分子标记技术（如 RFLP、RAPD、SSR 等）在体细胞无性系变异的检测和鉴定中得到了广泛的应用。RFLP 是鉴定由于碱基插入或缺失而引起的限制性核酸内切酶识别位点发生变化，导致限制性核酸内切酶酶切图谱变化的有效方法。Muller 等（1990）用肌动蛋白基因等 5 种探针，分析水稻愈伤组织植株的 RFLP 变化，在培养 28 d 的愈伤组织再生植株中，有 6.3％表现 RFLP 多态性的变化。RAPD 是建立在 PCR 的基础上的分子生物学新技术，因其快速、方便、经济等优点而成为目前应用最为广泛的体细胞无性系变异鉴定方法。不同外植体离体培养获得的再生植株，即使表现型上没有观察到变异，但从 RAPD 图谱上却往往反映出变异的发生，RAPD 可随寡聚核苷酸引物结合位点的变化而能检测基因组中更大的部分，当碱基变化引起引物退火位置的增减时，某些能产生多态性的引物就可检测出这种变化。例如，姜淑梅等利用 RAPD 技术检测春小麦愈伤组织和再生植株在离体培养过程中产生的变异，表明不同基因型或外植体诱导的愈伤组织和再生植株中出现了相同的变异。SSR 是利用特异引物扩增包含重复的 2、3 或 4 个核苷酸的基因组区域，从而检测改变了引物退火位置或重复数目的体细胞无性系变异。对于因组织培养而引起 DNA 甲基化状态的改变的体细胞无性系变异，可以采用成对的可以识别相同碱基的不同甲基化状态（甲基化/脱甲基化）的限制性核酸内切酶加以检测。采用 RFLP、RAPD、SSR 等方法分析均发现表现型与 DNA 水平变化不相统一的现象非常普遍，这主要是因为植物体基因组非常巨大，植物中非编码序列占基因组的绝大部分，体细胞无性系变异又往往是比较均匀地发生在基因组的各个部位上的缘故。因此，目前的分子标记技术也只能检测有效变异的很小一部分。

第六节　植物体细胞无性系变异的利用

一、生化代谢途径的研究

已知在原核生物中阐明的许多生化代谢途径及其遗传基础都是源于对营养缺陷生化突变体的研究。随着植物组织与细胞培养的发展，植物细胞缺陷型突变体的筛选及其在遗传、生理生化等基础研究上的应用也日益受到重视。例如，在烟草中筛选出两种类型的硝酸还原酶缺陷突变体，分别为 cnx 和 nia。在突变体 cnx 中，与硝酸还原酶关联的 NADH-细胞色素 c 还原酶活力是正常的，但缺乏黄嘌呤脱氧酶活性。由于硝酸还原酶和黄嘌呤脱氢酶利用的是同一含钼辅因子，因此可以肯定 cnx 基因影响了含钼辅因子，而不是影响了硝酸还原酶蛋白。在突变体 nia 中，黄嘌呤脱氢酶活性正常，但 NADH-细胞色素 c 还原酶活性是由于其酶蛋白的结构基因发生突变所致。综上可以推断，烟草有活性的硝酸还原酶至少由 NADH-硝酸还原酶蛋白及含钼辅因子两部分组成。

二、体细胞杂交的选择标志

在植物体细胞杂交中，突变体可作为遗传标志或通过遗传互补选择杂种细胞。例如，烟草的硝酸还原酶缺陷突变体（NR⁻）由于其缺乏正常的硝酸还原酶，因此不能利用硝酸盐作为惟一氮源的培养基上生长。Glimelius 等（1978）利用表现型都为 NR⁻，但在突变位点不同的突变体 cnx 和 nia 进行原生质体融合，然后在以硝酸盐作惟一氮源的培养基上选择。由于上述两个突变体的互补作用，产生的体细胞杂种恢复了硝酸还原酶活性，获得了利用硝酸盐而正常生长的能力。

三、作物遗传改良

突变体筛选在作物改良中最有意义的应用可能是直接选择有益的表现型。

1. 雄性不育突变体　雄性不育对于杂种优势的利用很有价值，可以免去人工去雄，降低杂交种子的生产成本。业已证明，通过组织培养能够以较高的频率诱发雄性不育。如张家明等（1998）在获得的 89 个棉花体细胞再生植株中发现有 9 个不育株，其中 1 株为雌、雄全不育，2 株为雄性不育，6 株为生理不育。遗传分析表明，两个雄性不育株的不育性受一个显性核基因控制，表现典型的孟德尔遗传。

2. 抗病突变体　作物抗病性突变体的筛选是植物细胞无性系变异与利用的一个重要领域。抗病突变体筛选成功的报道应首推 Calson（1973），他以叶片原生质体和细胞为材料，用烟草野火病菌毒素类似物 S-亚矾亚胺蛋氨酸（MSO）为筛选剂，筛选出了烟草抗野火病突变体，突变体比原型累积更多的蛋氨酸。之后，通过离体筛选得到多种植物的抗病突变体（表 13-2）。

表 13-2　通过离体胁迫选择获得的部分抗病作物

（引自 Chawla H. S.，2002）

作物种类	抗 病 原 菌	筛选剂
油 菜	黑胫茎点霉真菌（*Phoma lingam*，*Alternaria brassicicola*）	CF
水 稻	水稻旋孢腔菌（*Helminthosporium oryzae*）	CF
	水稻黄单胞菌（*Xanthomonas oryzea*）	细菌细胞
大 麦	小麦离蠕胞病（*Helminthosporium sativum*）	CT
	镰胞菌（*Fusarum* spp.）	镰胞素酸
玉 米	小斑病菌（*Helminthosporium maydis*）	Hm T 毒素
燕 麦	平脐蠕孢菌（*Helminthosporium victoriae*）	Victorin
小 麦	小麦离蠕胞病（*Helminthosporium sativum*）	CT
	禾谷镰刀菌（*Fusarium graminearum*）	CT
	假单胞菌（*Pseudomonas syringae*）	丁香霉素
甘 蔗	*Helminthosporium sacchari*	毒素
烟 草	*Helminthosporium sacchari* pv. tabaci	蛋氨酸
	链格孢菌（*Alternaria alternata*）	毒素
	丁香假单胞菌（*Pseudomonas syringae* pv. tabaci）	毒素
	烟草花叶病毒	病毒
	烟草专化尖镰孢菌（*Fusarium oxysporum* f. sp. nicotianae）	CF
马铃薯	晚疫病（*Phytophthora infestans*）	CF
	萎凋病菌（*Fusarium oxysporum*）	CF
	胡萝卜欧氏杆菌（*Erwinia carotovora*）	病原体
紫花苜蓿	尖镰孢菌（*Fusarium oxysporum* f. sp. medicagnis）	CF
番 茄	烟草花叶病毒 X	病毒
	青枯假单胞杆菌（*Pseudomonas solanacearum*）	CF
茄 子	*Verticillium dahlie*	CF

（续）

作物种类	抗 病 原 菌	筛选剂
	小叶病	病原体
桃	桃穿孔病菌（*Xanthomonas campestris* pv. pruni）	CF
啤酒花	黑白轮枝菌（*Verticillium albo - atrum*）	CF
芹菜	芹菜叶斑病菌（*Septoria apiicola*）	CF

注：CF 为培养滤液，CT 为天然毒素。

目前绝大多数研究都是以病原菌毒素或毒素类似物作为选择剂，利用这一途径筛选抗病突变体，必须有两个条件，其一是毒素致病，并不是所有的植物病原菌都能产生毒素，而且是毒素致病的，但作为选择剂的病原菌毒素必须是致病毒素。其二是植物细胞水平上对毒素的抗性和个体水平上对病害的抗性必须有一致性，这样在细胞水平上筛选出来的突变体在个体水平上才有可能抗病。

3. **氨基酸累积突变体**　一些农作物的种子储藏蛋白中，大都缺少这种或那种必需氨基酸。例如：大豆缺乏甲硫氨酸，小麦缺少赖氨酸和苏氨酸，水稻缺少赖氨酸。因此，对氨基酸及其类似物抗性突变体的选择主要是出于改良植物营养品质的需要。

氨基酸累积突变体选择原理是，细胞中每一种氨基酸的生物合成中都有一个关键酶，该酶的活性常受到最终产物的反馈抑制，使氨基酸合成维持在一定水平。如果加入的选择剂（过量氨基酸及其类似物）被正常细胞吸收，它就能反馈抑制酶的活性，从而阻止氨基酸的合成，使细胞发生饥饿，或者抑制硝酸盐或氨的同化，或者氨基酸类似物竞争性地掺入到肽链中，形成没有活性的蛋白质，从而导致细胞中毒死亡。但有些细胞在加入氨基酸及其类似物后，并不会引起细胞发生饥饿，细胞也不会中毒，这类细胞有时可增加氨基酸库容量，因而为氨基酸累积突变体。

在离体筛选中，除直接应用某种氨基酸做选择剂外，更多的是以氨基酸类似物为选择剂，分离氨基酸代谢途径改变了的抗性变异系。这方面最早成功的例子是，Carlson（1970）用蛋氨酸的类似物 S - 亚砜亚胺蛋氨酸（MSO），筛选出了蛋氨酸超常累积并兼具抗烟草野火病的细胞突变体，变异体具有蛋氨酸的累积特性和抗野火病特性，在再生植株和杂种 F_1 代和 F_2 代有稳定的传递，首次表明，离体选择方法可以改变氨基酸合成途径并具有遗传上的稳定性。Hibberd 和 Green（1982）获得的抗赖氨酸和苏氨酸的玉米突变体，其抗性既能在细胞水平上表达，又能在个体水平上表达。与对照比较，其游离苏氨酸的含量，在培养物中增加 6 倍，在子粒中增加 75～100 倍，总苏氨酸含量增加 33％～59％。耿瑞双等（1995）通过离体选择抗赖氨酸和苏氨酸的玉米突变体，不仅获得了积累游离苏氨酸的突变型，也得到了种子蛋白组发生改变的高蛋氨酸突变体和高赖氨酸突变体。高蛋氨酸突变体子粒中的总蛋氨酸含量比对照增高 22.6％，高赖氨酸突变体子粒中的总赖氨酸含量比对照增高 28.1％。

4. **耐盐突变体**　在组织培养条件下进行耐盐细胞变异的筛选开展得较早，也比较广泛，涉及的植物种类很多，但研究表明，多数变异体的耐盐性是生理适应的结果，仅有少数几例是真实遗传的突变体。如美国科罗拉多（Colorado）州立大学（1982）筛选的耐盐烟草突变体和耐盐燕麦突变体，其再生植株的自交后代在 0.88％ NaCl 溶液下仍具有耐盐性；日本鹿儿岛大学（1981）筛选的耐盐水稻突变体，其再生植株的耐盐性稳定，第 3 代在 1％ NaCl 溶液中培养生长良好；郭岩等（1997）获得的耐盐水稻突变体，经遗传分析表明，其耐盐性受 1 个主效基因控制，F_2代表现 3：1 的分离比例。

耐盐细胞突变体的筛选在林果和花卉育种具有许多优越性。林果、花卉多能无性繁殖，一旦筛选出耐盐突变体，就可以通过无性繁殖加以利用。赵茂林等（1986）对 4 个杨树嫩叶和幼茎发生的愈伤组织进行耐盐变异体筛选，获得了耐盐的再生植株。

5. 抗除草剂突变体　农业生产上应用的各种类型的除草剂已达 180 多种。严格地讲，当前使用的除草剂并非都真正有选择性，在一定浓度，除草剂能杀死杂草，但同时也对作物产生一定的毒害。因此，利用植物离体培养技术，筛选作物抗除草剂突变体，是改良作物抗除草剂特性最有希望和前途的途径之一。

目前世界上采用的除草剂主要分为两大类，一类是破坏光合电子传递链；一类是破坏氨基酸合成途径。对于第一种情况，抗除草剂特性仅仅能在整体植物上反映出来，但在细胞或愈伤组织水平上不能反映。例如除草剂 Matribuzin 是高效率破坏幼苗光合系统的一个除草剂，主要作用于植物细胞的光合电子传递系统而不影响植物愈伤组织的生长（Ellis，1978），抗这类除草剂突变体的选择必须在植株水平上。抗除草剂 bentazone 和 phenmedipharm 突变体也不能在愈伤组织水平上选择。但如果对整体植株进行诱变并生长一段时间后用这类除草剂处理植株，有可能产生一些绿色区域，将这些"绿岛"经培养后诱导再生成植株，这些植株是抗除草剂的（Radin 和 Carlson，1978）。另一改良的方法是利用绿色愈伤组织在光合培养条件下筛选，利用这一方法，已从野生烟草中游离出了抗 Terbutryne 细胞系（Caenlo 等，1985），Terbutryne 是三嗪类除草剂，它通过阻断光系统 Ⅱ 电子流的接收系统而抑制光合作用，在抑制浓度条件下，选择对除草剂有抗性的绿色愈伤组织并再生成植株。抗性遗传分析表明，这一抗性特性为细胞质遗传。

在细胞水平上进行抗除草剂筛选研究较完整和成功的要首推 Chaleef（1980）等人的工作，他们把培养的烟草细胞置于含毒莠定的培养基上，筛选出 5 个抗性突变体。遗传分析表明，其中 3 个归因于单核基因的显性突变，另外 2 个为半显性核基因突变。Chaleef 和 Ray（1984）用花药培养得到的单倍体烟草幼叶发生愈伤组织培养物，筛选出的两种磺酰基脲类除草剂抗性突变体，再生植株抗性遗传分析表明，抗性是单个显性或半显性突变遗传。这两种磺酰基脲类除草剂都强烈抑制正常细胞提取物中乙酰乳酸合酶（ALS）活力。抗磺酰基类除草剂的一个细胞系的突变纯合株则含有对该除草剂不敏感的 ALS。而且在杂交中，它与抗性表现型一起分离，从而证实，产生改变了酶是该抗性细胞系突变体的基础。吕德滋（2000）用小麦幼胚在含锈去津的培养基上诱导愈伤组织，筛选出了能耐 100～200 mg/L 锈去津的细胞突变体，并获得再生植株。

6. 其他抗性突变体　利用细胞无性系变异，人们还进行了耐旱、耐冷、抗虫、耐重金属离子等突变体的选择，创造了一批重要的作物育种材料。

◆复习思考题

1. 何谓植物细胞无性系变异？
2. 植物细胞无性系变异的广泛性表现在哪些方面？
3. 简述植物细胞无性变异的分子基础。
4. 植物细胞无性系变异的选择方法有哪些？

5. 何谓正筛选系统和负筛选系统？

6. 如何鉴定植物细胞无性系变异？

7. 简述植物细胞氨基酸累积变异体筛选的原理和方法。

8. 抗病突变体筛选中主要应用了哪些筛选剂？以病原菌毒素作为筛选剂的抗病突变体筛选应具备哪两个条件？

◆ **主要参考文献**

［1］刘庆昌，吴国良. 植物细胞组织培养. 北京：中国农业大学出版社，2003

［2］李浚明. 植物组织培养. 第二版. 北京：中国农业大学出版社，2002

［3］张献龙，唐克轩. 植物生物技术. 北京：科学出版社，2004

［4］朱至清. 体细胞无性系变异与植物改良. 植物学通报.1991，8（增刊）：1～8

［5］张春义，杨汉明. 植物体细胞无性系变异的分子基础. 遗传.1994，16（2）44～48

［6］李士生，张玉玲，小麦愈伤组织及再生植株的染色体变异. 遗传学报.1991，18（4）：332～338

［7］Jain S M. Tissue culture - derived variation in crop improvement. Euphytica. 2001（118）：153～166

［8］McPheeters K，Skirvin R M. Histogenic layer manipulation in chimera. Thornless Evergreen trailing blackberry. Euphytica. 1983（32）：351～360

［9］Kumar M B，Barker R E，Reed B M. Morphological and molecular analysis of genetic stability in micropropagated *Fragaria ananassa* cv. Poca - Hontas. In vitro Cell Dev Biol Plant. 1999，35（3）：254～258

第十四章 植物种质资源离体保存

植物种质资源离体保存是 20 世纪 60 年代在植物组织与细胞培养技术的基础上发展起来的植物种质资源保存新方法。由于这一保存技术能在较小的空间、人为的控制条件下大量、安全地保存植物种质，近年来发展很快。随着离体保存技术的不断发展和完善，植物离体种质保存将成为重要的植物资源的保存方式之一。

第一节 植物种质资源离体保存的概念及发展

一、植物种质资源离体保存的概念

种质（germplasm）是指生物亲代通过生殖细胞或体细胞传递给子代的遗传物质。种质资源或遗传资源是指具有种质并能繁殖的生物体。植物种质资源保存（conservation of germplasm）是利用天然或人工创造的适宜环境，使个体中所含的遗传物质保持其遗传完整性，有高的生活力，能通过繁殖将其遗传特性传递下去。种质资源的保存，包括原核生物、植物、动物种质资源的保存。

植物种质保存的主要方式有原生境保存（*in situ* conservation）和非原生境（*ex situ* conservation）保存。前者通过建立自然保护区和天然公园来实现，后者包括异地保存（植物园、种质圃保存）、种子库保存以及离体保存来实现。植物离体保存（*in vitro* concervation）主要是将离体培养的植物细胞、组织、器官或试管苗，保存于人工环境下，一般是在低温或超低温条件下，通过限制、延缓甚至停止其生长，对其进行长期保存，在需要时，再恢复其生长、并再生出植株的方法。

对于一些重要的农作物，许多国家已建立了比较完善的田间基因库。田间活体保存的优点是能保存任何一份种质的遗传特性，但这种方法需要大量的土地和人力资源，成本高，且易遭受各种自然灾害的侵袭，每年都有许多具有或可能具有育种价值的、能作为基因库的品系在消失。种子库只能保存"正常型"种子，对于"顽拗型（recalcitrant）"种子不适用，如芒果、椰子、油棕榈、咖啡等，同时许多植物种质是不产生种子的，如脐橙、香蕉。此外，无性繁殖的物种（如苹果、甜橙、木薯、马铃薯等）也不能用种子进行储藏。而且种子库仅能保存基因，而不能保存特定的基因型材料。随着植物组织与细胞培养技术的发展，人们已经获得了一些具有优良特性的无性系、特殊用途的细胞系以及其他遗传材料，这些特殊的遗传种质资源需要用新的方法来保存。传统种质保存方法的缺陷及新种质材料对保存方法的特殊要求，使得植物离体保存技术很快地发展起来并成为植物种质保存的重要途径和方法。植物离体保存的优点是：①很高的增殖率；

②无菌和无病虫环境，不受自然灾害的影响；③保存的材料体积小，占用空间小，节省大量的人力、物力及财力；④不存在田间活体保存存在的像异花授粉、嫁接繁殖而导致的遗传蚀变现象；⑤有利于国际间的种质交流及濒危物种的抢救和快繁。

二、植物种质资源离体保存的重要性

种质资源是地球生命的基础，也是人类赖以生存和发展的根本，是人类最为宝贵的自然财富。种质资源是利用和改良动物、植物、微生物的物质基础，更是实施各个育种途径的原材料。

我国是世界上最古老的农业国之一，有丰富的栽培和野生植物资源，被认为是栽培植物遗传多样性中心之一。据初步统计，我国重要栽培作物有 600 多种，其中粮食作物 30 多种，经济作物约 90 种，蔬菜 120 余种，花卉 140 余种，果树约 150 种，牧草约 50 种，绿肥约 20 种。在现有作物中，起源于我国或在史前已栽培的有 237 种。但随着人口的急剧增长，不合理的开垦荒地，大面积的毁林，加之外来种侵袭、现代工业污染，环境生态平衡遭到严重破坏，大量病虫天敌的减少及农业机械化和良种的大面积推广种植，使一些珍贵、稀有的物种以及具有抵抗虫害、病毒、不良环境潜能的地方栽培品种已经灭绝或濒于绝种，如野生稻、野生大豆及小麦近缘野生植物在原生长地已很难找到。此外，因植物育种技术的发展，高产品种单一化日益明显，植物遗传基础越来越窄。因此，植物种质资源保存已成为全球性关注的课题。

三、植物种质离体保存技术的发展

植物种质离体保存技术是在植物组织培养基础上发展起来的。1969 年，Galzy 首次报道了低温保存植物离体培养物的研究。研究证明，在 9 ℃条件下，葡萄分生组织再生植株几乎停止了生长，只需一年继代一次，这种小植株，当转移到 20 ℃条件下时，能很快恢复其生长，并进行快速繁殖。利用这一技术，Galzy 将葡萄试管苗保存了 15 年之久。1976 年，Mullin 等在 4 ℃条件下，将无病毒草莓成功地保存了 6 年之久。1974 年，Jones 把胡萝卜胚、Nitzsche（1978）把胡萝卜愈伤组织放在无菌滤纸上，置空气流动的无菌箱中风干 4～7 d，然后再附加生长拟制剂或限制蔗糖的培养基上进行保存，Jones 利用这一干燥保存法将胡萝卜体细胞胚保存达两年之久。1973 年，Nag 和 Street 将胡萝卜细胞冷冻到－196 ℃后获得了体细胞胚的再生。首先证明植物悬浮细胞在液氮中保存后能恢复生长，从而导致了植物种质资源超低温保存技术的发展。1975 年，Henshaw 和 Morel 首次提出离体保存植物种质的策略，受到植物界的高度重视。1980 年，国际植物遗传资源委员会增加了对营养繁殖材料收集保存研究的支持，1982 年还专门成立了离体保存咨询委员会。随后，有关国际组织和许多国家相继建立了植物种质离体基因库（in vitro genbank），许多不能用常规种质保存的植物已采用这种方法得以保存。目前，运用组织培养技术保存种质已在 1 000 多种植物种和品种上得到了应用，并取得了很好的效果。但是，在植物种质的离体保存中，组织培养体的维持还有困难，在保存后组织与细胞的培养过程中，不断的继代培养会引起染色体和基因型的变异，从而一方面可能导致培养细胞的全能性丧失；另一方面，具有一些特殊性状的细胞株系，例如具有某种特殊产物的细胞系，以及具有某种抗逆性的细胞系，也有可能在继代培养时使这些十分宝贵的性状发生丢失。随着组织和细胞培养研究的迅速发展，具有特殊性状的细胞系日益增多，特别是细胞工程和基因工程的发展，需要收集和储存各种植物的基因型，使之不发生改变。因此，植物种质离体保存技术作为一门新的种质保存方法，还需要不断地在技术和方法上进一步创新和完善。

目前常用的植物种质离体保存的方法主要有缓慢生长保存法（slow growth conservation）及超低温保存法（cryopreservation）。

第二节　缓慢生长保存

一、缓慢生长保存的概念

缓慢生长保存或限制生长保存是指改变培养物生长的外界环境条件，使细胞生长降至最小限度，但不死亡，从而达到延长继代培养时间的目的。这种保存方法的最大优点是使保存材料维持不断生长，取出部分材料进行鉴定或用于育种之后，其不足部分可由余下的材料补充。而且该法所需设备与实验室常规组织培养无异，在培养基、培养环境、氧气含量、培养温度或材料含水量上稍做改变，就能明显地延长继代周期。其缺点是，不能从根本上解决培养过程中的周期性继代和空间等的需要及体细胞变异的可能性。

限制细胞生长技术的途径主要有：改变培养物最适生长温度、调整培养基养分水平、应用渗透型化合物或生长抑制剂、降低培养环境中氧含量等。多数情况下，组合上述几种途径进行缓慢生长保存。

二、低温保存法

所谓低温保存法（cold storage）就是将种质用离体培养的方式储存在非冻结程度的低温下（1～9 ℃），但热带亚热带植物在10～20 ℃间也能延缓生长。

Mullin和Schlegel（1976）在4 ℃的黑暗条件下将离体培养的50多个草莓品种的茎培养物保持其生活力长达6年之久，期间只需每几个月加入新鲜的培养液。葡萄和草莓茎尖培养物分别在9 ℃和4 ℃下连续保存多年，每年仅需继代一次。Lundergan等（1979）将苹果茎尖培养物在1～4 ℃下储存12个月，仍未失去其生长、再生的能力，移至常温（26 ℃）下，这些材料均能再生植株。梨试管苗在4 ℃下，每2年继代一次，保存后，材料田间生长正常（Wanas，1986）。猕猴桃茎尖培养物在8 ℃，黑暗条件下保存1年后，全部成活，且能产生很多茎尖（Monette等，1986）。芋头茎培养物在9 ℃，黑暗条件下保存3年，仍有100%的存活率（Staritsky，1986）。在1 ℃暗条件下，西洋梨（*Pyrus communis*）和砂梨（*Pyrus pyrifolia*）品种茎尖离体保存12个月后存活率超过60%；而主产日本的砂梨品种储存20个月后存活率几乎达100%，再生良好（Moriguchi等，1990）。5 ℃下保存Senryo梨和西洋梨品种Winter Nelis茎尖分生组织，64周后存活率及再生率几乎100%（而0 ℃下保存4周后即死亡）。这种保存方式已在200多个日本梨品种中应用（Oka等，1997）。柯善强将草莓愈伤组织保存在－20 ℃、－40 ℃和－70 ℃

的温度中，再生良好，且发现快速递级冰冻效果较好。

应当指出的是，在低温保存植物培养物过程中，正确选择适宜低温是保存后高存活率的关键。大量试验研究表明，不同植物乃至同一种植物不同基因型对低温的敏感性也不一样。植物对低温的耐受性不仅取决于基因型，而且与其生长习性有关。通常认为，温带植物宜在 0～6 ℃下保存，而热带植物最适低温为 10～15 ℃。

三、高渗透压保存法

在培养基中添加一些高渗化合物（如蔗糖、甘露醇、山梨醇等），也是一种常用的缓慢生长保存手段。这类化合物提高了培养基的渗透势负值，造成水分逆境，降低细胞膨压，使细胞吸水困难，减弱新陈代谢活动，延缓细胞生长。不同植物培养物保存所需要渗透物质含量不一样，但试管苗保存时间、存活率、恢复生长率受培养基中高渗物质含量影响的变化趋势基本相同，呈抛物线。一般情况下，这类化合物在保存早期对试管苗存活率影响不大，但随着时间的延长，对延缓培养物生长，延长保存时间的作用愈加明显。Kartha 等（1980）在培养基中加入 5% 的蔗糖和 5% 的甘露醇，保存的甘薯植株生长速率比未加蔗糖和甘露醇的明显减慢；Wescott（1981）报道在培养基中加入 ABA（5～10 mg/L）和高含量的蔗糖（8%）对马铃薯节段外植体的生长有明显的抑制作用，12 个月后存活率达 60%，低温下增至 73%。

四、生长抑制保存法

试管内培养物属自养和异养混合体，其生长、发育很大程度上取决于外部添加的生长调节物质。生长抑制剂是一类天然的或人工合成的外源激素，具有很强的抑制细胞生长的生理活性。试验表明，调整培养基中的生长调节剂配比，特别是添加生长抑制剂，利用激素调控技术，不仅能延长培养物在试管中的保存时间，而且能提高试管苗素质和移植成活率。多效唑与 6 - BA、NAA 配合使用，明显抑制水稻试管苗上部生长，促进根系发育，延长常温保存时间；高效唑显著抑制葡萄试管苗茎叶的生长，从而促进根系的加粗，提高根冠比，使试管中扦插的葡萄茎段产生极度缩小的微型枝条，宜于试管内长期保存；适宜含量的脱落酸也具有延缓葡萄试管苗的生长效果，可用于葡萄试管苗的常温保存，延长转接时间。彭民璋等（1996）在 8 ℃条件下保存哈斯油梨（*Persea americana*）愈伤组织，在 MS+1.0 mg/L 2, 4 - D+3% 蔗糖的固体培养基中，只能延长继代周期至 6 个月。若培养基中添加 0.4 mg/L 多效唑后，可使继代周期延长至 8 个月。郭延平和李嘉瑞（1995）在平均 19 ℃温度下，将猕猴桃试管苗保存在附加 0.5 mg/L 多效唑的 MS 培养基中，11 个月后存活率为 90%。Moriguchi 等（1990）在 10～15 ℃、16 h 3 000 lx 光照下，用附加 1 μmol/L ABA 或者 6% 蔗糖的 MS 固体培养基中保存砂梨品种茎尖，1 年后的存活率比对照显著提高，超过 90%。目前，常用的生长抑制剂种类有：氯化氯胆碱（矮壮素，CCC）、N，N-二甲基胺琥珀酸（B$_9$）、多效唑（PP$_{333}$）、高效唑（S3307）、脱落酸（ABA）、三碘苯酸（TIBA）、甲基丁二酸等。由于培养物本身的遗传基础、来源、生理状况、内源激素水平以及培养条件（培养基成分、光照、温度等）的差异，植物组织培养物缓慢生长保存的有关文献中尚无通用的生长抑制剂种类、含量的配方。

五、愈伤组织干燥保存法

愈伤组织干燥法（callus dry - conservation）的基本想法来源于细胞的全能性。每个植物细胞都有发育成完整植株的潜能，那么可以设想，每个愈伤组织可以移到储藏种子相同的环境中而得到储存。此外，胚胎细胞是有分生能力的，但在成熟过程中，它逐渐失去水分，同时便于储藏的化学物质（糖类、脂类和蛋白质）也常有积累，这一过程是由激素调控的。那么，可模拟该原理和过程，在培养条件下，通过激素调配，对愈伤组织进行逐步干燥处理，以延长其寿命。愈伤组织干燥保存法主要程序如下。

1. 预处理 在干燥法保存前，利用抑制剂或高渗条件进行预处理是重要的，尽管禾本科植物的愈伤组织不需要预处理也能存活，但对多数双子叶植物来说，预处理是必不可少的。

ABA 在细胞中作为许多反应的抑制剂，尤其是那些由 GA 所影响的生化过程。ABA 和利福平都能降低 RNA 聚合酶活性，但两者作用不同。用利福平预处理并不影响细胞的生活力，而 ABA 的作用机制仍是个谜。将蔗糖浓度增到 0.15 mol/L 或更高，对干燥愈伤组织的存活有积极作用，蔗糖可能作为低温防护剂改变细胞中水分结构，或者间接地增加干物质含量，从而提高存活率。

研究表明，最适的预处理时间为 12～20 d。显然，生化变化的多少取决于有效的预处理。核酸、蛋白质等在失水情况下，并不失去其所携带的信息，并且它们的保存也不需结晶水。这些特性将引起生理生化研究的注意。

2. 干燥 在干燥和储藏过程中，必须避免愈伤组织的污染，用以下两种方法可达到这一目的。第一种方法是，将愈伤组织块放在灭菌的明胶胶囊（0.5 cm³）中，然后密封，这一胶囊可在未经灭菌的实验室中放置几天进行干燥。胡萝卜愈伤组织经 4～7 d 干燥，其生活力并未受到影响。第二种方法是，将愈伤组织块放在灭菌的滤纸上，然后放在空气流动箱内，用灭菌的空气进行干燥，最后将干燥的愈伤组织块保存在灭菌容器中。

3. 储藏 愈伤组织干燥储藏与冷冻法不同，并不需要很低温度。储藏条件可依相应种子储藏条件来选择，需要适当的低温和低湿条件，而一般应用零度以上低温。周围环境中氧的含量也将影响存活率，但这方面尚未进行深入研究。对于干燥愈伤组织来说，储藏条件并不十分严格，储藏时也不像冷冻法那样需消耗较多能量。

第三节 超低温种质保存

一、超低温保存的概念

超低温保存是指在干冰（−79 ℃）、超低温冰箱（−80 ℃）、液氮的气相（−140 ℃）或液态氮（−196 ℃）中保存组织或细胞。在这样低的温度下，细胞停止代谢和生长，也不会发生变异，因此其遗传特性可以长期保存下来，这是其他的种质保存方法所不具备的优点。超低温保存也不会丧失其形态发生的潜能，因而特别适合于对各类植物（如珍贵植物和濒危植物、杂交育种材料）的种质保存。同时，利用超低温种质保存技术还可长期储存去病毒的茎尖分生组织，用于远缘杂交的花粉、细胞系以及花粉胚等。此项技术既可节省人力、物力，也可为遗传育种工作提供遗传性状稳定的材料。

二、超低温保存的细胞学基础

超低温保存适宜于种质的长期保存，对于长时间的保存，生命物质必须处于恒定状态，而植物细胞中的生化反应需要以水作为基质，维持其正常生长、发育中的一系列酶促反应活动，否则一切过程均将停止。当植物细胞处于超低温环境中，细胞内自由水被固化，仅剩下不能被利用的液态束缚水，致使酶促反应停止，新陈代谢活动被抑制，植物材料将处于"假死"状态。如果在降温和升温过程中，没有发生化学组成的变化，而物理结构变化是可逆的，那么，保存后的细胞能保持正常的活性和形态发生能力，且不发生任何遗传变异。

纯水的冻结温度在 0 ℃左右，细胞内游离水在 −25 ℃左右冻结，结合水存在于生物大分子之间，在 −10 ℃超低温下结合水仍处于非冻结状态。纯水冻结形成同质晶核（homogenous nucleation），而细胞内的水以水溶液的状态存在，含有多种溶质（异物），因而冻结形成同质晶核和异质晶核（heterogenous nucleation），水的不溶异物越多，水的体积越大，冻结温度越低。溶液的冻结过程，一般从过冷开始，随着冷却溶液中冰晶的生成，潜热不断产生，使温度骤然上升，水不断结冰，不断释放潜热，直至达到共晶点。细胞内冻结的情况和溶液一样，通常在 0 ℃以下过冷共晶点。细胞的冻结还有胞外和胞内冻结之别，胞外首先冻结，然后胞内才冻结。水的结冰温度有一个很大的范围，纯水在 0 ℃下结冰，而细胞内的水由于含有无机盐或有机分子使冰点下降，要在很低的温度下才会结冰。据报道，细胞内液态水结冰的最低温度是 −68 ℃，这表明含水细胞或组织的储藏温度必须低于 −70 ℃。保存种质的组织生活力取决于结冰过程或储藏期间所形成的水晶类型。生物细胞在有防冻剂存在的降温过程中，随着温度降低，−10 ℃时细胞外介质结冰已基本完成，由于细胞膜阻止细胞外水进入细胞内，因而细胞内水处于超冷而不结冰，这样便产生细胞内外蒸汽压差，细胞按其蒸汽压梯度脱水。脱水速度与程度主要取决于冷冻速度和细胞膜对水的透性，只要降温速率不超过脱水的连续性，脱水和蒸汽压变化保持平衡，细胞内水不断向细胞外扩散，细胞原生质浓缩，从而使胞内溶液冰点平稳降低，这种逐渐除去细胞内水分的过程称为保护性脱水。保护性脱水能有效地阻止细胞质和液泡内结冰，但也往往造成"溶液效应"。这是因为过度脱水使细胞内 pH 发生变化，盐浓度上升，有害物质积累，蛋白质分子间形成二硫键，破坏蛋白质、酶、膜的完整性而受到伤害。此时若冷却的速度加快（10 ℃/min 以上），细胞内的自由水来不及扩散到周围溶液，细胞就产生大量的冰晶，产生冰害，导致细胞死亡。但是，如果降温速度非常大时，细胞迅速通过冰晶生长危险温度区，细胞质溶液"固化"，细胞内形成对细胞不致伤害的微小冰晶或仍保持非结晶状态，这种现象称为玻璃化。这时细胞内的水不是冰晶，而是玻璃态水，对细胞器和细胞膜不构成直接伤害，细胞就不会死亡。

三、超低温保存的一般方法

1. 材料的预处理　在冷冻之前对材料进行预处理，可改善细胞的抗寒能力，从而提高细胞冷冻处理后的存活率。

通常的做法是缩短继代培养时间，从生长周期中除去延迟期和稳定期，提高分裂相细胞比例，减少细胞内自由水含量。此外，也可在冰冻保存前的预培养中加入一些诱导抗寒力提高的物质，如山梨糖醇、甘露醇、脱落酸、脯氨酸、二甲基亚砜、2,4-D等。

低温锻炼也是一种常用的预处理方法。对某些植物材料，尤其是对低温敏感植物的超低温保存显得尤为重要。在低温锻炼过程中细胞膜结构可能发生变化，蛋白质分子间双硫键减少，硫氢键含量提高，而细胞内蔗糖及其类似的具有低温保护功能物质也会积累，从而增强细胞对冰冻的耐受性。

除一些对脱水不敏感的材料以外，几乎所有的植物材料都需经过冰冻保护剂处理，超低温保存后方能存活。细胞内冰晶的出现与否，取决于所加入的冰冻防护剂，这种物质在固态时是不定形的非晶体。

2. 冷冻　早期冰冻处理的方法主要有两种，即快速冰冻法和慢速冰冻法。在此基础上，又建立了分步冰冻法、干冻法、玻璃化冰冻法、包埋/脱水法、包埋/玻璃化法等，使得保存技术日臻完善。

(1) 慢冻法　慢冻是指以 0.1～10 ℃/min 速度进行降温冰冻。在这种降温速度下及冰冻保护剂的作用下，通过细胞外结冰，使细胞内的水减少到最低限度，从而达到良好的脱水效应。这种方法既可避免在细胞脱水时细胞内产生冰晶，又能防止因溶质含量增加引起的"溶液效应"。此法适宜于原生质体、悬浮培养细胞等细胞类型一致的培养物的冰冻保存。

进行慢速降温的仪器是程序降温仪，目前已发展到含有电子计算机编程系统的冷冻机。这种技术系统较昂贵，但它使许多材料的保存获得了成功。

(2) 快冻法　快冻是将材料从 0 ℃或者其他预处理温度（如木本植物的芽在-3～10 ℃预处理 20 d）直接投入到液氮或其蒸气相中。该方法对高度脱水的植物材料（如种子、花粉及木本植物的枝条或冬芽）较适宜。其他一些少数植物材料（如马铃薯、木薯、麝香石竹、埃及豆等的茎尖和生长点）也用此法获得成功。但该法对含水量较高的细胞培养物一般不适合。

已有试验指出，植物体内的水在降温冰冻过程中，-10 ～-140 ℃是冰晶形成和增长的危险温度区，在-140 ℃以下，冰晶不再增长。因此，快速冰冻成功的关键在于，利用超速冷冻，使细胞内的水迅速通过冰晶生长的危险温度区，即细胞内的水还未来得及形成冰晶中心，就降到了-196 ℃的安全温度，从而避免了细胞内结冰的危害。这时，细胞内的水虽已固化，但不是冰，而形成所谓的玻璃化状态。这种玻璃化状态对细胞结构不产生破坏作用。

(3) 分步冰冻法　分步冰冻是把慢冻和快冻结合起来的一种冰冻方法。即先用较慢的速度使培养物降至某一种温度，停留约 10 min 或不停留，再降到-30～-40 ℃，在此温度下保持30～60 min或不停留直接投入液氮。据认为，停留（预冷阶段）可诱导细胞外溶液结冰，使细胞内外产生蒸汽压差，进行保护性脱水。否则，细胞外有可能产生非均一的冰晶，对细胞会产生严重伤害。这种冰冻方法已在多数培养物超低温保存中获得较好的效果，如烟草、胡萝卜、假挪威槭、长春花、水稻、甘蔗、银杏、猕猴桃、桃、玉米、大豆、人参、杨树等的悬浮培养细胞及愈伤组织的超低温保存。

简令成等（1987）将生长 10～15 d 的甘蔗愈伤组织在 0 ℃的冰冻保护剂（10％DMSO＋0.5 mol/L山梨醇）中预处理 30～45 min，后以 1 ℃/min 的降温速度从 0 ℃降至－40 ℃，停留 1～3 h，放入液氮中保存，半年后，愈伤组织在再生培养基中仍能产生大量的植株。李嘉瑞等（1996）将经驯化的猕猴桃愈伤组织在 0～－3 ℃条件下平衡 30 min，再以 1℃/min 的降温速率降至－60～－75 ℃后，投入液氮中，结果显示，保存时间的长短对愈伤组织存活率无明显影响。马锋旺等（1998，1999）在保存银杏愈伤组织和原生质体时，开始以 1 ℃/min 的降温速度降温至－40 ℃，停留 2 h 后投入液氮保存，获得了 81.5％的成活率。Brison 等（1995）采用二步冰冻方法，保存两个桃砧木品种离体生长的茎尖，再生率分别为 69％和 74％。但 Reinhoud 等（1995）认为，分步冰冻法易导致细胞内和细胞间结冰，寒害敏感植物冷冻保存不宜采用此法。

（4）干冻法　干冻是将样品在高含量（0.5～1.5 mol/L）渗透性化合物（甘油、糖类物质）培养基上培养数小时至数天后，经硅胶、无菌空气干燥脱水数小时，或者再用藻酸盐包埋样品，进一步干燥，然后直接投入液氮；或者用冰冻保护剂处理后再吸去表面水分，密封于金箔中进行慢冻。这种方法对某些植物的愈伤组织、体细胞胚、胚轴、胚、茎尖、试管苗特别适合，但对脱水敏感材料来说是很困难的。

Shiminoshi 等（1991）将香瓜体细胞胚不以任何冰冻保护处理，直接在层流橱无菌空气流中干燥后，放入液氮中保存，有一定的效果。枳壳种子对脱水敏感，但 Radhamani 等（1992）报道，去掉子叶的枳壳胚轴能忍受脱水至 14％而活力没有降低，且在液氮中保存 8 个月后仍能萌发。但其他研究结果证明，这种方法对保存材料的再生能力有较大的削弱，需要进一步改进，因而应用不多。Panis 等（1996）将 7 个不同基因型的橡胶茎尖在富含蔗糖（0.5 mol/L）的 MS 培养基中预培养 2～4 周后，直接放入液氮中保存 1 h，存活率最高达 72％。油棕榈体细胞胚（Engelmann 和 Dereuddre，1988）和石刁柏腋芽（Uragami，1993）用高浓度蔗糖（0.5～0.75 mol/L）也获得了成功。此方法的关键是保存不同种质培养基中的蔗糖浓度及处理时间。Dumet 等（1993）在高浓度（0.75 mol/L）蔗糖的培养基中将 7 个油棕榈品种的体细胞胚预培养 7 d 后，加一个 10 h 干燥脱水过程（无菌空气流或硅胶干燥），使体细胞胚含水量降至 37％～44％，在液氮中保存至少 1 年，不同品种的存活率有些不同，但都超过 70％；而仅用 0.75 mol/L 蔗糖预处理，存活率仅在 10％～23％之间。

（5）玻璃化冰冻法　玻璃化冰冻法是由 Sakai 等（1990）建立的一种简单高效的方法，它是指在冰冻前，将样品经较高含量的复合保护剂（一般是由低毒性高浓度的大分子化合物混配而成，也称玻璃化液，PVS）处理后快速投入液氮。对于整个器官和复杂组织，胞外冰晶会造成组织的机械损伤，破坏胞间联系，特别是维管组织和内皮细胞。采用玻璃化冰冻，可避免胞内外冰晶形成，使器官和组织各部分都进入一个相同的玻璃化状态。因此，它是目前一些较复杂的组织、器官最理想的超低温保存方法，已在某些植物培养物保存中初步取得成功。Sakai 等（1990）将脐橙、葡萄柚等 6 种植物的珠心细胞通过玻璃化方式，在液氮中保存 4 个月，存活率达 90％。Kobayashi 等（1994）将脐橙珠心细胞经过一个玻璃化过程后，放入液氮中保存 1 年，平均存活率超过 90％，DNA 及形态学检测显示，遗传物质及再生的植株形态与保存前都没有变化。

玻璃化保存方法消除了常规慢冻和逐步冷冻方法需要控制性能好的程序降温设备和复杂的冰

冻程序，且保存效果和重复性好，但其最大难题在于玻璃化冰冻保护剂的化合物组成及配制浓度的确定。目前用得较多的复合保护剂为 Takagi 等（1997）设计的 PVS_2：30%（m/V）甘油＋15%（m/V）乙二醇＋15%（m/V）DMSO＋0.4 mol/L 蔗糖。Takagi 等人在 25 ℃暗条件下，将离体生长的芋头茎尖在含 2 mol/L 甘油和 0.4 mol/L 蔗糖的培养基中预培养 16 h，后经该玻璃化液处理后，快速放入液氮中保存 1 h 以上，存活率超过 65%。为了提高保存后的成活率，有人设计用两步法处理，即先用 60%的 PVS_2，25 ℃处理 5 min；再用 100%的 PVS_2，0 ℃处理 30 min。例如，王子成等（2001）采用两步玻璃化法保存柑橘茎尖 24 h 以后，用 TTC 法检测成活率达 100%，培养再生率达 90%。但由于用到化学药剂 DMSO、甘油等，对材料有较大的毒害作用，为了减少 DMSO 的毒害作用，Sakai（2000）试验采用 PVS_4［35%（m/V）甘油＋20%（m/V）乙二醇＋0.6 mol/L 蔗糖］来代替 PVS_2，以避免材料直接接触 DMSO，减少毒害作用。

（6）包埋/脱水法　该方法是借鉴人工种子的制作技术，结合超低温保存的需要，将包埋（或胶囊化）和脱水结合起来，应用于超低温保存之中。一般用高浓度的蔗糖（0.4～0.7 mol/L）预处理样品，在通风橱中处理 2～6 h 或用硅胶处理。该方法的优点在于容易掌握，缓和脱水过程，简化脱水程序，一次能处理较多的材料，对于低温敏感的植物样品有很大的应用潜力，但也存在脱水慢、成苗率低、组织恢复生长慢等缺点。

包埋（胶囊化）可以较大限度地使待保存材料的结构不致因试验处理或操作中的温度急剧变化而遭到破坏。Bahlti 等（1997）将甘薯 9 个基因型的胚状体用海藻酸胶包埋形成胶囊，在高浓度（0.4～0.7 mol/L）的蔗糖培养基中预培养，再经过无菌空气流干燥脱水（3～6 h）后，采用逐步冰冻方法在液氮中保存 1 h 以上，存活率在 4%～38%之间。Niino 等（1997）利用胶囊化/脱水方式在液氮中保存苹果、梨及桑树离体生长的茎尖 5 个月，存活率达 80%以上。而将这 3 种材料胶囊化，再经过一个脱水过程（含水量在 40%左右），放入 -135 ℃下保存 5 个月，几乎都能再生成芽。

（7）包埋/玻璃化法　为了提高保存效果，将包埋法和玻璃化法两者的优点结合起来，Sakai（1996）建立了包埋/玻璃化法。该方法具有易于操作、脱水时间短、成苗率高等特点。Matsu-moto 等（1995）将玻璃化与包埋化方法结合起来，在液氮中保存山嵛菜茎尖分生组织，存活率达 60%以上。Phunchindawan 等（1997）将辣根芽原基胶囊化后，在 0.5 mol/L 蔗糖的 MS 培养基中培养 1 d，再用高浓度的玻璃化溶液 PVS_2 脱水 4 h，直接放入液氮中保存 3 d，69%存活。此外，该方法特别适宜于温带果树茎尖、分生组织的保存，如 Paul 等（2000）用该法保存苹果茎尖时，获得了高达 77%的成活率。

3. 储存　在储存期间，关键是要把冷冻温度维持在 -196 ℃条件下，不发生温度的上下波动。一般来说，冷冻的植物细胞在低共熔点（eutectic point）以下，冰晶容易生长或重新形成冰晶，纯水重结晶的温度是 -100 ℃，而细胞质及细胞液重结晶的温度更高。一般认为在 -196 ℃液氮温度下，冰晶不会增长及重新形成冰晶。

4. 解冻　材料在液氮中保存后，要取出进行解冻处理。解冻方式通常有两种：一种是快速化冻，即将冰存材料放入 37～45 ℃水浴中解冻，一旦冰完全融化后，立即移开样品以防热损伤和高温下保护剂的毒害；另一种是慢速化冻，是在 0 ℃、2～3 ℃、室温下逐步进行化冻。一般认为，慢速化冻时，在从 -196 ℃到 0 ℃的升温过程中，细胞内的玻璃态水可能会发生次生结冰，从而破坏细胞结构，导致死亡。而快速化冻能使材料迅速通过冰融点的危险温度区而防止降温过程中所形成的晶核生长对细胞损伤，因而比慢速解冻效果好。所以，目前大多数冰存材料采用快速化冻，而不用慢速化冻。但是，有人认为脱水处理后干冻材料则宜在室温下缓慢解冻。此外，木本植物冬芽的超低温保存后，则需在0℃低温下进行慢速化冻，才能得到最好的结果。这可能是由于冬芽在秋冬低温锻炼及慢速冰冻过程中，细胞内的水已经最大限度地移到细胞外结冰。如果进行快速化冻，则细胞在化冻吸水时，就会受到猛烈的渗透冲击，从而引起细胞膜的破坏。所以需要慢速化冻，使水缓慢地回到细胞内，避免猛烈渗透冲击的破坏。

5. 重新培养　即在化冻后，立即将保存材料转移到新鲜培养基上进行培养。在再培养过程中，观测细胞的增生数量、愈伤组织的形成和增长的情况、它们的大小和数量的变化以及分化产生新植株的能力。

由于冷冻防护剂对植物细胞的毒害作用，故在培养冷冻材料前，须对冷冻防护剂进行数次洗脱，一般用液体培养液进行清洗。由于许多材料冷冻前进行了脱水处理，为了避免质壁分离的细胞复原时对可能造成的伤害，一般对冷冻防护剂应采用逐渐稀释的方法。不过也有学者认为对解冻材料应尽量避免进行冷冻防护剂的清洗，因为清洗也可能洗掉对细胞生长分化有用的物质，还可能对细胞造成机械伤害。

对解冻材料重新培养时，培养所需的条件包括培养基也可能发生变化。如经超低温保存的番茄幼苗茎尖必须在培养基中加入 GA_3，才能使材料直接发育成小苗，否则形成愈伤组织。

6. 植物超低温种质保存的程序　综合以上各点，植物超低温种质保存的程序可总结于图14-1。

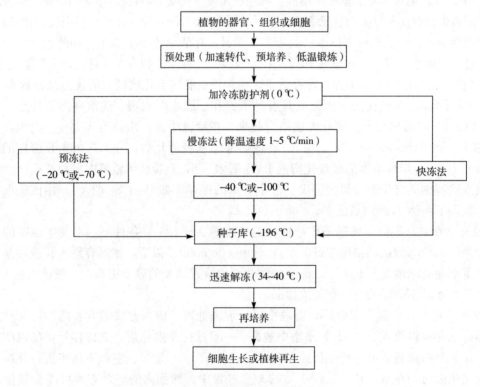

图 14-1　植物超低温种子的保存程序

四、几种植物组织的超低温冷冻保存

1. 种子冷冻保存　种子冷冻保存是植物种质超低温保存的一种主要方式。美国国家种子储存研究室在利用液氮技术保存植物种子方面做了大量的研究工作，结果表明，许多植物种子都可成功地储存在液氮中。Stanwood（1979）将 120 多个植物中的种子储存在液氮中，两年后无伤害。Styles 等（1982）将胡萝卜、番茄、黄瓜等 24 个植物的种子储存在液氮中，60 d 后发芽率无明显变化。近年来主要针对种子液氮储存的限制因素进行了理论上的探索，现已基本弄清种子特性、冷却与再升温速度、种子含水量等因素是液氮保存能否成功的关键。

根据不同的标准可将植物的种子分为不同的类型，如 Roberts（1972）将植物种子分为常规型和顽拗型两大类。常规型种子含水量可干燥到 1%～3% 而不受伤害，绝大多数植物种子都属于这一类。顽拗型种子必须保持一定的含水量，若含水量干燥到临界值以下（一般 12%～35%）即失去活力，一些水生植物和多年生木本植物属于这一类。

根据种子对温度和干燥的敏感性又可将种子分为 3 种类型：①耐干燥和耐液氮储存的种子，这类种子适宜于液氮超低温储存，一般为种子含水量 5%～10%，以 30℃/min 或更低的冷冻速度较易获得成功；②耐干燥但对液氮储存敏感的种子，如榛属、胡桃属、咖啡属等，这类植物一般都含有较高的脂类物质；③对干燥和液氮储存都敏感的种子。后两类种子一般不能成功地储存在液氮中。

研究表明，种子含水量与冷冻和解冻速度是相互影响的，对于大多数植物种子来说，如果含水量适合，慢速或快速的冷冻与解冻对成活率是无关紧要的，因此，每种植物种子的含水量必须干燥到一个最理想的水平，才能获得满意的结果。国际植物遗传资源委员会（IBPGR）提出在用液氮储存之前应试验证实不同植物种子的可靠性。美国国家种子储存研究室为了制定一套液氮保存法的有效程序，对许多植物种子进行了实验性储存研究，到 1986 年已储存了 40 个属、90 个种、2 395 个品种。已研究证明能成功地保存在液氮中的植物种子有小麦、大麦、水稻、马铃薯、洋葱、旱芹、甜菜、花椰菜、卷心菜、红花、黄瓜、瓜尔豆、鸭茅、胡萝卜、苇状羊茅、紫羊茅、莴苣、黑麦、紫苜蓿、烟草、草地早熟禾、萝卜、胡麻、茄、高粱、白车轴草、红车轴草等。但对液氮温度敏感的植物种子，目前还不能进行超低温保存，有许多理论和技术问题还需要进一步探索。

2. 花粉和胚的冷冻保存　作为植物种质保存的一种方式，花粉储藏也具有一定的潜力。过去保存花粉主要是为了植物育种的需要，如解决亲本花期不遇、亲本在不同地区的杂交、及杂交制种等问题。目前的研究水平已可基本满足这些需要，如一些国家建立了花粉库，特别是在果树方面应用储藏花粉进行人工授粉已被普遍采用。作为育种需要，花粉只需保存一年或几年，但作为种质的长期保存，这是远远不够的，利用液氮保存技术就有可能大大延长花粉寿命。

与植物种子一样，花粉也可分为较大的常规组和较小的顽拗组（Roberts，1973），但表现常规型种子习性的植物可能具有顽拗型的花粉，禾本科就是典型的一例。因此，不同植物花粉，其储存特性是不同的。国外对花粉的液氮保存研究较早，大量的研究结果都表明，多数植物花粉经过冷冻干燥或真空干燥之后能成功地保存在液氮中。最早的报道是 Knowlton（1922）观察到金鱼草属的花粉冷冻到－180℃之后还可发芽。Bredemann 等（1947）发现，Lupinus 花粉在液态空气中储藏 3 个月之后还能成活。随后，许多学者对不同植物花粉超低温保存的理论和技术问题进行了大量的研究，取得了显著的进展。Ichikawa 等（1972）报道，33 个种的花粉储存在－196 ℃不同时间后，许多仍具有发芽能力。Towill（1984）将马铃薯花粉储存在液氮中或液氮雾气中 11～24 个月后保持了较高的发芽率，并获得了数量可观的种子。Barnabas 等储存玉米花粉获得成功，在－196℃的液氮中保存 1 年后，仍有 29.2％的授粉能力；13％含水量的花粉在液氮中储存 1 周后仍保持很高的结实率，其种子长出的植株植物学性状无明显改变。Polito 等（1988）将阿月浑子花粉储存在－196℃ 12 个月活力仍未丧失。Luza 等（1988）将 8 个核桃无性系花粉储存在液氮中 1 年，有 5 个保持了活力。Omura（1980）报道，在日本 Yatabe Ibaraki 果树试验站将桃的 60 个栽培品种和品系花粉成功地保存在－20℃和－196℃，被称为"花粉库"。我国周广洽等（1986）将 13 个水稻品种花粉储存在液氮中，1 年后仍能保持相当于新鲜花粉 70％左右的萌发率。石思倍等（1989）报道，含水量 9％的玉米花粉储存在液氮中 370 d 后结实率尚可达 73.4％。

迄今为止，作为种质长期保存的花粉冷冻储藏还处于试验研究阶段，所展现的潜力令人鼓舞，但要成为实际应用的一种有效方法，目前还有不小的距离，因为在相同条件下，花粉的储藏寿命远较种子为短。因此，花粉储存的潜力还远没有显示出来。除了储存技术方面的问题外，还存在遗传上如何重新组合成起源的二倍体材料的复杂性，所以花粉冷冻保存还有待深入研究。

植物胚的冷冻储藏对顽拗型种子和单倍体种质的保存具有重要意义，而且还可用于代替种子和群体繁殖以及育种中的远缘杂交等。因此，近年来人们增加了对合子胚、体细胞胚、胚珠和花粉胚超低温保存的研究。目前，水稻、小麦、大麦、油菜等植物的合子胚，胡萝卜的体细胞胚，烟草、水稻等植物的花粉胚在液氮中保存了不同时间后都成功地再生成了愈伤组织和小苗。

3. 原生质体、细胞、组织或器官的冷冻保存　目前，原生质体的超低温保存较难获得成功，这方面的报道也比较少。Mazur 等（1978）报道，用液氮储藏胡萝卜原生质体后有 68％成活。Hauptmann 等（1982）将胡萝卜原生质体在－196℃冷存后有 48％成活，并进行了细胞分裂。Takeuchi 等（1980，1982）研究了欧龙牙草和几个高等植物原生质体的冷冻保存，成活率为 30％～68％，其中，欧龙牙草成活原生质体的 80％能再生细胞壁和进行细胞分裂，形成了叶状体、假根和胚芽，胡萝卜形成了胚。

Nag 和 Street（1973）将胡萝卜细胞冷冻到－196℃后获得了体细胞胚的再生。Bajaj（1976）报道，胡萝卜和烟草细胞保存在液氮中 3 个月和 14 个月后再生成了完整的植株。超低温保存细胞悬浮物获得成功的植物种已超过 30 个，但只有胡萝卜和烟草冷冻后长成了完整植株。

植物分生组织培养物是种质冷冻保存的理想材料，其优点在于遗传性较稳定，可产生无病原植株，生长繁殖快，易于成活和长成完整植株，这对于长期保存植物种质，特别是那些目前还没有满意保存方法的无性繁殖植物是特别有用的。Seibert（1976）将麝香石竹顶端冷冻到－196 ℃，最高成活率达 33％，并形成了愈伤组织和幼苗。Grout 等（1978）首次报道了马铃薯茎尖培养物液氮保存 3 周后有 20％成活，培养后发育成了正常植株。Yakuwa 和 Oka（1988）从液氮储存 1 d 后的桑树叶芽分生组织培养物再生成了完整的植株。Kartha 等（1979）报道，豌豆和草莓分生组织液氮储藏 1 年后仍能再生成完整植株。超低温冷冻保存技术已不同程度地应用于木薯、马铃薯、柑橘属、苹果、芋属、芭蕉等作物的种质保存，其中以木薯最为成功。

五、超低温保存的影响因素

1. 保存材料的基本特性

（1）材料的生长状态和年龄的选择　大量试验表明，要成功地进行超低温保存，选择在最适生长阶段的材料是很重要的。培养细胞处于指数生长早期，具有丰富稠密而未液泡化的细胞质、细胞壁薄、体积小等特点，比在延迟期和稳定期细胞耐冻能力强，因此，应该选用幼龄的培养细胞。从再培养的时间来说，虽然会因植物种类不同而有差异，但一般情况是，液体悬浮培养细胞以 5～7 d 为宜，固体培养基培养的愈伤组织以 9～12 d 为宜。冬季取材能达到较高的存活率，因为夏季生长的植物都不耐寒，经秋冬低温锻炼后，植物体提高了抗冻能力。

（2）材料的预培养　通常将材料放于 0 ℃左右处理数天至数周，对那些低温敏感的植物材料，这种处理显得尤为重要。康乃馨在 4 ℃培养 3 d，从超低温条件下解冻后，茎尖存活率大大提高。

2. 防冻剂　冰冻保护剂种类很多，但大体可归为两大类，一类是能穿透细胞的低分子量化合物，如甘油、二甲基亚砜、各种糖、糖醇等物质；另一类是不能穿透细胞的高分子化合物，如聚乙烯吡咯烷酮、聚乙二醇等。冰冻防护剂的作用机理目前尚未透彻了解，已知它们在溶液中能强烈地结合水分子，发生水合作用，使溶液中的黏性增加，当温度下降时，可降低冰晶的形成和增长速度。但不同的低温防护剂对细胞材料的作用效果不同（表 14 - 1），其中最常用的是二甲基亚砜（DMSO）。

表 14 - 1　几种不同作用的冰冻防护剂的存活率

（Cinatl 和 Tolar，1971）

80%	60%	20%
甘油	乙酰胺	硫酸二甲酯
二甲基亚砜	二甲基乙酰胺	聚乙烯吡咯烷酮
乙二醇	甲酰胺	
二甘醇	甘油醋酸酯	
丙二醇	甘露醇	
氧化吡哆醇	核糖	
环六亚甲基四胺	葡萄糖	

从现有的文献来看，确定适宜的保护剂种类、含量是植物组织、细胞超低温保存成功的关键因子之一，但是冰冻保护剂种类和含量多数以研究者的经验而定。大多数冰冻保护剂在保护细胞的同时也产生对细胞的毒害作用，其保护作用和毒性大小与保护剂剂量呈正相关。但是，如果几种具有相同保护效应，而各自产生毒性不同的冰冻保护剂混合使用，则比用单一成分的冰冻保护剂效果要好。如 Chen 等（1983，1984）在长春花培养细胞的超低温保存中，用单一的 5%～10% DMSO 做保护剂，存活率为 5%～8%；而采用 5% DMSO 和 1 mol/L 山梨糖醇的复合保护剂，存活率提高到 61.6%。Finkle 和 Ulrich（1979，1982）在进行水稻和甘蔗培养细胞的冰冻保存中，采用 10% DMSO＋8% 葡萄糖＋10% 聚乙二醇（相对分子质量为 6 000）的复合冰冻保

护剂比用单一成分的保护剂的保护效果高 2~4 倍。简令成等采用 2.5% DMSO、10%聚乙二醇（相对分子质量为 6 000）、5%蔗糖及 0.3%氯化钙的混合液作为水稻和甘蔗愈伤组织的超低温储存的冰冻保护剂，愈伤组织块的存活率达 90%以上，甚至 100%。复合冰冻保护剂的优越性可能在于：①几种冰冻保护剂彼此减少甚至消除了单一成分的毒害作用，而使保护效果呈叠加效应；②使各种成分的保护作用得到综合协调的发展。例如 DMSO 一方面增加细胞膜的透水性，加快细胞内的水往细胞外转移的速度；另一方面，DMSO 又能进入细胞内，可能起到阻抑细胞内冰晶形成的作用。相对分子质量为 6 000 的聚乙二醇在细胞壁外（它不能透过细胞壁）可能起到延缓细胞外冰晶增长速度的作用。这两种物质相互配合作用的结果，是保证细胞内的水有充足的时间流到细胞外结冰，防止水在细胞内结冰的伤害。蔗糖和葡萄糖又能保护细胞膜，而钙离子则能对整个的细胞膜体系起着稳定性作用。因此，在这些物质的配合和协调作用下，既避免了细胞内结冰，又维护了膜的稳定性，所以达到了高存活率的效果。

由于冰冻保护剂对细胞毒性大小随其含量及处理温度升高而加大，因此一般先将保护剂在 0 ℃左右下预冷，然后在冰浴上与细胞培养物等体积量逐点加入，再在冰浴上平衡 30~60 min。也有人先加入稀释 4 倍的保护剂，再过渡到原先含量。稀释的冰冻保护剂溶液（如 5%~10%的 DMSO）必须逐步加入，两次间隔时间至少 5 min，以防发生质壁分离，这一步骤必须在冰浴中进行，因为室温下将影响细胞核组织的生活力。在最后一滴防护剂加入后至冷冻前，应有 20~30 min 的间隔期。玻璃化冰冻保护剂含量高、毒性大，处理时更须小心。总的原则是，保护剂处理必须保证细胞充分脱水，同时防止保护剂的毒害和渗透压造成细胞损伤。

3. 低温锻炼　由于遗传因子和环境因子的共同作用，没有普遍规律可循，不同材料低温处理温度及时间不尽一致。通常是将要保存的材料放在 0 ℃左右温度下处理数天至数周，例如，日本学者酒井昭等发现，在冬季取用抗寒植物的芽进行液氮超低温保存时，先将芽放到 −3~−10 ℃低温下预处理 20 d，会大大提高液氮保存的存活率。也有人认为，分不同温度组进行变温处理效果会更好。

4. 解冻方式　解冻操作中应该注意以下几点：①冰冻后的组织和细胞十分脆弱，摇动和转移操作时应该小心轻巧，避免机械伤害；②将冰冻样品试管插入温水浴中时，要留心避免管口污染；③试管内的冰一旦化冻完以后，要立即将试管移到 20~25 ℃的水浴中，并立即迅速进行洗涤和再培养，这对保存材料的存活率影响很大。

除了干冻处理的生物样品外，解冻后的材料一般都需要洗涤，以清除细胞内的冰冻保护剂。一般是用含 10%左右蔗糖的基本培养基大量元素溶液洗涤两次，每次间隔不宜超过 10 min。但在某些材料研究中发现，不经洗涤直接投入固体培养基，数天后即恢复生长，洗涤反而有害。对于玻璃化冰存材料，化冻后的洗涤被认为很重要，这一过程不仅除去高含量保护剂对细胞的毒性，而且也是一个后过渡，以防渗透损伤。通常用含量为 1~2 mol/L 的糖类物质在 25 ℃洗涤 10 min 左右。

六、植物离体保存变异的预防

为了提高超低温保存材料的存活率，首先必须优化冰冻和解冻的过程，提高超低温保存的成活率，跟踪研究成苗的生长状况及遗传稳定性；其次，从影响保存成活的诸因素综合考虑，建立理想的保存体系，扩大试验材料的范围，对冻存过程中细胞的生理状态和超微形态结构进行研究，从分子水平来分析冻存的机理，建立一套普遍有效、操作简便的组织与细胞保存方法，为实际应用提供理论依据。

第四节　离体保存种质的遗传稳定性及其检测

一、离体保存种质遗传的稳定性

离体保存作为一种新颖的种质资源保存方法，它克服了其他保存方法的一些不足，与有性繁殖和无性繁殖保存方法相比，可以节约大量的人力、物力和财力。但在离体保存的过程中外植体通常要经历组织培养、保存之前的预培养、冷冻之前的预处理、冷冻、化冻、复苏和植株再生等一系列阶段。这些阶段往往使外植体处于胁迫状态，如高糖浓度、高强度的脱水、接触有毒的冷冻保护剂、降温、超低温处理等，这些有可能导致离体保存材料再生能力的衰退以及组织培养后代遗传变异等问题。离体保存种质的遗传变异已有不少报道，变异的程度与离体保存的诸多处理因素有关，优化各种离体保存的因素和条件，最大限度地降低离体保存种质的变异程度，是保持离体保存种质遗传种性的关键。

二、超低温保存种质遗传稳定性的检测

为了研究离体保存种质的遗传稳定性，建立起一套方便、快速、可靠的检测种质保存前后遗传稳定性方法是非常必要的，其检验结果是判断保存方法有效性和可行性的依据。目前我们可以使用一系列的技术在形态学、细胞学和分子水平进行遗传稳定性的检测。

1. 形态检测　形态检测就是观察植株的外部形态特征，如植株的形态，株高，穗长，叶、果实、花、花粉的颜色、形状、大小等。将保存后的植株与非保存植株的各项形态指标进行比较。但是，很多原因的存在不仅降低了其准确性，而且延长了形态检测周期，这些原因包括：①生物体表现型是由基因型和环境因素共同决定的。生物体就遗传因素来说，存在一个基因多种生物效应和多个基因一种生物效应的现象，基因的相互作用更为复杂；就环境因素来说，也有较大的影响，甚至起决定作用。②一些遗传变异是不能通过性状反映出来的。如隐性基因发生的突变、中性突变、沉默突变等。③形态性状大多易受生理因素和发育阶段等影响，有些性状要到个体成熟时才能表现出来。

2. 细胞水平的检测　细胞水平的检测包括对染色体核型、细胞内合成的蛋白质和次生代谢物的分析比较。染色体核型是指染色体的倍性、数目、大小、随体、着丝点位置以及带型（C带、N带、G带等）。染色体核型变化是指染色体的数目与结构发生了变化，出现多倍体、三体、缺体以及染色体的易位、倒位、缺失、重复等。不过，由于蛋白质和次生代谢物只是基因表达的产物，具有较强的时间和空间特异性，比如发育阶段的不同和组织器官的特异性、环境因素和植物激素均会引起蛋白质和次生代谢物的组成和含量的变化，从而使检测结果的准确性降低。其

次，蛋白质和次生代谢物的多态性相对有限。正是由于上述原因，细胞水平的检测也只能提供一方面的证据，还需要和其他检测方法联合在一起来评估遗传稳定性。

3. 分子水平的检测　最近 10 多年来，分子标记技术得到了突飞猛进的发展，已有 20 多种分子标记技术相继出现，并在各个研究领域得到了应用。DNA 分子标记是指在 DNA 分子水平上，通过一定方式或特殊手段来反映生物个体之间或种群之间具有差异性状的 DNA 片段。其中，在植物超低温保存遗传稳定性检测中应用最广泛的是 RFLR（restriction fragment length polymorphism）、AFLP（amplified fragment length polymorphism）、SSR（simple sequence repeat）、RAPD（random amplified polymorphic DNA）等。分子水平的检测就是应用 DNA 分子标记技术对种质的核基因组 DNA，核外遗传物质（如线粒体 DNA、叶绿体 DNA、核糖体 RNA 等）进行检测，以揭示出其在离体保存后序列和结构是否发生变化。形态水平和细胞水平的检测都是以基因表达的结果为基础的，是对种质基因组的间接反映，而分子水平的检测则是基因组遗传变异的直接反映。与形态和细胞水平的检测相比，分子水平的检测具有以下优越性：①可以直接检测 DNA 分子的变化，在植物体的各个组织、各发育时期均可检测到，不受季节环境限制，不存在表达与否的问题；②可对全基因组扫描；③多态性较丰富；④有许多分子标记表现为共显性，能够鉴别纯合基因型与杂合基因型，提供完整的遗传信息。⑤能检测出 DNA 序列的细微差别，比如单核苷酸突变、甲基化程度的变化。DNA 分子标记大多以电泳谱带的形式表现，依其技术特点可分为两类：PCR 途径和非 RCR 途径。

以上介绍的在形态、细胞和分子水平上的一些遗传稳定性的检测方法，考虑到每一种方法都有其局限性，所以具体针对某种种质超低温保存后再生植株的遗传监测，往往联合采用几种检测方法共同对保存后遗传稳定性进行评估。

◆ 复习思考题

1. 什么是植物种质、植物种质保存？
2. 植物种质资源保存的方式有哪些？与传统方式相比较，离体保存的优点是什么？
3. 阐述植物超低温保存的方法及影响因素。
4. 简述缓慢生长保存方法的概念及方法。
5. 简述离体保存种质的遗传稳定性及其检测方法。

◆ 主要参考文献

[1] 孙敬三，陈维伦. 植物生物技术与作物改良. 北京：科学出版社，1990
[2] 周维燕. 植物细胞工程原理与技术. 北京：中国农业出版社，2001
[3] 李俊明编译. 植物组织培养教程. 北京：中国农业大学出版社，2002
[4] 沈海龙. 植物组织培养. 北京：中国林业出版社，2005
[5] 谢从华，柳俊. 植物细胞工程. 北京：高等教育出版社，2004

第十五章 高等植物遗传转化

高等植物遗传转化是在植物组织与细胞培养的基础上，应用基因工程的基本原理和方法，对植物进行分子改良的生物技术。这一技术，打破了生物的生殖隔离障碍，将植物遗传重组的范围扩充到整个生物界，为人类定向改造和利用植物提供了新途径。

第一节 高等植物遗传转化的概念及发展

一、高等植物遗传转化的概念

植物遗传转化（plant genetic transformation）是指利用重组 DNA 技术，将外源基因导入植物细胞，外源基因与受体植物染色体整合并稳定遗传和表达的过程或技术。利用遗传转化技术培育的植物称为转基因植物（genetically modified plant，GMP）。高等植物的遗传转化涉及目的基因分离、含目的基因的工程载体的构建、将目的基因导入受体细胞或组织、转化体的筛选和鉴定等环节。植物遗传转化技术的诞生拓宽了改良植物可利用的基因库，为实现基因在植物、动物、微生物和人四大生物系统间的广泛交流奠定了技术基础，也为人类定向改造植物提供了新途径。

二、高等植物遗传转化的发展

遗传转化研究是从基因重组开始的。1972 年，美国斯坦福大学的 P. Berg 及其同事利用限制性核酸内切酶和 DNA 连接酶构建了世界上第一个重组 DNA 分子。1973 年，S. Cohen 和 H. Boyer 首次将质粒 pSC101 和 pSC102 连接起来，并转移到大肠杆菌中，由于这两质粒分别带有四环素抗性基因和卡那霉素抗性基因，因此，具有重组质粒的大肠杆菌获得了同时抗这两种抗生素的遗传性状。此外，他们把蟾蜍的 DNA 用 $EcoR\ I$ 酶切后将编码核糖体 RNA 的基因片段与质粒 pSC101 连接，并转移到大肠杆菌中，结果发现，大肠杆菌能够合成蟾蜍的 RNA。上述实验不仅说明质粒可以作为基因克隆的载体，将外源基因导入宿主细胞，还说明真核生物基因可以在原核细胞中表达，这是人类第一次真正的基因工程实践。1983 年，Zambryski 用根癌农杆菌介导法获得了世界第一例转基因植物——转基因烟草。1985 年叶盘转化法的创立，使农杆菌转化过程大为简化，从此，转基因植物研究得到迅速发展。1987 年，Sanford 设计的火药基因枪问世，基因枪转化是利用高速微弹直接将目的基因转入受体细胞，因此，植物悬浮培养细胞、愈伤组织、幼胚组织等都是其转化的良好受体，这使得农杆菌难以转化的禾谷类作物和双子叶植物的遗传转化有了重大突破。1986 年，首个转基因植物材料获准进入田间试验。1994 年，第一个延熟保鲜的转基因番茄被批准商品化生产。目前已有 120 多种转基因植物问世，玉米、棉花、油菜、大豆、烟草、甜菜、亚麻、南瓜、马铃薯、番茄、番木瓜、西葫芦、菊苣等 10 余种作物的上百个转基因植物品种被批准进行商品化生产。

自 1996 年全球大面积种植转基因作物以来，转基因作物的种植面积每年以两位数的速度增长（图 15-1）。据 ISAAA（International Service for the Acquisition of Agri-biotech Applications）统计，2004 年全球转基因作物种植面积为 $8.1 \times 10^7 \mathrm{hm}^2$，比上一年增加 $1.33 \times 10^7 \mathrm{hm}^2$，增幅为 19.6%，是 1996 年种植面积的近 48 倍。2004 年，全球转基因作物的种植面积有 66% 在发达国家。发展中国家的种植面积也在不断扩大，到 2005 年全球转基因作物的种植面积已达到了 $9.0 \times 10^7 \mathrm{hm}^2$，种植转基因植物的国家达到了 21 个。

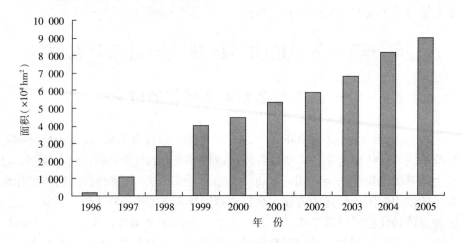

图 15-1 全球转基因作物种植面积

种植转基因作物的种类也在不断增加。1996 年，全球种植的转基因植物有 6 种，2004 年增加到 17 种。其中，种植面积最大的转基因作物有大豆、棉花、油菜和玉米，其种植面积在 2005 年分别占全球同类作物种植总面积的 60%、28%、18% 和 14%。

转入的目的基因主要是抗除草剂和抗虫基因，2005 年，耐除草剂的大豆、油菜和玉米的种植面积为 $6.37 \times 10^7 \mathrm{hm}^2$，占转基因植物种植总面积的 71%；Bt 作物种植面积为 $1.62 \times 10^7 \mathrm{hm}^2$，占总面积的 18%；转其他基因的作物种植面积占 11%。

农业是国民经济的基础，为了推动我国农业的发展，国家十分重视生物技术及其在农业上的应用。自 20 世纪 80 年代中叶，我国的"863"计划、"973"计划和国家自然科学基金等对生物技术都给予了重点扶持，并专门设立了"国家转基因植物研究与产业化"和"水稻功能基因组研究"专项，重点发展农业生物技术。到 2003 年 8 月，我国共受理了转基因生物安全评价申请 1 044 项，批准 777 项。获批准的项目中，中间试验 446 项，环境释放 198 项，生产性试验 55 项，安全证书（商业化生产）73 项。通过国家商品化生产或安全证书的转基因植物有耐储藏番茄、转查尔酮合成酶基因的矮牵牛、抗病毒甜椒、抗病毒番茄、抗病毒辣椒和抗虫棉花 6 种我国自主研制的转基因植物。转基因水稻、棉花、玉米、马铃薯、大豆、小麦和林木等 30 多种植物已批准进入中间试验、环境释放或生产性试验。2004 年，全国转基因作物种植面积为 $3.7 \times 10^6 \mathrm{hm}^2$，成为继美国、阿根廷、加拿大和巴西之后的第五大转基因作物种植国。目前中国在转基因植物研究方面走在发展中国家的前列，某些方面达到了世界先进水平。

转基因作物产生了良好的经济效益。1995 年全球转基因作物种子销售额为 0.84 亿美元，到 2005 年增加到 52.5 亿美元，占全球商业种子市场的 18%。据中国农业科学院政策研究中心调研分析，在 1999—2001 年 3 年中，我国种植抗虫棉面积约为 $2.7 \times 10^6 \mathrm{hm^2}$，共少用农药123 000 t，棉花增产 9.6%，共获经济效益 54 亿元。

第二节 目的基因克隆与载体构建

一、目的基因克隆

基因克隆是利用 DNA 体外重组技术，将含有特定基因的 DNA 序列和其他 DNA 片段插入到载体分子中，通过鉴定，分离到特定的基因并获得基因的完整序列的过程。目的基因克隆是遗传转化工作的第一步。其主要步骤包括 DNA 片段的分离和纯化、外源 DNA 片段和载体 DNA 分子的体外连接、人工构建的重组体转入寄主细胞和重组克隆的筛选和鉴定。

基因克隆的方法可分为两大类，一是正向遗传学途径，二是反向遗传学途径。

1. 正向遗传学途径 正向遗传学途径是以目的基因所表现的功能为基础，通过鉴定其产物或某种表现型突变进行的。利用该途径克隆基因的主要步骤是：首先分离和纯化控制目的性状的蛋白质或者多肽，并进行氨基酸序列分析；然后根据所得氨基酸序列推导出相应的核苷酸序列，并采用化学合成方式合成该基因；最后通过相应的功能鉴定确定该基因是否为目的基因。利用这种方法已人工合成胰岛素等许多基因。

2. 反向遗传学途径 反向遗传学途径着眼于基因本身，根据基因在基因组中的位置或特定的序列进行基因克隆。随着分子生物学技术的发展和一些植物基因组测序的完成，已发展了多种克隆基因的新方法。

（1）同源序列法 同源序列法（homology based candidate gene method）是根据基因家族成员所编码的蛋白质结构中具有保守氨基酸序列的特点发展的一个快捷克隆基因家族未知成员的新方法。其基本思路是根据基因家族成员间保守氨基酸序列设计兼并引物，利用该引物对含有目的基因的 DNA 文库或 cDNA 文库进行 PCR 扩增，对扩增产物进行分离鉴定和功能分析，从而克隆出目的基因。

（2）表达序列标签法 表达序列标签是指能够特异性标记某个基因的部分序列。对表达序列标签进行标记作为特异探针进行 cDNA 文库筛选，得到 cDNA 阳性克隆，对所得到的克隆进行序列和功能分析从而获得目的基因方法叫表达序列标签法（expressed sequence tagging method，EST）。

（3）图位克隆法 图位克隆（map-based cloning）又称为定位克隆，最先由剑桥大学的 A. Couslon（1986）提出，是根据目的基因在染色体上的位置进行基因克隆的一种方法。其原理是功能基因在染色体上都有相对固定的位置，在利用分子标记技术对目的基因进行精细定位的基础上，以与目的基因紧密连锁的分子标记为探针筛选 DNA 文库（YAC、BAC、TAC 等），从而构建基因区域的物理图谱，再通过染色体步移（染色体步行）逼近目的基因或通过染色体登陆（染色体载入）的方法找到包含该目的基因的克隆，最后通过遗传转化实验验证获得的基因是否为目的基因（图 15-2）。

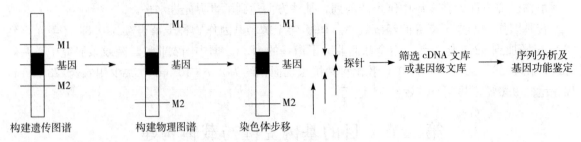

图 15 - 2　图位克隆法示意图

（引自闫其涛等，2005）

（4）转座子标签法（transposon tagging method）　转座子是染色体上的一段可复制、移动的 DNA 片段。当转座子插入到某个功能基因内部时，就会引起该基因的失活，从而产生突变型。当转座子再次转座或切离这一点时，失活基因的功能又可得到恢复。因此以转座子 DNA 为探针，对突变体的基因文库进行杂交，钓出含有该转座子的 DNA 片段，获得含有部分突变株 DNA 序列的克隆，将获得的突变株的部分 DNA 序列制成探针，筛选野生型的基因文库，最终克隆出目的基因。

（5）差异显示法　在生物个体的不同阶段，或者在不同组织、细胞中发生的不同基因按时间和空间有序表达的方式叫基因的差异表达。通过对来源于特定组织类型的总 mRNA 进行 PCR 扩增和电泳，找出待测组织和对照之间的特异扩增条带，该条带就有可能是全长或者是部分特异表达的基因，这种克隆基因的方法叫差异显示法（differential display method）。差异显示法包括消减杂交法（subtractive hybridization method）、抑制消减杂交法（suppression subtractive hybridization method）等多种方法。

（6）电子克隆　电子克隆（in silicon cloning）是近年来随着基因组计划和 EST 计划发展起来的克隆基因的新方法。其原理是利用生物信息学技术，借助电子计算机的巨大运算能力，通过 EST 或基因组序列的组装和拼接，利用 RT - PCR 快速获取目的基因。基于 EST 数据库和基于基因组数据库的电子克隆流程图分别见图 15 - 3 和图 15 - 4。

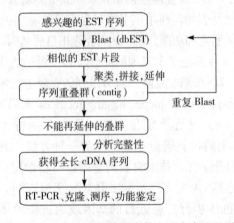

图 15 - 3　基于 EST 数据库的电子克隆流程图

（引自王冬冬等，2006）

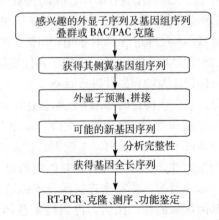

图 15 - 4　基于基因组数据库的电子克隆流程图

（引自王冬冬等，2006）

二、转化载体构建

目的基因的获得是进行遗传转化的第一步，要实现目的基因遗传转化还必须通过一定的方法将目的基因导入到受体植物的细胞中。目前已建立了多种遗传转化系统，如载体转化系统、原生质体DNA直接导入转化系统、基因枪DNA导入转化系统等。但使用最广泛，技术最成熟，成功实例最多的是载体转化系统。而要通过该系统进行遗传转化，首先要构建能将目的基因导入植物细胞，并使其能在植物中表达的工具即载体。

构建载体的基本步骤包括从原核生物中获得载体并进行改造；利用限制性核酸内切酶将载体切开，并利用连接酶将目的基因连接到载体上。根据植物基因工程载体的功能和构建过程，可将载体分成4大类型（王关林和方宏筠，2003）：克隆载体、中间载体、卸甲载体和转化载体。克隆载体与微生物基因工程类同，通常是以多拷贝的大肠杆菌（*E. coli*）质粒为载体，其功能是保存和克隆目的基因。中间载体包括中间克隆载体和中间表达载体。中间克隆载体是由大肠杆菌质粒插入 T - DNA 片段、目的基因和标记基因等构建而成的，用于构建中间表达载体、中间表达载体是含有植物特异启动子的中间克隆载体，是用于构建转化载体的供体质粒。卸甲载体是无毒的 Ti 质粒或 Ri 质粒，是用于构建转化载体的受体质粒。转化载体（工程载体）是用于将目的基因导入植物细胞的载体，是由中间表达载体和卸甲载体构建而成的。转化载体的结构见图 15 - 5。

根据载体的结构特点，植物遗传转化载体可分为一元载体系统和双元载体系统。

1. 一元载体系统的构建　一元转化载体是由中间表达载体与改造后的 Ti 质粒之间通过同源重组所产生的一种复合型载体。由于该载体上的 T - DNA 区与 Ti 质粒的 Vir 连锁，因此又称为顺式载体（cis - vector）。

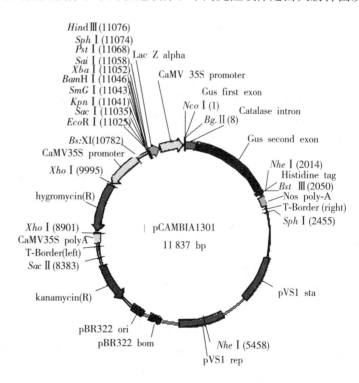

图 15 - 5　遗传转化载体结构示意图

一元转化载体的构建过程包括：①通过结合转移法或三亲杂交法将中间载体导入农杆菌；②中间载体与受体 Ti 质粒的同源重组形成共整合载体；③在含有抗生素的培养基上选择共整合载体。

一元载体的特点是：①由 *E. coli* 质粒和 Ti 质粒组成，分子质量较大；②共整合载体形成的频率相对较低；③必须采用 Southern 杂交或 PCR 对共整合载体质粒进行检测；④构建比较困难。目前主要的一元载体有共整合载体和拼接末端载体两种。

2. 双元载体系统　双元载体（binary vector）系统是指由两个分别含有 T-DNA 区与 Vir 区相容性突变 Ti 质粒构成的双质粒系统。含 T-DNA 边界，缺失 Vir 基因的质粒叫微型 Ti 质粒（如 pBin19）；含 Vir 区，缺失 T-DNA 区的质粒叫辅助 Ti 质粒（如 pAl4401）。由于 T-DNA 区与 Vir 区在两个独立的质粒上，通过反式激活 T-DNA 转移，故双元载体又称为反式载体（trans-vector）。

双元载体的构建可通过两条途径进行，一是直接用纯化微型 Ti 质粒转化速冻的根癌农杆菌感受细胞，二是采用三亲结合的方法。同一元载体相比，双元载体主要特点有：①不需要经过共整合过程，操作简便，构建频率高；②稳定性差，质粒易丢失；③插入的外源基因稳定，植物转化效率高。

第三节　高等植物遗传转化受体系统

一、遗传转化受体系统的概念

遗传转化受体是指接受外源 DNA 的材料。植物遗传转化受体系统是指用于转化的外植体通过组织培养途径或非组织培养途径，能高效、稳定地再生无性系，并能接受外源基因的整合，可用于转化选择的抗生素敏感的再生系统（王关林和方宏筠，2003）。建立稳定和高效的遗传转化受体系统是实现遗传转化的重要环节之一。

二、遗传转化受体的条件

从理论上讲，植物组织培养各培养系统均可以用做植物遗传转化受体系统。由于组织培养和遗传转化的目的不同，作为植物遗传转化受体系统具有自己的特点。

1. 高效稳定的再生能力　用于植物基因转化的外植体必须易于再生，并具有良好的稳定性和重复性，以确保转化了的植物细胞能分化成植株，同时使转化实验能在不同实验室中和不同时间重复进行。

2. 较高的遗传稳定性　植物遗传转化的目的是通过将外源基因导入植物并使其整合、表达和遗传，以改造植物的不良性状。这就要求植物受体接受外源 DNA 后不影响其自身的遗传体系，同时又能稳定地将外源基因遗传给后代。此外，在基因导入、转化体选择、植株再生等环节均可能产生无性系变异，从而影响转基因的效果。因此，一个优良的遗传转化受体系统必须具有较高的遗传稳定性。

3. 具有稳定的外植体来源　植物的基因转化频率一般比较低，因此实验重复较多，这就要求用于转化的外植体容易获得。目前转化的外植体一般采用种子，无菌实生苗的胚轴、子叶或幼叶、幼胚或幼穗、营养变态器官，以及组织培养过程中产生的植物原生质体、悬浮细胞或愈伤组织、中间繁殖体和试管苗。这些材料来源稳定，使用方便，特别是采用无菌材料有利于提高转化实验的重复性。

4. 抗生素敏感性 植物遗传转化中，通常使用两类抗生素，一类是抑菌抗生素，另一类是选择性抗生素。抑菌抗生素是指用来抑制农杆菌生长的抗生素，而选择性抗生素是指用来对转化子进行早期筛选的抗生素。不同植物的不同外植体种类对抗生素的敏感性差异较大，过度敏感和过度钝化的植物材料均不适于作为转基因受体。

5. 农杆菌敏感性 对于利用农杆菌 Ti 质粒或 Ri 质粒（plasmid）为载体所介导的植物遗传转化来说，需要植物受体材料对农杆菌敏感，否则遗传转化就不能实现。不同的植物，甚至是同一植物不同组织和细胞对农杆菌侵染的敏感性都存在很大差异。因此，在选择农杆菌转化系统前，必须测试受体系统对农杆菌侵染的敏感性，只有对农杆菌侵染敏感的植物材料才能作为受体。

三、遗传转化受体的类型及其特性

遗传转化受体系统的建立是基因转移的基础。根据遗传转化受体的来源，可以将遗传转化受体系统归为 4 类：组织器官受体系统、中间繁殖体受体系统、原生质体受体系统和生殖细胞受体系统。

1. 组织器官受体系统 组织器官受体系统是指以从植物体上分离的组织和器官（子叶、叶片、茎段、胚轴、茎尖、块茎、根等）为转基因的受体，然后通过组织培养方法获得再生植株的受体系统。该系统是目前最常用的遗传转化受体系统，其主要特点是：①受体来源广泛，容易获得；②适合于各种遗传转化方法，特别是农杆菌介导法；③适合于各种能够通过组织培养获得再生植株的植物；④获得再生植株的周期长。

2. 中间繁殖体受体系统 中间繁殖体受体系统是指以植物组织培养过程中产生的中间繁殖体（愈伤组织、悬浮细胞系、胚状体、原球茎、根状茎、丛生芽等）（图 15 - 6）为转基因的受体，然后通过再分化获得再生植株的受体系统。该系统是最理想的基因转化受体体统，其特点为：①获得再生植株周期短；②繁殖量大，同步性好，利用受体方便；③适合多种转化方法；④接受外源基因能力强，转化率高等特点。

3. 原生质体受体系统 原生质体受体系统是指以去壁的原生质体为转基因的受体，然后通过原生质体培养获得再生植株的受体系统。该系统的特点是：①原生质体是"裸露"的植物细胞，由于除去了细胞壁屏障，能够直接高效地摄取外源

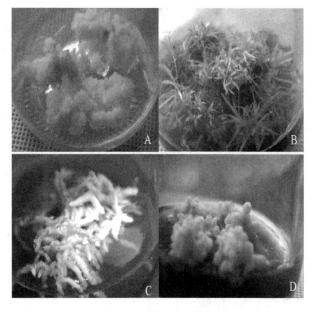

图 15 - 6 中间繁殖体类型
A. 愈伤组织 B. 丛生芽 C. 根状茎 D. 原球茎

DNA 或遗传物质，甚至细胞核，因此该系统是理想的转基因受体系统；②转化效率高，适合各种转化方法；③原生质体受体系统通常处于相对均匀和稳定的控制环境中，从理论上说，有利于更准确地进行转化和鉴定；④通过原生质体培养，细胞分裂可形成基因型一致的细胞克隆，因此从转化原生质体获得的转基因植株的嵌合体少；⑤原生质体培养所需时间长，难度大，再生植株困难，转化试验的重复性较差；⑥原生质体培养形成的再生植株体细胞变异频率高，遗传稳定性差，不利于转基因后代的鉴定和利用。

4. 生殖细胞受体系统　以生殖细胞（如花粉和卵细胞）为受体进行基因转化的系统称为生殖细胞受体系统，也叫种质系统。利用生殖细胞进行基因转化有两种途径，一是利用小孢子和卵细胞的单倍体培养，诱导出胚性细胞或愈伤组织细胞，从而建立单倍体的基因转化受体系统；二是直接利用花粉和卵细胞受精过程进行基因转化，如花粉导入法、花粉粒浸泡法、子房微注射法等。目前主要是通过第二条途径进行遗传转化。

生殖细胞受体系统的主要特点是：①利用单倍体遗传转化受体系统进行基因转化，避免了基因显隐性的影响，有利于基因的充分表达，通过染色体加倍后即可使基因纯合，缩短了目的基因纯合的时间，加快了转基因育种过程；②花粉管通道法和子房注射法由于操作简单，受实验室条件限制较小，已成为国内常用的转基因方法之一，同时，花粉管通道法是利用植物自身的有性生殖过程，有利于将现代的分子育种与常规育种紧密结合，也有利于目的基因在转基因后代中的稳定表达；③受体取材受到季节的影响大，利用花粉管通道法等进行遗传转化只能在短暂的开花期内进行，这是限制该系统应用的主要原因之一。

四、植物基因转化受体系统的建立

除了生殖细胞受体系统外，受体系统的建立主要依赖于植物组织培养技术，其建立的过程包括外植体的选择、高频再生系统的建立、抗生素的敏感性试验及农杆菌的敏感性试验等。

1. 高频再生系统的建立　高频再生系统的建立过程和第六章中植物离体快速繁殖的程序基本相同。即选用合适的外植体；外植体经过消毒后接种到诱导培养基上培养，诱导出中间繁殖体；在适宜的培养基上和培养条件下繁殖中间繁殖体和植株再生；对再生植株进行移栽和无性系变异鉴定。建立的离体快速繁殖体系应具有的条件是：①外植体容易获得，外植体褐变率低，中间繁殖体诱导率高；②中间繁殖体容易繁殖、无玻璃化现象或程度低、植株分化率高；③再生植株性状稳定，移栽易成活，体细胞无性系变异率低，玻璃化苗率低；④系统具有高度稳定性和可重复性。具备了上述条件的体系即为高频再生系统，可进行下一步的抗生素敏感性试验和农杆菌敏感性试验。

2. 抗生素敏感性　植物转基因过程中通常要使用两种抗生素，一是抑菌性抗生素，二是筛选性抗生素。这两类抗生素对植物细胞的生长均有抑制和毒害作用。已有的研究结果表明，这种抑制和毒害性的程度在不同的抗生素间具有一定差异，不同植物、不同外植体对同一种抗生素的敏感性也不同。因此，在受体系统建立时，需要对相关的抗生素种类及其使用浓度进行筛选。这种针对抗生素进行筛选的试验称为抗生素敏感性试验。

对于抑制农杆菌生长的抗生素实验而言，抗生素种类和浓度的筛选要考虑植物种类和农杆菌株系两个方面的因素。通常要求使用的抗生素能有效抑制农杆菌的生长，但是对植物细胞无毒，对中间繁殖体的诱导和增殖没有显著的抑制作用。目前常用的抑菌性抗生素是 β-内酰胺类抗生素，如氨苄青霉素（ampicillin）和羧苄青霉素（cabbenicillin）。头孢霉素因其对植物细胞毒性小，且具有广谱抗性，近年来也被广泛采用。关于抗生素的使用浓度，需要对受体材料和农杆菌株系进行试验，根据抑菌效果、抗生素对中间繁殖体的诱导、增殖和分化的影响来确定。总的原则是以能够有效抑制农杆菌生长而不妨碍植物细胞生长的浓度为宜。

用于转化子筛选的抗生素是根据转化载体上携带的抗生素标记基因确定的。因此，选择性抗生素试验主要是确定适宜的使用浓度。尽管从理论上讲，只有转化获得了抗生素基因的细胞才能在含有相应抗生素的选择培养基上生长，但实验证明，当选择性抗生素浓度过低时，通常会获得更多假阳性植株；而当抗生素浓度过高时，又会抑制一些真正的转化细胞的生长，降低培养效率。所以，确定适当的选择性抗生素浓度是十分重要的。

3. 农杆菌敏感性试验　受体材料对农杆菌的敏感是采用农杆菌介导法进行基因转化的前提。研究发现植物的种属不同，甚至是同一物种的不同基因型，或同一基因型的不同器官和组织，对不同农杆菌的敏感性都会有差异。王连铮等（1984）报道了 15 个农杆菌株系对大豆的致瘤作用，发现其中的 7 个株系的致瘤作用较好，对野生大豆、半野生大豆和栽培大豆的 1 553 个品种（系）进行筛选，获得了 94 个结瘤比较好的品种（系），并获得了愈伤组织。因此，选择对农杆菌敏感性较高的转基因受体是确保转化成功的重要因素。

由于目前使用的农杆菌多为改良的 Ti 质粒和 Ri 质粒，为便于试验观察，可在进行正式转化试验之前利用野生型农杆菌菌株侵染植物材料，根据结瘤（或发状根）的诱导率，发生时间及生长状态等确定其敏感性。

4. 遗传转化受体系统常见的问题及其解决途径

（1）褐化　在植物遗传转化受体系统建立的过程中，褐化是常见的问题之一，褐化的产生主要是由于组织细胞中的多酚氧化酶被激活，将酚类物质氧化成醌类物质的结果。此外，农杆菌侵染受体时也会产生褐化或加深褐化。影响褐变的因素有品种基因型、外植体种类、培养基、培养条件等。也有一些研究报道显示，培养基中添加较高的选择性或抑菌性抗生素，容易造成抗性愈伤组织的褐化。

采用合适的培养基成分和适宜的培养条件是减轻褐化的措施之一，但更重要的是在建立植物遗传转化受体系统时，选择不易产生褐化的基因型和外植体。多次转移培养以及在培养基或侵染过程中加入防褐变剂［如聚乙烯吡咯烷酮（PVP）、硫代硫酸钠、二硫苏糖醇、活性炭等］也是防止或减轻褐化的有效措施。

（2）玻璃化　玻璃化现象也是植物遗传转化受体系统建立时经常遇到的问题。所谓玻璃化现象是指植物组织培养中分化出半透明的畸形试管植株（玻璃化苗）的现象。玻璃苗常表现为植株矮小肿胀、半透明状、结构简单、缺少维管束原组织、叶片增厚、叶表面缺少蜡质层或蜡质发育不全、脆弱易破碎、茎短粗、节间短等现象。目前对引起玻璃化产生的初始原因尚不十分清楚，但它与激素代谢有关。

研究显示，影响玻璃化苗发生的因素有许多，包括材料差异、培养基水势、培养条件、碳源种类及浓度、无机盐和离子浓度等。根据已有的研究结果，玻璃化可采取以下措施加以控制：

①加强通气，及时转代；②适当增加光照强度，降低培养温度；③提高琼脂浓度和培养基渗透势；④适当降低激素浓度，降低培养基中 NH_4^+ 浓度而增加 NO_3^- 浓度，增加培养瓶中 CO_2 浓度等；⑤培养基中添加其他化学物质如青霉素、氯化胆碱、激素合成前体等。

（3）变异　变异是建立遗传转化受体系统时必须面对的一个问题。因为在以植物组织培养技术为基础的遗传转化中，变异的产生几乎是不可避免的。因此，降低体细胞无性系变异发生的频率就成为建立一个好的遗传转化受体系统的关键之一。

影响体细胞无性系变异的因素包括基因型、外植体种类、激素的种类和浓度、继代次数、培养条件等。在寻找减少变异的方法时，应当从上述方面着手。已提出的可用于减少变异的措施有：①选择合适的基因型和外植体；②采用适宜的激素种类和尽可能低的激素浓度；③采用适宜的培养条件；④减少继代次数。

第四节　高等植物遗传转化方法

遗传转化方法是影响植物遗传转化效率的重要因素之一。目前用于高等植物遗传转化的方法可以归为 3 类：直接转化法、间接转化法和种质系统转化法。直接转化法是根据物理和化学原理将 DNA 直接导入植物细胞，从而获得转基因植物的方法，包括基因枪法、电击法、PEG 介导法、脂质体法、微束激光穿刺法、碳化硅纤维介导法、超声波法、显微注射法等。间接转化法也称为载体介导转化法，是指通过载体将 DNA 导入植物细胞，从而获得转基因植物的方法。目前最常用的转化载体为农杆菌 Ti 质粒和 Ri 质粒，除此之外，植物病毒、RNA 病毒、类病毒、线粒体 DNA、叶绿体 DNA、人工染色体、核复制子、SI 类质粒等也可用做转化载体。种质系统转化法也称生物媒体转化系统，是借助于生物自身的花粉、子房、幼胚等种质细胞实现外源基因转化的方法，主要包括花粉管通道法、生殖细胞浸泡法、胚囊和子房注射法、萌发种子转化法等。

一、农杆菌介导法

农杆菌介导法（*Agrobacterium* - mediated transformation）是当前研究最多、机理最清楚、技术方法最成熟的遗传转化方法之一。该方法具有转化效率高、携带目的基因片段大、拷贝数低、整合后外源基因变异小等优点，是转化成功最多的转基因方法。目前 200 多例转化成功的转基因植物中 80% 以上是通过这一方法实现的。

（一）原理

损伤的植物细胞会产生植物酚类（如乙酰丁香酮 acetosyringone，AS）等化学物质，吸引农杆菌向受伤组织集结，农杆菌迅速产生细微的纤丝将自身附着在植物细胞壁的表面，同时酚类等化学物质透过农杆菌的细胞膜活化 *virA* 基因，产生 VirA 蛋白，活化 *virG* 基因。VirG 蛋白结合到 Vir 区的启动子上，从而启动 Vir 区其他基因的表达，这些基因作用于 T - DNA 的加工和转运，使 T - DNA 进入植物细胞中，并整合到植物核 DNA 上，然后在植物细胞中得到转录和翻译，表达出目的基因性状。T - DNA 导入植物基因组的过程见图 15 - 7。

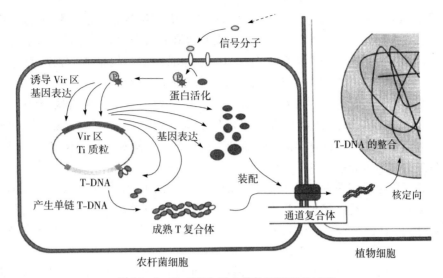

图 15-7　T-DNA 导入植物基因组的过程

（引自孙明，2006）

（二）农杆菌 Ti 质粒的转化程序

农杆菌介导法转移目的基因包括 3 部分工作：受体系统的建立、Ti 质粒转化载体的构建及目的基因转化。其中前两部分已在本章第二节和第三节中已做了介绍，这里主要讲述第三部分的工作。目的基因转化基本程序可归纳于图 15-8。

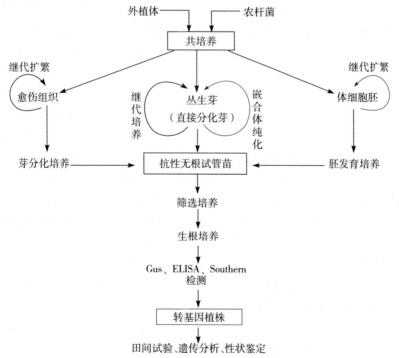

图 15-8　农杆菌 Ti 质粒介导基因转化程序

（引自王关林和方宏筠，2003）

1. 农杆菌的培养、纯化、保存及工程菌液的制备　农杆菌的培养、生长状态及纯度对转化效果具有重要影响。如果农杆菌本身生长不良，则其侵染能力会大大下降。如果农杆菌中的目的基因已经丢失，则不能用于转化。因此制备纯度高、生长旺盛、侵染能力强的农杆菌侵染液是Ti质粒转化的重要工作。用于侵染受体材料的菌液称为工程菌液。

(1) 农杆菌的培养　农杆菌的培养和一般的细菌培养一样，首先要配制培养基。目前常用的农杆菌培养基有 LB、YEM、YEB、TY、523PA、Min A 等培养基。在这些培养基中，LB、YEB、YEM 和 523PA 的营养成分丰富，含各种有机成分，可使农杆菌生长快，分裂旺盛，所以是制备工程菌液的常用培养基。

农杆菌培养可分为固体平板培养和液体振荡培养。采用固体培养时一般需 2～3 d，采用液体培养时一般需 1～2 d。农杆菌接种于培养液中后，并不立即开始增殖，在 25～30 ℃时，1～2 h后细菌才开始分裂。因此，在用抗生素筛选抗性菌株时，应当让农杆菌在培养液中培养 2 h 后再加入抗生素，以便让抗性基因充分表达。

农杆菌培养一段时间后应采用适当的方法测定其浓度。测定农杆菌浓度的方法很多，最简单的方法是光密度测定法。将菌液装入比色杯中，在分光光度计上于 600 nm 波长下测定其 OD 值。光密度与浓度换算关系是：$1OD_{600}$ 约等于 $8×10^8$ / mL。无分光光度计时可将细菌悬浮液滴在血细胞计数板上，直接在显微镜下计数。

(2) 工程菌的纯化　农杆菌在生长培养过程中经常会出现菌种不纯的现象，其主要原因可能是质粒从有些正在分裂的细胞中丢失，特别是双元载体丢失的可能性更大，也可能是在培养过程中菌株本身出现了变异。因此，在制备工程菌侵染液或保存液时，无论是从保存菌种中取出的原始菌种进行扩大培养，还是从其他实验室引入的工程菌种，都必须首先获得遗传纯的单菌落，再由此发展成一个新的培养物。为了避免误差，一般取多个单菌落分别培养成几个菌群进行保留或应用。

纯化菌种主要采用划线法。用接种针划线，然后用石蜡膜封口，将平皿倒置放在恒温箱内，在 25～28 ℃条件下培养过夜，次日或即日看到分离的单菌落。挑取单菌落接种在液体培养基内进行液体振荡培养。在工程菌的纯化过程中利用选择性抗生素是非常重要和有效的，因为在质粒构建时已把标记基因插入到 T - DNA 中，并带有在细菌中表达的启动子。

(3) 工程菌侵染悬浮液的制备　将纯化的工程菌接种到液体培养基中培养 12～24 h 后即可达到对数生长期。用离心管取一定数量的菌液在 4 000 r/min 下离心，倒掉上清液，再加入中间繁殖体诱导培养或继代培养的液体培养基，使 OD 值达到 0.5，即可用做接种外植体的工程菌液。为了提高转基因的效果，有时在工程菌浸染液使用前 4～6 h 加入乙酰丁香酮（acetosyringone，AS）或羟基乙酰丁香酮（hydroxyacetosyringone，OH - AS）对 Vir 区基因进行活化。

(4) 工程菌的保存　工程菌保存的目的在于尽量减少菌株的传代次数；保存的目标是使菌种经保存后不死亡、不污染杂菌，并保持其原有性状，菌种的变异率低和目的基因不丢失；保藏的方法根据其保存时间长短可分为短期保存（数月）、中长期保存（数年）和长期保存 3 种。

短期保存一般采用斜面或夹板保存法，斜面菌种置于 4 ℃冰箱中可保存数月，夹板用石蜡膜密封后也可在 0～4 ℃低温下放置数月。中长期保存采用穿刺法，这是一种把菌种接入柱状培养基中保存的方法。经常使用的是半固体柱状培养基，用接种针粘取少量菌体后直接插入柱状培养基中。穿刺培养的菌种用石蜡封口，在室温下可保存数年。长期保藏菌种主要采用甘油保存法。在 15％甘油中，菌种可于－80 ℃冰箱或液氮中长期保藏。当甘油含量增加到 40％～50％时，细菌可在－20 ℃或－80 ℃条件下保存若干年而不失活。

将冰冻菌种从冰柜中取出时，应当放在冰浴上慢慢融化，不可直接将其放在室温下，否则会导致菌体失活，更不能直接接种至液体培养基内在 28 ℃下振荡培养。

2. 转基因受体材料的准备　转基因受体的种类及其所处的状态是影响遗传转化效果的重要因素之一。目前作为遗传转化的受体材料来源广泛，涉及植物的各个组织、器官。实验表明，叶片、叶柄、子叶、子叶柄、下胚轴、茎、花茎、匍匐茎、块茎、茎尖分生组织、芽、根、合子胚或体细胞胚，以至成熟的种子等都可作为遗传转化受体。但各种受体材料的转化率有明显差异。贾士荣等（1992）对不同外植体转化成功的事例进行统计分析的结果表明，叶片（叶柄）、子叶（子叶柄）、胚轴和茎等外植体转化成功的事例最多，它们分别占 35％、9％、10％和 17％。不同植物的最佳转基因受体不同，要根据具体植物进行选择。

同一种转基因受体，其年龄和发育状态不同，转基因效果也不一样。一般来说，发育晚期（成熟期）的组织细胞转化能力较差，发育早期（幼年期）的组织细胞转化能力较强。以种子萌发的无菌试管苗为外植体，其年龄同样十分重要。Torres 等（1993）以生菜子叶为受体进行转化时发现，1～3 d 苗龄的子叶效果最佳，4～5 d 苗龄的子叶未能得到转基因植株。贾士荣等（1995）在瓜类作物的基因转化研究中观察到 5～6 d 苗龄的子叶转化效果最佳，苗龄长的子叶转化困难。Schlappi 和 Hohn（1992）研究了不同发育阶段的玉米幼胚对农杆菌的敏感性。发现授粉后 14～16 d 的幼胚感染频率最高，发育 12 d、14 d 及 16 d 的胚感染率分别为 0％～3％、7％～32％及 32％～73％。

一些研究结果表明，外植体预培养有利于提高遗传转化的效果。其可能的原因是：①预培养能促进细胞分裂，而分裂状态的细胞更容易整合外源 DNA，因而能提高外源基因的瞬时表达和转化率；②田间取材的外植体通过预培养起到驯化作用，使外植体适应于离体培养的条件，并保持活跃的生长代谢状态；③减少外植体转化过程中的杂菌污染率；④有利于侵染接种的外植体能与培养基平整接触。外植体的预培养时间长短与遗传转化效果也有明显关系，每一种外植体均有其最佳预培养时间。预培养时间太长会降低外植体的转化率，甚至农杆菌侵染后外植体死亡。预培养时间一般以 2～3 d 为宜。

但也有不同的研究报道，例如烟草、豇豆和苜蓿叶片均不需预培养。还有的植物受体预培养会降低转化率和瞬时表达率，如树番茄的叶片外植体未经预培养的 Gus 瞬时表达率为 34％～35％，预培养 1～2 d，瞬时表达率下降到 10％以下（Atkinson 等，1993）。

3. 接种和共培养　接种是指把工程菌接种到受体的损伤切面。其方法是将切割成小块的受体浸泡在制备好的工程菌液中，浸泡一定时间后，用无激素植物培养基或无菌水漂洗，再用无菌吸水纸吸干。但目前也有受体用菌液浸泡后不经漂洗，直接放在无菌吸水纸上吸干外植体非伤口面的菌液后即进行共培养的。

为了保证接种的效果，提高侵染率，在接种过程中应注意以下几点：①掌握受体在菌液中浸泡的时间，有助于减少后继培养中可能造成的污染，并可减轻细菌对植物细胞的毒害作用，一般控制在数秒钟至数分内，以受体充分湿润为度。浸泡时间太短农杆菌尚未接种到伤口面，在共培养时无农杆菌生长。浸泡时间太长，受体会因农杆菌毒害而软腐。②菌液浓度随植物和受体的不同有一定差异，一般浓度范围是 OD_{600} 0.05～0.7。对农杆菌敏感的植物，因其易产生过敏反应而导致受体切口处褐化，故常采用较低的 OD 值和较短的浸泡时间。反之，要采用较高浓度和较长时间浸泡。③浸泡后的受体在滤纸上吸干要适度，如果暴露时间太长会造成受体失水萎蔫，吸得太干在共培养时切口面无农杆菌生长。

将侵染后的受体材料接种在不加抑菌抗生素的中间繁殖体诱导、繁殖或分化培养基上进行的培养称为共培养。在固体培养基表面加上 1～2 层无菌滤纸，有利于控制外植体上的农杆菌过度增殖。有的植物（如猕猴桃）叶片外植体共培养时，加滤纸明显优于不加滤纸，Gus 基因瞬时表达率从 16％上升到 34％，但目前大多数研究者认为无需加滤纸。共培养也可在液体培养基中进行，但目前采用较少。

农杆菌和受体材料的共培养在整个转化过程中是非常重要的环节，因为农杆菌附着、T - DNA 的转移及整合都是在共培养时期内完成的。因此，共培养技术和条件的掌握是转化的关键。

（1）共培养的时间　共培养时间对转化率有着很大影响。研究表明，农杆菌附着后不能立即转化，只有在创伤部位生存 16 h 之后的菌株才能诱发肿瘤。因此，共培养时间必须长于 16 h。但共培养时间太长，由于农杆菌的过度生长，植物细胞会因受到毒害而死亡。

（2）农杆菌的适度增殖　共培养中农杆菌的增殖状况直接与转化有关。如果在共培养时农杆菌增殖不良，外植体切口边缘只有很少的农杆菌生长，则转化的几率很小。反之，农杆菌在外植体四周过度增殖，可引起对外植体的毒害，致使其褐化死亡。因此，在实验过程中，应根据实际情况对农杆菌增殖加以控制。常用的控制措施包括调整工程菌液的浓度、控制共培养时间和使用抗生素。

（3）共培养中激素的影响　共培养时培养基中是否加激素，文献报道不一，有的不加激素，有的则认为加激素后促进外植体细胞分裂，保持细胞活力，也有利于转化后细胞的生长，从而提高转化率。如 Mansur 等（1993）用 A281 菌株与花生叶片外植体共培养时，加激素比不加激素的肿瘤诱导率提高约 30％。Han 等（1993）报道，黑刺槐下胚轴用发根农杆菌 Ri 质粒转化时，共培养基中添加 IAA，显著提高发根率。目前大多数研究者采用加激素的方法。

4. 脱菌培养　与农杆菌共培养后的受体表面及浅层组织中共生有大量农杆菌。为杀死和抑制农杆菌的生长，必须将共培养后的受体材料转移到含有羧苄青霉素（carbenicillin，Carb）、头孢霉素（cefotaxine，Cef）或羧噻吩青霉素（timentin）等抑菌性抗生素的培养基上进行培养，这种培养称为脱菌培养。抑菌抗生素的使用在达到抑制农杆菌生长的目的下，尽量采用低浓度，不同转化体系中采用的浓度不同。脱菌培养的时间一般需 5～6 次继代培养，但仍然不能把残留的农杆菌杀死，特别是共生在维管束和细胞间隙中的农杆菌。如果停止使用抗生素后的受体材料又有农杆菌生长可再使用抗生素脱菌。也有的植物需要一直使用抗生素，直到试管苗形成。

5. 转化体的选择　转化的细胞和非转化细胞在生长发育过程中存在着竞争，如果转化的细胞不能生长或竞争不过非转化的细胞，转化也不能成功。因此，转化体选择是必不可少的步骤。

在 Ti 质粒构建时，T - DNA 上已插入了选择性标记基因，在双子叶植物中选择性标记基因通常是氨基糖苷磷酸转移酶 II 基因（$Npt - II$），而在单子叶植物中通常是潮霉素磷酸转移酶基因（hpt）。$Npt - II$ 基因可产生对卡那霉素的抗性，而 hpt 基因产生对潮霉素的抗性。因此，在培养基中加入合适浓度的卡那霉素或潮霉素能抑制非转化细胞的生长，而对转化细胞无抑制作用，从而将转化体选择出来。

选择性标记基因除了 Npt-Ⅱ 和 hpt 基因外，经常使用的还有庆大霉素抗性基因（$Gent$）、抗草甘膦基因（bar）等。磷酸甘露糖异构酶基因（manA）因无毒、安全、快速高效和用途广，将会越来越受到欢迎。

选择可以在再生植株前进行，也可以在再生植株后进行。在再生植株前进行选择是细胞水平上的选择，其特点是获得的转化体少，但嵌合体和假转化体也少，转化体纯化方便。在再生植株后进行的选择是组织或个体水平选择，其特点是嵌合体严重，假转化体多，后期选择纯化困难。

在理想状态下，所有在选择条件下再生的植株都应是转化体。但由于生理抗性、无性系变异等原因，并非在选择条件下再生的植株都是转化体，因此需要对在含有选择性抗生素培养基上获得的组织、细胞或再生植株做进一步筛选。

在 Ti 质粒构建时，除了在 T-DNA 上插入了选择性标记基因外，还插入了报告基因，以做进一步筛选之用。除了筛选作用外，通过检测报告基因瞬时和稳定表达还能够用来确定转化的目的基因是否能在转化的细胞中表达。此外，报告基因还可以用于启动子表达特性和亚细胞区间的研究分析等。目前，常用的报告基因有葡萄糖苷酸酶基因（gus）、氯霉素乙酰转移酶基因（cat）和绿色荧光蛋白基因（gfp）。

（三）农杆菌 Ti 质粒转化的方法

1. 叶盘转化法　叶盘转化法（leaf disk transformation）是由 Horsch 等（1985）发展起来的一种转化方法，该方法的优点是适用性广，对于那些能被农杆菌感染，并能从叶子再生植株的各种植物都适用。改良的叶盘转化法可适用于其他外植体，如茎段、叶柄、胚轴、子叶，甚至萌发的种子等。叶盘转化法不仅操作简单而且有很高的重复性，但不是对所有植物都适用。

叶盘转化法的步骤首先是用打孔器从消毒叶片上取得叶圆片（即叶盘），将叶盘在农杆菌的菌液中浸数秒钟后，置于培养基上共培养 2～3 d，待菌株在叶盘周围生长至肉眼可见菌落时再转移到含有抑菌剂的培养基中除去农杆菌。与此同时，在该培养基中加入选择性抗生素进行转化体选择，得到转化体后转移到分化培养基上进行芽分化。当芽长到一定大小时转移到加入和未加入选择性抗生素培养基上进行生根，经过 3～4 周培养可获得转化的植株再生。

为了提高转化的效率，在采用叶盘转化法进行遗传转化时应注意：①叶组织浸入农杆菌培养液中时间过长会导致植物细胞损伤，应适宜掌握侵染时间；②叶片在培养过程中常膨大而扭曲，使切口边缘不能接触培养基不利于转化，因此可以把切口边缘压入埋藏在培养基中；③叶脉的功能细胞常常在深层，农杆菌不易侵入，因此制备的叶盘最好不含叶脉。

2. 中间繁殖体转化法　由于中间繁殖体具有无菌、取材方便、材料均匀一致而充足、无须经过脱分化过程、转化效率高等优点，因此为越来越多的研究者所采用，下面以蝴蝶兰原球茎为受体，说明中间繁殖体转化的具体方法。

①材料预培养。取生长旺盛的蝴蝶兰原球茎在继代培养基上暗培养 3 d。

②菌种的活化及菌液制备。将接种环在酒精灯上灼烧灭菌，然后冷却，在无菌条件下挑取农杆菌接到附加抗生素的 YEB 固体培养基上划线，28 ℃下培养 1～2 d，待长出肉眼可见单菌落时，挑取一个单菌落接种于含有以上浓度抗生素和 100 mg/L 乙酰丁香酮（AS）的 YEB 液体培

养基中，于 28℃ 振荡培养过夜。

③将培养好的菌液取出 1 mL，测量其 OD_{600} 值。另外取出 1 mL 菌液于无菌三角瓶中，并在以上测得的 OD_{600} 值基础上用 100 mL 液体培养基稀释菌液至 OD_{600} 值为 0.2 左右。

④取预培养过的原球茎，置于灭过菌的碟子中，用解剖刀切割原球茎，约为 0.3 cm^3 大小，然后置于 OD_{600} 值为 0.2 的农杆菌菌液中侵染 20 min。之后，用灭过菌的吸水纸吸干多余的菌液，然后自然风干表面残留菌液。侵染过的原球茎接种于含有 100 mg/L AS 的共培养培养基上，28℃ 黑暗中共培养 3 d。同时取未经侵染过的原球茎转入同样的培养基中作为对照。

⑤取出共培养后的原球茎，用含有 350 mg/L 头孢霉素、5 mg/L 潮霉素的无菌水将原球茎冲洗干净。然后置于吸水纸上吸干，对照做同样处理。再将原球茎接种于含有抑菌抗生素的培养基上培养 1 个月后，转移到含有选择抗生素的培养基上进行筛选。

⑥将转化体转移到苗分化培养基上进行分化，待苗具有 2～3 片叶时转移到生根培养基上生根，30 d 后即可移栽。

⑦转化体鉴定。以试管苗的叶片为材料，采用 Gus 基因、Southern 杂交和 PCR 方法进行鉴定。

3. 原生质体共培养转化方法 原生质体共培养法是将农杆菌同刚刚再生出新细胞壁的原生质体做短暂的共培养，从而实现目的基因转化的方法。其具体步骤和方法如下。

①从叶片或胚性悬浮细胞分离原生质体，在 26 ℃ 下暗培养 24 h，然后转移到 2 000 lx 下继续培养 48 h。

②在新的细胞壁物质已经形成，细胞即将分裂时，加入活化的农杆菌悬浮液。农杆菌与原生质体的比例以 1∶1 000 左右为宜。共培养 2～3 d。

③加入选择标记的抗生素对转化体进行选择培养，3～4 周后可产生肉眼可见的小块转化愈伤组织。

④将小块愈伤组织转移到固体培养基上再生愈伤组织，此时继续保持选择压力，以便保证只有转化愈伤组织才能不断生长。

⑤将转化愈伤组织转入固体分化培养基上进行植株再生。

4. 悬浮细胞、愈伤组织共培养转化法 这一方法一般是选用培养 3～4 d 的对数生长期的悬浮细胞或愈伤组织，愈伤组织常需压碎或切成小块悬浮于液体培养基中，然后加入农杆菌共培养 2 d 左右，后将细胞洗涤、培养，并与固体培养基上筛选转化愈伤组织，并分化为植株。

5. 活体接种感染法 这是 Zambryski 等（1984）在共培养法的基础上发展起来的整体水平转化法。活体接种（inoculation *in vivo*）感染法的主要操作是，将烟草幼苗截顶后，用根癌农杆菌进行活体接种，然后将创伤表面长出的愈伤组织切下进行离体培养，诱导根和芽的分化。用这种方法在培养基上培养 12 周获得了转化苗。

（四）影响农杆菌介导法转化效率的因素

影响农杆菌介导法转化效率的因素有很多，主要包括农杆菌菌株、基因活化的诱导物、受体材料的类型和生理状态、受体材料的大小和预培养、工程菌液的浓度、接种时间、共培养时间、转化体筛选等。

1. 农杆菌菌株种类和浓度 不同的农杆菌菌株有不同的宿主范围，并有其特异侵染的最适宿主。不同类型的农杆菌菌株的毒力（侵染力）不同。一般而言，农杆碱型（琥珀碱型）菌株（如 A281）的侵染力高，胭脂碱型菌株（C58）的中等，章鱼碱型菌株（Ach5，LBA4404）弱。此外，处在对数生长期的农杆菌菌株的侵染力高于其他时期。

农杆菌菌液的浓度对转化的效果也有明显的影响。于惠敏等（2005）研究发现，用菌株 AGL1/pIG121 侵染小麦品种济南 177，菌液的 OD_{600} 为 1 时，筛选率最高。不同植物适宜的农杆菌菌液的浓度见表 15 - 1。

表 15 - 1　不同作物适宜的接种时间和接种菌液浓度

（引自王关林和方宏筠，2003）

外植体种类	接种时间（min）	接种菌液浓度（OD）	共培养时间（d）
小麦未成熟胚和胚性愈伤组织	60	0.5～1.0	2～3
水稻胚性愈伤组织	15	1.0～1.5	2
玉米未成熟胚	10	1.0	2～3
棉花下胚轴	1～3	0.3～0.6	2
大豆子叶	10～30	0.3～0.6	2

2. Vir 基因活化的诱导物　Vir 区基因的活化是 T - DNA 转移的先决条件。酚类化合物、单糖或糖酸、氨基酸、pH 等因素都影响 Vir 区基因的活化，因而影响转化效率。

3. 受体材料的类型和生理状态　Villemont（1997）研究指出，转化只发生在细胞分裂的一个较短时期内，只有处于细胞分裂 S 期（DNA 合成期）的细胞才具有被外源基因转化的能力。因此，细胞具有分裂能力是实现转化的基本条件。不同转基因受体，其细胞状态不一样，转化效率不同。

4. 受体材料的大小和预培养　受体材料大小不同，遗传转化率不同。张宁和王蒂（2004）发现，当叶盘大小为 1 cm×1 cm 时，烟草的转化率最高。受体材料是否预培养及预培养时间的长短和转化率也有明显关系。一般认为，预培养 2～3 d 有利于提高转化率。

5. 接种及共培养　接种时间和共培养时间均影响遗传转化的效率。不同植物和外植体适宜的接种时间、菌液浓度不同（表 15 - 1）。

6. 转化细胞的选择培养和转化植株再生　简便准确高效的选择体系是影响转化效果的重要因素。而转化体系的转化频率高低在很大程度取决于转化植株再生系统的优劣，而再生系统的主要影响因素是培养基。因此，筛选和优化植株再生培养基是提高转化效率的一个重要因素。

二、基因枪转化法

基因枪法（particle gun）又称微弹轰击法（microprojectile bombardment，particle bombardment，biolistics）是利用物理过程进行遗传转化的方法。最早的基因枪是由美国 Cornell 大学的 Sanford 等（1987）研制而成的。Klein 等（1987）首次利用基因枪对洋葱细胞进行转化试验，结果表面吸附有烟草花叶病毒 RNA 的钨粒进入了洋葱细胞，并在受体细胞中检测到了病毒 RNA 的复制。McCabe 等（1988）用外源 DNA 包被的钨粒对大豆茎尖分生组织进行轰击，结果约有 2% 的组织通过器官发生途径获得再生植株，并且在 R_0 和 R_1 代植株中检测到了外源基因的表达。这些成功的实验，大大加快了基因枪技术的应用与发展。1990 年美国杜邦公司推出商品基因枪 PDS‑1000 系统。在此期间，高压放电（McCabe，1988）、压缩气体驱动（Oard 等，1990；Sautter 等，1991）等各种基因枪相继出现。目前基因枪法已经成为植物遗传转化的主要方法之一。利用该方法培育的部分抗虫、抗病、抗除草剂等性状良好的转基因植物已经进入商品化生产，取得了显著的经济效益和社会效益。

（一）基因枪的基本原理

基因枪法的原理是将外源 DNA 包被在微小的金粒或钨粒表面，然后在高压的作用下微粒被高速射入受体细胞或组织。微粒上的外源 DNA 进入细胞后，整合到植物染色体上，得到表达，从而实现基因的转化。

根据采用的动力系统，基因枪可分为 3 种类型，一类是以火药爆炸力为加速动力，如 PDS‑1000 系统（美国杜邦公司）及 JQ‑700（中国科学院生物物理研究所）；第二类是以氦气、氢气、氮气等高压气体作为动力；第三类是以高压放电为驱动力。这 3 种类型基因枪的机械结构装置基本相同，有动力装置、发射装置、挡板、样品室、真空系统等几部分组成（图 15‑9；孙鹓鸿和秦曾，2001）。一般而言，高压气体和高压放电基因枪的转化效率比火药爆炸的高。

（二）基因枪法的转化步骤和方法

1. DNA 微弹的制备　DNA 微粒载体的制备原理是 $CaCl_2$ 对 DNA 沉淀作用，亚精胺、聚乙二醇具有黏附作

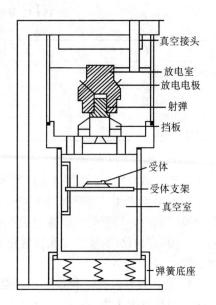

真空接头
放电室
放电电极
射弹
挡板
受体
受体支架
真空室
弹簧底座

图 15‑9　基因枪的基本结构

用。将这些化合物与 DNA 混合后再与钨粉或金粉混合，吹干后，DNA 就沉淀在载体颗粒上。

（1）微粒体的洗涤　取 60～100 mg 钨粉或金粉，溶于 1 mL 无水乙醇中，用超声波振荡洗涤后，离心除去乙醇。然后加入 1 mL 无菌水，振荡离心，移去上清液。如此重复 2 次，将残留的乙醇除净，再用 1 mL 无菌水重悬沉淀，密闭储存于室温中备用。

（2）DNA‑微粒载体的制备　DNA‑微粒载体的制备方法是：①将上述微粒储存液离心，弃清液，加 1 mL 无菌水重悬；②取 25 μL 微粒重悬液，加入 25 μL DNA（1 μg/μL），手指振荡 3 次，充分混匀；③加入 25 μL 2.5 mol/L $CaCl_2$ 溶液，手指振荡 5 次；④加入 20 μL 40% PEG4000，手指振荡 5 次；⑤加入 2.5 mL 0.1 mol/L 亚精胺，手指振荡 5 次；⑥混合液在室温下静置 10 min，使 DNA 沉淀到微粒体上；⑦离心 5 min，移去 50～60 μL 上清液；⑧制备好的 DNA 微粒载体，可在冰水中存放保存，但不能超过 4 h，枪击时每次取样 8 μL。上述制备过程均在无菌条件下进行。

2. 靶外植体材料准备　在无菌条件下将受体材料按基因枪要求切割成适当大小，放在样品皿中，然后把受体材料放入基因枪的样品室，并对准子弹发射轴心。

3. DNA 微弹轰击　按照不同的基因枪说明书操作。

4. 培养　DNA 微弹轰击后立刻将受体材料转入不含选择性抗生素的培养基中培养一段时

间，然后转入筛选培养基上进行转化体的筛选，再将筛选到的转化体进行植株再生。

（三）影响基因枪转化率的因素

1. 金属微粒　金属微粒的种类及其直径是影响转化效率的重要因素之一。一般认为金属微粒以 $0.6\sim4~\mu m$ 为宜，金粉的效果比钨粉好。

2. DNA 沉淀辅助剂的浓度　DNA 沉淀辅助剂的浓度不仅对 DNA 在钨（金）粒上的黏附有重要影响，而且对植物受体细胞的伤害也至关重要。亚精胺不仅容易使钨粉凝结成块，而且对植物细胞的毒害作用较大，因此采用合适的辅助剂浓度有利于提高转化效率。

3. DNA 的纯度及浓度　DNA 的纯度及浓度对转化效率有明显影响。DNA 的纯度越高越容易获得转化成功。DNA 的浓度适宜有利于提高转化率。Klein 等认为每毫克钨粉含 $2.0~\mu g$ DNA 的浓度具有较好的转化效果，DNA 浓度过高也会使金属微粒凝聚成块，反而降低转化率。

4. 微弹速度的影响　基因枪的轰击参数（如粒子速度、入射浓度、阻挡板至样品室高度、轰击次数等）均影响基因枪法的转化率。其中微弹的速度是影响转化率的一个重要因素，它直接决定了微弹对细胞和组织的作用力及产生损伤的程度。不同的植物材料、不同的转化要求，应选择不同的速度。

5. 植物材料　在遗传转化中，各种遗传转化的系统只是将目的基因导入到植物细胞中，而真正在转化中起主要作用的是植物受体细胞本身的因素。这些因素包括外植体的种类、细胞的生理状态、细胞潜在的再生能力、轰击前后的培养条件以及细胞内外环境、接受外源 DNA 的接受能力等。因此，选用具有分生能力、处于感受态的材料做受体有利于转化率的提高。

（四）基因枪转化的特点

1. 无生物学限制　根癌农杆菌只对某些双子叶植物敏感，而对多数单子叶植物尤其是重要的禾谷类作物不敏感，从而大大限制了它的应用范围。基因枪技术没有物种限制，对双子叶和单子叶植物都适用，对动物、微生物也同样适用。

2. 靶受体类型广泛　基因枪法可以选用原生质体、叶圆片、悬浮培养细胞、茎或根切段以及种子胚、分生组织、幼穗、幼胚、愈伤组织、花粉细胞、子房等几乎所有具有潜在分生能力的组织或细胞为受体材料，适用于所有遗传转化受体系统和细胞器的转化，这促进了难于用其他方法进行遗传转化的植物的转基因工作的开展。

3. 有利于同时转移多个基因　基因枪法是同时进行多基因转移的最方便的方法，研究表明，除了选择标记基因外，利用基因枪法能成功地实现 2 个或多个外源基因的转移。Chen 等（1998）利用基因枪法在水稻上同时实现了 13 个基因的转移。

4. 缺点　基因枪法存在遗传转化频率低、成本高、整合过程易发生重排和高拷贝插入以及遗传转化后代不稳定等缺点。

三、其他转化方法

1. 花粉管通道法　花粉管通道法（pollen - tube pathway）是由我国的周光宇等（1983）建立并发展起来的一种转基因方法。其原理是授粉后使外源 DNA 沿着花粉管通道渗入胚囊，转化尚不具备正常细胞壁的卵、合子或早期胚胎细胞。花粉管通道法是利用植物的有性生殖系统进行遗传转化，无须依赖于植物组织培养技术，可用于任何开花植物，具有方法简便、育种周期短等特点。已成功地培育出棉花、水稻等多种转基因作物。

2.PEG 介导法　PEG 介导法（transformation mediated by PEG）是由 Davey（1980）发明的一种转基因方法。第一例成功的转基因烟草就是用该方法实现的。其原理是 PEG（聚乙二醇）是一种细胞融合剂，能诱导原生质体摄取外源 DNA 分子，从而实现基因转移。PEG 介导法利用生物生理功能实现外源基因的导入，具有对细胞损伤小、易于鉴定转化体、受体植物不受种类限制等优点，已在小麦、水稻、玉米、烟草等多种植物上获得成功。但由于原生质体培养困难、再生植株变异大等原因，该方法尚未得到普遍的应用。

3. 电击法　电击法（electroporation transformation method）是利用高压电脉冲作用，在原生质体膜上电击穿孔，形成瞬间通道，使 DNA 直接通过微孔或作为微孔闭合时伴随发生的膜组分重新分布进入细胞质，并整合到受体细胞的染色体上，从而实现外源基因转移的方法。电击法除了具有 PEG 介导法的优点外，还具有操作简便、DNA 转化效率较高等优点，特别适合于瞬时表达的研究，但该方法易造成原生质体损伤，使植板率降低，且仪器昂贵。

4. 激光微束介导法　激光微束介导法（transformation mediated by laser micro - beam）是利用光学显微镜聚焦后的激光微束照射培养的细胞，在细胞膜上可形成能自我愈合的小孔，使外源 DNA 直接流入细胞，从而实现外源基因转移的方法。激光微束介导法具有操作简便、无宿主限制、受体类型广泛、可进行细胞器转化等优点，但需要昂贵的仪器设备，转化效率也比较低。利用此法已获得油菜、水稻、小麦等转化植株。

5. 显微注射法　显微注射法（microinjection transformation method）是利用琼脂糖包埋，多聚赖氨酸粘连或微吸管吸附等方式将受体细胞固定，然后利用显微注射仪将外源 DNA 直接注射到受体细胞或细胞核中。所用受体一般是原生质体或生殖细胞。对具有较大子房或胚囊的植株，在田间就可以进行活体注射，被称为子房注射。此法已在烟草、苜蓿、玉米、水稻、棉花等多种作物上获得成功。

第五节　高等植物转化体的鉴定

一、DNA 水平的鉴定

DNA 水平的鉴定主要是检测外源目的基因是否整合到受体基因组上，整合的拷贝数和整合的位置。常用的检测方法主要有特异性 PCR 和 Southern 杂交。

1. 特异性 PCR 检测　特异性 PCR 检测是利用聚合酶链式反应（polymerase chain reaction，PCR）技术，以待检测植株的总 DNA 为模板进行体外扩增，通过比较扩增片段的大小和目的基因片段的大小是否相同，来判断外源目的基因是否整合到转化植株之中。特异性 PCR 检测具有方法简单、检测速度快、费用少等优点，但检测结果有时不可靠，假阳性率高，因此必须与其他方法配合使用。

2.Southern 杂交　Southern 杂交是根据碱基互补配对的原理，以 DNA 或 RNA 为探针，检测待测植株的 DNA 链，以鉴定和分析外源基因的整合情况。杂交后能产生杂交印迹或杂交带的转化植株是转基因植株，未产生杂交印迹或杂交带的转化植株是非转基因植株。Southern 杂交是目前鉴定转基因植株的最重要的方法之一。杂交的步骤包括植物总 DNA 提取、探针的制备、Southern 杂交。

植物总 DNA 提取是为 Southern 杂交提供模板。DNA 的提取方法有很多，但从提取原理上主要有 CTAB 法和 SDS 法两种。CTAB 法是利用 CTAB（十六烷基三乙基溴化氨）溶解细胞膜，并与核酸形成复合物，该复合物在高盐溶液中（0.7 mol/L）是可溶的，当盐溶液浓度降低至 0.3 mol/L 从溶液中沉淀，通过离心可将复合物与蛋白质和多糖类物质分开，然后将复合物沉淀溶于高盐溶液中，再加乙醇使核酸沉淀。SDS 法是利用高浓度的 SDS，在 55～65 ℃条件下裂解细胞，使染色体析出，蛋白质变性，释放出核酸，然后在高盐浓度和降低温度下使蛋白质和多糖杂质沉淀，离心去除沉淀后，上清液中的 DNA 用酚/氯仿抽提，再加乙醇使核酸沉淀出 DNA。CTAB 法最大优点是能很好地去除糖类杂质，在提取前期能同时获得高含量的 DNA 和 RNA；而 SDS 法虽也能获得高含量的 DNA，但所得产物含多糖杂质多。

探针是指经过特殊化合物标记的特定的核苷酸序列。用于检测植物基因组外源基因整合的探针有放射性探针和非放射性探针两种。放射性探针是以放射性化合物（如 ^{32}P、^{35}S 或 ^{125}I）标记的三磷酸核苷酸（^{32}P - NTP、^{32}P - dNTP）为底物，通过酶促聚合反应使标记物掺入到多核苷酸链中形成的，而非放射性探针是以非放射性化合物（如生物素、荧光素、酶类等）为底物合成的。与放射性探针相比，多数非放射性探针的敏感性差，但稳定性好，分辨力高，检测所需时间短，使用安全。

Southern 杂交的方法可分为 Southern 斑点杂交、Southern 印迹杂交和 Southern 琼脂糖凝胶直接杂交。Southern 斑点杂交可以较快地粗略检测植物基因组中是否含有外源基因。Southern 印迹杂交是当前分析外源基因在植物染色体上整合情况的主要方法，由 Southern 于 1975 年建立的（图 15 - 10）。其原理是将基因组 DNA 提取出来，用限制性核酸内切酶酶切后进行琼脂糖凝

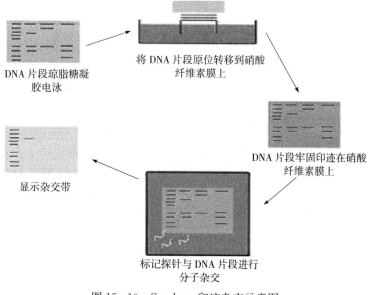

DNA 片段琼脂糖凝
胶电泳

将 DNA 片段原位转移到硝酸
纤维素膜上

DNA 片段牢固印迹在硝酸
纤维素膜上

显示杂交带

标记探针与 DNA 片段进行
分子杂交

图 15 - 10 Southern 印迹杂交示意图

胶电泳，各酶切片段按分子大小依次排布在凝胶上。用碱处理凝胶，使每个酶切片段在凝胶上原位变性，然后将变性的 DNA 片段原位地转移到硝酸纤维素膜或其他固相支持物上（这一过程称为印迹），经烘干或紫外线处理使印迹的各片段与固相膜牢固结合，经预杂交处理掩盖膜上的非特异性杂交位点后，将膜放入含有单链或经变性处理成为单链的探针杂交液中，在适宜的条件下进行杂交，凡是含有外源基因序列的片段都可以发生杂交，形成带标记的特异性杂交体。最后，根据探针的性质，通过放射性自显影技术等将特异性杂交体的数量和位置准确地显示出来。

二、转录水平的鉴定

通过 Southern 杂交可以知道外源基因是否整合到植物染色体上，但是整合到植物染色体中的外源基因是否表达还需要进一步鉴定。转录水平的鉴定就是对外源基因转录成 mRNA 的情况进行的鉴定。常用的方法有 Northern 杂交和 RT‐PCR 分析。

1. Northern 杂交　Northern 杂交是研究转基因植物中外源基因表达调控的重要手段。Northern 杂交分 3 个步骤进行：植物总 RNA 提取、探针的制备和杂交。植物总 RNA 提取可采用苯酚法、异硫氰酸胍法和氯化锂沉淀法。探针的制备方法和 Southern 杂交的探针的制备方法基本相同，所用探针依据研究的目的不同而不同，在检测外源基因转录 mRNA 时使用同源 DNA探针或反义 RNA 探针，检测目的基因表达可使用 cDNA 探针。

Northern 杂交方法有斑点杂交和印迹杂交。斑点杂交是检测植物基因转录稳定表达量的有效方法。其原理是利用标记的 RNA 探针对来源于转化植株的总 RNA 进行杂交，通过检测杂交带或其他标记信号的有无和强弱来判断目的基因转录与否及转录水平。由于斑点杂交不能检测出转录 mRNA 的分子质量，因此只有在外源基因和植物本身基因无同源性时才可明确检测出外源基因是否表达。

印迹杂交是 Northern 杂交的常用方法。其原理是整合到植物染色体上的外源基因如果能够正常表达，便能够产生特异 mRNA，提取植物总 RNA 或 mRNA 并进行变性凝胶电泳，不同分子质量的 RNA 将依次排布在凝胶上，将它们原位转移到固相膜上，在适宜的离子强度和温度下，使探针和膜上同源序列杂交，形成 RNA‐DNA 杂交双链，根据杂交体在膜上的位置可以分析出 RNA 的大小。

2. RT‐PCR　RT‐PCR（reverse transcribed PCR）检测是由 Larrick（1992）首次报道的。其原理是以植物总 RNA 或 mRNA 以为膜板进行反转录，然后再进行 PCR 扩增，若扩增条带与目的基因的大小相符，则说明外源基因实现了转录，如同检测外源基因是否整合进入基因组DNA 所用的特异性 PCR 的方法一样。采用 RT‐PCR 检测外源基因转录情况具有简单、快速的优点，但对外源基因转录的还需要与 Northern 杂交结果结合进行验证。

三、翻译水平的鉴定

外源基因在植物中正常翻译成蛋白质，并表现出相应的功能是植物遗传转化的最终目的。为检测外源基因转录形成的 mRNA 能否翻译，还必须进行翻译水平的检测。翻译水平检测的方法主要有 Western 杂交和 ELISA 法。

1. Western 杂交 　Western 杂交是将蛋白质电泳、印迹和免疫测定融为一体的蛋白质检测方法。其原理是：转化的外源基因正常表达时转基因植物细胞中就会含有一定量的目的蛋白，从植物细胞中提取总蛋白或目的蛋白，并将其溶于含去污剂和还原剂的溶液中，经 SDS-聚丙烯酰胺凝胶电泳使蛋白质按分子质量大小分离，将分离的蛋白质带原位印迹到固相膜上后，在高浓度的蛋白质溶液中温育，以封闭非特异性位点，然后加入特异性抗体（一抗），使之与膜上的目的蛋白（抗原）结合，然后再加入能与一抗结合的二抗形成复合体，最后通过二抗上的标记化合物检测，判断目的基因是否表达、表达量及形成蛋白质的分子质量。Western 杂交包括转基因植物蛋白质的提取、SDS-聚丙烯酰胺凝胶电泳、蛋白质带原位印迹、探针制备和杂交 5 个步骤。

植物细胞的功能蛋白质绝大多数都能溶解于水、稀盐、稀酸和碱溶液中，因此在提取时常以稀盐（如 0.15 mol/L 氯化钠）和缓冲液（如 0.05 mol/L 磷酸缓冲液）为提取液。提取时采用研磨法使植物细胞破碎，然后加入样品体积 3～6 倍提取缓冲液制成均浆后离心，上清液为总蛋白质样品。提取的蛋白质样品不需要制备出来，可直接或经浓缩后用于聚丙烯酰胺凝胶电泳。

聚丙烯酰胺凝胶电泳（PAGE）是以聚丙烯酰胺凝胶作支持介质的区带电泳，它能根据蛋白质所带电荷多少及分子大小两个因素来分离蛋白质。因此，当要想通过电泳来测量蛋白质的分子质量时，就必须消除蛋白质分子的电荷作用。SDS-聚丙烯酰胺凝胶电泳是用 SDS 处理蛋白质样品，使其亚基解聚，在二硫苏糖醇或巯基乙醇作用下，二硫键被还原，多肽链由特定的三维构象转变成松散的伸展状，SDS 阴离子与多肽链使样品中各蛋白质都带有大量的负电荷，这时蛋白质电泳的迁移率就只取决于它们的分子质量。

将经过 SDS-PAGE 电泳分离的蛋白质区带由凝胶转移到固相膜上，称为蛋白质印迹。印迹使用的膜有硝酸纤维素膜、重氮化纤维素膜、阴离子化尼龙膜、PVDF 膜等。印迹的方法有电泳印迹和被动扩散印迹。由于电泳印迹不产生扩散，且能够将原胶中的 SDS 等干扰后续测定的物质去除，所以目前多采用这种方法。

Western 杂交的探针是针对目的蛋白的抗体，即一抗，是由目的基因制成的抗血清或单克隆抗体，其质量是影响杂交结果的重要因素之一。Western 杂交使用的一抗一般不标记，与一抗结合的二抗带有特定标记。标记物可以是放射性元素，也可以是酶，通过化学反应与纯化的抗体偶联。

杂交与检出包括封闭、第一抗体反应、第二抗体反应和显色 4 步。封闭也叫猝灭，是将印迹后的膜浸泡于一种非特异蛋白质溶液中，使这种蛋白质与膜上的空白部位结合，以消除背景影响，增加检出的准确性的方法。封闭后的固相膜经缓冲液洗涤后，加入第一抗体，于 37 ℃轻轻摇动，保温 1 h 后洗涤，然后再加入第二抗体，于 37 ℃轻轻摇动，保温 1 h 后洗涤，再加入酶的反应底物，摇动至显色条带出现。最后根据显带情况判断目的基因表达情况。

2. ELISA 法 　ELISA（enzyme-linked immuno sorbent assay）法即酶联免疫吸附法，是一种利用免疫学原理检测抗原、抗体的技术。其方法是将第一抗体包被在固相载体上，加入从转基因植物中提取的蛋白质，形成抗体-抗原复合物后，再加入酶标抗体，形成抗体-抗原-酶标抗体复合物，洗涤除去未结合的酶标抗体，加入该酶的反应底物，通过酶促反应所发生的颜色和荧光变化即可检测出转基因植物中是否有目的蛋白及其表达的量。

第六节 高等植物遗传转化的应用

一、作物新品种的培育

定向改造植物是育种家长期的梦想。利用遗传转化技术可以对作物的育种目标性状进行定向改良，不仅如此，利用转基因技术改良植物还具有资源利用范围广、育种效率高、育种速度快等特点。因此遗传转化技术一经产生就被迅速地应用到植物新品种的培育上。

1. **抗除草剂品种的培育** 为减轻劳动强度，适应农业机械化的要求，培育抗除草剂品种已成为育种工作的重要任务之一。利用遗传转化技术将抗除草剂基因导入到植物中，是当前培育抗除草剂植物新品种的主要方法。使用的抗除草剂基因主要包括两类，一是修饰改造的除草剂作用靶蛋白基因，其表达产物对除草剂不敏感；另一类是除草剂解毒基因。利用该方法培育出的抗除草剂玉米、棉花、大豆、油菜、甜菜等植物新品种已大面积在生产上推广应用。

2. **抗病虫品种的培育** 植物的病虫害是造成农业减产的主要原因之一。化学农药的使用虽然在一定程度上可以减少损失，但长期大量地使用农药不但费用高，而且易导致新的优势类群的形成，同时还会造成农药残留和环境污染。因此，培育抗病虫的新品种就成为减少病虫危害的理想方法。由于常规育种时间长，病原菌小种进化快，抗虫资源难寻找等原因，采用常规育种方法培育抗病虫品种效果不理想，因此研究利用转基因技术培育抗病虫品种就成为当前该领域的热点之一。

自 1987 年 Vaeck 等首次将苏云金芽孢杆菌的毒蛋白基因导入烟草，培育出抗虫烟草以来，抗虫基因工程得到了快速发展，在植物基因工程育种中一直处于领先地位。植物的抗虫基因有几十种，目前采用的主要有 3 类：一是苏云金杆菌的毒蛋白基因（*bt* 基因），二是从昆虫中分离出来的蛋白酶抑制剂基因（如豇豆胰蛋白酶抑制剂基因 *cpti*），三是植物凝集素基因（lectin gene）。目前利用 *bt* 或/和 *cpti* 基因培育的转基因抗虫棉等已在生产上大面积推广应用。

植物的病毒病素有植物癌症之称，对农业生产构成严重威胁。传统的防治方法对病毒病的治疗效果微小，植物遗传转化技术为培育抗病毒新品种开辟了新的途径。Power－Abel（1986）将烟草花叶病毒外壳蛋白基因导入烟草，获得第一例抗病毒植物，自此以后，植物抗病毒基因工程得到了迅速发展，迄今已提出和应用的技术路线包括导入病毒外壳蛋白基因、利用病毒的卫星 RNA 和非结构蛋白基因、利用植物本身的抗性基因、利用反义 RNA 技术、利用动物中的干扰素基因等。利用转基因技术培育抗病毒新品种有望成为解决病毒病的主要手段。

真菌和细菌病害是危害植物的主要病害。黄大年等（1997）将抗菌肽基因导入水稻获得的转基因植株对白叶枯病和细条病具有抗性。Knowlton 等（2001）克隆了菜豆胞内几丁质酶的 cDNA，并将其导入烟草和番茄，获得了的转基因植株提高了对立枯丝核菌（*Rhizoctonia solani*）的抗性。目前，已克隆了二十多种植物抗病基因，抗病基因工程已经成为抗病育种的重要方法之一。

3. **抗逆植物新品种选育** 非生物胁迫是影响植物生长、发育和高产稳产的重要因素。Mu-

rakami 等（2000）从一种莽草中获得了阻止叶片不饱和脂肪酸形成的基因，并将其导入到烟草中。转基因的烟草可在近 50 ℃ 的环境中正常生长。目前向植物中导入的抗逆基因有两类，一类是基因的编码产物在植物的抗逆中直接起保护作用的蛋白质，包括合成渗透调节物质的关键酶类（如脯氨酸合成酶）、具有解毒作用的酶类（如超氧化物歧化酶，SOD）、保护生物大分子和膜结构的蛋白质、具保护作用的蛋白酶类（巯基蛋白酶）和水通道蛋白；第二类是基因编码的产物是在信号转导和逆激基因表达过程中起调控作用的蛋白质因子，包括信号转导和调控基因表达的转录因子（如 DREB）、感应和转导胁迫信号的蛋白激酶（如 MAP 激酶）以及与第二信使生成有关的酶类（如磷脂酶）。利用遗传转化技术已获得抗旱、抗寒、耐高温、耐盐碱等多种转基因植物。

4. 其他性状的改良　遗传转化技术除了用于植物的抗耐性状改良外，还广泛地应用于产量、品质、花色、花型、花期、储藏特性、抗衰老、植物雄性不育、次生代谢等多种性状的改良上。1987 年，德国研究人员将玉米色素中的一个还原酶基因导入矮牵牛后得到了开砖红花的新类型。美国加利福尼亚戴维斯基因公司从矮牵牛中分离出一种新的蓝色编码基因，导入玫瑰后得到了开蓝色花的玫瑰。日本科学家将大豆铁蛋白转入生菜，培育出了可预防贫血病的转基因生菜。欧洲科学家培育出米粒中富含维生素 A 和铁的转基因水稻。我国培育的耐储藏的转基因番茄已于 1997 年进行了商品化生产。

二、以植物为生物反应器生产药物和疫苗

20 世纪 80 年代末，比利时 PGS 公司的科学家将脑啡肽编码基因导入到烟草中，结果发现小肽以多聚体的形式存在，用胰蛋白酶和羧肽酶作用后获得了脑啡肽，从而找到了一条利用转基因植物生产神经肽的途径。此后利用转基因植物生产药物的研究不断取得进展。迄今已获得的具有潜在产业化价值的药物重组蛋白见表 15 - 2。

表 15 - 2　有潜在商业价值的转基因植物重组蛋白

（引自王关林和方宏筠，2003）

重组蛋白名称	相对分子质量	基因来源	植物名称	表达水平
单克隆抗体		链球菌	烟草	叶片可溶性蛋白 0.3%
单链 Fv 表位	5.0	肿瘤细胞	烟草	种子可溶性蛋白 0.1%
凝乳酶	30.0	小牛	烟草	可溶性蛋白 0.1%～0.5%
右旋糖苷转移酶	36.0	疱疹病毒	马铃薯	块茎可溶性蛋白 0.1%
脑啡肽	0.5	人		种子可溶性蛋白 0.1%
促红细胞生成素	37.5	人	烟草	可溶性蛋白 0.002 6%
生长激素	21.0	鳟鱼	烟草	叶片可溶性蛋白 0.1%
HL - B	39.0	大肠杆菌	烟草	叶片可溶性蛋白 0.001%
乙肝表面抗原	24.0	乙肝病毒	烟草	叶片可溶性蛋白 0.007%
Hirudin	11.0		苜蓿	种子重量 1%
γ 链和 κ 链	45.0 和 27.0	鼠	烟草	叶片可溶性蛋白 1.3%
β 干扰素	20.0	人	烟草	净重 0.000 017%
溶菌酶	14.4	鸡	烟草	叶片净重 0.003%
疟疾表位	0.6	疟原虫	烟草	病毒重 0.4%～0.8%

（续）

重组蛋白名称	相对分子质量	基因来源	植物名称	表达水平
肌醇六磷酸酶	80.0		烟草	叶片可溶性蛋白14.4%
蓖麻蛋白	34.0		烟草	叶片可溶性蛋白0.25%
血清白蛋白	66.5	人	烟草	叶片可溶性蛋白0.02%
木聚糖酶	37.0		烟草	叶片可溶性蛋白4.1%
血管紧张素		奶牛	烟草	

疫苗的产生和应用对防控疾病的传播发挥着重要作用。但传统疫苗生产成本高、价格昂贵，不利于在发展中国家推广使用。植物遗传转化技术的诞生为利用转基因植物生产疫苗提供了可能。

利用植物遗传转化技术将抗原基因导入植物，使其在植物中表达，生产出能使机体获得特异抗病能力的疫苗称为转基因植物疫苗（transgenic plant vaccine）或植物疫苗。转基因疫苗研究的开创者是 Guetiss 和 Cardineall，他们于 1990 年在番茄中表达了链球菌变异株的表面蛋白 A。迄今为止，利用转基因植物已生产出霍乱病毒、乙型肝炎病毒、丙型肝炎病毒、狂犬病毒、口蹄疫病毒、新城疫病毒等十多种植物疫苗。

利用转基因植物作为生物反应器生产医药、抗体和疫苗有以下特点：①简单方便，用动物和微生物生产疫苗需要特殊的专业知识和生产储藏条件，而利用植物生产疫苗则简单方便得多。②是最经济的蛋白质生产系统。植物种植仅需要阳光、矿物质及水，因此生产成本很低。用大豆生产 1 000 g 抗体需要 100 美元，但用普通方法生产 1 g 抗体的成本为 2 000～5 000 美元。③表达产物无毒害和副作用，无残存 DNA 和潜在的致病、致癌性。④植物具有完整的真核细胞表达系统，表达产物具有和高等动物细胞一致的免疫原性和生物活性。

三、遗传转化技术在理论研究中的应用

基因组学（genomics）是 20 世纪最后 10 年研究最活跃的领域。随着多种模式植物和农作物的全基因组序列测序完成，基因组学的研究已经从结构基因学（structural genomics）开始过渡到功能基因组学（functional genomics）。功能基因组学是在结构基因学研究成就和高通量分析技术得到突破的基础上产生的研究基因组功能表达的一门分支科学，其主要的研究内容是：基因的识别、鉴定、克隆及其表达调控，基因的结构与功能及其相互关系等。而基因的识别、鉴定、克隆及其表达调控等研究最终离不开遗传转化技术。

植物遗传转化还被广泛地应用于分子生物学的研究上。利用遗传转化技术对植物与病原菌的相互作用、种子的休眠和发芽、植物的成花机理、在植物生长发育过程中特定的激素和酶的作用、植物代谢中特定酶的作用等方面的研究均取得了很大的进展。

◆复习思考题

1. 什么叫遗传转化？它有什么特点和应用前景？

2. 基因克隆的方法有哪些？其原理是什么？

3. 比较分析各植物遗传转化受体系统及其特点。

4. 转基因的方法有哪些？比较分析这些方法的优缺点。

5. 转基因检测的方法有哪些？其原理是什么？

◆ **主要参考文献**

[1] 于惠敏，夏光敏，侯丙凯. 提高农杆菌介导小麦遗传转化效率的几个因素. 山东大学学报（理学版）. 2005，40（6）：120～124

[2] 王关林，方宏筠. 植物基因工程. 第二版. 北京：科学出版社，2003

[3] 王关林，孙月剑，那杰等. 中国转基因植物产业化研究进展及存在问题. 中国农业科学. 2006，39（7）：1328～1335

[4] 王冬冬，王延明，李勇等. 电子克隆技术及其在植物基因工程中的应用. 东北农业大学学报. 2006，37（3）：403～408

[5] 王景雪，孙毅，徐培林等. 植物功能基因组学研究进展. 生物技术通报. 2004，（1）：18～22

[6] 张宁，王蒂. 农杆菌介导烟草高效遗传转化体系的研究. 甘肃农业科技. 2004，（9）：11～13

[7] 孙明. 基因工程. 北京：高等教育出版社，2006

[8] 吴乃虎. 基因工程原理（上册）. 第二版. 北京：科学出版社，1998

[9] 陈晓，陈彦惠，任永哲. 植物开花转化的分子生物学研究. 植物分子育种. 2005，（4）：557～565

[10] 杨致荣，毛雪，李润植. 植物次生代谢基因工程研究进展. 植物生理与分子生物学报. 2005，31（1）：11～18

[11] 谢志兵，钟晓红，董静洲. 农杆菌介导的植物细胞遗传转化研究现状. 生物技术通讯. 2006，17（1）：101～104

[12] Altpeter F，Baisakh N，Beachy R et al. Particle bombardment and the genetic enhancement of crops，myth and realities. Molecular Breeding. 2005（15）：305～327

[13] Bhalla P L，Ottenhof H H，Singh M B. Wheat transformation and update of recent progress. Euphytica. 2006，149（3）：353～366

[14] Han M，Su T，Zu Y G et al. Research advances on transgenic plant vaccines. Acta Genetica Sinica. 2006，33（4）：285～293

附　录

植物组织与细胞培养常用名词汉英对照

A

阿菲迪克林　aphidicolin

阿糖腺苷　vidarabine

矮壮素，氯化胆碱　chlorocholine chloride，CCC

安全剂量　lethal dose-0，LD_0

氨苄青霉素　ampicillin

1-氨基环丙烷-1-羧酸　1-aminocyclopropane-1-car bocylic acid，ACC

氨基羟乙基乙烯基甘氨酸　aminoethoxylvinylglycine，AVG

氨基酸　amino acid

氨基糖苷磷酸转移酶Ⅱ基因　neomycin phosphtransferaseⅡ，Npt-Ⅱ

氨基氧乙酸　aminooxyacetic acid，AOA

B

半乳糖　galactose

半纤维素酶　hemicellulase

半致死剂量　lethal dose-50，LD_{50}

孢子体体细胞无性系　sporophytic somaclone

胞间连丝　plasmodesma

胞质体　cytoplast

胞质雄性不育　cytoplasmic male sterility，CMS

胞质杂种　cybrid

1,2-苯并异噁唑-3-醋酸　1,2-benzisoxazole-3-acetic acid，BOA

1,2-苯并异噻唑-3-醋酸　1,2-benzisothiazole-3-acetic acid，BIA

2-苯并噻唑乙酸　2-benzothiazole acetic acid，BTOA

苯丙氨酸酶　L-phenylalanine ammonia-lyase，PAL

苯基脲衍生物　phenylurea derivative，PUD

崩溃酶　driselase

比久，丁酰肼　daminozide，B_9

苄基-9-（2-四氢呋喃）腺嘌呤　N-benzyl-9-（2-tetrahydropyranyl）-adenine，BPA

6-苄基氨基嘌呤　6-benzyladenine，6-BA（BA，BAP）

6-苄基腺嘌呤核糖核苷　6-benxylaminopurine riboside，BAR

表达序列标签法　expressed sequence tagging method，EST

玻璃化　vitrification

不定根　adventitious root

不定芽　adventitious bud

不对称杂种　asymmetric hybrid

不染色花粉　nostain pollen

C

侧根　lateral root

侧根原基　lateral root primordium

侧芽　axillary

差异显示法　differential display method

超低温保存法　cryopreservation

超氧化物歧化酶　superoxide dismutase，SOD

潮霉素磷酸转移酶基因　hygromycin phosphotransferase，HPT

成熟胚培养　mature embryo culture

迟滞期　lag phase

赤霉素　gibberellin，GA

赤霉酸　gibberellic acid，GA_3

重组自交系　recombinant inbred line，RIL
春化作用　vernalization
雌核发育　gynogenesis

D

大的单层囊　large unilamellar vesicle，LUV
大量元素　macroelement
大麦条纹花叶病毒　barley stripe mosaic virus，BSMV
单倍体　haploid
单链　single strand
单细胞培养　single cell culture
低温保存法　cold storage
碘乙酸　iodoacetic acid，IA
碘乙酰胺　iodoacetamide，IOA
地高辛　digoxin
电击转化法　electroporation transformation method
电融合　electric fusion
电子克隆　in silicon cloning
顶芽　terminal bud
定芽　normal bud
毒莠定，4-氨基氯苯氧基醋酸　picloram，4 - amino - 3，5，6 - trichloropicolinic acid，PIC
短日植物　short - day plant，SDP
对称融合　symmetric fusion
对称杂种　symmetric hybrid
对氯苯氧乙酸，防落素　P - chlorophenyloxy acetic acid，PCPA，4 - CPA
对数生长期　log phase
对氧氮乙环乙烷磺酸　2 - （H - morpholino）ethane-sulphonic acid，MES
多胺　polyamine，PA
多倍单倍体　polyhaploid
多倍体　polyploid
多效唑　paclobutrazol，PP_{333}

E

二苯基脲　N - N' - diphenylurea，DPU
二甲基甲酰胺　dimethyl formanide，DMF
二甲亚砜　dimethyl sulphoxide，DMSO
2,4 -二氯苯氧乙酸　2,4 - dichlorophenoxy acetic acid，2,4 - D
DL - α -二氟甲基精氨酸　DL - α - difluoromethylargin-ine，DFMA
DL - α -二氟甲基鸟氨酸　DL - α - difluoromethylorni-thine，DFMO
二硫苏糖醇　dithiothreitol，DTT
二氢玉米素　dihydro zeatin，DHZ
二氢玉米素核苷　dihydro zeatin - riboside，DHZR

F

番茄提取物　potato extract，PE
繁殖速度　propagation velocity
繁殖系数　propagation coefficient
反式载体　trans - vector
反相蒸发气泡　reverse phase evaporation vesicle，REV
放射性免疫测定　radioimmunoassay，RIA
放线菌素 D　actinomycin - D
非对称融合　asymmetric fusion
非胚性愈伤组织　non - embryonic callus，NEC
非原生境保存　ex situ conservation
非整倍体　aneuploid
分隔单位　partitioned unit
分批培养　batch culture
封闭式连续培养　sealed serial culture
氟乐灵　trifluralin，α，α，α - trifluoro - 2,6 -dinitro -N，N - dipropyl - toluidine
腐胺　putrescine，Put

G

甘氨酸，氨基乙酸　glycine，aminoacetic acid，Gly
甘露醇　mannitol
甘露糖　mannose
甘薯潜隐病毒　sweet potato latent virus，SwPLV
甘薯羽状斑驳病毒　sweet potato feathery mottle potyvirus，SPFMV
感受状态　competence
根系分泌物　root exudate
功能基因组学　functional genomics
共熔点　eutectic point
光自养微繁　photoautotrophic micropropagation

果胶酶　pectolase
果胶质　pectin
果糖　fructose
过氧化氢酶　catalase，CAT
过氧化物酶　peroxidase，POD

H

海藻酸钠　alginate
合子　zygote
合子胚　zygotic embryo
合子培养　zygotic culture
核黄素　riboflavin
核糖核蛋白　ribonucleoprotein，RNP
核糖核酸　ribonucleic acid，RNA
核糖核酸酶　ribonuclease，RNase
核型胚乳　nuclear endosperm
褐变　browning
后生变异　epigenetic variation
花粉管通道法　pollen - tube pathway
花粉粒有丝分裂　pollen grain mitosis，PGM
花粉培养　pollen culture
花药培养　anther culture
花粉母细胞　pollen mother cell，PMC
花原基　flower primordium
化学恒定法　chemostat
环己氨硫酸盐　cyclohexylammoniumsulfate，CHAS
缓慢生长保存法　slow growth conservation
黄瓜花叶病毒　*Cucumber mosaic* virus，CMV
回交　back cross，BC
混倍体　mixoploid
活体接种　inoculation *in vivo*
活性炭　active carbon

J

饥饿处理　starvation method
基因枪　gene gun
基因组学　genomics
激动素　kinetin，KT
激动素核糖核苷　kinetin riboside，KR
激光微束介导法　transformation mediated by laser
　micro - beam

肌醇　inositol
几丁质　chitin
极性　polarity
加倍单倍体　double haploid
甲胺膦　aminophospho - methyl
5 - 甲基色氨酸　5 - methyl tryptophan，5MT
甲基化　methylation
甲基磺酸乙酯　ethyl methane sulphonate，EMS
甲基乙二醛-双-（脒基腙）　methylglyoxal bis（gua-nylhydrazone），MGBG
简单序列重复　simple sequence repeat，SSR
碱性孔雀绿　malachite green
2,5 - 降冰片二烯　2,5 - norbornadine，2,5 - NBD
酵母提取物　yeast extract，YE
结构基因学　structural genomics
PEG 介导法　transformation mediated by PEG
近等基因系　near - isogenic line，NIL
茎尖培养　shoot apex culture
茎切段　stem section
鲸蜡替代物　spermaceti wax substitute
精氨酸脱羧酶　arginine decarboxylase，ADC
精胺　spermine，Sp
菊花矮化病毒　chrysanthemum stunt pospiviroid，CSV
菊花退绿斑驳病毒　chrysanthemum chlorotic mottle pelamoviroid，CChMVd
聚丙烯酰胺凝胶电泳　polyacrylamide gel electropho-resis，PAGE
聚合酶链式反应　polymerase chain reaction，PCR
聚合鸟氨酸　poly - L - ornithine，PLO
聚积的细胞量　packed cell volume，PCV
聚乙二醇　polyethyleneglycol，PEG
聚乙烯吡咯烷酮　polyvinylpyrrolidone，PVP
聚乙烯醇　polyvinyl alcohol，PVA
聚蔗糖　Ficoll

K

6 - 糠基腺嘌呤，激动素，动力精　kinetin，KT
开放式连续培养　opened serial culture
看护培养　nurse culture
抗坏血酸　vitamin C，ascorbic acid

抗体　antibody

抗生素　antigen

抗氧化剂　antioxide

可溶性核糖核酸　soluble RNA，sRNA

可遗传变异　heritable variation

克隆　clone

扩增片段长度多态性　amplification fragment length polymorphism，AFLP

快繁　rapid clonal propagation

快冻法　fast cooling method

快速解冻　fast thawing

兰花工业　orchid industry

冷处理　cold treatment

冷冻　freezing

离体保存　in vitro concervation

离体繁殖　propagation in vitro

离体根培养　root culture in vitro

离体基因库　in vitro genbank

离体受精　fertilization in vitro

离体授粉　pollination in vitro

离析酶　pectinase

离体微繁殖　propagation in vitro

连续培养　serial culture

两极性　double polarity

临界起始密度　critical initial density

磷酸盐缓冲剂生理盐　phosphate - buffered saline，PBS

硫胺素　thiamine

2 - 硫尿嘧啶　2 - thiouracil

流化床反应器　fluid - bed bioreactor

硫代硫酸银　silver thiosulfate，STS

氯化氯胆碱，矮壮素　chlorocholine chloride，CCC

氯霉素乙酰转移酶　chloramphenicol acetyl transferase，CAT

罗丹明 6 - G　rhodamin - 6 - G，R - 6 - G

$\boxed{\text{M}}$

马铃薯 A 病毒　potato virus A，PVA

马铃薯 S 病毒　potato virus S，PVS

马铃薯 X 病毒　potato virus X，PVX

马铃薯 Y 病毒　potato virus Y，PVY

马铃薯 M 病毒　potato virus M，PVM

马铃薯纺锤块茎类病毒　potato spindle tuber pospi-viroid，PSTVd

马铃薯奥古巴花叶病毒　potato aucuba mosaic virus，PAMV

马铃薯卷叶病毒　potato leaf roll polerovirus，PLRV

马铃薯葡萄糖琼脂培养基　potato dextrose agar medium，PDA medium

马铃薯汁　tomato juice，TJ

马铃薯番茄　pomato

慢冻法　slow cooling method

慢速解冻　slow thawing

2 - （N - 吗啡啉）乙磺酸　2 - （N - morpholine）ethane sulfonic acid，MES

马来酰肼，青鲜素　maleic hydrazide

麦芽糖　maltose

麦芽提取物　malt extract，ME

酶联免疫吸附法　enzyme - linked immuno sorbent assay，ELISA

膜反应器　membrane bioreactor

毛地黄毒素　digitoxin

内多倍性　endopolyploidy

内源激素　endogenous hormone

萘丁酸　naphthyl butyric acid，NBA

萘氧丙酸　naphthoxy propanoic acid，NOP

α - 萘乙酸　α - naphthaleneacetic acid，NAA

β - 萘氧乙酸　β - naphthoxyacetic acid，NOA

逆转录聚合酶链式反应　reverse transcription polymerase chain reaction，RT - PCR

鸟氨酸脱羧酶　ornithine decarboxylase，ODC

凝集素基因　lectin gene

农杆菌介导法　agrobacterium - mediated transformation

$\boxed{\text{P}}$

胚柄　suspensor

胚根　radicle

胚囊　embryo sac
胚芽　plumule
胚培养　embryo culture
胚乳培养　endosperm culture
胚胎素　embryo factor
胚性细胞团　embryogenic cell group
胚性愈伤组织　embryonic callus, EC
胚珠培养　ovule culture
胚状体　embryoid
配子无性系　gametoclone
配子体　gametophyte
配子体无性系　gametophytic somaclone
MS 培养基　Murashige and Skoog medium, MS medium
SH 培养基　Schenk and Hildebrandt medium, SH medium
胼胝质　callose
品种　cultivar
平板培养　plating culture
平板培养技术　petri dish plating technique
苹果退绿叶斑病毒　apple chlorotic leafspot virus, ACLSV
葡萄铬黄叶病毒　grapevine chrome mosaic nepovirus, GCMV
葡糖扇叶病毒　grapevine fanleaf virus, GFLV
葡萄糖　glucose

Q

器官培养　organ culture
器官形成　organ formation
器管发生　organogenesis
潜能胚胎发生花粉　potential embryogenic pollen
潜隐性病毒　latent virus
浅层培养法　culture in shallow liquid medium
羟基脲　hydroxy urea, HU
羟基乙酰丁香酮　hydroxyacetosyringone, OH - AS
青鲜素，顺丁烯二酸酰肼　maleic hydrazide, MH
氰钴胺（素）　cyanocobalamin
琼脂　agar
琼脂糖　agarose
球形胚　globular embryoid

球质体　spheroplast
秋水仙素　colchicine
嵌合体　chimera
去分化　dedifferentiation
全能性部分表达　partial expression of totipotency
全致死剂量　lethal dose - 100, LD_{100}

R

染色体原位杂交技术　chromosome *in situ* hybridization, CISH
人工种子　artificial seed
热击　heatshock

S

S-腺苷甲硫氨酸　S - adenosyl methionine, SAM
噻二唑苯基脲　thidiazuron, TDZ
噻孢霉素　cefotaxime
三十烷醇　triacontanol, TRIA
2,4,5 -三氯苯氧乙酸　2,4,5 - trichlorophenoxy acetic acid, 2,4,5 - T
N-三（羟甲基）氨基甲烷　N - tris (hydroxymethyl) - amino methane, Tris
三苯基四唑氮氯化物　2,3,5 - triphenyltetrazolium chloride, TTC
三氮唑核苷　ribavirin
三碘苯甲酸　triiodobenzoic acid, TIBA
三磷酸腺苷　adenosine triphosphate, ATP
山梨醇　sorbitol
扫描细胞光度仪，流式细胞仪　flow cytometry, FCM
渗透冲击　osmotic stress
渗透压　osmotic pressure
生长调节剂　growth regulator
生长素　auxin
生长素诱导的早期基因　early auxin - induced gene
生理隔离　physiological isolation
生物素　biotin, vitamin H
生物技术　biotechnology
十二烷基硫酸钠　sodium dodecyl sulphate, SDS
试管繁殖　test - tube propagation
试管离体授粉　pollination *in vitro*

试管藕　microtorus

试管受精　test‐tube fertilization

数量性状基因位点　quantitative trait loci，QTL

受体　receptor

双单倍体　double haploid，DH

双极性　double polarity

双链　double strand

双元载体　binary vector

水解酪蛋白　casein hydrolysate，CH

水解乳蛋白　lactoprotein hydrolysate，LH

水杨酸　salicylic acid，SA

顺式载体　cis‐vector

四倍体　tetraploid

四分体　tetrad

死亡 50% 所需时间　lethal dose‐50 time，$LD_{50\,time}$

饲喂层技术　feeder layer technique

随机扩增多态 DNA　randomly amplified polymorphism DNA，RAPD

松散型　friable

松散愈伤组织　friable callus

羧苄青霉素　carbenicillin，Carb

羧噻吩青霉素　timentin

缩剪　pruning back

T

探针　probe

糖　sugar

体积选择　volume selection

体细胞胚　somatic embryo，SE

体细胞胚胎发生　somatic embryogenesis

体细胞无性系　somaclone

体细胞无性系变异　somaclonal variation

体细胞杂交　somatic hybridization

体细胞杂种　somatic hybrid

填充床反应器　fixed‐bed bioreactor

条件化效应　conditioning effect

条件培养基　conditioned medium

甜菜孢囊线虫病　beet cyst nematode，BCN

甜菜坏死黄脉病毒　beet necrotic yellow vein benyvirus，BNYVV

同核体　homokaryon

同步培养　synchronous culture

同源序列法　homology based candidate gene method

同质晶核　homogenous nucleation

头孢霉素　cefotaxine，Cef

图位克隆　map‐based cloning

脱毒　virus elimination，virus‐free

脱分化　dedifferentiation

脱水　dehydration

脱落酸　abscisic acid，ABA

脱氧核糖核酸　deoxyribonucleic acid，DNA

脱乙酰吉兰糖胶　Gelrite

W

外壳蛋白　coat protein，CP

外植体　explant

外遗传变异　epigenetic variation

顽拗型　recalcitrant

微弹轰击法　microprojectile bombardment，particle bombardment，biolistics

微滴培养法　drop culture

微核技术　micronucleus technology

微核体　microkaryoplast

微核原生质体　microprotoplast

微繁　micropropagation

微茎　microstem

微量元素　microelement

微室培养　micro‐chamber culture

微薯　microtuber

微细胞杂交　microcell hybridization

微小原生质体　miniprotoplast

微原生质体　microprotoplast

微原生质体介导的染色体转移　microprotoplast‐mediated chromosome transfer，MMCT

微注射　microinjection

维生素　vitamin

维生素 B_1　thiamine‐HCl

维生素 B_2　riboflavin

维生素 B_6　pyridoxine‐HCl

维生素 A　axerophthol

维生素 B_{12}　cyanocobalamin

维生素 C　ascorbic acid

维生素 D$_3$　cholecalciferol

无糖微繁　sugar - free micropropagation

无性繁殖系　vegetative propagated clone

X

细胞分裂素　cytokinin, CK

细胞密度体积　packed cell volume, PCV

细胞流式仪　flow cytometry, FCM

细胞培养　cell culture

细胞全能性　cell totipotency

细胞松弛素 B　cytochalasin B, CB

细胞型胚乳　cellular endosperm

细胞悬浮培养　cell suspension culture

细胞学说　cell theory

细胞质工程　cytoplasmic engineering

细胞质雄性不育　cytoplasmic male sterility, CMS

纤维二糖　cellobiose

纤维素　cellulose

纤维素酶　cellulase

显微注射法　microinjection transformation method

线粒体基因组　mitochondria DNA, mtDNA

限制性片段长度多态性　restriction fragment length polymorphism, RFLP

腺嘌呤　adenine, Ade

腺苷二磷酸　adenosine diphosphate, ADP

S-腺苷甲硫氨酸　S - adenosylmethionine, SAM

S-腺苷甲硫氨酸脱羧酶　S - adenosylmethionine decarboxylase, SAMDC

消减杂交法　subtractive hybridization method

香石竹病毒　carnation mosaic virus

香石竹斑驳病毒　carnation mottle virus

小孢子　microspore

小孢子培养　microspore culture

小花粉　small pollen

小原生质体　miniprotoplast

心形胚　heart - shaped embryoid

形态发生，形态建成　morphogenesis

雄配子　male gamete

雄核发育　androgenesis

驯化　habitation

溴代十六烷基三甲胺　cetyltrimethyl ammonium bromide, CTAB

溴化乙锭　ethidium bromide, EB

Y

芽变　bud mutation

S-亚矾亚胺氨酸　MSO

亚精胺　spermindine, Spd

亚原生质体　subprotoplast

烟草花叶病毒　*Tobacco mosaic virus*，TMV

烟草坏死病毒　*Tobacco necrosis necrovirus*，TNV

烟草环斑病毒　*Tobacco ring spot nepovirus*，TRSV

烟酸，尼克酸　nicotinic acid

延滞期　lag phase

盐酸吡哆醇　pyridoxine - HCl

盐酸硫胺素　thiamine - HCl

氧化剂　antioxide

椰乳　coconut milk, CM

椰子水　coconut water, CW

叶盘共培养法　leaf disk cocultivation

叶盘转化法　leaf disk transformation

叶酸，蝶酰谷氨酸　folic acid，pteroylglutamic acid，PGA

叶原基　leaf primordium

叶原基培养　leaf primordium culture

液体浅层培养法　culture in shallow liquid medium

腋芽　lateral bud

一倍体　monoploid

乙醇　alcohol, Alc

乙二胺四乙酸　ethylene diamine tetraacetic acid, EDTA

乙烯　ethylene

乙烯形成酶　ethylene forming enzyme, EFE

乙酰丁香酮　acetosyringone, AS

异核体　heterokaryon

异戊烯基腺苷　isopentenyladenosine, iPA

2-异戊烯腺嘌呤　2 - isopentenyladenine, Zeatin, 2iP

异养期　heterotrophy period

异胞质体　heteroplasmon

异质晶核　heterogenous nucleation

抑制法　inhibition method

抑制消减杂交法　suppression subtractive hybridization method

吲哚丙酸　indole - 3 - propanoic acid，IPA

吲哚丁酸　indole - 3 - butyric acid，IBA

吲哚乙酸　indole - 3 - acetic acid，IAA

荧光活性细胞分析器　fluorescence activated cell sorter，FACS

荧光素双醋酸盐（酯）　fluorescein diacetate，FDA

荧光增白剂　calcofluor white，CFW

营养核　vegetative nucleus

油菜素内酯　brassinolide，BR

游离　isolation

有丝分裂指数　mitosis index，MI

有丝分裂阻抑法　mitotic inhibition method

有效繁殖系数　effective propagation coefficient

幼胚培养　immature embryo culture

诱发融合　induced fusion

鱼雷形胚　torpedo - shaped embryoid

玉米乳　corn milk

玉米素　zeatin，ZT

玉米素核糖核苷　zeatin riboside，ZR

愈伤组织　callus

愈伤组织干燥保存法　callus dry - conservation

愈伤组织培养　callus culture

愈伤组织无性系　calliclone

原胚　pro - embryo

原球茎　protocomb

原生境保存　*in situ* conservation

原生质体　protoplast

原生质体培养　protoplast culture

原生质体融合　protoplast fusion

原生质体无性系　protoclone

Z

再分化　redifferentiation

再生　regeneration

早熟萌发　precocious germination

早期原胚　early stage proembryos，ESP

沼生目型胚乳　helobial endosperm

蔗糖　sucrose

正庚烷硫化作用　n - heptane sulphonate，nHS

植板率　plating rate

植物离体培养　plant culture *in vitro*

植物离体授粉　pollination *in vitro*

植物离体微繁　plant micropropagation

植物凝集素基因　lectin gene

植物器官培养　plant organ culture

植物细胞培养　plant cell culture

植物遗传转化　plant genetic transformation

植物组织与细胞培养　plant tissue and cell culture

制剂浓度产生 50% 抑制作用　inhibitor concentration resulting in 50% inhibition，I_{50}

质粒　plasmid

致密型　compact

致密愈伤组织　compact callus

致死剂量　lethal dose，LD

种质　germplasm

种质资源保存　conservation of plant germplasm

珠心胚　nucellar embryo

珠芽　bulbulet

转换　conversion

转基因植物　genetically modified plant，GMP

转基因植物疫苗　transgenic plant vaccine

转移 RNA　transfer RNA，tRNA

转座子标签法　transposon tagging method

浊度法　turbidostat

子房内授粉　intraovarian pollination

子房培养　ovary culture

子叶　cotyledon

子叶柄　cotyledon petiole

紫外线　ultraviolet，UV

自发融合　spontaneous fusion

自交不亲和　self - incompatibility

自养期　autotrophy period

最低浓度产生 100% 抑制作用　minimum concentration resulting in 100% inhibition，MIC

最低有效密度　minimum effective density

最小致死剂量　minimum lethal dose，MLD

图书在版编目（CIP）数据

植物组织与细胞培养/陈耀锋主编 . —北京：中国农业
出版社，2007.8（2023.6 重印）
全国高等农林院校"十一五"规划教材
ISBN 978-7-109-11844-7

Ⅰ. 植… Ⅱ. 陈… Ⅲ.①植物－组织培养－高等学校－
教材②植物－细胞培养－高等学校－教材 Ⅳ.Q943.1

中国版本图书馆 CIP 数据核字（2007）第 107197 号

中国农业出版社出版
（北京市朝阳区麦子店街 18 号楼）
（邮政编码 100125）
责任编辑 李国忠

中农印务有限公司印刷 新华书店北京发行所发行
2007 年 8 月第 1 版 2023 年 6 月北京第 3 次印刷

开本：820mm×1080mm 1/16
字数：595 千字 印张：25.25
定价：53.50 元
（凡本版图书出现印刷、装订错误，请向出版社发行部调换）